Horst Ahlers (Hrsg.) · Multisensorikpraxis

Springer

Berlin
Heidelberg
New York
Barcelona
Budapest
Hongkong
London
Mailand
Paris
Santa Clara
Singapur
Tokio

Horst Ahlers (Hrsg.)

Multisensorikpraxis

Mit 271 Abbildungen

 Springer

Herausgeber:
Doz. Dr.-Ing. habil et Dr. sc. techn. Horst Ahlers
Förderverein für Sensorik e.V. JENASENSORIC

Mitherausgeber:

Wien: Prof. Dr. phil. Wolfgang Fallmann
       Prof. Dr. tech. Dr. h.c. Fritz Paschke

Jena: Prof. Dr. sc. nat. Dieter Faßler
       Prof. Dr.-Ing. Karl-Dieter Morgeneier
       Prof. Dr. sc. nat. Hans-Peter Schmauder

ISBN-13: 978-3-642-64365-1   e-ISBN-13: 978-3-642-60348-8
DOI: 10.1007/978-3-642-60348-8

Die Deutsche Bibliothek - CIP-Einheitsaufnahme

Multisensorikpraxis / Horst Ahlers (Hrsg.). – Berlin ;
Heidelberg ; New York ; Barcelona ; Budapest ; Hongkong ;
London ; Mailand ; Paris ; Santa Clara ; Singapur ; Tokio :
Springer, 1996
  ISBN-13: 978-3-642-64365-1
NE: Ahlers, Horst [Hrsg.]

Herstellung: *Produserv* Springer Produktions-Gesellschaft, Berlin
Satzherstellung mit TEX: Lewis & Leins GmbH, Berlin
SPIN: 10473394   68/3020 - 5 4 3 2 1 0

Vorwort

„Die Zukunft gehört dem Multisensor". Dieser Sentenz schließen wir uns mit der vorliegenden Edition voll an und haben für den Praktiker zweierlei vorbereitet:

Zum einen wird ihm im I. Teil, dem Kompendium, theoretisches Rüstzeug zur Verfügung gestellt. Denn, nichts ist praktischer als eine gute Theorie.

Zum anderen wird im II. Teil mit Beispiellösungen gezeigt, wie Fachleute Aufgaben der Multisensorik lösen, und wie sie mit auftretenden Problemen fertig werden.

Damit wird ein Arbeitsmittel in die Hand gegeben, mit dem gut gerüstet der eigene Arbeitserfolg methodisch richtig organisiert werden kann.

Die technische Multisensorik ist vielfach der Natur abgeschaut, zeigt doch das höher entwickelte Leben, daß unterschiedliche Sensoren bzw. Rezeptoren in Vielfalt und Vielzahl ihm erst diese Höherentwicklung gestatten. In Verkoppelung mit der Datenverarbeitung im Gehirn ist das ein schlagkräftiges System bei der erfolgreichen Bewegung durch diese Welt. Ähnliches wird man eines Tages auch von der Multisensorik behaupten, wenn Multisensoren und Computer im System die Stufe einer höheren technischen Intelligenz ausgestalten.

Horst Ahlers
Jena (Deutschland), im Frühjahr 1996

Autoren- und Herausgeberverzeichnis

Prof. Dr. Bernhard Adler
Leiter Abteilung Analytik BUNA GmbH Schkopau
Arbeitsgebiet ist die Mustererkennung in der Chemie
BUNA GmbH Schkopau, Abt. Analytik
Am Grünen Weg 17, 06132 Halle
Tel.: (0 49) 0 34 61 - 49 20 62, Fax: (0 49) 0 34 61 - 49 25 33

Doz. Dr.-Ing. habil et Dr. sc. techn. Horst Ahlers
Vorsitzender des Fördervereins für Sensorik e.V. JENASENSORIC
Arbeitsgebiete sind Sensorik, Mikroelektronik, Bauelementeentwurf
Förderverein für Sensorik e.V. JENASENSORIC
Am Planetarium 5, 07743 Jena Tel./Fax: (0 49) 0 36 41 - 46 30 22

Dipl.-Ing. U. Altenburg
Mitarbeiter des Ingenieurbüro Wächter GmbH
Arbeitsgebiete sind Projektplanung und Programmierung telematischer Anlagen
Ingenieurbüro Wächter GmbH
Am Rothenbach 18, 99610 Sömmerda
Tel.: (0 49) 0 36 34 - 2 20 02, Fax: (0 49) 0 36 34 - 3 44 29

Dipl.-Ing. Dr. techn. Elmar Aschauer
Wiss. Mitarbeiter am Institut für Allgemeine Elektrotechnik und Elektronik der
Technischen Universität Wien
Arbeitsgebiet ist Dünnschichttechnologie und Biosensorik
TU Wien
Institut für Allgemeine Elektrotechnik und Elektronik
Gußhausstraße 27–29/359, A-1040 Wien
Tel.: (0 43) 1 - 5 88 01 36 71, Fax: (0 43) 1 - 5 05 26 66

Dipl.-Ing. Rolf-Dieter Berndt
Geschäftsführer der INFOKOM GmbH Neubrandenburg
Arbeitsgebiet ist Systemlösungen mit Computern
ComputerLand® Neubrandenburg INFOKOM GmbH
Ihlenfelder Str. 118, 17034 Neubrandenburg
Tel.: (0 49) 03 95 - 4 22 58 50, Fax: (0 49) 03 95 - 4 22 57 11

Dipl.-Ing. Dr. techn. Georg Brasseur
Univ.Ass. und Leiter der Automobilelektronik am Institut für Allgemeine Elektrotechnik und Elektronik der Technischen Universität Wien
Arbeitsgebiet ist die Automobilelektronik
TU Wien
Institut für Allgemeine Elektrotechnik und Elektronik
Gußhausstraße 27–29/359, A-1040 Wien
Tel.: (0 43) 1 - 5 88 01 38 47, Fax: (0 43) 1 - 5 05 26 66

Dr. Georg-Christian Brückner
Arbeitsgebiet ist computerunterstützte Verfahren in der Chemie
PH Erfurt
Nordhäuser Str. 62, 99089 Erfurt
Tel.: (0 49) 03 61 - 7 31 17 41

Dr. sc. techn. Erich Christ
Inhaber der Firma FEF Dr. Erich Christ
Arbeisbebiete sind Schwingungen, Felder-Wellen-Strahlen, Analyse-Simulation-Entwurf
Feld- und Energieforschung Dr. sc. Christ
Bertolt-Brecht-Str. 2, 07745 Jena
Tel.: (0 49) 0 36 41 - 60 47 08, Fax: (0 49) 0 36 41 - 62 09 61

Univ.-Prof. Dr. phil. Wolfgang Fallmann
Universitätsprofessor am Institut für Allgemeine Elektrotechnik und Elektronik der Technischen Universität Wien; Leiter der Abteilung „Mikroelektronik – Halbleitertechnologie"
Arbeitsgebiete sind Mikroelektronik und Halbleitertechnologie
TU Wien
Institut für Allgemeine Elektrotechnik und Elektronik
Gußhausstraße 27–29/359, A-1040 Wien
Tel.: (0 43) 1 - 5 88 01 38 35, Fax: (0 43) 1 - 5 05 26 66

Dipl.-Ing. Rainer Fasching
Wiss. Mitarbeiter am Institut für Allgemeine Elektrotechnik und Elektronik der Technischen Universität Wien
Arbeitsgebiet ist elektrochemische Charakterisierung in der Sensorik
TU Wien
Institut für Allgemeine Elektrotechnik und Elektronik
Gußhausstraße 27–29/359, A-1040 Wien
Tel.: (0 43) 1 - 5 88 01 36 72, Fax: (0 43) 1 - 5 05 26 66

Prof. Dr. sc. nat. Dieter Faßler
Leiter der Fachsektion Sensorik der Gesellschaft zur Förderung von Medizin-, Bio- und Umwelttechnologie e.V., Berlin
Arbeitsgebiete sind Sensorik, Optische Spektroskopie, Photochemie

Wildenbruchstraße 15, 07745 Jena
Tel.: (0 49) 0 36 41 - 67 52 21, Fax: (0 49) 0 36 41 - 67 52 22

Dipl.-Ing. **Bernd Fussel**
Wissenschaftlicher Mitarbeiter am Laboratorium für Werkzeugmaschinen und Betriebslehre der RWTH Aachen
Arbeitsgebiet ist Feldbusvernetzung in der Fertigungsautomatisierung

RWTH Aachen
Werkzeugmaschinenlabor
Steinbachstraße 53, 52074 Aachen
Tel.: (0 49) 02 41 - 80 74 14, Fax: (0 49) 02 41 - 8 88 82 93

Prof. Dr. **Wolfgang Göpel**
Direktor des Institut für Physikalische und Theoretische Chemie
Arbeitsgebiete sind chemische Sensorik, Grenzflächenanalytik

Eberhard-Karls-Universität Tübingen
Institut für Physikalische und Theoretische Chemie
Auf der Morgenstelle 8, 72076 Tübingen
Tel.: (0 49) 0 70 71 - 2 97 69 04, Fax: (0 49) 0 70 71 - 2 97 69 10

Dr. **Thomas Hertel**
Wiss. Oberassistent im Fachbereich Verfahrenstechnik des Institut für Bioverfahrens- und Reaktionstechnik
Arbeitsgebiet ist die Mikrobielle Sensorik

MLU Halle-Wittenberg
Institut für Bioverfahrens- und Reaktionstechnik
Geusaer Straße, 06217 Merseburg
Tel.: (0 49) 0 34 61 - 46 22 86, Fax: (0 49) 0 34 61 - 46 28 22

Dipl.-Ing. **Christian Hildmann**
Wissenschaftlicher Mitarbeiter am Fachbereich Umwelt und Gesellschaft der TU Berlin, Fachgebiet Limnologie
Arbeitsgebiet ist Limnologie

TU Berlin
Fachbereich Umwelt und Gesellschaft
Institut für Allgemeine Elektrotechnik und Elektronik
Fachgebiet Limnologie
Hellriegelstraße 6, 14195 Berlin
Tel.: (0 49) 30 - 31 47 13 41, Fax: (0 49) 30 - 8 23 96 67

Dr. **Michael Hubin**
Leiter des CRITT-GBM (Gebietsforschung für Erneuerung und technologischer Transfer in biomedizinischen Geräten) in Laboratoire Capteurs Instrumentation Analyse, INSA Rouen, LCIA

Laboratoire Capteurs Instrumentation Analyse INSA Rouen, LCIA
Place Emile Blondel, B.P. 8, F-76130 Moint Saint Aignan
Tel.: (0 33) 35 52 84 06, Fax: (0 33) 35 52 84 83

Dr. rer. nat. **Ralf Huonker**
Wiss. Mitarbeiter im Biomagnetischen Zentrum Jena
Arbeitsgebiete sind Biomagnetismus, bildgebende Verfahren, Magnetfeldmessung
Klinikum des FSU Jena
Klinik für Neurologie, Biomagnetisches Zentrum
Philosophenweg 3, 07740 Jena
Tel./Fax: (0 49) 0 36 41 - 63 53 53

Ing. **Gerhard Jobst**
Techniker am Institut für Allgemeine Elektrotechnik und Elektronik der Technischen
Universität Wien
Arbeitsgebiete sind Chemo- und Biosensoren, Elektro-, Photo- und Polymerchemie
TU Wien
Institut für Allgemeine Elektrotechnik und Elektronik
Gußhausstraße 27–29/359, A-1040 Wien
Tel.: (0 43) 1 - 5 88 01 36 71, Fax: (0 43) 1 - 5 05 26 66

Prof. Dr. **Heiner Kaden**
Professor am Kurt-Schwabe-Institut für Meß- und Sensortechnik e.V.
Arbeitsgebiet ist die elektrochemische und optische Sensorik
Kurt-Schwabe-Institut für Meß- und Sensortechnik e.V.
Fabrikstraße 69, 04736 Meinsberg
Tel.: (0 49) 03 43 27 - 9 02 71, Fax: (0 49) 03 43 27 - 9 02 74

Dipl.-Ing. **Peter Kalakaj**
Ph.D. Aspirant am Institut für Radioelektronik der TU Kosice
Arbeitsgebiet ist Schaltungstheorie
TU Kosice
Lehrstuhl für Radioelektronik
Letna 9/A, 04120 Kosice (Slovakei)
Tel./Fax: (0 42) 95 - 3 05 77

Dipl.-Phys. **Jörg Kelleter**
Arbeitsgebiet ist Applikation von Multisensorsystemen
Justus-Liebig-Universität Gießen
Institut für Angewandte Physik
Heinrich-Buff-Ring 16, 35392 Gießen
Tel. (0 49) 06 41 - 7 02 28 34, Fax: (0 49) 06 41 - 7 02 27 53

Prof. Dr. **Dieter Kohl**
Arbeitsgebiete sind Sensorbauelemente und Sensorapplikationen

Justus-Liebig-Universität Gießen
Institut für Angewandte Physik
Heinrich-Buff-Ring 16, 35392 Gießen
Tel.: [0 49) 06 41 - 7 02 28 34

Dipl.-Ing. Matthias Leifheit
Mitarbeiter im Transferzentrum für Mikroelektronik e.V.
Arbeitsgebiet ist die Entwicklung mikrobieller Sensoren

Transferzentrum für Mikroelektronik e.V.
Erfurt
Tel./Fax: (0 49) 03 61 - 4 42 06 60

Prof. Dr.-Ing. Hans-Dieter Ließ
Arbeitsgebiete sind Sensorik für Medizin und Umwelt

Universität der Bundeswehr München
Institut für Physik
Werner-Heisenberg-Weg 39, 85579 Neubiberg
Tel.: (0 49) 0 89 - 60 04 37 72, Fax: (0 49) 0 89 - 60 04 35 60

Dipl.-Ing. Bernhard Luger
Freier Mitarbeiter am Institut für Allgemeine Elektrotechnik und Elektronik der
Technischen Universität Wien
Arbeitsgebiete sind Elektronik und Schaltungstechnik

TU Wien
Institut für Allgemeine Elektrotechnik und Elektronik
Gußhausstraße 27–29/359, A-1040 Wien
Tel.: (0 43) 1 - 5 88 01 38 35, Fax: (0 43) 1 - 5 05 26 66

Prof. Dr. Linus Michaeli
Prof. am Institut für Radioelektronik der TU Kosice
Vorsitzender der nationalen IMEKO
Arbeitsgebiet sind Künstliche Intelligenz und Neuronale Netze in der Meßtechnik

TU Kosice
Lehrstuhl für Radioelektronik
Letna 9/A, 04120 Kosice (Slovakei)
Tel./Fax: (0 42) 95 - 63 05 77

Prof. Dr.-Ing. Karl-Dietrich Morgeneier
Leiter des Fachbereichs Automatisierung an der Fachhochschule Jena
Arbeits- und Lehrgebiete sind Signalanalyse und Qualitätssicherung, Prozeßmeß-
technik, Prozeßautomatisierung

Fachhochschule Jena, Fachbereich Elektrotechnik
Tatzendpromenade 1b, 07745 Jena
Tel.: (0 49) 0 36 41 - 64 34 91, Fax: (0 49) 0 36 41 - 64 34 50

Mag. Dr. rer. nat. Isabella Moser
Wiss. Mitarbeiter am Institut für Allgemeine Elektrotechnik und Elektronik der Technischen Universität Wien
Arbeitsgebiete sind Entwicklung von Biosensoren und neuartigen bioanalytischen Mikrosystemen
TU Wien
Institut für Allgemeine Elektrotechnik und Elektronik
Gußhausstraße 27–29/359, A-1040 Wien
Tel.: (0 43) 1 - 5 88 01 36 71, Fax: (0 43) 1 - 5 05 26 66

Dr. sc. nat. **Hannes Nowak**
Leiter des Biomagnetischen Zentrum Jena
Arbeitsgebiete sind Biomagnetismus, supraleitende Sensoren, Meßtechnik
Klinikum der FSU Jena
Klinik für Neurologie, Biomagnetisches Zentrum
Philosophenweg 3, 07740 Jena
Tel./Fax: (0 49) 0 36 41 - 63 53 53

Doz. Dr. **Wolfgang Oelßner**
Abteilungsleiter am Kurt-Schwabe-Institut für Meß- und Sensortechnik e.V.
Arbeitsgebiet ist die elektrochemische Meßtechnik
Kurt-Schwabe-Institut für Meß- und Sensortechnik e.V.
Fabrikstraße 69, 04736 Meinsberg
Tel.: (0 49) 03 43 27 - 9 02 71, Fax: (0 49) 03 43 27 - 9 02 74

Univ-.Prof. Dr. techn. Dr. h.c. **Fritz Paschke**
Universitätsprofessor am Institut für Allgemeine Elektrotechnik und Elektronik der Technischen Universität Wien;
Arbeitsgebiete sind allgemeine Elektrotechnik und industrielle Elektronik
TU Wien
Institut für Allgemeine Elektrotechnik und Elektronik
Gußhausstraße 27–29/359, A-1040 Wien
Tel.: (0 43) 1 - 5 88 01 38 34, Fax: (0 43) 1 - 5 05 26 66

Heinz Petig
Arbeitsbebiet ist die chemische Sensorik
RWE Holding AG Essen,
Kruppstr. 5, 45128 Essen
Tel.: (0 49) 02 01 - 1 22 22 49

Prof. Dr.-Ing. Dr. h.c **Thomas Pfeifer**
Leiter der Abteilung Meßtechnik des Fraunhofer-Instituts für Produktionsstechnologie
Lehrstuhl für Fertigungsmeßtechnik und Qualitätsmanagement am Laboratorium für Werkzeugmaschinen und Betriebslehre der RWTH Aachen Arbeitsgebiet ist die Fertigungstechnologie

RWTH Aachen
Werkzugmaschinenlabor
Steinbachstraße 53, 52074 Aachen
Tel.: (0 49) 02 41 - 80 74 12, Fax: (0 49) 02 41 - 8 88 82 93

Dipl.-Phys. **Gabriele Pfeiffer**
Wiss. Mitarbeiter an der Fachhochschule Jena
Fachhochschule Jena
Tatzendpromenade 16, 07745 Jena
Tel.: (0 49) 0 36 41 - 64 34 82

Dr. rer. nat **Bernd Reinhold**
Geschäftsführer der RJM Rheinmetall Jenaoptik Optical Metrology GmbH Jena
Arbeitsgebiet ist die Bildverarbeitung
RJM GmbH
Löbstedter Str. 107–109, 07749 Jena
Tel.: (0 49) 0 36 41 - 6 76 50, Fax: (0 49) 0 36 41 - 67 65 10

Dipl.-Ing. **Uwe Richter**
Produktmanager Digital Imaging in der RJM GmbH
Arbeitsgebiete sind Digitale Kameratechnik, Bildverarbeitung, CCD-Technik
Löbstedter Str. 107–109, 07749 Jena
Tel.: (0 49) 0 36 41 - 67 65 43, Fax: (0 49) 0 36 41 - 67 65 41

Univ.-Doz. Dipl.-Ing. Dr. techn. **Karl Riedling**
Assistenzprofessor am Institut für Allgemeine Elektrotechnik und Elektronik der
Technischen Universität Wien
Arbeitsgebiete sind Mikroelektronik, Halbleitertechnologie und Messdatenerfassung
TU Wien
Institut für Allgemeine Elektrotechnik und Elektronik
Gußhausstraße 27–29/359, A-1040 Wien
Tel.: (0 43) 1 - 5 88 01 38 46, Fax: (0 43) 1 - 5 05 26 66

Univ.-Prof. Dr. **Wilhelm Ripl**
Universitätsprofessor am Fachbereich Umwelt und Gesellschaft der TU Berlin, Leiter
des Fachgebiets Limnologie
Arbeitsgebiet ist Limnologie
TU Berlin
Fachbereich Umwelt und Gesellschaft
Fachgebiet Limnologie
Hellriegelstraße 6, 14195 Berlin
Tel.: (0 49) 30 - 3 14 - 7 13 41, Fax: (0 49) 30 - 8 23 - 96 67

Dipl.-Ing. **Andrej Sak**
Ph.D. Aspirant am Institut für Radioelektronik der TU Kosice
Arbeitsgebiet ist Mikroprozessortechmik

TU Kosice
Lehrstuhl für Radioelektronik
Letna 9/A, 04120 Kosice (Slovakei)
Tel./Fax: (0 42) 95 - 3 05 77

Dr. Jürgen Sander
Arbeitsgebiet ist Sensorik
Dornier GmbH, Abt. F4NIF
88039 Friedrichshafen
Tel.: (0 49) 0 75 45 - 8 42 01

Dr. Klaus-Dieter Schierbaum
Mitarbeiter des Institut
Arbeitsgebiete sind Katalyse, Chemische Wechselwirkungen, Sensorik
Eberhard-Karls-Universität Tübingen
Institut für Physikalische und Theoretische Chemie
Auf der Morgenstelle 8, 72076 Tübingen
Tel.: (0 49) 0 70 71 - 29 52 82, Fax: (0 49) 0 70 71 - 29 69 10

Prof. Dr. sc. nat. Hans-Peter Schmauder
Geschäftsführer im Forschungszentrum für Medizintechnik und Biotechnologie e.V.
Arbeitsgebiete sind Mikrobiologie, Biotechnologie, Umweltbiotechnologie
Geranienweg 7, 99947 Bad Langensalza
Tel.: (0 49) 0 36 03 - 83 31 40, Fax: (0 49) 0 36 03 - 83 31 50

Univ.-Prof. Dr.-Ing. A. Seeliger
Direktor des Institutes für Bergwerks- und Hüttenmaschinenkunde
Arbeitsgebiete sind die Rechnergestützte Bergwerksplanung, Maschinenmeßtechnik
und Schwingungsanalyse
RWTH Aachen
Institut für Bergwerks- und Hüttenmaschinenkunde
Wüllnerstraße 2, 52056 Aachen
Tel.: (0 49) 02 41 - 80 38 44, Fax: (0 49) 02 41 - 8 88 82 27

Prof. Dr. Milos Somora
Direktor des Technologieparks INTERMIKRA
Leiter des Lehrstuhls für Hybridmikroelektronik an der TU Kosice
Arbeitsgebiet ist Aufbau- und Verbindungstechnologie
TU Kosice
Lehrstuhl für Hybridmikroelektronik
Letna 9/A, 04120 Kosice (Slovakei)
Tel./Fax: (0 42) 95 - 3 05 77

Peter Svasek
Techniker am Institut für Allgemeine Elektrotechnik und Elektronik der Technischen
Universität Wien
Arbeitsgebiete sind Elektronik und Aufbau von Sensorsystemen

TU Wien
Institut für Allgemeine Elektrotechnik und Elektronik
Gußhausstraße 27–29/359, A-1040 Wien
Tel.: (0 43) 1 - 5 88 01 37 10, Fax: (0 43) 1 - 5 05 26 66

Univ.-Doz. Dr. techn. **Gerald Urban**
Leiter des Ludwig Bolzmann-Instituts für Biomedizinische Mikrotechnik am Institut
für Allgemeine Elektrotechnik und Elektronik der Technischen Universität Wien
Arbeitsgebiete sind Sensorik und Mikrotechnik
TU Wien
Institut für Allgemeine Elektrotechnik und Elektronik
Gußhausstraße 27–29/359, A-1040 Wien
Tel.: (0 43) 1 - 5 88 01 36 72, Fax: (0 43) 1 - 5 05 26 66

Dipl.-Ing. **Mehdi Varahram**
Wiss. Mitarbeiter am Institut für Allgemeine Elektrotechnik und Elektronik der
Technischen Universität Wien
Arbeitsgebiet ist Dick- und Dünnschichttechnologie für Sensorik
TU Wien
Institut für Allgemeine Elektrotechnik und Elektronik
Gußhausstraße 27–29/359, A-1040 Wien
Tel.: (0 43) 1 - 5 88 01 36 71, Fax: (0 43) 1 - 5 05 26 66

Dr. **Norbert Volk**
Arbeitsgebiet ist Biotechnologie
MLU Halle-Wittenberg
Institut für Bioverfahrens- und Reaktionstechnik
Geusaer Straße, 06217 Merseburg
Tel.: (0 49) 0 34 61 - 46 28 21, Fax: (0 49) 0 34 61 - 46 28 22

Dipl.-Ing. **Hartmut Wächter**
Geschäftsführer des Ingenieurbüro Wächter GmbH
Arbeitsgebiet sind Gerätetechnische Konzepte
Ingenieurbüro Wächter GmbH
Am Rothenbach 18, 99610 Sömmerda
Tel.: (0 49) 0 36 34 - 2 20 02, Fax: (0 49) 0 36 34 - 3 44 29

J. Weidemann
Arbeitsgebiet ist die Meßtechnik
RWTH Aachen
Institut für Bergwerks- und Hüttenmaschinenkunde
Wüllnerstraße 2, 52056 Aachen
Tel.: (0 49) 02 41 - 80 38 44, Fax: (0 49) 02 41 - 8 88 82 27

Dipl.-Ing. **Werner Winkler**
Freier Mitarbeiter am Institut für Allgemeine Elektrotechnik und Elektronik der

Technischen Universität Wien
Arbeitsgebiete sind Elektronik und Schaltungstechnik
TU Wien
Institut für Allgemeine Elektrotechnik und Elektronik
Gußhausstraße 27–29/359, A-1040 Wien
Tel.: (0 43) 1 - 5 88 01 38 35, Fax: (0 43) 1 - 5 05 26 66

Dr. Michael Winterstein
Arbeitsgebiets sind Neuronale Netze und Fuzzylogic
BUNA GmbH Schkopau, Abt. Analytik
Postfach 215, 06202 Merseburg

J. Zosel
Wissenschaftlicher Mitarbeiter am Kurt-Schwabe-Institut für Meß- und Sensortechnik e.V.
Arbeitsgebiete sind chemische Sensoren und Laser-Doppler Anemometrie
Kurt-Schwabe-Institut für Meß- und Sensortechnik e.V.
Fabrikstraße 69, 04736 Meinsberg
Tel.: (0 49) 03 43 27 - 9 02 71, Fax: (0 49) 03 43 27 - 9 02 74

Inhalt

Teil II   Applikationslösungen mit Multisensoren

**Teil I
Kompendium Multisensorik**

1 Mathematische Methoden zur Beschreibung und Analyse von Multisensor-Systemen

E. Christ

1.1. Beschreibung realer Sensor-Systeme

Sensoren und Aktoren sind Bauelemente, die in irgendeiner Weise mit anderen Bauelementen und unserer natürlichen Umgebung in Wechselwirkung stehen. Will man ihre Eigenschaften genauer beschreiben, sie analysieren oder sie sogar optimieren, so erweisen sich diese „Bauelemente", heute sind es meist winzige Mikrosensoren und -aktoren, als recht komplizierte Objekte (Systeme).

Einige Möglichkeiten, Mittel und Methoden zur Analyse und Optimierung aufzuzeigen, sowie ihre praktische Handhabung an einigen Beispielen zu erläutern, ist Gegenstand dieses Kapitels (s. Übersicht in Abb. 1.1.). Zur Umfangsbegrenzung einerseits und wegen der großen Breite und Komplexität dieser Thematik andererseits, wollen wir uns einige Beschränkungen auferlegen und treffen deshalb folgende Vereinbarungen.

- Aus der fast unüberschaubaren Vielfalt von Verfahren wird nur eine Auswahl getroffen.
- Die Mittel und Methoden werden in gestraffter Form beschrieben. Das Hauptaugenmerk wird darauf gerichtet, praktische Anwendungsmöglichkeiten der Beziehungen aufzuzeigen.
- Mit Rücksicht auf die praktische Anwendung wird eine leicht verständliche Darstellung angestrebt.
- Auf mathematische Beweise wird verzichtet. Dem interessierten Leser wird empfohlen, zum intensiveren Studium die umfangreiche einschlägige Fachliteratur zu studieren.

1.1.1
Bildung des Modells

Die Untersuchung und Veränderung der Eigenschaften realer Objekte/Systeme ist eine Aufgabe der in der Praxis tätigen Techniker und Ingenieure. Vom Standpunkt der Systembeschreibung und Modellbildung können Sensoren und Aktoren als komplizierte Systeme oder auch als einfachere Teilsysteme in Erscheinung treten. Ein mathematisches Modell eines realen Systems ist letztlich eine Beschreibung mittels mathematischer Gleichungen, d.h. eine näherungsweise richtige Erfassung seiner Eigenschaften. Dies bedeutet, sie in geeigneter Weise zu approximieren bzw. zu klassifizieren. Eine Erfassung der wesentlichen Eigenschaften geschieht entweder

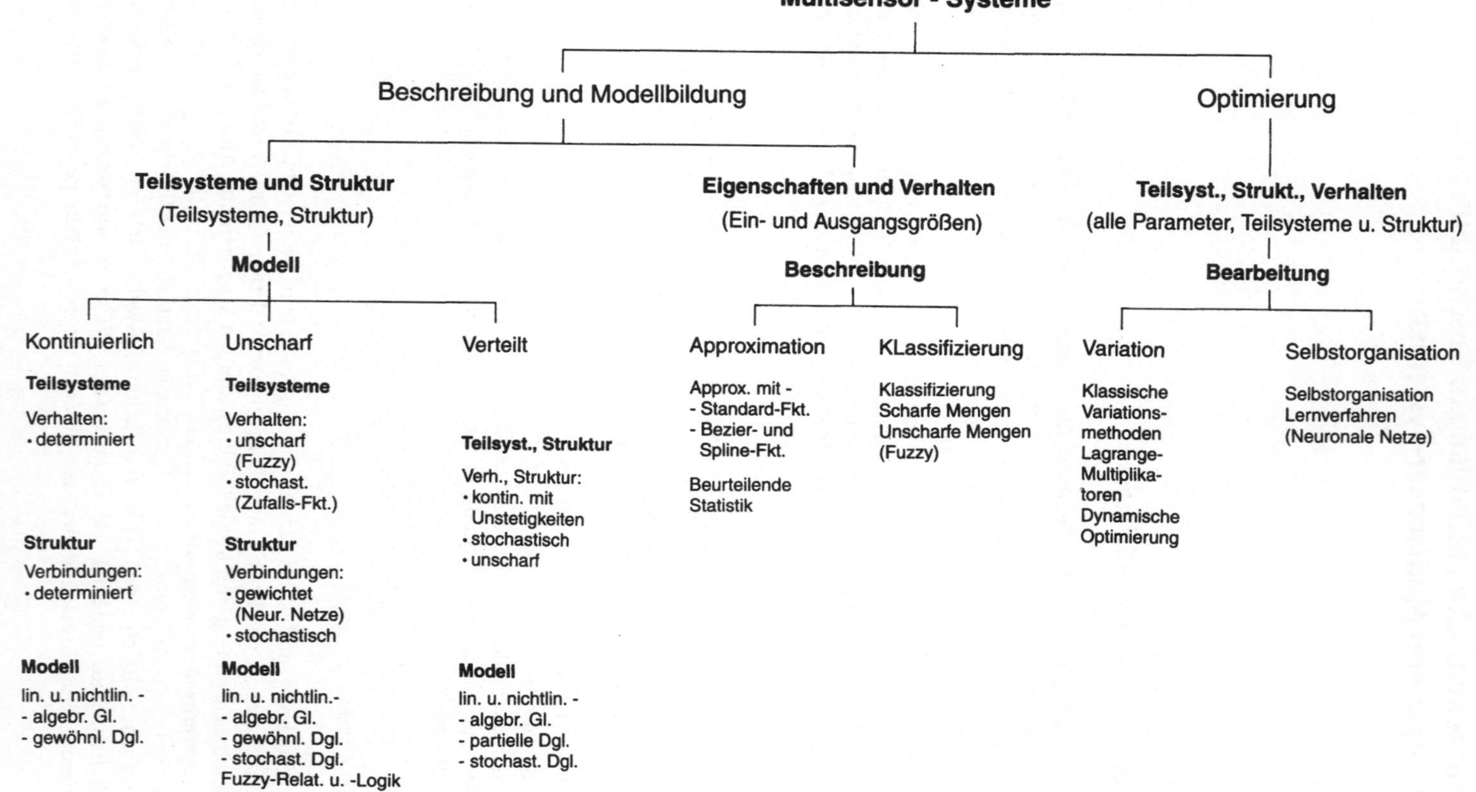

Abb. 1.1. Mathematische Methoden und Verfahren

auf der Grundlage von experimentellen Daten, man spricht dann von Kennwertermittlung bzw. Systemidentifikation, oder man führt eine mathematische Analyse des Systemaufbaus durch (z. B. Aufstellen von Maschen- und Knotengleichungen in elektrischen Schaltungen).

Identifikation von Sensor-Systemen und Erfassung ihrer Eigenschaften

Im Sinne der Systembeschreibung ist das „Leben" eines Systems dann beendet, wenn es seine Aufgaben nicht mehr in vorgesehener Weise und mit ausreichender Qualität erfüllt. Ein Sensor ist in diesem Sinne „tot", wenn seine Empfindlichkeit ein vorgegebenes Maß unterschreitet, beispielsweise durch Verunreinigung. Das Bauelement kann trotzdem weiter „existieren". Die Lebensdauer wird also durch das Verhalten der Systemvariablen (Ein- und Ausgangsgrößen) bestimmt. Die Systemvariablen können durch geeignete Normierung dimensionslos gemacht werden. Um die Eigenschaften realer Systeme zu analysieren, werden Daten experimentell erfaßt, in numerischen Experimenten (Computersimulation) erarbeitet oder auch durch Umfragen ermittelt. Solche Daten können sehr unterschiedliche Kennzeichen haben, z B.

- Datenmenge: gering bis sehr umfangreich
- Zeitliche Lage: dicht (quasi-kontinuierlich), diskret (Stichproben) oder als Abtastwerte kontinuierlicher Folgen Völlig unscharfe Aussagen (aus Befragungen) mehr oder weniger gute Schätzungen oder sogar nur Vermutungen

Trotzdem lassen sich in all diesen Fällen Modelle bilden. Es kommt dabei darauf an, diese Daten und Informationen mittels Funktionen, Algorithmen, Regeln und Vorschriften in „geeigneter Weise" in Beziehung zu bringen.

Dies ist eine der schwierigsten Aufgaben im Rahmen der Modellbildung, und sie erfordert viel Kreativität und Wissen. Es liegt auf der Hand, daß es dafür kein allgemeingültiges Rezept geben kann. Auf eine Reihe ausgewählter Vorgehensweisen werden wir deshalb hier eingehen.

Teilsysteme und Struktur

In welcher Weise ein reales System auf Einwirkungen anderer Systeme (Umgebung) reagiert, wird durch die inneren Gesetzmäßigkeiten, d. h. das Verhalten der Teilsysteme und die Art und Weise ihrer Verbindungen untereinander, bestimmt. Die Gesamtheit der Verbindungen der Teilsysteme nennt man Struktur des Systems. Die Teilsysteme des Systems können ihrerseits wieder aus Teilsystemen (niederer Stufe) bestehen. Das System, seine Teilsysteme und deren Teilsysteme können alle durch entsprechende Modellgleichungen beschrieben werden.

Die Systemvariablen, die häufig skalare Größen sind (Strom, Spannung, Druck, Temperatur), können formal zu sog. Ein- bzw. Ausgangsvektoren zusammengefaßt werden Gl. (1.1):

Eingangsgrößen

$$x(t) = (x_1(t), \ldots, x_n(t)) \qquad \text{oder:} \quad x(t) = (x_s(t)), \quad s = 1, \ldots, n \tag{1.1a}$$

Ausgangsgrößen

$$y(t) = (y_1(t), \ldots, y_k(t)) \qquad \text{oder:} \quad y(t) = (y_r(t)), \quad r = 1, \ldots, m \tag{1.1b}$$

Es besteht aber auch die Möglichkeit, daß sie durch ihren physikalischen Charakter als Vektoren (z. B. elektrische Feldstärke) oder sogar Matrizen (z. B. mechanischer Spannungstensor) oder Tensoren höherer Stufe bestimmt sind.

Modellgleichungen

In der einschlägigen Fachliteratur werden hauptsächlich drei Typen von Systemmodellen beschrieben:

- Übergangsmodelle (Ein-, Ausgangsmodelle), z. B. [7, 15, 17]
- Zustandsmodelle, z. B. [13, 15]
- Verhaltensmodelle, z. B. [5, 6]

Übergangsmodelle. Hier wird der Zusammenhang zwischen den Eingangsgrößen (als Ursachen bezeichnet) und den Ausgangsgrößen (als Wirkungen bezeichnet) dargestellt. Man spricht vom Klemmenverhalten des Systems. Oft findet man auch den Begriff Mehrtore. Solche Modellgleichungen können in der Form (1.2) dargestellt werden.

$$y(t) = f(x(t)) = Fx(t) \tag{1.2}$$

Es bedeuten:

$$
\begin{aligned}
&\text{Eingangsvektor} &&x(t) = (x_s(t)), &&s = 1, \ldots, n \\
&\text{Ausgangsvektor} &&y(t) = (y_r(t)), &&r = 1, \ldots, m \\
&\text{Übertragungsmatrix} &&F = (F_{rs}) &&s = 1, \ldots, n \quad r = 1, \ldots, m
\end{aligned} \tag{1.2}
$$

Zustandsmodelle. Solche Modelle finden z. B. in der Regelungstechnik breite Anwendung. In dieser Form der Modellbildung sind neben den Ein- und Ausgangsgrößen auch gewisse innere Systemvariable, die Zustandsgrößen von Interesse. Es entstehen Modellgleichungen der Gestalt (1.3).

$$
\begin{aligned}
\frac{\mathrm{d}}{\mathrm{d}t} z(t) &= Az(t) + Bx(t) \\
y(t) &= Cz(t) + Dx(t)
\end{aligned} \tag{1.3}
$$

Es bedeuten:

$$
\begin{aligned}
&\textbf{Eingangsvektor} &&x(t) = (x_t)), &&s = 1, \ldots, n \\
&\textbf{Ausgangsvektor} &&y(t) = (y_r(t)), &&r = 1, \ldots, m \\
&\textbf{Zustandsvektor} &&z(t) = (z_u(t)), &&u = 1, \ldots, v \\
&\textbf{Systemmatrix} &&A = (A_{pq}), &&p = 1, \ldots, v \\
&\textbf{(Zustandsmatrix)} && &&q = 1, \ldots, v
\end{aligned}
$$

Steuermatrix	$B = (B_{us})$,	$u = 1, \ldots, v$
		$s = 1, \ldots, n$
Beobachtungsmatrix	$C = (C_{ru})$,	$r = 1, \ldots, m$
(Meßmatrix)		$u = 1, \ldots, v$
Ein-/Ausgangsmatrix	$D = (D_{rs})$,	$r = 1, \ldots, m$
		$s = 1, \ldots, n$

$$(1.3a)$$

Verhaltensmodelle. Diese Modellbeschreibung zeichnet sich durch große Universalität und Übersichtlichkeit aus und ist auf alle Arten von Systemen anwendbar. Auch hier können wir nur in gedrängter Form auf die wesentlichen Aspekte eingehen. Eine ausführliche Darstellung und Anwendungen sind u.a. in [5, 6] zu finden. Merkmale dieser Verhaltensmodelle sind:

- Ein System kann hierarchisch in Teilsysteme zerlegt werden.
- Jedes Teilsystem kann seinerseits als System interpretiert werden.
- Das Verhalten jedes Systems oder Teilsystems kann durch seine Eingangsgrößen, Ausgangsgrößen oder seine Ein- und Ausgangsgrößen beschrieben werden.

Zur Veranschaulichung dieser Merkmale wollen wir ein Beispiel (Abb. 1.2.) betrachten.

Zerlegungsvarianten (je nach Zielstellung):

1. Variante
Teilsysteme

$$
\begin{aligned}
T_{11} &\to R, \\
T_{pq} &\to OS, \quad p = 2,3; \; q = 2,3 \\
T_{sl} &\to OV, \quad s = 4,5; \; l = 4,5
\end{aligned}
$$

$$(1.3b)$$

Systemvariable

PL Optische Eingangsleistung   **Eingangsgröße**
u_3 Ausgangsspannung   **Ausgangsgröße**

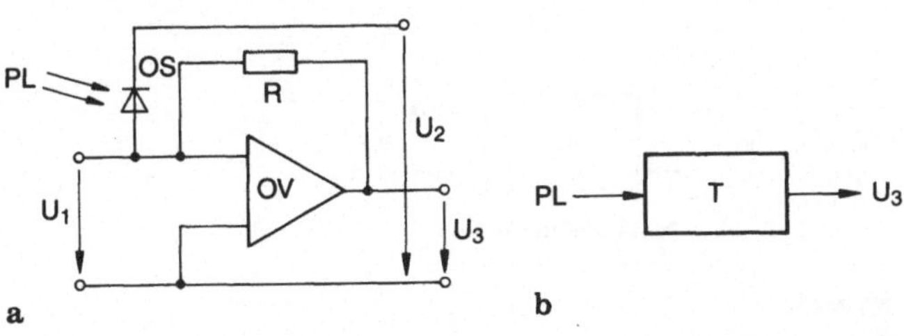

Abb. 1.2. OS – Optischer Sensor (Zweipol), R – Widerstand (Zweipol), OV –Operationsverstärker (Vierpol), PL – Optische Eingangsleistung (Ursache), u_3 –Ausgangsspannung (Wirkung), u_1 – innere Spannung (Zustandsgröße) oder zusätzliche Steuergröße, u_2 – innere Spannung (Zustandsgröße) oder zusätzliche Steuergröße

2. Variante
Teilsysteme

OS zerlegen in pn-Übergänge und Dotierungsgebiete
R   zerlegen in reellen und imaginären Widerstand (Kapazität, Induktivität)
OV zerlegen in pn-Übergänge, Dotierungsgebiete, integrierte Widerstände, Tempe-
    raturwiderstand (Chip-Gehäuse)

Systemvariable

PL Optische Eingangsleistung   **Eingangsgröße**
u_3 Ausgangsspannung   **Ausgangsgröße**
u_2 Betriebsspannung   **Eingangsgröße oder Steuergröße,**
                                    (z. B. zeitliche Schwankungen,
                                    Batterieverbrauch)

Ein System kann komponentenfrei oder in Komponentenform dargestellt werden
(Abb. 1.3.).

Die Indizes kennzeichnen in bekannter Weise die Komponenten von Vektoren
(Tensoren 1. Stufe) und Matrizen (Tensoren 2. Stufe).

Zur Vereinfachung der Darstellung und gleichzeitig zur Steigerung der Effizi-
enz und Übersichtlichkeit in der Beschreibung, auch sehr komplizierter Systeme,
vereinbaren wir die sogenannte Summationskonvention:
Übliche Schreibweise:

$$y_r = \sum_s T_{rs}x_s \quad s = 1 \ldots n \quad r = 1 \ldots m \tag{1.3c}$$

Schreibweise entsprechend der Summationskonvention:

$$y_s = T_{rs}x_s \quad s = 1 \ldots N \quad r = 1 \ldots N \tag{1.3c}$$

Keine Summation:

$$y_r = T_{rr}x_r \quad r = 1 \ldots N \tag{1.3c}$$

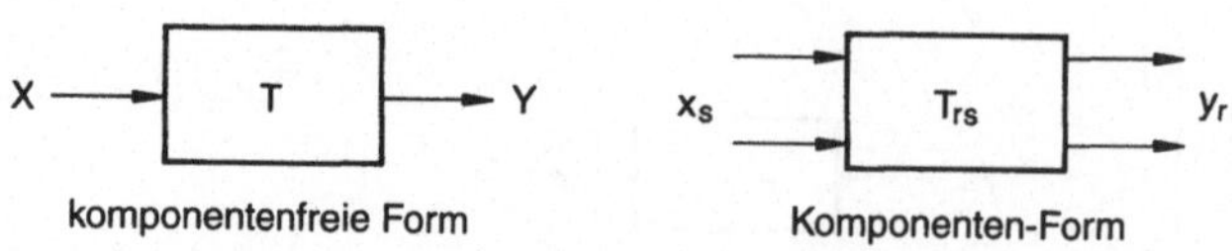

Abb. 1.3. Darstellung eines Systems.

– Allgemeine Indizes s, r laufen von $1, \ldots, N$.
– Treten in einer Systemgleichung zwei gleichlautende Indizes an verschiedenen, nebeneinander-
  stehenden Vektoren bzw. Matrizen auf, wird eine Summation von $1, \ldots, N$ durchgeführt.
– Treten dabei an einem Matrixelement zwei gleichlautende Indizes auf, so wird keine Summation
  durchgeführt.

Damit erhalten die Verhaltensgleichungen der Teilsysteme eine ausgesprochen einfache Form:

allgemein nichtlinear

$$y_r = x_r T\,(x_r)_{rr}$$

bzw.

$$y_r = T\,(x_r)_{rr}\,x_r$$

abkürzend geschrieben

$$y_r = x_r T_{rr}$$

$$y_r = T_{rr} x_r$$

$$(1.4)$$

Die Art der Verkopplung zwischen solchen Teilsystemen kennzeichnet man als Strukturgleichungen des Gesamtsystems:

$$x_k = y_s C_{sk}$$

bzw.

$$x_k = C_{ks} y_s$$

$$(1.5)$$

Die Komponenten der Strukturmatrix sind ± 1 oder Null. Man könnte ihnen auch „Gewichte" zuordnen, wenn man den Anschluß an bestimmte, in der Fachliteratur beschriebene, spezielle Systemdarstellungen suchen will (z. B. Neuronale Netze). Im Verhaltensmodell ist eine solche spezielle Wichtung der Verbindungen nicht erforderlich. Diese „Gewichte" werden konsequent den Teilsystemen als Eigenschaft zugeordnet. Hierdurch ergeben sich wesentliche Vereinfachungen der Systembeschreibung, auch für Neuronale Netze. Die Komponenten der Verhaltensmatrix in (1.4) sind allgemein nichtlineare Funktionen der Systemvariablen, gegebenenfalls auch der Zeit t.

Setzen wir die Verhaltensgleichungen der Teilsysteme in die Strukturgleichungen des Gesamtsystems ein und umgekehrt, so ergeben sich vier Typen von Bewegungsgleichungen (Modellgleichungen) des Gesamtsystems (1.6):

ausführlich geschrieben

$$x_p = x_r T_{rr} C_{rp}$$
$$y_l = y_r C_{rl} T_{ll}$$

bzw.

$$x_f = C_{fb} T_{bb} x_b$$
$$y_s = T_{ss} C_{sb} y_b$$

abkürzend geschrieben

$$x_p = x_r R_{rp}$$
$$y_l = y_r Q_{rl}$$

$$x_f = R_{fb} x_b$$
$$y_s = Q_{sb} y_b$$

$$(1.6)$$

Die Matrizen R_{pq} bzw. Q_{vw} nennt man die Verhaltensmatrizen des Gesamtsystems. An dieser Stelle erkennt man, daß ein System wieder als Teilsystem eines übergeordneten Systems angesehen werden kann. Wir erkennen außerdem, daß die Verhaltensweise eines Systems (Teilsystems) mit Hilfe seiner Eingangsvariablen x_s oder seiner Ausgangsvariablen y_v beschrieben werden kann.

Ersetzen wir die Systemvariablen x_s, y_v auf der rechten Seite der Gleichungen (1.6) durch weitere Bewegungsgleichungen der Gestalt (1.6), so erhalten wir Beziehungen, die ein System höherer Stufe charakterisieren Gl. (1.7):

$$x_l = x_r R_{rb} R_{bl} \qquad y_l = y_r Q_{rb} Q_{bl}$$
$$\text{bzw.}$$
$$x_l = R_{lb} R_{br} x_r \qquad y_l = Q_{lb} Q_{br} y_r$$

$$(1.7)$$

Diese Gleichungen sehen sehr einfach aus, aber sie beschreiben ein sehr komplexes System. Um sich dies zu verdeutlichen, erinnern wir daran, daß über gleiche

Laufindizes, d. h. r und b in (1.7) summiert wird. Die Prozedur des Einsetzens kann fortgesetzt werden.

Weil es für die Formulierung der Operatoren $T(x_r, t)$ keine prinzipiellen Einschränkungen gibt, können mit dem dargestellten Algorithmus komplizierte dynamische Systeme jeglicher Art, d. h. determiniert, stochastisch, diskret, Fuzzy-Mengen, sogar Systeme mit verbalen Beschreibungen erfaßt, analysiert und optimiert werden.

1.1.2
Beschreibung realer Systemeigenschaften

Nachdem wir uns bisher mit den Möglichkeiten zur Beschreibung und Modellbildung von Sensor – Systemen befaßt haben, wenden wir uns nun einer Auswahl von spezifischen Mitteln und Methoden zu, die der Beschreibung und Analyse sowie der Optimierung des Systemverhaltens dienen.

Approximation des Systemverhaltens

Die interessierende Systemeigenschaft sei im einfachsten Fall durch zwei Systemvariable x und y ausgedrückt. Eine der Größen kann auch die Zeit t bedeuten. Es werde angenommen, das konkrete Systemverhalten wird durch N Wertepaare verkörpert.

Ermittelte Wertepaare, z. B. aus einem Experiment:

$$y_{(i)} \text{ und } x_{(i)}, \qquad i = 1, \ldots, N, \tag{1.7a}$$

Dieser Wertezusammenhang ist nun durch eine geeignete mathematische Beziehung zu approximieren. Entsprechendes gilt, falls K Systemvariable vorliegen.

Approximation durch Standardfunktionen

Gesucht sind möglichst einfache mathematische Ausdrücke, die unter Verwendung bekannter Funktionen eine geeignete Kurve $y(x)$ erzeugen, die die experimentellen Daten $y_{(i)}, x_{(i)}$, nach einem gewählten Gütekriterium optimal annähert.

Teilaufgaben

- Wahl der Typen der Approximationsfunktionen,
- Ermittlung der unbekannten Koeffizienten dieser Funktionen mittels der Wertepaare $y_{(i)}, x_{(i)}, \qquad i = 1, \ldots, N$.

Die Approximationsfunktionen.

Potenzpolynome

$$y(x) = \sum_s a_s x^s \qquad s = 0 \ldots M \tag{1.8}$$

Beispiel (Abb. 1.4.): Temperaturabhängiger nichtlinearer Widerstand

$a_1 = 0.5 \quad a_2 = 0 \quad a_3 = 1.7$

$\text{temp}_1 = 13 \qquad \text{temp}_2 = 21$

$f(\text{temp}) = \text{temp}^2 \qquad u = 0, 0.2 \dots 4$

$$i(u, \text{temp}) = \frac{1}{f(\text{temp})} \left(a_1 + a_2 u^3 + a_3 u^5 \right)$$

$f(\text{temp}) = $ Temperaturfunktion

Exponentialpolymone

$$y(x) = \sum_s a_s \exp(bx) \qquad s = 0 \dots M \tag{1.9}$$

Beispiel (Abb.1.5.): Nichtlineare Halbleiterkennlinie, z.B. Diode oder Diodenkombination

$$u = 0, 0.2 \dots 3$$
$$a_1 = 0.9 \qquad b_1 = 2.3$$
$$a_2 = -25 \qquad b_2 = 1.1$$
$$f1(u) = a_1 \exp(b_1 u)$$
$$f2(u) = a_2 \exp(b_2 u)$$
$$i(u) = a_1 \exp(b_1 u) + a_2 \exp(b_2 u)$$

Es bedeuten $f(x)_s = $ trigonometrische und hyperbolische Funktionen.

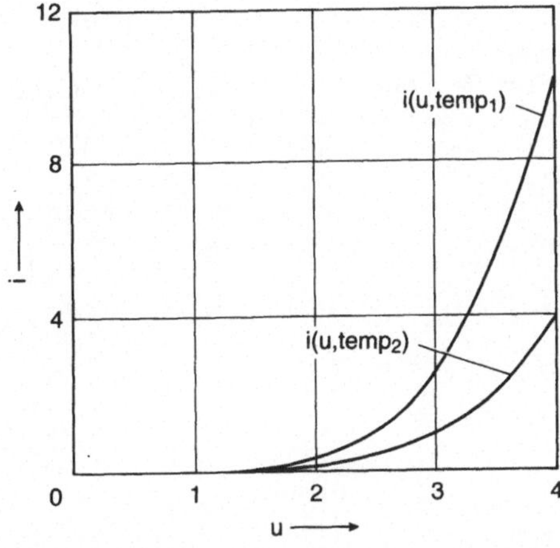

Abb. 1.4. Temperaturabhängiger nichtlinearer Widerstand

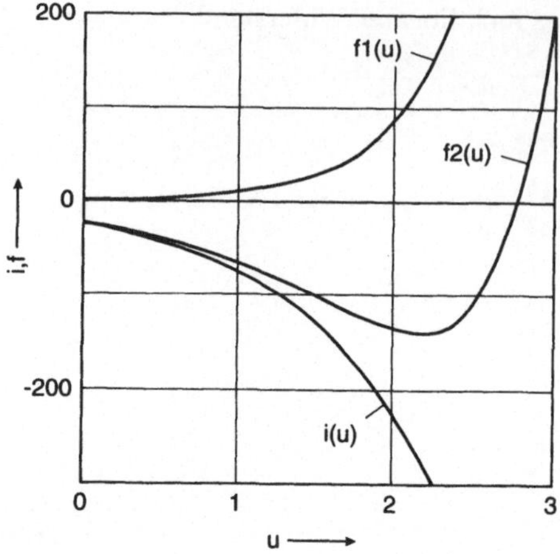

Abb. 1.5. Nichtlineare Halbleiterkennlinie, z.B. Diode oder Diodenkombination

Trigonometrische Polynome

$$y(x) = \sum_s a_s f(x)_s \qquad s = 0 \dots M \tag{1.10}$$

Beispiel (Abb. 1.6.): Magnetisierungskennlinie

$$H = -10 \dots 10$$
$$a_1 = 1 \quad a_2 = 5 \quad b = 2 \tag{1.10a}$$
$$B(H) = a_1 H + a_2 \arctan(bH)$$

Eine weit verbreitete Approximationsfunktion ist die Fourier-Reihe. Anwendungsbeispiele sind in ausreichendem Maße bekannt.

Fourier-Reihe:

$$y(x) = \frac{a_0}{2} + \sum_s (a_s \cos(sx) + b_s \sin(sx)) \quad s = 0 \dots M \tag{1.11}$$

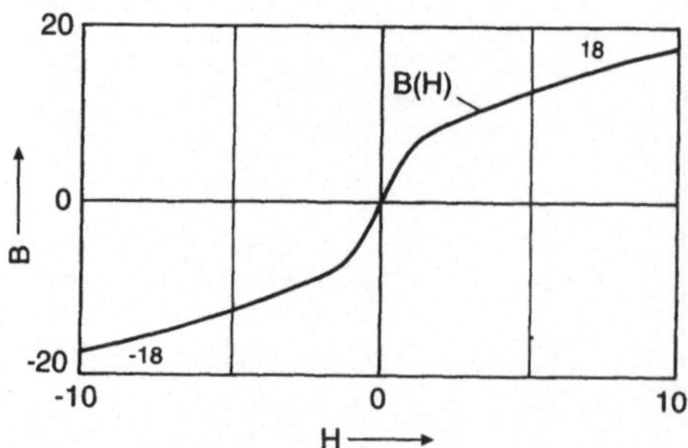

Abb. 1.6. Magnetisierungskennlinie (Mittelpunktskurve) von magnetischen Bauelementen

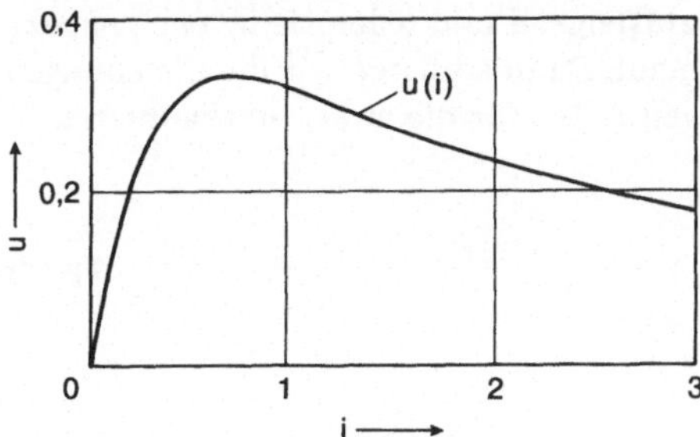

Abb. 1.7. Kennlinie von Thermosensoren

Gebrochene rationale Funktionen

$$y(x) = \frac{\sum_s a_s x^s}{\sum_p b_p x^p} \qquad \begin{array}{l} s = 0 \dots M \\ p = 0 \dots M \end{array} \tag{1.12}$$

Beispiel (Abb. 1.7.): Kennlinie von Thermosensoren

$$i = 0, 0.2 \dots 3$$
$$b_0 = 0.7 \quad b_1 = 0.9 \quad b_2 = 1.5 \tag{1.12a}$$
$$u(i) = \frac{i}{b_0 + b_1 i + b_2 i^2}$$

Es gibt eine Reihe weiterer Polynomfunktionen, die man zur Approximation heranziehen kann:

- Tschebyschew-Polynome
- Bessel-Funktion (Zylinderfunktionen)
- Legendresche Polynome (Kugelfunktionen)
- Hermitische Polynome
- Hypergeometrische Funktionen

Wir führen diese Funktionen nicht im Detail aus, da ihre Anwendung nicht so verbreitet ist und bereits einige weitergehende mathematische Kenntnisse erfordert. Der interessierte Leser sei auf die mathematische Fachliteratur verwiesen.

Koeffizientenbestimmung

Rektifikation. Diese Methode ist gut geeignet für den Fall, daß in einer gewählten Approximationsfunktion noch zwei Koeffizienten k_1, k_2 unbekannt sind.

$$y(x) = F(x, k_1, k_2) \tag{1.13}$$

Durch eine geeignete gewählte Umformung geben wir (1.13) die Form (1.14):

$$G(x, y) = a(k_1, k_2) H(x, y) + b(k_1, k_2) \tag{1.14}$$

Durch Einsetzen der ermittelten Wertepaare $x(i)$, $y(i)$, $i = 1, \dots, N$, errechnen wir nach (1.14) neue Wertepaare (1.15)

$$G\left[x_{(i)}, y_{(i)}\right]_i \quad H\left[x_{(i)}, y_{(i)}\right] \quad i = 1 \dots N \tag{1.15}$$

Wir ordnen jetzt die Wertepaare $G_{(i)}$, $H_{(i)}$ aufsteigend und teilen sie in zwei, nahezu gleich große Gruppen mit $p \sim N/2$ Werten auf. Dann addieren wir die Gleichungen jeder Gruppe und erhalten zwei Gleichungen (1.16) für die zwei Unbekannten a, b.

$$\sum_i G_i = a \sum_i H_i + b \qquad i = 1 \ldots p$$

$$\sum_i G_i = a \sum_i H_i + b \qquad i = p + 1 \ldots N \tag{1.16}$$

Beispiel: Approximationsgleichung

$$y = k_0 + k_1 x + k_2 x_{(1)}^2 \tag{1.17}$$

Weil drei unbekannte Koeffizienten k_0, k_1, k_2 auftreten, muß einer von ihnen auf anderem Wege bestimmt werden. Zunächst wählen wir ein bestimmtes Wertepaar $x_{(1)}$, $y_{(1)}$ und bilden (1.18).

$$y_{(1)} = k_0 + k_1 x_{(1)} + k_2 x_{(1)}^2 \tag{1.18}$$

Aus (1.17) und (1.18) folgt (1.19). Für $x \neq x_{(1)}$ können wir (1.20) schreiben

$$y - y_{(1)} = k_1 \left[x - x_{(1)} \right] + k_2 \left(x^2 - x_{(1)}^2 \right) \tag{1.19}$$

$$\frac{y - y_{(1)}}{x - x_{(1)}} = k_1 + k_2 \frac{x^2 - x_{(1)}^2}{x - x_{(1)}} \tag{1.20}$$

Wegen $(x^2 - x_{(1)}^2) = (x - x_{(1)})(x + x_{(1)})$ entsteht (1.21).

$$\frac{y - y_{(1)}}{x - x_{(1)}} = \left(k_1 + k_2 x_{(1)} \right) + k_2 x \tag{1.21}$$

Durch direkten Vergleich von (1.14) und (1.21) erhalten wir (1.22)

$$G(x, y) = \frac{y - y_{(1)}}{x - x_{(1)}} \qquad H(x, y) = x$$

$$a(k_1, k_2) = k_2 \qquad b(k_1, k_2) = k_1 + k_2 x_{(1)} \tag{1.22}$$

Nun können die neuen Wertepaare errechnet werden (1.23). Unter Verwendung der konkreten Werte nach (1.23) werden gemäß (1.16) die Koeffizienten a, b bestimmt. Mit Hilfe der Beziehung (1.22) ergeben sich die gesuchten Koeffizienten k_1, k_2. Endlich wird mit (1.17) der noch fehlende Koeffizient k_0 bestimmt (1.24):

$$G_i = \frac{y_{(i)} - y_{(1)}}{x_{(i)} - x_{(1)}}$$

$$H_i = x_{(i)} \qquad i = 1 \ldots N \tag{1.23}$$

$$k_0 = \sum_i y_{(i)} - k_1 \sum_i x_{(i)} - k_2 \sum_i x_{(i)}^2$$

$$i = 1 \ldots N \tag{1.24}$$

Interpolation. Die Methode der Interpolation verwendet zur Bestimmung von p unbekannten Koeffizienten genau $p \leq N$ Wertepaare $x_{(i)}$, $y_{(i)}$ (Stützstellen).

$$y_{(1)} = a_0 + a_1 x_{(1)} + a_2 x_{(1)}^2 + \ldots + a_p x_{(1)}^p$$
$$y_{(p+1)} = a_0 + a_1 x_{(p+1)} + a_2 x_{(p+1)}^2 + \ldots + a_p x_{(p+1)}^p \tag{1.25}$$

Die Approximationsfunktion geht durch diese Stützstellen, kann aber zwischen diesen auch größere Abweichungen haben. Man bezeichnet dieses Verfahren als die Methode der ausgewählten Punkte, was darauf hindeutet, daß man möglichst markante Punkte wählen sollte, z. B. Bereichsgrenzen, Wendepunkte, größere Anstiege usw. Als Approximationsfunktionen werden häufig Polynome, insbesondere Potenzpolynome verwendet. Bei Anwendung transzendenter Funktionen sind zur Koeffizientenbestimmung weitere numerische Rechnungen erforderlich. Zur Bestimmung der $p+1$ Koeffizienten eines Potenzpolynoms p-ten Grades werden $p+1$ Stützstellen benötigt. Aus diesem linearen Gleichungssystem lassen sich die $p+1$ Unbekannten $a_0, \ldots, a_p$ am nachfolgenden Beispiel berechnen:

Approximationsgleichung Koeffizientenbestimmung
$$y = a \cosh(bx) \qquad\qquad y_{(1)} = a \cosh\left[bx_{(1)}\right] \tag{1.25a}$$
$$y_{(2)} = a \cosh\left[bx_{(2)}\right]$$

Fehlerschranken. Mit einer ausgewählten Approximationsfunktion $F(x, k_0, \ldots, k_p)$ und den Wertepaaren $x(i)$, $y(i)$, $i = 1, \ldots, N$ bilden wir den Approximationsfehler (1.26). $w(x(i))$ bedeuten wählbare Gewichtsfunktionen.

$$\varepsilon\left[x_{(i)}, k_0 \ldots, k_p\right] = \left[F\left[x_{(i)}, k_0 \ldots, k_p\right] - y_{(i)}\right] w\left[x_{(i)}\right] \tag{1.26}$$

Quadratisches Mittel. Bei dieser Methode wird gefordert, daß die Fehlerfunktion (1.27) mit $M \neq N$ ein Minimum wird.

$$Q\left[x_{(i)}, k_0 \ldots, k_p\right] = \sum_i \varepsilon^2 \qquad i = 1 \ldots M \tag{1.27}$$

Aus dieser Forderung sind die unbekannten Koeffizienten zu bestimmen. Sind die Funktionen $w(x_{(i)}) \neq 1$, so spricht man vom gewichteten Quadratischen Mittel. Im allgemeinen wählt man $w(x_{(i)}) \equiv 1$ Die notwendige Bedingung für ein Extremum der Funktion (1.27) ist bekanntlich das Verschwinden der ersten Ableitungen (1.28):

$$\frac{\delta Q}{\delta k_0} = \sum_i 2\varepsilon \frac{\delta F\left[x_{(i)}, k_0 \ldots, k_p\right]}{\delta k_0} \quad \frac{\delta Q}{\delta k_0} = 0$$

$$\frac{\delta Q}{\delta k_p} = \sum_i 2\varepsilon \frac{\delta F\left[x_{(i)}, k_0 \ldots, k_p\right]}{\delta k_p} \quad \frac{\delta Q}{\delta k_p} = 0 \quad i = 1 \ldots M \tag{1.28}$$

Aus diesen Gleichungen bestimmt man die Koeffizienten $k_0, \ldots, k_p$. Es ist zu beachten, daß es sich dabei im allgemeinen nur um ein lokales Minimum handelt.

Tschernoff-Schranke. Hier wird gefordert, daß der größte Abstand zwischen Approximationswert und Meßwert, der im Approximationsintervall auftritt (1.29), ein Minimum ist.

$$Q = \text{Max}\left[\,|\varepsilon\left[x_{(i)}\right]\,|\,\right] \tag{1.29}$$

Es treten aber dann Probleme auf, wenn die Wertepaare $x_{(i)}$, $y_{(i)}$ ungenau sind oder stark schwanken. Deshalb ist diese Methode weniger verbreitet als die oben erläuterte Methode der kleinsten Fehlerquadrate. Zur Optimierung solcher Fehlerfunktionen können auch sogenannte implizite Verfahren, Extremwertsuchverfahren, wie die Gradientenmethode, angewendet werden. Wir wollen an dieser Stelle nicht weiter darauf eingehen.

Approximation durch Bézier- und Spline-Funktionen.

Bézier- und Spline-Methoden können zur Interpolation und Approximation herangezogen werden. Dabei wird die Kurve $y(x)$ durch sogenannte Kontrollpunkte $x_i, y_i, i = 0, \ldots, N$ bestimmt. Die Verbindung dieser Punkte durch Geraden ergibt den Kontroll-Polygonzug.

Bézier-Methode. Das Bézier-Kurvensegment hat die Form

$$v(u) = \sum_i v_i B_i^N \quad u = 0, \ldots 1 \quad i = 0 \ldots N \tag{1.29a}$$

Darin bedeuten B_i^N die Bernsteinpolynome

$$B_i^N = \binom{N}{i} u^i (1 - u)^{N-i} \quad \text{mit} \quad \binom{N}{i} = \frac{n!}{i!(n-1)!} \quad i = 0 \ldots N \tag{1.29b}$$

Ein Problem bei komplexen Kurvenformen ist, daß eine größere Zahl von Kontrollpunkten erforderlich wird. Mit jedem Punkt erhöht sich der Grad des Polynoms um 1. Es steigt somit die numerische Unsicherheit. Als Lösung bietet sich die Zerlegung der komplexen Kurve in einfachere Teile, die durch Polynome niedrigeren Grades erfaßt werden können (Spline-Methode).

Spline-Methode. Die Bézier-Kurve $y(x)$ setzt sich stückweise aus Bézier-Kurvensegmenten zusammen.
Mit den Kontrollpunkten

$$y_{k,i} \quad \begin{array}{ll} k = 0 \ldots, N & \text{Zahl der Segmente} \\ i = 0, \ldots, M & \text{Kontrollpunkte im Segment} \end{array}$$

ergibt die Kurve

$$y(x) = \sum_i y_{k,i} B_i^M \left(\frac{x - x_k}{x_{k+1} - x_k}\right) \begin{array}{l} \text{Intervall} \\ x_i = x_k \ldots x_{k+1} \end{array} \quad \begin{array}{l} i = 0 \ldots M \\ k = 0 \ldots N \end{array} \tag{1.29c}$$

B-Spline-Kurve. Sie können in der gleichen Form wie die Bézier-Kurvensegmente dargestellt werden. Dabei sind die Bernstein-Polynome B_i^M durch die B-Spline-Funktionen N_i^M zu ersetzen.

$$y(x) = \sum_i y_i N_i^M(x) \quad \begin{array}{l} \text{Intervall} \\ x = x_0 \ldots x_{N+1} \end{array} \quad i = 0 \ldots M \tag{1.29d}$$

Kubische B-Spline-Kurve. Häufige Anwendung findet eine spezielle Form, die kubische B-Spline-Kurve. Hierbei werden zur Interpolation an N Stützstellen Polynome 3. Grades verwendet.

Zur Interpolation der Kurve $y(x)$ an den Stützstellen $i = 0, \ldots, N - 1$ wird in jedem Kurvensegment, d.h. zwischen je zwei Stützstellen, das Polynom 3. Grades (1.30) benutzt

$$y(x) = a_i + b_i\,(x - x_i) + c_i\,(x - x_i)^2 + d_i\,(x - x_i)^3 \quad \begin{array}{l} \text{Intervall} \\ x = x_i \ldots x_{i+1} \end{array} \tag{1.30}$$

Zur Abkürzung der Schreibweise setzen wir für die Differenzen

$$\mathrm{d}x_i = x_i - x_{i-1} \quad \mathrm{d}y_i = y_i - y_{i-1} \quad i = 1 \ldots N \tag{1.30a}$$

Die Koeffizienten a_i, b_i, c_i, d_i lassen sich für jedes Intervall mit der nachfolgend beschriebenen Vorschrift bestimmen. Dabei wird die Stetigkeit der 1. und 2. Ableitung an den Übergängen zwischen den Segmenten gefordert. Für die Forderungen am Anfang und Ende der Kurve $y(x)$ sind zwei Varianten üblich:

Stetigkeitsforderung (2 Varianten)
a) 1. Ableitung vorgegeben

$$y_0'(x_0) = y_0' \quad y_{N-1}'(x_N) = y_N' \tag{1.31}$$

a) 2. Ableitung vorgegeben

$$y_0''(x_0) = y_0'' \quad y_{N-1}''(x_N) = y_N'' \tag{1.32}$$

Algorithmus zur Koeffizientenbestimmung
1. Fall a) und b)

$$a_i = y_i \quad i = 0 \ldots N \tag{1.33}$$

2. In Abhängigkeit davon, welche Ableitungen am Rand der Kurve $y(x)$ vorgegeben sind, ergeben sich zur Bestimmung der Koeffizienten c_i zwei Fälle. Die Koeffizienten c_i ergeben sich als Lösungen des nachfolgenden linearen Gleichungssystems. Es bedeuten:

K Matrix der Intervalldifferenzen
Fall a

$$K\,C = Y \tag{1.34}$$

$$K = \begin{bmatrix}
2dx_1 & dx_1 & 0 & \cdots & 0 & 0 & 0 \\
dx_1 & 2(dx_1 + dx_2) & dx_2 & \cdots & 0 & 0 & 0 \\
0 & dx_2 & 2(dx_2 + d_3) & \cdots & 0 & 0 & 0 \\
\cdot & \cdot & \cdot & \cdots & \cdot & \cdot & \cdot \\
0 & 0 & 0 & \cdots & dx_{N-1} & 2(dx_{N-1} + dx_N) & dx_N \\
0 & 0 & 0 & \cdots & 0 & rmdx_N & 2dx_N
\end{bmatrix}$$

Fall b

$$K = \begin{bmatrix}
2dx_1 & 0 & 0 & \cdots & 0 & 0 & 0 \\
dx_1 & 2(dx_1 + dx_2) & dx_2 & \cdots & 0 & 0 & 0 \\
0 & dx_2 & 2(dx_2 + dx_3) & \cdots & 0 & 0 & 0 \\
\cdot & \cdot & \cdot & \cdots & \cdot & \cdot & \cdot \\
0 & 0 & 0 & \cdots & dx_{N-1} & 2(dx_{N-1} + dx_N) & dx_N \\
0 & 0 & 0 & \cdots & 0 & 0 & 2dx_N
\end{bmatrix}$$

Fall a und b: C Spaltenvektor der unbekannten Koeffizienten

$$c = (c_0, \ldots, C_N)^T \tag{1.34}$$

Y Spaltenvektor der bekannten Stützwerte
Fall a Fall b

$$Y = \begin{bmatrix}
\frac{3dy_1}{dx_1} - 3y_0' \\
\frac{3dy_2}{dx_2} - \frac{3dy_1}{dx_1} \\
\frac{3dy_3}{dx_3} - \frac{3dy_2}{dx_2} \\
\cdot \\
\frac{3dy_N}{dx_N} - \frac{3dy_{N-1}}{dx_{N-1}} \\
3y_N' - \frac{3dy_N}{dx_N}
\end{bmatrix}
\qquad
Y = \begin{bmatrix}
y_0'' \\
\frac{3dy_2}{dx_2} - \frac{3dy_1}{dx_1} \\
\frac{3dy_3}{dx_3} - \frac{3dy_2}{dx_2} \\
\cdot \\
\frac{3dy_N}{dx_N} - \frac{3dy_{N-1}}{dx_{N-1}} \\
y_N''
\end{bmatrix} \tag{1.35}$$

Die Koeffizienten b_i und a_i sind für Fall a und b gleich:

$$b_i = \frac{dy_{i+1}}{dx_{i+1}} - \frac{dx_{i+1}}{3}(c_{i+1} + 2c_i) \quad i = 0 \ldots N - 1$$

$$d_i = \frac{c_{i+1} - c_i}{3dx_{i+1}} \quad i = 0 \ldots N - 1 \tag{1.35}$$

Wir wollen nun die praktische Handhabung an einem kleinen Beispiel zeigen.

Beispiel
Expermentell ermittelte Wertepaare x_i, y_i an fünf Stellen (Tabelle 1.1.).

Tabelle 1.1.

i	0	1	2	3	4	Nr. d. Stützstelle	
x_i	1	2	3	4	5	unabhängige Variable	Werte an den
y_i	1,5	1	1,5	2	3	abhängige Variable	Stützstellen
dx_i	–	1	1	1	1	errechnete Differenzen	
dy_i	–	–0,5	0,5	0,5	1		

Erste Ableitung am Anfang und Ende

$$y_0 = y_N = 0$$

Das Gleichungssystem (1.30) erhält die Gestalt

$$
\begin{aligned}
2c_0 &&&&&= 0 \\
c_0 &+4c_1 &+ c_2 &&&= 3 \\
&c_1 &+4c_2 &+ c_3 &&= 0 \\
&&c_2 &+4c_3 &+ c_4 &= 1,5 \\
&&&&2c_4 &= 0
\end{aligned}
\tag{1.36}
$$

Das Gleichungssystem (1.36) kann schrittweise aufgelöst werden, indem die unbekannten c_i nacheinander eliminiert werden, bis nur noch eine Unbekannte übrig bleibt. Diese Werte können sogar leicht mit dem Taschenrechner ermittelt werden. Die Koeffizienten b_i und d_i werden aus den Beziehungen (1.35) ermittelt. Die Koeffizienten a_i sind unmittelbar durch die y_i gegeben.

Tabelle 1.2.

		Koeffizienten-Tabelle		
i	0	1	2	3	4
a_i	1,5	1	1,5	2	3
b_i	–0,766	0,053	0,561	0,696	–
c_i	0	0,83	–0,32	0,455	0
d_i	0,276	–0,383	0,258	–0,152	–

$c_4 = 0$
$c_3 = 0,375 - 0,25c_2$
$c_2 = 0,1 - 0,266c_1$
mit $c_0 = 0$
$c_1 = 0,83$
$c_2 = -0,32$
$c_3 = 0,455$

Somit finden wir die Polynomgleichungen für jeden Abschnitt

$$
\begin{aligned}
y_0(x) &= 1,5 &-0,766(x - 1) && &+0,276(x - 1)^3 & 1 \le x \le 2 \\
y_1(x) &= 1 &+0,053(x - 2) &+0,83(x - 2)^2 &-0,383(x - 2)^3 & 2 \le x \le 3 \\
y_2(x) &= 1,5 &+0,561(x - 3) &-0,32(x - 3)^2 &+0,285(x - 3)^3 & 3 \le x \le 4 \\
y_3(x) &= 2 &+0,696(x - 4) &+0,455(x - 4)^2 &-0,152(x - 4)^3 & 4 \le x \le 5
\end{aligned}
\tag{1.38}
$$

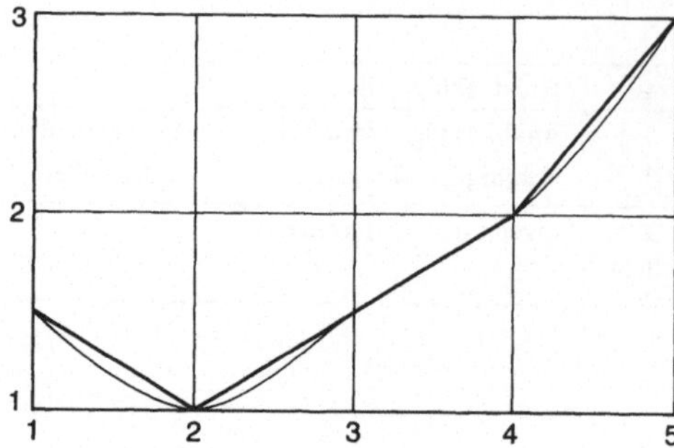

Abb. 1.8. Stützstellen, Kontrollpolygonzug und interpolierte B-Spline-Kurve

Durch Einsetzen der Intervallgrenzen, also $x = 1, 2, 3, 4, 5$ kann man die Werte für y_i und die Übergänge prüfen. Abbildung 1.8. zeigt die Stützstellen, den Kontrollpolygonzug und die interpolierte B-Spline-Kurve.

Beurteilende Statistik und Klassifizierung

In unseren bisherigen Betrachtungen waren wir davon ausgegangen, daß das Systemverhalten und damit die betrachteten Zusammenhänge im wesentlichen determiniert sind, höchstens diskret abgetastet waren. Nun wollen wir annehmen, daß der stochastische Anteil in den Abhängigkeiten nicht mehr unwesentlich ist. Es entstehen nicht mehr deutlich erkennbare Verhaltensweisen.

Unsere verfügbaren Daten und auch unsere Aussagen darüber werden nun unscharf und/oder nur als Wahrscheinlichkeiten für ein Ereignis möglich. Aus den ermittelten Daten entsteht eine Beobachtungs- oder Versuchsreihe, z. B. $x_{(i)}, y_{(i)}$, wobei $i = 1, \ldots, N$. Diese ursprünglichen Daten sind im allgemeinen unübersichtlich und lassen keine ausreichenden Aussagen zu. Sie müssen aufbereitet werden. Dies kann bedeuten: Sortieren, kürzen oder verdichten, Grenzwerte bestimmen oder in Klassen einteilen. Die nachfolgende Auswertung bezieht sich auf die Einzeldaten oder Klassen, je nach Aufgabenstellung.

Grundbegriffe und Beziehungen zur statistischen Beurteilung von Daten

Kennwerte
Stichprobe

$$x_{(1)}, \ldots, x_{(N)}$$

Linearer Mittelwert

$$\bar{x} = \frac{1}{N} \sum_i x_i \qquad i = i \ldots N$$

Schätzwert für den Erwartungswert

(1.39)

Geometrischer Mittelwert

$$\overline{x_{\text{geom}}} = \left(\prod_i x_i \right)^{\frac{1}{N}} \qquad i = 1 \ldots N$$

(1.40)

Varianz

$$\sigma^2 = \frac{1}{N-1} \sum_i (x_i - \bar{x})^2 \qquad i = 1 \ldots N \qquad \text{Maß für die Streuung} \qquad (1.41)$$

der beobachteten Werte

Standardabweichung

$$s = \sqrt{\sigma^2} \tag{1.42}$$

Variationskoeffizient

$$v = \frac{s}{\bar{x}} \tag{1.43}$$

Korrelation

Stichproben

$$x_{(1)}, \ldots, x_{(N)} \qquad y_{(1)}, \ldots, y_{(N)} \tag{1.43a}$$

Mittelwerte

$$\bar{x} = \frac{1}{N} \sum_i x_i \qquad \bar{y} = \frac{1}{N} \sum_i y_i \qquad i = 1 \ldots N \tag{1.44}$$

Varianz

$$\sigma_x^2 = \frac{1}{N-1} \sum_i (x_i - \bar{x})^2 \qquad \sigma_y^2 = \frac{1}{N-1} \sum_i (y_i - \bar{y})^2 \quad i = 1 \ldots N \tag{1.45}$$

Kovarianz

$$\sigma_{xy} = \frac{1}{N} \sum_i (x_i - \bar{x})(y_i - \bar{y}) \quad i = 1 \ldots N \tag{1.46}$$

$$\sigma_{xy} = \frac{1}{N} \sum_i (x_i)(y_i) \quad i = 1 \ldots N$$

Für reine Wechselgrößen sind die Mittelwerte für x und y gleich Null. $(1.46a)$

Korrelationskoeffizient

$$r = \frac{\sigma_{xy}}{\sigma_x \sigma_y} \tag{1.46b}$$

Abtastwerte

$$x_{(i)} = x(i\Delta t) \quad y_{(i)} = y(\Delta t) \quad i = 1 \ldots N \tag{1.47}$$

Die x_i, y_i können als Abtastwerte der kontinuierlichen Funktionen $x(t)$, $y(t)$ gedeutet werden. Damit liefern die nachfolgenden Beziehungen weitere interessante Aussagen, z.B. zum Einsatz in der Nachrichtentechnik.

Kreuz-Korrelationsfunktion

$$\Psi(s\Delta t)_{xy} = \frac{1}{N} \sum_i x(i\Delta t) y((i-s)\Delta t) \quad i = 1 \ldots N \tag{1.48}$$

Auto-Korrelationsfunktion

$$\Psi(s\Delta t)_{xx} = \frac{1}{N} \sum_i x(i\Delta t)x((i - s)\Delta t) \quad i = 1 \ldots N \tag{1.49}$$

Statistische Auswertungen und Klassifizierung von Daten

Es kann sehr verschiedene Gründe geben, warum man bewußt eine Klasseneinteilung von Beobachtungswerten vornimmt. Es ist aber auch möglich, daß sich beim Beobachten der Daten $x_{(i)} y_{(i)}$, wobei $i = 1, \ldots, N$ zwangsläufig eine Klasseneinteilung ergibt, z.B. beim Runden von Meßwerten durch Ablesen von einer Skala. Sind die Werte in Gruppen oder Klassen eingeteilt, dann bestimmt man im allgemeinen die Häufigkeitswerte, mit denen die Beobachtungswerte in diesen Klassen auftreten.

Die Festlegung einer Klasse erfolgt durch

- ihre Grenzen,
- die Klassenmitte und die Klassenausdehnung.

Klassenhäufigkeit, relative Häufigkeit

$$f_a = \frac{f_a}{N} \qquad \sum_a f_a = N \quad a = 1 \ldots N \tag{1.49a}$$

N Beobachtungswerte $x_{(i)}$, wobei $i = 1, \ldots, N$, werden in p Klassen mit der Breite b und den Klassenmitten $x'_1, \ldots, x'_p$ eingeteilt. Der Teil der Beobachtungswerte, der in die s-te Klasse fällt, wird Klassenhäufigkeit f_s genannt. Bei der Klassenzuordnung geht die Information über die genaue Lage der Beobachtungswerte verloren, aber man gewinnt eine bessere Übersichtlichkeit. Stellt man die Häufigkeit über den Beobachtungswerten grafisch dar, so gelangt man zu Häufigkeitsverteilungen.

Die Summenfunktion der Verteilung (Summenhäufigkeitsfunktion, Verteilungsfunktion)

$$F(x) = P(X \leq x) \tag{1.49b}$$

ist die Wahrscheinlichkeit, daß die Zufallsvariable $X \leq x$ wird.

Die Dichtefunktion der Verteilung (Häufigkeitsfunktion, Wahrscheinlichkeitsfunktion)

$$f(x) = P(X = x) \qquad f(x) = \frac{\mathrm{d}F(x)}{\mathrm{d}x} \tag{1.49c}$$

ist die Wahrscheinlichkeit, daß die Zufallsvariable $X = x$ ist.

Klassenkenngrößen. Der Zentralwert ist zugleich das Medium

$$M_e = x_u + \frac{b\left(\frac{n}{2} - F_u\right)}{f} \tag{1.50}$$

x_u untere Grenze der Klasse
f absolute Häufigkeit der Klasse
b Klassenbreite

F_u absolute Summenhäufigkeit

und liegt in der Klasse, für die die entsprechende relative Summenhäufigkeit erstmals den Wert 0.5 überschreitet.

Das Dichtemittel

$$M_D = x_u + \frac{b(f - f_l)}{2f - f_l - f_r} \tag{1.51}$$

f_l Häufigkeit der linken Nachbarklasse
f_r Häufigkeit der rechten Nachbarklasse

liegt in der Klasse mit der größten Häufigkeit.

Der arithmetische Mittelwert beträgt

$$\bar{x} = \frac{1}{N} \sum_a x'_a f_a \qquad a = 1 \ldots p \tag{1.52}$$

p Klassen gleicher Breite
x'_a Klassenmitten
f_a absolute Klassenhäufigkeit

Die Varianz ergibt sich zu

$$s^2 = \frac{\sum_a \left(x'_a - \bar{x}\right)^2}{\sum_a f_a - 1} \qquad a = 1 \ldots p \tag{1.53}$$

Mengen und Wahrscheinlichkeit. Das Eintreffen bestimmter Beobachtungswerte mit einer bestimmten relativen Häufigkeit wollen wir ein zufälliges Ergebnis $A, B, C \ldots$ nennen. Vom Standpunkt der Mathematik sind Ereignisse Mengen, d.h. Ereignisse einer σ-Algebra (Ereignisalgebra). Wir wollen aus diesem umfangreichen Gebiet nur wenige zur Klassifizierung unbedingt notwendige Ausführungen machen.
Vereinigung (Abb. 1.9.) ist das Ereignis C, das darin besteht, daß

– Ereignis A oder Ereignis B auftritt,
– oder auch A und B gleichzeitig auftreten.

Durchschnitt (Abb. 1.10.) ist das Ereignis C, das darin besteht, daß

– sowohl Ereignis A als auch Ereignis B eintritt.

Für die Wahrscheinlichkeit $P(A)$ eines Ereignisses gilt

$$0 \leq P(A) \leq 1 \tag{1.53a}$$

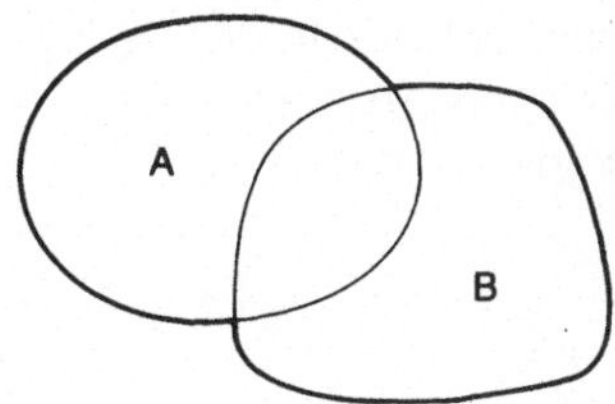

Abb. 1.9. Ereignis $C = A \cup B$ Vereinigung

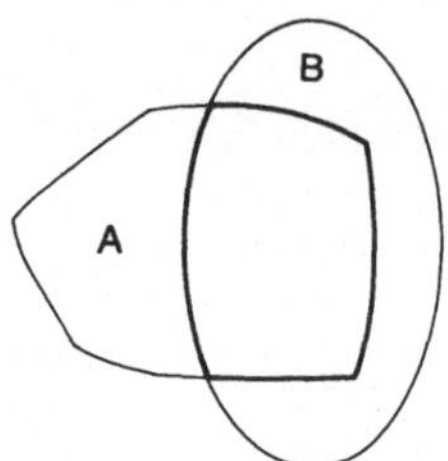

Abb. 1.10. Ereignis $C = A \cap B$ Durchschnitt

Um die Ergebnisse der Wahrscheinlichkeitsrechnung auf praktische Aufgaben anwenden zu können, muß man sie interpretieren. Sind für ein System mehrere Eigenschaften wichtig, so kommt man automatisch zu mehrdimensionalen Wahrscheinlichkeits-Verteilungsfunktionen.

Statistische Analysemethoden. Drei dieser Methoden sind

- die Varianzanalyse,
- die Regressionsanalyse,
- die Kovarianzanalyse.

An dieser Stelle können wir nur andeutungsweise auf einige Aspekte hinweisen. Um tiefer in die Materie einzudringen, kann man die einschlägige Fachliteratur studieren. z. B. [4, 12, 15]. Dabei wird bereits eingewisses Spezialwissen vorausgesetzt.

Varianzanalyse. Bei der Varianzanalyse erfolgt eine Untersuchung der Wechselwirkungen der Eingangsvariablen auf die Ausgangsvariablen. Bei dieser Methode wird die Summe der Quadrate der Abweichungen der Beobachtungswerte vom Gesamtmittelwert (aller Ausgangsvariablen) in Komponenten zerlegt, die den Ausgangsvariablen in bestimmter Weise zugeordnet werden. Als Anwendungsbereiche ergeben sich

- die Prüfung von Hypothesen und
- die Schätzung der Komponenten der Varianz der Beobachtungswerte (Ausgangsvariable).

Regressionsanalyse. Im deterministischen Fall gibt es zwischen den Systemvariablen funktionelle Zusammenhänge, die sich durch analytische Ausdrücke beschreiben lassen (deterministische Modellgleichungen). Dabei können diese Abhängigkeiten sehr komplexer Natur sein (s. Modellgleichungen). Im Falle stochastischer Eingangsgrößen determinierter Systeme und/oder stochastischer Systemparameter (Teilsysteme, Struktur) sind Zusammenhänge ebenfalls vorhanden, aber sie sind schwer zu „erkennen". Es werden sog. Ausgleichsfunktionen entwickelt, die die stochastischen Abhängigkeiten durch analytische Ausdrücke approximieren.

Betrachten wir den einfachsten Fall, die Ausgleichsgerade:

Gegeben sind

- $x_{(i)}$-determinierte Eingangsgröße
- $\underline{y}_{(i)}$-beobachtete Ausgangsgröße(Zufallsvariable)

Die Lösung erhält man in Anlehnung an die Approximation durch Standardfunktionen (Gl. 1.27). Man kann eine Regressionsfunktion dadurch finden, indem für die Fehlerfunktion

$$Q = \sum_i \left[\underline{y}_{(i)} - \left[a + bx_{(i)} \right] \right]^2 \qquad i = 1 \ldots N \tag{1.53b}$$

ein Minimum gesucht wird. Die unbekannten Koeffizienten ergeben sich aus (1.53b)

$$b = \frac{N \sum_s x_s \underline{y}_s - \left(\sum_s x_s \right) \sum_s \underline{y}_s}{N \sum_s (x_s)^2 - \left(\sum_s x_s \right)^2} \qquad a = \bar{y} - b\bar{x} \tag{1.54}$$

$$\bar{y} = \frac{\sum_s \underline{y}_s}{N} \qquad \bar{x} = \frac{\sum_s x_s}{N} \qquad s = 1 \ldots N$$

Trägt man in einem Koordinatensystem die Zufallsvariable $\underline{y}_s$ über den Eingangswerten x_s auf, so erhält man die Regressionsgerade:

$$\underline{y}_s = a + bx_s \qquad s = 1 \ldots N \tag{1.55}$$

Kovarianzanalyse. Unter diesem Begriff werden sehr verschiedene Zielrichtungen der mathematischen Statistik zusammengefaßt. Hauptziel ist das Auffinden der Zusammenhänge zwischen mindestens zwei Variablen. Zur Lösung erfolgt die Anwendung von unterschiedlichen Klassifizierungsfällen mit verschiedenen Regressionsmodellen.

Unscharfe Methoden (Fuzzy)

Wir haben bereits darauf hingewiesen, daß man auch dann Modellgleichungen bilden kann, wenn die Systemvariablen in Form von Vermutungen (verbal) oder unscharfer Aussagen (Befragungen) vorliegen. Ähnlich wie im Fall von stochastischen Variablen kommt es darauf an, die Systemeigenschaften durch geeignete Mittel zu erfassen, zu approximieren und unter Anwendung bestimmter Algorithmen, Regeln und Vorschriften, Systemmodelle zu entwickeln. Diesem Ziel dient die Theorie der Fuzzy-Mengen und der Fuzzy-Logik, z. B. [2].

Verdichten der Information: Ein weiterer Aspekt ist jener, der sich auch bei der statistischen Auswertung von experimentellen Daten ergab, eine Verdichtung der Information vorzunehmen, indem unwesentlichere Informationen (für den jeweiligen Fall) weggelassen werden. Somit lassen sich auch sehr komplexe Systeme einfacher erfassen, d. h. approximieren. Bekanntlich beruht auf diesem Grundsatz das Denken und Fühlen des Menschen. Unter diesem Blickwinkel ist es auch nicht sinnvoll, die deterministischen Beschreibungen, die Methoden der Wahrscheinlichkeitstheorie, die Fuzzy-Logik und die Verfahren der Neuronalen Netze als Konkurrenz aufzufassen. Keine dieser Theorien kann jeden Fall *allein* richtig beschreiben, es würde immer nur ein Teilaspekt sein. Es kommt darauf an, für das jeweilige Problem die richtige Kombination der Methoden anzuwenden.

Fuzzy-Mengen: Sie werden mit Hilfe sog. Zugehörigkeitsfunktionen gebildet. Diese Funktionen können Werte für den Zugehörigkeitsgrad zwischen 0 und 1 annehmen. Demgegenüber halten die scharfen Ereignismengen nur Zugehörigkeitswerte von 0 oder 1, d. h. ein Ereignis fand entweder nicht statt oder es fand statt. In diesem Sinne sind scharfe Mengen ein Spezialfall unscharfer Mengen. Aber die Wahrscheinlichkeit für das Stattfinden konnte zwischen 0 und 1 liegen. Im Gegensatz dazu sind bei Fuzzy-Mengen die Ränder unscharf. Es ist somit nicht sicher, ob man ein Ereignis als stattgefunden oder nicht stattgefunden bezeichnen kann (Ereignis: „Es ist kalt", ist eine subjektive Empfindung oder Zuordnung). Obwohl die Ursache für die bestehende Unsicherheit in beiden Fällen (stochastische Variable) und (unscharfe Variable) völlig verschieden scheinen, sind in jedem Fall geeignete Methoden anwendbar.

Die Typen von Fuzzy-Mengen können durch geeignete Funktionen approximiert werden.

Verbreitet ist die Approximation durch Geradenstücke. Es können auch alle anderen Funktionen und Methoden, die wir in vorangegangenen Abschnitten besprochen haben, angewendet werden. Insbesondere können Fuzzy-Mengen durch Polynome, stückweise stetig, approximiert werden (Spline-Approximation).

α-Niveaumengen: Oft wird die Beschreibung einer Fuzzy-Menge mit bewerteten Elementen vorgenommen. Durch Überschreiten eines Schwellwertes (Niveau) werden scharfe Teilmengen gebildet. Schon durch die Formulierung des Sachverhaltes fällt auf, daß es sich hierbei um eine deterministische Klassifizierung handelt. Sensoren, die in einem vorgegebenen Empfindlichkeitsintervall liegen, zählen zu diesen Niveaumengen.

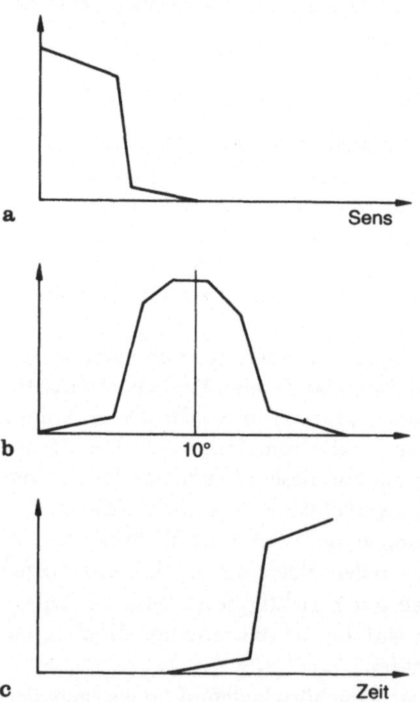

Abb. 1.11. a-c Typen von Fuzzy-Mengen: a) Sensor mit „niedriger" Sensibilität, b) Temperatursensor für „etwa 10 Grad", c) Sensor mit „hoher" Lebensdauer

Verknüpfungen von Fuzzy-Mengen: Ausgehend von den Beziehungen für scharfe Mengen, werden Begriffe definiert wie Gleichheit, Konzentration (Verstärkung), Delitation (Abschwächung), Fuzzy-Durchschnitt, -Vereinigung und -Komplement. Es werden auch Relationen definiert, die es gestatten, Beziehungen zwischen Fuzzy-Mengen zu bilden, wie Addition, Subtraktion, Multiplikation, Division. Es können somit Modellgleichungen für Systeme mit Fuzzy-Variablen aufgestellt werden.

1.2
Optimierung von Sensor-Systemen durch Variation und Selbstorganisation

Wir wollen zwei Aspekte der Optimierung von Systemen betrachten:
a) Gezielte Optimierung durch „äußere" Maßnahmen und
b) Selbstorganisierte Optimierung durch „innere" Maßnahmen.
Dabei kann eine scharfe Trennung nicht vorgenommen werden, denn sie überlappen einander [8, 15].

Jede reale Optimierungsaufgabe erfordert stets die Formulierung von gewissen Nebenbedingungen, auch wenn sie dann indirekt in den Beschreibungsgleichungen enthalten sind. Auf Grund der Nichtlinearität der realen Welt liefert eine Optimierungsaufgabe i. allg. nur ein lokales Optimum. Das bedeutet, daß sich beim Überschreiten bestimmter Parameterbereiche ein „anderes" Optimum ergeben kann.

1.2.1
Gezielte Variation von Systemparametern

Im Gegensatz zur Selbstorganisation, bei der ein System im Laufe seines *Lebens* lernt bzw. *inneren Gesetzen* folgt, beinhaltet die gezielte Optimierung alle Maßnahmen von außen. Dies kann durch Ändern oder Austausch von Teilsystemen oder bewußter Beeinflussung (d. h. Steuerung) ihrer Parameter geschehen, z.B. durch Temperatur, Licht, Strom, Spannung usw. Diese Maßnahmen müssen nach einer ausgewählten Vorschrift, einem Algorithmus ablaufen. Ein solcher Algorithmus realisiert dann gewisse, aufgestellte Optimierungskriterien, z. B. Extremwerte von Funktionalen.

Klassische Variationsrechnung

Alle Verfahren und Methoden der Theorie optimaler Prozesse lassen sich auf den Grundgedanken der KlassischenVariationsrechnung zurückführen.

Gegeben ist ein gewisses Funktional, dessen Extremwert (ein lokales Maximum oder Minimum) gesucht wird. Bestimmt werden die Parameterwerte des Systems, die diesem Funktional das Extremum verleihen.

$$x = (x_1 \ldots x_n) \qquad \text{Eingangsvektor}$$
$$y = (y_1 \ldots y_m) \qquad \text{Ausgangsvektor} \qquad\qquad (1.56)$$

Eine Komponente des Eingangsvektors kann auch die Zeit t sein.

Variationsaufgabe. Es seien zunächst $x = (x_1)$, $y = (y_1)$, d. h. eindimensionale Vektoren. Die Funktionen $y(x)$ sollen in einem Intervall $[x_A, x_B]$ definiert und stetig sein. Gegeben sei weiter eine Funktion $F(x, y, y')$, die eindeutig ist und stetige partielle Ableitungen bis zur zweiten Ordnung hat.

$$y' = \frac{\mathrm{d}y}{\mathrm{d}x} \tag{1.57}$$

$$J(y(x)) = \int_{x_A}^{x_B} F(x, y(x), y'(x))\mathrm{d}x \tag{1.58}$$

Wir bilden das Funktional (1.58) und suchen die Funktionen $y(x)$, die durch die Randpunkte x_A und x_B gehen (Abb. 1.12.). Insbesondere suchen wir aus all diesen Funktionen $y(x)$ (sog. zulässige Funktionen), diejenige Trajektorie $y(x)$, die dem Funktional (1.58) ein Optimum erteilt. Entwickelt man die Gesamtvariation ΔI des Funktionals (1.58) in eine Potenzreihe, so kann man bilden:

1. Variation

$$\delta J = 0 \tag{1.59}$$

2. Variation

$$\delta^2 J > 0 \quad \text{Minimum}$$
$$\delta^2 J < 0 \quad \text{Maximum} \tag{1.60}$$

Gleichung (1.59) ist eine notwendige Bedingung für die Existenz eines Extremums. Wendet man die Bedingung (1.59) auf das Funktional (1.58) an, so gelangt man zur bekannten Eulerschen Gleichung (1. Form).

$$\frac{\delta}{\delta y}F - \frac{\mathrm{d}}{\mathrm{d}x}\frac{\delta}{\delta y'}F = 0 \quad \text{mit der Abkürzung} \quad y' = \frac{\mathrm{d}y}{\mathrm{d}x} \tag{1.61}$$

Dies ist eine nichtlineare Differentialgleichung 2. Ordnung. Ihre Lösungen sind die Extremalen (1.62) des Funktionals.

$$y(x) = y(x_A, k_1, k_2) \tag{1.62}$$

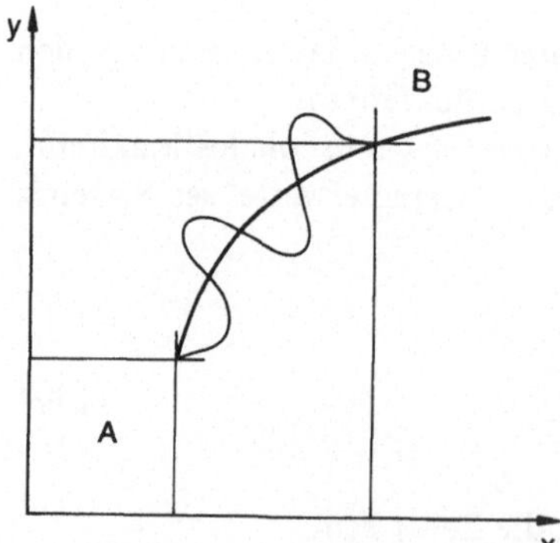

Abb. 1.12. Funktion $y(x)$, die durch Randpunkte x_A und x_B geht

Die Integrationskonstanten k_1 und k_2 werden durch die Forderungen an die Randbedingungen bestimmt. Die Eulersche Gleichung ist eine notwendige Bedingung,
d. h. ihre Erfüllung sichert noch nicht die tatsächliche Existenz eines Optimums.

Legendresche Bedingung

$$\frac{\delta}{\delta y'}\frac{\delta}{\delta y'}F \qquad \begin{array}{l} \geq 0 \quad \text{Minimum} \\ \leq 0 \quad \text{Maximum} \end{array} \tag{1.63}$$

Der Charakter dieses Extremums wird durch die Legendresche Bedingung bestimmt.
   Führt man in (1.61) die Differentiation nach x aus, so erhält man eine 2. Form
der Eulerschen Gleichung, die für die praktische Handhabung günstig ist.

$$\frac{\delta}{\delta y}F - \frac{\delta}{\delta x}\frac{\delta}{\delta y'}F - y'\frac{\delta}{\delta y}\frac{\delta}{\delta y'}F - y''\frac{\delta}{\delta y'}\frac{\delta}{\delta y'}F = 0 \tag{1.64}$$

   Eine geschlossene Integration dieser nichtlinearen Differentialgleichung ist nur
im Ausnahmefall möglich. Wir betrachten einige für die Praxis wichtige Spezialfälle.

1. Fall:
Die Funktion F hängt nicht explizit von x ab.

Funktional $$J = \int_{x_A}^{x_B} F(x, y')\,\mathrm{d}x \tag{1.65}$$

   Das heißt, es gilt:

$$\frac{\delta}{\delta x}\frac{\delta}{\delta y'}F = 0$$

$$\tag{1.66}$$

Eulersche Gleichung $$\frac{\mathrm{d}}{\mathrm{d}x}\left(F - y'\frac{\delta}{\delta y'}F\right) = 0$$

Durch Integration von (1.66) erhalten wir das 1. Integral (1.67) der Eulerschen
Gleichung. Gleichung (1.67) kann immer integriert werden.

$$f - y'\frac{\delta}{\delta y'}F = K \tag{1.67}$$

2. Fall:
Die Funktion F hängt nicht von y ab.

Funktional $$J = \int_{x_A}^{x_B} F(y, y')\,\mathrm{d}x \tag{1.68}$$

   Das heißt, es gilt:

$$\frac{\delta}{\delta y}F = 0$$

$$\tag{1.69}$$

Eulersche Gleichung $$\frac{\mathrm{d}}{\mathrm{d}x}\frac{\delta}{\delta y'}F = 0$$

Durch die Integration von (1.69) folgt (1.70), in der $y'(x)$ als Variable erscheint, woraus $y(x)$ durch Integration gewonnen werden kann.

$$\frac{\delta}{\delta y'}F + K = 0 \tag{1.70}$$

3. Fall:

Die Funktion F ist nur von y' abhängig.

Funktional
$$J = \int_{x_A}^{x_B} F(y')\,\mathrm{d}x \tag{1.71}$$

Das heißt, es gilt:

$$\frac{\delta}{\delta y}F = 0 \quad \frac{\delta}{\delta x}\frac{\delta}{\delta y'}F = 0 \quad \frac{\delta}{\delta y}\frac{\delta}{\delta y'}F = 0$$

Eulersche Gleichung $\quad y''\dfrac{\delta}{\delta y'}\dfrac{\delta}{\delta y'}F = 0$
$$\tag{1.72}$$

Wegen

$$\frac{\delta}{\delta y'}\frac{\delta}{\delta y'}F \neq 0 \tag{1.73}$$

muß gelten

$$y'' = 0 \tag{1.74}$$

und damit

$$y = ax + b \tag{1.75}$$

Das bedeutet, beliebige Funktionen $F(y'')$, die stetig und zweimal differenzierbar sind, liefern Extremale des Funktionals (1.71) und haben die Form von Geraden.

4. Fall:

Es sei folgende Bedingung erfüllt:

$$\frac{\delta}{\mathrm{d}\phi'}\frac{\delta}{\delta y'}F = 0 \tag{1.76}$$

In der Praxis hat dieser Fall eine sehr große Bedeutung.

Zwei Fälle

    4a) Die Funktion F hängt nicht von y' ab
    4b) F hängt nur linear von y' ab

Fall 4a)

Funktional
$$J = \int_{x_A}^{x_B} F(x, y)\,\mathrm{d}x \tag{1.77}$$

Eulersche Gleichung
$$\frac{\delta}{\delta y}F = 0 \tag{1.78}$$

Die Lösung kann durch Integration erhalten werden.

Fall 4b)
Für die Funktion F kann man (1.79) schreiben

$$F(x, y, y') = A(x, y) + B(x, y)y' \tag{1.79}$$

Funktional
$$J = \int_{x_A}^{x_B} F(x, y, y')\, dx \tag{1.80}$$

Eulersche Gleichung
$$\frac{\delta}{\delta y}A - \frac{\delta}{\delta x}B = 0 \tag{1.81}$$

Setzen wir die Funktion (1.79) in das Funktional (1.80) ein, so erhalten wir (1.82)

$$J = \int_{x_A}^{x_B} \left(A(x, y) + B(x, y)\frac{dy}{dx} \right)\, dx \tag{1.82}$$

Der Integrand in (1.82) ist ein vollständiges Differential, und wir können schreiben (1.83)

$$dV(x, y) = A(x, y)\, dx + B(x, y)\, dy$$
$$dV(x, y) = \operatorname{grad} V\, d\vec{r} \tag{1.83}$$

Mit der Potentialfunktion $V(x, y)$ und dem Ortsvektor folgt wegen des Gradienten von $V(x, y)$ aus dem Funktional (1.83) die gut bekannte Integralbeziehung (1.84). Aus der Potentialtheorie ist sie jedem Techniker geläufig.

$$J = \int_{V_{(x_A)}}^{V_{(x_B)}} 1\, dV(x, y) = V_{(x_A)} - V_{(x_B)} \tag{1.84}$$

Wirkung der Potentialfunktion $V(x, y)$:

- Der Wert des Funktionals (1.84) hängt nicht von der Funktion $y(x)$ ab, d. h. nicht von der gewählten Trajekturie, sondern nur von den Koordinaten des Anfangs- und Endpunktes.
- Die Eulersche Gleichung (1.81) hat unendlich viele Lösungen, jede beliebige Kurve, die durch die Endpunkte geht, ist Extremale des Funktionals (1.80).
- Durch solche Eigenschaften sind Potentialfelder $V(x, y)$ gekennzeichnet.

Variation mit Nebenbedingungen. Eine Verallgemeinerung des Funktionals (1.56) ergibt sich dann, wenn die Funktion F von mehreren Variablen abhängt. Dann erhalten wir ein Funktional der Form (1.85).

$$j\left(y_1 \ldots y_N\right) = \int_{x_A}^{x_B} F\left(x, y_1 \ldots y_N, y'_1 \ldots y'_N\right)\, dx \tag{1.85}$$

Die Funktionen $y_s, s = 1, \ldots, N$ sind i. allg. nicht unabhängig voneinander. Nur in speziellen Fällen gelingt es, Aufgabenformulierungen zu finden, die solche abhängigen Funktionen ausschließen. Falls das möglich ist, können diese unabhängigen Funktionen auch unabhängig voneinander variiert werden, um das Extremum zu finden. In solchen Fällen kann die Eulersche Gleichung (1.61) angewendet werden. Sind diese Funktionen $y_s, s = 1, \ldots, N$ aber abhängig voneinander, so kann die Eulersche Gleichung nicht unmittelbar angewendet werden. In diesen Fällen wird das Extremum eines Funktionals (1.85) gesucht, das von mehreren Funktionen $y_s, s = 1, \ldots, N$ abhängt, die durch Zusatzbedingungen miteinander verknüpft sind. Durch die Art der Nebenbedingungen kann man drei grundsätzliche Typen von derartigen Variationsaufgaben unterscheiden:

Aufgabe der geodätischen Linien
Die Nebenbedingungen sind algebraische Gleichungen der Gestalt (1.86).

$$q\left(x, y_1 \ldots y_N\right)_s = 0 \quad s = 1 \ldots k \quad k < N \tag{1.86}$$

Aufgabe der isoperimetrischen Form
Die Nebenbedingungen sind Integralgleichungen der Gestalt (1.87).

$$Q_s = \int_{x_A}^{x_B} q\left(x, y_1 \ldots y_N, y_1' \ldots y_N'\right)_s dx = \text{const}$$
$$s = 1 \ldots k \quad k < N \tag{1.87}$$

Aufgabe nach Lagrange
Die Nebenbedingungen sind Differentialgleichungen der Gestalt (1.88).

$$q\left(x, y_1 \ldots y_N, y' \ldots y_N'\right)_s = 0 \quad s = 1 \ldots k \quad k < N \tag{1.88}$$

Auf die Aufgabe von Lagrange können alle anderen Aufgaben mit Nebenbedingungen zurückgeführt werden. In sehr einfachen praktischen Fällen kann man versuchen, durch Elimination einzelner Variablen, die Nebenbedingungen in das Funktional einzuarbeiten.

Beispiel
Situation

- Gegeben ist eine Meßeinrichtung zur Bestimmung von Gaskonzentrationen. Meßelement ist ein Sensor (Bio- oder Chemosensor), der bei Bedarf leicht ausgetauscht werden kann (Exemplar- oder/und Typwechsel).
- Nach einer gewissen Zeit von Betriebsstunden th wird jeder Sensor durch Verunreinigung unbrauchbar. Durch eine gewisse Einsatzstrategie (Wahl des Sensors und seiner Einsatzzeit) soll erreicht werden, daß eine vorgegebene Standzeit ST der Meßeinrichtung garantiert wird.
- Für jeden zum Einsatz vorgesehenen Sensortyp liegen uns durch eigene oder fremde Messungen experimentelle Daten vor und zwar über die Abhängigkeit des Verunreinigungsgrades von den eingesetzten Betriebsstunden, z. B. als Tabelle $V_{(i)} = V_{(i)}(th_{(i)}) \quad i = 1, \ldots, N$ Meßwerte
- Unter Anwendung geeigneter Methoden (s.o.) haben wir aus den diskreten Werten $v_{(i)}(th_{(i)})$ Approximationsfunktionen gefunden, z.B.Potenzpolynome.

Aufgabe
Es liege folgender konkreter Fall vor:

- Verfügbar sind zwei Typen von Sensoren.
- Ihre Verunreinigungsfunktionen sind durch Polynome 2. Grades approximiert.
- Wieviele Betriebsstunden soll jeder Typ im Einsatz sein?

Verunreinigungsfunktion
Die Verunreinigungsfunktionen sind durch die Polynome in (1.89) beschrieben.

$$V1(th, t) = a_1 th + b_1 (th)^2$$
$$V2(th, t) = a_2 th + b_2 (th)^2 \tag{1.89}$$

Koeffizienten
a_1, b_1, a_2, b_2 sind Koeffizienten, die durch die jeweilige Approximation berechnet sind. Für einen konkreten Fall seien die Werte durch (1.90) gegeben.

$$a_1 = 1 \quad b_1 = 0.5 \quad a_2 = 0.1 \quad b_2 = 1.2 \tag{1.90}$$

Funktional $$\qquad\qquad V (th_1, th_2) = V1 (th_1) + V2 (th_2) \tag{1.91}$$

In Abb. 1.13. sind die Funktionen (1.89) mit den Koeffizienten (1.90) über den Betriebsstunden th aufgetragen. Es liegt keine explizite Abhängigkeit von der Zeit t im betrachteten Zeitintervall $0, \ldots, T$ vor. Praktisch bedeutet das, die experimentelle Aufnahme der Verunreinigungsdaten $v_{(i)}(th_{(i)})$ haben keine Abhängigkeit von dem Zeitpunkt enthalten, zu dem die Daten ermittelt wurden.

Es ist ein Einsatzregime der beiden Sensortypen zu finden, bei dem das Ausfallrisiko der Meßeinrichtung ein Minimum wird. Wir nehmen an, daß das Ausfallrisiko der Summe der Verunreinigungen proportional ist (1.92).

$$R (th_1, th_2) = \int_0^T V (th_1, th_2) \, dt \tag{1.92}$$

$$\frac{\delta}{\delta th_1} V1 (th_1) = 0$$
$$\frac{\delta}{\delta th_2} V2 (th_2) = 0 \tag{1.93}$$

th_1 und th_2 sind jetzt die jeweiligen Betriebsstunden von Sensor Typ 1 und Typ 2.
Wir beobachten das Meßsystem, das nun stets einen der beiden Sensortypen enthält, in dem Zeitabschnitt $t = 0, \ldots, T$. Die Betriebsstundenverteilung th_1, th_2 ist so zu wählen, daß die Risikofunktion $R(th_1, th_2)$ ein Minimum wird. Da $V(th_1, th_2)$

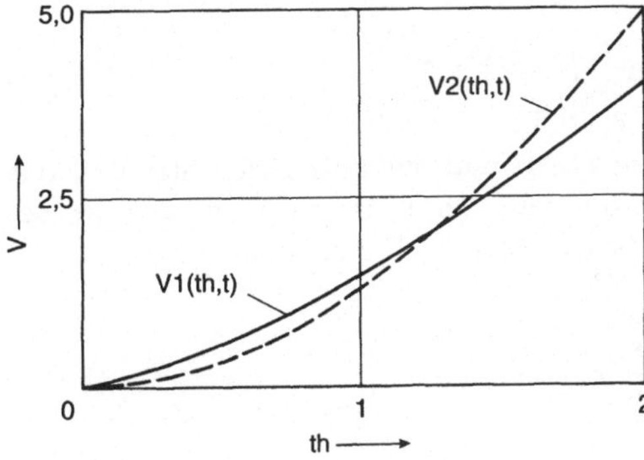

Abb. 1.13. Verunreinigungsfunktionen über den Betriebsstunden

nicht explizit von der Zeit t abhängt, folgt aus (1.92) unmittelbar die notwendige Bedingung (1.93) für das Optimum.

Nebenbedingung
Das Meßsystem soll eine vorgegebene Standzeit ST erzielen, aber jeweils nur ein Sensortyp kann eingesetzt werden. Es gilt (1.94).

$$th_1 + th_2 = ST \tag{1.94}$$

Lösung
Die Verunreinigungsfunktion lautet: (1.95).

$$V(th_1, th_2) = a_1 th_1 + b_1 (th_1)^2 + a_2 th_2 + b_2 (th_2)^2 \tag{1.95}$$

Wir arbeiten die Nebenbedingung (1.94) in die Verunreinigungsfunktion (1.95) ein. Es entsteht:

$$V(th_1, ST - th_1) = a_1 th_1 + b_1 (th_1)^2 + a_2 (ST - th_1) + b_2 (ST - th_1)^2 \tag{1.96}$$

Durch Anwendung von (1.93) auf (1.96) erhalten wir (1.97) und mit (1.94) folgt:

$$th_1 = \frac{ST b_2}{b_1 + b_2} - \frac{a_1 - a_2}{2(b_1 + b_2)} \tag{1.97}$$

$$th_2 = \frac{ST b_1}{b_1 + b_2} + \frac{a_1 - a_2}{2(b_1 + b_2)} \tag{1.98}$$

Interessante Schlüsse und Verallgemeinerungen des Ergebnisses kann man aus den Beziehungen (1.99) ziehen.

$$th_1 + th_2 = ST$$
$$th_1 - th_2 = -\frac{a_1 - a_2}{b_1 + b_2} \qquad \frac{th_1}{th_2} = \frac{2ST b_2 - (a_1 - a_2)}{2ST b_1 + (a_1 + a_2)} \tag{1.99}$$

Mit Hilfe von (1.96) untersuchen wir die 2. Ableitung und erhalten aus (1.100) die Bedingung für ein Minimum.

$$\frac{\delta^2}{\delta (th_1)^2} V(th_1) = 2(b_1 + b_2) > 0 \qquad \text{für} \quad b_1 + b_2 > 0$$

Mit den konkreten Koeffizientenwerten (1.90) und der normierten Standzeit des Meßsystems von $ST = 2$ erhalten wir konkrete Werte für eine Verteilung der Betriebsstunden, d.h. Einsatzzeiten der Sensortypen 1, 2. Abbildung 1.14. zeigt die Situation in grafischer Darstellung.

$$th_1 = 1.147 \quad th_1 + th_2 = 2 \qquad \frac{th_1}{th_2} = 1.345 \tag{1.100}$$

$$th_2 = 0.853 \quad th_1 - th_2 = 0.294$$

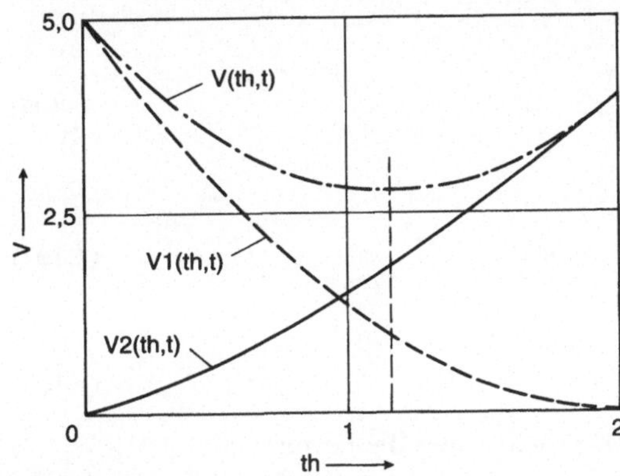

Abb. 1.14. Verunreinigungsfunktionen in Abhängigkeit von den Betriebsstunden

Lagrange-Multiplikatoren (z. B. [4, 8])

Eine leistungsfähige Methode zur Einbeziehung der Nebenbedingungen ist die Einführung von Lagrange-Multiplikatoren. Wir bilden zu diesem Zweck gewisse Funktionen E nach (1.101) und ein entsprechendes Funktional J nach (1.102). Die Funktion F entspricht der früher verwendeten Optimierungsfunktion.

$$E = F + \lambda(x)_i q_i \qquad i = 1 \ldots m \tag{1.101}$$

Funktional
$$J = \int_{x_A}^{x_B} E \, dx \tag{1.102}$$

Die Lagrange-Multiplikatoren $\lambda_i(x)$ stellen i. allg. nichtlineare Funktionen dar. Das Funktional (1.102) hängt somit von N Funktionen $y_s, s = 1, \ldots, N$ und m Funktionen $\lambda_i(x), i = 1, \ldots, m$ ab. Durch Einführung der unbekannten Funktion $\lambda_i(x)$ können jetzt alle Funktionen y_s unabhängig voneinander variiert werden.

Somit erhalten wir die Eulerschen Gleichungen (1.103).

Eulersche Gleichungen
$$\frac{\delta}{\delta y_s} E - \frac{d}{dx} \frac{\delta}{\delta y'_s} E = 0 \qquad s = 1 \ldots N \tag{1.103}$$

Die Nebenbedingungen sind in Form von (1.104) oder (1.105) gegeben. Zur Bestimmung der Funktionen y_s und λ_i stehen somit $N + m$ Gleichungen zur Verfügung.

$$q_i = 0 \qquad i = 1 \ldots m \tag{1.104}$$

$$Q_i - 1_i = 0 \qquad i = 1 \ldots m \tag{1.105}$$

Beispiel

Wir betrachten nochmals eine Aufgabenstellung wie im vorangegangenen Beispiel. Die Aussagekraft wollen wir aber dadurch erhöhen, indem wir in den Approximationen der Verunreinigungsfunktionen (1.106) Potenzen 3. Ordnung aufnehmen. Als Funktion E, sie wird auch Lagrange-Funktion genannt, erhalten wir gemäß (1.101), die Form (1.107) mit der Nebenbedingung (1.105), d. h. (1.108).

Verunreinigungsfunktion

$$V1\,(th_1) = a_1 th_1 + b_1\,(th_1)^2 + c_1\,(th_1)^3$$
$$V2\,(th_2) = a_2 th_2 + b_2\,(th_2)^2 + c_2\,(th_2)^3 \tag{106}$$

Lagrange-Funktion

$$E = V1\,(th_1) + V2\,(th_2) + \lambda\,(th_1 + th_2 - ST) \tag{1.107}$$

Nebenbedingung

$$th_1 + th_2 = ST \tag{1.108}$$

Die Eulerschen Gleichungen (1.104) erhalten hier die Form:

$$\frac{\delta}{\delta th_1} = 0 \qquad \frac{\delta}{\delta th_2} = 0 \tag{1.109}$$

Die Gleichungen (1.108) und (1.109) bilden zusammen das Gleichungssystem (1.110) zur Bestimmung der Unbekannten th_1, th_2, λ:

$$\begin{aligned}
a_1 + 2b_1 th_1 + 3c_1\,(th_1)^2 + \lambda &= 0 \quad (1') \\
a_2 + 2b_2 th_2 + 3c_2\,(th_2)^2 + \lambda &= 0 \quad (2') \\
th_1 + th_2 - ST &= 0 \qquad\ \ (3')
\end{aligned} \tag{1.110}$$

Dieses Gleichungssystem können wir schrittweise auflösen, indem wir aus $(1')\,\lambda$ und aus $(3')\,th_2$ eliminieren und in $(2')$ einsetzen. Wir erhalten die quadratische Gleichung:

$$A + Bth_1 + C\,(th_1)^2 = 0 \quad \text{mit} \quad \begin{aligned} A &= a_2 - a_1 + 2b_2 ST + 3c_2 ST^2 \\ B &= -2\,(b_1 + b_2) - 6c_2 ST \\ C &= 3\,(c_2 - c_1) \end{aligned} \tag{1.111}$$

Die Lösung von (1.111) erhalten wir in geschlossener Form als ihre Wurzeln. Aus (1.110) berechnen wir dann auch $(th_2)_{1,2}$. Unter der Annahme $c_1 = c_2 = 0$ erhalten wir natürlich die Lösung des vorigen Beispiels. Interessant ist auch die Bedingung $c_1 = c_2$, wodurch (1.111) nur eine Doppelwurzel erhält.

$$\begin{aligned}
(th_1)_1 &= \frac{1}{2a}\left(-B + \sqrt{B^2 - 4AC}\right) \\
(th_1)_2 &= \frac{1}{2a}\left(-B - \sqrt{B^2 - 4AC}\right)
\end{aligned} \tag{1.112}$$

Wir überlassen es dem Leser, auch hier mit entsprechenden numerischen Werten für die Koeffizienten $a_i, b_i, c_i, i = 1, \ldots, 3$ zu experimentieren.

Dynamische Optimierung (z. B. [8, 14])

Gegenstand dieser Methode ist die Optimierung mehrstufiger Entscheidungsprozesse, auch dynamische Programmierung genannt. Für diskrete Systeme ist die Methode streng begründet. Unter bestimmten Voraussetzungen kann sie auch auf stetige Vorgänge angewendet werden. Dies ist aber i. allg. nicht zu empfehlen.

Das betrachtete System werde in bekannter Weise durch seine Systemvariablen (1.113) beschrieben. Wir können den Eingangsvektor x auch als Steuervektor $u = (u_1, \ldots, u_m)$ bezeichnen.

$$\begin{aligned} \text{Ausgangsvektor} \qquad & y = (y_1, \ldots, y_n) \\ \text{Eingangsvektor} \qquad & x = (x_1, \ldots, x_m) \end{aligned} \qquad (1.113)$$

Die Prozeßdauer betrage T und werde in M gleiche Zeitabschnitte unterteilt (1.114).

$$\begin{aligned} \Delta t = t_s - t_{s-1} \qquad & s = 1 \ldots M \\ T = M \Delta t \end{aligned} \qquad (1.114)$$

Die Änderung des Systemzustandes erfolgt nur zu den Zeitpunkten $z_s, s = 1, \ldots, M - 1$. Diese Änderungen werden durch äußere Entscheidungen (Steuerungen $x_s, s = 0, \ldots, M - 1$) bewirkt.

Die Strategie dieser Entscheidungen ist so zu wählen, daß ein Funktional (1.115) optimiert wird. Dabei unterliegen die Systemvariablen einschränkenden Bedingungen.

$$J = \sum_s F\left(y_s, x_s\right) \qquad s = 0 \ldots M - 1 \qquad (1.115)$$

Aufgabenstellung

- Der Prozeß beginnt mit einem Anfangswert $y_0 = y(0)$.
- Jeder Zustand y_s des Systems hängt nur vom Zustand y_{s-1} zum Zeitpunkt $t_{s-1} = (s-1)\Delta t$ ab.
- Der Übergang von einer Stufe des Prozesses zur nächsten wird als Transformation $T_s(Y_s, X_s), s = 0, \ldots, M - 1$ aufgefaßt. Die zeitliche Folge dieser Transformationen spiegelt die Dynamik des Systems wieder.
- Das Ziel des Entscheidungsprozesses ist dann erreicht, wenn eine Strategie für die Steuerparameter (Eingangsgrößen) gefunden wurde, so daß ein gewisses Gütekriterium (Zielfunktion) optimiert wird. Daraus ergeben sich Beschreibungsgleichungen in der Form:

$$\begin{array}{llll} \text{Nebenbedingungen} & X_s \leq X_{sA}, & & s = 0, \ldots, M - 1 \\ & Y_s \leq Y_{sA}, & & s = 0, \ldots, M \\ \text{Anfangswert} & Y_0 = y(0) & & \\ \text{Transformation} & Y_{s+1} = T_s(Y_s, X_s) & & s = 0, \ldots, M - 1 \\ \text{Zielfunktion} & ZJ = \sum_s F\left(y_s, x_s\right)_s + F\left(y_M\right)_M & & s = 0 \ldots M - 1 \end{array} \qquad (1.116)$$

Führt man für jede Stufe $s+1$ des Prozesses (1.116) eine Funktion $f_k(y_k)$ ein, die den Maximalwert der Zielfunktion ZJ über die Stufen $k+1, \ldots, M$ darstellt (1.117), so kann man folgende rekursive Gleichungen (1.118) aufstellen (Bellmansche Gleichungen).

$$\begin{aligned} & f\left(y_k\right)_{M-k} = \mathrm{Max}\left(ZJ\left(y_{k+1} \ldots y_M\right)_k\right) \\ & \text{mit} \\ & y_{s+1} = T\left(y_s, x_s\right) \qquad s = k \ldots M - 1 \end{aligned} \qquad (1.117)$$

Bellmannsche Gleichungen

$$f\left(y_M\right)_0 = F\left(y_M\right)$$

$$f\left(y_k\right)_{M-k} = \mathrm{Max}\left[F\left(y_k, x_k\right)_k + f\left(T\left(y_k, x_k\right)_k\right)_{M-(k+1)}\right] \tag{1.118}$$

$$k = M - 1 \ldots 1, 0$$

Lösung

Rückwärtsrechnung: Die Optimierung des Gesamtprozesses wird durch Teiloptimierung auf jeder Stufe gelöst. Für $k = M - 1, \ldots, 0$ sind folgende Schritte auszuführen:

- $f_{M-k} = \ldots$ aufschreiben und Maximum bestimmen
- Daraus folgt die optimale Steuerung X_{M-k}. Führt man dies für jeden zulässigen Anfangszustand Y_{M-k} durch, erhält man eine optimale Entscheidungsfunktion $h_{M-1}(Y_{M-1})$
- Diesen Vorgang für jede Stufe durchführen, man bekommt $f_k(Y_k)$ mit $k = M - 1, \ldots, 0$.

$$f\left(y_M\right)_0 = F\left(y_M\right)_M$$

$$f\left(y_{M-1}\right)_1 = \mathrm{Max}\left(F\left(y_{M-1}, x_{M-1}\right)_{M-1} + f\left(T\left(y_{M-1}, x_{M-1}\right)_{M-1}\right)_0\right) \quad k = M - 1$$

$$f\left(y_{M-2}\right)_2 = \mathrm{Max}\left(F\left(y_{M-2}, x_{M-2}\right)_{M-2} + f\left(T\left(y_{M-2}, x_{M-2}\right)_{M-2}\right)_1\right) \quad k = M - 2$$

$$f\left(y_0\right)_M = \mathrm{Max}\left(F\left(y_0, x_0\right)_0 + f\left(T\left(y_0, x_0\right)_0\right)_{M-1}\right) \quad k = 0$$

$$\tag{1.119}$$

Vorwärtsrechnung: Aus dem gegebenen Anfangszustand y_0 ermittelt man eine möglich optimale Steuerung $X_s, s = 0, \ldots, M - 1$ und die Ausgabewerte $Y_s, s = 0, \ldots, M - 1$ des Gesamtprozesses (Optimale Zustände). Der Optimalwert des Gesamtprozesses folgte bereits aus der Rückwärtsrechnung (1.119).

$$\overline{y_0} = y_0 \qquad \overline{x_0} = h\left(\overline{y_0}\right)_0$$

$$\overline{y_1} = T\left(\overline{y_0}, \overline{x_0}\right)_0 \qquad \overline{x_1} = h\left(\overline{y_1}\right)_1$$

$$\overline{y_2} = T\left(\overline{y_1}, \overline{x_1}\right)_1 \qquad \overline{x_2} = h\left(\overline{y_2}\right)_2$$

$$\overline{y_{M-1}} = T\left(\overline{y_{M-2}}, \overline{x_{M-2}}\right)_{M-2} \qquad \overline{x_{M-1}} = h\left(\overline{y_{M-1}}\right)_{M-1}$$

$$\overline{y_M} = T\left(\overline{y_{M-1}}, \overline{x_{M-1}}\right)_{M-1} \tag{1.120}$$

1.2.2
Änderung von Systemen durch Selbstorganisation

Neben der bewußten Optimierung der Systemparameter durch äußere Maßnahmen gibt es auch die Möglichkeit, daß Systeme ein adaptives, lernendes Verhalten zeigen, bewirkt durch innere Gesetzmäßigkeiten. Effekte der Selbstorganisation werden seit mehreren Jahren untersucht, insbesondere im Zusammenhang mit biologischen Systemen und dissipativen Strukturen. Solch komplexe Systeme, aber zum Teil auch verblüffend einfache Systeme, lassen erkennen, daß die Grenzen zwischen

Selbstorganisation, fraktalem Verhalten und chaotischem Verhalten (z. B. seltsame Attraktoren) nicht mehr scharf zu ziehen sind. Unter diesem Blickwinkel ist das Lernverhalten Neuronaler Netze eine ausgesprochen interessante Seite, aber nur ein Aspekt eines sehr umfangreichen Problemkomplexes.

1.2.3
Sensor-Systeme und Applikationsmöglichkeiten von Lernalgorithmen Neuronaler Netze (z. B. [18])

Neuronale Netze sind unter dem Blickwinkel der Systemtheorie und Modellbildung eine Anordnung von meist einer großen Zahl gleicher oder ähnlicher Elemente. Solche Anordnungen werden bereits seit vielen Jahren Betrachtungen und Analysen unterzogen, allerdings nicht immer unter dem Begriff Neuronale Netze (z. B. Zellulare Automaten u. ä.). Unter modernen informationstheoretischen Aspekten wird das Lernverhalten Neuronaler Netze tiefgründig und umfassend analysiert und zum Teil mit erheblichem Rechenaufwand simuliert [18]. Dabei wird das Ziel verfolgt, Vorgänge in lebenden Systemen besser zu verstehen, aber auch technische Lösungen zu finden, die sich an der Leistungsfähigkeit z. B. des menschlichen Gehirns orientieren. Diese Analysen stehen aber noch am Anfang ihrer Entwicklung.

Anwendung in Sensor-Systemen. Betrachten wir unsere vorliegende Zielsetzung, das Auffinden von Applikationsmöglichkeiten Mathematischer Methoden und Verfahren, auch von Lernalgorithmen Neuronaler Netze, in der Multisensor-Praxis, so müssen wir im letzteren Falle folgende Aspekte beachten:

– Beim heutigen Stand der Entwicklung haben übliche Sensoren weder die Struktur noch das Verhalten eines Neurons. Erst das Einbinden in eine entsprechende elektronische Schaltung (z. B. Oszillator), diskret oder integriert, kann diesem Teilsystem ähnliche Eigenschaften verleihen.
– Die Möglichkeiten und insbesondere die Vielfalt des Lernens in Neuronalen Netzen nehmen mit der Anzahl der Elemente zu. Eine Anordnung mit vielen (gleichartigen) Sensorelementen käme dieser Zielstellung näher. Unter diesen Umständen sind dann auch Einrichtungen (Geräte) zu erwarten, die von diesen Lernverfahren profitieren.
– Es ist auch zu berücksichtigen, daß Neuronale Netze technisch gesehen, einen erheblichen Nachteil haben:
  Sie erwerben ihre Systemeigenschaften **nur** durch Lernen. Das kann sich für unsere Problematik zum Teil als Mangel erweisen, weil zum Erwerb von entsprechenden Eigenschaften längere Trainingszeiten erforderlich sein können.
– Demgegenüber stehen natürlich die umfangreichen Möglichkeiten einer lernenden Adaption von Sensorsystemen, vor allem in der nicht mehr fernen Zukunft, wenn durch die weitere Hochintegration die Grenzen zwischen Sensoren und elektronischer Schaltung völlig verschwinden werden.

Wegen der zur Zeit noch vorwiegend theoretischen Seite dieser Aspekte werden wir an dieser Stelle nicht weitergehend auf Lernverfahren in Neuronalen Netzen eingehen. Den interessierten Leser verweisen wir zum intensiven Studium auf die einschlägige Fachliteratur.

Literatur

1 S. Abranowski, H. Müller: Geometrisches Modellieren. Wirtschaftsverlag Mannheim-Wien-Zürich, 1991
2 G. Böhme: Fuzzy-Logik. Springer-Verlag, Berlin, Heidelberg, 1993
3 K. W. Cattermole: Signale und Wellen. VCH Verlagsgesellschaft Weinheim, 1988
4 K. W. Cattermole, J. J. O'Reilly: Rauschen und Stochastik in der Nachrichtentechnik. VCH Verlagsgesellschaft Weinheim, 1988
5 E. J. Christ: Die Anwendung des Tensorkalküls bei der Analyse und Synthese nichtlinearer dynamischer Systeme. Diss. TH Ilmenau, 1968
6 E. J. Christ: Die Anwendung des Tensorkalküls bei der Stabilitätsanalyse nichtlinearer dynamischer Systeme. XI. Int. Wiss. Kolloqu. d. TH Ilmenau, 1966
7 F.A.M. Davide, A. D'Amico: Pattern recognition from sensor arrays, theoretical considerations. Sensors and Actuators A, 32 (1992)
8 A. J. Lerner, E. A. Rosemann: Optimale Steuerungen. VEB Verlag Technik Berlin, 1973
9 C. Di Natale, A. D'Amico, F.A.M. Davide: Redundancy in sensor arrays. Sensors and Actuators A, 37–38 (1993)
10 A. V. Oppenheim, A. S. Willsky: Signale und Systeme. VCH Verlagsgesellschaft Weinheim, 1989
11 E. Philippow: Nichtlineare Elektrotechnik. Akademische Verlagsgesellschaft Geest u. Portig KG, Leipzig 1963
12 D. Rasch: Einführung in die mathematische Statistik. VEB Deutscher Verlag der Wissenschaften Berlin, 1978
13 H. Schwarz: Zeitdiskrete Regelsysteme. Akademie-Verlag Berlin, 1979
14 H. J. Sebastian, N. Sieber: Diskrete dynamische Optimierung. Akademische Verlagsgesellschaft, Geest u. Portig KG, Leipzig, 1981
15 H. Strobel: Experimentelle Systemanalyse. Akademie-Verlag Berlin, 1975
16 H.-R. Tränkler: Gassensorik heute und morgen. SENSOR report, 1 1993
17 L. Zipser: Selectivity of sensor systems. Sensors and Actuators A, 37–38 (1993)
18 A. Zell: Simulation Neuronaler Netze: Addison-Wesley Publishing Company Bonn, 1994

2 Experimentell gestützte Mehrkomponentenoptimierung

H. Ahlers

2.1
Experimentelle Optimierung

Praxisnahe Optimierung wird durch eine experimentelle Untermauerung erreicht. Insbesondere bei fehlenden mathematischen Beziehungen kann man damit in wissenschaftlicher Verfahrensweise zu Ergebnissen gelangen.

Als erstes ist die Zielgröße, das *Gütekriterium Q*, festzulegen. Im Bereich der Sensorik kann diese Zielgröße sein: Verstärkung, Stabilität, Ausbeute, Fehlerhäufigkeit, Kosten, Lebensdauer, Größe, Menge, Gewicht, Feuchte, Geschwindigkeit, Kraft, Beschleunigung, Hall-Spannung, Konzentration.

Diese als Optimierungsziel aufgezählten Größen sind Einzelziele, die durch ihre Wichtigkeit gekennzeichnet sind. Sollen mehrere Größen gleichzeitig optimiert werden, so muß ein Kompromiß gesucht werden. Dieser Kompromiß ist durch den Aufgabenbearbeiter auch immer subjektiv gefärbt. Trotzdem läßt sich eine formalisierte Zielgröße finden. Diese Findung ist ebenfalls subjektiv und setzt sich aus den Einzelzielen zusammen.

Vorschläge für Kompromißziele sind:

- Gewichtete Summe
$$Q = \sum_j g_j Q^{(j)}$$

$Q^{(j)}$ − Einzelziel
g_j − Gewichtsfunktion

- Gewichtetes Produkt
$$Q = \prod_j g_j Q^{(j)}$$

- Verallgemeinerter Parameter
$$Q = \sum_j g_j Q^{*(j)}$$

$$Q^* = \frac{Q_{zul}^{(j)} - Q^{(j)}}{Q_{zul}^{(j)} - Q_{opt}^{(j)}}$$

Q_{zul} - Zulässiger Parameter aus Anwender- und Herstellerforderungen
Q_{opt} - Optimaler Parameter aus Anwender- und Herstellerforderungen

Die Zielgröße ist von den Parametern, den *Einflußfaktoren* X_i, abhängig. Davon sind eine Reihe dem Aufgabenbearbeiter bekannt. Die fehlenden unbekannten Einflußfaktoren ergeben den Unsicherheitsfaktor, der nach der Optimierung noch bleibt. Es muß also das Bestreben sein, diese zu minimieren. Manchmal kann es aber auch vertretbar sein, die Optimierung auf wenige Einflußfaktoren zu beschränken. Die Anzahl der Einflußfaktoren entspricht den „mehreren" Komponenten der Überschrift.

Einflußfaktoren sind alle die Größen eines Sensors aus Technologie, Konstruktion, Material, Umwelt usw., die auf die Zielgröße einen meßbaren Einfluß haben. Damit ist das Modell $Q = f(X_i)$ in seinem Aufbau charakterisiert. Die konkrete funktionelle Abhängigkeit muß nicht bekannt sein. Gesucht wird ein Extremwert von Q auf experimentellem Weg.

2.2
Experimentelles Optimierungsverfahren nach *Gauß-Seidel*

Dieses Verfahren ist einfach und überschaubar. Alle Einflußfaktoren X_i bis auf einen werden konstant gehalten. Dieser eine Einflußfaktor $i = 1$ wird in Schritten oder kontinuierlich variiert und jeweils die Zielgröße Q gemessen. Erreicht diese einen Extremwert, so wird der Einflußfaktor auf seinem dazugehörigen Wert festgehalten. Dann wird der Einflußfaktor $i = 2$ variiert und der Wert, bei dem die Zielgröße wieder einen Extremwert erreicht, fixiert. In dieser Weise wird bei allen Einflußfaktoren verfahren. Sind alle variiert, beginnt man wieder von vorne. Diese Prozedur wird solange durchgeführt, bis die Zielgröße Q keine nennenswerten Änderungen mehr erfährt oder der Aufgabenbearbeiter mit den erreichten Werten zufrieden ist.

Die Normierung der Einflußfaktoren läßt sich formal beschreiben:

$$x_i = \frac{X_i - X_{i,0}}{\Delta X_i}$$

$$\begin{array}{cccc} X_{i,0} - \Delta X_i & X_{i,0} & X_{i,0} + \Delta X_i & X_i \\ \hline -1 & 0 & +1 & x_i \end{array}$$

(Nullentwurf)

X_i – Originalmaßstab

x_i – Normierter Maßstab

Bei grobem Suchen kann die Schrittweite groß sein, bei feinem Suchen ist sie klein zu halten. Eine Variation während des Suchens ist zulässig und empfehlenswert. Bei großer Schrittweite und einem „scharfen" Optimum ist die Gefahr des Überspringens des Optimums zu beachten.

Ist nur ein Optimum vorhanden, so wird es mit diesem Verfahren ermittelt. Sind mehrere lokale Optima vorhanden, so muß von verschiedenen Ausgangspunkten gestartet werden, um die Struktur aufzuklären. Bei Vorhandensein eines Optimums kann von verschiedenen Startpunkten begonnen werden; man gelangt bei richtiger Schrittweite immer zum Optimum. Dies kann auch zur Absicherung, ob das Verfahren ordnungsgemäß ausgeführt wird, verwendet werden.

2.3
Experimentelles Optimierungsverfahren nach *Box-Wilson*

Dieses Verfahren ist effektiv und ausreichend einfach. Die Suchschritte für das Optimum verlaufen längs des Gradienten. Der Gradient wird durch einen linearen Versuchsplan ermittelt.

Wird längs des Gradienten eine Verbesserung des Gütekriteriums Q festgestellt, so wird in diesem Punkt erneut der Gradient mittels linearem Versuchsplan ermittelt und längs des neuen Gradienten gesucht. Der Gradient ist

$$\text{grad } Q = \left(\frac{\partial Q}{\partial x_1}, \ldots, \frac{\partial Q}{\partial x_k} \right) = (b_1, \ldots, b_k)$$

Mit dem Multiplikationsfaktor ϵ wird der Abstand der Suchschritte nach Wunsch gewählt (grobes Suchen, feines Suchen). Die Suchschritte haben die Größe

$$\varepsilon \cdot b_i \cdot \Delta X_i$$

Dabei sind b_i die Koeffizienten der linearen Approximationsfunktion und $2 \cdot \Delta X_i$ die Breite des abgetasteten Untersuchungsgebiets.

2.4
Modellaufstellung

Als Beschreibungsfunktion für die Abhängigkeiten der Zielfunktionen bzw. Gütekriterien $Q^{(j)}$ von den Einflußfaktoren X_i wird eine Regressionsgleichung verwendet, die nach dem quadratischen Glied abgebrochen wird.

$$Q^{(j)} = \qquad\qquad \textit{Gütekriterium}$$

$$b_0^{(j)} + \qquad\qquad \textit{Nullentwurf}$$

$$\sum_{i=1}^{k} b_i^{(j)} x_i + \qquad \textit{Lineare Glieder}$$

$$\sum_{i=1}^{k-1} \sum_{\vartheta=i+1}^{k} b_{ij}^{(j)} x_i x_\vartheta \qquad \textit{Wechselwirkungsglieder}$$

$$\sum_{i=1}^{k} b_{ii}^{(j)} x_i^2 \qquad\qquad \textit{Quadratische Glieder}$$

$$j = 1, \ldots, l$$

Bei dem sogenannten *Nullentwurf* erfolgt die Einstellung der Einflußfaktoren X_i auf den Wert, der möglichst nah am Optimum liegt. Da das Optimum erst aufgesucht werden soll, können dies nur die vermuteten Werte $X_{i,0}$ sein. Die Vermutung wird gestützt durch theoretische Vorüberlegungen oder Modelle, durch Erfahrungen, Vorexperimente oder einfach durch den Zufall. Letzteres kann die Optimumsuche allerdings sehr verlängern.

Das Modell enthält damit den Entwicklungspunkt und den Arbeitspunkt oder wie hier verwendet: den Nullentwurf, das lineare Glied und die quadratischen Glieder. Zusätzlich ist noch die Wechselwirkung zwischen den Einflußfaktoren einführbar.

Solchermaßen beschreibt dieses Modell die meisten praktischen Fälle. Es ist kein physikalisches, chemisches oder biologisches Modell, sondern ein mathematisches und damit in jeder Fachrichtung einsetzbar. Prinzipiell sollte es im Sinn der Mehrkomponentenoptimierung die Umgebung des Optimums mehrdimensional beschreiben. Dies ist dann richtig, wenn der Nullentwurf durch umfangreiche Vorkenntnisse bereits nahe am realen Optimum liegt.

Durch rechentechnische Aufklärung der Struktur und Aufsuchen ausgezeichneter Punkte und Flächen lassen sich optimale Bedingungen im Gültigkeitsbereich der Beschreibungsgleichung ermitteln.

Sind diese nicht ausreichend, kann der Gradient bestimmt und längs dieses Gradienten experimentell weitergesucht werden. Prinzipiell muß versucht werden, so dicht wie möglich an das Optimum zu gelangen, um es dann mit dieser Modellaufstellung feiner aufzuklären.

2.5
Experimentelle Koeffizientenbestimmung

Die Koeffizientenbestimmung der Beschreibungsfunktion durch das Experiment ist praxisnah. Eine besonders effektive und genaue Koeffizientenbestimmung wird mit der aktiven statistischen Versuchsplanung erzielt. Diese bedingt erstens eine systematische Arbeit bei der Durchführung der Experimente, und zweitens ist sie selbst nach mathematischen Optimalitätskriterien entwickelt, die im wesentlichen durch die Minimierung von Streuungseigenschaften bei der Approximation mit der Beschreibungsgleichung charakterisiert sind.

Die Optimalitätskriterien lassen sich aufteilen in:

- A-Optimalität; Minimierung der mittleren Halbachsenlänge des Streuungsellipsoids
- C-Optimalität, Minimierung der Streuung bestimmter Koeffizienten
- D-Optimalität, Minimierung des Volumens des Streuungsellipsoids
- E-Optimalität, Minimierung der größten Halbachse des Streuungsellipsoids
- G-Optimalität, Minimierung des maximalen Wertes der Streuung
- I-Optimalität, Minimierung einer mittleren gewichteten Streuung
- S-Optimalität, Maximierung des Informationsgewinns

Die Theorie geht davon aus, daß die Einflußfaktoren vom Aufgabenbearbeiter nach bestimmten Plänen bewußt variiert werden können. Er muß somit die Konstruktion, die Technologie und die Materialzusammensetzung nach den Vorgaben aus den Plänen erstellen und die Gütekriterien ausmessen. Dabei kann er nicht nach der Methode „trial and error" probieren, sondern muß sich an die Systematik halten. Die Belohnung dafür sind optimal bestimmte Koeffizienten für die Beschreibungsgleichung.

Die Bezeichnung „aktiv" bedeutet, daß die Meßpunkte bestimmten Forderungen unterliegen, wodurch bei der Ermittlung der Koeffizienten die Optimalitätseigenschaften erzielt werden. Diese Forderungen sind

Orthogonalität

$$\sum_{r=1}^{N} x_{ir} = 0 \quad \text{und} \quad \sum_{r=1}^{N} x_{ir} \cdot x_{\vartheta r} = 0, \quad i \neq \vartheta$$

Normierung

$$\sum_{r=1}^{N} x_{ir}^2 = N$$

Solche Bedingungen werden in den vorgeschriebenen Versuchspunkten der aktiven Versuchspläne erzielt.

Die Verbesserung der Dispersion des Mittelwertes ist:

$$\sigma^2\left\{\bar{Q}\right\} = \sigma^2 \left\{ \frac{\sum\limits_{r=1}^{N} Q_r}{N} \right\} = \frac{1}{N^2} \sigma^2 \left\{ \sum_{r=1}^{N} Q_r \right\}$$

$$= \frac{1}{N^2} \left[\sum_{r=1}^{N} \sigma^2\left\{Q_r\right\} \right] = \frac{1}{N^2} \left[N\sigma^2\left\{Q_r\right\} \right] = \frac{\sigma^2\left\{Q_r\right\}}{N}$$

Die Verbesserung der Dispersion der Koeffizienten ist:

$$\sigma^2\left\{b_i\right\} = \frac{\sigma^2}{\sum\limits_{r=1}^{N} x_{ir}^2 - \frac{1}{N}\left(\sum\limits_{r=1}^{N} x_{ir}\right)^2} = \frac{\sigma^2}{N}$$

N - Anzahl der Versuche
r - Nummer des Versuchs
σ^2 - Dispersion

2.6
Versuchsplanung

Die aktive Versuchsplanung baut auf mehreren Schritten auf.

1. **Schritt: Lineare Approximation**
$$Q^{(j)} = b_0^{(j)} + b_1^{(j)} x_1 + b_2^{(j)} x_2 + \dots$$

2. **Schritt: Verbesserung der linearen Approximation und Einbeziehung von Wechselwirkungskoeffizienten**
$$Q^{(j)} = b_0^{(j)} + b_1^{(j)} x_1 + b_2^{(j)} x_2 + b_{12}^{(j)} x_1 x_2 + \dots$$

3. **Schritt: Einbeziehung von quadratischen Größen**
$$Q^{(j)} = b_0^{(j)} + b_1^{(j)} x_1 + b_2^{(j)} x_2 + b_{12}^{(j)} x_1 x_2 + b_{11}^{(j)} x_1^2 + b_{22}^{(j)} x_2^2 + \dots$$

Zur Bestimmung der Koeffizienten werden Versuche nach dem bereits genannten, fest vorgegebenen mathematischen Plan durchgeführt und die Zielgrößen $Q^{(j)}$ gemessen. Eine Abweichung von den Plänen ist nicht zulässig. Sie würde zum Verlust der Vorteile dieser Pläne führen (Optimalität, Orthogonalität).

Schritt zwei und drei bauen jeweils auf den Meßergebnissen des vorhergehenden Schrittes auf. Das ergibt eine Ökonomie bei den Messungen zur Modellaufstellung.

Die Forderungen an die Versuchsdurchführung sind:

- *Randomisierung*
  Statistisch zufällige Reihenfolge der Versuchsdurchführung

- *Parallelversuche*
  Im Versuchspunkt ist der Meßwert möglichst als Mittelwert aus m Parallelversuchen zu gewinnen

- *Driften, Dynamik*
  Die Modellbildung geht von quasistatischen Zuständen aus

- *Meßfehler*
  Der Fehler bei der Einstellung der Einflußfaktoren x_i ist kleiner zu halten als der Approximationsfehler

2.7
Modelladäquatheit

Ob die Beschreibungsfunktion als Modell die experimentell festgestellten Zusammenhänge gut beschreibt, läßt sich nach der *Fisher-Verteilung* überprüfen.

Ist die aus den Streuungen berechnete Testgröße F kleiner als die aus der Tabelle der *Fisher-Verteilung* $F < F_{\alpha, f_1, f_2}$, so kann mit der Irrtumswahrscheinlichkeit α die Modellierung der Beschreibungsfunktion als zutreffend angesehen werden. Gewählt wird meistens $\alpha = 5\%$ oder 1%. Die Größen f_1 und f_2 sind die sogenannten Freiheitsgrade und bestimmen sich aus der Versuchsanzahl.

Die Testgröße ergibt sich zu:

$$F = \frac{S_D}{S_e} \cdot \frac{f_2}{f_1} = \frac{s_D^2}{s_e^2}$$

$$f_1 = N - q, \quad f_2 = m$$

f_1, f_2 - Freiheitsgrade
q - Anzahl der Koeffizienten
m - Parallelversuche

Defektquadratsumme

$$S_D = m S_r, \quad S_R = \sum_{r=1}^{N} \left(\hat{Q}_r - Q_r \right)^2$$

Fehlerquadratsumme

$$S_e = \sum_{r=1}^{N} \sum_{v=1}^{m} (Q_{rv} - Q_r)^2$$

Dispersion der Approximation

$$s_D^2 = \frac{S_D}{f_1} = \frac{m}{N-q} \sum_{r=1}^{N} \left(\hat{Q}_r - Q_r\right)^2$$

$\hat{Q}_r$ - Wert der Approximation

Dispersion im Versuchspunkt

$$s_r^2 = \frac{1}{m-1} \sum_{v=1}^{m} (Q_{rv} - Q_r)^2$$

Empirische Versuchsstreuung

$$s^2\{Q\} = s^2 = s_e^2 = \frac{S_e}{f_2} = \frac{1}{N} \sum_{r=1}^{N} s_r^2$$

2.8
Versuchspläne

Zwei Einflußfaktoren $k = 2$

Approximationsfunktion:

$$Q = b_0' + b_1' x_1 + b_2' x_2 + b_{12}' x_1 x_2$$

Versuchsplan:

Versuch Nr. r	x_1	x_2	Q_r
1	+	+	Q_1
2	−	+	Q_2
3	+	−	Q_3
4	−	−	Q_4
0	0	0	Q_0

Koeffizientenberechnung:

$$b_0' = \frac{1}{4} [Q_1 + Q_2 + Q_3 + Q_4]$$

$$b_1' = \frac{1}{4} [(Q_1 + Q_3) - (Q_2 + Q_4)]$$

$$b_2' = \frac{1}{4} [(Q_1 + Q_2) - (Q_3 + Q_4)]$$

$$b_{12}' = \frac{1}{4} [(Q_1 + Q_4) - (Q_2 + Q_3)]$$

$$s\{b_i'\} = 0,50\,s$$

Approximationsfunktion:

$$Q = b_o'' + b_1'' x_1 + b_2'' + b_{12}'' x_1 x_2 + b_{11}'' x_1^2 + b_{22}'' x_2^2$$

Versuchsplan:

Versuch Nr. r	x_1	x_2	Q_r
5	+	0	Q_5
6	−	0	Q_6
7	0	+	Q_7
8	0	−	Q_8

Koeffizientenberechnung:

$$b_0'' = \frac{1}{9}\,(Q_1 + Q_2 + Q_3 + Q_4 + Q_5 + Q_6 + Q_7 + Q_8 + Q_0) - 0{,}66 b_{11}'' - 0{,}66 b_{22}''$$

$$b_1'' = \frac{1}{6}\,[(Q_1 + Q_3 + Q_5) - (Q_2 + Q_4 + Q_6)]$$

$$b_2'' = \frac{1}{6}\,[(Q_1 + Q_2 + Q_7) - (Q_3 + Q_4 + Q_8)]$$

$$b_{12}'' = b_{12}'$$

$$b_{11}'' = \frac{1}{6}\,(Q_1 + Q_2 + Q_3 + Q_4 + Q_5 + Q_6) - \frac{1}{3}\,(Q_7 + Q_8 + Q_0)$$

$$b_{22}'' = \frac{1}{6}\,(Q_1 + Q_2 + Q_3 + Q_4 + Q_7 + Q_8) - \frac{1}{3}\,(Q_5 + Q_6 + Q_0)$$

$$s\{b_0''\} = 0{,}75\,s, \quad s\{b_i''\} = 0{,}41\,s, \quad s\{b_{i\vartheta}''\} = 0{,}50\,s, \quad s\{b_{ii}''\} = 0{,}71\,s$$

Drei Einflußfaktoren $k = 3$

Approximationsfunktion:

$$Q = b_0' + b_1' x_1 + b_2' x_2 + b_3' x_3$$

Versuchsplan:

Versuch Nr. r	x_1	x_2	x_3	Q_r
1	+	+	+	Q_1
2	−	+	−	Q_2
3	+	−	−	Q_3
4	−	−	+	Q_4
0	0	0	0	Q_0

Koeffizientenberechnung:

$$b_0' = \frac{1}{4}\,[Q_1 + Q_2 + Q_3 + Q_4]$$

$$b_1' = \frac{1}{4}\,[(Q_1 + Q_3) - (Q_2 + Q_4)]$$

$$b_2' = \frac{1}{4}\,[(Q_1 + Q_2) - (Q_3 + Q_4)]$$

$$b_3' = \frac{1}{4}\,[(Q_1 + Q_4) - (Q_2 + Q_3)]$$

$$s\{b_0'\} = s\{b_i'\} = 0{,}50\,s$$

Approximationsfunktion:

$$Q = b_0'' + b_1'' x_1 + b_3'' x_3 + b_{12}'' x_1 x_2 + b_{13}'' x_1 x_3 + b_{23}'' x_2 x_3$$

Versuchsplan

Versuch Nr. r	x_1	x_2	x_3	Q_r
5	+	+	−	Q_5
6	−	+	+	Q_6
7	+	−	+	Q_7
8	−	−	−	Q_8

Koeffizientenberechnung:

$$b_0'' = \frac{1}{8}(Q_1 + Q_2 + Q_3 + Q_4 + Q_5 + Q_6 + Q_7 + Q_8)$$

$$b_1'' = \frac{1}{8}[(Q_1 + Q_3 + Q_5 + Q_7) - (Q_2 + Q_4 + Q_6 + Q_8)]$$

$$b_2'' = \frac{1}{8}[(Q_1 + Q_2 + Q_5 + Q_6) - (Q_3 + Q_4 + Q_7 + Q_8)]$$

$$b_3'' = \frac{1}{8}[(Q_1 + Q_4 + Q_6 + Q_7) - (Q_2 + Q_3 + Q_5 + Q_8)]$$

$$b_{12}'' = \frac{1}{8}[(Q_1 + Q_4 + Q_5 + Q_8) - (Q_2 + Q_3 + Q_6 + Q_7)]$$

$$b_{13}'' = \frac{1}{8}[(Q_1 + Q_2 + Q_7 + Q_8) - (Q_3 + Q_4 + Q_5 + Q_6)]$$

$$b_{23}'' = \frac{1}{8}[(Q_1 + Q_3 + Q_6 + Q_8) - (Q_2 + Q_4 + Q_5 + Q_7)]$$

$$s\{b_0''\} = s\{b_1''\} = s\{b_{i\vartheta}''\} = 0{,}35\,s$$

Approximationsfunktion:

$$Q = b_0''' + b_1''' x_1 + b_2''' x_2 + b_3''' x_3 + b_{12}''' x_1 x_2 + b_{13}''' x_1 x_3 + b_{23}''' x_2 x_3 + b_{11}''' x_1^2 + b_{22}''' x_2^2 + b_{33}''' x_3^2$$

Versuchsplan:

Versuch Nr. r	x_1	x_2	x_3	Q_r
9	+1,215	0	0	Q_9
10	−1,215	0	0	Q_{10}
11	0	+1,215	0	Q_{11}
12	0	−1,215	0	Q_{12}
13	0	0	+1,215	Q_{13}
14	0	0	−1,215	Q_{14}

Koeffizientenberechnung:

$$b_0''' = -0,547\, b_0'' + 0,205\,(Q_9 + \ldots + Q_{14}) + 0,432 Q_0$$

$$b_1''' = -0,73\, b_1'' + 0,111\,(Q_9 - Q_{10})$$

$$b_2''' = -0,73\, b_2'' + 0,111\,(Q_{11} - Q_{12})$$

$$b_3''' = -0,73\, b_3'' + 0,111\,(Q_{13} - Q_{14})$$

$$b_{12}''' = b_{12}'' \quad b_{13}''' = b_{13}'' \quad b_{23}''' = b_{23}''$$

$$b_{11}''' = 0,5\, b_0'' - 0,168\,(Q_9 + \ldots + Q_{14} + Q_0) + 0,33\,(Q_9 + Q_{10})$$

$$b_{22}''' = 0,5\, b_0'' - 0,168\,(Q_9 + \ldots + Q_{14} + Q_0) + 0,33\,(Q_{11} + Q_{12})$$

$$b_{33}''' = 0,5\, b_0'' - 0,168\,(Q_9 + \ldots + Q_{14} + Q_0) + 0,33\,(Q_{13} + Q_{14})$$

$$s\{b_0'''\} = 0,66\, s, \quad s\{b_i'''\} = 0,30\, s, \quad s\{b_{i\vartheta}'''\} = 0,35\, s, \quad s\{b_{ii}'''\} = 0,48\, s,$$

Vier Einflußfaktoren $k = 4$

Approximationsfunktion:

$$Q = b_0' + b_1' x_1 + b_2' x_2 + b_3' x_3 + b_4' x_4$$

Versuchsplan:

Versuch Nr. r	x_1	x_2	x_3	x_4	Q_r
1	+	+	+	+	Q_1
2	−	+	+	−	Q_2
3	+	−	+	−	Q_3
4	−	−	+	+	Q_4
5	+	+	+	−	Q_5
6	−	+	−	+	Q_6
7	+	−	−	+	Q_7
8	−	−	−	−	Q_8
0	0	0	0	0	Q_0

Koeffizientenberechnung:

$$b_0' = \frac{1}{8}\,(Q_1 + Q_2 + Q_3 + Q_4 + Q_5 + Q_6 + Q_7 + Q_8)$$

$$b_1' = \frac{1}{8}\,[(Q_1 + Q_3 + Q_5 + Q_7) - (Q_2 + Q_4 + Q_6 + Q_8)]$$

$$b_2' = \frac{1}{8}\,[(Q_1 + Q_2 + Q_5 + Q_6) - (Q_3 + Q_4 + Q_7 + Q_8)]$$

$$b_3' = \frac{1}{8}\,[(Q_1 + Q_2 + Q_3 + Q_4) - (Q_5 + Q_6 + Q_7 + Q_8)]$$

$$b_4' = \frac{1}{8}\,[(Q_1 + Q_4 + Q_6 + Q_7) - (Q_2 + Q_3 + Q_5 + Q_8)]$$

$$s\{b_i'\} = 0,35\, s$$

Approximationsfunktion:

$$Q = b_0'' + b_1'' x_1 + b_2'' x_2 + b_3'' x_3 + b_4'' x_4 + b_{12}'' x_1 x_2 + b_{13}'' x_1 x_3 + b_{14}'' x_1 x_4 + b_{23}'' x_2 x_3$$
$$+ b_{24}'' x_2 x_4 + b_{34}'' x_3 x_4$$

Versuchsplan:

Versuch Nr. r	x_1	x_2	x_3	x_4	Q_r
9	−	−	−	+	Q_9
10	+	−	−	−	Q_{10}
11	−	+	−	−	Q_{11}
12	+	+	−	+	Q_{12}
13	−	−	+	−	Q_{13}
14	+	−	+	+	Q_{14}
15	−	+	+	+	Q_{15}
16	+	+	+	−	Q_{16}

Koeffizientenberechnung:

$$b_0'' = \frac{1}{16} \left(8b_0' + Q_9 + Q_{10} + Q_{11} + Q_{12} + Q_{13} + Q_{14} + Q_{15} + Q_{16} \right)$$

$$b_1'' = \frac{1}{16} \left[8b_1' + (Q_{10} + Q_{12} + Q_{14} + Q_{16}) - (Q_9 + Q_{11} + Q_{13} + Q_{15}) \right]$$

$$b_2'' = \frac{1}{16} \left[8b_2' + (Q_{11} + Q_{12} + Q_{15} + Q_{16}) - (Q_9 + Q_{10} + Q_{13} + Q_{14}) \right]$$

$$b_3'' = \frac{1}{16} \left[8b_3' + (Q_{13} + Q_{14} + Q_{15} + Q_{16}) - (Q_9 + Q_{10} + Q_{11} + Q_{12}) \right]$$

$$b_4'' = \frac{1}{16} \left[8b_4' + (Q_9 + Q_{12} + Q_{14} + Q_{15}) - (Q_{10} + Q_{11} + Q_{13} + Q_{16}) \right]$$

$$b_{12}'' = \frac{1}{16} \left[(Q_1 + Q_4 + Q_5 + Q_8 + Q_9 + Q_{12} + Q_{13} + Q_{16}) \\ - (Q_2 + Q_3 + Q_6 + Q_7 + Q_{10} + Q_{11} + Q_{14} + Q_{15}) \right]$$

$$b_{13}'' = \frac{1}{16} \left[(Q_1 + Q_3 + Q_6 + Q_8 + Q_9 + Q_{11} + Q_{14} + Q_{16}) \\ - (Q_2 + Q_4 + Q_5 + Q_7 + Q_{10} + Q_{12} + Q_{13} + Q_{15}) \right]$$

$$b_{14}'' = \frac{1}{16} \left[(Q_1 + Q_2 + Q_7 + Q_8 + Q_{11} + Q_{12} + Q_{13} + Q_{14}) \\ - (Q_3 + Q_4 + Q_5 + Q_6 + Q_9 + Q_{10} + Q_{15} + Q_{16}) \right]$$

$$b_{23}'' = \frac{1}{16} \left[(Q_1 + Q_2 + Q_7 + Q_8 + Q_9 + Q_{10} + Q_{15} + Q_{16}) \\ - (Q_3 + Q_4 + Q_5 + Q_6 + Q_{11} + Q_{12} + Q_{13} + Q_{14}) \right]$$

$$b_{24}'' = \frac{1}{16} \left[(Q_1 + Q_3 + Q_6 + Q_8 + Q_{10} + Q_{12} + Q_{13} + Q_{15}) \\ - (Q_2 + Q_4 + Q_5 + Q_7 + Q_9 + Q_{11} + Q_{14} + Q_{16}) \right]$$

$$b_{34}'' = \frac{1}{16} \left[(Q_1 + Q_4 + Q_5 + Q_8 + Q_{10} + Q_{11} + Q_{14} + Q_{15}) \\ - (Q_2 + Q_3 + Q_6 + Q_7 + Q_9 + Q_{12} + Q_{13} + Q_{16}) \right]$$

$$s\left\{ b_0'' \right\} = s\left\{ b_i'' \right\} = s\left\{ b_{i\vartheta}'' \right\} = 0{,}25\, s$$

Approximationsfunktion:

$$Q = b_0''' + b_1''' x_1 + b_2''' x_2 + b_3''' x_3 + b_4''' x_4 + b_{12}''' x_1 x_2 + b_{13}''' x_1 x_3 + b_{14}''' x_1 x_4 + b_{23}''' x_2 x_3$$
$$+ b_{24}''' x_2 x_4 + b_{34}''' x_3 x_4 + b_{11}''' x_1^2 + b_{22}''' x_2^2 + b_{33}''' x_3^2 + b_{44}''' x_4^2$$

Versuchsplan:

Versuch Nr. r	x_1	x_2	x_3	x_4	Q_r
17	$+1,414$	0	0	0	Q_{17}
18	$-1,414$	0	0	0	Q_{18}
19	0	$+1,414$	0	0	Q_{19}
20	0	$-1,414$	0	0	Q_{20}
21	0	0	$+1,414$	0	Q_{21}
22	0	0	$-1,414$	0	Q_{22}
23	0	0	0	$+1,414$	Q_{23}
24	0	0	0	$-1,414$	Q_{24}

Koeffizientenberechnung:

$$b_0''' = -0,64\, b_0'' + 0,16\,(Q_{17} + Q_{18} + Q_{19} + Q_{20} + Q_{21} + Q_{22} + Q_{23} + Q_{24}) + 0,36\, Q_0$$
$$b_1''' = 0,8\, b_1'' + 0,071\,(Q_{17} - Q_{18})$$
$$b_2''' = 0,8\, b_2'' + 0,071\,(Q_{19} - Q_{20})$$
$$b_3''' = 0,8\, b_3'' + 0,071\,(Q_{21} - Q_{22})$$
$$b_4''' = 0,8\, b_4'' + 0,071\,(Q_{23} - Q_{24})$$
$$b_{12}''' = b_{12}'', \quad b_{14}''' = b_{14}'', \quad b_{24}''' = b_{24}'',$$
$$b_{13}''' = b_{13}'', \quad b_{23}''' = b_{23}'', \quad b_{34}''' = b_{34}'',$$
$$b_{11}''' = 0,4\, b_0'' - 0,1\,(Q_{17} + Q_{18} + Q_{19} + Q_{20} + Q_{21} + Q_{22} + Q_{23} + Q_{24} + Q_0)$$
$$+ 0,25\,(Q_{17} - Q_{18})$$
$$b_{22}''' = 0,4\, b_0'' - 0,1\,(Q_{17} + Q_{18} + Q_{19} + Q_{20} + Q_{21} + Q_{22} + Q_{23} + Q_{24} + Q_0)$$
$$+ 0,25\,(Q_{19} - Q_{20})$$
$$b_{33}''' = 0,4\, b_0'' - 0,1\,(Q_{17} + Q_{18} + Q_{19} + Q_{20} + Q_{21} + Q_{22} + Q_{23} + Q_{24} + Q_0)$$
$$+ 0,25\,(Q_{21} - Q_{22})$$
$$b_{44}''' = 0,4\, b_0'' - 0,1\,(Q_{17} + Q_{18} + Q_{19} + Q_{20} + Q_{21} + Q_{22} + Q_{23} + Q_{24} + Q_0)$$
$$+ 0,25\,(Q_{23} - Q_{24})$$
$$s\{b_0'''\} = 0,60\, s, \quad s\{b_i'''\} = 0,22\, s, \quad s\{b_{i\vartheta}'''\} = 0,25\, s, \quad s\{b_{ii}'''\} = 0,35\, s$$

2.9
Standardisierte Optimierungsaufgaben

Für die Praxis werden vier Optimierungsaufgaben gewissermaßen als Standardaufgaben formuliert.

Aufgabentyp I

Diese Aufgabe wird als Hierarchieproblem bezeichnet. Ein Gütekriterium wird als wichtigstes ausgewählt, welches einen Extremwert erreichen soll. Alle anderen Gütekriterien und die Einflußfaktoren sollen Grenzen nicht überschreiten.

$$Q^{(1)} \to \max(\min)$$
$$Q_{\min}^{(j)} \le Q^{(j)} \le Q_{\max}^{(j)}, \quad j = 2, \dots, l$$
$$-\rho_i \le x_i \le +\phi_i, \quad i = 1, \dots, k$$

Aufgabentyp II

Diese Aufgabe ist ein Minimum-Maximum-Problem. Aus den vergleichbar zu machenden Gütekriterien ist das mit dem Minimalwert zum Maximum zu machen bzw. umgekehrt.

$$\min Q^{(j)} \to \max, \quad j = 1 \dots, l$$
$$-\rho_i \le x_i \le +\phi_i, \quad i = 1, \dots, k$$

Aufgabentyp III

Diese Aufgabe beschreibt einen linearen Kompromiß. Er besteht in der gewichteten Addition der einzelnen Gütekriterien. Sie sollen alle maximal oder minimal gemacht werden. Durch negatives Vorzeichen oder Reziprokwertbildung läßt sich eine einheitliche Zielrichtung erzwingen.

$$\sum_{j=1}^{1} g_j Q^{(j)} \to \max(\min)$$
$$-\rho_i \le x_i \le +\phi_i, \quad i = 1, \dots, k$$

Aufgabentyp IV

Diese Aufgabe minimiert die quadratischen Abweichungen von einer Sollgröße, die wünschenswerterweise bei der Optimierung erreicht werden soll.

$$\sum_{j=1}^{1} \left(Q_{Ford}^{(j)} - Q^{(j)} \right)^2 \to \min$$
$$-\rho_i \le x_i \le +\phi_i, \quad i = 1, \dots, k$$

2.10
Algorithmus der Mehrkomponentenoptimierung

In der Praxis bewährt sich ein Algorithmus mit drei Schritten.

1. Schritt: Nullentwurf
$$x_i = 0$$

2. Schritt: Experimentelle Koeffizentenbestimmung des Beschreibungssystems

$$Q^{(j)} = b_0^{(j)} + \sum_{i=1}^{k} b_i^{(j)} x_i + \sum_{i=1}^{k-1} \sum_{\vartheta=i+1}^{k} b_{ij}^{(j)} x_i x_\vartheta + \sum_{i=1}^{k} b_{ii}^{(j)} x_i^2, \quad j = 1, \ldots, l$$

3. Schritt: Rechentechnische Lösung von Optimierungsaufgaben

$$Q^{(1)} \to \max(\min) \qquad\qquad\qquad \min Q^{(j)} \to \max, \quad j = 1, \ldots, l$$

$$Q_{min}^{(j)} \le Q^{(j)} \le Q_{max}^{(j)}, j = 2, \ldots, l$$

$$-\rho_i \le x_i \le +\phi_i, \quad i = 1, \ldots, k \qquad\qquad -\rho_i \le x_i \le +\phi_i, \quad i = 1, \ldots, k$$

$$\sum_{j=1}^{1} g_j Q^{(j)} \to \max(\min) \qquad\qquad \sum_{j=1}^{1} \left(Q_{Ford}^{(j)} - Q^{(j)} \right)^2 \to \min$$

$$-\rho_i \le x_i \le +\phi_i, \quad i = 1, \ldots, k \qquad\qquad -\rho_i \le x_i \le +\phi_i, \quad i = 1, \ldots, k$$

Die Übertragung der abstrakten mathematischen Formulierungen auf die Multisensorik bedeutet, die $Q^{(j)}$ als Sensorsignale anzusehen. Die x_i entsprechen dann den Meßgrößen.

Diese Sicht ist etwas eng, aber zulässig. Eine Erweiterung ist, einige $Q^{(j)}$ als Gütekriterien und einige x_i als Konstruktionsparameter der Multisensoranordnung anzusehen.

Beispiel. Ionenselektive Multi-Elektrode für Cl, F, Cu

Es wird festgelegt:

Cl -Elektrodenspannung	$\cong Q^{(1)}$	
F -Elektrodenspannung	$\cong Q^{(2)}$	Sensorspannungen
Cu-Elektrodenspannung	$\cong Q^{(3)}$	

Drift der Cl -Elektrode	$\cong Q^{(4)}$	
Drift der F -Elektrode	$\cong Q^{(5)}$	Alterung der Sensoren
Drift der Cu-Elektrode	$\cong Q^{(6)}$	

Cl -Konzentration	$\cong x_1$	
F -Konzentration	$\cong x_2$	Meßgrößen
Cu-Konzentration	$\cong x_3$	

Flüssigkeitstemperatur	$\cong x_4$	
		Umfeldgrößen
Einsatzzeit	$\cong x_5$	

$$
\left.
\begin{array}{ll}
\text{Elektrodendurchmesser} & \,\hat{=}\, x_6 \\
\text{Abstand zur Referenzelektrode} & \,\hat{=}\, x_7 \\
\text{Verstärkereingangswiderstand} & \,\hat{=}\, x_8
\end{array}
\right\} \quad \text{Konstruktionsgrößen}
$$

Optimierung nach Modellaufstellung:

$\max Q^{(j)} \to \min, \quad j = 4, 5, 6$
System der Begrenzungen

Die Aufklärung bzw. Lösung einer solchen Optimierungsaufgabe ergibt, welche Konstruktionsgrößen für welche Meßbereiche optimal zu wählen sind.

2.11
Kompromißmenge der Standardoptimierungsaufgaben

[H. Ahlers, B. Schwartz, J. Waldmann. Optimierung technischer Produkte und Prozesse, Verlag Technik Berlin 1981]

Es sei X die Menge aller zulässigen Lösungen des vorgegebenen Problems, d.h.

$$
X = \{(x_1, \ldots, x_k) : -\rho_i \leq x_i \leq \phi_i; \quad i = 1, 2, \ldots, k\}
$$

Dann ist die Menge aller effizienten Punkte X^0 (Kompromißmenge) folgendermaßen gekennzeichnet:

$$
X^0 = \left\{ \underline{x}^0 \,|\, \underline{x}^0 \in X \wedge \left[\,\not\exists\, \underline{x} \in X \quad : \quad Q^{(j)}(\underline{x}) \geq Q^{(j)}\left(\underline{x}^0\right) ; \right. \right.
$$
$$
\left. \left. \forall j = 1, 2, \ldots, k; \quad \wedge\, \exists j_0 \quad \text{mit } Q^{(j_0)}(\underline{x}) > Q^{(j_0)}\left(\underline{x}^0\right)\right]\right\}
$$

In Worten: Ein Punkt $\underline{x}^0 \in X$ gehört genau dann zur *Pareto-Menge*, wenn kein Punkt aus dem zulässigen Bereich existiert, der in allen Gütekriterien nicht schlechter als der Punkt $\underline{x}^0$ ist und in wenigstens einem Gütekriterium besser als $\underline{x}^0$ ist.

Es ist also im Rahmen der gegebenen Beschränkungen nicht möglich, einen Wert der Kompromißmenge für ein Gütekriterium echt zu vergrößern und gleichzeitig für alle anderen nicht zu verkleinern. Zur Lösung, d.h. zum Aufsuchen der Kompromißmenge, kann die Ersatzfunktion

$$
Q = \sum_{j=1}^{1} g_j Q^{(j)}(x_1, \ldots, x_k) \to \max; \quad g_j > 0
$$

herangezogen werden. Die Strukturaufklärung erhält man über die *Jakobi-Matrix* mit dem Gleichungssystem

$$
\frac{\partial Q}{\partial x_1} = g_1 \frac{\partial Q^{(1)}}{\partial x_1} + \ldots + g_l \frac{\partial Q^{(l)}}{\partial x_1} = 0
$$
$$
\vdots
$$
$$
\frac{\partial Q}{\partial x_k} = g_1 \frac{\partial Q^{(1)}}{\partial x_k} + \ldots + g_l \frac{\partial Q^{(l)}}{\partial x_k} = 0
$$

$$
g_1 > 0, \quad g_2 > 0, \ldots, g_l > 0
$$

und die Betrachtung der Werte der Gütekriterien auf der Berandung.

Die Untersuchung dieses Gleichungssystems ist nur dann erfolgversprechend, wenn die Gütekriterien sämtlich konkave oder lineare Funktionen der Einflußfaktoren x_i sind. Ansonsten treten Kompromißmengen auf, die aus nicht zusammenhängenden Teilmengen bestehen. Dann sind die relativen Optima nicht auch zwangsläufig die absoluten.

In der Praxis tritt der Wunsch auf, die Formulierung der Optimierungsaufgabe selber zu variieren, da in ihr ein guter Teil subjektiver Auffassung enthalten ist. Es soll in ständigem Dialog mit dem Computer geklärt werden, ob eine Änderung der Optimierungsaufgabe für die Praxis günstigere Kompromißsituationen erbringt als die allererste A-priori-Auffassung. Mit anderen Worten: Es wird die subjektiv günstigste, d.h. optimale Formulierung der Optimierungsaufgabe gesucht (ohne daß derzeit dies selbst als Optimierungsaufgabe formuliert ist). Es wird ein durch den Anwender mit dem Computer gekoppeltes subjektives Suchen vollzogen, das das Entscheidungsrisiko bei der Anwendung der berechneten optimalen Punkte verringern hilft.

Nach Anwendung der Optimierungsrechnung und damit nach Kenntnis der optimalen Lösung bei der Anwendung einer der vier Typen der Kompromißaufgaben (Optimierungsaufgaben) unter den festgelegten Voraussetzungen sollen weitere Aussagen gewonnen werden. Dies betrifft insbesondere die Fälle, in denen der Anwender seine Forderungen subjektiv und ohne große Erfahrungswerte von vornherein festgelegt hat und nach Abschluß der Optimierung mit der erhaltenen Lösung noch nicht zufrieden ist.

Die im nachfolgenden angegebenen Vorschläge sind nicht automatisch (d.h. allein vom Computer) realisierbar, sondern bedürfen der gedanklichen und schöpferischen Mitarbeit des jeweiligen Anwenders. Sie betreffen die vier definierten Typen der Optimierungsaufgaben.

A.
Aufgaben vom Typ I (Hierarchieaufgabe)

$$Q^{(1)} \to \max$$
$$Q^{(j)}_{\min} \le Q^{(j)} \le Q^{(j)}_{\max}, \quad j = 2, \ldots, l$$
$$-\rho_i \le x_i \le \phi_i$$

Die optimale Lösung sei $\left(x_1^*, \ldots, x_k^*\right)$, der optimale Zielfunktionswert $Q^{(1)}_{opt} = Q^{(1)}\left(x_1^*, \ldots, x_k^*\right)$.

A1.
Veränderung des Nebenbedingungsgebiets

Erfüllt die optimale Lösung $\left(x_1^*, \ldots, x_k^*\right)$ noch nicht die an $Q^{(1)}$ gestellten Forderungen, so muß das Nebenbedingungsgebiet erweitert werden. Die bedeutet, daß alle die Nebenbedingungen, die als Gleichheit erfüllt sind, in ihren oberen (bzw. unteren) Schranken vergrößert (bzw. verkleinert) werden müssen. Dabei ist zu beachten, daß die Veränderung der oberen bzw. unteren Schranke eines Gütekriteriums $Q^{(1)}_{\max}$ bzw. $Q^{(1)}_{\min}$ nur dann erfolgen sollte, wenn es technisch noch sinnvoll bzw. zulässig ist.

A2.
Veränderung der Hierarchie

Die Auswahl des dominierenden Gütekriteriums $Q^{(1)}$ ist oft subjektiv. Ist der Wert eines Gütekriteriums im optimalen Punkt nicht zufriedenstellend, dann kann folgende veränderte Aufgabe betrachtet werden:

$$Q^{(2)}(x_1, \dots, x_k) \to \max(\min)$$

$$Q^{(1)}(x_1, \dots, x_k) \geq Q^{(j)}_{opt} - \beta_i$$

$$Q^{(1)}_{min} \leq Q^{(j)}(x_1, \dots, x_k) \leq Q^{(j)}_{max}; \quad j = 3, 4, \dots, l$$

$$-\rho_i \leq x_i \leq \phi_i; \quad i = 1, 2, \dots, k$$

Sie ist mit dem gleichen Lösungsalgorithmus und dem Startpunkt $(x_1^*, \dots, x_k^*)$ zu lösen. Praktisch interpretiert heißt dies, daß vom benötigten Wert $Q^{(1)}_{opt}$ (bei den angegebenen Forderungen) ein gewisser Teil (entspricht β_1) hergegeben wird, um das Gütekriterium $Q^{(2)}$ zu verbessern. Es ist dabei verständlich, daß im allgemeinen keine Verbesserung von $Q^{(2)}$ erwartet werden kann, wenn der Anwender nicht bereit ist, beim Gütekriterium $Q^{(1)}$ gewisse Abstriche zu machen. Darin zeigt sich deutlich der Charakter des anzustrebenden Kompromisses. Wie groß dabei der Wert von β_1 gewählt wird, hängt vom Problem und dem erreichten Erfüllungsgrad von $Q^{(1)}$ ab. Das ist vom Anwender von Fall zu Fall neu zu entscheiden. Selbstverständlich läßt sich diese Prozedur mehrfach und mit unterschiedlichen Gütekriterien wiederholen. Dadurch gelingt es, sich im Dialog zwischen Computer und Anwender an den praktisch geeignetesten Kompromißpunkt heranzutasten.

B.
Aufgaben vom Typ III (linearer Kompromiß) und vom Typ IV
(Minimierung der Abweichungsquadrate)

$$\sum_{j=1}^{l} g_j Q^{(j)}(x_1, \dots, x_k) \to \max$$

bzw.

$$\sum_{j=1}^{l} g_j \left(Q^{(j)}_{Ford} - Q^{(j)}(x_1, \dots, x_k) \right)^2 \to \min$$

$$-\rho_i \leq x_i \leq \phi_i; \quad i = 1, 2, \dots, k$$

$Q^{(j)}_{Ford}$ – Wunsch – oder Forderungswerte der Gütekriterien

Diese beiden Aufgabentypen, die in der Polyoptimierung betrachtet werden, haben ihre besondere Schwierigkeit in der A-priori-Wahl der Gewichtsfaktoren g_j. Die erste Wahl der Gewichtsfaktoren erweist sich meist als nicht den gestellten Anforderungen genügend. Das äußert sich darin, daß die erhaltenen optimalen Lösungen der Praxis nicht gerecht werden: Einige der Gütekriterien sind überbewertet, andere unterbewertet.

Generell ist bei der Anwendung dieser Aufgabentypen zuerst eine Normierung der Gütekriterien auf eine gleiche Größenordnung zu empfehlen. Sollte dann die

Wahl der g_j keine akzeptierbare optimale Lösung liefern, so können sie Schritt für Schritt verändert werden. In jedem Schritt ist die Rechnung jeweils neu zu beginnen. Dabei werden diejenigen Gewichtsfaktoren erhöht, deren Gütekriterien zu schlechte Werte geliefert haben bzw. die Gewichtsfaktoren von Gütekriterien, die über den Durchschnitt gut erfüllt sind, verringert.

Bei der Veränderung der Gewichtsfaktoren muß sehr vorsichtig vorgegangen werden, da eine zu starke Änderung eine vollständige Veränderung der vorliegenden Lösung hervorrufen kann. Die jeweils günstigste Strategie zur Änderung der Gewichtsfaktoren ist ein sehr kompliziertes Problem und kann praktisch in Abhängigkeit von der Aufgabenstellung nur durch Erfahrungswerte angenähert werden.

Abschließend soll noch bemerkt werden, daß für Aufgaben vom Typ II (Minimax-Aufgaben) kein Dialogverfahren sinnvoll angewendet werden kann, da die eingehenden Gütekriterien von vornherein echt miteinander vergleichbar sein müssen.

2.12
Stochastische Kompromißmengenbestimmung

Die Suche ist ein durch Genauigkeitsforderungen begrenzter Prozeß des sich ständig wiederholenden Übergangs von einem Punkt $\underline{x}^q$ in einen verbesserten Punkt $\underline{x}^{q+1}$; $q = 1, 2, \ldots$ des zu optimierenden Objekts oder Modells.

$$\underline{X}^{q+1} = \Phi\left(\underline{x}^q, \underline{x}^{q-1}, \ldots, \underline{x}^1\right)$$

[G. Timmel. Ein globales stochastisches Suchverfahren zur Bestimmung der Menge funktional effizienter Steuerungen und Kompromißmenge bei statistischen Optimierungsaufgaben mit mehrfacher Zielstellung. Dissertation TH Karl-Marx-Stadt 1980]

Φ heißt Operator der Suche. Ist Φ regulär, so heißt die Suche regulär. Falls der Operator Φ zufällige Elemente ξ einführt, ist das Suchverfahren stochastisch. Es handelt sich in diesem Fall um einen *Markoffschen Prozeß*. Auf Grund seines statistischen Charakters kann ein solches Verfahren das Problem $Q(\underline{x}) \to \max; \underline{x} \in X$ mit einer vorgegebenen ε-Genauigkeit lösen, d.h. für jeden Punkt x_0 der Kompromißmenge X^0 ist ein Punkt x^* aufzusuchen, so daß

$$|Q^{(j)}(x_0) - Q^{(j)}(x^*)| < \varepsilon_j \quad \forall j.$$

Dabei sind $\varepsilon_1, \varepsilon_2, \ldots, \varepsilon_k$ vorgegebene positive Werte, die die Güte der Approximation X^* kennzeichnen. Man bezeichnet dies als ε-Aufgabe. Die ε-Aufgabe fordert, daß genügend viele zulässige Punkte aufzufinden sind, deren Realisierungen die Zielvektoren der Kompromißmenge hinreichend genau approximieren. Ein zufälliger Schritt $\underline{\xi}$ führt im Sinne der Polyoptimierung nur dann von einem Ausgangspunkt $\underline{x}$ zu einem verbesserten $\underline{x} + \underline{\xi}$, wenn gilt:

$$\Delta \underline{Q} = \underline{Q}(\underline{x} + \underline{\xi}) - \underline{Q}(\underline{x}) \geq \underline{0} \wedge \Delta \underline{Q} \neq \underline{0}.$$

Die Wahrscheinlichkeit

$$P(\Delta \underline{Q} \geq \underline{0} \wedge \Delta \underline{Q} \neq \underline{0})$$

fällt in Zielnähe sehr klein aus, so daß die Anzahl erfolgloser Schritte sehr groß ist und die Approximation der *Pareto-Menge* der Einflußfaktoren durch gleichmäßige

Verbesserung einzelner Ausgangspunkte nur sehr langsam voranschreitet. Es wird deshalb simultan in einer größeren Anzahl von Startpunkten gestartet. In jede folgende Approximationsstufe werden nicht nur solche Punkte aufgenommen, die die der vorangehenden Stufe entsprechend funktional gleichmäßig verbessern, sondern auch solche, die im Sinne der Vektorhalbordnung mit den übrigen im Verlauf des Suchprozesses gewonnenen Punkten funktional unvergleichbar sind.

Dieses Vorgehen sichert neben dem stetigen Vorrücken der Punkte auf die funktional effiziente Menge der Einflußfaktoren X^0 im allgemeinen auch eine „Vermehrung" der Punkte, was völlig in Übereinstimmung mit den Vorstellungen zur Lösung der ξ-Aufgabe ist und davon herrührt, daß stets auch ein Teil der Punkte aus der vorangegangenen Approximationsstufe in die folgende übernommen wird.

Algorithmus:
- In das Gebiet X werden unter Zugrundelegung einer Gleichverteilung zufällig n Punkte geworfen. Zu diesen n Punkten werden die zugehörigen Zielvektoren (Gütekriterien) bestimmt. Diejenigen $n_1(1)$ Gütekriterien $\underline{Q}(\underline{x}^{1(1)})$, $\underline{Q}(\underline{x}^{2(1)})$, ... , $\underline{Q}(\underline{x}^n 1^{(1)})$, die bezüglich der Halbordnung unvergleichbar sind, die also untereinander nicht dominieren, bilden die erste Approximation Y^1 der Kompromißmenge. Die zugehörigen Vektoren $\underline{x}^{1(1)}$, $\underline{x}^{2(1)}$, ... , $\underline{x}^{n_1(1)}$ bilden die erste Approximation X^1 der Menge der funktional effizienten Einflußfaktoren. Um zu sichern, daß genügend viele Startpunkte vorhanden sind, kann man n solange vergrößern, bis die Anzahl der in Y^1 enthaltenen Punkte eine untere Grenze n_{1g} überschreitet:
$$n_1(1) \geq n_{1g}$$

- Es sei
$$X^q = \left\{ \underline{x}^{1(q)}, \underline{x}^{2(q)}, \ldots, \underline{x}^n q^{(q)} \right\}$$

  die q-te Approximation der funktional effizienten Menge der Einflußfaktoren und
$$Y^q = \left\{ \underline{Q}(\underline{x}^{1(q)}), \underline{Q}(\underline{x}^{2(q)}), \ldots, \underline{Q}(\underline{x}^n q^{(q)}) \right\}$$

- die q-te Approximation der Kompromißmenge. Dann erfolgt zur Bestimmung der $(q+1)$-ten Approximation zu jedem zulässigen Punkt $x^{j(q)}$, $j = 1, 2, \ldots, n_q$ ein blindes Suchen in der Weise, daß zu $x^{j(q)}$ ein zufälliger Vektor $\underline{\xi}^{j(q)}$ addiert wird, dessen Schrittweite $s(q) = |\underline{\xi}^{j(q)}|$ mit wachsendem q vorsichtig reduziert wird. Dabei sind die aus der Theorie der stochastischen Approximation bekannten *Dvoretzkyschen Konvergenzbedingungen* zu berücksichtigen:

$$\lim_{q \to \infty} s^{(q)} = 0$$

$$\sum_{q=1}^{\infty} s^{(q)} = \infty$$

$$\sum_{q=1}^{\infty} s^{(q)^2} < \infty$$

Die Richtung von $\underline{\xi}^{j(q)}$ wird auf zufällige Weise gewonnen, wobei diese im Raum R^r unter Zugrundelegung einer Gleichverteilung ausgewürfelt wird.

- Es wird nun geprüft, ob die Einflußfaktoren $\underline{x}^{j(q)} + \underline{\xi}^{j(q)}$ im Gebiet X liegen. Wenn das nicht der Fall ist, bestehen verschiedene Möglichkeiten des Vorgehens, z. B.

  a) $\underline{x}^{j(q)} + \underline{\xi}^{j(q)}$ wird gestrichen

  b) $\underline{x}^{j(q)} + \underline{\xi}^{j(q)}$ wird auf den Rand des Gebietes, den er überschritten hat, projiziert

  c) zu $\underline{x}^{j(q)}$ wird so lange ein neuer Vektor $\underline{\xi}^{j(q)}$ gesucht, bis $\underline{x}^{j(q)} + \underline{\xi}^{j(q)} \in X$ ist.

  Die letzten beiden Möglichkeiten b und c sind der von a überlegen, weil eine „Verdünnung" der in die Konkurrenz eingehenden Steuerpunkte am Rand des Gebiets auf Grund der Bedeutung des Randes für die Lösung von Optimierungsaufgaben unzweckmäßig ist. Eine „Verdichtung" der Punkte auf dem Rand und in der Nähe des Randes von X ist dagegen zu rechtfertigen.

- Zu den im Gebiet X liegenden Einflußfaktoren $\underline{x}^{j(q)} + \underline{\xi}^{j(q)}$ wird der Vektor der Gütekriterien $\underline{Q}(\underline{x}^{j(q)} + \underline{\xi}^{j(q)})$ bestimmt. In der Menge

$$Y^q \cup \{Q(\underline{x}) : \underline{x} = \underline{x}^{j(q)} + \underline{\xi}^{j(q)} \wedge \underline{x}^{j(q)} + \underline{\xi}^{j(q)} \in X\}$$

  werden alle diejenigen ermittelt, die im Sinne der Vektorhalbordnung nicht vergleichbar sind. Sie bilden die $(q + 1)$-te Approximation Y^{q+1} der Kompromißmenge. Die zugehörigen Vektoren der Einflußfaktoren bilden die $(q+1)$-te Approximation X^{q+1} der Menge der funktional effizienten Einflußfaktoren.

- Die stochastische Konvergenz des Verfahrens ist gesichert. Praktisch wird der Algorithmus auf Grund der beschränkten Speicherkapazität der Computer und eines angemessenen Rechenaufwands nach endlich vielen Schritten abgebrochen. Als Abbruchkriterien können q' Suchschritte benutzt werden:

  a) $n_q, (q) > n_{gz}$, d.h. wenn genügend viele effiziente und subeffiziente Zielvektoren gefunden wurden,

  b) $n_q, (q) > N(\varepsilon, c)$, d.h., wenn so viele effiziente und subeffiziente Zielvektoren ermittelt wurden, daß diese mit einer Sicherheit c Lösungen der ε-Aufgabe sind.

- Beiträge zur Kompromißmenge, die von Werten der Einflußfaktoren auf den Rand $\underline{X}^R$ von $\underline{X}$ stammen, werden wie folgt bestimmt: Der gesamte Rand $\underline{X}^R$ des Gebiets wird mit einem gleichmäßigen Netz $\underline{X}^N$ von Punkten $\underline{x}^R$ besetzt. Eventuell können diese Punkte auch gleichverteilt werden. Die zugehörigen Zielvektoren $\underline{Q}(\underline{x}^R)$ werden berechnet und bezüglich der Halbordnungsrelation mit der Menge der vorher ermittelten Menge von Zielvektoren $Y(q')$ verglichen. Diejenigen Zielvektoren in der Vereinigungsmenge

$$Y' = Y^{(q')} \cup \{\underline{Q}(\underline{x}^R) : x^R \in X^N\}$$

  die von keinem anderen Zielvektor aus Y' dominiert werden, bilden die durch den Algorithmus bestimmte Näherungslösung für die Kompromißmenge. Die erhaltene Menge wird im allgemeinen neben effizienten Zielvektoren auch subeffektive Zielvektoren enthalten. Die zu diesen Zielvektoren gehörenden Einflußfaktoren bilden die Näherungslösung für die Menge der funktional effizienten Punkte X^*.

3 Chemische Sensoren: Grundlagen und Anwendungen in Arrays

K.-D. SCHIERBAUM, W. GÖPEL

3.1 Einleitung

3.1.1 Definition und Klassifizierung chemischer Sensoren

Als chemische Sensoren werden elektronische Bauelemente bezeichnet, die einen chemischen Zustand oder – präziser in der Terminologie der Analytischen Chemie formuliert – eine analytische Information p_i (d. h. Konzentration, Partialdruck, Aktivität oder Fugazität von Atomen, Molekülen, Ionen oder Teilchen „i" in der Flüssig- oder Gasphase) in ein elektrisches Signal S („sensor response") umwandeln. Dies ist in der Abb. 3.1. schematisch dargestellt [1]. Dabei hat die Genauigkeit einen entscheidenden Einfluß auf die Anwendungsfelder in der Präzisionsmeßtechnik, der industriellen Technik und im Konsumgüterbereich [2]. Sie ist auch bestimmend für den Aufbau von Arrays aus einzelnen chemischen Sensoren („Multisensoren"). Letztere können nach verschiedenen Detektionsprinzipien klassifiziert werden, die jeweils eine spezifische Abhängigkeit der Meßgröße S vom „Eingangssignal" p_i zeigen (Tabelle 3.1.).

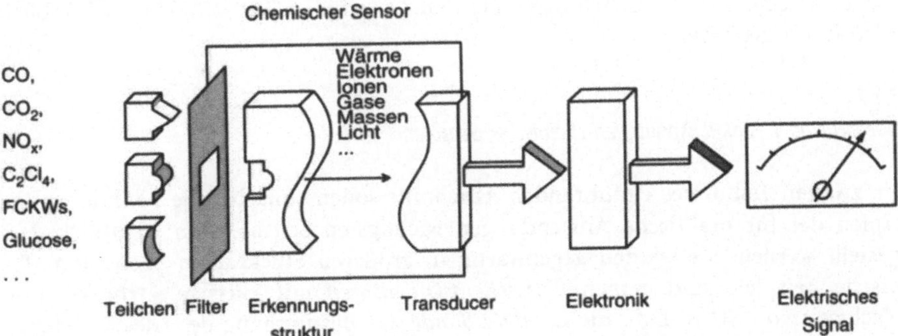

Abb. 3.1. „Schüssel-Schloß"-Wechselwirkung chemischer Sensoren zum Nachweis von Atomen, Molekülen oder Ionen („Teilchen") in der Gas- oder Flüssigphase. Der Sensor besteht aus einem Transducer, der das chemische Eingangssignal aus der Wechselwirkung der Teilchen mit molekularen Erkennungsstrukturen der chemisch-sensitiven Schicht in ein elektrisches Ausgangssignal umwandelt. Zusätzliche Bestandteile „realer" Sensoren sind ebenfalls gezeigt.

Tabelle 3.1. Klassifizierung chemischer Sensoren und von ihnen bestimmte Meßgrößen.

Flüssigelektrolytsensoren	Spannung V, Strom I, Leitfähigkeit σ
Festelektrolytsensoren	Spannung V, Strom I
Elektronische Leitfähigkeits- und Kapazitätssensoren	Widerstand R oder Leitwert G, Impedanz $\tilde{Z}$ oder Admittanz $\tilde{Y}$
Feldeffekt-Sensoren	Potential ΔV, Austrittsarbeitsänderung $\Delta\Phi$
Kalorimetrische Sensoren	Adsorptions- oder Reaktionswärme Q_{ads} oder Q_{react}
Optochemische und photometrische Sensoren	Optische Konstanten ε als Funktion der Frequenz ν
Massenempfindliche Sensoren	Massen m ad- oder absorbierter Teilchen

Für die Anwendung chemischer Sensoren in der Analytik sind zeitunabhängige stabile Eichkurven $S = f(p_i)$ erforderlich; dies impliziert, daß S eine Zustandsfunktion im thermodynamischen Sinne von Reversibilität ist. Für größere Bereiche von p_i ist das gewöhnlich nicht der Fall. Für begrenzte Partialdruckbereiche und eingeschränkten Kombinationen von p_i sowie in gewissen Temperaturintervallen können Variationen von S über

$$dS = \left(\frac{\partial S}{\partial p_1}\right)_{p_{j\neq 1,T}} dp_1 + \left(\frac{\partial S}{\partial p_2}\right)_{p_{j\neq 2,T}} dp_2 + \left(\frac{\partial S}{\partial p_i}\right)_{p_{j\neq i,T}} dp_i + \ldots + \left(\frac{\partial S}{\partial T}\right)_{p_j} dT \quad (1)$$

beschrieben werden. Folglich gilt auch

$$\oint_{T,p_i} dS = 0 \quad (2)$$

wobei $\gamma_i = (\partial S/\partial p_i)_{p_{j\neq i,T}}$ die partielle Sensitivität des Sensors bezüglich Änderungen von p_i bezeichnet. Details der Definitionen von Selektivität, Sensitivität und Spezifität von Sensor-Arrays und andere Sensorparameter sind in [1] beschrieben. Bestimmte andere Anwendungen verwenden kinetische Parameter als Ausgangssignal wie z. B. die Anfangssteigung dS/dt nach einer stufenweisen Änderung von p_i, modulierte Signale, etc. In diesem Falle müssen die kinetischen Parameter reproduzierbar sein und die Gleichungen (1) und (2) erfüllen. Ein detailierter Überblick wird in [3] gegeben.

3.1.2
Übersicht über Funktionsprinzipien chemischer Sensoren

Im zweiten Teil dieses einführenden Abschnitts sollen zunächst die Funktionsprinzipien der für praktische Anwendungen wichtigsten Sensoren im Überblick dargestellt werden. Sie werden gegenwärtig in größeren Stückzahlen produziert. Typische Beispiele sind *amperometrische CO-Sensoren* mit Flüssigelektrolyten zum Nachweis von CO in Luft, die *Lambda-Sonde* zur Bestimmung des Gleichgewichts-Sauerstoffpartialdrucks über eine Potentialmessung an einem Festelektrolyten, *Taguchi SnO$_2$-Sensoren* zum Nachweis reduzierender Gase in Gasalarmsystemen über Leitfähigkeitsmessungen, *Pellistoren* zum Nachweis reduzierender Gase, die auf Messungen von Reaktionswärmen an Oxid-Katalysatoren beruhen, *pH-ionensensitive Elektroden* zur Bestimmung der Protonenaktivität in wäßrigen Lösungen mittels bestimmter Glasmembranen, *ionensensitive Feldeffekt-Transistoren* (ISFET) mit Oxid-gates ebenfalls zur Bestimmung der Protonenaktivität und *Clark-Elektroden* zur Bestimmung der Sauerstoffkonzentration im Wasser (siehe [4] und darin zitierte Literatur).

Die folgenden Abb. 3.2.–3.8. zeigen Beispiele dieser „Grundtypen" chemischer Sensoren.

– Die Detektion von CO in Luft mit Zwei- und Dreielektroden-Anordnungen in Flüssigelektrolyt-Sensoren im amperometrischen Betrieb (d. h. der Strom I ist das Sensorsignal bei konstanter Spannung V) wird in der Abb. 3.2. gezeigt. Der Nachweis beruht auf einer *elektrokatalytischen Reaktion* zwischen CO- und O_2-Molekülen unter Bildung von CO_2, wobei die Oxidation von CO an der Anode und die Reduktion von O_2 an der Kathode erfolgt:

$$\begin{array}{llll}
CO + H_2O & \longleftrightarrow & CO_2 + 2H^+ + 2e^- & \text{Anodenreaktion} & (3) \\
1/2\,O_2 + 2H^+ + 2e^- & \longleftrightarrow & H_2O & \text{Kathodenreaktion} & (4) \\
\hline
CO + 1/2\,O_2 & \longleftrightarrow & CO_2 & \text{Gesamtreaktion} & (5)
\end{array}$$

Der geschwindigkeitsbestimmende Schritt in der Gesamtreaktion im Grenzstrom-bereich wird durch die Diffusion von CO-Molekülen über die Diffusionsbarriere zur Anode kontrolliert, an der die schnelle Oxidation zu CO_2 erfolgt. Unter diesen Bedingungen ist der Konzentrationsgradient zwischen Diffusionsbarriere und Anode proportional zum Partialdruck von CO, und die Reaktionsrate und damit der Strom I sind lineare Funktionen von p_{CO}. Das polarographische Prinzip kann zum Nachweis elektrochemisch aktiver Teilchen benutzt werden, die bei einem bestimmten Potential oxidiert oder reduziert werden können. Da das Potential charakteristisch für eine spezifische Elektrode und chemische Komponente ist, verbessert seine ge-

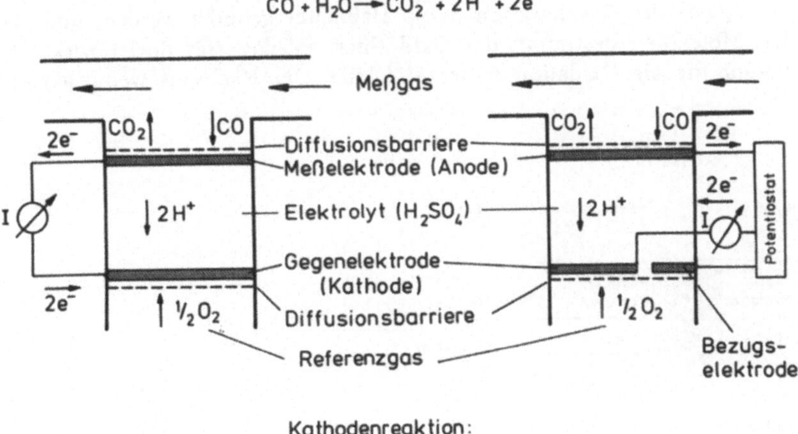

Abb. 3.2. Beispiele für Flüssigelektrolyt-Sensoren mit Zweielektroden- (linke Seite) und Dreielektroden-Anordnung (rechte Seite) zum Nachweis von CO nach dem amperometrischen Detektionsprinzip. Das Sensorsignal ist der Strom I.

naue Einstellung in einer Dreielektroden-Anordnung (Abb. 3.2., rechte Seite) die Selektivität im Vergleich zur billigeren Zweielektroden-Anordnung (Abb. 3.2., linke Seite).

– Das potentiometrische Detektionsprinzip wird in der Abb. 3.3. am Beispiel der $ZrO_2 - \lambda$-Sonde als Festelektrolytsensor beschrieben, die die Bestimmung des Sauerstoffpartialdruckes p_{O_2} beispielsweise im Autoauspuffgas ermöglicht. Der Festelektrolyt zeigt hohe Volumenleitfähigkeit für O^{2-} Ionen. An den porösen Pt-Elektroden erfolgt *katalytisch aktivierte Dissoziation* von molekularem O_2 aus der Gasphase und Elektronentransfer zwischen Kathode und Anode:

$$O_{2,gas} + 4e^- \quad \longleftrightarrow \quad 2O^{2-} \qquad \text{Kathodenreaktion} \qquad (6)$$
$$2O^{2-} \quad \longleftrightarrow \quad O_{2,gas} + 4e^- \qquad \text{Anodenreaktion} \qquad (7)$$

Bei konstanter Temperatur und konstantem Sauerstoffpartialdruck p_{O_2} im Referenzgas (gewöhnlich Luft) wird ein Potential V im Konzentrationsgradienten zwischen Anode und Kathode erzeugt. Das Potential V wird durch die Differenz der chemischen Potentiale von O_2 in der Auspuff- und der konstanten Referenzphase entsprechend der Nernstschen Gleichung bestimmt. Flüssig- und Festelektrolytsensoren können potentiometrisch ($I = 0$), amperometrisch ($V = $ const) oder konduktometrisch betrieben werden.

– Als ein Beispiel eines elektronischen Leitfähigkeitssensors, zeigt die Abb. 3.4. einen polykristallinen Metalloxidsensor zum Nachweis reduzierender Gase. Das Ausgangssignal ist hier die elektronische Leitfähigkeit σ (im Gegensatz zur ionischen Leitfähigkeit konduktometrischer Elektrolytsensoren). Sie wird üblicherweise zwischen zwei ohmschen Kontakten bestimmt. Der Wert wird durch konkurrierende elektronische Ladungstransfer-Reaktionen zwischen negativen Sauerstoffspezies an der Oberfläche oder an Korngrenzen, die durch Chemisorption und/oder Dissoziation von O_2 aus der Gasphase am n-Typ Halbleiter gebildet werden, und reduzierenden Molekülen bestimmt: das Oxid (hier: Pd-dotiertes SnO_2) wirkt als ein *Katalysator* für die Oxidation dieser Moleküle. Der Nachweis wenig aktiver

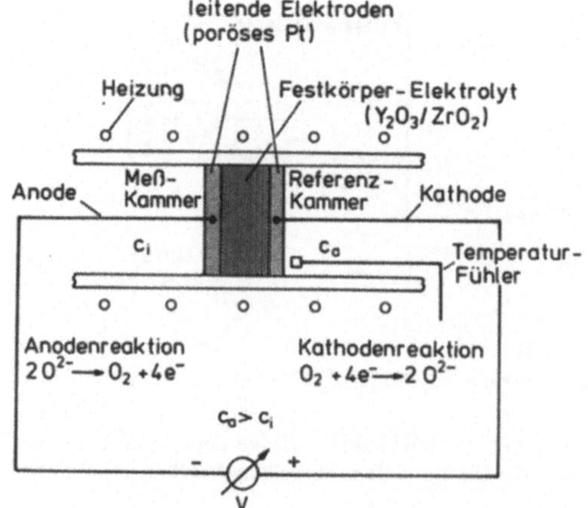

Abb. 3.3. Festelektrolyt-Sensor zur Bestimmung des Sauerstoff-Partialdrucks p_{O_2} (λ-Sonde) nach dem potentiometrischen Detektionsprinzip. Das Sensorsignal ist die Spannung V.

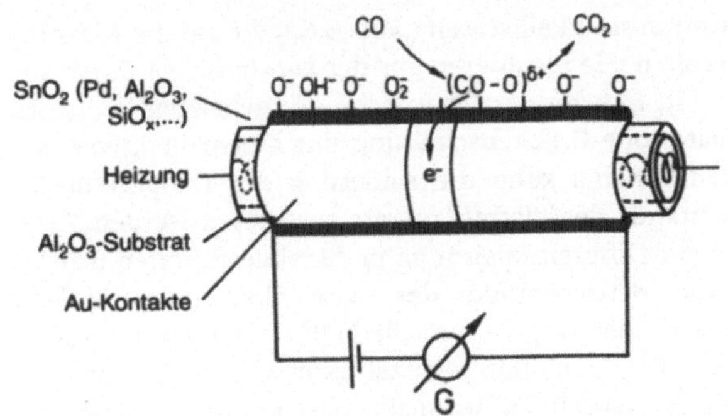

Abb. 3.4. Elektronischer Leitfähigkeitssensor zum Nachweis reduzierender Gase wie CO. Das Sensorsignal ist die Leitfähigkeit σ.

reduzierender Moleküle erfordert *katalytisch aktivierte Reaktionsschritte* an metallischen Oberflächendotierungen. Eine Folge der elektronischen Ladungstransfer-Reaktion ist eine Änderung in der Dichte freier Leitungsbandelektronen und damit in der Leitfähigkeit σ des Oxids. Die Definition elektronischer Leitfähigkeitssensoren schließt auch Schottkydioden-Sensoren mit ihrer spannungsabhängigen Leitfähigkeit und (dielektrische) Kapazitätssensoren mit ihrer Kapazität C als Sensorsignal mit ein. Diese wird in der Regel in Wechselstrommessungen (AC) bestimmt. Signale dieser Typen von Sensoren sind durch Änderungen der frequenzabhängigen komplexen Leitfähigkeit (oder Admittanz $\tilde{Y}$) charakterisiert.

– Das Detektionsprinzip von Feldeffekt-Sensoren wird in der Abb. 3.5. am Beispiel der gassensitiven Gas-FET-Bauelemente gezeigt. Es basiert auf der H-induzierten Änderung in the elektrischen Doppelschicht an der Pd/SiO$_2$-Grenzfläche, die zu einer Änderung im Drain-Source-Strom I_d im n-leitenden Kanal führt. Der Wert von I_d wird üblicherweise bei einem bestimmten elektrischen Feld senkrecht zum Kanal bestimmt, das durch eine positive Spannung V_g am Pd-Gate erzeugt wird. Adsorption und *katalytisch aktivierte Dissoziation* von H$_2$ an der Pd-Oberfläche und nachfolgende Diffusion von H Atomen an die Pd/SiO$_2$-Grenzfläche führen zur Bildung von Oberflächen- und Grenzflächen-Dipolen, die dann die Leitfähigkeit des n-Kanals bei einer gegebenen Spannung beeinflussen. Ionensensitive Feldeffekt-Transistoren (ISFETs) weisen die Konzentration der Ionen oder adsorbierter orientierter Dipole nach. In diesen Bauelementen wird das metallische Gate des Gas-FETs durch die Flüssigphase ersetzt, die die Referenzelektrode enthält.

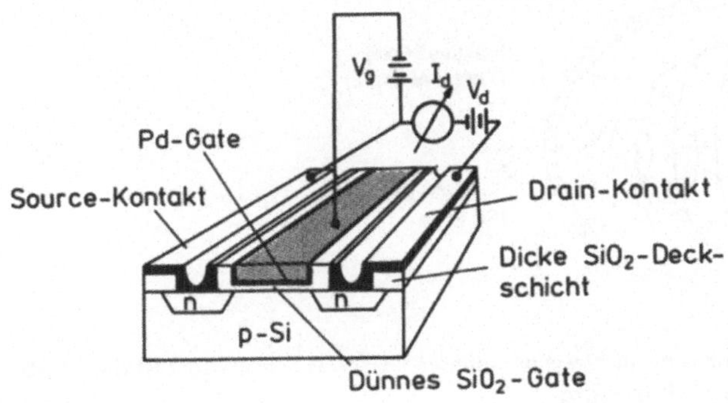

Abb. 3.5. Chemischer Feldeffekt-Sensor zum Nachweis von H$_2$. Das Sensorsignal ist die Änderung der Drain-Source-Spannung V_d oder die Änderung des Drain-Stroms I_d.

– Typische kalorimetrische Sensoren sind Pellistoren (Abb. 3.6.), die auf der Messung von Reaktionswärmen Q_{react} beruhen. Sie resultieren aus der *katalytischen Oxidation* reduzierbarer Gaskomponenten in Luft an der Oberfläche des geheizten Pellistors. Sie werden z. B. in einer Wheatestone-Brückenschaltung mit einem inaktiven Referenzsensor betrieben. Als Sensorsignal kann die Änderung der Temperatur ΔT über eine Änderung des Widerstands des Platinfilaments ausgelesen werden. Letztere führt zu einer Abweichung der Differenzspannung in der abgestimmten Brücke. Alternativ kann in einem zweiten Betriebsmodus das Signal über eine veränderte elektrische Leistung erfaßt werden, die nötig ist, um die Pellistortemperatur auf einem konstanten Wert zu halten. Die Oxidation reduzierbarer Gase führt zu einer Erniedrigung der elektrischen Leistung ΔP. Diffusionsbarrieren auf der Vorderseite des Pellistors ermöglichen eine Linearisierung des Sensorsignals ($\Delta P \sim p_i$).

– Als Beispiel eines biochemischen Sensors auf der Basis der *enzymatischen Katalyse* zeigt die Abb. 3.7. die Detektion von Glucose mit einer Glucose-Oxidase beschichteten Elektrode. Glucose diffundiert durch die semipermeable Membran, die den Zutritt einer Vielzahl von störenden Verbindungen in das Reaktionsvolumen verhindert. Glucose wird hier durch das Enzym Glucose-Oxidase (GOD_{ox}) zu Gluconolacton unter Bildung von GOD_{red} oxidiert. Der nachfolgende Elektronentransfer zu Mediator-Verbindungen (wie z. B. dem Ferrocen) führt zur Bildung reduzierter Spezies $Mediator_{red}$, die zur Elektrodenoberfläche diffundieren und dort oxidiert werden. Dies erfolgt bei einem vergleichsweise niedrigem Potential um die Oxidation anderer anwesender Störsubstanzen im Reaktionsvolumen zu verhindern. Als Sensorsignal wird der Strom I bestimmt. Alternativ kann die Oxidation von GOD_{red} durch O_2 unter Bildung von H_2O_2 erfolgen, das dann amperometrisch nachgewiesen wird.

– Typische massenempfindliche Sensoren sind Schwingquarze („Quarzmikrowaagen"), die z. B. mit Polymeren oder supramolekularen Verbindungen beschichtet sind (Abb. 3.8.). Es sind sehr empfindliche ng-Waagen, die die geringen Masseänderungen bei Ad- oder Absorption von Molekülen aus der Gas- oder Flüssigphase an oder in die sensitive Schicht bestimmen. Diese führen zu einer Verschiebung der Resonanzfrequenz f_0, die z. B. als Differenzsignal zu einem unbeschichteten

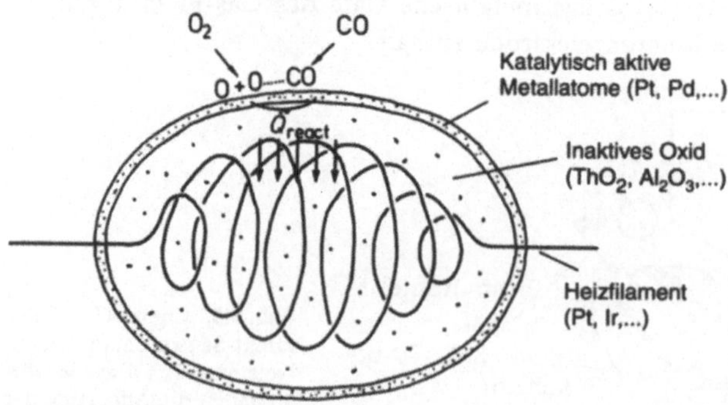

Abb. 3.6. Kalorimetrischer Sensor zum Nachweis brennbarer Gase. Das Sensorsignal ist die Reaktionswärme $\dot{Q}_{react}$, die in der Zeiteinheit frei wird.

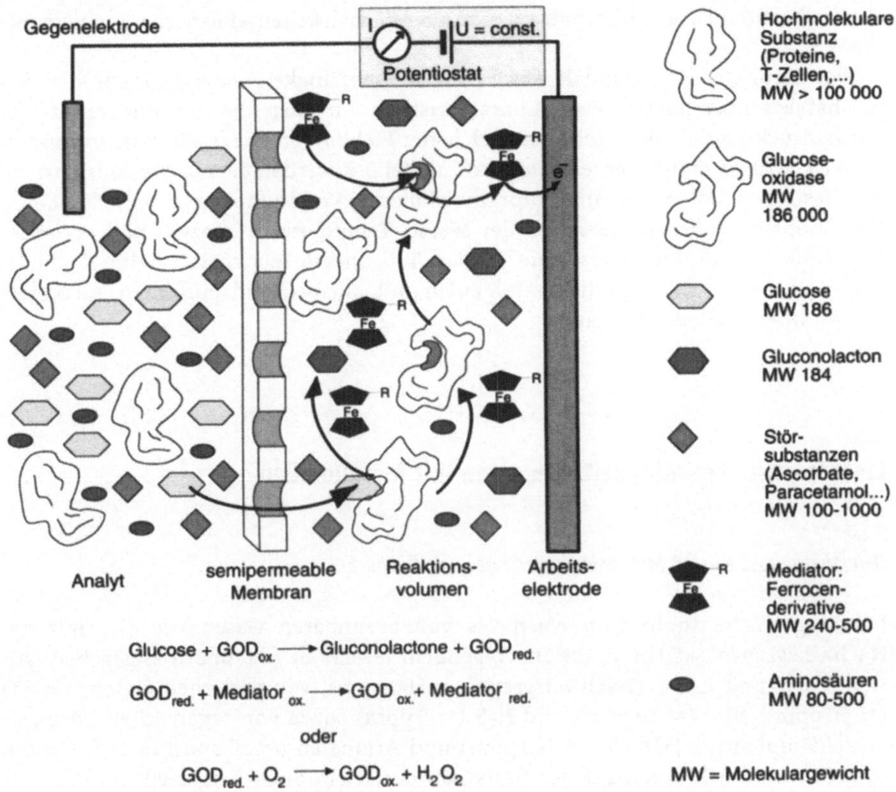

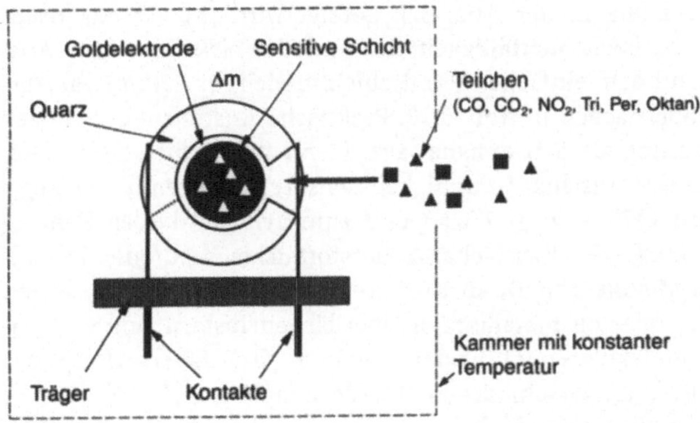

$$\text{Glucose} + \text{GOD}_{ox.} \longrightarrow \text{Gluconolactone} + \text{GOD}_{red.}$$

$$\text{GOD}_{red.} + \text{Mediator}_{ox.} \longrightarrow \text{GOD}_{ox.} + \text{Mediator}_{red.}$$

$$\text{GOD}_{red.} + O_2 \longrightarrow \text{GOD}_{ox.} + H_2O_2$$

Abb. 3.7. Biochemischer Sensor zum Nachweis von Glucose in einem Analyten (z. B. Blut) nach dem potentiometrischen Detektionsprinzip. Das Sensorsignal ist der Strom I.

Abb. 3.8. Schwingquarz-Sensor zum Nachweis organischer Lösungsmittel-Moleküle in Luft. Das Sensorsignal ist die Änderung der Schwingungsfrequenz Δf (Tri = Trichlorethen, C_2HCl_3, Per = Tetrachlorethen, C_2Cl_4).

Quartz bestimmt wird. Alternativen sind oberflächenwellen-akustische Bauelemente (SAW's).

Das Kapitel 3.2. behandelt elektronische Leitfähigkeits-Sensoren auf der Basis halbleitender Materialien. Charakteristisch ist hier die Nichtlinearität der Partialdruck-Leitfähigkeitsrelationen, d. h. der Eichkurven, die in Multisensoranwendungen berücksichtigt werden muß. Im Kapitel 3.3. werden chemische Sensoren auf der Basis von Polymeren und supramolekularen Verbindungen vorgestellt, deren Detektionsprinzipien Änderungen der Masse, Temperatur, Kapazität und optischer Schichtdicke sind. Sie liefern zum großen Teil lineare Eichkurven beim Nachweis von organischen Lösungsmittel-Molekülen mit entspechend einfachen Auswertealogarithmen für Sensorarrays.

3.2
Elektronische Leitfähigkeits-Sensoren mit Metalloxiden

3.2.1
Detektionsprinzipien und Materialanforderungen im Überblick

Leitfähigkeits-Sensoren zum Nachweis von brennbaren Gasen wie H_2 (mit der Nachweisgrenze $\approx 50\,ppm$, die im folgendem jeweils in Klammern angegeben ist), CH_4, C_3H_8 und C_4H_{10} (Nachweisgrenze $\approx 500\,ppm$), von toxischen Gasen wie CO ($\approx 50\,ppm$), NH_3 ($\approx 30\,ppm$) und H_2S ($\approx 5\,ppm$) sowie von organischen Lösungsmitteldämpfen wie FCKWs ($\approx 100\,ppm$) und Aromaten ($\approx 50\,ppm$) in Luft werden in größeren Stückzahlen auf der Basis von dotiertem SnO_2 hergestellt und für bestimmte Anwendungsbereiche vorklassifiziert bzw. vorkalibriert [5, 6, 7]. Als Detektionsprinzip wird die Erhöhung bzw. Erniedrigung der elektronischen Leitfähigkeit als Folge der veränderten Konzentration freier Elektronen im halbleitenden Oxid bei Chemisorption von Donatortyp- bzw. Akzeptortyp-Molekülen an der Oberfläche sowie nachfolgenden katalytischen Reaktionen ausgenutzt wie dies schematisch in einem einfachen Energieschema in der Abb. 3.9. gezeigt wird [8]. Daraus resultieren Änderungen der Oberflächenleitfähigkeit $\Delta\sigma$ und der elektronischen Austrittsarbeit $\Delta\Phi$ entsprechend dem einfachen Randschichtmodell für Ladunstransfer-Reaktionen an Halbleiteroberflächen in Abb. 3.10. Praktische Ausführungen nutzen nur die Leitfähigkeitsänderung als Sensorsignal aus. Elementarschritte der „molekularen Erkennung" mit elektronischen Leitfähigkeitssensoren erfolgen in der Regel bei höheren Temperaturen ($470 \leq T \leq 770\,K$) und zum Teil an aktiven Zentren (z. B. an Eigen-Punktdefekten wie Oberflächen-Sauerstofflücken und/oder Fremddefekten wie segregierten Metallatomen), an Korngrenzen und Dreiphasengrenzen (z. B. metallische Kontakte oder an metallischen Oberflächenclustern) unter Beteiligung negativ geladener molekularer (O_2^-) oder atomarer (O^-) Sauerstoff-Spezies und Hydroxylgruppen (OH^-) an verschiedenen Oberflächenplätzen [9, 10].

Für poly- und nanokristalline Leitfähigkeitssensoren mit ihrer hohen Empfindlichkeit für reduzierende Gase muß die charakteristische Abklinglänge von Potentialen, die Debyelänge der Elektronen L_D, und die Kristallitgröße l berücksichtigt werden. Grenzsituationen sind in der Abb. 3.11. zusammengefaßt, bei denen Schott-

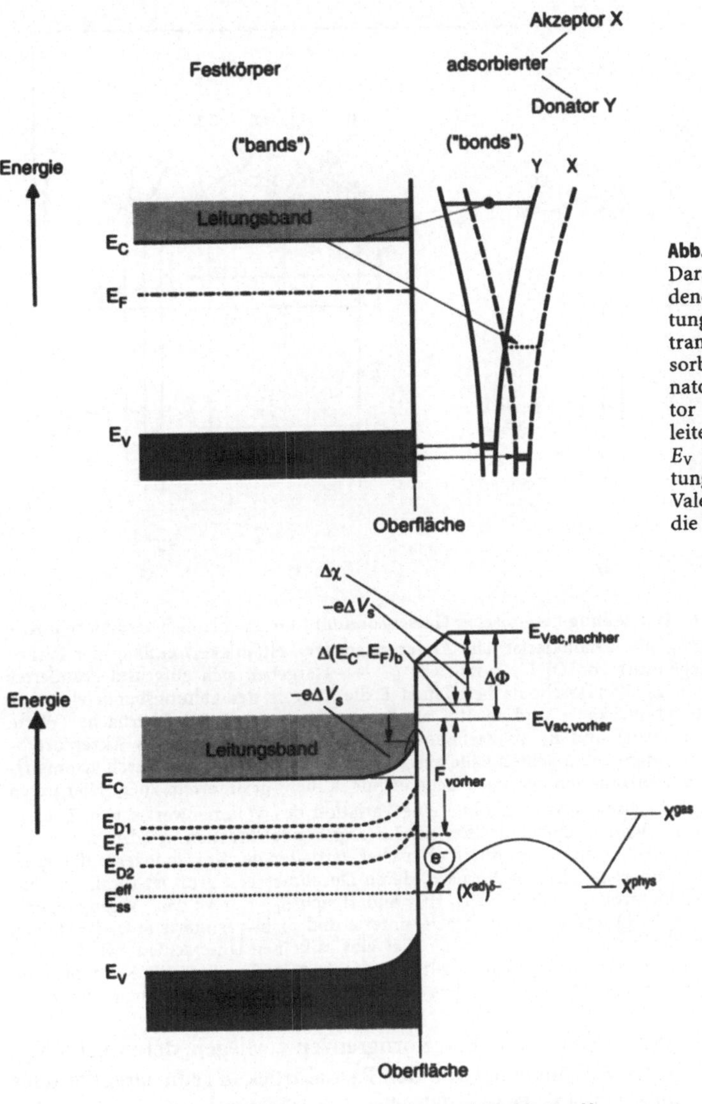

Abb. 3.9. Schematische Darstellung der verschiedenen möglichen Richtungen des Elektronentransfers zwischen adsorbierten Teilchen (Donator X und Akzeptor Y) und einer Halbleiteroberfläche. E_C und E_V bezeichnen das Leitungsbandminimum und Valenzbandmaximum, E_F die Fermi-Energie.

Abb. 3.10. Schematische Darstellung des Elektronentransfers bei der Adsorption von Akzeptortyp-Molekülen (z. B. NO_2) an n-Typ-Halbleiter wie SnO_2. Im Volumen ist die Lage des Ferminiveaus E_F und damit die Elektronenkonzentration n_b durch die Temperatur sowie durch Konzentration und Ionisationsenergien E_{D1} und E_{D2} der Donatortyp-Sauerstofflücken bzw. eventuell vorhandenen Akzeptordotierungen bestimmt. Adsorption von NO_2 führt zur Bildung negativ geladener Adsorptionskomplexe und positiv geladener Verarmungsschicht mit erniedrigter Elektronenkonzentration ΔN in der Randschicht. Letztere ist über eine geänderte Oberflächenleitfähigkeit $\Delta\sigma$ detektierbar. Die Änderung $\Delta\Phi$ der Austrittsarbeit resultiert aus einer Bandverbiegung $-e\Delta V_s$ (mit der charakteristischen Abklinglänge des Potentials, das durch die Debyelänge der Elektronen L_D bestimmt wird) und Elektronenaffinitätsänderung $\Delta\chi$ (aufgrund von Dipolmomenten adsorbierter Moleküle) und im allgemeinen Fall aus Änderungen $\Delta(E_C - E_F)_b$ (wenn durch Volumendiffusion adsorbierter Teilchen zusätzliche Donator- oder Akzeptoren gebildet oder ausgeheilt werden).

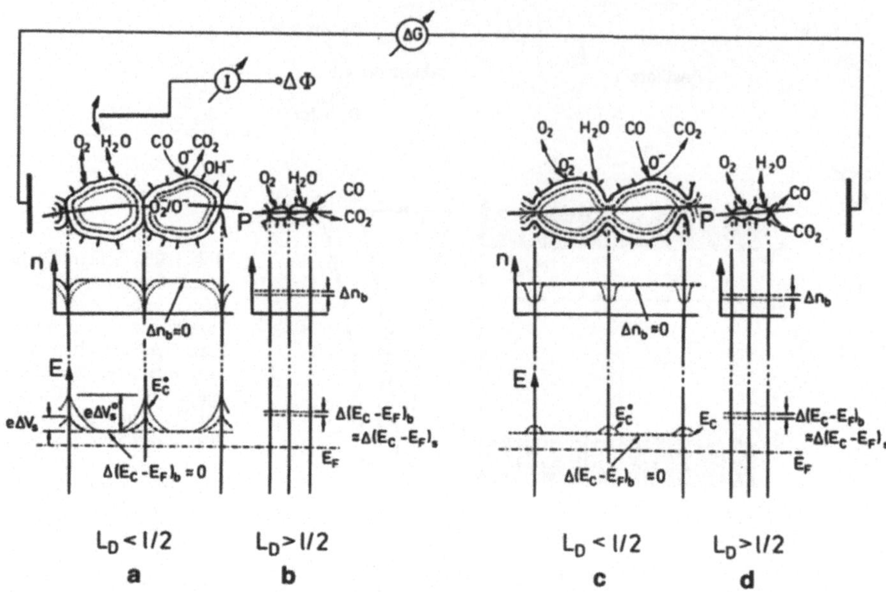

Abb. 3.11. Schematische Darstellung keramischer Gassensoren mit unterschiedlich versinterten Kristalliten verschiedener Größe. Charakteristische Änderungen der Leitfähigkeit entlang der Perkolationspfade (P) in Gegenwart von O_2 (...) und CO (– – –) ergeben sich aufgrund geänderter Ladungsträgerdichten n. Im Bänderschema bezeichnet E die Energie der Leitungsbandelektronen mit $E_{C,0}$ als Leitungsbandunterkante und $-e\Delta V_{s,0}$ als Bandverbiegung an der Oberfläche (Werte in Gegenwart von O_2 in Luft) und E_F als Fermienergie. Nach Chemisorption von Akzeptortyp-Molekülen, sind die folgenden vereinfachten Fälle eingezeichnet: (a) gilt für einen durch symmetrische Schottky-Barrieren kontrollierten Leitungsmechanismus in nicht-gesintertem SnO_2. Hier treten Änderungen der Bandverbiegung $-e\Delta V_s$ auf ohne eine Variation des Volumenwertes von E_c (d. h. $\Delta(E_C - E_F)_b = 0$) und der Volumenkonzentration der Leitungsbandelektronen n_b (d. h. $\Delta n_b = 0$). (b) gilt für einen Leitungsmechanismus, der durch ohmsches Verhalten der Korngrenzenleitfähigkeit in gesintertem SnO_2 charakterisiert ist mit Körnern, deren Durchmesser l groß ist verglichen mit der Debye-Länge L_D der Elektronen (d. h. $L_D < l$). Hier ändert sich $E_{C,0}$ nur an den „Verengungen", und es gilt $\Delta(E_C - E_F)_b = 0$. (c) und (d) gelten für versinterte und nicht-gesinterte SnO_2-Kristallite, die klein sind gegen die Debye-Länge (d. h. $L_D > l$). Hier gibt es keinen Unterschied zwischen den Oberflächen- und Volumenwerten von E_C, d. h. es gilt $\Delta(E_C - E_F)_b \approx \Delta(E_C - E_F)_s$. Die Konzentration der Elektronen n_b unterscheidet sich nicht zwischen gepreßten und gesinterten kleinen Körnern.

kybarrieren oder ohmsche Kontakte an den Korngrenzen vorliegen, deren Leitfähigkeit für Elektronen sich in Abhängigkeit von den Partialdrücken reduzierender oder oxidierender Gase ändert [11, 12]. Die Leitfähigkeit bestimmt wesentlich die sensitiven Eigenschaften des Sensors. Ist die Debyelänge L_D der Elektronen klein gegenüber der Kristallitgröße l, so bestimmt die lokale Änderung $-e\Delta V_s$ an der Oberfläche (Index „s") innerhalb der Randschichten die Leitfähigkeitsänderung und damit die Sensitivität des Sensors. Für den Fall kleiner Kristallite ändert sich die Konzentration der Ladungsträger nahezu homogen im Volumen (Index „b"), und es gilt $\Delta(E_c - E_F)_b \approx \Delta(E_c - E_F)_s$.

Stabile, reproduzierbare und reversible Partialdruck-Leitfähigkeitsbeziehungen im Sinne der Gleichungen (1) und (2) erfordern entsprechende Materialeigenschaften mit kontrollierten geometrischen und elektronischen Strukturen bis in den atomaren Bereich hinein. Daher können nur Oxide eingesetzt werden, die im

Temperatur- und Partialdruckbereich keine Phasenumwandlungen (wie z. B. Bildung von Suboxiden, Mischoxidbildung an Grenzflächen des chemisch-sensitiven Oxids mit dem Substratoxid), keine Veränderungen der Nichtstöchiometrie (d. h. des Metall-zu-Sauerstoff-Verhältnisses durch Ausbildung bzw. Ausheilen von Eigenpunktdefekten wie Sauerstofflücken im Volumen) und keine Veränderung der Konzentration und des Konzentrationsprofils elektronisch aktiver Dotierungen („Fremddefekte") durch Segregation oder Diffusion an Korngrenzen, Kontakten und freien Oberflächen zeigen, bei denen sich aber andererseits Chemisorptionsgleichgewichte und die Fließgleichgewichte während katalytischer Oberflächenreaktionen schnell einstellen.

Entscheidende Elementarschritte für die Bestimmung des Sauerstoff-Partialdrucks p_{O_2} bei hohen Temperaturen $T \geq 1000\,\mathrm{K}$ sind die Dissoziation von O_2 unter Elektroneneinfang und die nachfolgende Diffusion von O^{2-}-Ionen in das Volumen, wobei sich letztlich ein thermodynamisches Gleichgewicht zwischen Punktdefekten (z. B. im SnO_2 die zweifach positiv geladenen Sauerstofflücken V_0^{2+} und O_2 in der Gasphase) einstellt. Unter dem Aspekt der thermodynamischen Stabilität zeigt die Abb. 3.12. für zahlreiche Metalloxide die Stabilitätsbereiche möglicher für die O_2-Bestimmung relevanter nichtstöchiometrischer Oxidphasen. Außerhalb dieser Bereiche erfolgt Phasenumwandlung unter Bildung zweiphasiger Metalloxid-Gemische.

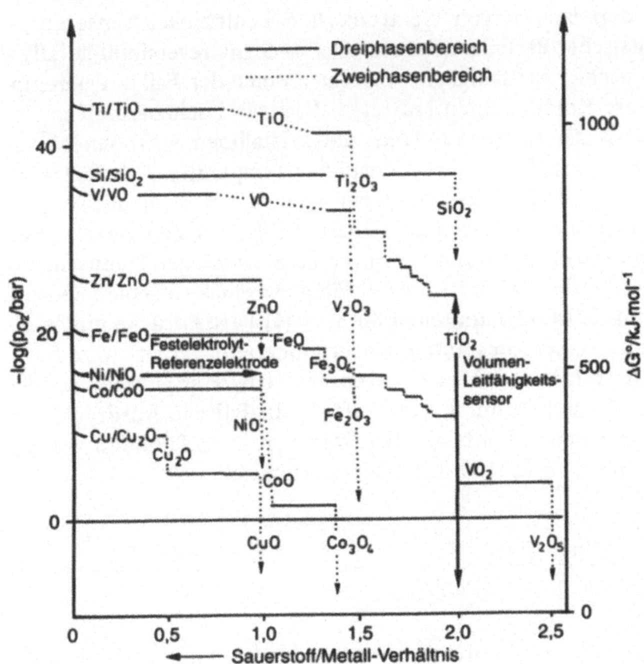

Abb. 3.12. Stabilitätsbereiche verschiedener binärer Oxide bei $T = 1000\,\mathrm{K}$ als Funktion des Sauerstoffpartialdrucks p_{O_2} oder der freien Bildungsenthalpie ΔG° charakterisiert über das Sauerstoff-zu-Metall-Verhältnis. Die spezifischen Stabilitätsbereiche eines Volumen-Leitfähigkeitssensors auf der Basis von TiO_2 zur Bestimmung von O_2 und einer NiO/Ni Festkörper-Referenzelektrode sind gezeigt.

Diese Prozeße, die z. B. auch für die heterogene Katalyse und die Entwicklung keramischer Elektronikbauteilen wie Varistoren relevant sind, werden traditionell in verschiedenen Teilgebieten der Physik, Chemie, Kristallographie und Elektrotechnik untersucht, und es existiert daher eine breite Fachliteratur über elektronische Leitfähigkeitssensoren von Autoren mit jeweils unterschiedlichen Vorerfahrungen (vgl. dazu [2, 5–7, 13]).

Von praktischer Bedeutung ist, daß neben der Grundlagenforschung mit z. T. großem experimentellen Aufwand bei der mikroskopischen und spektroskopischen Charakterisierung der interessierenden Metall/Oxid-Systeme auch deren empirische Optimierung erfolgt, wobei die Leitfähigkeit als Funktion der Kontaktgeometrien bei Zwei- und Vierelektroden-Anordnungen, der Schichtdicke und der Frequenz bei Wechselstrom-Messungen bei systematischer Variation der Temperatur und des Partialdrucks des nachzuweisenden Gases phänomenologisch beschrieben wird [14]. Teilaspekte dazu werden in den folgenden Abschnitten behandelt.

3.2.2
Partialdruck-Leitfähigkeitsrelationen („Eichkurven")

SnO$_2$-Sensoren für den Nachweis reduzierender Gase über Katalyse

Besonders wichtig für den Betrieb von elektronischen Leitfähigkeitssensoren ist die Kenntnis charakteristischer Partialdruckintervalle für Signalreversibilität, falls – und das ist bei elektronischen Leitfähigkeitssensoren immer der Fall – Querempfindlichkeiten für mehrere Komponenten auftreten. Dies wird schematisch in der Abb. 3.13. gezeigt. Hier ist der Leitwert G eines polykristallinen SnO$_2$-Sensors als Funktion des CH$_4$ und CO-Partialdrucks bei konstanter Temperatur T_s aufgetragen [15]. Im Gegensatz zur stärkeren Streuung der Eigenschaften unterschiedlicher Sensoren des gleichen Typs, welche nur durch den Übergang der zur Zeit verwendeten einfachen (und damit billigen) Herstellungsverfahren zu aufwendigen Dünnschicht-Technologien vermindert werden kann, ist die Leitfähigkeit eines einzelnen Sensors eine Zustandsfunktion im thermodynamischen Sinn, wenn Partialdrücke nur in einem definierten Bereich bei einer konstanten Sensortemperatur variiert werden.

Innerhalb dieser Grenzen lassen sich Eichkurven des Leitwertes G bezüglich des Partialdrucks der Gaskomponenten durch verschiedene analytische Ausdrücke beschreiben. Als ein typisches Beispiel läßt sich der Wert von G als Funktion von p_{co} und p_{CH_4} in Gegenwart von O$_2$ und H$_2$O nach CLIFFORD durch

$$G/G_0 = \frac{\left[1 + K_{CH_4} \cdot p_{CH_4} + K_{H_2O} \cdot p_{H_2O} + K_{CO} \cdot p_{H_2O} \cdot p_{CO} + K'_{CO} \cdot p_{H_2O} \cdot p_{CO}^2\right]^\beta}{\left[p_{O_2}/p_{O_2}^0\right]} \tag{8}$$

beschreiben [16]. Hierin ist G_0 ist der Leitwert in Luft, p_{O_2} der Sauerstoff-Partialdruck, $p_{O_2}^0$ der Sauerstoff-Partialdruck in Luft, p_i bezeichnet den Partialdruck der unterschiedlichen Komponenten $i =$ CO, CH$_4$und H$_2$O in der Gasphase, K_{CH_4}, K_{H_2O}, K_{CO} und K'_{CO} sind charakteristische Parameter, die mit der Reaktionsrate unterschiedlicher Oberflächenreaktionen verknüpft sind [16]. Für den temperaturabhängigen Parameter β gibt CLIFFORD Werte von 0,15 bis 0,6 an. Für charakte-

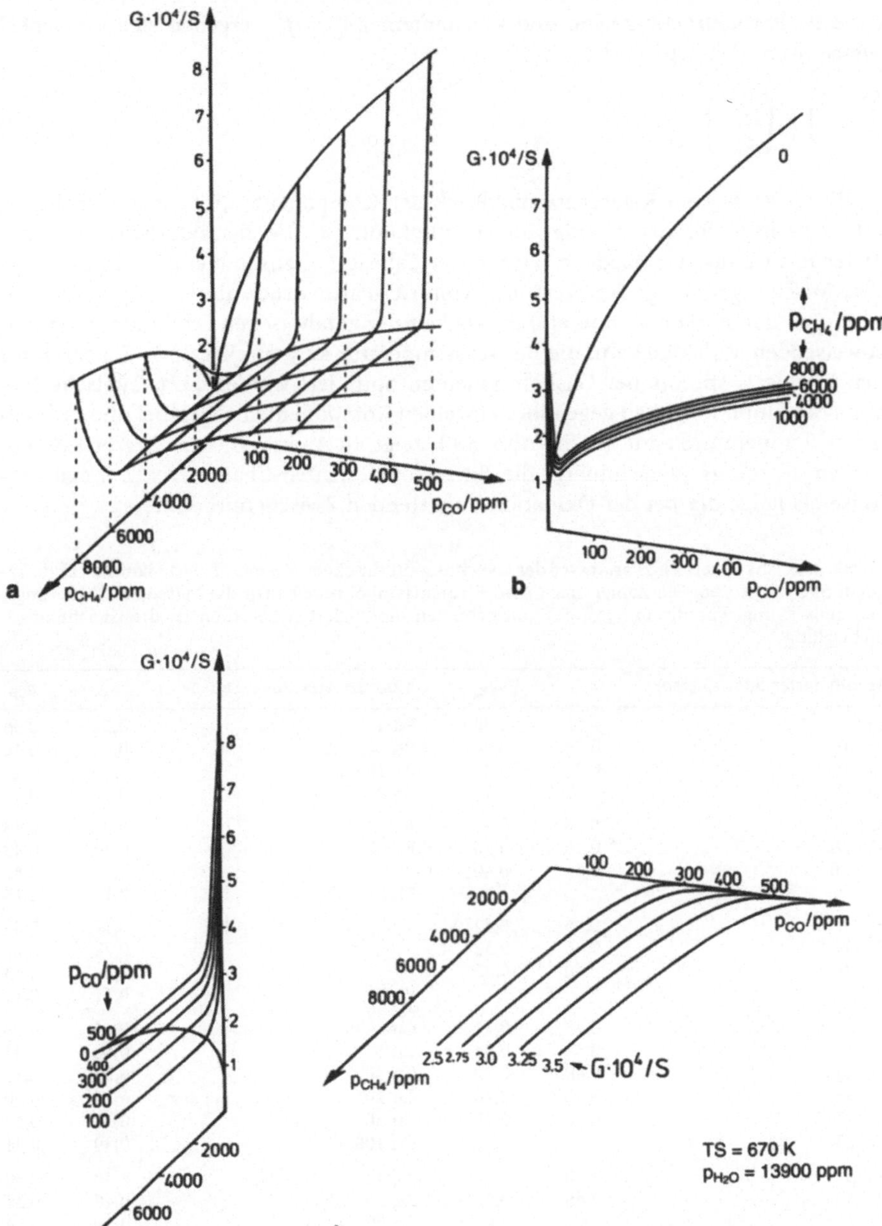

Abb. 3.13. Leitwert G eines TGS 812 Sensors als Funktion des Partialdruckes p_{CO} und p_{CH_4} bei einer Temperatur von 670 K. a) Dreidimensionale Darstellung von $G(p_{CO}, p_{CH_4})$, b) Projektion auf die G-p_{CO}-Ebene, c) Projektion auf die G- p_{CH_4}-Ebene und d) Projektion auf die p_{CO}-p_{CH_4}-Ebene.

ristische Partialdruckbereiche und konstantem $p_{O_2} = p_{O_2}^0$ ergeben sich einfachere Gleichungen des Typs [11]

$$\frac{G}{G_0} = \prod_i \left(\frac{p_i}{p_{i,0}} \right)^{n_i} \tag{9}$$

Hierin ist $p_{i,0}$ ein Referenzpartialdruck der Komponente „i", der innerhalb des Intervalls liegt, für den G eine Zustandsfunktion ist. Die charakteristischen Parameter n_i sind für verschiedene Gase in der Tabelle 3.2. zusammengestellt. Für CO / CH$_4$-Mischungen hängt der Wert n_{CH_4} vom CO-Partialdruck ab.

Wegen der starken Temperaturabhängkeit der katalytischen Oxidation der nachzuweisenden Moleküle kann die Betriebstemperatur keramischer SnO$_2$-Sensoren für den Nachweis spezifischer Gaskomponenten optimiert werden [17]. Typische Maxima der Empfindlichkeit gegenüber einzelnen Komponenten treten bei unterschiedlichen Temperaturen auf wie die Abb. 3.14. zeigt. In Anwesenheit mehrerer Komponenten allerdings „verschmiert" die Einzelkomponenten-Charakteristik möglicherweise als Folge der bei der Oxidation auftretenden Zwischenprodukte.

Tabelle 3.2. Charakterische Parameter der Gleichung (9) für chemisch modifizierte kommerzielle Taguchi SnO$_2$-Sensoren. Die Zahlen nach dem Elementsymbol bezeichnen die Masse des Dotierungsmaterials in mg. Für die mit „x" gekennzeichneten modifizierten Sensoren ist die Gleichung (9) nicht gültig.

Modifizierter SnO$_2$-Sensor	n_{CO}	n_{CH_4}	Modifizierter SnO$_2$-Sensor	n_{CO}	n_{CH_4}
Cr 5	0,38	0.32	Pd 1	0,51	0,36
Cr 10	0,34	0.28	Pd 5	0,52	0,40
Cr 20	0,43	0.32	Pd 10	0,20	0,15
Cr 50	0,23	x	Pd 20	0,18	0,15
Mn 10	0,58	0.36	Pt 5	0,57	0.48
Mn 20	0,49	0.36	Pt 10	0,57	0.48
Mn 50	0,59	0.40	Pt 20	0,57	0.43
			Pt 40	0,11	0,15
Fe 10	0,45	0,32		0,57	0,48
Fe 20	0,46	0,32		0,72	0,61
Fe 50	0.40	0.32		0,57	0,43
			Pt 40	0,11	0,15
Co 5	0,48	0,34	Cu 1	0,41	0,28
Co 10	0,48	0,34	Cu 5	0,46	0,32
Co 20	0,49	0,32	Cu 10	0,38	0,32
Co 50	0,45	0,40	Cu 20	0,36	0.30
Co 100	0,54	0,40	Cu 50	0,36	0,32
Co 200	0,11	0,11	Cu 100	0,39	0,31
Rh 5	0,50	0,32	Ag 10	0,48	0,30
Rh 10	0,46	0,35	Ag 20	0,46	0,30
Rh 20	x	x	Ag 50	0,53	0,34
Ni 10	0,48	0,30	Au 1	0.59	0.36
Ni 20	0,45	0,32	Au 5	x	0,45
Ni 50	0,41	0,32	Au 10	x	0,41
Ni 100	0,41	0,30	Au 20	0,11	0,06
			SO$_2$	0,41	0,39
			TGS 812	0,47	0,33
			TGS 813	0,33	0,40

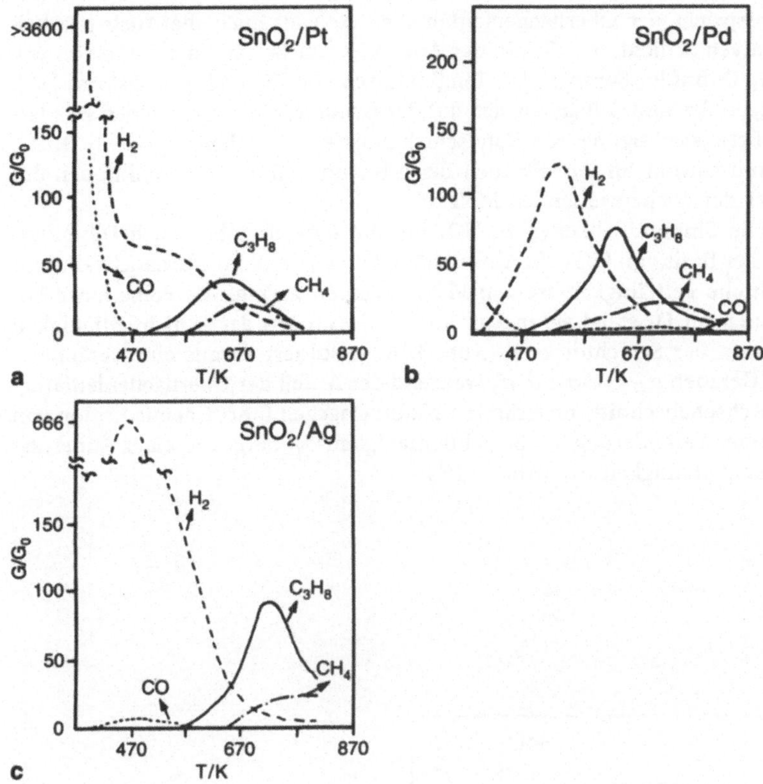

Abb. 3.14. Einfluß von Temperatur T und Edelmetalldotierungen ((a) Pt, (b) Pd, (c) Ag jeweils 0,5 % Gewichtsanteil) auf die Empfindlichkeit von SnO$_2$-Sensoren für H$_2$ (0,8 %), CH$_4$ (0,5 %), C$_4$H$_{10}$ (0,2 %) und CO (0,02 %) in Luft.

Die Abb. 3.14. zeigt aber deutlich, daß die Empfindlichkeit von SnO$_2$-Sensoren beim Nachweis bestimmter Moleküle durch den Zusatz von Edelmetallen, die als Oberflächen- und Korngrenzendotierungen wirken, verbessert werden kann. Zum Teil haben auch Nichtedelmetalle, deren Kationen u.U. zu einer Volumendotierung des SnO$_2$ führen, einen Einfluß auf die Empfindlichkeit der Sensoren.

SnO$_2$-Sensoren für den Nachweis von NO$_2$ über Chemisorption

Die Chemisorption von Molekülen aus der Gasphase an Oberflächen oxidischer Halbleiter kann zu deren Nachweis ausgenutzt werden, wenn ein Elektronentransfer zwischen lokalisierten elektronischen Zuständen der adsorbierten Moleküle und den delokalisierten Zuständen des Halbleiters stattfindet. Im folgenden werden Dünnfilmsensoren zum Nachweis von NO$_2$ behandelt, die auf der Basis von SnO$_2$ und Bleiphthalocyanin (PbPc, einem organischen p-Typ-Halbleiter, der aus molekularen Makrozyklen aufgebaut ist [18]) hergestellt wurden. Bei der Chemisorption von Akzeptormolekülen wie NO$_2$ ändern sich sowohl die Schichtleitfähigkeit $\sigma_\square$ (diese

Änderung entspricht der Oberflächenleitfähigkeit $\Delta\sigma$) als auch die Austrittsarbeit $\Delta\Phi$ der sensitiven Schicht, wie dies in der Abb. 3.15. am Beispiel der Detektion von NO_2 mit SnO_2-Dünnfilm-Sensoren bei Temperaturen von $T=470K$ gezeigt wird [12]. Die Änderungen $\Delta\sigma$ und $\Delta\Phi$ lassen sich auf der Grundlage eines einfachen Bändermodells bei Berücksichtigung von Randschichteffekten verstehen (vgl. Abb. 3.10.). Die Eichkurven sowohl für $\Delta\sigma$ als auch für $\Delta\Phi$ sind nichtlineare Funktionen des Partialdruckes der nachzuweisenden Moleküle.

Extrem hohe Empfindlichkeiten zu NO_2 im ppb-Bereich haben auch Dünnfilmsensoren auf der Basis von PbPc. In Abwesenheit von O_2 (z. B. im Ultrahochvakuum) ist die spezifische Leitfähigkeit σ_b von PbPc-Sensoren gering. Als Folge einer Volumendotierung mit O_2 steigt sie in Luft an. In Messungen der Schichtleitfähigkeit $\sigma_\square$ bei Variation der Schichtdicke d (Abb. 3.16.) resultiert daraus eine veränderte Steigung der Geraden $\sigma_\square = \Delta\sigma + d\cdot\sigma_b$ während der Anteil der Oberflächenleitfähigkeit $\Delta\sigma$ (als Achsenabschnitt) unverändert bleibt. Dagegen führt Chemisorption von NO_2 nur zu einer Veränderung der Schichtleitfähigkeit $\sigma_\square$ aufgrund einer Änderung der Oberflächenleitfähigkeit $\Delta\sigma$ (Abb. 3.16.).

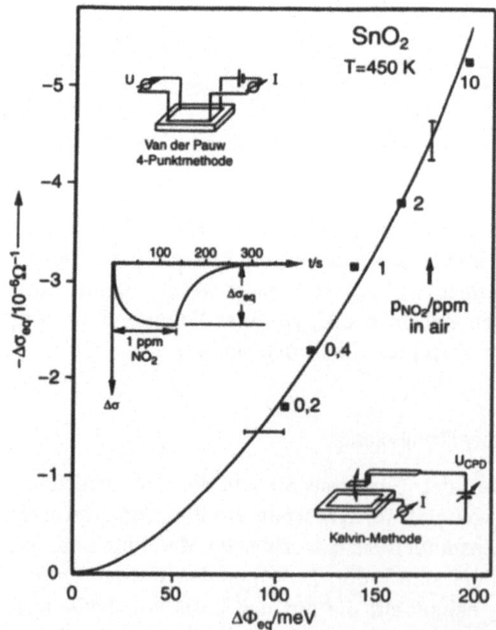

Abb. 3.15. Änderung der Gleichgewichtswerte von Oberflächenleitfähigkeit $\Delta\sigma_{eq}$ und Austrittsarbeit $\Delta\Phi_{eq}$ von SnO_2-Dünnschichtsensoren während der Wechselwirkung mit NO_2.

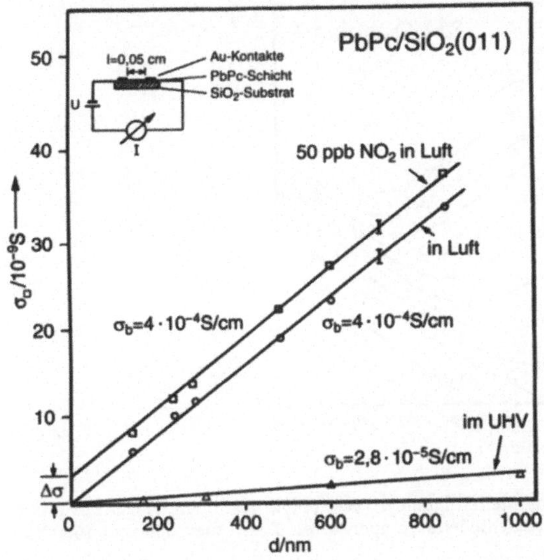

Abb. 3.16. Schichtdickenleitfähigkeit $\sigma_\square$ von PbPc- Filmen auf SiO$_2$(011)-Substraten als Funktion der Schichtdicke d im Ultrahochvakuum (UHV) bei Anwesenheit von O$_2$ in Luft und nach Angebot von 50 ppb NO$_2$ in Luft.

SrTiO$_3$-Sensoren für die Bestimmung von O$_2$ über Volumendefekte

Polykristalline Volumendefekt-Leitfähigkeitssensoren auf der Basis binärer und ternärer Metalloxide können zur Bestimmung des Sauerstoff-Partialdrucks ohne Referenzgas eingesetzt werden. Typische Sensoren werden in Dickschichttechnologie aus BaTiO$_3$ oder SrTiO$_3$ hergestellt [19]. Der Nachweis basiert auf der thermodynamisch, d. h. über die Temperatur T und den Sauerstoffpartialdruck p_{O_2} kontrollierten Einstellung der Konzentration von Volumenpunktdefekten und Elektronenkonzentrationen („gemischte Leitfähigkeit"). Die Volumenleitfähigkeit σ_b nichtstöchiometrischer Oxide ist durch

$$\sigma_b \sim p_{O_2}^m \cdot \exp[-E_A/kT] \tag{10}$$

gegeben. Hierin gibt der Parameter m, d. h. die Steigung in doppellogarithmischen Darstellungen $\log(\sigma_b)$ *versus* $\log(p_{O_2})$ den bei konstanter Temperatur in einem bestimmten p_{O_2}-Bereich vorherrschenden Defekttyp an. Gewöhnlich variiert m zwischen -0.25 und +0.25 (Abb. 3.17.). Die Aktivierungsenergie E_A bestimmt die Temperaturabhängigkeit der Leitfähigkeit.

Wegen der exponentiellen Abhängigkeit weisen praktische Ausführungen von Sensoren neben Heizelementen auch Temperaturfühler auf, die eine Regelung von T auf einen konstanten Wert ermöglichen. Bei kleinem Sauerstoff-Partialdruck ergibt sich über das Massenwirkungsgesetz des Gleichgewichts

$$V_O^{\bullet\bullet} + 2e' + \frac{1}{2}O_2 \longleftrightarrow O_O \tag{11}$$

zwischen doppelt geladenen Sauerstofflücken $V_O^{\bullet\bullet}$ im O-Teilgitter des Oxids, Elektronen e' und O$_2$ in der Gasphase einerseits sowie Gittersauerstoff O_O andererseits ein charakteristischer Wert von $m = -1/6$. Die Defekte und Gitterbausteine

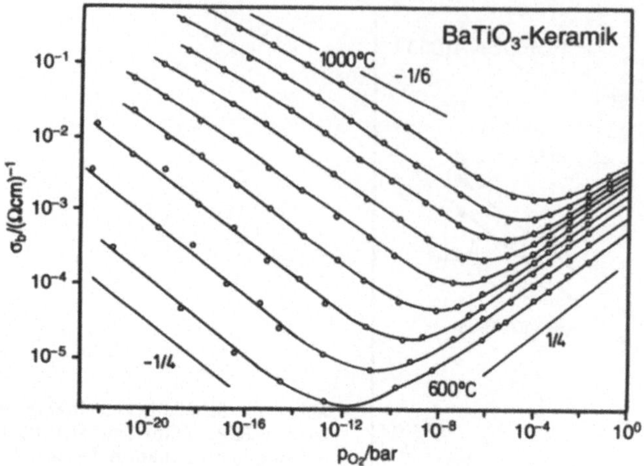

Abb. 3.17. Gleichgewichtswerte der Volumenleitfähigkeit σ_b von polykristallinem BaTiO₃ als Funktion des Sauerstoffpartialdrucks p_{O_2} für verschiedene Temperaturen T zwischen 600 und 1000 °C.

werden hier in der Kröger-Vink-Notation angegeben. Im Falle von Akzeptortyp-Volumendotierungen mit dreiwertigen Metallen auf Gitterplätzen des Metalles A'_M legt deren Konzentration über die Elektroneutralitätsbedingung $2\,[V_O^{\bullet\bullet}] = [A'_M]$ die Konzentration der Sauerstofflücken fest. Dann erhält man charakteristische Werte von $m = -1/4$. Dotierungsabhängig treten auch Minima von σ_b auf, die eine eindeutige Bestimmung von p_{O_2} über den gesamten Partialdruckbereich unmöglich machen (vgl. Abb. 3.17.). Andere Materialien für O₂-Leitfähigkeitssensoren sind z. B. TiO₂ und CeO₂ [20, 21].

3.2.3
Signale aus Wechselstrommessung

Die elektrischen Wechselstromeigenschaften elektronischer Leitfähigkeitssensoren lassen sich in Ersatzschaltkreisen aus Widerständen (mit der Impedanz $\tilde{Z} = R$) und Kondensatoren (mit der Impedanz $\tilde{Z} = (i\omega C)^{-1}$, die durch die Kapazität C und der Wechselstromfrequenz $\omega/2\pi$ bestimmt ist) zuordnen [14]. Sie beschreiben formal die verschiedenen Transport- und Relaxationsprozesse der Elektronen im Volumen, an Oberflächen und bei Grenzflächen an Korngrenzen und Kontakten. Zum Teil muß man, um die Frequenzabhängigkeit richtig wiederzugeben, Elemente mit konstanter Phasenverschiebung Q mit einbeziehen, deren Impedanz durch $\tilde{Z} = Q^{-1}(i\omega)^{-n}$ ist mit n als Parameter gegeben ist.

Als ein typisches Ergebnis zeigt die Abb. 3.18. die frequenzabhängige Impedanz nanokristalliner, nichtdotierter SnO₂-Dünnfilm-Sensoren und deren Änderung in Gegenwart einer geringen Konzentration von NO₂ [22]. Der Sensoreffekt wird Änderungen der elektronischen Leitfähigkeit in den homogenen Bereichen der nanokristallinen SnO₂-Partikel mit ihren Oberflächen- und Volumenanteilen (charakterisiert durch R_1), Änderungen des Elektronentransports mit niedriger Relaxationszeit (charakterisiert durch R_3 und dem Konstantphasenelement Q_3) und Änderungen

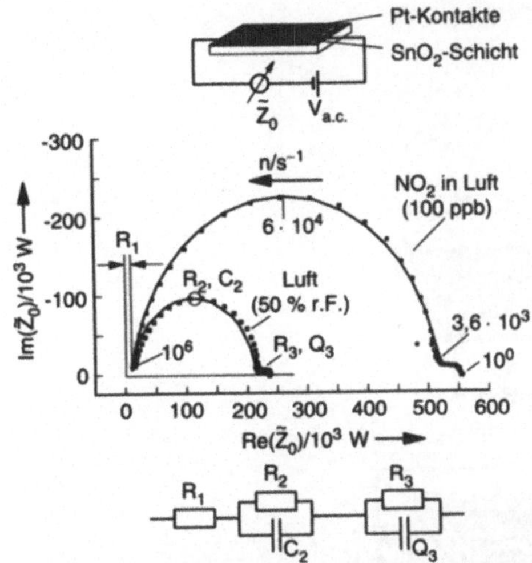

Abb. 3.18. Imaginärteil $(\mathrm{Im}(\tilde{Z}_0))$ und Realteil $(\mathrm{Re}(\tilde{Z}_0))$ der Impedanz von SnO_2 Dünnfilmen mit Platin-Interdigitalkontakten in Luft (mit 50 % relativer Feuchte) und nach Angebot von NO_2 und entsprechende Ersatzschaltbilddarstellung (unten).

der Ausdehnung der Raumladungsrandschicht an den Pt-Kontakten (charakterisiert durch R_2 und C_2) zugeordnet. Letztere zeigen Schottkybarrieren-Eigenschaften als Folge der höheren Austrittsarbeit von Pt im Vergleich mit SnO_2. Die großen Werte von Q_3 könnten auf Migrationseffekte geladener Teilchen an Korngrenzen bei niedrigen Frequenzen hinweisen, z. B. Oberflächen-Ionen O_2^-, O^- und OH^- oder Volumen-Defekten $V_O^{\bullet\bullet}$. Wechselwirkung mit NO_2 führt zu drastischen Veränderungen im Kontaktanteil der Gesamtimpedanz, d. h. an den Verarmungsrandschichten der Pt/SnO_2-Grenzflächen. Anwendung für Multisensorbetrieb von SnO_2-Sensoren können frequenzabhängige Leitfähigkeitsmessungen für den Fall finden, daß in bestimmten Frequenzbereichen hohe Empfindlichkeiten für bestimmte Gaskomponenten auftreten (vgl. dazu [14]).

Unterschiedliche strukturierte Elektrodenanordnungen auf SnO_2-Schichten können heutzutage in Dünnschichttechnologie gefertigt werden. Typische Beispiele neben dem „klassischen" polykristallinen Taguchi-Sensor zeigt die Abb. 3.19. Ihr mögliches Potential für den selektiven Nachweis von Gasen ist derzeit noch nicht im Detail bekannt.

3.2.4
Multisensoranwendungen von Halbleitersensoren

Für viele Anwendungen chemischer Sensoren ist es notwendig, einzelne Gase oder Gemische von Gasen quantitativ zu erfassen. Drei Beispiele werden im folgenden angeführt, wie SnO_2-Sensoren in Zukunft in Verfahren zur Quantifizierung von Gasgemischen eingesetzt werden können [23].

– *Sensorarray mit unterschiedlich modifizierten SnO_2-Halbleitergassensoren:* Drei unterschiedlich dotierte kommerzielle SnO_2-Sensoren mit verschiedenen Betriebstemperaturen werden zu einem Sensorarray zusammengefaßt und die relativen Leitfähigkeitsänderungen G/G_0 bei Zugabe von Gasen (CH_4, CO, H_2) als Signalvektoren dreidimensional abgebildet (Abb. 3.20.). Der Index „0" bedeutet hier den Wert

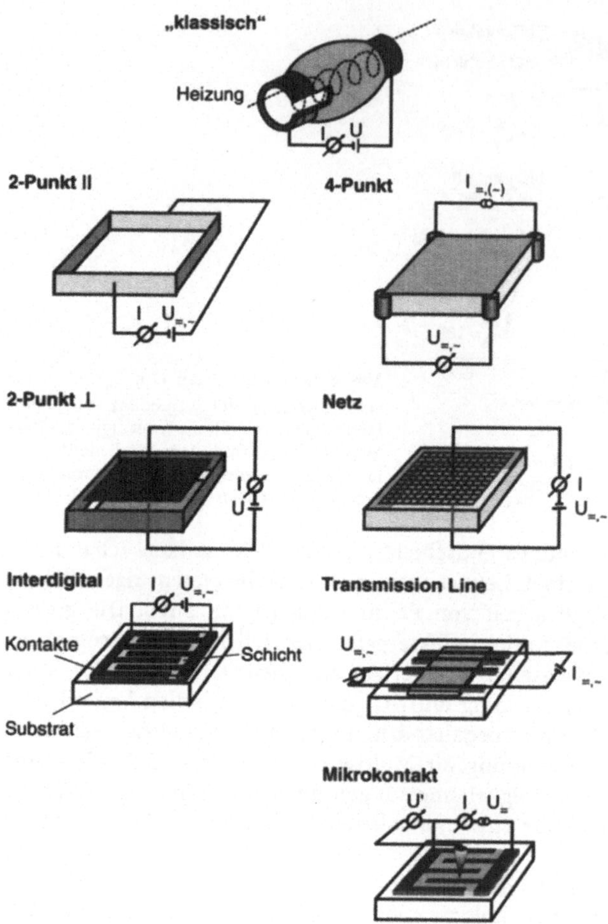

Abb. 3.19. Typische Kontaktgeometrien für Leitfähigkeitssensoren, die das gasabhängige Gleich- und Wechselstromverhalten von dünnen Schichten ausnutzen. Zum Vergleich wird im oberen Teil der Abbildung der „klassische" Taguchi-Sensor gezeigt.

von G ohne Gas in reiner Luft. Im Falle einer reinen Gasprobe zeigt der auf die Länge 1 normierte Vektor auf einen bestimmten Punkt auf der Einheitskugel. Der Normierungsfaktor ist ein Maß für die Gaskonzentration. Unterschiedliche Gase werden bei dieser Methode durch unterschiedliche Punkte auf der Einheitskugel charakterisiert. Bei Mischungen zweier Gase liegt die Spitze des Vektors zwischen den Punkten der reinen Komponenten. Aus dem Abstand zu den reinen Gasen läßt sich das Verhältnis der beiden Gase bestimmen, aus der Länge des (nicht normierten) Vektors die absoluten Konzentrationen.

– Sensorarrays mit nanokristallinen *SnO_2-Halbleiter-Gassensoren in Dünnschichttechnik:* Die Signale von sechs verschiedenen Pd- und Pt-dotierten SnO_2-Sensoren werden mit einem neuronalen Netz zur Bestimmung von CO, CH_4 und H_2 ausgewertet (Abb. 3.21.).

– *Unterschiedliche Meßparameter an einem einzigen SnO_2-Sensor:* Bei einem kommerziellen SnO_2-Sensor wird neben der Gleichstromleitfähigkeit zusätzlich die Austrittsarbeitsänderung gemessen (Abb. 3.22.). Zusätzlich wurde hier die katalytische Bildung von CO_2 über Differenzmessungen mit einem elektrochemischen CO-Sensor und IR-spektroskopisch gemessen (diese Information ist in diesem Fall redundant). Diese verschiedenen Signale eines einzelnen Sensors werden nun entsprechend dem obigen Verfahren als Vektoren eingetragen und ausgewertet.

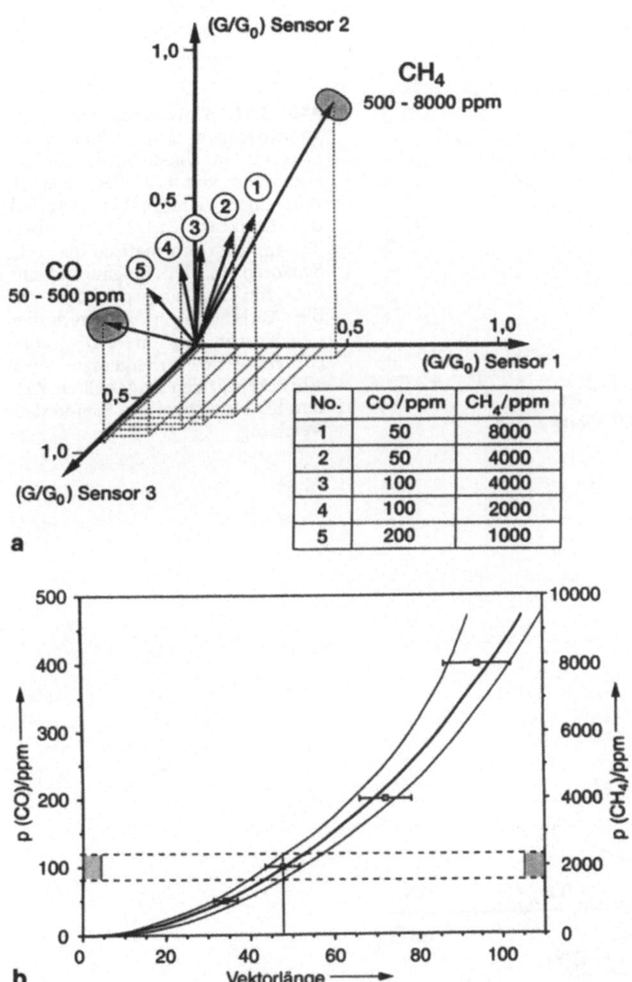

No.	CO/ppm	CH$_4$/ppm
1	50	8000
2	50	4000
3	100	4000
4	100	2000
5	200	1000

Abb. 3.20. a) Schematische Darstellung der Ergebnisse einer Bikomponentenanalyse von CO / CH_4-Gemischen (50 % r.F.) mit drei verschiedenen SnO_2-Sensoren. Jede Partialdruckkombination von p_{CO} und p_{CH_4} führt zu einem normalisierten Vektor bestimmter Orientierung. Änderungen im Verhältnis p_{CO}/p_{CH_4} bewirkt eine Richtungsänderung dieses Vektors. b) Bestimmung der Absolutwerte der Partialdrücke p_{CO} und p_{CH_4} über die Länge des Vektors bei einer bestimmten Orientierung (hier: Punkt 4 der Abbildung a); das entspricht einem Partialdruckverhältnis $p_{CO}/p_{CH_4} = 1{:}20$. Bei einer Länge von z. B. 48 ergeben sich Absolutwerte von $p_{CO} \approx 100$ ppm und $p_{CH_4} \approx 2000$ ppm.

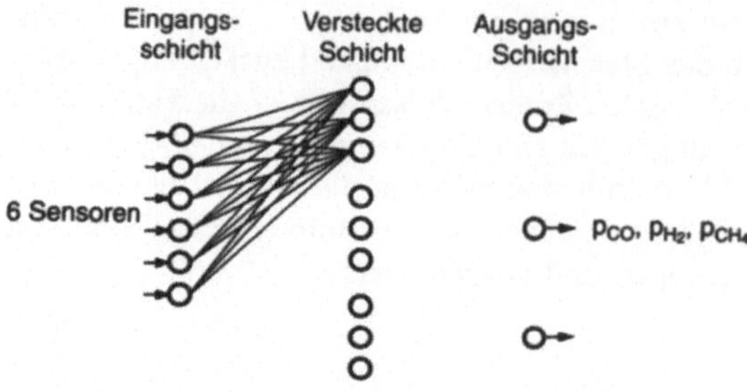

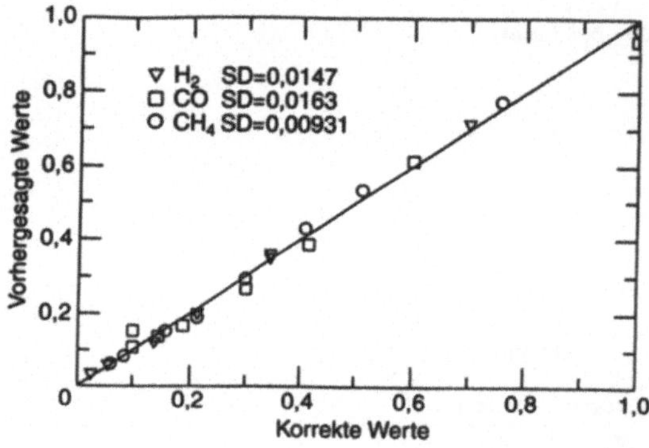

Abb. 3.21. Anwendung von sechs verschiedenen SnO$_2$-Dünnschicht-sensoren in einem Array zur Bestimmung von CO, CH$_4$ und H$_2$ mit einem neuronalen Netzwerk der Struktur 6:3:1*3. Der obere Teil (a) zeigt schematisch die sechs Sensoren in der Eingangsschicht, die drei Ausgangsschichten und die Verbindungen zur verborgenen Schicht. Das untere Diagramm (b) vergleicht vorhergesagte Partialdrücke mit den eingestellten Werten. SD bezeichnet die Standardabweichung.

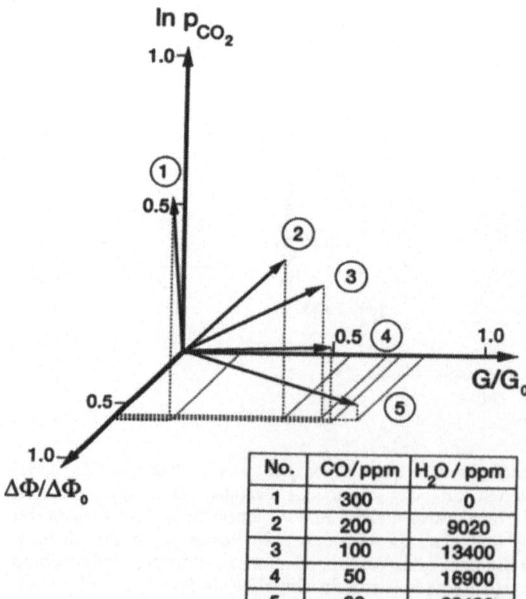

No.	CO/ppm	H$_2$O/ppm
1	300	0
2	200	9020
3	100	13400
4	50	16900
5	30	23490

Abb. 3.22. Vektordarstellung normalisierter Signale G/G_0, $\Delta\Phi/\Delta\Phi_0$ und katalytischer CO$_2$-Bildungsraten ln(r_{CO_2}) für verschiedene Partialdrücke von CO und H$_2$O.

3.3
Sensoren mit Polymeren und organischen Käfigverbindungen

3.3.1
Erkennungsstrukturen in Polymeren und organischen Käfigverbindungen

Natürliche und synthetische Polymere und Käfigverbindungen sind dank ihrer spezifischen Materialeigenschaften von besonderem Interesse als chemisch-sensitive Schichten von Schwingquarz-Sensoren, aber auch kapazitiven, Wärmetönungs- und optischen Sensoren [24–29]. Drei unterschiedliche Systeme werden im folgenden vorgestellt:

- Polysiloxane, die durch „spin-on-coating" oder Spraytechnik als Schichten (mit typische Dicken im μm-Bereich) aufgebracht werden und Moleküle, insbesondere organische Lösungsmittel-Moleküle, im Volumen absorbieren (Abb. 3.23. a) [29–32],
- Calixarene, die durch Vakuum-Sublimation als dünne Schichten (mit typische Dicken im 10 –100 nm-Bereich) aufgebracht werden und Moleküle durch „Schlüssel-Schloß"-Wechselwirkung unter Bildung von Molekül/Calixaren-Einschlußkomplexen einlagern (Abb. 3.23. b) [33, 34], sowie
- Sulfid-funktionalisierte Resorcinarene, die mit „self-assembly"-Technik aus der Lösung als Monoschichten auf Au aufgebracht werden und ebenfalls Moleküle in ihre makrozyklische Hohlraumstruktur einlagern („adsorbieren") können (Abb. 3.23. c) [35].

Ihre Rezeptorfunktion basiert auf der Wechselwirkung der nachzuweisenden Moleküle durch Van-der-Waals-„Bindungen" und Coulomb-„Bindungen" (wenn unterschiedlich elektronegative Atomen oder Atomgruppen involviert sind). Dabei repräsentieren diese Verbindungen zunächst zwei unterschiedliche Konzepte zur Synthese von molekularen Erkennungsstrukturen, zwischen denen aber ein fließender Übergäng möglich ist. In den „flüssigähnlichen" Polysiloxan-Schichten, in denen die Polymerkettenbeweglichkeit entsprechend ihrer niedrigen Glastemperatur hoch ist, erwartet man für die Einlagerung von Molekülen im Volumen wegen der beschränkten sterischen Beweglichkeit der Polymerkette nur statistisch-fluktuierende Erkennungstrukturen mit wenig definierter Nahordnung („induced-fit").

Im Gegensatz dazu erwartet man für die Wirts-Gast-Komplexe der kleinen Calix[4]arene wohldefinierte geometrische Anordnungen, wie sie z. T. mit Röntgenstrukturanalysen belegt sind. Übergänge zwischen diesen Grenzfällen ergeben sich für größere Hohlräume, in die mehr als ein Gastmolekül eingelagert werden kann.

Diese Systeme lassen sich in Schwingquarz-Sensoren in dem Fall anwenden, indem die Wechselwirkung mit nachzuweisenden Molekülen zur thermodynamisch kontrollierten Absorption im Volumen und/oder Adsorption an Oberflächen führt. Beide Prozesse können über die Schichtdickenabhängigkeit des Gleichgewichtssignals (d.h. der Verschiebung Δf der Resonanzfrequenz) für jeweils konstanten Partialdruck p und Temperatur T an identisch präparierten Schichten unterschiedlicher Dicke d separiert werden. Üblicherweise erfolgt dies über die Berechnung

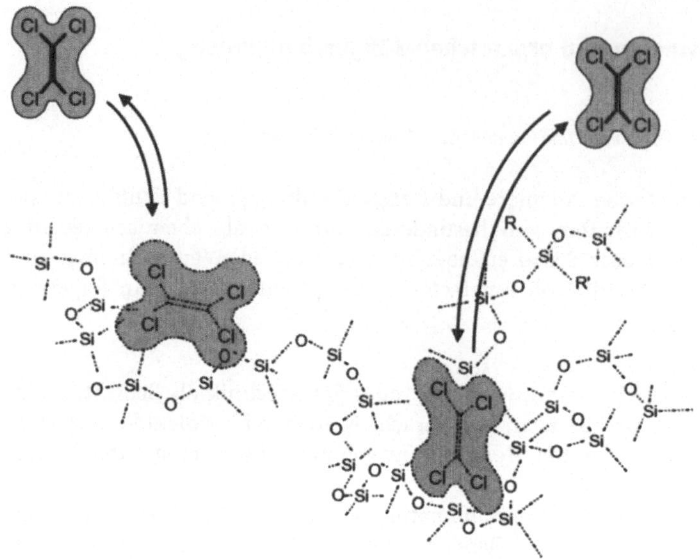

Abb. 3.23. a

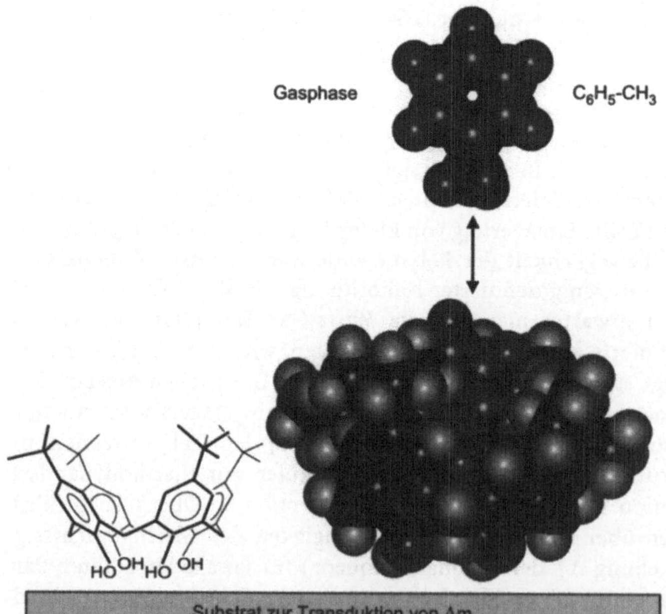

Abb. 3.23. b

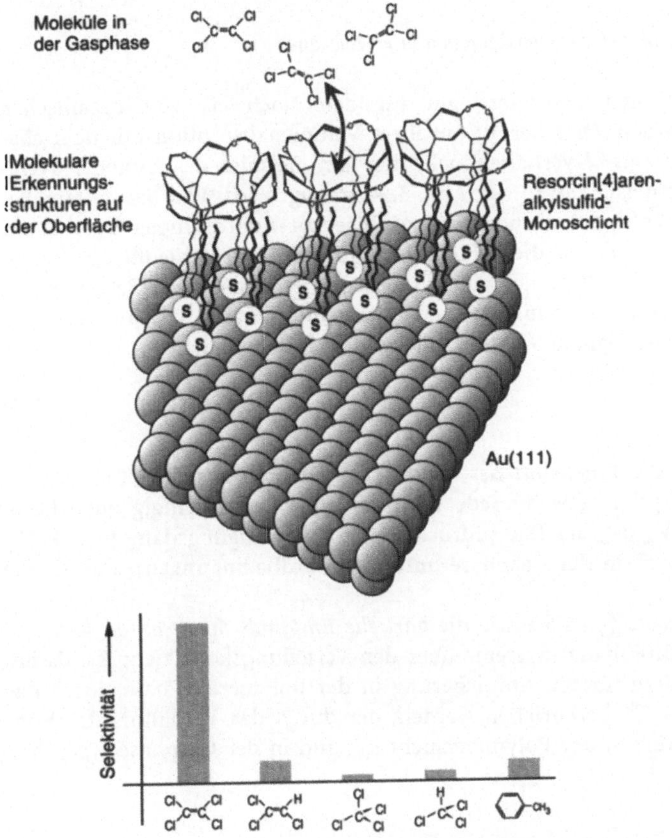

Abb. 3.23. c Typische Erkennungsstrukturen für organische Lösungsmittelmoleküle (hier: Tetrachlorethen, C_2Cl_4) in Polydimethylsiloxan (a), in *tert*-Butyl-calix[4]aren (b) und in einer Resorcinarenalkylsulfid-Monolage auf einer Goldoberfläche (c).

der Schichtkonzentration bei konstanten Werten von p und T als Funktion der Schichtdicke, die der Beziehung

$$c_\square = c_{(s)} + d \cdot c_{(b)} \tag{12}$$

genügt. In Gl. (12) bezeichnet $c_{(s)}$ die (auf die Einheitsfläche bezogene) Oberflächenkonzentration (von „$\underline{s}$urface") und $c_{(b)}$ die (auf das Einheitsvolumen bezogene) Volumenkonzentration (von „$\underline{b}$ulk"). Letztere ist über

$$c_{(b)} = N_A \frac{x\rho}{xM + (1-x)M_{\mathrm{poly}}} \approx x N_A \frac{\rho_{\mathrm{poly}}}{M_{\mathrm{poly}}} \tag{13}$$

mit dem Molenbruch der Moleküle im Polymer – als z. T. verwendete alternative Konzentrationsangabe – verknüpft, wobei $\rho(\rho_{\mathrm{poly}})$ und $M(M_{\mathrm{poly}})$ die Flüssigkeitsdichte bzw. Dichte und die Molmasse der Moleküle und des Polymers sind. Werte für $c_{(s)}$ und $c_{(b)}$ können in einer Auftragung $c_\square$ *versus* d enstprechend der Gl. (12) aus dem Achsenabschnitt und der Steigung ermittelt werden. Für Details, siehe [27].

3.3.2
Thermodynamik und Kinetik der Volumenabsorption in Polysiloxanen

Polysiloxane eignen sich besonders gut für den Nachweis von organischen Lösungsmittel-Molekülen. Dies beruht auf ihrer Volumenabsorption mit dem charakteristischen $c_\square$ *versus* d-Verhalten, wie dies am Beispiel des Systems Tetrachlorethen/Polydimethylsiloxan in der Abb. 3.24. gezeigt wird. Von besonderer Bedeutung für die zukünftige Anwendung in Multisensor-Anordnungen ist, daß die Volumenabsorption und damit die Schichtkonzentration unterschiedlicher organischer Komponenten „i" in Polysiloxanen zumeist im Bereich kleiner Partialdrücke auch in Gemischen *linear unabhängig* ist. Für Transducer wie z.B. Schwingquarze, die zu $c_\square$ proportionale Signale S liefern, gilt für das Gesamtsignal

$$S \sim \sum_i c_i \tag{14}$$

Dabei ergibt sich die *Linearität des Signals* S aus dem Henrysche Gesetz $p = K^H \cdot x$ für die Absorption, das für jede Komponente „i" unabhängig gilt. Hierin bedeuten $p = p^0 \cdot c \cdot V_m^0/N_A$ der Dampfdruck (mit p^0 als Sättigungsdampfdruck, V_m^0 als Molvolumen von „i" in der Gasphase unter Standardbedingungen) und K^H die Henry-Konstante.

Die *Größe des Sensorsignals* S sowie die *partielle Empfindlichkeit* $\partial S/\partial c_i$ kann im Fall „idealer" Molekül/Polymer-Systeme über den Verteilungskoeffizient K_b als der Gleichgewichtskonstante für die Anreicherung in der polymeren Phase durch das Gleichgewicht $i^{gas} \Leftrightarrow i^{poly}$ beschrieben werden, der durch das Verhältnis der Konzentration der Moleküle in der Polymerschicht $c_{(b)}$ und in der Gasphase c gegeben ist

$$K_b = \frac{c_{(b)}}{c} \tag{15}$$

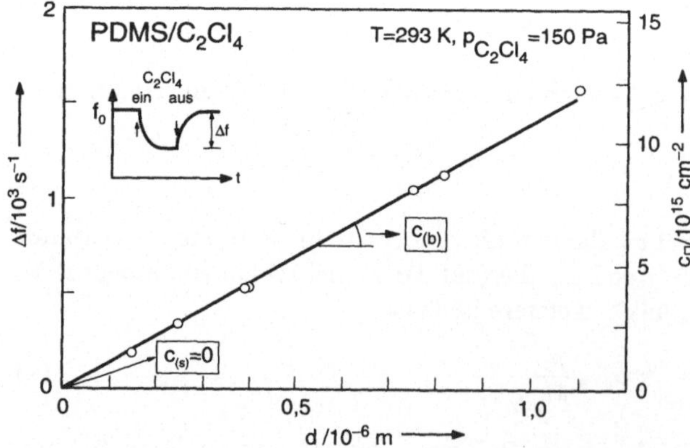

Abb. 3.24. Schichtkonzentration $c_\square$ gelöster C_2Cl_4 Moleküle (in Teilchen / cm²) in PDMS-Schichten als Funktion der Schichtdicke d. Die Werte $c_\square$ wurden aus der Frequenzänderung Δf von Quartzmicrobalanz-Oszillatoren bestimmt, die mit PDMS-Schichten der Schichtdicke d beschichten waren und die einem konstantem Partialdruck $p_{C_2Cl_4} = 150\,Pa$ bei einer Temperatur von $T = 293\,K$ exponiert wurden.

Zur Vereinfachung entfällt hier die Indizierung von c. Der Zusammenhang dieser Gleichung mit dem Henryschen Gesetz ist für kleine Konzentrationen $c_{(v)}$ und c sowie bei Gültigkeit des idealen Gasgesetzes ($nRT = pV$) über

$$x = \left(K_{(b)} \cdot \frac{M_{\text{poly}}}{\rho_{\text{poly}} \cdot p^0 \cdot V_{\text{m}}^0} \right) \cdot p = (K^{\text{H}})^{-1} p \tag{16}$$

gegeben. Abweichungen von dem Henryschen Gesetz können sich für höhere Konzentrationen der Moleküle „i" im Polymer ergeben. Sie können formal durch den Aktivitätskoeffizienten $^x\gamma$ in

$$x \cdot {}^x\gamma = (K^{\text{H}})^{-1} \cdot p \tag{17}$$

berücksichtigt werden, der nur auf der Grundlage atomistischer Modellvorstellungen plausibilisiert werden kann.

Die *Temperaturabhängigkeit des Sensorsignal S* resultiert aus der Temperaturabhängigkeit des Verteilungskoeffizienten K_{b}, die durch

$$\Delta G_{\text{abs}}^0 = -RT \ln K_{\text{b}} \tag{18}$$

mit ΔG_{abs}^0 als freie Standard-Enthalpie der Absorption gegeben ist. Sie ist über die Gibbs-Helmholtz-Fundamentalgleichung

$$\ln K_{\text{b}} = -\frac{\Delta G_{\text{abs}}^0}{RT} = -\frac{\Delta H_{\text{abs}}^0}{RT} + \frac{\Delta S_{\text{abs}}^0}{R} \tag{19}$$

mit den entsprechenden Standard-Enthalpien ΔH_{abs}^0 und -Entropien ΔS_{abs}^0 verknüpft.

Die *Querempfindlichkeit polysiloxanbeschichteter Schwingquarze beim Nachweis verschiedener organischer Moleküle* läßt sich mit folgendem thermodynamischen Ansatz quantitativ beschreiben. Die freie Standard-Enthalpie ΔG_{abs}^0 läßt sich formal als Summe der freien Kondensationsenthalpie ΔG_{k}^0 der freien Mischungsenthalpie ΔG_{m}^0 und der freien Expansionsenthalpie ΔG_{exp}^0 auffassen:

$$\Delta G_{\text{abs}}^0 = \Delta G_{\text{k}}^0 + \Delta G_{\text{m}}^0 + \Delta G_{\text{exp}}^0 \tag{20}$$

da sich die Absorption in die Teilschritte Kondensation, Mischung und Schichtaufweitung („Quellung") zerlegen läßt. Bei Vernachlässigung von ΔG_{exp}^0, Gleichsetzen von ΔG_{k}^0 mit der negativen freien Standard-Verdampfungsenthalpie ΔG_{V}^0 (für viele organische Lösungsmittelmoleküle, z.B. Alkane, ist ΔG_{V}^0 bei Raumtemperatur ungefähr gleich dem Wert bei der Siedetemperatur) und unter Vernachlässigung der Mischungsenthalpie im Ausdruck $\Delta G_{\text{m}}^0 = \Delta H_{\text{m}}^0 - T\Delta S_{\text{m}}^0$ (für ideale Molekül-Polymer-Systeme gilt $\Delta H_{\text{m}}^0 = 0$, für nicht-ideale Molekül-/Polymer-Systeme kann ΔH_{m}^0 unter Umständen aus der Flory/Huggins-Theorie abgeschätzt werden) folgt

$$-RT \ln K_{\text{b}} = -T\Delta S_{\text{m}}^0 - \Delta H_{\text{V}}^0 + T\Delta S_{\text{V}}^0 \tag{21}$$

Am Siedepunkt T_{b} gilt für die Verdampfungsenthalpie $\Delta H_{\text{V}}^0 = T_{\text{b}}\Delta S_{\text{V}}^0$. Tatsächlich ist für viele organische Lösungsmittel $\Delta H_{\text{V}}^0(T) = \Delta H_{\text{V}}^0(T_{\text{b}})$. Für Temperaturen $T \approx$ 300K ist die Verdampfungsentropie ΔS_{V}^0 nach der Troutonschen Regel konstant und beträgt 85JK^{-1}. Somit wird

$$\ln K_{\text{b}} = \Delta S_{\text{V}}^0 T_{\text{b}}/RT + (\Delta S_{\text{m}}^0 - \Delta S_{\text{V}}^0)/R \sim \frac{T_{\text{b}}}{T} \tag{22}$$

Diese Beziehung beschreibt die lineare Abhängigkeit von $\ln K_b$ von der Siedetemperatur T_b der in der Gasphase nachzuweisenden Lösungsmittel und der absoluten (Meß-)Temperatur T. Die Abb. 3.25. zeigt, daß „ideale" Systeme der Geradengleichung genügen, also unterschiedliche Moleküle sogar gleiche Mischungsentropien ΔS_m^0 zeigen. Abweichungen von der Geraden ergeben sich aus größeren oder kleineren Werten der Verdampfungs- und Mischungsentropie. Für konstanten Partialdruck p_i unterschiedlicher Lösungsmittelmoleküle in Luft und konstanter Temperatur der polysiloxanbeschichteten Schwingquarze folgt die Frequenzverschiebung der Relation $|\Delta f| \sim \exp(T_b)$: Schwerflüchtige Lösungsmittel werden demnach empfindlicher nachgewiesen als leichtflüchtige.

Für die Kinetik der Volumenabsorption und damit die *Ansprech- und Abklingzeiten der Signale* Δf ist die Diffusion in die Polysiloxanschicht geschwindigkeitsbestimmend, so daß sich theoretisch eine $\sqrt{\tilde{D}t/d^2}$-Abhängigkeit von Δf vom Diffusionskoeffizienten $\tilde{D}$, der Zeit t und der Schichtdicke d bei Variation des Partialdrucks ergibt.

Zur Beschreibung der Wechselwirkung zwischen nachzuweisenden Molekülen („Analyte") und Polymeren wird häufig der folgende empirische Ansatz aus der Gaschromatographie (GC) verwendet, der anpaßbare Parameter enthält, um den Wert von K_b richtig wiederzugeben [24, 37]:

$$\log K_b = \text{const} + rR_2 + s\pi_2^* + a\alpha_2^H + b\beta_2^H + l\log L^{16} \tag{23}$$

Dabei ist const eine Konstante, R_2 die Exzeßmolrefraktion, π_2^* die Dipolarität des Analyten, α_2^H und β_2^H die Wasserstoffbindungsacidität und -basizität und L^{16} der Gas-Flüssigkeitsverteilungskoeffizient des Analyten in Hexadecan bei 25 °C (d. h. der sog. Ostwald-Löslichkeitskoeffizient). r, s, a, b, l sind die entsprechenden Größen für die Polymere, die in der GC die stationären Phasen bilden. Der Term $l\log L^{16}$ ist eine Zusammenfassung von endergonischer Kavitätsbildung und exergonischen

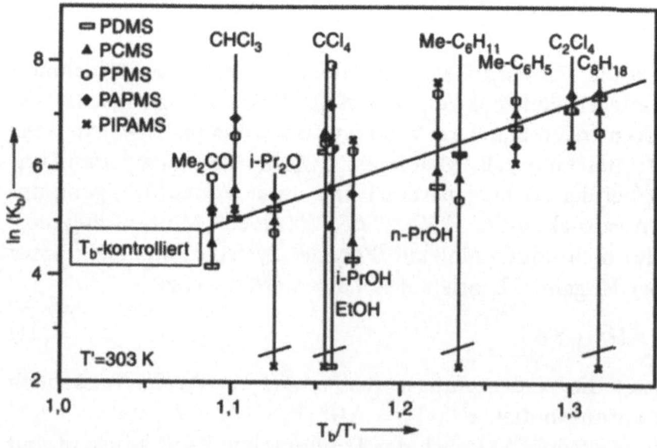

Abb. 3.25. Logarithmus der Verteilungskoeffizienten K_b verschiedener Lösungsmittel-Moleküle in PDMS, PCMS, PPMS, PAPMS und PIPAMS als Funktion von T_b/T' mit T_b als Siedetemperatur der Lösungsmittel und $T' = 303$ K als Meßtemperatur. Die durchgezogene Gerade repräsentiert T_b-kontrollierte Absorption.

Dispersionswechselwirkungen, die häufig bei der Wechselwirkung zwischen Polymer und Molekülen dominierend sind. Häufig kann in erster Näherung die Wechselwirkung zwischen Polymeren und Neutralmolekülen als Analyte mit diesem Formalismus gut beschrieben werden.

3.3.3
Anwendung von Polysiloxanen in Sensorarrays

Die Absorptionseigenschaften von Polysiloxanen können im weiten Bereich durch unterschiedliche funktionelle Seitengruppen variiert werden [36]. Das ermöglicht ihre Anwendung in Arrays aus Schwingquarz-Sensoren zum Nachweis unterschiedlicher Lösungsmittel-Moleküle. Ein typisches Beispiel zeigt die Abb. 3.26. Aufgetragen sind hier in einer dreidimensionalen Darstellung die auf die Länge 1 normierten Verteilungskoeffizienten K_b^0 in Polydimethylsiloxan (PDMS), Polycyanomethylsilo-

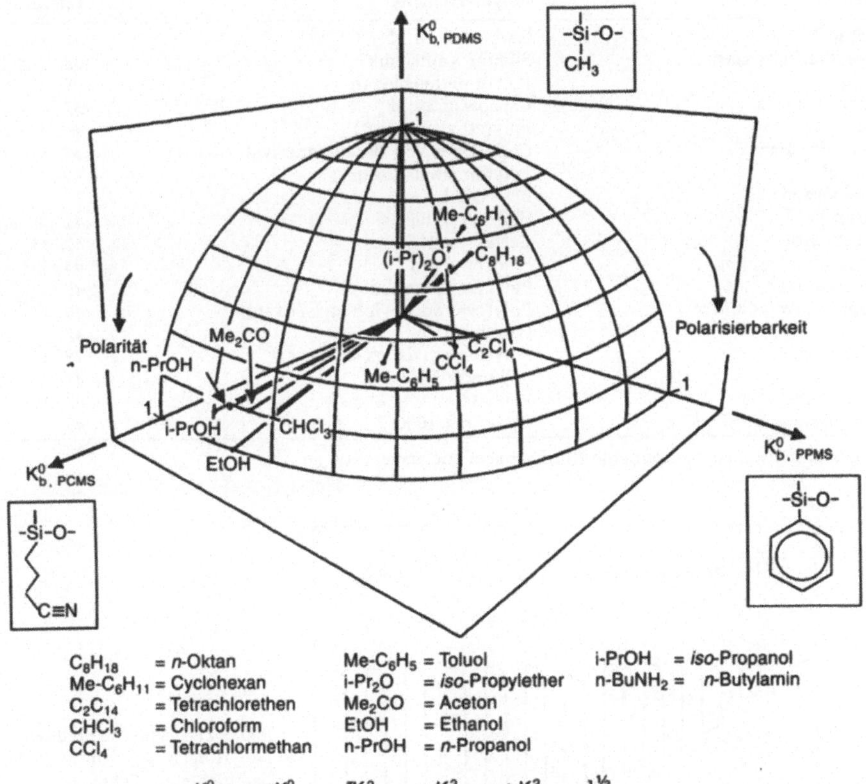

C_8H_{18}	$= n$-Oktan	Me-C_6H_5	= Toluol	i-PrOH	= *iso*-Propanol
Me-C_6H_{11}	= Cyclohexan	i-Pr$_2$O	= *iso*-Propylether	n-BuNH$_2$	= *n*-Butylamin
C_2Cl_4	= Tetrachlorethen	Me$_2$CO	= Aceton		
CHCl$_3$	= Chloroform	EtOH	= Ethanol		
CCl$_4$	= Tetrachlormethan	n-PrOH	= *n*-Propanol		

$$K_{b,\,PDMS}^0 = K_{b,\,PDMS}^0 \, /[K_{b,\,PDMS}^2 + K_{b,\,PPMS}^2 + K_{b,\,PCMS}^2\,]^{1/2}$$

Abb. 3.26. Dreidimensionale Darstellung der normalisierten Vektoren K_b^0 (PCMS), K_b^0 (PDMS), K_b^0 (PPMS), der den Verteilungskoeffizienten in PCMS, PPMS und PDMS entstspricht. Der Endpunkt jedes Vektors liegt auf einer Halbkugel, die durch azimuthale und longitudinale Linien dargestellt wird, und der z. B. durch Polarkoordinaten bestimmt werden kann. Die kleinen Abbildungen zeigen die monomeren Einheiten der verschiedenen Polysiloxane mit polaren Cyanogruppen in PCMS, polarisierbaren Phenylgruppen in PPMS und Methylgruppen in PDMS.

xan (PCMS) und Polyphenylmethylsiloxan (PPMS). Diese Werte lassen sich in vielen Fällen „qualitativ" aus dem konkurrierenden Einfluß von Polarität und Polarisierbarkeit der Seitengruppen und der Moleküle (oder Molekülgruppen) diskutieren.

Einen Überblick über die bislang für die Anwendung in Schwingquarzen und Oberflächenwellen-Bauelementen eingesetzten Polymere für die Analytik in der Gasphase gibt die Tabelle 3.3.

Typische Ergebnisse für den Nachweis von CO_2 in Luft mit dem Copolymer-Aminopropyltrimoxysilan/propyltrimethoxysilan (PAPPS) [49], der auf einer Säure/Base-Reaktion an den basischen Aminogruppen basiert, und für den Nachweis organischer Komponenten mit Polydiphenylphenylmethylsiloxen (PDPMPS) in Wasser [50] zeigen die Abb. 3.27. und 3.28.

Tabelle 3.3. Polymer-beschichtete Schwingquarze zum Nachweis organischer Verbindungen („Analyte") in Luft.

Analyte	Polymerschicht	Literatur
Aceton	Carbowax 20 M	37
Anaesthetische Gase	Silikon-Kautschuk	38
Aminen	Polydimethylsiloxan	39
Chloroform	Carbowax 20 M	37
Cyclodien	Poly(ethylenmaleat)*	40
Dimetylhydrazin	Copolymer von Butadienderivat	39
Ethanol	Polydimethylsiloxan	39
Ethylbenzen	Pluronic L-64	37
Hexan	Pluronic L-64	41
Nitrobenzol	Carbowax 100 etc.	42, 43
Organophosphorige	Fluoropolyrol	44
Verbindungen	Poly(vinylpyrrolidon)	45
Propylenglycoldinitrat	Poly(cyanopropylphenylsiloxan)	46
Styrol	Polystyrol	47
Tetrachloroethylen	Poly(dimethylsiloxan)	29, 30
Toluol	Silikonöl DC-190	47
Toluoldiisocyanat	PEG 400	47, 48
Trinitrotoluene	Carbowax 1000	43

* Oberflächenwellen-Bauelemente (Surface acoustic wave, SAW)

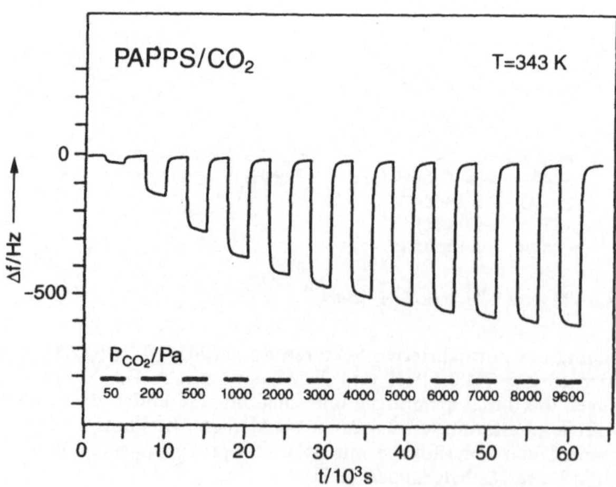

Abb. 3.27. Typische Frequenzänderungen Δf von PAPPS-beschichteten Schwingquarz-Sensoren als Funktion der Zeit t für schrittweise Partialdruckvariationen von CO_2 in Luft. Der Schwingquarz arbeitet bei einer erhöhten Temperatur $T' = 343$KJ um kurze Ansprech- und Abklingzeiten zu erreichen.

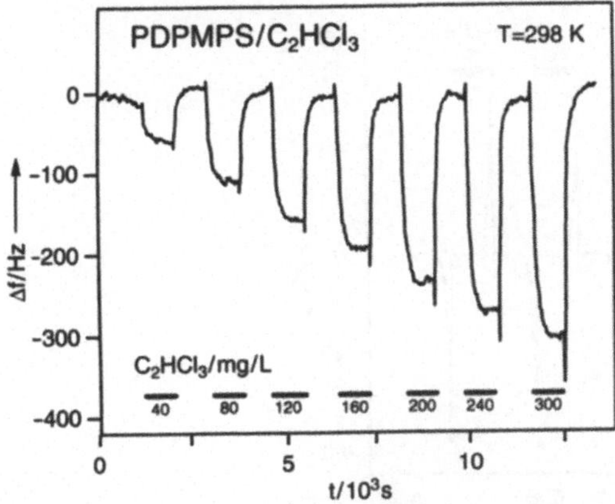

Abb. 3.28. Typische Frequenzänderungen Δf von PDPMPS-beschichteten Schwingquarz-Sensoren als Funktion der Zeit t für schrittweise Konzentrationsänderungen von Trichlorethen (C_2HCl_3) gelöst in Wasser. Hier wird die Frequenz aus dem Maximum der Resonanzkurven bestimmt, die mit einem Impedanzanalysator aufgenommen werden.

3.3.4
Kalorimetrische Sensoren mit Polymeren

Die in 3.1.2 vorgestellten Pellistoren nutzen die Wärmetönung aus, die bei der Oxidation reduzierender (brennbarer) Gase mit Luftsauerstoff an metalldotierten Oxiden entsteht. Unter kontinuierlichen Flußbedingungen bei konstantem Partialdruck der nachzuweisenden Gaskomponenten werden stationäre Signale erhalten, die proportional zu der pro Zeiteinheit erzeugten Reaktionswärme sind.

Im Gegensatz weisen die im folgenden vorgestellten kalorimetrischen Sensoren (Abb. 3.29.) thermodynamisch kontrollierte Absorptionsgleichgewichte zwischen den nachzuweisenden Gaskomponenten und der Polymerschicht unter „chopped-flow"-Bedingungen nach. Hierbei können nur Änderungen der Gleichgewichtskonzentrationen absorbierter Moleküle über ein zeitabhängiges Nichtgleichgewichtssignal nachgewiesen werden. Daher erfordert die Bestimmung von Sensorsignalen (d. h. die Thermospannung oder die daraus abgeleiteten Temperaturdifferenzen zwischen der Polymerschicht und den Referenzlötstellen der Thermosäule, die auf eine konstante Temperatur gehalten werden) experimentelle Anordnungen, die schnelle und impulsförmige Partialdruckvariationen ermöglichen.

Die Abb. 3.30. zeigt ein typisches Meßsignal, das in diesem Betriebsmodus einer PDMS-beschichteten Thermosäule erhalten wird [29]. Positive Temperaturänderungen ergeben sich bei Exposition mit Tetrachlorethen, negative bei anschließendem

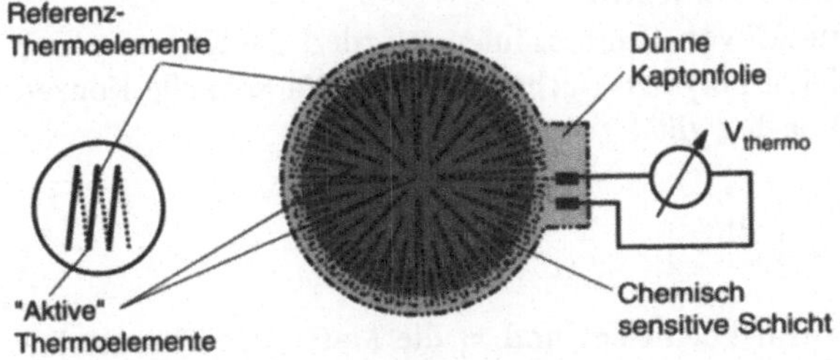

Abb. 3.29. Thermosäulen-Transducer für kalorimetrische Sensoren.

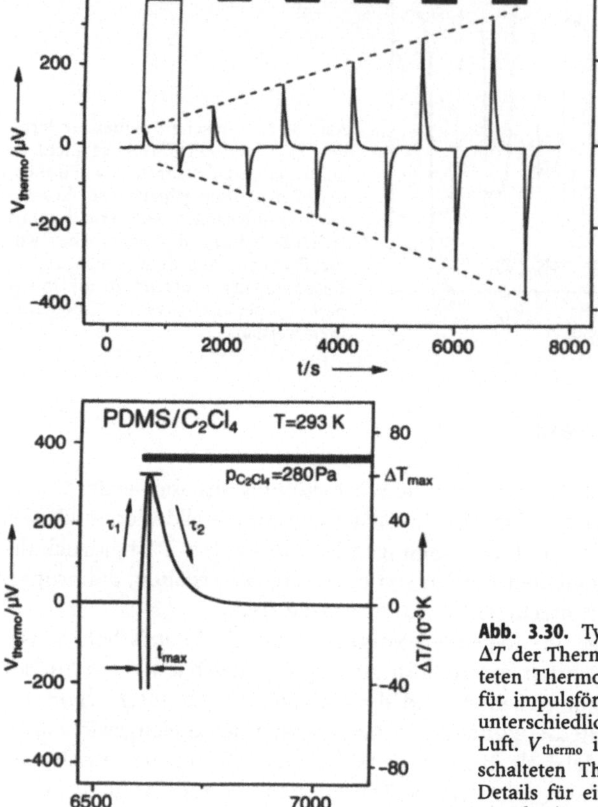

Abb. 3.30. Typisches Sensorsignal $V_{thermo} \sim \Delta T$ der Thermoelemente von PDMS-beschichteten Thermosäulen als Funktion der Zeit t für impulsförmige Exposition (mit markiert) unterschiedlicher Partialdrücke von C_2Cl_4 in Luft. V_{thermo} ist das Signal von 3 in Serie geschalteten Thermosäulen. (a) Überblick (b) Details für einen Absorptionszyklus mit Ansprechzeit τ_1 und Abklingzeit τ_2.

Wechsel zu reiner Luft. Für diese Gas/Polymer-Kombination wird eine lineare Korrelation zwischen der maximalen Temperaturänderung ΔT_{max} und dem Partialdruck p gefunden. Wichtig ist, daß die Zeit t_{max}, die bis nach Exposition mit und dem Erreichen von ΔT_{max} verstreicht, unabhängig vom Partialdruck p ist und verschieden ist zu den Werten von ΔT_{max} für andere Gaskomponenten. Von besonderem Interesse ist die zu vernachlässigende Querempfindlichkeit dieses kalorimetrischen Sensors bei Variation der relativen Luftfeuchte.

Die Beschreibung der Signale ΔT von Thermosäulen erfordert die Kenntnis kinetischer Parameter bei der Molekül/Polymer-Wechselwirkung. Für schnelle Konzentrationsänderungen von $c = 0$ nach c gilt

$$\Delta T(t) = \frac{1}{\kappa \cdot m} \cdot \int_0^t \left[\frac{dq^+}{dt} - \frac{dq^-}{dt} \right] dt. \tag{24}$$

Hierin ist κ der spezifische Wärmekoeffizient und m die Masse der Thermosäule [29]. Der Term $\Delta T(t)$ weist auf den transienten Charakter der Signale dieses Sensortyps hin. Insbesonders resultieren die Maximalwerte ΔT_{max} aus einem Kompromiß zwischen zeitabhängiger Wärmeproduktion dq^+/dt und Wärmeverlust dq^-/dt pro Zeiteinheit. Für schnelle Konzentrationsänderungen ist die Wärmeproduktion über

$$\frac{dq^+}{dt} = \Delta H^\circ_{abs} \left[\frac{K_b \cdot V \cdot c \cdot 2 \cdot \tilde{D}}{d^2} \right] \cdot \sum_{n=0}^{\infty} \exp\left(-\frac{(2n+1)^2 \pi^2}{4} \cdot \frac{\tilde{D}t}{d^2} \right) \tag{25}$$

gegeben, wobei V das Volumen und d die Schichtdicke der Polymerschicht ist. Die Gleichung (25) ergibt sich u.a. aus der Lösung des 2. Fickschen Diffusionsgesetzes für dieses Problem. Für den Wärmeverlust pro Zeiteinheit kanm man

$$\frac{dq^-}{dt} = \alpha \cdot A \cdot \Delta T \tag{26}$$

ansetzen, wobei man annimmt, daß der Wärmetransfer an die Umgebung proportional der zur Zeit t herrschenden Temperaturdifferenz ΔT ist. In der Gleichung bezeichnet α den spezifischen Wärmetransfer (mit der Einheit $Jm^{-2}K^{-1}s^{-1}$) und A die Fläche. Sie gilt für „ideale" Thermosäulen mit vernachlässigbarem Wärmetransport längs der Thermokontakte. Häufig sind ΔT-Signale von Thermosäulen (vgl. Abb. 3.30.) wegen dieses Effektes signifikant kleiner. Die molekularen Parameter für die ΔT-Signale sind die molare Absorptionswärme ΔH°_{abs} der Diffusionskoeffizient $\tilde{D}$ und der Verteilungskoeffizient K_b der absorbierten Moleküle im Polymer. Thermosäulen-Transducer wandeln die ΔT-Effekte in erster Näherung linear in Thermospannungen V_{thermo} um.

3.3.5
Kapazitive Sensoren mit Polymeren

Das Detektionsprinzip kapazitiver Sensoren basiert auf der Änderung der dielektrischen Eigenschaften oder der Schichtdicke der sensitiven Schicht bei Wechselwirkung mit Molekülen. Transducer sind Interdigitalelektroden-Anordnungen, die z.B. in konventioneller Dünnschicht- oder in CMOS-Technologie hergestellt werden (Abb. 3.31.). Letztere ermöglicht auch die Integration von Schaltkreisen („on-chip") zur Umwandlung der Kapazitätsänderungen ΔC z.B. in Frequenzänderungen Δf mit Sigma-Delta-Konvertern [51]. Die kammförmigen Elektrodenstrukturen weisen kleine Kammabstände im Bereich weniger μm auf.

Die Abb. 3.32. zeigt schematisch, daß die Gesamtkapazität polymerbeschichteter Interdigital-Kondensatoren von Anteilen der Gasphase (Index 1), des Substrates (Index 2) und des Polymers (Index 3) bestimmt wird, wobei

$$C = C_1 + C_2 + C_3 \tag{27}$$

gilt. Dabei sind die Kapazität C und ihre Anteile C_i u.a. Funktionen geometrischer Parameter wie Elektrodenkonfigurationen und Schichtdicke d des Polymeren sowie der Dielektrizitätskoeffizienten (DK) ε_i ($i = 1, 2, 3$), die für Gasphase, Substrat und Polymer charakteristisch sind. Letztere hängen wegen der Dispersion der DK von der Frequenz f ab, die zur Bestimmung von C in Wechselstrommmessungen benutzt wird.

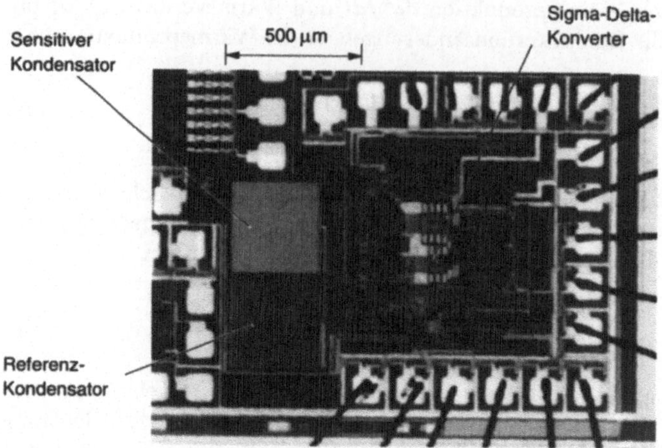

Abb. 3.31. CMOS-Interdigital-Kondensator mit integriertem Sigma-Delta-Konverter zur Bestimmung von kapazitiven Effekten bei Wechselwirkung von Molekülen mit chemisch-sensitiven Polymerschichten. Der Referenzkondensator bleibt unbeschichtet [51].

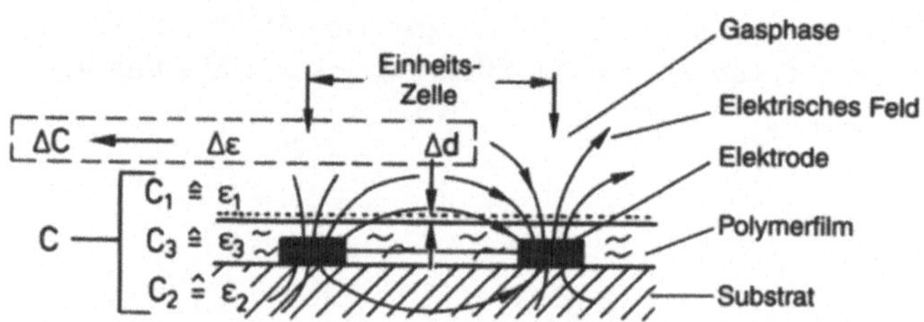

Abb. 3.32. Schnitt durch die „Einheitszelle" eines polymerbeschichteten Interdigital-Kondensators mit den drei relativen Dielektrizitätskoeffizienten ε_1, ε_2 und ε_3.

Kapazitätsänderungen ΔC und damit das Signal S kapazitiver Sensoren resultieren aus der Wechselwirkung mit Molekülen und werden durch

- die Volumenkonzentration $c_{(b)}$ der absorbierten Moleküle, ihr Dipolmomentes μ und ihre Polarisierbarkeit $\overline{\alpha}$ sowie
- der für kleine Konzentrationen zu $c_{(b)}$ proportionalen Schichtdickenänderung Δd der Polymerschicht

bestimmt. Der Δd-Effekt auf ΔC resultiert daraus, daß bei Änderungen der Schichtdicke der feldliniendurchsetzte Gasraum oberhalb der Elektroden mit Materie der DK ε_2 „aufgefüllt" wird, wobei entsprechende Änderungen der Kapazität auftreten. Hierbei ist ε_2 die DK der Mischphase aus Polymer und absorbierten Molekülen. Für kleine Konzentrationen selbst stark polarer Moleküle mit großem Dipolmoment ist dagegen ε_1 in der Gasphase konstant und daher auch der Anteil C_1. Die Kapazität C_2 bleibt für inerte Substrate wie Glas ebenfalls unbeeinflußt.

Für den einfachen Fall bei Absorption kleiner Konzentrationen polarer Moleküle in einer unpolaren und nichtpolarisierbaren Polymer-Matrix, in der die Moleküle nicht wechselwirken und uneingeschränkt beweglich sind, ist die statische DK ε_2 (d.h. bei $f = 0$) über die Debye-Gleichung

$$\frac{\varepsilon_2 - 1}{\varepsilon_2 + 2} = \frac{1}{3\varepsilon_0} \cdot c_{(b)} \cdot \left(\overline{\alpha} + \frac{\mu^2}{3kT} \right) \tag{28}$$

mit der Volumenkonzentration $C_{(b)}$ der Moleküle (hier mit der Einheit Teilchendichte) und deren Dipolmoment μ und Polarisierbarkeit $\overline{\alpha}$ verknüpft (Abb. 3.33.). In der Gleichung bedeutet T die Temperatur und k die Boltzmann-Konstante. Bei höheren Konzentrationen muß die Gleichung modifiziert werden (vgl. [52] und [53]). Für andere Polymere, deren DK nicht vernachlässigbar sind, muß der Verdünnungseffekt der polymeren Matrix und ihre Wechselwirkung mit den absorbierten Molekülen berücksichtigt werden.

Große positive Signale ΔC erwartet man bei kapazitiven Sensoren beim Nachweis

- polarer Moleküle wie etwa H_2O und SO_2 mit großem Dipolmoment μ, die zu einer entsprechenden Änderung von ε_2 führen.
- unpolarer Moleküle wie etwa C_2Cl_4 oder n-Octan, wenn dies zum Quellen einer Polymerschicht mit hoher DK ε_2 führt. Die Schichtdicke wird hierbei für maximale ΔC-Effekte optimiert.

Typische Ergebnisse für kapazitive Sensoren in CMOS-Technologie, deren sensitive Schicht Polycyanomethylsiloxan (PCMS) mit der DK $= 10$ ist, zeigt die Abb. 3.34. [51]. Die Eichkurven $\Delta C = c$ sind lineare Funktionen der Gasphasenkonzentration der nachgewiesenen organischen Lösungsmittel. Sensoren in dieser Technologie sind wegen ihrer „on-chip"-Signalvorverarbeitung vielversprechend für zukünftige Anwendungen in Multisensoranordnungen.

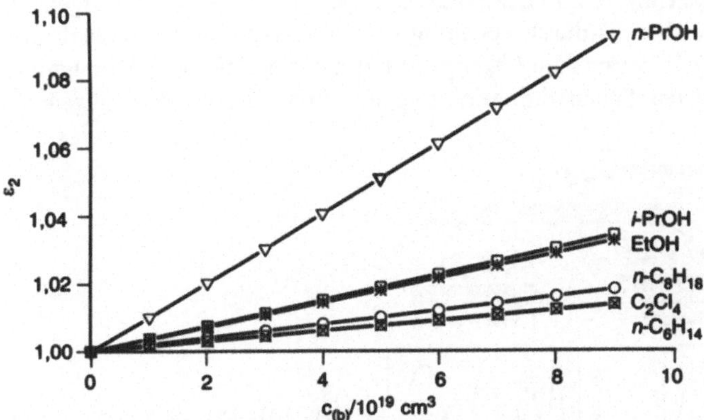

Abb. 3.33. Statischer Dielektrizitätskoeffizient ε_2 für verschiedene Moleküle in einer unpolaren und nichtpolarisierbaren Matrix als Funktion ihrer Volumenkonzentration $c_{(b)}$ bei $T = 298$ K.

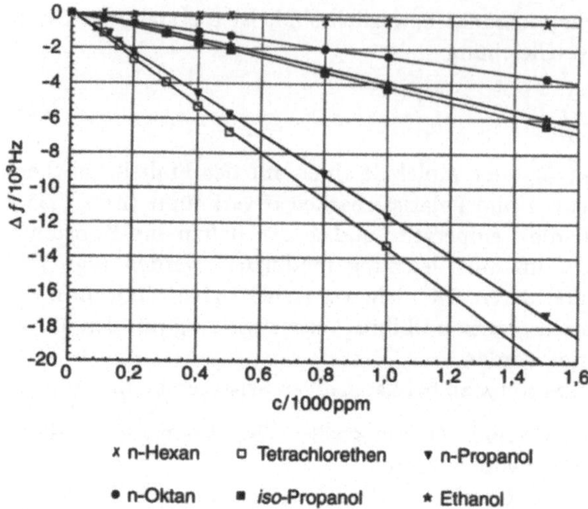

Abb. 3.34. Signale $\Delta f \sim \Delta C$ von PCMS-beschichteten CMOS-Interdigital-Kondensatoren mit Sigma-Delta-Konvertern zur Umwandlung von Kapazitäts- in Frequenzänderungen als Funktion der Gasphasenkonzentration verschiedener organischer Lösungsmittel in Luft bei $T = 303$ K [51].

3.3.6
Optische Sensoren mit Polymeren

Optische [28, 31] und faseroptische Sensoren [54] mit Polymeren verwenden optisch-spektroskopische Methoden, die auf Absorption, Reflexion, Fluoreszenz, Phosphoreszenz, Streuung, Brechungsindexänderung oder Interferenz beruhen [55]. In neueren Entwicklungen optischer Sensoren zum empfindlichen Nachweis organischer Lösungsmittel in der Gas- und Wasserphase werden auch spektrale reflektometische Detektionsprinzipien benutzt, die in der Abb. 3.35. schematisch gezeigt werden [56]. Die Änderung der Reflektivität kann aufgrund von Änderungen der *optischen Schichtdicke* $\Delta(n \cdot d)$ durch Quellung von Polymeren bei Volumenabsorption von Molekülen (v.a. organische Lösungsmittel) aus der Gas- oder Flüssigphase erfolgen, wobei in vielen Fällen die Änderung des Brechungsindex n gegenüber

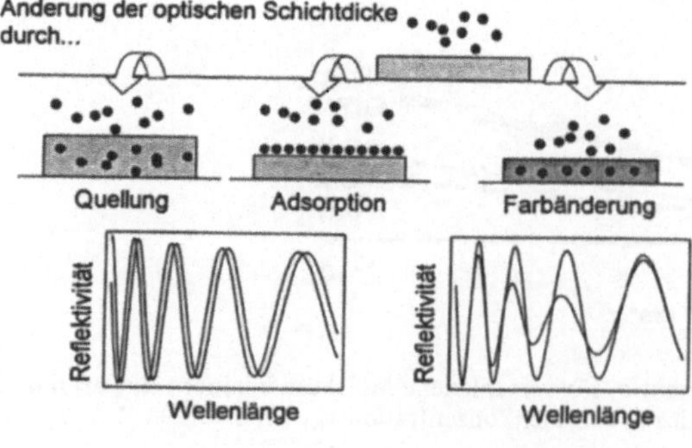

Abb. 3.35. Detektionsprinzipien optischer Sensoren mit Polymeren, die auf Änderung der Reflektivität beruhen. Für Details, siehe [55].

der „physikalischen" Schichtdickenänderung Δd vollständig vernachlässigt werden kann. Als zweites Prinzip wird in Abb. 3.35. gezeigt, daß Reflektivitätsänderung aufgrund von Änderungen der *Absorption* in der Nähe der Absorptionsbande von Indikatorfarbstoffen im Polymeren bei Wechselwirkung mit Molekülen erfolgen kann.

Ein typisches Beispiel zur interferometrischen Detektion von Tetrachlorethen mit einem PDMS-beschichteten optischen Sensor zeigt die Abb. 3.36a. Hier wird die Schichtdickenänderung Δd bei Quellung des Polymers durch Absorption von C_2Cl_4 bestimmt [28]. Sie wird hier als relative Änderung der Schichtdicke angeben und ist bei kleinen Schichtdicken schnell, reversibel und führt zu linearen Eichkurven $\Delta d \sim c_{C_2Cl_4}$. Diese optischen Transducer können auch zum Nachweis organischer Lösungsmittel in Wasser verwendet werden [32]. Eine Übersicht über relative Schichtdickenänderungen für andere Lösungsmittel gibt die Abb. 3.36. b. Wegen der Linearität und der Additivität des Sensorsignales bei Anwesenheit mehrerer organischer Komponenten eignen sich diese Transducer gut für Anwendungen in Sensorarrays.

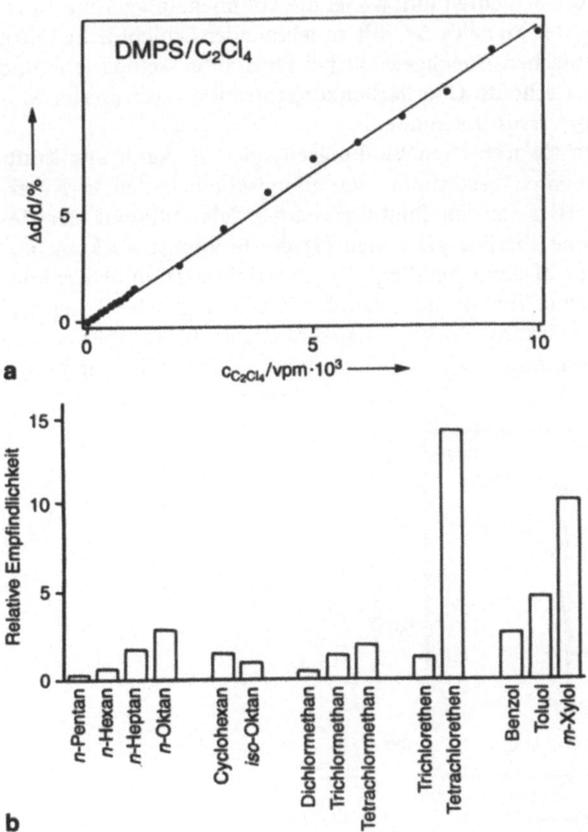

Abb. 3.36. (a) Relative Schichtdik-kenänderung $\Delta d/d$ einer PDMS-Schicht für Anwendungen in optischen Sensoren als Funktion der Konzentration von C_2Cl_4 in Luft. (b) Relative Empfindlichkeit von PDMS zur optischen Detektion verschiedener organischer Verbindungen.

3.3.7
Organische („supramolekulare") Käfigverbindungen

Maßgeschneiderte molekulare Erkennungsstrukturen sind ein Entwicklungsziel chemischer Sensoren für den spezifischen und quantitativen Nachweis von Molekülen und Ionen. Supramolekulare Verbindungen mit ihren molekularen Hohlräumen definierter Geometrie und „Bindungsstellen" für die Einlagerung sind ein erster Ansatz in diese Richtung (Abb. 3.23.b und c). Sie lassen sich z.B. in ionensensitiven Elektroden und in massensensitiven Bauelementen wie Schwingquarze und SAW-Devices einsetzen.

Gut untersuchte „Modellsysteme" sind Calixarene mit unterschiedlichen Seitengruppen und Ringgrößen (Abb. 3.23.b). Spezifische „Schlüssel-Schloß"-Wechselwirkungen zwischen Calix[4]arenen und Lösungsmittel-Molekülen können für deren Nachweis ausgenutzt werden. Typische Ergebnisse für iso-Propylcalix[4]aren-Schichten mit unterschiedlichen Schichtdicken d zwischen 6 und 114 nm zeigt die Abb. 3.37. Die Zeitabhängigkeit weist auf schnelle Adsorption und nachfolgende Diffusion von Molekülen in die Schichten hin, wobei die Volumeneinlagerung zu einem nennenswertem Anstieg des Signales Δf mit zunehmender Schichtdicke führt. Dabei wird im thermodynamischen Gleichgewicht bei konstanter Temperatur und konstantem Partialdruck eine erhöhte Oberflächenkonzentration adsorbierter Moleküle in einer Auftragung $c_\square$ $versus$ d gefunden.

Eine Korrelation zwischen theoretischen Bindungsenergien E_b kann aus Kraftfeldrechnungen und experimentell bestimmten Verteilungskoeffizienten $\ln K_b$ erhalten werden (Abb. 3.38.). Hier werden Bindungsenergien als Differenz der Gesamtenergien (d.h. der Summe aus Energietermen für die Bindungsstreckung E_{str}, Winkeldeformation E_{bend}, „out-of-plane bending" E_{oop} zur Deformation planar konfigurierter Atome aus der Ebene, Torsion E_{tors}, van-der-Waals-Wechselwirkung E_{vdw} und elektrostatischer Wechselwirkung E_{elec}) von Calixaren/Molekül-Komplexen und den „leeren" Calixarenen bestimmt [34]. Verteilungskoeffizienten erhält man aus

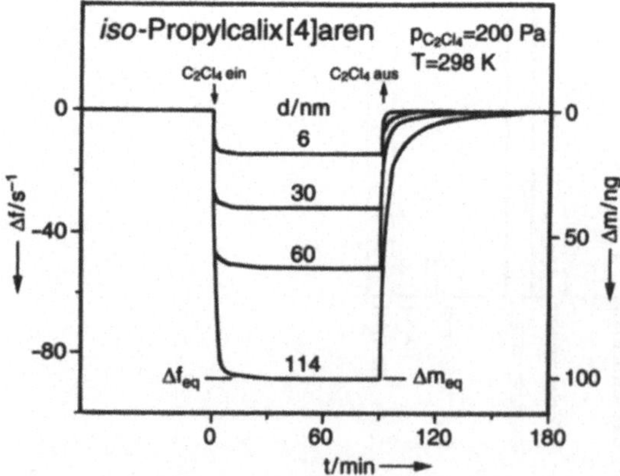

Abb. 3.37. Typische Frequenzänderungen Δf von Schwingquarz-Sensoren, die mit verschiedenen Schichtdicken d von iso-Propylcalix[4]aren beschichtet sind, als Funktion der Zeit t as nach Angebot von $p_{C_2Cl_4} = 200$Pa in Luft bei $T = 289$K.

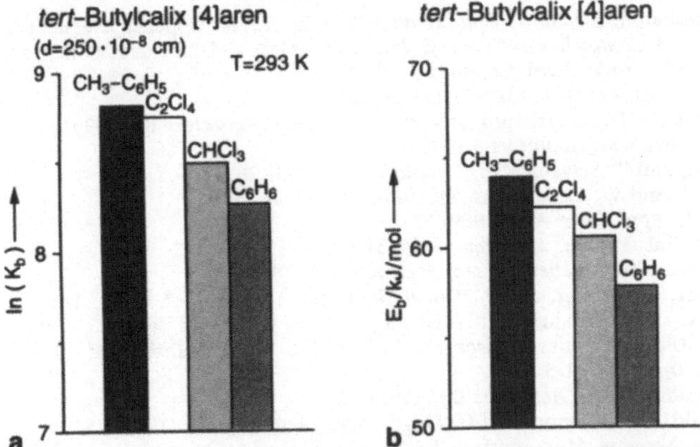

Abb. 3.38. a)Experimentell bestimmter Logarithmus der Verteilungskoeffizienten K_b bei $T =$ 293K für verschiedene Lösungsmittelmoleküle (Tetrachlorethen C_2Cl_4, Chloroform $CHCl_3$, Toluol $CH_3C_6H_5$ und Benzol C_6H_6) in *tert*-Butylcalix[4]aren. b) Theoretisch bestimmte Bindungsenergien E_b derselben Moleküle in *tert*-Butylcalix[4]aren.

der Auswertung experimentell bestimmter Volumenkonzentrationen eingelagerter Moleküle entsprechend der Gleichung (12).

Organische S-funktionalisierte Käfigverbindungen lassen sich z. T. mit „self-assembly"-Techniken aus Lösungen auf Goldelektroden von Schwingquarzen aufbringen. Ein Beispiel für diese selbstorganisierten Monoschichten mit geordneten molekularen Erkennungsstrukturen sind Resorcinarene-Alkylsulfide (vgl. Abb. 3.23. c), die sich ebenfalls zum spezifischen Nachweis von Tetrachloroethen einsetzen lassen [35].

Literatur

1 W. Göpel and K. D. Schierbaum, *Definitions and Typical Examples*, in: W. Göpel, J. Hesse, and J. N. Zemel (Eds.), *Sensors – A Comprehensive Survey*, Vol. 2: Chemical and Biochemical Sensors (Part I), VCH Weinheim, New York, Basel, Cambridge, 1991

2 H. Ullmann, *Keramische Gassensoren: Grundlagen, Aufbau, Anwendung*, Akademie Verlag, Berlin, 1993

3 S. Vaihinger and W. Göpel, *Multicomponent Analysis in Chemical Sensing*, in: W. Göpel, J. Hesse, and J. N. Zemel (Eds.), *Sensors – A Comprehensive Survey*, Vol. 2: Chemical and Biochemical Sensors (Part I), VCH Weinheim, New York, Basel, Cambridge, 1991

4 W. Göpel and K. D. Schierbaum, *Specific Molecular Interactions and Detection Principles*, in: W. Göpel, J. Hesse, and J.N. Zemel (Eds.), *Sensors – A Comprehensive Survey*, Vol. 2: Chemical and Biochemical Sensors (Part I), VCH Weinheim, New York, Basel, Cambridge, 1991

5 K. Ihokura and J. Watson, *The Stannic Oxide Gas Sensor – Principles and Applications*, CRC Press, Boca Raton, Ann Arbor, London, Tokyo, 1994

6 G. Sberveglieri (Ed.), *Gas sensors – Principles, Operation and Developments*, Kluwer Academic Publishers, Dordrecht, Boston, London, 1992

7 P. T. Moseley, J.O.W. Norris, and D.E. Williams, Techniques and Mechanisms in Gas Sensing, Adam Hilger, Bristol, Philadelphia, New York, 1991

8 W. Göpel, *Progr. in Surf. Sci.* 20 (1985) 9

9 D. Kohl, *Sens. Actuators* 18 (1989) 71–114

10 J. Maier and W. Göpel, *Solid State Ionics* 32/33 (1989) 440

11 K. D. Schierbaum, U. Weimar, R. Kowalkowski, and W. Göpel, *Sens. Actuators* B3 (1991) 205

12 K. D. Schierbaum, *Sens. Actuators* B24–25 (1995) 239

13 W. Göpel and K. D. Schierbaum, *Electronic Conductivity Sensors*, in: W. Göpel, J. Hesse, and J. N. Zemel (Eds.), *Sensor - A Comprehensive Survey*, Vol. 2: Chemical and Biochemical Sensors (Part I), VCH Weinheim, New York, Basel, Cambridge, 1991

14 U. Weimar and W. Göpel, *Sens. Actuators* B29–27 (1995) 121

15 U. Weimar, R. Kowalkowski, K. D. Schierbaum, and W. Göpel, *Sens. Actuators* B1 (1990) 93

16 P. K. Clifford and D. T. Tuma, *Sens. Actuators* 3 (1983) 233

17 N. Yamazoe, Y. Kurokawa, and T. Seiyama, *Sens. Actuators* 4 (1983) 283

18 H. Mockert, D. Schmeisser, and W. Göpel, *Sens. Actuators* 19 (1989) 159

19 A. Müller and K. H. Härdtl, *Appl. Phys.* A49 (1989) 75

20 E. M. Logothetis and W. J. Kaiser, *Sens. Actuators* 4 (1983) 371

21 J. Gerblinger and H. Meixner, *Technisches Messen, Special Issue*, 1995

22 K. D. Schierbaum, J. Geiger, U. Weimar, and W. Göpel, *Sens. Actuators* B13–14 (1993) 143

23 U. Weimar, S. Vaihinger, K.-D. Schierbaum, and W. Göpel, *Multicomponent Analysis in Chemical Sensing*, in: N. Yamazoe (Ed.), *Chemical Sensor Technology*, Vol. III, Kodansha Ltd., Tokyo (Japan) 1991, S. 51, ISBN: 0-444-98901-3

24 J. W. Grate and M. H. Abraham, *Sens. Actuators* B3 (1991) 85

25 F. L. Dickert, A. Haunschild, P. Hoffmann, and G. Mages, *Sens. Actuators* B6 (1992) 25

26 M. S. Niewenhuizen and A. Venema, *Mass-sensitive Devices*, in: *Sensors: A comprehensive survey*, Part 1, Vol II, Eds. W. Göpel, J. Hesse, and J. N. Zemel, VCH Verlag, Weinheim (FRG), 1991

27 K. D. Schierbaum and W. Göpel, *Synth. Metals* 61 (1993) 37

28 M. Haug, K. D. Schierbaum, G. Gauglitz, and W. Göpel, *Sens. Actuators* B1–3 (1993) 383

29 K. D. Schierbaum, A. Gerlach, M. Haug, and W. Göpel, *Sens. Actuators* A31 (1992) 130

30 M. Haug, K. D. Schierbaum, H. E. Endres, S. Drost, and W. Göpel, *Sens. Actuators* A32 (1992) 326–332

31 W. Nahm and G. Gauglitz, *GIT Fachz. Lab.* 7 (1990) 889

32 G. Gauglitz, A. Brecht, G. Kraus, and W. Nahm, *Sens. Actuators* B11 (1993) 21–27

33 K. D. Schierbaum, A. Gerlach, W. Göpel, W. Müller, F. Vögtle, A. Dominik, and H. J. Roth, *Fresenius Z. Anal. Chem.* 349 (1994) 372

34 A. Dominik, H. J. Roth, K. D. Schierbaum, and W. Göpel, *Supramolecular Science* 1 (1994) 11

35 K. D. Schierbaum, T. Weiss, E. U. Thoden Van Velzen, J. F. J. Engbersen, D. Reinhoudt, and W. Göpel, *Science* 265 (1994) 1413

36 K. D. Schierbaum, A. Hierlemann, a. W. Göpel, *Sens. Actuators* B19 (1994) 448

37 T. E. Edmonds and F. S. West, *Anal. Chem. Acta* 117 (1980) 147

38 A. Kindland and I. Lundström, *Sens. Actuators* 3 (1982/83) 63

39 E. Bayer, H. Eberhardt, K. Geckeler, *Angew. Makromol. Chem.* 97 (1981) 217

40 A. Snow, and H. Wohltjen, *Anal. Chem.* 56 (1984) 14 11

41 A. Mierzwinski, and Z. Witkiewicz, *Enrion. Pollut.* 57 (1989) 181

42 I. A. C. Sanchez-Petreno, P. K. P. Drew, and J. F. Adler, *Anal. Chem. Acta* 182 (1986) 285

43 Y. Tomito, M. H. Ho, and G. Guilbat, *Anal. Chem.* 51 (1979) 1475

44 m. H. Ho , G. G. Gulibant, and B. Rietz, *Anal. Chem.* 52 (1980) 1489

45 O. S. Ballantine Jr., S. L. Rose, I. W. Grate, and H. Wohltjen, *Anal. Chem.* 58 (1986) 3058

46 B. D. Turnham, L. K. Lee, and G A.Luome, *Anal. Chem.* 77 (1985) 2120

47 I. I. McCollum, *Analyst* 114 (1989) 1173

48 R. C. Mirrison, and G. G. Guilbat, *Anal. Chem* 57 (1985) 2342

49 R. Zhou, S. Vaihinger, K. E. Geckeler, and W. Göpel, *Sens. Actuators* B18–19 (1994) 415

50 R. Zhou, S. Patskovsky, G. Noetzel, K. D. Schierbaum, and W. Göpel, *Optimierung von Polymersensoren für Kohlenwasserstoffe in Wasser, 1. Dresdener Sensor Symp.*, Dez. 14–16, Dresden (FRG), 1993

51 C. Cornila, R. Leggenhager, P. Malcovati, H. Baltes, A. Hierlemann, G. Noetzel, U. Weimar, and W. Göpel, *Capacitive Sensors in CMOS Technology with Polymer Coating, Sens. Actuators* B24–25 (1995) 357

52 C. F. Böttcher, *Theory an Electric Polarization*, Elsevier Publ., Amsterdam, 1952

53 J. K. Kirkwood, *J. Chem. Phys.* 7 (1939) 911

54 M. Arcenault, H. Gagnaire, J. P. Goure, and N. Jaffrezic-Renault, *Sens. Actuators* B8 (1992) 161

55 O. S. Wolfbeis, G. Boisdé, and G. Gauglitz. *Optochemical Sensors*, in: W.Göpel, J. Hesse, and J. N. Zemel (EDS.), *Sensors - A Comprehensive Survey*, Vol. 2: Chemical and Biochemical Sensors (Part I), VCH Weinheim, New York, Basel, Cambridge, 1991

56 G. Kraus. *Reflektometrisch-interferometrische Bestimmung organischer Verbindungen*, Dissertation. Tübingen, 1993

4 Schaltungstechnik für Multisensoren

H.-D. Liess

Zusammenfassung

In diesem Kapitel werden die Grundlagen der Schaltungstechnik für Multisensoren zusammengefaßt. Es ist in drei Abschnitte gegliedert:

- der Wandler für die nachzuweisenden nichtelektrischen Größe in die elektrische,
- die Art der dafür in Frage kommenden Signalquellen mit den dazugehörigen Schaltungen für die Signalaufnahme und
- die Möglichkeiten der Zusammenfassung der Signale von verschiedenen Sensoren.

Es ist das Ziel, damit dem Entwickler das notwendige Wissen für den Aufbau von geeigneten Schaltungen zur Auswertung der Sensorinformation zur Verfügung zu stellen.

4.1
Einleitung

Sensoren sind elektronische Bauelemente oder Baugruppen, die in der Lage sind, eine nichtelektrische Größe (sie kann physikalischer oder auch chemischer Natur sein) in eine elektrische Größe zu wandeln. Am Ausgang wird immer eine elektrische Größe anliegen, die in irgend einer Weise mit der nachzuweisenden nichtelektrischen Größe „codiert" ist. Die Umkehrung, die Wandler von elektrischen Größen in nichtelektrische werden Aktuatoren genannt. Die Beschränkung der Begriffs Sensor auf „Wandler (*engl. transducer*) in eine elektrische Ausgangsgröße" ist aus praktischen Gründen zweckmäßig, da die Weiterverarbeitung hier ungleich viel mehr Möglichkeiten eröffnet, als es heute mit anderen, z.B. optischen Größen denkbar ist und der Begriff Sensor damit auch eine charakterisierbare Gruppe von Bauelementen definiert, die sich durch verwandte Techniken und Anschlußelemente auszeichnen.

Im Folgenden wird sehr streng zwischen den Begriffen „Information" und „Signal" unterschieden. Hierbei soll unter „Information" der Augenblickswert einer physikalischen oder chemischen Größe verstanden werden, während ein „Signal" der zeitliche Verlauf dieser Größe ist. Der hier verwendete Begriff einer „Größe" kann sowohl Information als auch Signal sein und gilt sowohl für die elektrische, wie auch die nichtelektrische Seite des Sensors. Beispiele elektrische Größen sind: Spannung,

Strom, Widerstand, Kapazität, Induktivität und die Frequenz oder Impulsfolge einer
dieser Größen.

4.1.1
Multisensoren zur Signalerzeugung

In der Praxis zeigt es sich, daß der Informationsinhalt in einer zu wandelnden Größe
in den meisten Fällen nicht mit einem einzigen Sensor zu bewältigen ist. Dies kann
einmal die Ursache haben, daß die nachzuweisende Größe

- örtlich verteilt ist und dadurch an mehreren Stellen abgefragt werden muß,
- einen solchen Dynamikumfang hat, daß sie ein einziger Sensor nicht mit ausreichender Genauigkeit erfassen kann, oder,
- wie im Falle von chemischen Größen, der Informationsgehalt „mehrdimensional"
  ist, so daß er nicht mehr mit einer einzigen elektrischen Größe ausgedrückt
  werden kann.

Aus diesem Grund ist es meist erforderlich, mehrere elektrische Größen verarbeiten zu müssen, die im Allgemeinen auch von mehreren Quellen, d. h. Multisensoren
kommen. Aufgabe der hierfür erforderlichen Schaltungstechnik ist es diese vom
Sensor erhaltenen elektrischen Größen zu entschlüsseln und sie von den Störkomponenten zu befreien. Das Ergebnis soll dann eine Anzeige sein, die mit der nachzuweisenden physikalischen oder chemischen Größe in einem, festen, bekannten und
nicht von der Zeit abhängigen Zusammenhang steht.

4.1.2
Schaltungstechnik zur Signalverarbeitung

Schon bei Einzelsensoren, aber noch mehr bei Multisensoren, wo mehrere Größen
gleichzeitig zu verarbeiten sind, ist die Schaltungstechnik zur Verarbeitung der elektrischen Größen entscheidend für die Qualität des Ergebnisses.

Bei chemischen Sensoren kommt noch erschwerend hinzu, daß eine chemische
Größe (das ist Konzentration und Art einer chemischen Spezis) nicht eindeutig
in eine elektrische abgebildet, d. h. gewandelt werden kann, weil sie immer mindestens zweidimensional ist, d. h. aus zwei oder sogar mehr voneinander unabhängigen
Teilinformationen besteht, die deshalb auch nur mit zwei oder mehr voneinander
unabhängigen elektrischen Größen beschrieben werden können. Während man die
physikalischen Größen und die Konzentration einer chemischen Spezis im allgemeinen noch mit hinreichender Genauigkeit in eine analoge elektrische Größe wandeln
kann, ist die Vielfalt der chemischen Arten nahezu unbegrenzt und exakt nur noch
digital charakterisierbar. Einen chemischen Sensor, der das umfassend kann, gibt
es aber noch nicht und wird es wohl auch nie geben.

Es gibt auch keinen Sensor, der nur auf eine einzige chemische Substanz anspricht. Vielmehr sind es immer ganz bestimmte Substanzgruppen, die je nach dem
Sensorprinzip eine Nachweisverwandtschaft zeigen. In der Praxis wird man deshalb
versuchen, einen chemischen Sensor für eine bestimmte chemische Spezis zu optimieren und den Einfluß von anderen Substanzen, d. h. Störkomponenten, entweder
von vornherein auszuschließen oder aber sie mit zu erfassen und das Meßergebnisse

damit zu korrigieren. Dieser Bereich wird von der Chemometrie behandelt. Ihre Methoden können hier nur angedeutet werden. Die hier beschriebenen Multisensoren sind dafür eine wichtige Voraussetzung. Nur mit mehreren Sensoren ist der erforderliche Informationsumfang zu erhalten.

Im Prinzip gibt es diese Problematik der Querempfindlichkeit auch bei physikalischen Sensoren. Ihre Wandlercharakteristik ist auch in den meisten Fällen zumindest temperaturabhängig, so daß auf eine Temperaturkompensation, wenn nicht auch noch auf die Kompensation weiterer physikalischer Größen, nicht verzichtet werden kann. Auch das erfordert die Anwendung von Multisensoren.

4.1.3
Gliederung

Die vorliegende Arbeit soll in die folgenden drei Teile gegliedert werden:

- das Sensorelement, d. h. das eigentliche Wandlerelement, das die nichtelektrische Größe in eine elektrische wandelt,
- die Aufnahmeschaltung, d. h. die Elektronik an der unmittelbaren Peripherie des Sensors, die an das Sensorelement angepaßt ist, mit ihm kommuniziert und einen, zur Nachweisgröße proportionalen Schaltzustand annimmt und
- die Auswerteschaltung, d. h. die diese Schaltzustände abfragt, gegebenenfalls multiplext, verrechnet und korrigiert und schließlich die zu messende Größe in der gewünschten Form zugänglich macht.

4.2
Sensorelement

Das Sensorelement ist die elektrisch Signal- (oder Informations)quelle. Sie kann bei den meisten Sensoren hinreichend genau durch ein elektronisches Bauelement mit Zweipol- oder mit Vierpolcharakteristik beschrieben werden. Der einzige Unterschied zu einem üblichen Zwei- oder Vierpol der klassischen Nachrichtentechnik besteht lediglich darin, daß seine Charakteristik möglichst reversibel von der physikalischen und chemischen Umgebungsgröße abhängt, der er ausgesetzt ist. Demgegenüber sollten übliche Bauelementen gerade nicht von den Umgebungsbedingungen zu beeinflussen sein.

Was die Stabilität anbetrifft, so unterscheiden sich dagegen die Ansprüche an einen Sensor nicht von denen an ein elektronisches Bauelement. Das gleiche gilt für die Zuverlässigkeit.

Für die weitere Behandlung der Signalverarbeitung ist es zweckmäßig, für das Sensorelement, d. h. die Signalquelle ein elektronisches Schaltsymbol einzuführen, das wie folgt aussehen soll (siehe Abb. 4.1.):

Abb. 4.1. Schaltsymbol einer Zweipol- und einer Vierpolsignalquelle (Sensorelement)

Wie bereits angedeutet ist die Zweipol- bzw. Vierpolcharakteristik eines Sensors eine Funktion der nichtelektrischen Größe, der er ausgesetzt ist, so daß man zweckmäßig die Charakteristik des Wandlers (engl.: tranducer) durch eine nichtelektrisch-elektrische Übertragungsfunktion beschreiben kann. Bezieht man die Übertragungsfunktion mit in das Bauelement ein, so kann man den elektrischen Zweipol auch als nichtelektrisch-elektrischen Vierpol auffassen. Ein elektrischer Vierpol ergebe dann einen nichtelektrisch-elektrischen Sechspol.

Im Interesse der Übersichtlichkeit soll im Folgenden die allgemeine Behandlung auf den elektrischen Zweipol (d. h. den nichtelektrisch-elektrischen Vierpol) beschränkt werden, da die Beziehungen auf die Parameter des elektrischen Vierpols (d. h. den nichtelektrisch-elektrischen Sechspol) übertragen werden können.

4.2.1
Zweipol als Signalquelle

Nichtelektrisch-elektrische Übertagungsfunktion e

Die meisten Zweipolsensoren (d. h. nichtelektrisch-elektrischen Vierpole) können durch eine Spannungs- (mit der Leerlaufspannung U) bzw. Stromquelle (mit dem Kurzschlußstrom I), einen Widerstand R bzw. Leitwert G, eine Kapazität C oder eine Induktivität L beschrieben werden. Dabei ergibt sich die charakteristische Konstante aus der Übertragungsfunktion von der nichtelektrischen Größe N in die elektrische:

$$U \text{ bzw. } I, \quad R \text{ bzw. } G, \quad C \text{ oder } L = f(N)$$

die allgemein E genannt werden soll. Diese Übertragungsfunktion e zwischen der nichtelektrischen und der elektrischen Größe E und N soll auf die linearen Beziehungen bzw. eine Kombination der drei beschränkt werden:

$$E = e \cdot N, \quad E = e \cdot \frac{\mathrm{d}}{\mathrm{d}t}N \quad \text{und} \quad E = e \cdot \int N \mathrm{d}t$$

Ein reines Integral über N ist ein Dosimeter und kein Sensor und braucht deshalb an dieser Stelle nicht weiter behandelt zu werden. In Kombination mit einem der anderen Glieder kommt das Integral bei Sensoren allerdings vor.

Liegen nichtlineare Verhältnisse vor, so ist die Übertragungsfunktion im mit ausreichender Genauigkeit durch einen Polynomansatz mit einer endlichen Gliederzahl und den Konstanten $e_0, e_1, e_2 \ldots$ beschreibbar:

$$E = e_0 + e_1N + e_2N^2 + \ldots \quad \text{und} \quad E = e_0 + e_1\frac{\mathrm{d}}{\mathrm{d}t} + e_2\left(\frac{\mathrm{d}}{\mathrm{d}t}N\right)^2 + \ldots$$

Ebenfalls üblich ist ein Übertragungsverhalten nach der Beziehung:

$$E = e \ln N/N_0 \quad \text{und} \quad E = e \exp N/N_0$$

Nichtelektrische Eingangs-„input"-Seite

Auf der nichtelektrischen Eingangsseite des Sensorelements ist noch zu unterscheiden, ob die nachzuweisende Größe verbraucht, gespeichert oder nur wahrgenommen wird. Für den „Material"-Strom J (das kann auch eine immaterielle Größe wie Licht, Wärme oder Schall sein) ergibt sich nach Einführung eines „nichtelektrischen Leitwertes G_N" und einer „nichtelektrischen Kapazität C_N" im einfachsten Fall die folgende Beziehung:

$$J = G_N N \quad \text{und} \quad J = C_N \frac{\mathrm{d}}{\mathrm{d}t} N$$

Ist noch mit Trägheitsphenomenen zu rechnen, so ist es zweckmäßig auch eine „nichtelektrische Induktivität L_N" zu definieren und diese „nichtelektrischen Bauelemente" gegebenenfalls auch als verteilt anzunehmen.

$$N = L_N \frac{\mathrm{d}}{\mathrm{d}t} J$$

Schließlich werden auch unterschiedliche Adsorptions- und Desorptionszeiten durch Einführung von idealen Dioden mit elektrischen Ersatzschaltbildern beschreibbar. Durch Kombination der genannten Bauelemente wird das nichtelektrische Verhalten elektrisch verständlich (siehe Abb. 4.2.) und dadurch mit elektrischen Mitteln im Rahmen der elektronischen Signalverarbeitung korrigierbar.

In der Praxis kommt die hier definierte, für die nichtelektrische Eingangsgröße sensitive Übertragungsfunktion e (d. h. die charakteristische Sensorkonstante) meist nicht isoliert vor, sondern ist noch mit weiteren, von der Eingangsgröße unabhängigen Bauelementen e_0 verknüpft, was aber ebenfalls mit einem nichtelektrisch-elektrischen Ersatzschaltbild beschreibbar ist.

Elektrische Ausgangs-„output"-Seite

Auf der Ausgangsseite eines Sensors (d. h. eines nichtelektrisch-elektrischen Vierpols) befindet sich ein elektrischer Zweipol, der durch eine Kombination der eingangs genannten elektrischen Bauelemente charakterisiert werden kann. Die typischen Fälle hierzu sind in Abb. 4.3. aufgelistet.

Eine komplexere Variante für die elektrische Beschreibung eines Sensors ist das Ersatzschaltbild für einen piezoelektrischen Schwinger, wie er für die Quarzmikrowaage Verwendung findet (siehe Abb. 4.4.). Hier beeinflußt die Massenaufnahme im wesentlichen die Induktivität L und die Dämpfung des umgebenden Mediums denSerienwiderstand R. Sofern die beiden Größen L und R unabhängig voneinander sind, wird zumindest in Grenzen auch eine gewisse Selektivität möglich.

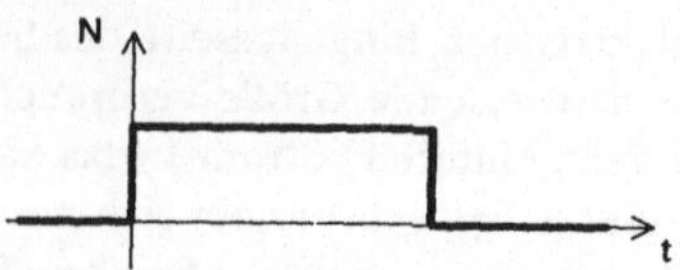

Elektrisches Ausgangssignal E(t)

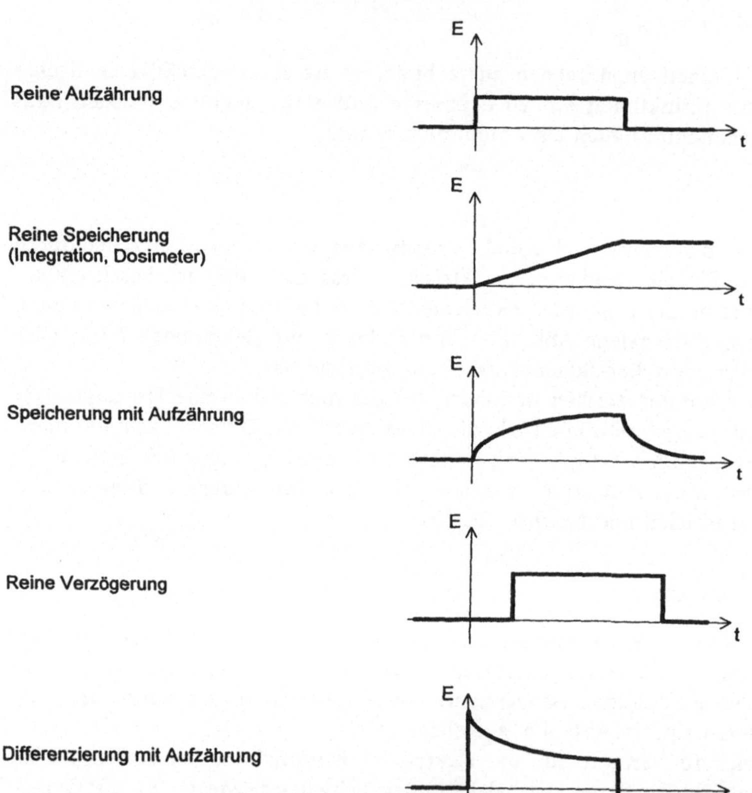

Abb. 4.2. Elektrische Antwort eines Sensors auf ein nichtelektrisches Rechteckimpulseingangssignal

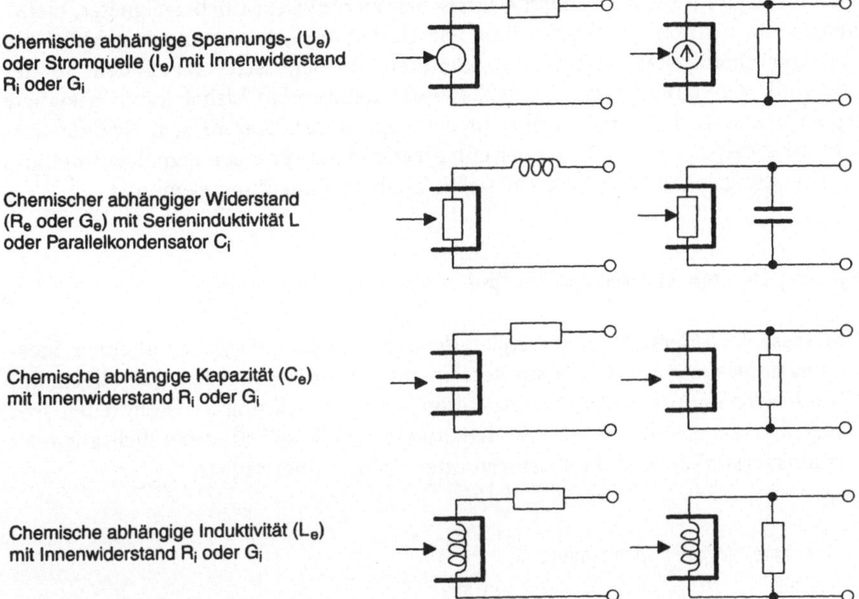

Abb. 4.3. Typische elektrische Ersatzschaltbilder für Sensoren

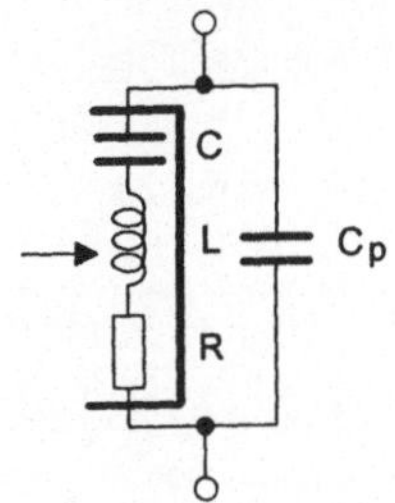

Abb. 4.4. Ersatzschaltbild für einen Schwingquarzsensor

4.2.2
Vierpol als Signalquelle

Eine Reihe von Sensoren haben einen elektrischen Vierpol (wie z. B. Oberflächenwellenstrukturen) als Wandlerelement für nichtelektrische in elektrische Größen. Dabei besteht bereits ein passiver Vierpol aus drei voneinander unabhängigen Elementen, die mit der nichtelektrischen Größe „codiert" sein können. Diese Elemente sind:

- der Eingangswiderstand
- der Ausgangswiderstand (oder der Wellenwiderstand) und
- das Übertragungsverhältnis

Damit wäre rein theoretisch ein elektrischer Vierpol wesentlich geeigneter, mehrdimensionale nichtelektrische Größen, wie sie bei der Anwendung von Multisensoren oder chemischen Sensoren vorkommen, in elektrische abzubilden. In der Praxis sind aber außer dem Oberflächenwellenbauelement bisher kaum geeignete Vierpole bekannt, die dazu wirklich in der Lage wären. Aus diesem Grunde werden Multi-Zweipolsensoren mit einer entsprechend aufwendigen Signalverarbeitung (d. h. Schaltungstechnik) in Zukunft sicher noch an Bedeutung gewinnen.

4.3.
Schaltung für den sensitiven Zweipol

Im Interesse der Übersichtlichkeit sollen die Schaltungen auf solche mit einem idealen Operationsverstärker als Verstärkerelement beschränkt werden. Die allgemeine Gültigkeit wird dadurch nicht beeinträchtigt. Unter Beachtung der Kenndaten sind sie nach den Regeln der bekannten Schaltungstechnik selbstverständlich auf reale Operationsverstärker bzw. Transistoren oder Röhren übertragbar.

4.3.1
Signalaufnahme von einer Spannungsquelle

Der einfachste Fall eines Sensorelementes ist der einer Spannungsquelle U mit Innenwiderstand R_i. Für die Signalaufnahme eignen sich sowohl der Elektrometer – als auch der Umkehrverstärker (Abb. 4.5. und 4.6.).

Signalaufnahme mit dem Elektrometerverstärker

Dabei ergeben sich folgende Beziehungen:

Ausgangsspannung U_a:

$$U_a = \frac{R_1 + R_2}{R_1} \cdot U$$

Ausgangswiderstand R_a:

$$R_a = \frac{r_a(R_1 + R_2)}{v R_1}$$

Dabei ist: r_a der nominelle Ausgangswiderstand des Operationsverstärkers und
              v die Leerlaufverstärkung des Operationsverstärkers.

Vorteil der Elektrometerschaltung ist, daß der Innenwiderstand des Sensors R_i, vorausgesetzt er ist klein gegenüber dem Eingangswiderstand r_e des Operationsverstärkers, nicht in das Ergebnis eingeht und damit seine eventuellen Schwankungen vernachlässigt werden können.

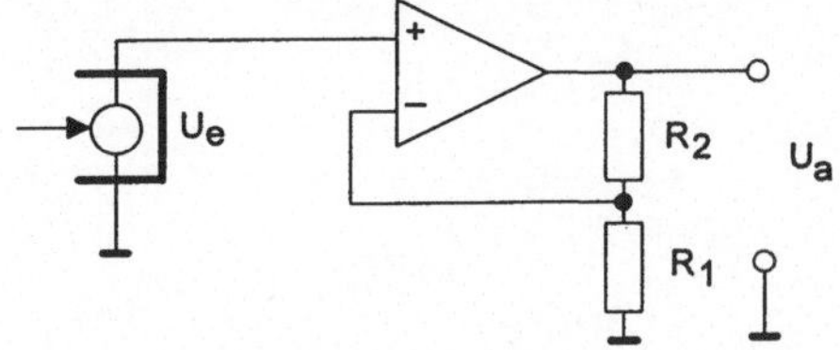

Abb. 4.5. Signalaufnahme von einer Spannungsquelle mit dem Elektrometerverstärker

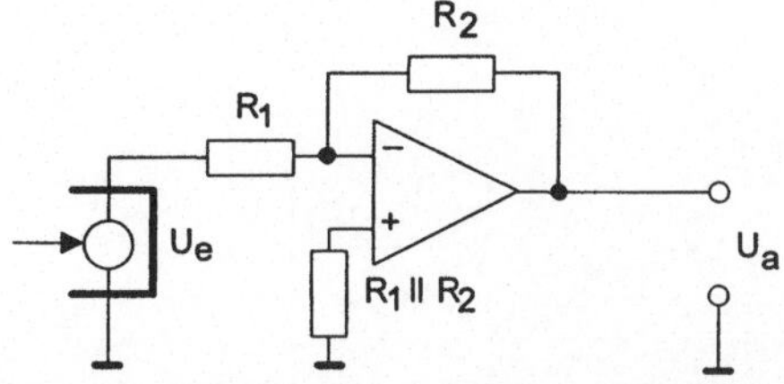

Abb. 4.6. Signalaufnahme von einer Spannungsquelle mit dem Umkehrverstärker

Signalaufnahme mit dem Umkehrverstärker

Dabei ergeben sich folgende Beziehungen:

Ausgangsspannung U_a:

$$U_a = -\frac{R_2}{R_1} \cdot U$$

Ausgangswiderstand R_a:

$$R_a = \frac{r_a R_2}{v R_1}$$

Dabei ist: r_a der nominelle Ausgangswiderstand des Operationsverstärkers und
          v die Leerlaufverstärkung des Operationsverstärkers.

Vorteil der Umkehrschaltung ist, daß der Eingangsruhestrom des Operationsverstärkers kompensiert und damit sein Einfluß vernachlässigt werden kann. Auch hat diese Schaltung eine geringere Schwingneigung.

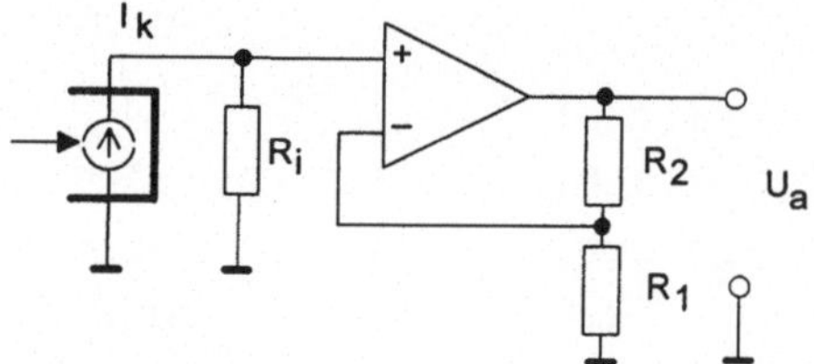

Abb. 4.7. Signalaufnahme von einer Stromquelle mit dem Elektrometerverstärker

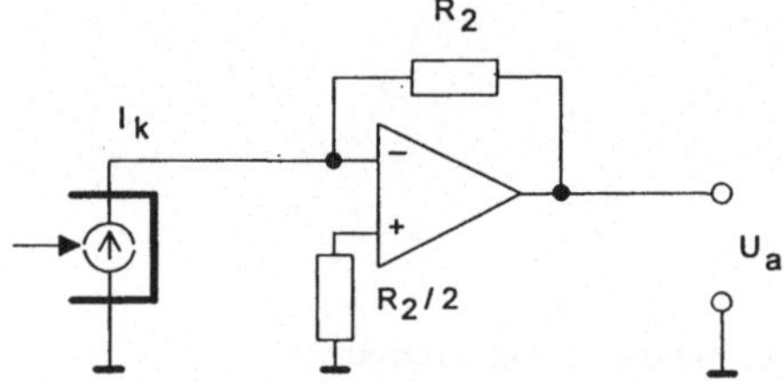

Abb. 4.8. Signalaufnahme von einer Stromquelle mit dem Umkehrverstärker

4.3.2
Signalaufnahme von einer Stromquelle

Ein ebenso einfacher Fall eines Sensorelementes ist der einer Stromquelle I mit Innenwiderstand R_i. Für die Signalaufnahme eignen sich sowohl der Elektrometer – als auch der Umkehrverstärker (Abb. 4.7. und 4.8.).

Signalaufnahme mit dem Elektrometerverstärker

Dabei ergeben sich folgende Beziehungen:

Ausgangsspannung U_a:

$$U_a = \frac{R_i(R_1 + R_2)}{R_1} \cdot I$$

Ausgangswiderstand R_a:

$$R_a = \frac{r_a(R_1 + R_2)}{v R_1}$$

Dabei ist: r_a der nominelle Ausgangswiderstand des Operationsverstärkers und
v die Leerlaufverstärkung des Operationsverstärkers.

Signalaufnahme mit dem Umkehrverstärker

Dabei ergeben sich folgende Beziehungen:

Ausgangsspannung U_a:

$$U_a = -R_2 \cdot I$$

Ausgangswiderstand R_a:

$$R_a = \frac{r_a + R_2}{v R_1}$$

Dabei ist: r_a der nominelle Ausgangswiderstand des Operationsverstärkers und
v die Leerlaufverstärkung des Operationsverstärkers.

Vorteil der Umkehrschaltung ist, daß der Innenwiderstand des Sensors R_i, vorausgesetzt er ist groß gegenüber dem Rückkopplungswiderstand R_2 des Operationsverstärkers, nicht in das Ergebnis eingeht und damit seine eventuellen Schwankungen vernachlässigt werden können. Hinzu kommt die Möglichkeit, den Eingangsruhestrom des Operationsverstärkers zu kompensieren und damit seinen Einfluß ebenfalls weitgehend zu eliminieren.

4.3.3
Signalaufnahme von einem Widerstand

Ist das Sensorelement, d. h. die Signalquelle ein sensitiver Widerstand R, so ist es am zweckmäßigsten, ihn im Rückkopplungszweig des Operationsverstärkers anzuordnen (siehe Abb. 4.9. und 4.10.). In diesem Fall ist die Ausgangsgröße proportional zum Widerstand R_2. Auch der Widerstand R_1 kann als Signalquelle verwendet werden. Hier ist die Ausgangsgröße beim Umkehrverstärker proportional zu seinem

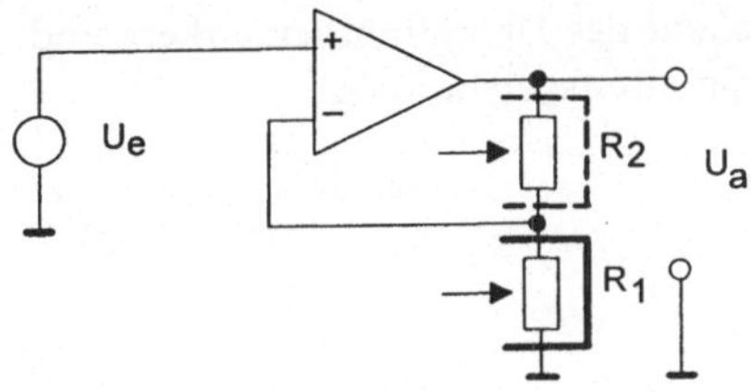

Abb. 4.9. Signalaufnahme von einem Widerstand mit dem Elektrometerverstärker

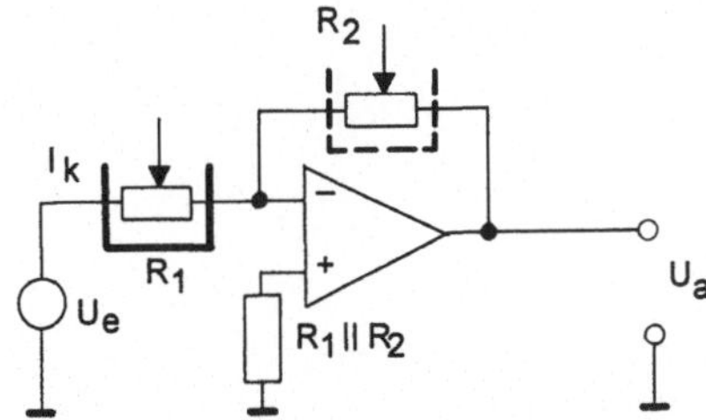

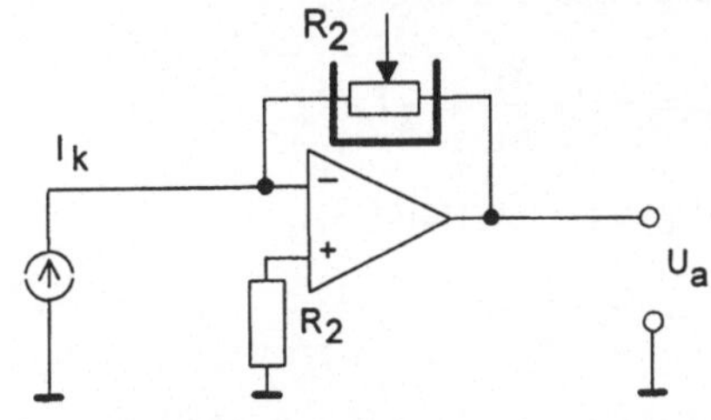

Abb. 4.10. Signalaufnahme von einem Widerstand mit dem Umkehrverstärker

Leitwert. Dabei hat diese Schaltung den besonderen Vorteil, daß hier der sensitive Widerstand mit einem Anschluß auf Erdpotential gelegt werden kann und damit Störeinflüsse zu vermindern sind.

In beiden Fällen ist der Operationsverstärkereingang mit einer Konstantspannungs- (U) oder -stromquelle (I) zu versorgen. Sie kann sowohl eine Gleich- als auch eine Wechselspannung oder -strom abgeben. Der Vorteil der Wechselquelle ist das leichtere Vermeiden eines „off-set drifts". Dem stehen allerdings die größeren Schwierigkeiten bei seiner genauen Erzeugung gegenüber.

Die Einflüsse von frequenzabhängigen Bauelementen sind ebenfalls nicht vernachlässigbar. Die genauesten Ergebnisse werden noch erhalten, wenn die Spannungsteilerwiderstände R_1 und R_2 gleichgroß ausgeführt werden. Unerwünschte Induktivitäten und Kapazitäten können auf diesem Wege leichter kompensiert werden.

Signalaufnahme mit dem Elektrometerverstärker

Der sensitive Widerstand kann sowohl an der Position R_1 als auch R_2 angeordnet sein, wobei die Position R_1 den Vorteil der günstigeren Potentialverhältnisse gegenüber Störsignalen aber den Nachteil der ungünstigeren Charakteristik hat.

Dabei ergeben sich folgende Beziehungen (wie bei Abschn. 4.3.1):

Ausgangsspannung U_a:

$$U_a = U \cdot \frac{R_1 + R_2}{R_1}$$

Ausgangswiderstand R_a:

$$R_a = \frac{r_a}{v} \cdot \frac{R_1 + R_2}{R_1}$$

Dabei ist: r_a der nominelle Ausgangswiderstand des Operationsverstärkers und
v die Leerlaufverstärkung des Operationsverstärkers.

Signalaufnahme mit dem Umkehrverstärker

Dabei ergeben sich folgende Beziehungen:

Ausgangsspannung U_a:

$$U_a = -U \cdot \frac{R_2}{R_1} = -I \cdot R_2$$

Ausgangswiderstand R_a:

$$R_a = \frac{r_a}{v} \cdot \frac{R_2}{R_1}$$

Dabei ist: r_a der nominelle Ausgangswiderstand des OPs und
v die Leerlaufverstärkung des OPs.

Einfluß von Störinduktivitäten und -kapazitäten

Sowohl bei Wechselstromversorgung als auch bei Gleichstrom, wenn eine entsprechend hohe Frequenz des nachzuweisenden Signals verarbeitet werden soll, sind die zu Sensorwiderstand R_n parallelen und seriellen Störkapazitäten C_n und Störinduktivitäten L_n zu kompensieren. Hierfür gilt:

$$\frac{R_1}{R_2} = \frac{L_1}{L_2} = \frac{C_2}{C_1}$$

Die Grenz- (ω_g) und die Resonanzfrequenz (ω_r) der Schaltung stellen eine Grenze für die Signalverarbeitung dar. Sie sollte nicht erreicht werden und ergibt sich aus den Komponenten

$$\omega_g = \frac{1}{CR} = \frac{R}{L} \quad \text{und} \quad \omega_r = \frac{1}{\sqrt{LC}}$$

4.3.4
Signalaufnahme von einer Kapazität

Ist das Sensorelement eine Kapazität C (d. h. der Sensor ein kapazitiver Wandler), so kann dieselbe Schaltung, wie bei einem Widerstand Verwendung finden (siehe Abb. 4.11. und 4.12.). Nur die Quelle muß eine Wechselspannung bzw. -strom abgeben und dabei eine so hohe Frequenz haben, daß auch ein ausreichender Strom durch das Sensorelement fließen kann. Ebenso wie bei dem Widerstand ist es zweckmäßig, den Meß- und den Vergleichskondensator möglichst gleich zu gestalten.

Wie bei dem sensitiven Widerstand stellen auch hier die Grenz- und die Resonanzfrequenz eine Grenze für die Signalverarbeitung dar. Sie sollte nicht erreicht werden. Ihr Wert ergibt sich aus der Kapazität C und den Störkomponenten R und L, wie in Abschn. 4.3.3 bereits beschrieben.

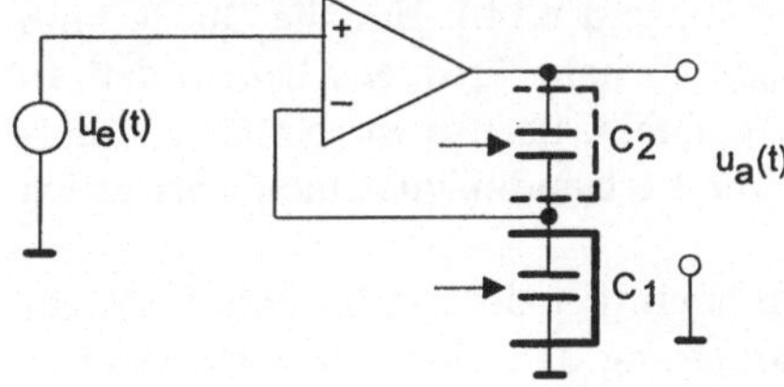

Abb. 4.11. Signalaufnahme von einer Kapazität mit dem Elektrometerverstärker

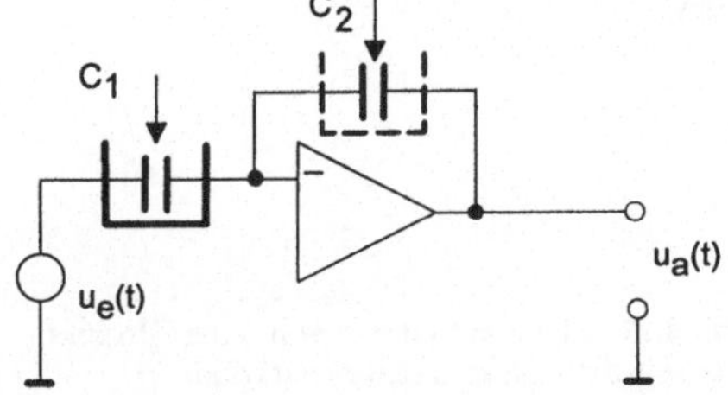

Abb. 4.12. Signlaufnahme von einer Kapazität mit dem Umkehrverstärker

Signalaufnahme mit dem Elektrometerverstärker

Dabei ergeben sich folgende Beziehungen:

Ausgangsspannung $u_a(t)$:

$$u_a(t) = u(t) \cdot \frac{C_1 + C_2}{C_2}$$

Ausgangswiderstand R_a:

$$R_a = \frac{r_a}{v} \cdot \frac{C_1 + C_2}{C_2}$$

Dabei ist: r_a der nominelle Ausgangswiderstand des Operationsverstärkers und
v die Leerlaufverstärkung des Operationsverstärkers.

Signalaufnahme mit dem Umkehrverstärker

Ausgangsspannung $u_a(t)$:

$$u_a(t) = -u(t) \cdot \frac{C_1}{C_2}$$

Ausgangswiderstand R_a:

$$R_a = \frac{r_a}{v} \cdot \frac{C_1}{C_2}$$

Dabei ist: r_a der nominelle Ausgangswiderstand des Operationsverstärkers und
v die Leerlaufverstärkung des Operationsverstärkers.

4.3.5
Signalaufnahme von einer Induktivität

Ist das Sensorelement eine Induktivität L, so kann dieselbe Schaltung, wie bei einem
Widerstand Verwendung finden (siehe Abb. 4.13. und 4.14.). Nur die Quelle muß
eine Wechselspannung abgeben und dabei eine so hohe Frequenz haben, daß an
den Induktiviäten eine ausreichende Spannung abfällt. Ebenso wie bei dem Widerstand ist es zweckmäßig, die Meß- und die Vergleichsindukivität möglichst gleich
zu gestalten.

Wie bei dem sensitiven Widerstand stellen auch hier die Grenz- und die Resonanzfrequenz eine Grenze für die Signalverarbeitung dar. Sie sollte nicht erreicht
werden. Ihr Wert ergibt sich aus der Induktivität L und den Störkomponenten R
und C, wie in Abschn. 4.3.3 bereits beschrieben.

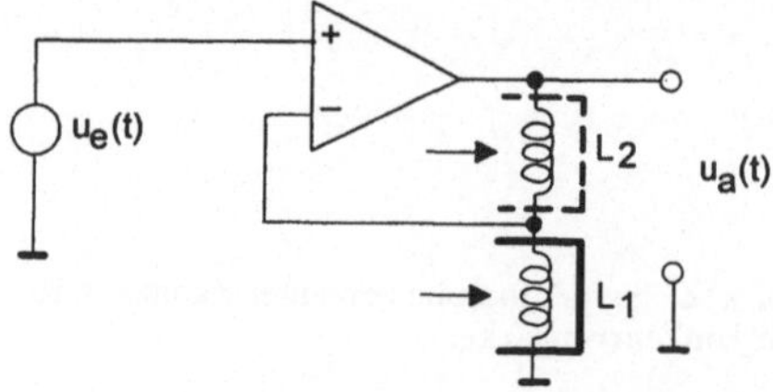

Abb. 4.13. Signalaufnahme von einer Induktivität mit dem Elektrometerverstärker

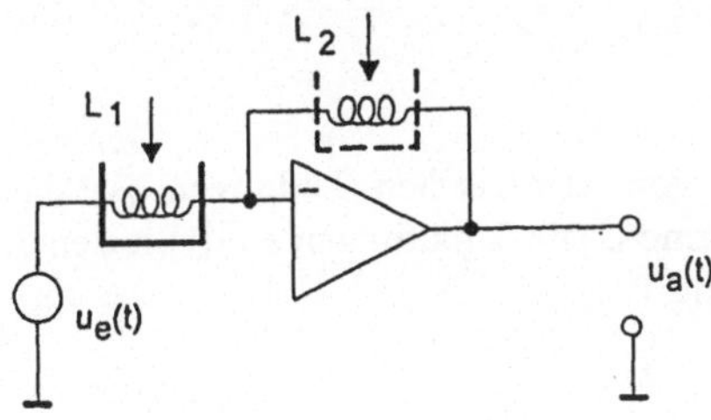

Abb. 4.14. Signalaufnahme von einer Induktivität mit dem Umkehrverstärker

Signalaufnahme mit dem Elektrometerverstärker

Dabei ergeben sich folgende Beziehungen:

Ausgangsspannung $u_a(t)$:

$$u_a(t) = u(t) \cdot \frac{L_1 + L_2}{L_1}$$

Ausgangswiderstand R_a:

$$R_a = \frac{r_a}{v} \cdot \frac{L_1 + L_2}{L_1}$$

Dabei ist: r_a der nominelle Ausgangswiderstand des Operationsverstärkers und
v die Leerlaufverstärkung des Operationsverstärkers.

Signalaufnahme mit dem Umkehrverstärker

Dabei ergeben sich folgende Beziehungen:

Ausgangsspannung $u_a(t)$:

$$u_a(t) = -u \cdot \frac{L_2}{L_1}$$

Ausgangswiderstand R_a:

$$R_a = \frac{r_a}{v} \cdot \frac{L_2}{L_1}$$

Dabei ist: r_a der nominelle Ausgangswiderstand des Operationsverstärkers und
v die Leerlaufverstärkung des Operationsverstärkers.

4.3.6
Integrierende Signalaufnahme

Bei der Messung von Magnetflüssen bzw. von elektrischen Ladungen ist das Spannungs- bzw. Stom-Zeit-Integral zu bestimmen. Die Schaltungen sind mit denen für die Spannungs- bzw. Stromquelle verwandt.

Bestimmung des Spannungs-Zeit-Integrals

Beim Elektrometerverstärker ergibt sich die folgende Ausgangsspannung:

$$U_a = \frac{1}{RC} \int u(t)\mathrm{d}t - u(t)$$

Beim Umkehrverstärker ergibt sich die folgende Ausgangsspannung:

$$U_a = -\frac{1}{RC} \int u(t)\mathrm{d}t$$

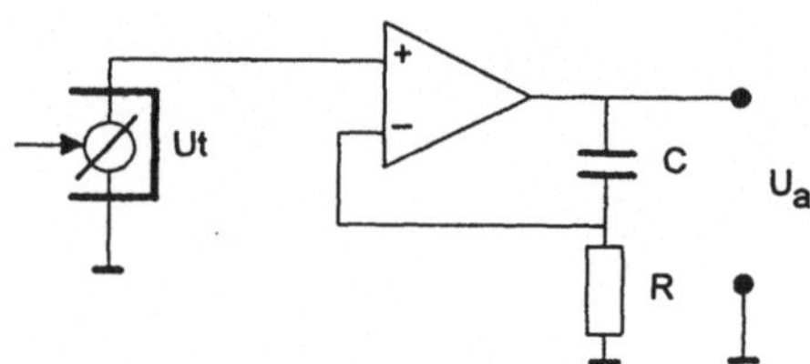

Abb. 4.15. Signalableitung einer Spannungs-Zeit-Quelle mit dem Elektrometerverstärker

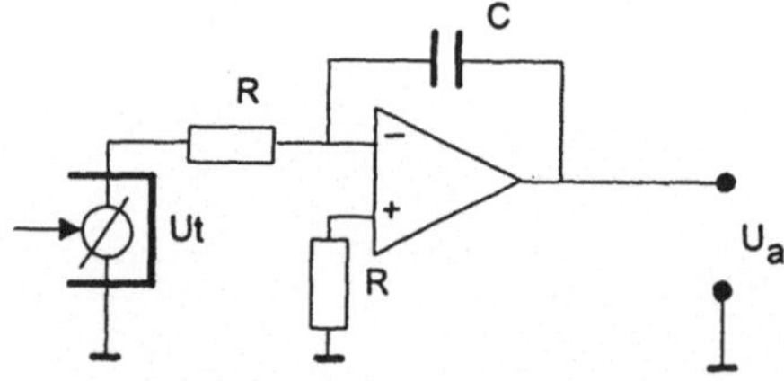

Abb. 4.16. Signalableitung einer Spannungs-Zeit-Quelle mit dem Umkehrverstärker

Bestimmung des Strom-Zeit-Integrals (= Ladung)

Beim Elektrometerverstärker ergibt sich die folgende Ausgangsspannung:

$$U_a = \frac{R_1 + R_2}{R_1 C} \int i(t)\mathrm{d}t$$

Beim Umkehrverstärker ergibt sich die folgende Ausgangsspannung:

$$U_a = -\frac{1}{C} \int i(t)\mathrm{d}t$$

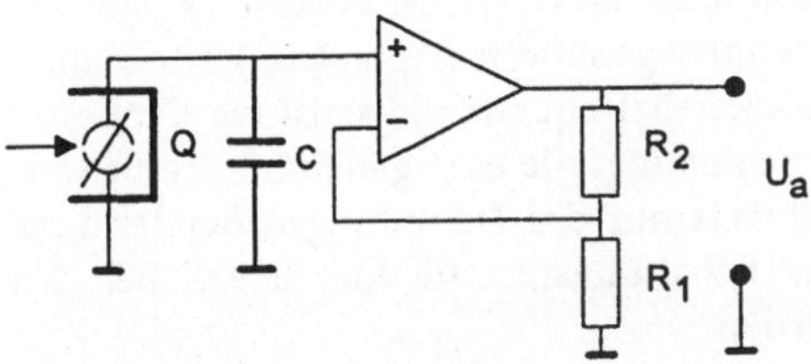

Abb. 4.17. Signalableitung einer Strom-Zeit-(=Ladungs-)Quelle mit dem Elektrometerverstärker

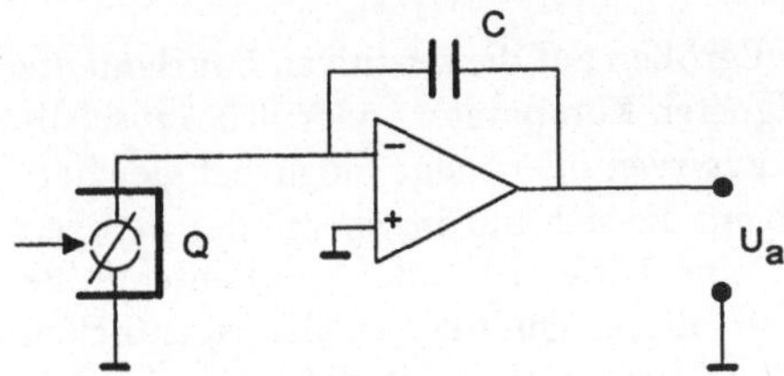

Abb. 4.18. Signalableitung einer Strom-Zeit-(=Ladungs-)Quelle mit dem Umkehrverstärker

4.3.7
Differenzierende Signalaufnahme

Zur differenzierenden Signalaufnahme kann sinngemäß die Schaltungstechnik von Abschn. 4.3.6 übertragen werden. Das gleiche gilt für den Einsatz von nichtlinearen Bauelementen, mit denen nichtlinear anfallende Größen korrigiert werden können.

4.3.8
Signalaufnahme von R-, C- und L-Kombinationen

Bei Sensorelementen mit ausgeprägter Resonanzcharakteristik erweist es sich am zweckmäßigsten einen rückgekoppelten Frequenzgenerator (Abb. 4.19.) zur Signalauswertung heranzuziehen. Ist dabei die Resonanzfrequenz die sensitive Größe, so erfolgt der Nachweis über die Frequenzverschiebung, die sehr genau bestimmt werden kann. Ändert sich dagegen beim Nachweis nur der Dämpfungswiderstand, so ist nach der Signalhöhe auszuwerten. Die Schaltungstechnik hierzu soll bei den Vierpolen in Abschnitt 4.4.3 behandelt werden.

4.3.9
Komparator- und Brückenschaltungen

Immer wenn es darum geht, störende Einflußgrößen auf die sensitiven Bauelemente auszuscheiden, ist es zweckmäßig nach geeigneten Komparator- oder Brückenschaltungen zu suchen. Sie bestehen im Prinzip aus zwei oder mehr möglichst gleichartigen Sensorelementen oder Sensorschaltungen, die sich nur in einem oder wenigen Merkmalen unterscheiden und von denen eine Differenz- oder Quotientengröße abgeleitet wird. Je näher diese Differenz bzw. dieser Quotient an der eigentlichen Meßgröße gebildet wird, um so größer ist die Wahrscheinlichkeit, daß unerwünschte Störgrößen ausgeschaltet werden können.

Am nächsten ist man, wenn hierfür identische, sensitive Bauelemente verwendet werden und sich der Unterschied nur darauf beschränkt, daß dem Referenzbauelement die nachzuweisende Größe nicht angeboten wird. Damit ergäben sich die folgenden Schaltungen (siehe Abb. 4.20.):

Wegen der hohen Leerlaufverstärkung des Operationsverstärkers sprechen die beiden Schaltungen auf sehr kleine Spannungsdifferenzen an. Sie eignen sich daher

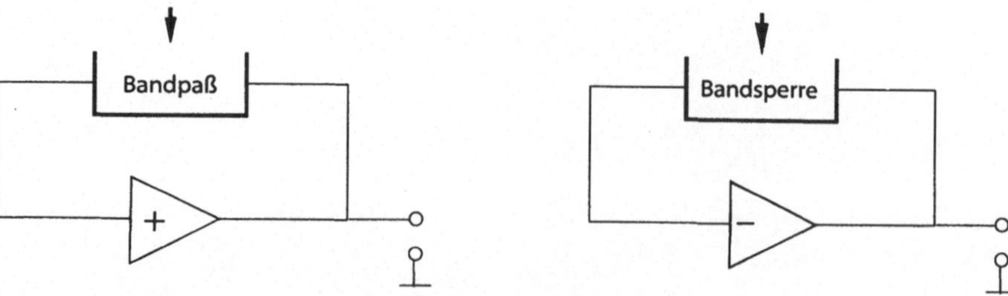

Abb. 4.19. Rückgekoppelter Frequenzgenerator

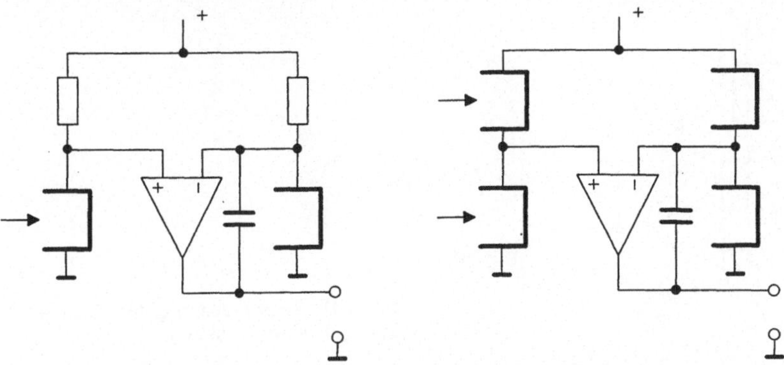

Abb. 4.20. Prinzip von Komparator- und Brückenschaltungen

sehr zum Vergleich zweier Spannungen mit sehr hoher Präzision. Andernfalls muß die Verstärkung mit einer üblichen Gegenkopplung herabgesetzt werden.

4.4.
Schaltungen für den sensitiven Vierpol

Die vorgestellten Schaltungen sollen hier auf Die Schaltungstechniks beschränkt werden, sie sind aber prinzipiell auf alle vergleichbaren Verstärkerelemente übertragbar.

4.4.1
Signalaufnahme von spannungsgesteuerter Stromquelle

Der einfachste Fall eines sensitiven Vierpols ist ein (nichtelektrisch) sensitiver Feldeffekttransistor (FET). Er ist im Prinzip ein FET, dessen (elektrische) U_G/I_{DS}-Kennlinie sich durch eine nichtelektrische Größe verändern, z. B. verschieben oder abflachen läßt.

Ein Beispiel dafür ist der „Chemical Sensitive Fieldeffect Transistor (CEMFET)" mit seinen verschiedenen davon abgeleiteten Ausführungsformen, etwa dem „Suspended Gate FET (SGFET)". Er besteht bereits aus zwei integrierten, aber funktionell durchaus noch unterscheidbaren Bauelementen: aus einer chemisch sensitiven Spannungsquelle und aus einem nachgeschaltetem Feldeffekttransistor. Die externe Gate-Spannung liegt in Serie zu dieser chemisch gesteuerten Spannungsquelle (s. Abb. 4.21.).

Da der Ausgang des sensitiven FET als eine Stromquelle angesehen werden kann, liegt es nahe, mit einem Strom-Spannungs-Wandler entsprechend Abschn. 4.3.2 eine

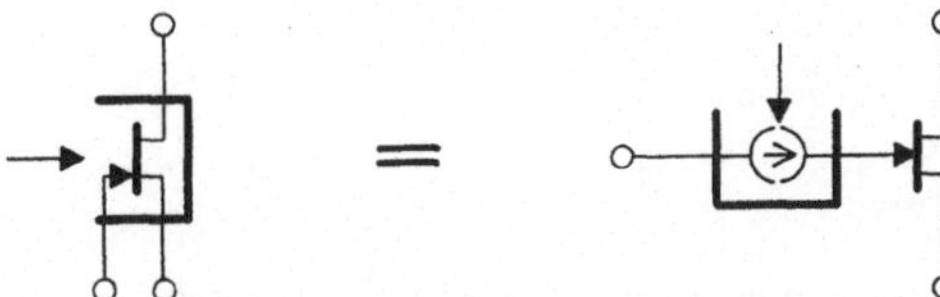

Abb. 4.21. Prinzip eines nichtelektrisch sensitiven Feldeffekt-Transistors

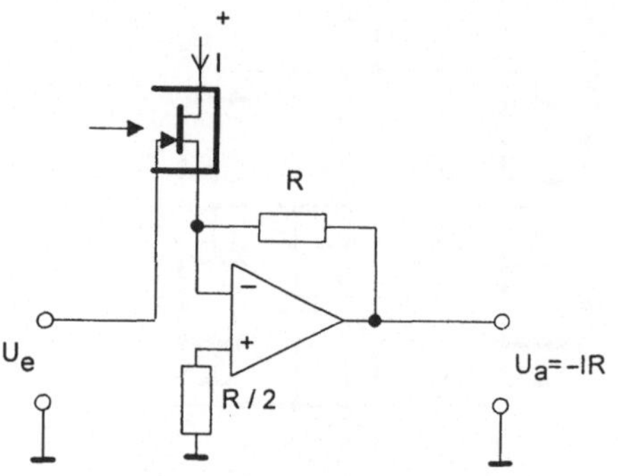

Abb. 4.22. Prinzipschaltung für einen sensitiven Feldeffekt-Transistor

geeignete Ausgangsspannung abzugreifen (siehe Abb. 4.22.). Der Eingang erhält eine Konstantspannung, mit der der günstigste Arbeitsbereich auf der Kennlinie festgelegt wird.

Am zweckmäßigsten ist es jedoch, die am Operationsverstärker erhaltene Spannung in einem Komparator mit einer Sollspannung zu vergleichen und damit den sensitiven FET so gegenzukoppeln, daß er immer in dem gleichen Arbeitspunkt betrieben wird (siehe Abb. 4.23.). Die Änderung der Gegenkopplungsspannung ist dann ein Maß für die Potentialänderung an dem Eingang (gate) der chemisch sensitiven Stromquelle. Das Prinzip kann selbstverständlich auf jede andere nachzuweisende nichtelektrische Eingagsgröße übertragen werden

Wie immer, wenn es darum geht, die nicht erwünschten Eigenschaften eines sensitiven Elementes zu kompensieren, ist es zweckmäßig, das Sensorelement mit einem nicht sensitiven zu vergleichen, das im übrigen möglichst die gleichen Eigenschaften haben soll. Am nächsten kommt man dieser Forderung, wenn man in einem Komparator- oder Brückenvergleich ein baugleiches Sensorelement verwendet, das lediglich nur der nachzuweisenden Größe nicht ausgesetzt wird (siehe Abb. 4.24.).

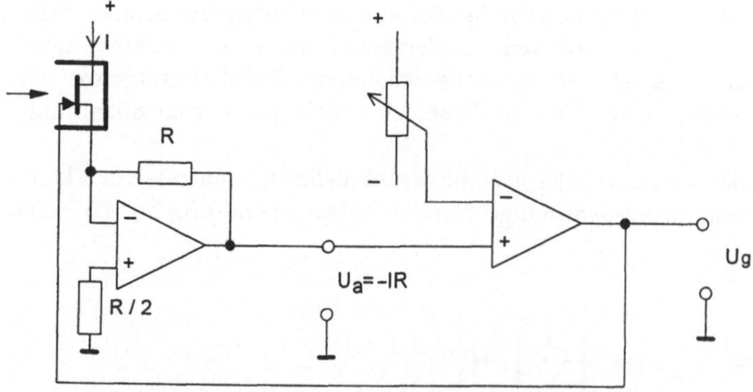

Abb. 4.23. Signalaufnahme von einer sensitiven, spannungsgesteuerten Vierpol-Stromquelle

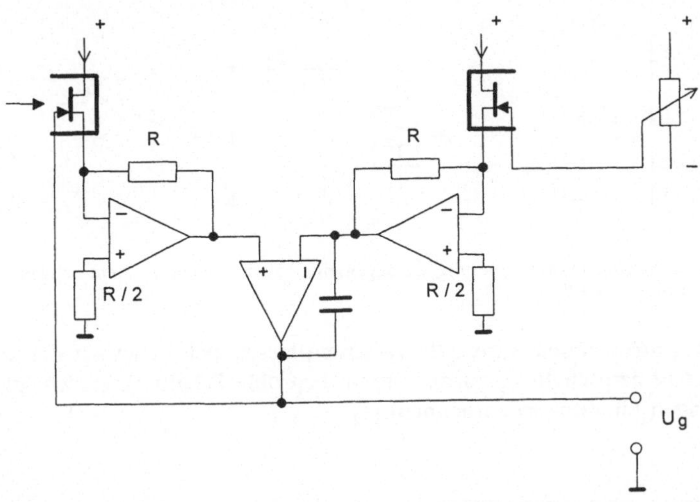

Abb. 4.24. Signalaufnahme von einem sensitivem FET in einer Vergleichsschaltung mit einem nicht-sensitivem Bauelement

4.4.2
Signalaufnahme von stromgesteuerter Stromquelle

Vergleichbar zu der spannungsgesteuerten Stomquelle gibt es auch einen strom-gesteuerten sensitiven Vierpol, den „sensitiven Bipolar-Transistor". Er besteht im Prinzip aus zwei integrierten, aber funktionell ebenfalls unterscheidbaren Bauele-menten, aus einer sensitiven Stromquelle und aus einem nachgeschalteten Bipolar-Transistor. Der externe elektrische Steuerstrom liegt parallel zu dieser nichtelektrisch gesteuerten Stromquelle (siehe Abb. 4.25.).
Die Schaltungstechnik ist der der spannungsgesteuerten Stromquelle vergleichbar (siehe Absch. 4.4.1). Lediglich der Umgang mit den Steuerströmen ist nicht so be-quem, wie mit Spannungen.

4.4.3
Signalaufnahme von passiven RC- und RCL Netzwerken

In der Praxis kommen hierfür RC-Bandfilter oder -Bandsperren und LC-Resonanz-kreise, wie Schwingquarze oder Metelldetektor-Suchspulen, in Frage. Für die Signal-auswertung wird ein Verstärker rück- bzw. gegengekoppelt, wobei das Netzwerk mit Filtercharakteristik im Rückkopplungszweig, das mit Sperrcharakteristik dagegen im

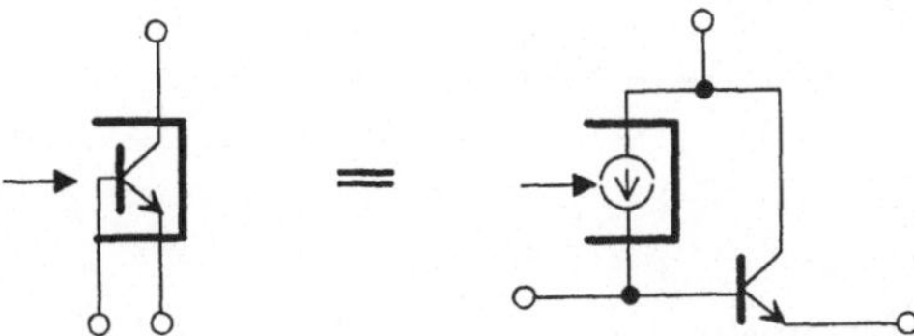

Abb. 4.25. Prinzip eines nichtelektrisch sensitiven Bipolar-Transistors

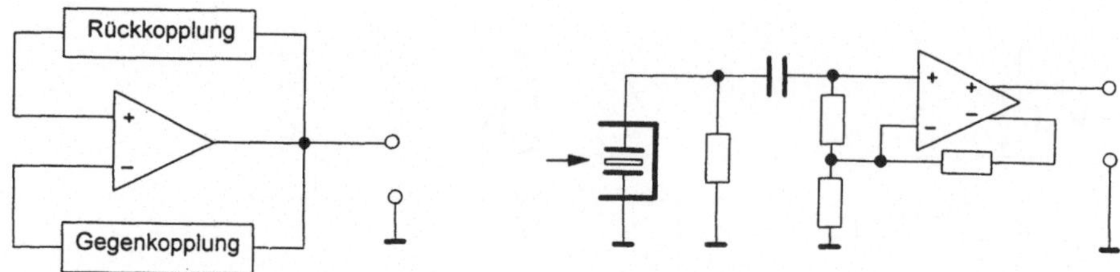

Abb. 4.26. Prinzip einer Signalgeneratorschaltung, in allgemeiner Form und mit einem Schwingquarz als frequenzbestimmendes Glied

Gegenkopplungsweg anzuordnen wäre. Alle Varianten lassen sich dabei auf die in Abb. 4.26. gezeigte Prinzipschaltung zurückführen. Erprobte Schaltungsvorschläge sind der einschlägigen Literatur zu entnehmen [1].

4.4.4
Signalaufnahme von passiven Verzögerungsgliedern

Typische Vertreter passiver Verzögerungsglieder sind alle Vierpol-Übertragungselemente, wie das Oberflächenwellenbauelement. Für die Signalauswertung ist es hierbei zweckmäßig eine Schaltung zu wählen, bei der das Augangssignal auf den Eingang des Vierpols rückgekoppelt wird (siehe Abb. 4.27.). Dabei stellt sich eine Resonanzfrequenz ein, die am besten die Resonanzbedingung erfüllt (Verstärkung über 1, Phase um 180° gedreht). Besonders kritisch ist die Ankoppelung an das Verzögerungsglied. Gegebenenfalls ist die Anpassung durch Transformationsglieder herbeizuführen.

Eine Besonderheit der angegebenen Schaltung [2] besteht noch darin, daß neben der Resonanzfrequenz, die eine Aussage über die Signallaufzeit im Bauele-

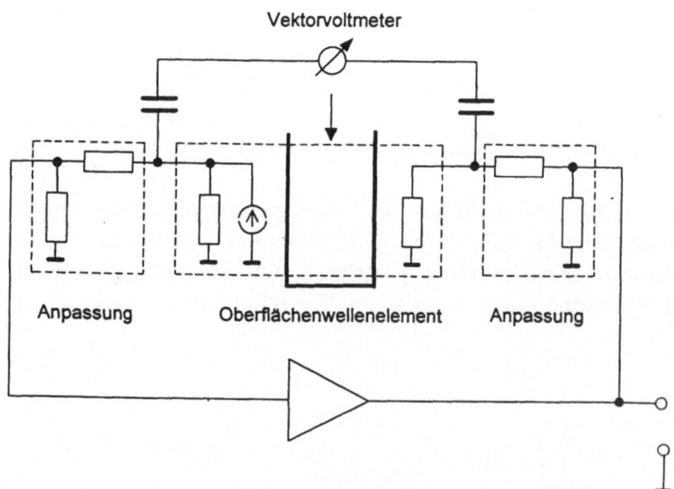

Abb. 4.27. Prinzipschaltbild für Oberflächenwellen-Bauelemente

ment macht, auch die Signaldämpfung abgefragt werden kann. Damit wird es
möglich, z. B. bei Flüssigkeiten Dichte und Viskosität gleichzeitig zu bestimmen.
Die Signaldämpfung wird am Vektorvoltmeter zwischen Eingang und Ausgang des
Oberflächenwellenbauelements abgenommen.

4.5.
Schaltungen für die Signalauswertung

Die Signale von mehreren Sensoren können grundsätzlich zeitversetzt oder frequenz-
versetzt überlagert (Zeitmultiplex bzw. Frequenzmultiplex) werden, wenn sie nicht
auf getrennten Leitungen anliegen und unmittelbar, wie in einer Komparatorschal-
tung (siehe Abschn. 4.3.9), verrechnet werden sollen. Aus der Kombination von Zeit
und Frequenz ergeben sich eine nahezu unbegrenzte Vielfalt von weiteren Möglichkeiten des Multiplexens, von denen hier nur das Folgende angedeutet werden soll.

4.5.1
Zeitmultiplex

Bei dem zeitlichen Versetzen der Sensorsignale werden die einzelnen Sensoren nacheinander mit einem Schaltalgorithmus abgefragt. Dabei können die Sensoren entweder ständig getrennt einen (zentralen) Schalter zum Abruf anliegen oder an einer
gemeinsamen Leitung hängen und erst über einen Befehl (an dezentrale Schalter)
aktiviert werden. Die ständig aktiven Sensoren haben den Vorteil der schnellen
Verfügbarkeit, aber den Nachteil eines eventuellen Verbrauchs. Bei den auf Bedarf
zu aktivierenden Sensoren ist dagegen die Einlaufzeit zu berücksichtigen.

In der Praxis haben sich bei unterschiedlichen Multisensorsystemen folgende
Vorgehensweisen bewährt:

Alle Sensoren sind auf gleiches Ausgangssignal und gleichen Signalhub zu bringen, z. B. 0.1 bis 5.0 V

Die Abtastfolgezeit t muß an die maximal zu übertragende Signalfrequenz f
angepaßt sein:

$$t < 1/2f$$

4.5.2
Frequenzmultiplex

Sehr viel mehr Möglichkeiten als das zeitliche Versetzen bietet die Überlagerung
der Sensorinformation, wenn sie frequenzcodiert ist. An dieser Stelle kann nur das
Prinzip angedeutet werden:

So kann man Schwingquarze mit unterschiedlicher Resonanzfrequenz mit geeigneten Koppelgliedern parallel schalten und durch Frequenzwobbeln einzeln abfra-
gen [3]. Sofern die Resonanzfrequenzen vorher bekannt waren, kann aus der Frequenzverschiebung auf die nachzuweisende Information geschlossen werden. Die
Frequenzen müssen gegenüber ihrer Verschiebung nur weit genug auseinander liegen. Dann reicht die Aussage auch zur Sensoridentifikation aus.

Ein anderes Beispiel wären die Anregung von frequenzverschobenen Antworten, wie bei der Dopplerverschiebung, bei der die Frequenzdifferenz mit der zu messenden Geschwindigkeit korreliert. Mit entsprechenden Sensoren können auch andere physikalische Größen abgefragt und ihre Antworten überlagert werden, wie der folgende Abschnitt zeigt.

4.5.3
Impulsfolgemultiplex

Die meisten Möglichkeiten der Informationsüberlagerung bietet die Codierung mit Impulsen, sofern man ausreichend Bandbreite zur Verfügung hat. Dies soll an dem folgenden Beispiel mit Oberflächenwellenbauelementen gezeigt werden: Die entsprechenden Bauelemente bestehen aus einem akustischen Wellenleiter mit einem elektroakustischen Wandler, am einfachsten aus einem piezoelektrischen Kristall mit einer Interdigitalstruktur. Wird dieses Bauelement nun mit einer Signalreflektion ausgestattet, so kann der ausgesandte elektrische Impuls nach der Laufzeit wieder zurückempfangen werden. Für diese Laufzeit gibt es nun eine Reihe von Möglichkeiten der Beeinflussung durch die nachzuweisende Größe, so daß die abzufragende Information in der Impulsfolgezeit enthalten ist. Mit den hier zitierten Multisensor-Beispielen werden die Dehnung [4] und die Temperatur [5] an verschiedenen Orten gemessen.

Literatur

1 U. Tietze, C. Schenk, Halbleiter Schaltungstechnik, Springer Verlag, Heidelberg, 1993
2 Frye, Martin, Dual Output Surface Acoustic Wave Sensors for MolecularIdentification, Sensors and Materials, 2, 4 187–195, 1991
3 Heraeus Firmeninformation
4 Sachs, Funkabfragbare OFW-Verzögerungsleitungen zur Dehnungsmessung, Sensor 95, Nürnberg, Kongressband
5 Schmidt, Sczesny, Reindl, Mágori, Versatile System for Remote SAW Sensor Application, Sensor 95, Nürnberg, Kongressband

5 Bio-Aktivitäts-Sensorik (BAS)

T. HERTEL, M. LEIFHEIT

5.1
Einführung

Eine große Aufgabe unserer Zeit liegt in der ökologischen Umgestaltung unseres Lebens. Dies betrifft nicht nur die Produktion, sondern auch die Konsumtion. Wichtige Schritte in diese Richtung werden maßgeblich von der Grundlagen- und angewandten Forschung mitgetragen und bedeuten für sie eine Herausforderung.

Wesentliche Aspekte sind die Entwicklung abfallarmer Verfahren bzw. das Schaffen geschlossener Kreisläufe. Die Beseitigung von Altlasten stellt hier eine weitere Aufgabe dar.

Bei der Lösung dieser Probleme scheinen biologische Verfahren prädestiniert zu sein. Dabei besitzen besonders mikrobielle Verfahren nicht nur bei der Wertstoffproduktion, sondern auch bei der Schadstoffeliminierung ihre Vorteile.

So erlauben mikrobielle Verfahren bei optimaler Prozeßführung eine komplette Mineralisierung der unterschiedlichen Schadstoffe und damit eine Entfernung aus der Natur. Selbst für persistente Schadstoffe existieren heute Mikroorganismenstämme, die diese abbauen können. Das begründet sich mit der extremen Vielfalt mikrobieller Leistungen.

Dennoch bestehen immer wieder Probleme, diese mikrobiellen Leistungen in der Praxis stabil umzusetzen, da die Vitalität, Aktivität und Produktivität der Mikroorganismen direkt von deren Umgebung beeinflußt werden. Bei einer Verfahrensentwicklung sind deshalb eine Vielzahl unterschiedlicher Verfahrenszustände, die durch die beteiligten Mikroorganismen und deren Bioaktivität wiederum mitgeprägt werden, zu untersuchen.

Für eine noch breitere Anwendung mikrobieller Verfahren bei der Produktion und im Umweltschutz sind die dazu notwendigen Entwicklungsarbeiten in Zukunft zu optimieren. Neben den traditionellen Methoden sind alternative Technologien zu entwickeln.

Dieses Kapitel soll Techniken und Methoden aufzeigen, wie mikrobielle Systeme in ihren Eigenschaften und veränderlichen Zuständen zu analysieren sind.

5.2
Gemeinsamkeiten und Abgrenzung zu Biosensoren

Als CLARK und LYSONS 1962 [4] publizierten, daß sie mit der vor einer Sauerstoffelektrode immobilisierten Glucoseoxidase den Blutzuckergehalt bestimmen konnten,
schlug die Geburtstsunde der Biosensoren. Damit wurde erreicht, daß das Enzym
nicht nur einmal für eine Messung, wie es bei den bekannten Blutzuckerteststreifen
der Fall ist, zur Verfügung steht, sondern wiederholt eingesetzt werden kann. Das
typische dieser damit entstandenen Biosensoren ist die enge räumliche Anordnung
einer biologisch aktiven Verbindung und eines Signalwandlers.

5.2.1
Begriffe

Biosensoren

Nach der Definition sind Biosensoren Anordnungen, die biologisch-sensitive Materialien zur direkten quantitativen Bestimmung biologischer oder chemischer Verbindungen ohne komplexe Probenvorbehandlung nutzen. Dies wird durch die hohe
Spezifität, Sensitivität und Selektivität der eingesetzten Biomoleküle erreicht. Die in
einem Biosensor prinzipiell ablaufenden Vorgänge sind in Abb. 5.1. dargestellt.

Diesen Gesamtvorgang kann man untergliedern. Zuerst findet eine spezifische
und reversible Bindung des Analyten am Rezeptor statt. Bei katalytisch aktiven
Biomolekülen wird der Analyt umgesetzt. Diese Vorgänge bewirken (zweitens) eine
Veränderung physikalischer oder chemischer Parameter. Der Transducer wandelt
(drittens) diese Veränderung in ein elektrisches Signal um. Nach einer Verstärkung
(viertens) kann das elektrische Signal letztendlich detektiert und registriert werden.

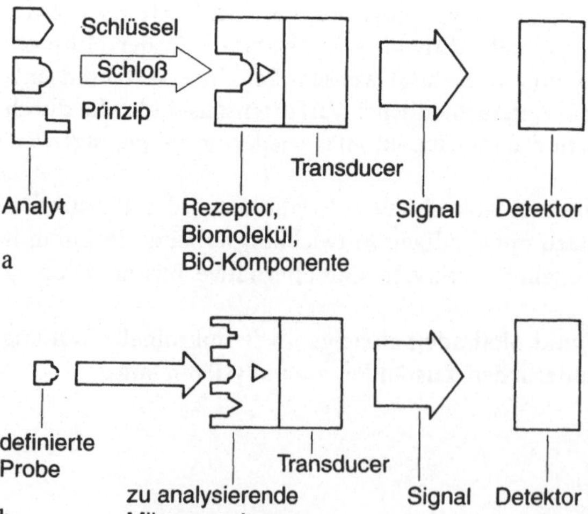

Abb. 5.1. Funktionsschema von (a)
Biosensoren und (b) Bio-Aktivitäts-
Sensoren (siehe auch S.129)

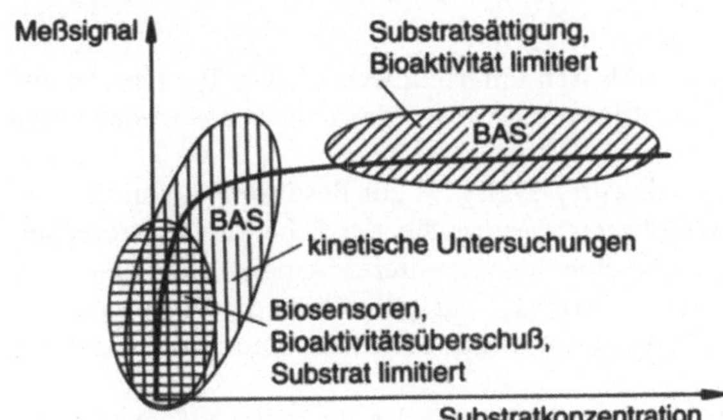

Abb. 5.2. Michaelis-Menten-Auftragung mit den Arbeitsbereichen für Biosensoren und Bio-Aktivitäts-Sensoren

Existiert eine ausreichende lineare Beziehung zwischen dem Signal und der Analytkonzentration, dann stellt das den Meßbereich dar (Abb. 5.2.). Wie spezifisch und wie sensitiv der Biosensor ist, wird maßgeblich von der verwendeten Biokomponente bestimmt (Tabelle 5.1.). Dabei beeinflußt die Affinität der Biokomponente den Meßbereich, obwohl mit verschiedenen Verfahren dieser Meßbereich verschoben werden kann. Die höchste Empfindlichkeit wird gegenwärtig durch den Einsatz von Antikörpern erreicht. Die geringste Selektivität besitzen komplexe biologische Systeme, z. B. Mikroorganismen.

Da die von der biologischen Komponente bewirkten physikalischen oder chemischen Veränderungen unterschiedlicher Natur sein können, spiegelt sich dies in der Breite der verwendeten Transducer (Tabelle 5.2.) wider (s.a. [26]).

Tabelle 5.1. In Biosensoren eingesetzte Rezeptorenklassen und ausgewählte Beispiele

Rezeptorklasse	Beispiel	Analyt
Enzyme	Glucoseoxidase	Glucose [25]
Enzymsysteme	Kreatininamidohydrolase, Kreatininamidinhydrolase, Sarchosinoxidase	Kreatinin und Kreatin [29]
Antikörper	Antiinsulin	Proinsulin [3]
Membranen	Gluconobacter suboxidans	Ethanol [28]
Organellen	Mitochondrien	Glutamin [1]
Zellen	Chromatium	Sulfid [19]
Gewebe	Champignon	Phenole [18]
Organe	Olfaktorisches Organ des Krabbenfühlers	L-Glutamat [2]

Tabelle 5.2. In Biosensoren eingesetzte Transducer

Elektrochemische	Leitfähigkeit
	Amperometrie
	Potentiometrie
	Impedanz
Optische	Fluoreszenz
	Absorption
Piezoelektrische	
Kalorimetrische	
Akustische	
Mechanische	

Mikrobielle Sensoren

Diese Sensoren können in zwei Hauptklassen unterteilt werden. Ein Typ benutzt zur Messung die Atmungsaktivität der Mikroorganismen, der andere elektrodenaktive Metabolite.

Der erste mikrobielle Sensor wurde von DIVIES [5] zur Bestimmung von Ethanol eingesetzt. Als Rezeptor diente *Acetobacter xylinum*. Bei der Arbeit mit mikrobiellen Sensoren tritt neben der Selektivität eine Reihe weiterer Aspekte auf, die einen Vorteil oder Nachteil beim Einsatz als Biosensor darstellen können. Da es sich hier um intaktes lebendes Material handelt, können auch alle Phänomene von Lebewesen beobachtet werden.

Für Biosensoren interessant ist neben der Regenerier- bzw. Reproduzierbarkeit der Mikroorganismen ihre Anpassung. Außerdem wird durch die Vielfalt der Mikroorganismen und den damit verbundenen Leistungen ein breites Spektrum von chemischen Verbindungen analytisch zugänglich. Des weiteren kommen in den Zellen biologische Strukturen vor, die die Mikroorganismen von anderen Rezeptoren abheben. Dazu zählen erstens die optimale Anordnung und zweitens die Aktivität von Enzymen zur Katalyse von mehreren Schritten (Abbauwege), drittens die optimalen Milieubedingungen für die Katalyse durch die einzelnen Enzyme (z. B. pH-Optima), viertens der Schutz vor Verlust biologischer Komponenten (z. B. Coenzyme) und fünftens die Regenerierung z. B. reduzierter Coenzyme. Mit anderen Worten: es handelt sich um einen evolutionär optimierten Multi-Rezeptor.

Bei einem Vergleich mit anderen biologischen Rezeptoren sind außerdem die geringen Präparationskosten zu erwähnen (keine Isolierung und Reinigung wie z. B. für Enzyme notwendig). All diese Faktoren begünstigen den Einsatz von Mikroorganismen in Biosensoren.

Den „Nachteil" mikrobieller Sensoren, die geringe Selektivität, versucht man durch verschiedene Methoden zu mindern. So führt das Wachstum der Mikroorganismen auf dem zu bestimmenden Analyt als einziger Kohlenstoffquelle zu einem spezifischen Induktionszustand. Dadurch erhöht sich die Spezifität für diese Verbindung. Eine Inkubation der Mikroorganismen mit dem Analyten kann ebenfalls dazu genutzt werden [23].

Der Einsatz von Hemmstoffen kann dazu benutzt werden, daß z. B. ein bestimmter Induktionszustand erhalten bleibt bzw. die Spezifität durch die Hemmung bestimmter Enzyme erhöht wird (Verringerung der Querempfindlichkeit). Aber auch der Einsatz mechanischer oder chemischer Behandlungen der Zellen zu einer Veränderung der Selektivität wurden beschrieben.

Aber nicht immer wird beim Einsatz mikrobieller Sensoren der Versuch unternommen, die Spezifität zu erhöhen. Vielfach nutzt man die Potenz der Mikroorganismen, ein breites Spektrum von Verbindungen zu verwerten.

Ein Beispiel ist ein Biosensor zur schnellen Bestimmung eines BSB_5 äquivalenten Wertes [11, 13, 14, 15, 17, 21]. Zur Ermittlung des Biologische Sauerstoff Bedarfs werden nach DIN in der Regel fünf Tage benötigt. Für **schnelle** Aussagen über die Belastung eines (kommunalen) Abwassers ist der BSB_5 daher ungeeignet. Der Sensor- oder Kurzzeit-BSB, mittels mikrobiellem Sensor im Minutenbereich ermittelt, kann hier eine Alternative sein. So können mittels mikrobieller Sensoren Summenparameter bestimmt werden.

Eine gute Zusammenfasung mit praktizierbaren Anleitungen zur Arbeit mit mikrobiellen Sensoren geben KARUBE und SUZUKI [12].

Bio-Aktivitäts-Sensorik (BAS)

Ist das Ziel des Einsatzes von Biosensoren die quantitative Bestimmung eines Analyten, so ist es bei der Bio-Aktivitäts-Sensorik die **qualitative und quantitative Charakterisierung des physiologisch/biochemischen Zellzustandes von Mikroorganismen** (vergl. Abb. 5.1.b). Dies wird durch die Verknüpfung traditioneller biochemischer Arbeitsweisen mit der Technik der mikrobiellen Sensoren erreicht. Das bedeutet, daß der Analyt im Sinn der Biosensoren zu einer definierten Probe und der Rezeptor, die Mikroorganismen, zum Gegenstand der Analyse wird. In der Literatur sind solche Ansätze nicht neu. Sie wurden aber meist zu einer besseren Charakterisierung der Mikroorganismen für den Einsatz in Biosensoren genutzt.

Bei einer konsequenten Umsetzung dieser Methodik, unter Verwendung geeigneter Meßanordnungen, soll eine Vielzahl mikrobieller Prozesse schneller, kostengünstiger und umfassender optimierbar sein. So ist es mit Hilfe der BAS z. B. innerhalb kürzester Zeit möglich, den aktuellen Zellzustand z. B. das Abbaupotential sowohl von Mikroorganismenrein- bzw. -mischkulturen, aber auch von Biofilmen zu ermitteln.

Die Anwendung dieser Methodik setzt die Berücksichtigung einer Reihe von Randbedingungen voraus. Dabei auftretende Phänome sind unter Beachtung sowohl der eingesetzten Meßsysteme als auch der verwendeten Parameter auszuwerten. Aus diesem Grund werden die verwendeten Meßsysteme im folgenden näher beschrieben.

Da die im weiteren dargestellten Beispiele auf katabolen Leistungen des aeroben Stoffwechsels von Mikroorganismen beruhen, wird als Transducer ausschließlich die Sauerstoffelektrode beschrieben. Andere Transducer, z. B. Thermistoren, sind für diesen Einsatz aber ebenfalls denkbar.

5.2.2
Aufbau der Meßsysteme

Vorab sollen einige im folgenden verwendete Begriffe erläutert werden:

Dispersion D: ist in Fließsystemen vereinfacht ein Maß für die Verringerung der Probenkonzentration zwischen dem Probenaufgabeort und der Meßzelle. Sie hängt vom Probenvolumen, dem Carriervolumenstrom, der Wegstrecke und der Verbindungselemente zwischen dem Injektionsventil und der Meßzelle ab. D kann mittels Tracer, z. B. Farbstoffe, ermittelt werden.

$$D = C_0/C_{PM}$$

Dabei stellt C_0 die Konzentration der Probe in der Schleife und C_{PM} die Konzentration der Probe im Peakmaximum dar. Vor Benutzung neuer Versuchseinstellungen kann so D bestimmt werden.

Peakfläche PF: ist ein Maß für die Gesamtsauerstoffzehrung bezüglich der aufgenommenen Probenmenge.

Peakhöhe *PH*: korrelliert mit der Sauerstoffzehrgeschwindigkeit. Das Auftreten kleiner *PF* und großer *PH* ist Ausdruck für eine optimale Anpassung der Mikroorganismen an die Probe.

Peakmaximiumzeit t_{PM}: ist die Zeit zwischen Injektion und Erreichen des Peakmaximums.

Kontaktzeit t_K: stellt die theoretische Zeit des Kontaktes der Mikroorganismen mit der Probe dar. Sie ermittelt sich aus dem Quotienten von Probenvolumen und Carriervolumenstrom. Es handelt sich um eine theoretische Größe, da D nicht berücksichtigt wird.

Gradient d*I*/d*t*: stellt die Sauerstoffzehrgeschwindigkeit dar.

Respirationsrate R_S: stellt die Differenz zwischen der Basislinie und dem Gleichgewichtszustand nach Substratzusatz dar und ist damit nur bei längeren t_K ermittelbar.

Probenfrequenz f_i: ist die Anzahl der Beprobungen pro Stunde.

Für ein besseres Verständnis der Meßvorgänge soll auch ein System erwähnt werden, bei dem mit einer Sauerstoffelektrode aerobe mikrobielle Prozesse untersucht werden können. Es handelt sich um die **Zehrflasche** (Abb. 5.3.).
Dazu wird in eine standardisierte und thermostatisierte Flasche eine sauerstoffgesättigte Lösung (z. B. substratfreie Nährlösung) mit einer definierten Mikroorganismensuspension eingefüllt, durch den Einsatz einer Sauerstoffelektrode luftdicht und blasenfrei verschlossen und durchmischt. Die endogene Atmung der suspendierten Mikroorganismen kann durch den gleichmäßigen Abfall der Strom-Zeit-Kurve, die ein Maß für den gelösten Sauerstoff ist, verfolgt werden. Bei Zugabe einer durch die Mikroorganismen veratembaren Verbindung tritt ein zusätzlicher registrierbarer Sauerstoffverbrauch auf, der bis zur kompletten Auszehrung führen kann. Die Differenz zwischen der Strom-Zeit-Kurve der endogenen Atmung und der Strom-Zeit-Kurve nach Substratzusatz wird durch die katalyische Gesamtaktivität der Mikroorganismen und durch die Art und Konzentration der zugesetzten Verbindung bestimmt. Ein weiterer Meßvorgang bedarf der kompletten Erneuerung der Lösung und Mikroorganismen. Diese Methode läßt eine gute Quantifizierung der mikrobiellen Aktivität zu. Diese Aktivität kann z. B. in mg O_2/min* mg Bio(trocken)masse ausgedrückt werden.
Beim Einsatz von **gerührten Meßzellen** (Abb. 5.4.) sind die Mikroorganismen nicht frei in der Lösung suspendiert, sondern vor dem Tranducer, z. B. einer Sau-

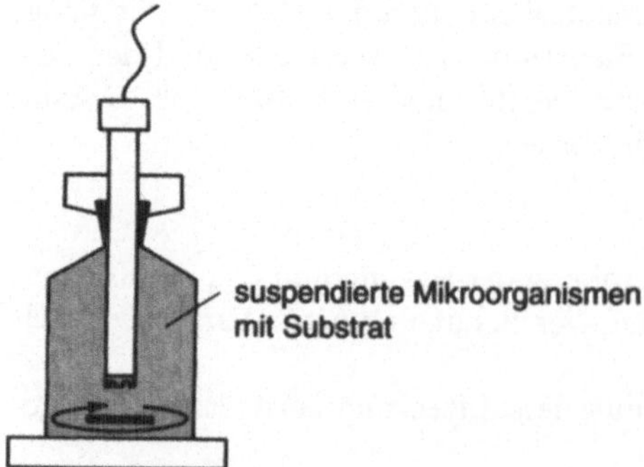

Abb. 5.3. Aufbau einer Zehrflasche

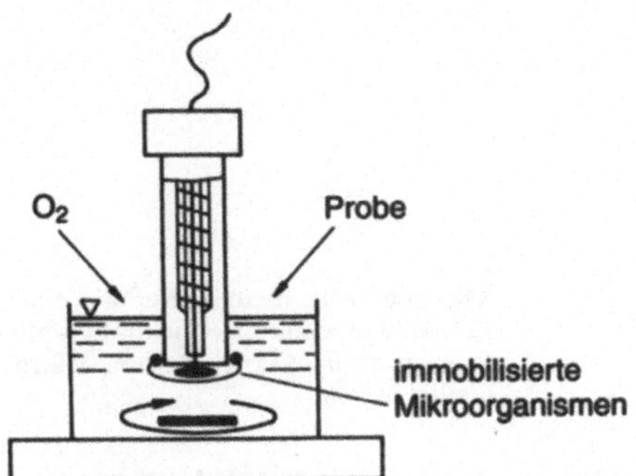

Abb. 5.4. Aufbau einer gerührten Meßzelle

erstoffelektrode, mechanisch immobilisiert. Diese Fixierung der Mikroorganismen erfolgt in den meisten Fällen durch eine Membran und/oder durch Geleinschluß. Im einfachsten Fall findet durch das Rühren eine Diffusion des Luftsauerstoffs in die Meßlösung (z. B. substratfreie Nährlösung oder Puffer) statt. Das Einbringen von Proben in die Meßlösung führt zu mikrobiellen Reaktionen, die zu einer Bewertung sowohl der Probe als auch der Mikroorganismen dienen können.

Für die Durchführung weiterer Meßvorgänge ist das Leeren und Spülen der Meßzelle notwendig. Durch die Immobilisierung der Mikroorganismen und unter Berücksichtigung bestimmter Randbegingungen stehen diese für die weiteren Meßvorgänge fast unverändert zur Verfügung.

Die gerührte Meßzelle ist der einfachste Aufbau zur Bearbeitung von Biosensoren. Eine Automatisierung und damit Standardisierung ist nur mit erheblichen Aufwand möglich, so daß ein Übergang zu Fließsystemen ratsam ist.

Mit **Fließ-Analysen-System (FAS)** (Abb. 5.5.) werden alle Systeme beschrieben, bei denen eine Probe in einen fließenden Flüssigkeitsstrom (Träger bzw. Carrier) eingebracht und mit diesem in eine Durchflußmeßzelle gefördert wird. In dieser Meßzelle befindet sich dann der Biosensor, z. B. eine Sauerstoffelektrode mit immobilisierten Mikroorganismen. Bei Verwendung eines Selektorventils lassen die verschiedenen Schaltzustände die Möglichkeit zu, daß unterschiedliche Proben bzw. Carrier auf die immobilisierten Mikroorganismen treffen. Reihenfolge und Dauer der Schaltzustände sind steuerbar, so daß die Wirkung der qualitativ und quantitativ unterschiedlichen Proben auf die Mikroorganismen anhand der mikrobiellen Reaktionen auszuwerten sind. Da die Zehrkurve in Abhängigkeit von Probenart, -volumen und -konzentration eine Basislinienrückkehr aufweist, ist eine Auswertung mit den kommerziell erhältlichen Chromatographie-Auswertesystemen möglich.

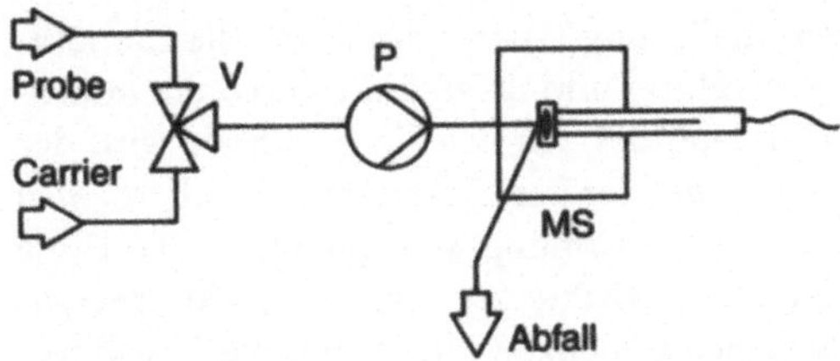

Abb. 5.5. Allgemeiner Aufbau einer Fließ-Analysen-Meßanordnung. Ventil, Pumpe, Mikrobieller Sensor

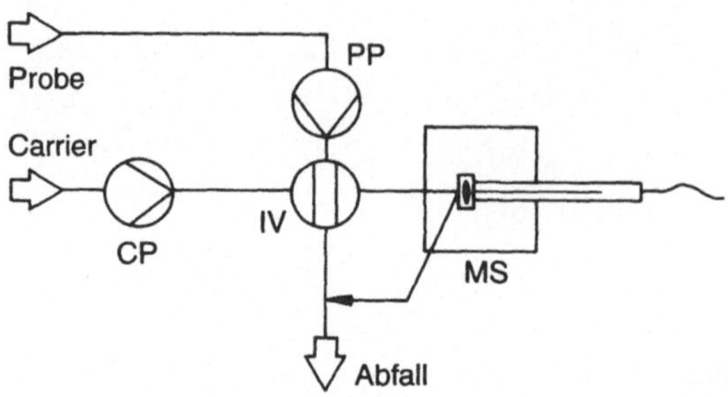

Abb. 5.6. Allgemeiner Aufbau einer FIA-Meßanordnung. Injektionsventil, Probenpumpe, Carrier-Pumpe, Mikrobieller Sensor

Ein Spezialfall des FAS ist die **Fließ-Injektions-Analyse (FIA)** (Abb. 5.6.). Hier erfolgt das Einbringen, das Injizieren, der Probe in den Carrier über ein Probeninjektionsventil. Durch das definierte Volumen der Probenschleife kann eine sehr hohe Reproduzierbarkeit erreicht werden.

Alle Phänomene der FIA, z. B. die Dispersion, müssen beachtet werden. Eine bewußte Dispersion, wie bei der chemischen Analytik, ist im Fall der Probenaufgabe bei der Arbeit mit mikrobieller Sensoren nicht notwendig. Bei einer modularen Anordnung von Pumpen, Injektionsventilen, Selektoren und Meßzellen kann eine schnelle Optimierung des Gesamtsystems zur Durchführung geplanter Versuchsabläufe/-einstellungen realisiert werden. Man ist mit diesen Fließsystemen in der Lage, innerhalb kürzester Zeit eine Vielzahl von mikrobiell bedingten Prozeßzuständen zu simulieren.

5.3
Meßvorgang

5.3.1
Vorgänge am amperometrischen mikrobiellen Sensor

Der am häufigsten in mikrobiellen Sensoren verwendete Transducer ist die amperometrisch arbeitende CLARKsche Sauerstoffelektrode. Mit diesen mikrobiellen Sensoren können aerobe katabole Stoffwechselleistungen beobachtet werden. Handelt es sich bei den zu untersuchenden Proben um Substrate, werden diese beim Meßvorgang von den Mikroorganismen aufgenommen, in Stoffwechselprodukte umgewandelt und unter Sauerstoffverbrauch veratmet.

Bei den verwendeten Meßsystemen sind konvektive und diffusive Effekte unterschiedlich stark ausgeprägt. Dennoch kann man generell den Prozeß mit folgenden Schritten beschreiben.

– Der Sauerstoff aus der luftgesättigten Meßlösung/Carrier durchtritt die Immobilisierungsmembran (teilweise sogar konvektiv) und diffundiert durch die Mikroorganismenschicht und die Elektrodenmembran. An der Platinkathode wird der Sauerstoff reduziert. Ein Teil des Sauerstoffs, der zur Elektrode diffundiert, wird von den Mikroorganismen für ihre endogene Atmung aufgenommen. Die Höhe der endogenen Atmung hängt von der Vorgeschichte der eingesetzten Mikroorganismen ab. Beide Vorgänge bestimmen den Gleichgewichtsstrom, die Basislinie.

– Bringt die Meßlösung/ Carrier eine Probe an den mikrobiellen Sensor, so erfolgt ebenfalls eine Permeation durch die Membran. Besitzen die Mikroorganismen für diese Substanz Aufnahme-, Abbau- und Veratmungsmechanismen, so kommt es zu einer zusätzlichen Sauerstoffzehrung, einem geringeren Stromfluß an der Elektrode. Die resultierenden Strom-Zeit-Kurven unterscheiden sich zwischen den verwendeten Meßsystemen.

Beim Einsatz mikrobeller Sensoren in **gerührten Meßzellen** stellt sich bei Sättigung der Aufnahme- und veratmenden Systeme der Mikroorganismen ein neuer, niedrigerer Gleichgewichtsstrom ein. Tritt eine Substratlimitierung bzw. -auszehrung ein, kommt es zur Rückkehr in den ursprünglichen Gleichgewichtszustand, auf die Basislinie.

Mikrobielle Sensoren im **FAS** zeigen ähnliche Strom-Zeit-Kurven mit zwei wesentlichen Unterschieden. Erstens, ein Gleichgewichtsstrom kann auch unter Substratlimitierung erreicht werden und zweitens, die Basislinienrückkehr erfolgt nicht durch die Substratauszehrung (gerührte Meßzelle), sondern durch den Wechsel von Probe und Carrier.

Ein Einbringen mikrobieller Sensoren in **FIA**-Systeme kann bei entsprechender Probenschleifenlänge FAS-Kurven liefern. Das ist aber nicht das Ziel. Es wird bewußt angestrebt, daß es nicht zum Einstellen neuer Gleichgewichtszustände kommt. Dies kann zu einer Erhöhung der Probenfrequenz genutzt werden. Außerdem steigt mit zunehmender Schleifenlänge der Druckverlust.

Alle aufgezählten Meßsysteme können zu einer Charakterisierung von Mikroorganismen eingesetzt werden.

5.3.2
Auswertbare Meßgrößen

Beim Einsatz mikrobieller Sensoren in gerührten Meßzellen können aus der Strom-Zeit-Kurve (Abb. 5.7.) die **Respirationsrate** R_S (in nA oder μA) und der **Gradient** **dI/dt** (in nA/min) für eine bestimmte Substanz ermittelt werden. Beide Größen hängen voneinander ab. Auf eine Auswertung der Fläche wird meist aus Zeitgründen verzichtet. Führt die gewählte Probenkonzentration in der Meßlösung nicht zu einer Sättigung der Aufnahme- und veratmenden Systeme der Mikroorganismen über eine bestimmte Meßzeit, ist die Ermittlung der Respirationsrate problematisch, da es nicht zur Ausprägung eines neuen Gleichgewichtes kommt.

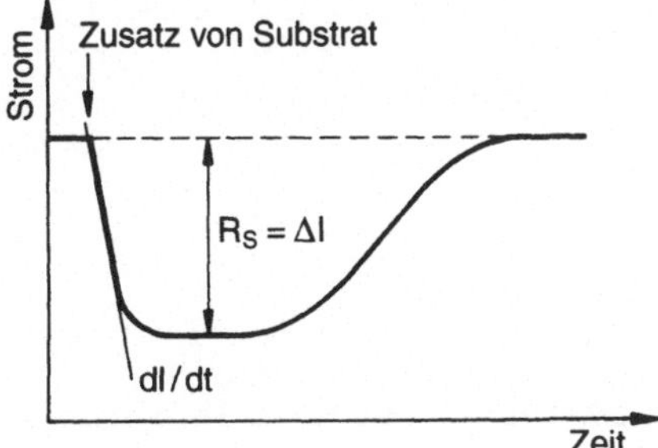

Abb. 5.7. Strom-Zeit-Kurve gerührter Meßzellen

Strom-Zeit-Kurven mit FAS ermittelt (Abb. 5.8.), lassen sich mit den gleichen Parametern beschreiben. Die für gerührte Meßzellen beschriebenen Probleme treten mit FAS nicht auf, so daß neben der Respirationsrate und dem Gradienten auch die **Fläche** (in μA*min) ausgewertet werden kann. Respirationsraten unter Substratlimitierung sind gut auswertbar.

In den FIA-Systemen (Abb. 5.9.) zählen zu den auswertbaren Parametern: Peakhöhe, Gradient, **Peakfläche** *PF* und Peakmaximumzeit. Außerdem kann auch die Peakform einer Auswertung unterzogen werden. Die **Peakhöhe** *PH* (in nA oder μA) ist mit Einschränkungen vergleichbar mit der Respirationsrate.

Wenn zur Registrierung kommerzielle Chromatographie-Auswertesysteme benutzt werden, stehen damit alle Parameter chromatographischer Trennungen zur Verfügung. Automatisierte Meßplätze ermöglichen dann auch die Erfassung der **Peakmaximumzeit** t_{PM} (in s oder min). Sie stellt die Zeit dar, die nach der Injektion bis zum Erreichen der Peakhöhe benötigt wird. Wird zur Beprobung von Reinkulturen eine einzelne, gut verwertbare Substanz verwendet, so treten sehr schmale **Peakform**en auf. Im Gegensatz dazu sind bei Mischkulturen/ Biofilmen bzw. bei Verwendung von mehreren Substanzen zur Beprobung breite auslaufende Peaks zu beobachten. Bei Biofilmen kommen noch Diffusionswiderstände durch extrazelluläre Polymere hinzu. Die Basislinienrückkehrzeit vergrößert sich dadurch. Unter Umständen können auch mehrere Peakmaxima auftreten.

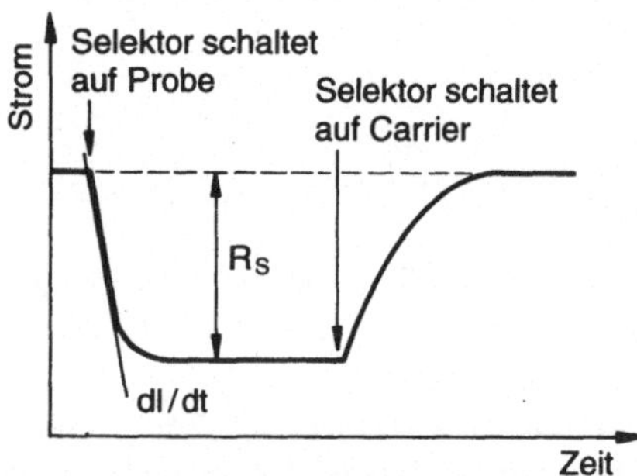

Abb. 5.8. Strom-Zeit-Kurve bei Verwendung von FAS

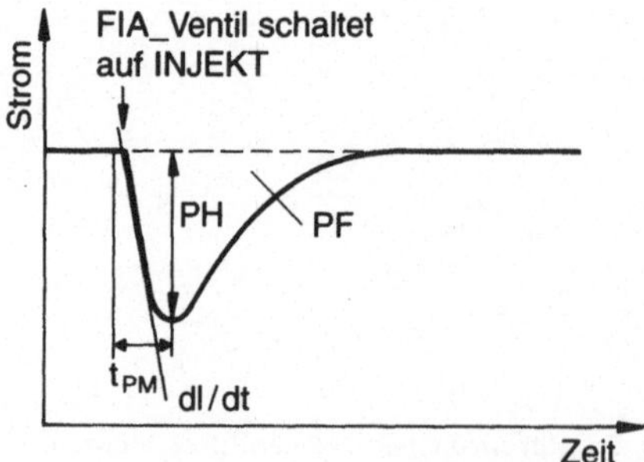

Abb. 5.9. Strom-Zeit-Kurve, im FIA-System gemessen

5.3.3
Einflußfaktoren auf die Meßgrößen

Die Meßgrößen werden durch die Art der immobilisierten Bioaktivität vor dem aktiven Teil des Transducers wesentlich beeinflußt. Dabei sind die mikrobiellen Leistungen durch die genetische Potenz der Organismen begrenzt. Der **Induktionszustand** der Organismen entscheidet über die Verwertung (Aufnahme, Abbau und Veratmung) einer Probe. Das bedeutet, daß bei einem definierten Induktionszustand die Probenart und -konzentration die Meßgrößen bestimmt.

Ein weiterer wichtiger Einflußfaktor auf die Höhe der Meßgrößen ist die **Gesamtbioaktivität**, die Beladung des mikrobiellen Sensors. Dieser Parameter beeinflußt außerdem den **Diffusionswiderstand** (Abb. 5.10.). Im ungünstigsten Fall tritt dann bei Substratverwertung eine komplette Auszehrung des zur Elektrode diffundierenden Sauerstoffs auf, was eine Auswertung unmöglich macht. Eine reproduzierbare Beladung des Sensors mit Mikroorganismen ist in vielen Fällen noch mit Schwierigkeiten verbunden.

Weiterhin ist die Wechselwirkung der Probe mit den Mikroorganismen zu beachten, z. B. der **Wechsel des Induktionszustandes**. Gundsätzlich kann gesagt werden, daß die immobilisierten Mikroorganismen sich im Vergleich mit der Submerskultur konservativer verhalten. Dies bedeutet, daß die Organismen erst nach längeren Zeiten ihren Induktionszustand verändern. Deshalb wird die Zeit, in der die Probe Kontakt mit den Mikroorganismen hat, zu einem wichtigen Parameter. Diese **Kontaktzeit** t_K ist erst bei automatisierten Meßplätzen zu standardisieren. Der Einsatz von Fließsystemen ist bestens für diese Standardisierung geeignet. Bei FIA-Systemen kann die Kontaktzeit durch eine Veränderung des **Schleifenvolumens** V_S des Injektionsventils und durch den **Carriervolumenstrom** V_C beeinflußt werden.

Die Hemmung biologischer Aktivitäten durch entsprechende Inhibitoren kann trotz des konservativen Verhaltens der Sensorbiologie wie in der Submerskultur beobachtet werden. In einem Review faßte RIEDEL [23] die dabei auftretenden Effekte am Sensor zusammen. So konnten sowohl eine Verringerung der Veratmung von Glucose durch p-Chlormercuribenzoesäure als auch eine Steigerung der Respirationsrate durch den Entkoppler Dinitrophenol beobachtet werden.

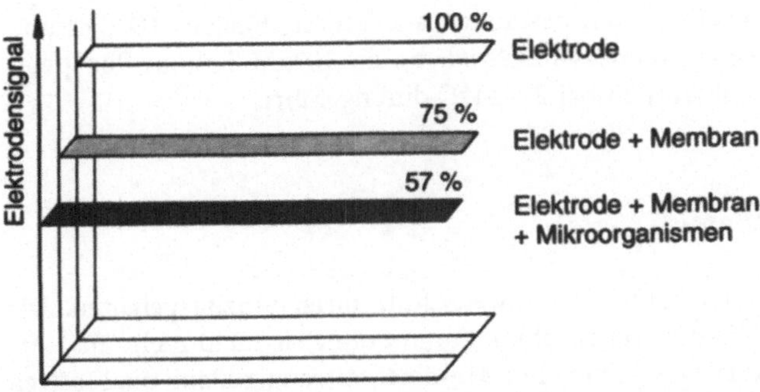

Abb. 5.10. Einfluß von Membran und Mikroorganismen auf den Diffusionswiderstand

Ein letzter Aspekt ist das **Wachstum** der Mikroorganismen im Sensor. Auch hier hat die Kontaktzeit der verwertbaren Proben mit den Organismen einen größeren Einfluß als die Carrierzusammensetzung. Bei automatisierten Systemen ist dann die **Probenfrequenz** f_I (in h^{-1}) entscheidend. Um die Vergleichbarkeit der Meßgrößen zu sichern, ist darauf zu achten, daß kein Wachstum auftritt.

Bei der Benutzung von FIA-Systemen hat auch die **Dispersion** D einen Einfluß auf die Höhe der Meßgrößen. Sie wird dadurch zu einem entscheidenden Parameter zur Charakterisierung des Eingangssignals.

5.4
Geräte und Materialien

Für die im folgenden aufgeführten experimentellen Untersuchungen wurden wahlweise Arbeitsplätze mit den angegebenen Ausstattungen aufgebaut.

Peristaltik-Pumpen: MS-Reglo 1 × 8 bzw. 4 × 8, ISMATEC Laboratoriumstechnik GmbH, Mondfeld, Vier Morgenstraße 23, D-97877 Wertheim;

Selektoren: ND-Motorventil aus PTFE 6- bzw. 12-Wege, Bohrung 0,8 mm und **Injektionsventile:** Probenaufgabe-Motorventil, Bohrung 0,8 mm, BESTA-TECHNIK für Chromatographie GmbH, Höhenweg 35, D-69259 Wilhelmsfeld;

Meßzellen: Wall-Jet-Zelle, Eigenbau

Sauerstoff-Elektrode: amperometrischer Miniatursensor MS1, Biolytik GmbH, Universitätsstraße 142, D-44799 Bochum

Verstärker: Elektrochemischer Detektor EP30, Biometra biomedizinische Analytik GmbH, Rudolf-Wissel-Straße 30, D-37005 Göttingen;

Aufzeichnungs- und Integrationssystem: Data-System 450 MT1 bzw. 2, Kontron Instruments GmbH, Bioanalytik, Werner-von-Siemens-Straße 1, D-85375 Neufahrn

Die Zeitablauf-**Steuerung** aller peripheren Geräte wurde ebenfalls mit Hilfe des Data-Systems vorgenommen.

Immobilisierungsmembran: RoTrac-Membran, Polyester, Porendurchmesser 0,6 μm, Rondendurchmesser 25 mm, Stärke 11 μm, Oxyphen GmbH Dresden, PF 520111, D-01317 Dresden

Zur Immobilisierung wurden die Mikroorganismen (Suspension bzw. Biofilme) mittels Vakuum auf die Membran gesaugt und nach dem „Sandwich-Prinzip" vor die Sauerstoffelektrode gebracht.

Die Verbindung aller Fließstrecken bestanden aus Teflonschlauch (ID 0,8 mm). Als Carrier diente, wenn nicht anders beschrieben, ein 10 mM Kalium-Phosphat-Puffer pH 7,1. Alle Arbeiten wurden bei 22–24 °C durchgeführt.

5.5
Anwendung im Umweltbereich

Mikrobielle Verfahren haben heute im Umweltschutz ihren Einzug gehalten. Die kommunale und industrielle Klärwerkstechnik kommt ohne sie nicht mehr aus. Dabei stellt die Zusammensetzung kommunaler Abwässer vorrangig keine qualitativen sondern lediglich quantitative Anforderungen an die Biologie der entsprechenden Kläranlagen dar.

Für industrielle Abwässer ist dagegen eine stark schwankende qualitative und quantitative Zusammensetzung charakteristisch. Die Abwasserströme, die die Klärwerksbiologie erreichen, enthalten zudem meist noch sehr schwer metabolisierbare Verbindungen.

Ähnliches gilt auch für biologische Anlagen, die industrielle Abgasströme reinigen. Auch in diesem Bereich ist ein Einsatz biologischer Verfahren (u.a. Biofilter, Biowäscher) für bestimmte Stoffklassen und Konzentrationsbereiche in letzter Zeit zunehmend zu verzeichnen.

Bei der Beseitigung von Altlasten, speziell des Bodens, ist ebenfalls der Anteil biologischer Verfahrensstufen gewachsen. Auch hier werden die Mikroorganismen mit einem breiten Spektrum von Verbindungen konfrontiert.

Für alle diese mikrobiellen Verfahren stellt sich bei Inbetriebnahme von Anlagen die Frage: Wie kann am schnellsten der stabile Betrieb erreicht werden? Zwei grundsätzliche Möglichkeiten sind in der Praxis zu beobachten: Erstens die Nutzung standorteigener Mikroorganismen und zweitens der Einsatz standortfremder, leistungsfähiger Starterkulturen. In der ersten Variante kann durch unterschiedliche Maßnahmen eine Erhöhung der biologischen Aktivität erreicht werden. Dies ist aber nur dann sinnvoll, wenn geeignete Mikroorganismen am Standort schon vorhanden sind.

Der Einsatz von Starterkulturen ist nicht ganz unumstritten. Einerseits liefern Starterkulturen für einen schnellen Erfolg der Inbetriebnahme gute Voraussetzungen wie die hohe Biomassedichte und die mikrobielle Abbauleistung für die Problemverbindung. Andererseits besteht jedoch ein Problem darin, daß die eingesetzte Starterkultur ihre Leistungen unter den Praxisbedingungen u.U. nicht entfalten oder sogar verlieren kann. Ursachen können neben verschiedenen physikalischen Größen (z. B. Temperatur, pH-Wert, Sauerstoffkonzentration) unter anderem auch Wechselwirkungen mit anderen Schadstoffen sein. Dieser letzte Aspekt verlangt für den jeweiligen Einsatz optimal adaptierte Starterkulturen.

Zur Untersuchung der Eignung von Starterkulturen wird die Verwendung von Bio-Aktivitäts-Sensoren vorgeschlagen.

5.5.1
Abbauspektren

Für die Ermittlung des Abbaupotentials von Mikroorganismenrein- bzw. -mischkulturen ist es notwendig, die mikrobiellen Leistungen der aktuellen Population zu erfassen. Dabei darf es während der Untersuchungen zu keiner Verschiebung der Populationszusammensetzung als auch ihres Induktionszustandes kommen. Es gibt z. Z. keine traditionelle Methode, die den Anforderungen genügt, in zeitlich und kostenmäßig vertretbarem Rahmen die gewünschten Ergebnisse zu liefern.

Mikrobielle Sensoren unter Verwendung der BAS-Methodik stellen hier eine Lösung dar.

Die im weiteren vorgestellten Abbauspektren beziehen sich auf ausgewählte Mikroorganismen, die in der Lage sind, vorrangig aromatische Verbindungen zu metabolisieren. In das Spektrum der zu testenden Verbindungen wurden deshalb monocyclische, verschieden substituierte Aromaten einbezogen.

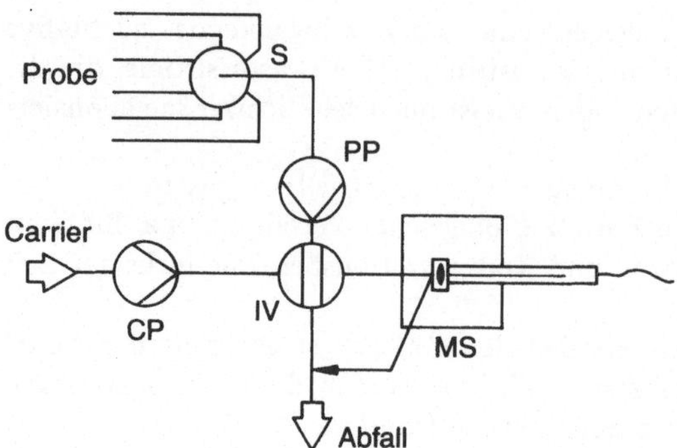

Abb. 5.11. MS-FIA-Meßanordnung zur Untersuchung unterschiedlicher Proben (Selektor)

Für die Untersuchungen wurde ein der Abb. 5.11. vergleichbarer Versuchaufbau gewählt. Vor die Probenpumpe wurde ein Probengeber geschaltet, der eine Auswahl der verschiedenen Proben ermöglichte. Für eine Erhöhung der Aussagekraft wurde mit Induktionssubstrat jeweils dreifach vor und nach einer dreifachen Probeninjektion beprobt.

Für die in Tabelle 5.3. aufgeführten 43 getesteten Verbindungen wurden ca. 22 Stunden reine Versuchszeit benötigt.

Der Vergleich der Peakhöhe bzw. Peakfläche als Reaktion auf das Induktionssubstrat zwischen den einzelnen Proben läßt Aussagen über eine eventuelle Aktivitätsveränderung der eingesetzten Mikroorganismen, z. B. durch toxische Proben, zu. Eine Auswertung der einzelnen Probensignale erfolgt durch Relativierung zum Induktionssubstratsignal (100 %). So wurde eine **Probenverwertung PV** (in %) für den Peakflächenvergleich PV_A und für den Peakhöhenvergleich PV_H ermittelt. Es konnte beobachtet werden, daß die Peakhöhen die beste Korrelation zu den Submersuntersuchungen aufweisen.

Bei einem Vergleich der Ergebnisse sind sowohl negative als auch Zahlenwerte von über 100 % zu verzeichnen. Mit den bei der Bearbeitung gewonnenen Erfahrungen wurden folgende Grenzen (subjektiv) für eine Bewertung festgelegt.

Ist $PV_H > 20\%$ unter den gegebenen Anzuchtbedingungen, erfolgt auch submers eine Verwertung der Probe.

Liegt $20 > PV_H > 0$, erfolgt keine Verwertung der Probe im gewählten Induktionszustand. Es kann aber nicht ausgeschlossen werden, daß durch eine Adaptierung (Induktion) der Mikroorganismen ein Abbau möglich ist.

Ist $PV_H < 0$, hemmt die Probe die endogene Atmung der Mikroorganismen. Diese kurzfristige Inhibierung führt dazu, daß aufgenommene Blindwerte (Carrier als Probe) unterschritten werden. Bei der Auswertung führen diese Effekte zu negativen Peakhöhen. Hier kann davon ausgegangen werden, daß es auch nach einer eventuellen Adaptierung der Mikroorganismen zu keiner Verwertung der Probe kommt. Um irreversible toxische Erscheinungen zu vermeiden, sind entsprechend kurze Kontaktzeiten zu wählen.

In Tabelle 5.4. ist ein Ausschnitt der submersen Überprüfung der erhaltenen Ergebnisse für *Pseudomans* spec. AT3 dargestellt. Dabei zeigte sich, daß mit der Bio-Aktivitäts-Sensorik nur Verbindungen als abbaubar detektiert wurden, die bei Toluol-Induktion metabolisierbar sind. Sowohl p-Kresol, Phenol als auch Ben-

Tabelle 5.3. Abbauspektrum von *Pseudomonas* spec. PNP1 (4-Nitrophenol-induziert, BAS-FIA, $V_C = 2\,\text{ml/min}, C_{0,Pr} = 100\,\mu\text{M}, f_I = 12\text{h}^{-1}, t_K = 18{,}3\,\text{s}$)

Aromat	PV_H %	PV_A %
4-Nitrophenol	100	100
Brenzcatechin	39	87
3,4-Dihydroxy-BA[1]	39	71
Hydrochinon	53	70
4-Nitrocatechol	39	47
Benzoesäure	26	42
3,4-Dichlorphenol	14	123
Toluol	10	15
2,4-Dichlorphenol	8	51
2,4,6-Trichlorphenol	7	5
Benzol	7	15
2,3,5-Trichlorphenol	5	21
3-Aminophenol	2	9
2,4,6-Tribromphenol	2	10
4-Chlorphenol	1	7
2,3,4-Trichlorphenol	1	23
2,4-Dinitrophenol	0	22
Anilin	0	7
p-Kresol	0	6
2,3-Dihydroxy-BS[2]	0	0
Phenol	0	−1
Guajacol	0	−2
Benzaldehyd	0	−4
4-Methoxyphenol	−1	4
2-Aminophenol	−1	7
3,5-Dichlorphenol	−1	1
2,4,5-Trichlorphenol	−1	24
Pyrogallol	−2	−1
Gallussäure	−2	−7
2-Amino-BS	−2	−2
2,6-Dichlorphenol	−2	3
2,3-Dichlorphenol	−3	3
m-Kresol	−3	0
4-Aminophenol	−3	6
2-Methylresorcin	−4	−6
1,3-Cyclohexandion	−6	−20
2,4,6-Trinitrophenol	−7	−7
Phloroglucin	−7	−9
o-Kresol	−7	−11
2,5-Dichlorphenol	−10	−21
2-Nitrophenol	−11	−16
Resorcin	−11	−25
2,5-Dihydroxy-BS	−13	−21

([1] BA - Benzaldehyd, [2] BS - Benzoesäure)

zoesäure mit ihren Derivaten benötigen zur Verwertung einen anderen Induktionszustand.

Die BAS-Methodik besitzt einige Vorzüge zur Bewertung des Abbaupotentials von Mikroorganismen. Eine Untersuchung von leichtflüchtigen Verbindungen ist genauso gut möglich wie die von toxischen Verbindungen. Von Vorteil ist dabei, daß Versuchsanordnungen zu realisieren sind, die geringste Probenmengen benötigen

Tabelle 5.4. Verwertungsvergleich von *Pseudomonas* spec. AT 3 zwischen BAS- und submersen Wachstumsuntersuchungen (Sensorparameter: Toluol-induziert, $V_C = 2\,\text{ml/min}, C_{0,\text{Pr}} = 100\,\mu\text{M}, f_I = 12\,\text{h}^{-1}, t_K = 18{,}3\,s$)

Aromat	PV_H %	Wachstum (submers)
Toluol	100	ja $(20^1, 30^2)$
m-Kresol	112	ja (10, 20)
Benzol	63	ja (10, 20)
Ethylbenzol	31	ja (10, 20)
o-Kresol	27	ja (40, 70)
m-Xylol	18	nein
p-Kresol	12	ja (10, 20)
o-Xylol	10	nein
Phenol	8	ja (10, 30)
2-Methyl-BS[3]	4	nein
3-Methyl-BS	3	ja (30, 80)
4-Methyl-BS	2	nein
Benzoesäure	1	ja (10, 30)
4-Hydroxy-BS	1	ja (10, 20)
3-Hydroxy-BS	0	ja (60, 70)
2-Hydroxy-BS	−3	nein

[1] Beginn des Wachstums in h,
[2] maximale Trübung in h,
[3] BS - Benzoesäure

und einen geschlossenen Aufbau von der Probenbereitstellung bis zur Entsorgung ermöglichen. Des weiteren entfallen oft sehr aufwendige Nachweismethoden für den Substanzabbau, wie es bei Submerskulturen mit geringem Ertragskoeffizienten notwendig ist, da am Sensor ein allgemeines Prinzip für den aeroben Abbau, die Sauerstoffzehrung, benutzt wird.

Mit der BAS-Methodik sollen aber nicht die traditionellen Methoden ersetzt, sondern Wege aufgezeigt werden, die eine zeitliche und kostenmäßige Optimierung dieser ermöglichen.

5.5.2
Dosis-Wirkungs-Beziehungen

Wenn in der Praxis Störungen beim mikrobiellen Abbau von Verbindungen auftreten, ist die Suche nach den Ursachen sehr problematisch. Bei der Überwindung dieser Störungen wird oft stochastisch vorgegangen.

Eine systematische Untersuchung von Störgrößen auf mikrobielle Prozesse z. B. für industrielle Kläranlagen scheitert bislang an den methodischen Voraussetzungen. Bei umfassender Kenntnis dieser Zusammenhänge wäre dann ein konkretes Reagieren durch eine Veränderung der Prozeßführung möglich. Methodische Voraussetzungen sind mit der Bio-Aktivitäts-Sensorik gegeben.

An einem Beispiel zur Wirkung von Schwermetallen auf die Verwertung eines Aromaten (Phenol) soll dies verdeutlicht werden. Dazu wurde bei den Versuchen ein Selektor vor die Probenpumpe geschaltet, der ein Beladen des Injektionsventils abwechselnd mit Probe bzw. Substrat gewährleistet. Durch die Wahl einer entspre-

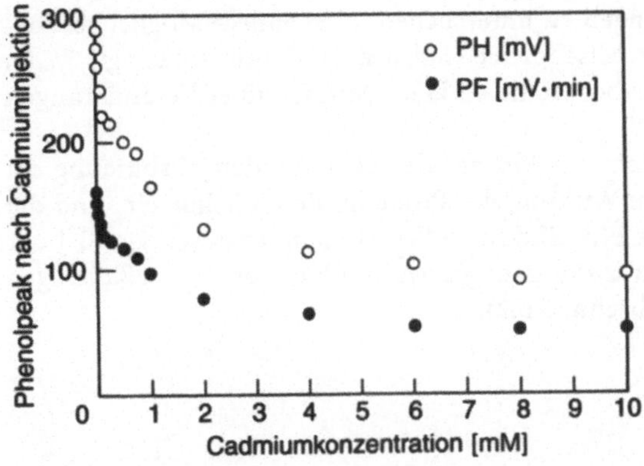

Abb. 5.12. Einfluß von Cadmium auf die Phenolverwertung durch *Rhodococcus* spec. P1 (Phenol-induziert, BAS - FIA, V_C = 3 ml/min Carrier pH 5,5, $C_{0.Pr}$ = 500 μM, f_I = 12 h − 1, t_K = 6,6 s)

chenden Probenschleife bzw. den Einsatz von FAS ist es möglich, jeden Konzentrationsbereich von eventuell toxischen Verbindungen zu untersuchen.

Es konnte für *Rhodococcus* spec. P1 gezeigt werden (Abb. 5.12.), daß das „harte" Schwermetall Cadmium schon im μM-Bereich zu einer starken Hemmung der Phenolverwertung führt. Zwischen 100 μM und 500 mM Cadmium verringerte sich die Zunahme der inhibierenden Wirkung. Die Sensorergebnisse konnten in Submerskultur nicht nur qualitativ sondern auch quantitativ bestätigt werden. So wurde bei Cadmiumkonzentrationen unter 100 μM das gleiche Wachstum wie in der Kontrolle beobachtet. Zwischen 100 und 500 μM Cadmium trat zwar Wachstum auf, aber stark verzögert. Über 1 mM Cadmium war kein Wachstum mehr festzustellen.

Bei der Untersuchung von Zink (Abb. 5.13.) als „weiches" Schwermetall, konnte im unteren μM-Bereich eine Verbesserung der Phenolverwertung beobachtet werden. Der sich anschließende Aktivitätsabfall in höheren Konzentrationen war wesentlich geringer als bei Cadmium. Diese Ergebnisse für Zink konnten ebenfalls mit den entsprechenden submersen Untersuchungen bestätigt werden.

Für diese Experimente wurde das Prinzip der Vorinkubation gewählt. Das heißt, die Mikroorganismen wurden über eine bestimmte Zeit (t_K) einer eventuell toxischen Verbindung ausgesetzt. Anschließend erfolgte die Bestimmung der verbleibenden Aktivität. Mit dieser Versuchsdurchführung sind sowohl verwertbare als

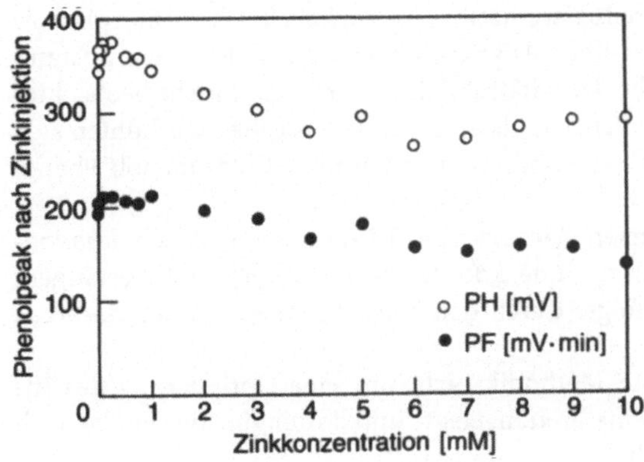

Abb. 5.13. Einfluß von Zink auf die Phenolverwertung durch *Rhodococcus* spec. P1 (gleiche Parameter wie Abb. 5.12.)

auch nicht verwertbare Verbindungen zu untersuchen. Eine andere Möglichkeit besteht in der Beprobung mit einer Mischprobe (Substrat und Testprobe, vgl. 5.7.2). Hier ist aber bei verwertbaren Proben keine so klare Aussage über Veränderungen der Substratverwertung möglich.

Eine weitere Möglichkeit besteht im Einsatz der zu testenden Verbindung im bzw. als Carrier. Dadurch geht die Wirkung der Probe in die Basislinie ein, und die Bewertungsparameter z. B. für die FIA sind im vollen Umfang anzuwenden. Bei der Untersuchung von sehr komplex zusammengesetzten Abwässern/Prozeßlösungen bietet sich diese Form an (vgl. Abschn. 5.6.2).

5.5.3
Optimierung des Induktionszustandes

Für eine optimale Schadstoffeliminierung ist nicht nur eine potente Mikroorganismenpopulation Voraussetzung, sondern auch ein optimaler Induktionszustand. Für den Abbau von Schadstoffen kann der Einsatz von Starterkulturen erfolgen. Da der Ertragskoeffizient für den Schadstoff meist sehr gering ist und seine oft toxischen Eigenschaften bei den notwendigen Untersuchungen außerdem eine zusätzliche Belastung für das Personal darstellt, wird meist mit gefahrloseren Substraten für die Anzucht der Mikroorganismen gearbeitet. Diese Wachstumssubstrate dürfen aber keine Voraussetzungen für einen Verlust der biologischen Aktivität bezüglich des Schadstoffabbaus liefern, sondern sollen vielmehr einen optimalen Induktionszustand herbeiführen.

Außerdem wurde beschrieben, daß sehr oft ein Abbau von Verbindungen erst durch ein oder mehrere weitere Substrate (Co-Substrat) ermöglicht wird.

Deshalb sollen an dieser Stelle die Möglichkeiten der BAS am Beispiel des Abbaus von 3-Chlorphenol vorgestellt werden [24].

Für die Untersuchungen wurde eine wechselnde Injektion von Phenol, Benzoat und 3-Chlorphenol gewählt. Dazu wurde der Sensor in ein FIA-System eingebaut. In Abb. 5.14. sind die Ergebnisse für *Rhodococcus* spec. P1 (phenolinduziert) dargestellt. Es ist eine starke Abnahme der Phenol-Peakfläche zu beobachten, die sich nach etwa 24 Stunden auf die Hälfte reduziert hatte. Die Peakfläche des Chlorphenols betrug dann ca. 20% bezüglich des Phenolsignals. Im Benzoat-induzierten Zustand (Abb. 5.15.) konnte diese drastische Aktivitätsabnahme für Phenol nicht beobachtet werden. Sowohl die Peakfläche für Benzoat als auch für 3-Chlorphenol erhöhten sich gegenüber dem Phenol. Es konnte ein Peakflächenverhältnis 3-Chlorphenol/ Phenol von etwa 0,6 beobachtet werden.

Der Vergeich mit dem submersen Abbaus von 3-Chlorphenol durch *Rhododcoccus* spec. P1 beider Induktionszustände konnte die BAS-Ergebnisse bestätigen. Der Abbau von 3-Chlorphenol erfolgte durch den benzoatinduzierten *Rhodococcus* wesentlich schneller.

Damit ist unter Einsatz der BAS-Methodik nicht nur eine Optimierung des Induktionszustandes, sondern auch eine breitangelegte und kostengünstige Suche nach eventuellen Co-Substraten möglich.

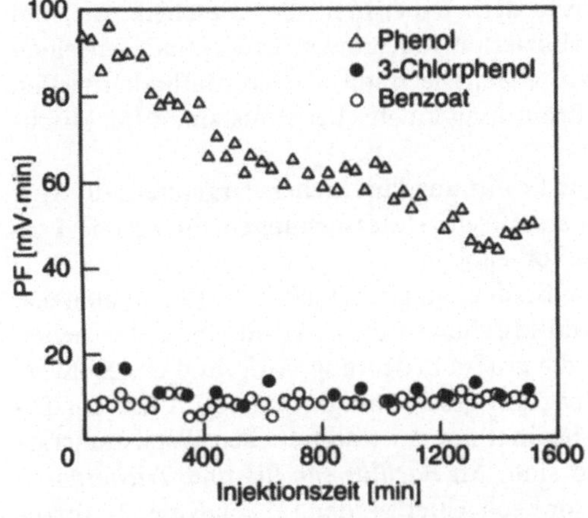

Abb. 5.14. Aktivitätsverhalten von *Rhodococcus* spec. P1 bei wechselnder Injektion von Phenol, Benzoat und 3-Chlorphenol (Phenol-induziert, BAS-FIA, $V_C = 3\,\text{ml/min}$, $C_{0,\text{Pr}} = 100\,\mu\text{M}$, $f_I = 6\,\text{h}^{-1}$, $t_K = 1,3\,\text{s}$)

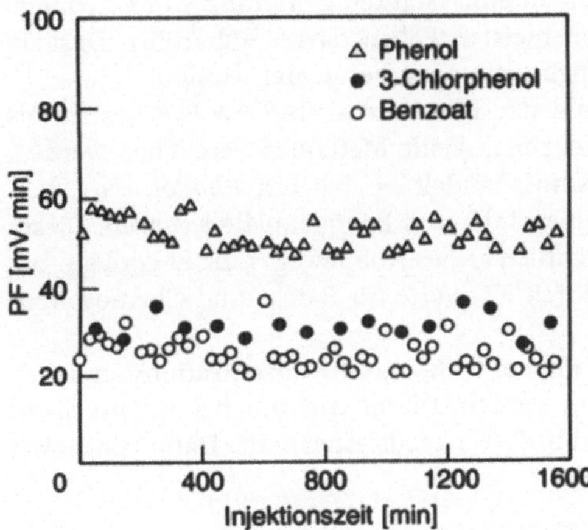

Abb. 5.15. Aktivitätsverhalten von *Rhodococcus* spec. P1 bei wechselnder Injektion von Phenol, Benzoat und 3-Chlorphenol (Benzoat-induziert, gleiche Parameter wie Abb. 5.14.)

5.6
Anwendung bei der Verfahrensentwicklung/-optimierung

5.6.1
Ermittlung kinetischer Parameter

Bei der Entwicklung/Modellierung mikrobieller Verfahren sind kinetische Daten wie μ_{max} oder K_S notwendig. Mit der MONOD-Kinetik

$$\mu = \frac{\mu_{\text{max}} \cdot [S]}{K_S + [S]}$$

wird der geschwindigkeitslimitierende Schritt beim Wachstum beschrieben. Dieser limitierende Schritt kann beispielsweise die Aufnahme des Substrates oder eine enzymatische Reaktion im Abbauweg sein.

Bislang wurden diese Konstanten mit einiger Sicherheit für Mikroorganismenreinkulturen mittels Batch- bzw. Chemostaten-Untersuchungen ermittelt. Diese Untersuchungen sind zeitintensiv und erfordern experimentelles Geschick. So sind beim Vergleich der in der Literatur publizierten Konstanten für ein und denselben Stamm oft große Abweichungen festzustellen. Die traditionellen Methoden treffen auf Schwierigkeiten, wenn es um die Ermittlung kinetischer Konstanten für Mischkulturen bzw. Biofilme geht.

In einem Vergleich der Methoden zur Ermittlung kinetischer Parameter [20] wird die Möglichkeit der Nutzung von Sauerstoffzehr-Untersuchungen für aerobe Prozesse auf Grund ihrer Universalität hervorgehoben.

Mittels mikrobieller Sensoren ist es außerdem möglich, kinetische Konstanten u.a. von schwer zugänglichen Biofilmen und Mischkulturen zu ermitteln. Dabei haben Sättigungskonstanten wie der K_S-Wert die größte Bedeutung. Aufgrund des Meßverfahrens lassen sich nur (maximale) Reaktionsgeschwindigkeiten (v_{max}) mit der Dimension $nA \cdot min^{-1}$ ermitteln, die nur bedingt mit der traditionellen Wachstumsrate mit der Dimension h^{-1} zu vergleichen sind. An *Bacillus subtilis* und *Trichosporon cutaneum* konnte des weiteren am Sensor beobachtet werden [22], daß eine Vorinkubation mit unterschiedlichen Substraten zu einer starken Erhöhung von v_{max} führt. Eine Veränderung von K_S blieb in den meisten Fällen davon unberührt. Deshalb sollen an dieser Stelle nur die K_S-Wert-Ermittlungen betrachtet werden.

Für diese Untersuchungen ist sowohl der Einsatz von BAS im FIA-System als auch im FAS möglich. In einem Beispiel sollen beide Methoden verglichen werden.

Bei dem verwendeten Mikroorganismus handelt es sich um *Rhodococcus* spec. P1. Er kann auf Phenol als einziger Kohlenstoff- und Energiequelle wachsen. Dieser Organismus wurde gewählt, da er hinsichtlich seines Abbauweges für Phenol gut beschrieben ist [8,9,10] und mehrere Autoren K_S-Werte für Batch- und Chemostaten-Kultur publiziert hatten.

Bei *Rhodococcus* spec. P1 kann für Phenol in höheren Konzentrationsbereichen (> 100 μM) ein Doppelpeak beobachtet werden. Dieser tritt nur bei entsprechend kurzen Kontaktzeiten, wie mit FIA (Abb. 5.16.) realisierbar, auf. Dafür sind zwei

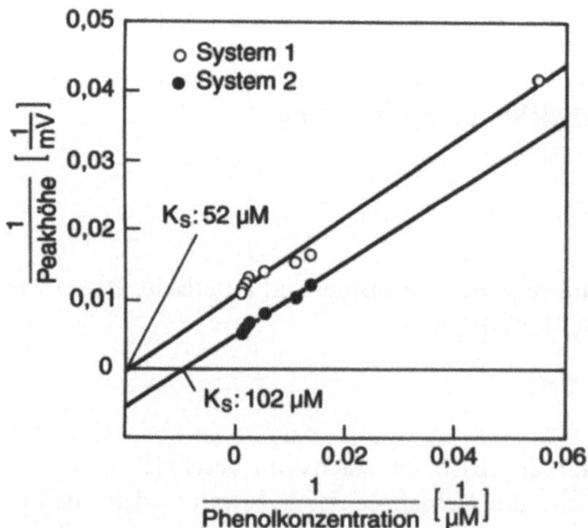

Abb. 5.16. Lineweaver-Burk-Auftragung zur Ermittlung von K_S von *Rhodococcus* spec. P1 für Phenol (Phenol-induziert, BAS-FIA, $V_C = 3\,ml/min$, $f_1 = 12\,h^{-1}$, $t_K = 6{,}6\,s$)

unterschiedliche Aufnahmesyteme verantwortlich (vgl. Abb. 5.19.), die zeitlich versetzt in Erscheinung treten. Deshalb wurden beide bei den entsprechenden Phenolkonzentrationen auftretenden Peakhöhen einer Auswertung unterzogen. Für beide Systeme konnte eine unterschiedliche Sättigungskinetik beobachtet werden.

Die Verwendung von FAS (Abb. 5.17.) läßt nur eine Auswertung der Respirationsrate zu. Eine Auftrennung beider Aufnahmesysteme fand nicht statt. Eine Auswertung der erhaltenen Meßwerte mit dem Einbringen von zwei Geraden ist nur mit Kenntnis der FIA-Ergenisse gerechtfertigt.

Die ermittelten K_S-Werte (FIA bzw. FAS) für *Rhodococcus* spec. P1 für das Aufnahmesystem 1 (52 bzw. 54 μM) und für das Aufnahmesystem 2 (102 bzw. 116 μM) liegen im Bereich der in der Literatur publizierten Werte. Das gleiche gilt für andere untersuchte Reinkulturen. Diese Methodik wurde auch zur Ermittlung von K_S für Toluol-verwertende *Pseudomonaden*-Stämme eingesetzt. Die bei traditionellen Methoden auftretenden Probleme bezüglich der Gas-Flüssig-Verteilung leichtflüchtiger Substrate konnten dabei vermieden werden.

Aber nicht nur Reinkulturen, sondern auch Mischkulturen bzw. Biofilme, sind damit einer effektiven Ermittlung kinetischer Konstanten zugänglich geworden.

Das bedeutet, daß es bei Ausschluß anderer limitierender Randbedingungen möglich ist, mittels BAS im FIA-System als auch im FAS eine K_S-Wert-Ermittlung für ein verwertbares Substrat sowohl für Mikroorganismenrein- und -mischkulturen als auch für Biofilme effektiv durchzuführen. Weiterhin kann eine Veränderung der Mikroorganismenpopulation vermieden werden. Damit sind auch prognostische Aussagen über eine Populationsdynamik bearbeitbar.

Da die Randbedingungen, die zur Ermittlung des K_S-Wertes mit den klassischen Methoden notwendig sind, nicht mit denen der BAS-Methodik übereinstimmen und zusätzliche Effekte (Diffusion) hinzukommen, sollte korrekterweise von einem scheinbaren K_S-Wert (apparent K_S) gesprochen werden.

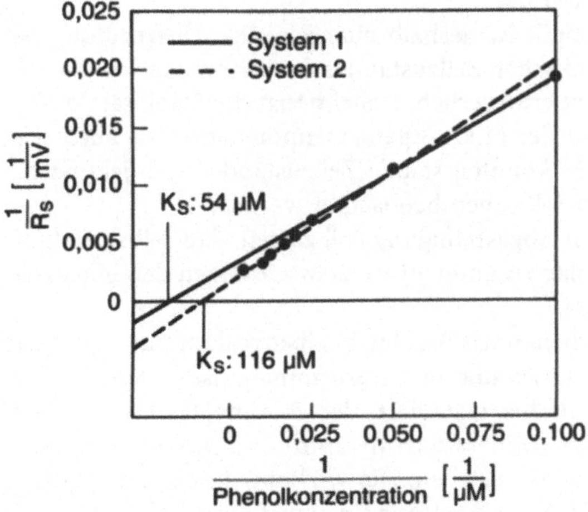

Abb. 5.17. Lineweaver-Burk-Auftragung zur Ermittlung von K_S von *Rhodococcus* spec. P1 für Phenol (Phenol-induziert, BAS-FAS $V_C = 3\,\text{ml/min}$, $f_I = 3\,\text{h}^{-1}$, $t_K = 5\,\text{min}$)

Beim mikrobiellen Abbau toxischer Verbindungen treten oft bei höheren Substratkonzentrationen Erscheinungen einer Wachstumsinhibierung auf. So kann z. B. *Rhodococcus* spec. P1 in Batch-Kultur Phenol bis zu einer Konzentration von 2,8 g/l abbauen. Jedoch tritt oberhalb von 0,25 g/l Phenol schon eine Verringerung der Wachstumsrate auf [27]. Diese Effekte der Substrathemmung können besonders gut mittels FAS bewertet werden.

Eine Simulation praxisnaher Temperaturbereiche in Bezug auf die Ermittlung kinetischer Konstanten ist mit der vorgestellten Methodik ebenfalls möglich.

5.6.2
Ermittlung optimaler Betriebskriterien

Dieses Kapitel soll zeigen, wie durch eine Charakterisierung der aktuellen Prozeßmikroorganismen eine Optimierung der Fahrweise mikrobieller Prozesse bzw. eine Optimierung mikrobieller Verfahren zu erreichen ist.

Für diese Untersuchungen sind einige Voraussetzungen zu erfüllen. Erstens ist es für eine zeitnahe Ermittlung des physiologisch/biochemischen Zellzustandes notwendig, daß die in den Sensor eingesetzten Mikroorganismen den Zustand der jeweiligen Prozeßzeit repräsentieren. Des weiteren dürfen die Untersuchungen mittels BAS-Methodik zu keiner Veränderung dieses Zustandes führen. Die Prozeßmikroorganismen müssen also im Sensor ausreichend lang im Prozeßzustand verbleiben, bzw. die Untersuchungszeiten sind entsprechend zu verkürzen.

Für *Vibrio*-Zellen konnten gravierende physiologisch/biochemische Veränderungen nach dem Einstellen von Hungerzuständen beobachtet werden [16]. So wurde beschrieben, daß zuerst Reservestoffe veratmet werden, anschließend ein Einbau hochaffiner Aufnahmesysteme in die Zellmembran, der Abwurf der Geisel und eine Mikrozellbildung erfolgte. Für *Vibrio* konnte der Übergang von Phase I in Phase II schon nach ca. 30 min festgestellt werden.

Für den Einsatz der BAS-Methodik ist deshalb eine jeweilige Überprüfung der Stabilität des physiologisch/biochemischen Zellzustandes der zu untersuchenden Mikroorganismenpopulation zwingend erforderlich. Dabei hängt die Stabilität des eingesetzten Zellzustandes sowohl von der Mikroorganismenpopulation als auch vom gewählten Induktionszustand ab. Es konnten stabile Zellzustände bei Injektion definierter Proben von 30 min bis über Wochen beobachtet werden.

Ein Beispiel aus der biologischen Abgasreinigung soll zeigen, daß selbst Biofilme nach Dauerkontakt mit sehr komplex zusammengesetzten Lösungen den eingesetzten Zellzustand beibehalten können.

Dazu wurde aus einem stabil arbeitenden Biofilmrieselbettreaktor zur Reinigung toluolhaltiger Abluft Biofilm entnommen und im Sensor immobilisiert. Vor der Carrierpumpe wurde ein Gradientenmischer installiert, der es ermöglicht, einen definierten Gradienten zwischen Carrier (Mineralsalz-Medium) und mikroorganismenfreier Sumpfflüssigkeit des Reaktors herzustellen. Die Wirkung dieser Sumpfflüssigkeit auf die Toluolverwertung des Biofilms konnte so untersucht werden (Abb. 5.18.). Es zeigte sich, daß auch nach 250 min Versuchszeit die ursprünglichen PH bzw. PF wieder auftraten, wenn auf reines Mineralsalzmedium zurückgeschaltet wurde.

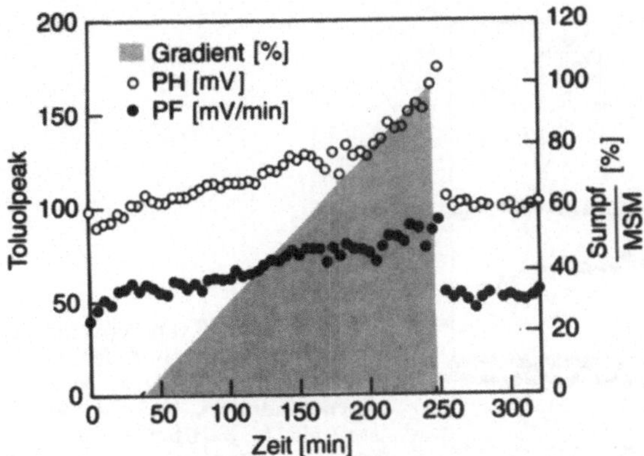

Abb. 5.18. Einfluß des Biofiltersumpfes (mikroorganismenfrei) auf die Toluol-Verwertung des Biofilter-Biofilms (BAS-FIA, $V_C = 2,5\,\text{ml/min}$, $C_{0,\text{Pr}} = 500\,\mu\text{M}$, $f_I = 12\,\text{h}^{-1}$, $t_K = 9,1\,\text{s}$)

5.7
Anwendung in der Grundlagenforschung

Durch die Verwendung der BAS-Methodik konnte für *Rhodococcus* spec. P1 nachgewiesen werden, daß er Phenol über zwei unterschiedliche Systeme aufnehmen kann [24]. Für diese Untersuchungen wurde der Sensor in ein FIA-System integriert. Dadurch konnte eine reproduzierbare kurze Kontaktzeit des Substrates mit den Mikroorganismen erreicht werden. Die für traditionelle Techniken bekannte Methode der Puls-Untersuchungen konnte damit auf extrem kurze Zeiten (1/10 Sekundenbereich möglich) erweitert werden. Dadurch ist eine Untersuchung unterschiedlich schneller Aufnahmesysteme eines Mikroorganismus für metabolisierbare Verbindungen realisierbar. Andererseits kann eine Unterscheidung von Aufnahmesystemen für unterschiedliche Verbindungen durch ein Spektrum unterschiedlicher Kontaktzeiten erfolgen.

Im folgenden Beispiel wurden phenolinduzierte *Rhodococcus*-Zellen vor dem Sensor immobilisiert und anschließend 72 h mit einer Frequenz von $6\,\text{h}^{-1}$ 65 μl 100 μM Phenol in den Carrierstrom injiziert. Die Zellen waren in dieser Zeit an die Phenolkonzentration und Dosierfrequenz angepaßt, so daß nur über System 1 Phenol aufgenommen wurde (die ersten drei Meßpunkte der Abb. 5.19.). Nach diesen 72 h wurde sprunghaft die Konzentration auf 1 mM Phenol bei gleichbleibender Injektionsfrequenz erhöht. Es konnte eine Doppelgipfligkeit aufgezeichnet werden, wobei nach weiteren Injektionen der zweite Peak in seiner Fläche und Höhe zunahm und seine Peakmaximumzeit verringerte. Diese Erscheinungen können nur beobachtet werden, wenn die Kontaktzeit der Probe kurz genug ist, so daß es zu einer Auflösung beider Aufnahmesysteme kommt.

Bei einer Wiederholung des Versuchs wurde nach 72 h ebenfalls 1 mM Phenol injiziert und nach der dritten 1 mM-Phenolinjektion auf einen Cerulenin-haltigen Carrier (10 mg/l) gewechselt. Cerulenin ist ein Inhibitor der Fettsäure-*de novo*-Synthese [6]. Es zeigte sich, daß die im ersten Versuch ohne Cerulenin festgestellte Optimierung des zweiten Systems gehemmt wird. Da die Zellen phenolinduziert waren

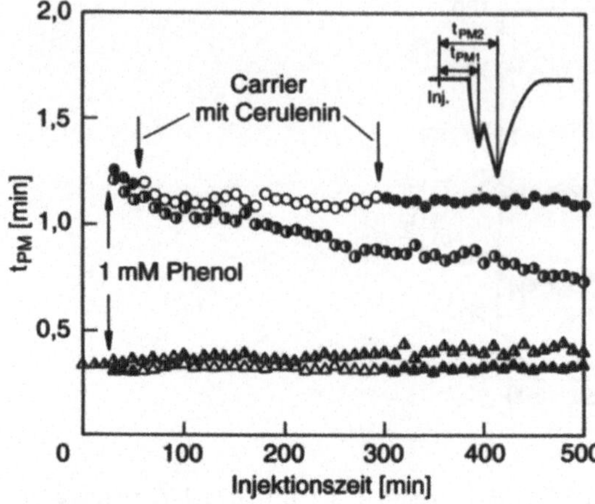

Abb. 5.19. Einfluß von Cerulenin auf die Optimierung von Aufnahmesystem 2 von *Rhodococcus* spec. P1 (Phenol-induziert, BAS-FIA, V_C = 3 ml/min, f_I = 6 h^{-1}, t_K = 1,3 s; Kreise-t_{PM2}, Dreiecke-t_{PM1}, ▲ und ◐ Kontrollansatz, △ und ○ Carrier mit Cerulenin (10 mg/l))

und über 72 h Phenolkontakt hatten, kann davon ausgegangen werden, daß sich das phenolveratmende System diesem Rhythmus angepaßt hatte. Durch die plötzliche Erhöhung der Konzentration wurde Phenol über ein weiteres, nicht optimiertes System aufgenommen. Da Cerulenin die Optimierung diese Systems hemmt, muß angenommen werden, daß die aktivier- und optimierbare Aufnahme von Phenol über ein Lipidsystem erfolgt, welches durch ein bestimmtes cis-trans-Fettsäurenverhältnis [7] geprägt ist.

Bei den Untersuchungen zu K_S (vgl. Abschn. 5.6.1) wurden zwei unterschiedliche Sättigungskinetiken für System 1 und System 2 beschrieben. Daß es sich um verschiedene Aufnahmesysteme handelt, zeigt auch die Wirkung von Cerulenin auf die Optimierung von System 2.

Eine Untersuchung der Beeinflußbarkeit von Aufnahmesystemen durch andere, eventuell metabolisierbare Verbindungen zeigt Abb. 5.20. Dazu wurde das Substrat (Phenol) mit der zu testenden Verbindung (Glucose) in den angegebenen Konzentrationsbereichen vermischt und als Probe eingesetzt. Hier wurde ganz bewußt keine Auswertung der Peakhöhen sondern der Peakflächen vorgenommen, da diese ein Maß für die Gesamtsauerstoffzehrung für die aufgenommenen Substrate darstellen. Es ist zu erkennen, daß Glucose von *Rhodococcus* spec. P1 sehr schlecht verwertet

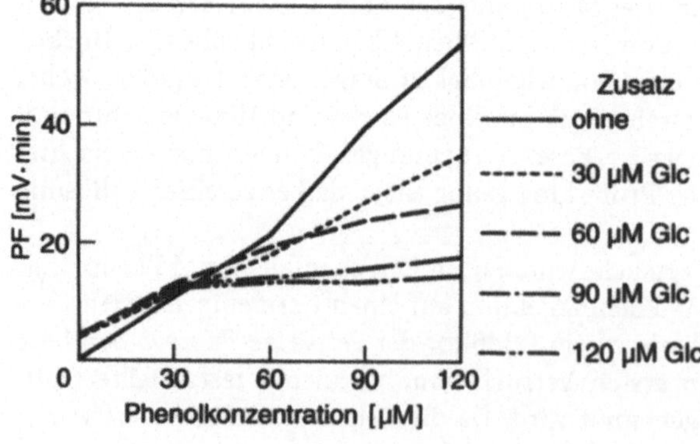

Abb. 5.20. Einfluß von Glucose auf die Aufnahme von Phenol durch *Rhodococcus* spec. P1 (Phenol-induziert, BAS-FIA, V_C = 3 ml/min, f_I = 6 h^{-1}, t_K = 1,3 s)

wird. Eine deutliche Abhängigkeit der Peakflächen von der Glucosekonzentration ist besonders oberhalb des K_S-Wertes für System 1 (ca. 50 μM Phenol) zu beobachten [24].

Es kann zusammenfassend gesagt werden, daß die BAS-Methodik auch für die Grundlagenforschung von Interesse ist, da hier besonders effektiv ein weiter Bereich von experimentellen Fragestellungen mit einer hohen Datendichte zu untersuchen ist.

Es muß aber an dieser Stelle auch hervorgehoben werden, daß der Einsatz der BAS-Methodik nur dann effektiv ist, wenn sehr konkrete Arbeitshypothesen für eine Versuchsplanung vorliegen.

Orientierende Aussagen zu Abbauwegen von Verbindungen sind durch eine zielgerichtete Auswertung der Abbauspektren (vgl. Abschn. 5.5.1) möglich. Dazu sind Untersuchungen der verschiedenen Induktionszustände notwendig.

5.8
Ausblick

Die im Kapitel „Bio-Aktivitäts-Sensorik" aufgezeigten beispielhaften Einsatzmöglichkeiten beschränkten sich im wesentlichen auf Untersuchungen kataboler Leistungen aerober Mikroorganismen. Dazu wurde als Transducer im mikrobiellen Sensor die Sauerstoffelektrode verwendet. Weite Bereiche mikrobieller Leistungen im Umweltschutz sind damit zu beschreiben.

Durch den Vergleich der Ergebnisse (BAS-Methodik/traditionelle Techniken) konnte bewiesen werden, daß die Bio-Aktivitäts-Sensorik (unter Berücksichtigungen von Randbedingungen) eine Methode darstellt, die zu einer Beschreibung nativer Zellzustände geeignet ist.

Durch eine Erweiterung des Transducerspektrums (z. B. kombinierter Einsatz zur Bestimmung von Sauerstoff, Wärmetönung ab 1/1000 K Auflösung, Fluorenszens im 340 nm-Bereich und pH) ist die BAS-Methodik noch breiter anzuwenden. Damit wäre die Beobachtung vielfältiger mikrobieller Leistungen möglich.

Für ein kontinuierliches Monitoring mikrobieller Prozesse hinsichtlich des physiologisch/biochemischen Zellzustandes ist eine automatische Online- bzw. zeitnahe Beladung des mikrobiellen Sensors mit der Prozeßpopulation notwendig. Bei dieser Beladung dürfen keinerlei Veränderungen an den Mikroorganismen auftreten, die eine Charakterisierung der Prozeßpopulation tangieren.

Ein weiteres Problem ist die Ermittlung von Prozeßmikroorganismencharakterisierenden Proben. Für den Umweltbereich stellt die Auswahl geeigneter Proben (Art und Konzentration), bei Kenntnis der abzubauenden Komponenten, kein großes Problem dar. Bei der Charakterisierung von Mikroorganismen anderer Prozesse muß auf die Erfahrungen der Grundlagenforschung bzw. Verfahrensentwickler für die Auswahl geeigneter Proben zurückgegriffen werden. Bei Nutzung optimaler Versuchsanordnungen ist auch die breitangelegte Suche nach geeigneten Proben unter Einsatz von FIA-Technik eine lösbare Aufgabe.

Außerdem müssen Lösungsansätze geschaffen werden, wenn es darum geht, bei der Zellzustandscharakterisierung mehrere Proben einzusetzten. Zu einer ausreichend genauen Charakterisierung der Mikroorganismen kann es beispielsweise notwendig werden, daß zehn und mehr verschiedene Proben dafür zu nutzen sind. Bei der technischen Lösung dieser Aufgabe sind die Phänome der Dispersion, Druckverluste und der notwendige Zeitbedarf zu berücksichtigen. Unter Berücksichtigung der beschriebenen Randbedingungen kann die BAS-Methodik ein wertvolles Instrument zur Optimierung mikrobieller Prozesse sein. Denkbare Anwendungsmöglichkeiten sind eine Identitätskontrolle der eingesetzten Mikroorganismen bei sterilen Fermentationen, ein schneller Infektionsnachweis oder der Nachweis des Verlustes z. B. plasmidärer Leistungen. Außerdem könnten so Zellzustände ermittelt werden, bei denen eine optimale intrazelluläre Produktbildung erfolgt. Diese Kenntnisse könnten bei mikrobielle Verfahren zu objektiven Abbruchkriterien und damit zu höheren Ausbeuten führen.

Mit BAS eröffnen sich auf Grund von Kenntnissen physiologischer Zellzustände die Möglichkeit Erkenntnisse aus der Grundlagenforschung effizient einer technischen Nutzung zuzuführen.

Literatur

1 M. A. Arnold, G. A. Rechnitz: Anal. Chem. **52** 1170, 1980
2 S. L. Belli, G. A. Rechnitz: Anal. Lett. **19** 403, 1986
3 S. Birnbaum, L. Bülow, K. Hardy, B. Danielsson, K. Mosbach: Anal. Biochem. **158** 12, 1986
4 L. L. Clark, C. Lyons: New York Acad. Science, **102** 29, 1962
5 D. Divies: Ann. Microbiol., Paris **126A** 175, 1975
6 I. Goldberg, J. R. Walker, K. Bloch: Antimicrobiol Agents and Chemotherapy **3** (5) 549, 1973
7 H.-J. Heipieper, R. Diefenbach, H. Keweloh: Applied and Environmental Microbiology **58** (6), 1847, 1992
8 J. Hensel; G. Straube: Acta hydrochim. et hydribiol. **11** 637, 1983
9 J. Hensel; G. Straube: Antonie van Leeuwenhoek **57** 33, 1990
10 J. Hensel: Dissertation, Martin-Luther-Universität Halle-Wittenberg, 1980
11 M. Hikuma; H. Suzuki; T. Yasada; I. Karube; S. Suzuki: Eur. J. Appl. Micribiol. **8** 289, 1979
12 I. Karube, M. Suzuki, Biosensors - A practical approach. ed.: Cass A.E.G., IRL PRESS, Oxford University Press, 155, 1990
13 I. Karube; T. Matsunaga; S. Mitsuda; S. Suzuki: Biotechnol. Bioeng. **19** 1535, 1977
14 I. Karube; T. Matsunaga; S. Suzuki: J. Solid-Phase Biochem. **2** 97, 1977
15 I. Karube; T. Matsunaga; S. Suzuki: Anal. Chim. Acta 109 39, 1977
16 S. Kjelleberg; N. Albertson; K. Flärdh; L. Holmquist; A. Jouper-Jaan; R. Marouga; J. Östling, B. Svenblad, D. Weichart: Antonie van Leeuwenhoek **63** 333, 1993
17 J. J. Kulys, K.-V. Kadziauskiene: Biotechnol. Bioeng. **22** 221, 1980
18 L. Macholán, L. Schánel: Biologia **39** 1191, 1984
19 T. Matsunaga, Y. Namba: Anal. Chem. **56** 798, 1984
20 J. D. Owens, J. D. Legan: FEMS Microbiol. Reviews **46** 419, 1987
21 K. Riedel, F. Scheller: Analyst **112** 341, 1987
22 K. Riedel; R. Renneberg; F. Scheller: Bioelectrochem. Bioenerg. **22** 113, 1989
23 K. Riedel: Bioelectrochem. Bioenerg. **25** 19, 1991
24 S. Rothe: Dissertation, Martin-Luther-Universität Halle-Wittenberg, 1993
25 F. Scheller; R. Renneberg; F. Schubert: Methods Enzymol. **137** 42, 1988
26 F. Scheller, F. Schubert: Biosensoren. Akademie-Verlag Berlin, 1989
27 G. Straube; J. Hensel; C. Niedan; E. Straube: Antonie van Leeuwenhoek **57** 29, 1990
28 E. Tamiya; I. Karube; Y. Kitagawa; M. Ameyama; K. Nakashima: Anal. Chim. Acta **207** 77, 1988
29 T. Tsuchida, K. Yoda: Clin. Chim. **29** 51, 1983

6 Fahrzeugelektronik mit einer Vielzahl von Sensoren

G. Brasseur

6.1
Einleitung

Noch zu Beginn der 70er Jahre kamen die meisten Personenkraftwagen in Europa ohne Elektronik am Motor und im Antriebsstrang aus. Das Auto funktionierte nahezu rein mechanisch, Teile der Bordelektrik, wie z. B. die beim Ottomotor notwendige, kontaktgesteuerte Zündung waren wartungsintensiv und fehleranfällig (Kontaktabbrand, Nässe, ...). Nicht zuletzt deshalb schrieb man Dieselfahrzeugen eine höhere Zuverlässigkeit als solchen, die mit einem Ottomotor ausgerüstet sind, zu. Die wenigen im Fahrzeug eingebauten Sensoren dienten nur dem Fahrer als Informationsquelle über gewisse Fahrzeugparameter wie z. B. die Kühlwassertemperatur, den Tankinhalt und die Fahrzeuggeschwindigkeit. Die Wertschöpfung der Sensorik im Kraftfahrzeug war verschwindend.

Knapp drei Jahrzehnte später hat sich das Bild völlig gewandelt. Die Wertschöpfung der Elektronik beim PKW liegt heute bei ca. 15 bis 20 %, mit steigender Tendenz. Es entwickelte sich eine fruchtbare Symbiose zwischen der „kraftvollen" Mechanik und der „intelligenten" Elektronik, die im Fahrzeug ablaufende mechanische Prozesse sensiert und über geeignete Aktuatoren beeinflußt. Heutige Motorsteuerungen für Diesel- und Ottomotoren haben ca. 100 Anschlüsse, von denen etwa 2/3 zu Sensoren und etwa 1/3 zu Aktuatoren führen. Nur dank der aufwendigen, sensorgestützten Prozeßführung können die immer höheren und sich teilweise widersprechenden Anforderungen an den Kraftstoffverbrauch (CO_2-Emissionen), an den Schadstoffausstoß, an die Fahrleistungen, an den Fahrkomfort und an die Zuverlässigkeit erfüllt werden. Autos der unteren Hubraumklasse verfügen bereits über etwa 20, PKW der Mittelklasse über etwa 40 und PKW der gehobenen Klasse über etwa 80 Sensoren [1]. Für das Jahr 2000 erwartet man, daß in jedem Fahrzeug Sensoren im Wert von 500 DM [2] bis 800 DM [3] eingebaut sein werden. 1988 erreichte der Umsatz für Fahrzeugsensoren bereits ein weltweites Volumen von 9 Mrd. DM, wovon ungefähr die Hälfte auf Europa entfiel, was Platz zwei in der Reihe des weltweiten Sensormarkts bedeutet [4].

Hier drängt sich die Frage auf, weshalb die Elektronik und die mit ihr verbundene Sensorik erst so spät und so schleppend Einzug im Kraftfahrzeug fanden. (Der Nachholbedarf zeigt sich in den oben erwähnten, kräftigen Wachstumsraten.) Die vier wichtigsten Gründe sind:

- Die mechanisch arbeitenden Systeme funktionierten zufriedenstellend. Eine Verbesserung der Motorleistung und des Drehmoments waren bis in die 60er Jahre das Hauptziel der Motorenentwicklung. Kraftstoffverbrauch und Schadstoffausstoß waren von untergeordneter Bedeutung. Die Automobilkonzerne sahen keine Notwendigkeit, Elektronik im Fahrzeug einzuführen.
- Erst die Einführung von nationalen Abgasemissionsgrenzwerten (1968 in den USA mit dem *Clean Air Act* und 1971 in Europa mit der ECE-Regelung) und die sogenannte Ölkrise, beginnend mit dem Jahr 1973, zwangen die Konzerne, auch verbrauchs- und schadstoffoptimierte Fahrzeuge zu entwickeln. Das bedeutete jedoch nicht, Elektronik einsetzen zu müssen. Die traditionell von der Mechanik kommenden Automobilkonzerne suchten bei der Problembewältigung natürlich zuerst nach mechanischen Lösungen. Erst wenn keine kostenmäßig vergleichbare mechanische Alternative gefunden werden konnte, setzte man ein elektronisches System ein. Die Automobilkonzerne hatten wenig automobilelektronisches Wissen und mußten daher diese neuen Systeme in Kooperation mit Zulieferbetrieben aus dem Bereich der Elektronik erarbeiten. Immerhin wollten zwei völlig unterschiedliche Fachrichtungen miteinander kooperieren. Jeder mußte erst die Sprache und die Probleme des anderen kennen und verstehen lernen, bevor gemeinsam sinnvolle Lösungen gefunden werden konnten. Das benötigte zum einen Zeit und zum anderen wurde dadurch den wenigen am Markt vertretenen Elektronik-Zulieferbetrieben Einfluß in die Hand gegeben, der beim Fahrzeughersteller nicht gerne gesehen war.
- Die ersten im Kraftfahrzeug eingesetzten elektronischen Systeme erfüllten nicht die Zuverlässigkeitsansprüche, die man aus der Mechanik gewöhnt war. Das begründete den schlechten Ruf der Automobilelektronik, der nur mit viel Aufwand und sehr langsam wieder ausgeräumt werden konnte. Die Umgebung, in der die Automobilelektronik klaglos über eine Betriebslebensdauer von 3.000 ... 5.000 h (oder 200.000 km) funktionieren soll, ist auch ausgesprochen „elektronikfeindlich" (siehe Tabelle 6.1.). Selbst heute kommt es noch vor, daß man der Zuverlässigkeit eines sicherheitsrelevanten elektronischen Systems mißtraut und zusätzlich ein redundantes mechanisches Notlaufsystem vorsieht (z. B. das elektronische Gaspedal der Fa. VDO [6]).

Tabelle 6.1. Die Umweltbelastungen von Fahrzeugsensoren

Einsatztemperatur:	Von −40 °C bis mindestens +80 °C im Innenraum, bis +120 °C im Motorraum, bis +150 °C und mehr am Motorblock und an der Bremsanlage.
Vibrationsbelastung:	An der Karosserie bis zu 10 g im Frequenzbereich von 10 bis 200 Hz, am Motorblock bis zu 40 g im Frequenzbereich von 10 bis 2000 Hz (an ungünstigen Stellen bis zu 100 g) und am Rad bis zu 1000 g.
Elektromagnetische Störfelder:	Nach [5] bis zu 200 V/m im Frequenzbereich von 500 kHz bis 1 GHz oder nach [4] bis zu 300 V/m im Frequenzbereich von 100 kHz bis 750 MHz.
Verschmutzung:	*Gering* im Fahrzeuginneren, bis zu *extrem* im Motorraum und am Antriebsstrang.

– Einige Techniken und Technologien, die heute die Zuverlässigkeitsanforderungen
  der Automobilkonzerne an die Fahrzeugelektronik absichern und ihr letztlich
  zum Durchbruch verhalfen, waren Anfang der 70er Jahre noch nicht verfügbar.
  Das Entwicklungsteam eines Steuergeräts mußte die vom Maschinenbau ver-
  langten Funktionen über diskret aufgebaute Analogschaltungen realisieren. Die
  Sensoren lieferten vorwiegend analoge Ausgangsgrößen und hatten aus Robust-
  heitsgründen keine Elektronik vor Ort. Eine schlechte Langzeitstabilität der im
  Steuergerät abgelegten Funktionen und die Notwendigkeit spezieller Übertra-
  gungskennlinien von Sensoren und Aktuatoren waren die Folge der Analogtech-
  nik. Trotz einfacher Funktionalität war die Anzahl der Bauteile in Steuergeräten
  und damit die Ausfallwahrscheinlichkeit hoch. (Antiblockiersysteme konnten z. B.
  deshalb erst viel später als ursprünglich geplant in eine Serienproduktion übernommen werden [7].)

Die Hersteller mußten erst lernen, das Gesamtsystem mit allen nur erdenklichen
Fehlermöglichkeiten zu betrachten, denn ob die Schuld für einen Systemausfall an
der Mechanik, am Sensor, an einer Steckverbindung im Kabelbaum, am Steuergerät oder am Aktuator liegt, ist für den Kunden unerheblich. Heute können Automobilkonzerne und deren Zulieferbetriebe auf langjährige Erfahrungen über die
tatsächlich auftretenden, fahrzeugspezifischen Belastungen der Elektronik und deren Ausfallhäufigkeit zurückgreifen. Man weiß daher schon zu Beginn einer neuen
Entwicklung ziemlich genau, welche Maßstäbe anzulegen sind. (Als Beispiel verglei-
che man die heutigen Steckverbindungen im Kabelbaum eines Kraftfahrzeuges mit
jenen von vor 20 Jahren.)

Standen früher die Kosten und die Funktion einer Komponente im Vordergrund,
so wird heute zusätzlich besonderer Wert auf deren Zuverlässigkeit und Ausfall-
sicherheit gelegt. Eigendiagnosefähigkeit und Redundanz können helfen, die weiter steigenden Anforderungen an die Systemzuverlässigkeit zu erfüllen. Ein Punkt,
der auch bei Sensoren immer wichtiger wird. Man läßt z. B. von der Komponente
„Fahrpedalgeber" (bestehend aus Sensor, Gehäuse und Betätigungsmechanik), die
den Fahrerwunsch in einem „Drive by Wire System" an das Steuergerät meldet, eine
Fehlerrate von maximal 10 ppm auf 20.000 km (entspricht einem Jahr Fahrzeugbe-
trieb) zu. Ferner darf ein einfacher Fehler nicht zum Ausfall des Systems führen, die
Verfügbarkeit muß erhalten bleiben. Solche Forderungen sind mit den klassischen
im Fahrzeug eingesetzten Sensorprinzipien, z. B. Potentiometern, kaum erfüllbar.

Eine im Maschinenbau wirksame Methode zur Erhöhung der Zuverlässigkeit, die
Überdimensionierung kritischer Bauteile, funktioniert in der Elektronik so gut wie
nicht. Lösungen aus der Militär-, Flug- und Raumfahrttechnik können in der Regel
auch nicht übernommen werden, da sie, gemessen an den Maßstäben der Automobilindustrie, weder kostengünstig noch massenfertigungsgerecht sind. Bei den Steuergeräten fand sich die Lösung für akzeptable Fehlerraten erst nach Einführung der
Digitaltechnik, hochintegrierter signalverarbeitender Halbleiterbauteile (ICs), von
Mikrokontrollern (μCs), gemischt analog-digitaler ICs, hochintegrierter Leistungs-
bauteile, der Oberflächenmontagetechnik (SMT oder SMD), der Dünn- oder Dick-
filmtechnik und fahrzeugtauglicher Methoden zur Prüfung der elektromagnetischen
Verträglichkeit (EMV). Diese Überlegungen gelten natürlich auch für Sensoren, sie
sind allerdings erst in wenige Produkte eingeflossen (z. B. bei einem kapazitiven

Drucksensor zur Messung des Einspritzbeginns bei einer Dieseleinspritzpumpe, der 1994 von der Firma Texas Instruments in Serie gebracht wurde).

Steuergeräte kann man möglichst geschützt, z. B. im Innenraum, unterbringen. Um eine Prozeßgröße in einen elektrischen Meßwert wandeln zu können, müssen Sensoren fast immer vor Ort montiert sein, z. B. am Motorblock. Die Platzverhältnisse und die Umwelteinflüsse sind dann noch schwieriger als bei Steuergeräten (siehe Tabelle 6.1.). Das läßt auch heute noch die Automobilkonzerne zurückschrecken, Sensoren mit Elektronik vor Ort zuzulassen. Man vertraut lieber auf einfache und bereits erprobte Verfahren, die zwar weniger leisten als die elektronisch aufgerüsteten Systeme, aber solange man sich irgendwie anders helfen kann, wird deren Einsatz hinausgezögert.

6.2
Multisensorik im Kraftfahrzeug

Die ersten im Kraftfahrzeug eingesetzten Steuergeräte hatten meist nur *eine* bestimmte Aufgabe für das Fahrzeug zu erfüllen, etwa die Steuerung der Zündung, der Einspritzung, des Getriebes, des Antiblockiersystems oder der Klimaanlage. Sie arbeiteten als autarke Systeme, von denen jedes eine gewisse Anzahl von Sensoren zur Prozeßerfassung benötigte. Diese Strategie erleichterte die Einführung elektronischer Systeme. Es wurde dem Kunden überlassen, ob er z. B. einen Motor mit Vergaser oder elektronischer Einspritzung haben wollte. Der Automobilhersteller hatte damit auch die Möglichkeit, ohne wesentliche Umrüstkosten, vom Markt nicht angenommene Elektronik wieder aus den Fahrzeugen zu entfernen (z. B. die in Europa wenig akzeptierten, sprechenden Bordcomputer).

Von Multisensorik kann in diesem Zusammenhang deshalb gesprochen werden, weil zur Steuerung oder Regelung des mechanischen Systems die Erfassung mehrerer Prozeßgrößen mittels Sensoren notwendig ist. In einigen Fällen käme man mit wesentlich weniger Sensoren aus, wenn es einen Meßfühler gäbe, der die *interessierende* Größe erfassen könnte (z. B. einen Sensor für die Verbrennungsqualität, für den Reibwert der Straße oder den optimalen Bremsschlupf, für die Behaglichkeit des Innenraumes, ...). So muß das Steuergerät anhand der vorhandenen Sensorsignale den Prozeß über Kennfelder und Streckenmodelle führen. Aufwendigere Prozesse lassen sich daher erst seit Einführung der ASIC- (Application Specific Integrated Circuit) und Mikroprozessortechnik in einem Steuergerät abarbeiten.

Da bis vor wenigen Jahren die Steuergeräte nicht miteinander kommunizierten, kam es vor, daß manche Sensoren mehrfach eingebaut sein mußten, z. B. zur Messung der Motortemperatur oder -drehzahl. Dieses mehrfache Vorhandensein von Sensoren, die dieselbe physikalische Größe messen, konnte nicht zur Steigerung der Fahrzeugzuverlässigkeit eingesetzt werden, da mangels Kommunikation keine Redundanz vorlag. Die Zuverlässigkeit sank sogar, da das Produkt der Einzelausfallwahrscheinlichkeiten der mehrfach vorhandenen Sensoren zum Tragen kam. Diese unbefriedigende Situation war aber schwierig zu lösen, denn:

- Das gleiche Fahrzeugmodell wird mit unterschiedlicher Sonderausstattung angeboten, und man verändert über die Produktlebensdauer den Ausrüstungsstandard in der Serie. Der Fahrzeughersteller muß mit Modulen arbeiten.

– Die wenigsten heute eingesetzten Sensoren erlauben es, daß das Sensorsignal ohne Beeinflussung von mehr als einem Steuergerät ausgewertet werden kann.
– Ältere Steuergeräte haben keine Möglichkeit eines gegenseitigen Datenaustauschs.

Die moderne Automobilelektronik vermeidet bereits zum Teil den Mehrfacheinbau von Sensoren, die dieselbe physikalische Größe messen. Funktionen, die ehemals in Einzelsteuergeräten abgelegt waren, z. B. für Zündung, Einspritzung und Getriebemanagement, werden von einem einzigen Steuergerät kontrolliert. Die für eine unterschiedliche Fahrzeugausstattung gewünschte Modularität wird hauptsächlich über Softwarevarianten der eingebauten Mikrokontroller realisiert. Früher mehrfach vorhandene Sensoren können entfallen, die verbleibenden arbeiten immer noch mit meist analogen Ausgangsgrößen.

Die Vernetzung der Steuergeräte über ein Kfz-taugliches Bus-System (CAN, ABUS, VAN, jap. Bus und J1850) erlaubt die Einführung einer weiteren Multisensorikebene, die anhand eines Drive by Wire Systems, wie es im BMW 750iA und 850CiA eingebaut ist, erklärt werden soll [8]:

Fünf Steuergeräte sind über einen CAN-Bus miteinander vernetzt: Zwei digitale Motorelektroniken (DME, je eine pro Zylinderbank des 12-Zylinder Motors), eine adaptive Getriebesteuerung (AGS), eine automatische Stabilitätskontrolle mit Traktionshilfe (ASC+T) und die elektronische Motorleistungsregelung EML IIIS. Durch die Vernetzung der Steuergeräte hat bei Bedarf jedes einzelne Steuergerät die Sensoren der jeweiligen anderen Steuergeräte zur Verfügung. Falls der Fahrer plötzlich auf das Gaspedal tritt, wird dieser Fahrerwunsch über einen Fahrpedalsensor der EML IIIS gemeldet. Zur Umsetzung der vom Fahrer gewünschten Fahrzeugbeschleunigung in einen Drosselklappenwinkel genügt dieser Sensorwert noch nicht. Die EML IIIS benötigt noch die Motordrehzahl, den aktuellen Getriebegang und eine Information über den aktuellen Radschlupf der Antriebsräder. Falls der Schlupf an den Antriebsrädern unzulässige Werte übersteigt, darf der Fahrerwunsch nicht oder nur zum Teil erfüllt werden, da sonst die Fahrstabilität gefährdet wäre. Durch die Vernetzung verfügt die EML IIIS quasi über einen Motordrehzahlsensor (DME), über Getriebe- (AGS) und über Raddrehzahlsensoren (ASC+T). Erst aus den Informationen aller Sensoren kann die EML IIIS die korrekte Zylinderfüllung über den Drosselklappenwinkel einstellen. Ein Multisensoriksystem liegt vor. (Tatsächlich erhält die EML IIIS von den anderen Steuergeräten nicht die Rohdaten der Sensoren, sondern es werden von den jeweiligen Steuergeräten am CAN-Bus füllungsbezogene Größen angeboten.)

Obwohl nach obiger Konvention im Kraftfahrzeug alle zu Systemen vernetzten Sensoren zu den Multisensoren gezählt werden können, sollen bei der folgenden Präsentation der wichtigsten im Kfz eingesetzten Sensoren vorrangig jene behandelt werden, die in sich bereits mehrere Größen messen.

6.3
Multisensoren im Kraftfahrzeug

Die große Anzahl von Steuergeräten in modernen Fahrzeugen der gehobenen Klasse wird bereits ein Kosten-, Platz- und Kommunikationsproblem. Deshalb wird man in Zukunft versuchen, die Funktionen artverwandter Steuergeräte in jeweils einem zusammenzufassen. Voraussetzungen dafür sind die ständig steigenden Leistungen der Halbleitertechnik und die Verlagerung der Signalaufbereitung zu den Sensoren und der Leistungselektronik zu den Aktuatoren. Ohne Berücksichtigung einer Audioanlage könnten vier leistungsfähige Steuergeräte mit entsprechender Sensorik und Aktuatorik alle Elektronikaufgaben im Kraftfahrzug abdecken. Diese vier Funktionseinheiten eignen sich heute schon recht gut, jene Systeme zu identifizieren, die viele Sensoren gemeinsam nützen könnten oder durch Kommunikation über ein Bus-System bereits nützen (siehe Tabelle 6.2.).

Tabelle 6.2. Die vier Funktionseinheiten automobilelektronischer Systeme

Motor und Antriebsstrang:	Zündung, Gemischaufbereitung, elektronische Motorleistungsregelung, elektronische Dieselregelung, automatische Stabilitätskontrolle, Traktionshilfe, Getriebesteuerung, ...
Fahrwerk:	automatische Niveauregulierung, elektronische Hinterradlenkung, automatische Fahrwerksabstimmung, Reifendruckregelung, semiaktive oder aktive Radaufhängung, ...
Sicherheitssysteme:	ABS, Fahrdynamikregelung, Airbag, automatisch ausfahrender Überrollbügel, elektronisch gesteuerte Fahrerrückhaltesysteme, Einklemmschutz bei elektrischen Fensterhebern, ...
Komfortsysteme:	Bordcomputer, Cruise Control, Diebstahlsicherung, elektronische Einparkhilfe, Fahrerinformationssystem (Zielführung), Klimaregelung, Sitzmemory, Zentralverriegelung, ...

Innerhalb der genannten Systeme werden Sensoren für die in Tabelle 6.3. aufgeführten physikalischen Größen eingesetzt:

Tabelle 6.3. Die wichtigsten physikalischen Größen, für die Sensoren im Kfz benötigt werden

Temperatur:	Einspritzung, Motorsteuerung, Klimaregelung, Reifen,...
Position und Drehzahl:	ABS, Fahrdynamikregelung, Einspritzung, Motorsteuerung, Fahrwerk, Sitze, ...
Druck:	Einspritzung, Motorsteuerung, Fahrwerk, Reifen, ...
Luftmasse:	Einspritzung, Motorsteuerung, ...
Beschleunigung:	Klopfregelung, Airbag, Rückhaltesysteme, automatisch ausfahrender Überrollbügel, ...
Sauerstoff:	Einspritzung und Motorsteuerung mit geregeltem Dreiwege-Katalysator, ...
Geschwindigkeit:	Einspritzung, Motorsteuerung, Cruise Control, ...
Abstand:	Smart Cruise Control, Einparkhilfe, ...
Sonstiges:	Kraftstoffqualität, Regensensor, Sonnensensor, ...

Abhängig von der Systemzugehörigkeit muß ein Sensor ein gewisses Sicherheitsniveau erfüllen. Ein Positionssensor, der z. B. die Drosselklappenposition in einem Drive by Wire System mißt, ist ein sicherheitsrelevanter, redundant auszuführendes Teil, das eine Ausfallrate von z. B. < 10 ppm/Jahr haben muß. Im Fehlerfall könnte sonst das Fahrzeug ungewollt verzögern oder beschleunigen, was eine ausgesprochen unfallträchtige Situation hervorruft, die unbedingt vermieden werden muß. Wenn der gleiche Positionssensor in einer automatischen Sitzverstellung eingebaut ist, sind die Sicherheitsanforderungen an ihn wesentlich geringer. Es ist zwar lästig, wenn er ausfällt, es kann aber keine direkte Gefährdung von seinem Ausfall ausgehen. An diesem Beispiel erkennt man, daß aus Kosten- und Platzgründen unterschiedliche Sensoren für dieselbe physikalische Größe gebraucht werden. Die untenstehende Tabelle 6.4. gliedert die heute eingesetzten automobilelektronischen Systeme nach ihrem Sicherheitsniveau. Die zum jeweiligen System gehörenden Sensoren müssen natürlich dasselbe Sicherheitsniveau erfüllen.

Tabelle 6.4. Systeme im Kraftfahrzeug mit unterschiedlichen Sicherheitsniveaus

Sicherheitsrelevante Systeme:	elektronische Dieselregelung, elektronische Motorleistungsregelung, automatische Stabilitätskontrolle, Traktionshilfe, Drehmomentverteilung bei Allradantrieb, ABS, Airbag, automatisch ausfahrender Überrollbügel, elektronisch gesteuerte Fahrerrückhaltesysteme, Reifendruckregelung, semiaktive oder aktive Radaufhängung, …
Systeme, die von der Mechanik[1] oder vom Gesetzgeber[2] gegebene Grenzwerte überwachen:	Zündung, Gemischaufbereitung, Höchstgeschwindigkeitsbegrenzung, OBD II[3], …
Nicht sicherheitsrelevante Systeme:	alle übrigen

[1] Verhindern von bleibenden Schädigungen der Mechanik, z. B. durch klopfende Verbrennungen

[2] Limitierte Emissionswerte müssen eingehalten werden

[3] Der California Air Resources Board (CARB) fordert, daß ab dem Modelljahr 94 alle abgasrelevanten Komponenten im Fahrzeug von der fahrzeugeigenen Bordelektronik auf ihre Funktion überwacht werden. Im Fehlerfall muß der Fahrer informiert werden. Die kalifornische Polizei kann über eine standardisierte Schnittstelle jederzeit mit Hilfe eines Testgeräts (Scan-Tool) den Fehlerspeicher, die Konfiguration und den momentanen Betriebszustand des Steuergeräts auslesen. Vergleichbare Regelungen werden für Europa überlegt

6.4
Sensoren für sicherheitsrelevante Systeme

Diese Gruppe von Sensoren gewinnt immer mehr an Bedeutung. Der Automobilhersteller kennt über die Ausfallstatistiken der Sensoren im ersten Jahr der Fahrzeuggarantie die Schwachstellen der eingesetzten Sensoren. Damit weiß er auch aus dem Feld, welche Sensorprinzipien hohe Zuverlässigkeit gezeigt haben und somit geeignet scheinen, auch in sicherheitsrelevanten Systemen eingesetzt zu werden. Dabei ist die Eigendiagnosefähigkeit und die Redundanz des einzusetzenden Sensors von entscheidender Bedeutung. Redundanz bedeutet hier, daß zumindest zwei vollständig entkoppelte Systeme dieselbe physikalische Größe messen und daß bei Ausfall eines Systems das andere System ohne Beeinträchtigung weiterarbeitet. Aufgrund der für Kraftfahrzeuge geforderten geringen Sensorkosten und der kleinen Baugröße kann man es sich nicht leisten, redundante Systeme vollkommen unabhängig voneinander zu gestalten (man baut auch in einen Motor keine zweite Drosselklappe in Reserve ein, sehr wohl aber eine zweite Rückholfeder für die Drosselklappe), sondern man setzt die Redundanz dort ein, wo die Ausfallwahrscheinlichkeit hoch ist, und dimensioniert die nur einfach vorhandenen Systemteile für eine sehr kleine Ausfallwahrscheinlichkeit. Bei dieser Vorgehensweise ist es wichtig sicherzustellen, daß der Ausfall eines Teilsystems die Funktion des verbleibenden Teilsystems nicht beeinträchtigt. Man hätte sonst das Gegenteil erreicht, da sich durch die Erhöhung der Teilezahl gegenüber dem Einfachsystem auch die Ausfallwahrscheinlichkeit des Gesamtsystems erhöht hätte.

Die Halbleitertechnik bietet immer leistungsfähigere und robustere ICs zu immer günstigeren Preisen an, womit manche Sensorprinzipien, die für sicherheitsrelevante Anwendungen interessant wären, machbar werden. In [9] wird berichtet, daß man auf dem neuartigen BESOI-Substratmaterial (Back Etched Silicon On Insulator) Analog- und Digitalschaltungen aufbauen kann, die bis zu 300 °C klaglos funktionieren. Selbst wenn diese Technik später in einer Serie nur bis 200 °C einsetzbar wäre, könnten nahezu alle Sensoren, die an den heißen Stellen des Fahrzeuges eingebaut sind (Motor, Motorraum, Abgasanlage und Bremsen), durch leistungsfähigere Sensoren mit Signalauswertung vor Ort ersetzt werden.

An drei Beispielen sei die Problematik diskutiert. Es sind dies ein Beschleunigungsaufnehmer für einen Airbag, ein Kurzschlußringsensor für die Positionsrückmeldung in einer Dieseleinspritzpumpe und ein kapazitiver Drehwinkelsensor als Rückmelder in einer elektronischen Motorleistungsregelung [10]. Bei der Präsentation wird auch jeweils auf die Systemintegration des Sensors eingegangen.

6.4.1
Beschleunigungsaufnehmer für einen Airbag

Seit vielen Jahren werden Airbag-Systeme in Kraftfahrzeugen eingebaut. In Kombination mit einem Dreipunktgurt wird bei einem Frontalzusammenstoß das Verletzungsrisiko im Kopf- und im Brustbereich erheblich reduziert.

Entscheidend für die Wirksamkeit des Systems ist die zuverlässige Identifikation, ob es sich um einen beginnenden Frontalzusammenstoß handelt oder „nur" um ein forsches Einparkmanöver oder ein Schlagloch. Ferner muß bei einer Unfallerkennung der pyrotechnische Gasgenerator für den Airbag rasch und zuverlässig ausgelöst werden. Ideal wäre es, zu Beginn des Unfalls die Verzögerung des Fahrzeuges über eine gewisse Zeit zu messen, um daraus zu errechnen, zu welchem Zeitpunkt sich der Körper des Fahrers respektive des Beifahrers um ca. 15 cm weit nach vorne bewegt hat. Das ist der optimale Zündzeitpunkt für den Gasgenerator. Der Beifahrer Airbag wird einige Millisekunden nach dem Fahrer-Airbag gezündet, damit der Druckanstieg durch das Aufblasen der Airbags im Innenraum des Fahrzeuges keine unzulässig hohen Werte erreicht. Falls der Beifahrersitz unbesetzt ist, soll sein Airbag nicht gezündet werden. Ein fehlerhaftes Auslösen des Airbags sollte auf jeden Fall verhindert werden, obwohl entgegen der allgemeinen Meinung dadurch nicht zwingend ein Unfall ausgelöst wird, da der Airbag bereits einige Zehntelsekunden nach seiner Zündung wieder erschlafft ist. Der Fahrer erschrickt natürlich, ist aber in seiner Sicht nur kurz behindert.

Da das zuverlässige Auslösen des Systems oberstes Gebot war, verwendeten die ersten Seriensysteme ganz einfache mechanische Schalter (für minimale Ausfallwahrscheinlichkeit) als Beschleunigungssensoren, und diese lösten *ohne Zutun der Elektronik* die Zündpillen aus (mindestens ein Crash-Sensor an der Fahrzeugfront und der Safing-Sensor im Steuergerät). Diese sogenannten „Dezentralen Airbag Systeme" (siehe Abb. 6.1.) verwendeten den Mikrokontroller im Steuergerät ausschließlich *zur Überwachung* des Systems. Das oben beschriebene Optimum des Zündzeitpunkts wird bei weitem nicht erreicht, und man muß, um keine Fehlauslösungen zu erhalten, die Schaltschwelle der Sensoren hoch einstellen (über 18 km/h Aufprallgeschwindigkeit gegen ein festes Hindernis).

Die nächste Airbag Generation sind die sog. „Zentralen Airbag Systeme". Sie wurden möglich, weil Halbleiter-Beschleunigungsaufnehmer auf den Markt kamen, die eigendiagnosefähig und zuverlässig sind. Wie in der Abb. 6.2. gezeigt, wird durch den minimierten Verkabelungsaufwand im System die Zuverlässigkeit verbessert. Aus Sicherheitsgründen ist immer noch ein mechanischer Safing-Sensor, der im Crash-Fall ebenfalls ansprechen muß, im Gerät integriert. Da man bei diesem Konzept den Beschleunigungsverlauf des Unfalls kennt, und während des Unfalls Re-

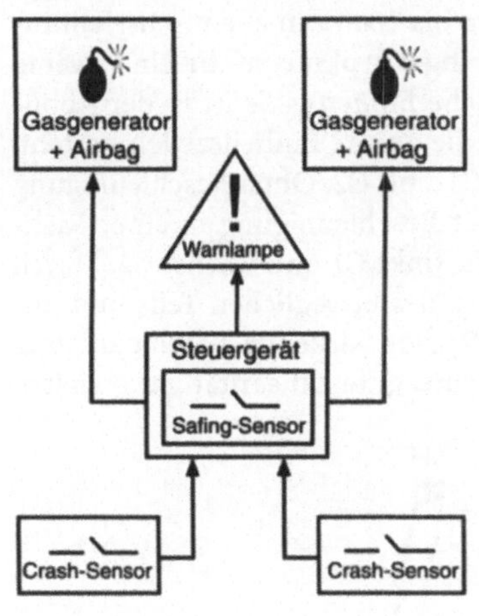

Abb. 6.1. Dezentrales Airbag-System

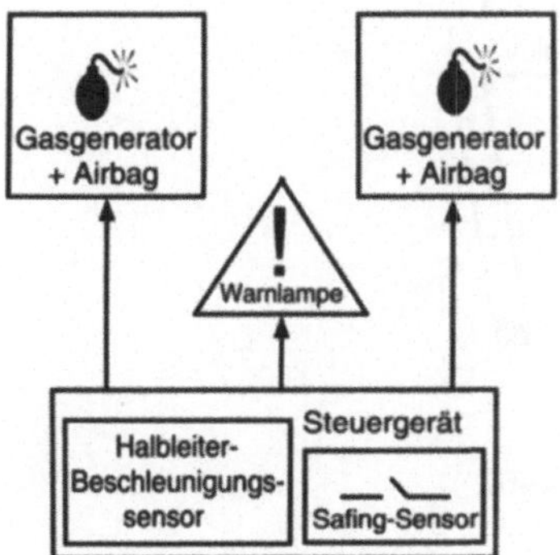

Abb. 6.2. Zentrales Airbag-System

chenleistung im Mikrokontroller zur Verfügung hat, kann man dem gesteckten Ziel, beim optimalen Zeitpunkt zu zünden, nahe kommen. (Dafür ist eine hohe Rechenleistung notwendig, da man unter gewissen Voraussetzungen nur 10 bis 15 ms Zeit für die Entscheidung hat, ob ein relevanter Unfall stattfindet oder nicht.) Ferner ist die Detektion von Schlaglöchern und ähnlichen Fehlalarmauslösern durch Software möglich. Dadurch kann die Geschwindigkeitsgrenze, bei der im Fall eines Frontalaufpralls gegen ein festes Hindernis der Airbag ausgelöst werden soll, abgesenkt werden. Zentrale Airbag Systeme mit einem guten Sensor und guter Software lösen über 12 mph (19,3 km/h), aber nicht unter 8 mph (12,9 km/h) aus.

In [11] ist der Aufbau eines mikromechanischen Beschleunigungsaufnehmers beschrieben, der für den Einbau in *Zentrale Airbag Systeme* gedacht ist. Der Sensor ist gemeinsam mit der analogen Auswerteschaltung auf einem Chip mit ca. 9 mm^2 Fläche untergebracht. Davon braucht der Beschleunigungsaufnehmer ca. 1 mm^2. Ein beweglicher Mittelteil „schwebt" knapp über der Chipfläche und ist an vier Biegebalken mit dem Chip verbunden (siehe Abb. 6.3.). Die Biegebalken haben bei einer Länge von ca. 200 μm eine Kantenlänge von ca. 2 μm. Damit ist die gesamte Masse des beweglichen Teils weniger als 0,1 μg. In diesen Dimensionen ist Silizium sehr elastisch, vergleichbar mit einer Stahlkonstruktion größeren Maßstabes. Der Biegebalken widersteht ohne Schaden Schockbelastungen bis 2000 g in allen Achsrichtungen. Am beweglichen Mittelteil befindet sich eine Fingerstruktur, in die eine zweite, die mit dem Chip verbunden ist, eingreift. Eine solche *Einheitszelle* ist in der Abbildung punktiert eingezeichnet. Die Kammstruktur, die aus 42 Einheitszellen besteht, bildet einen Differenzkondensator, bestehend aus C1 und C2. Ohne Beschleunigung sind beide Kapazitäten gleich groß (ca. 0,1 pF), mit Beschleunigung in einer Richtung, wie sie in der Abbildung 6.3. eingezeichnet ist, sinkt C1 und wächst C2. Durch Messung von C1 und C2 könnte man mit der Masse des beweglichen Teils und mit der Federkonstante der Biegebalken die auf den Sensor wirkende Beschleunigung berechnen. Um über den gesamten Meßbereich eine gute Linearität zu erzielen,

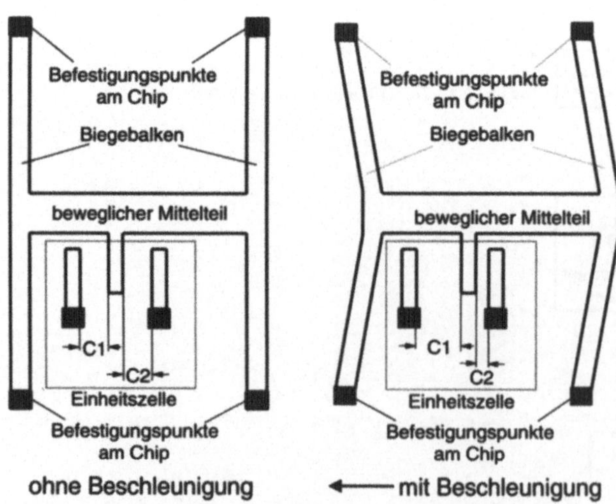

Abb. 6.3. Beschleunigungssensor für ein zentrales Airbag-System

wird eine Auswerteschaltung gewählt, bei der in einem geschlossenen Regelkreis die aktuelle Beschleunigungskraft durch eine elektrostatische Kraft kompensiert wird. Durch Anlegen einer Gleichspannung an die Fingerstruktur wird diese elektrostatische Kraft aufgebracht. Der Regler wählt die Spannung an den 42 beweglichen Elektroden (gegenüber den stillstehenden) so, daß die beiden Kapazitäten C1 und C2 gleich groß werden, der bewegliche Mittelteil also wieder die Ruhestellung einnimmt. Die Spannung an der beweglichen Elektrode ist dann ein direktes Maß für die herrschende Beschleunigung in der Richtung des beweglichen Mittelteils. Zur Detektion der Mittelstellung des beweglichen Teils werden die beiden Kapazitäten C1 und C2 mit Hilfe einer Trägerfrequenz von 1 MHz bestimmt (es genügt, nur die Gleichheit von C1 und von C2 festzustellen). Die meisten temperaturbedingten Nichtlinearitäten wirken sich nicht mehr als Fehler im Meßergebnis aus, da im eingeschwungenen Zustand des Regelkreises die Biegebalken streßfrei sind. Die wichtigsten technischen Daten des Sensors sind in der Tabelle 6.5. zusammengestellt.

Tabelle 6.5. Technische Daten eines Beschleunigungssensors für ein Airbag System

Meßbereich	± 5V für ± 50 g
Linearitätsfehler	$< 0{,}2\%$
Auflösung	0,01 %. Das entspricht einer Auslenkung des beweglichen Mittelteiles um 0,2 Å oder einer Kapazitätsänderung von $20 \cdot 10^{-18}$ F.
Dynamik	von 0 bis zu 1 kHz

Da der Sensor den beweglichen Mittelteil selbständig bewegen kann, kann die Elektronik eine vollständige Funktionsüberprüfung des Sensorelementes vornehmen. Diese Eigenschaft ist für einen Sensor, der in sicherheitsrelevanten Systemen eingesetzt wird, unabdingbar.

6.4.2
Kurzschlußringsensor

Eine elektronische Dieselmotorregelung ist ein sicherheitsrelevantes System, vergleichbar mit einem „Drive by Wire System" bei einem Ottomotor. Die korrekte Arbeitsweise von mehreren Sensoren ist für die Funktion der Anlage unabdingbar. Die wichtigsten sind ein Fahrpedalsensor, ein Drehzahlsensor und zwei Positionssensoren für die beiden Aktuatoren zur Beeinflussung der Einspritzmenge und des Einspritzzeitpunkts. Die zwei Lagerückmelder in der Einspritzpumpe müssen dabei unter den schwierigsten Umweltbedingungen arbeiten. Deshalb will man an dieser Stelle vermehrt berührungslos arbeitende Sensoren einsetzen, die eigendiagnosefähig und fehlertolerant sind.

Ein für diesen Einsatz geeigneter Sensor, ein Kurzschlußringsensor, ist in [12] präsentiert. Die Wirkungsweise des Sensors beruht auf der feldverdrängenden Wirkung eines Kurzschlußringes. Der in der Abb. 6.4. gezeigte Sensor besteht im wesentlichen aus einem Blechpaket, einer Spule und einem Kurzschlußring. Der offene Eisenkreis ist so ausgebildet, daß sich für die magnetischen Feldlinien ein langer Streupfad ergibt, der durch einen Kurzschlußring aus gut leitfähigem Material, vor-

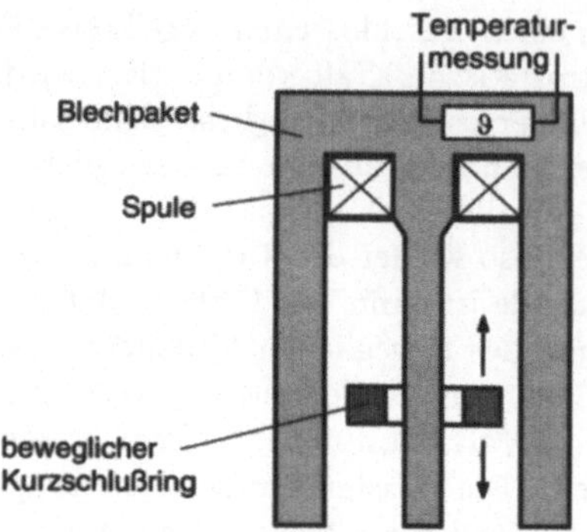

Abb. 6.4. Kurzschlußringsensor

zugsweise Kupfer, begrenzt ist. Ein magnetisches Wechselfeld wird durch eine im Eisenkreis befindliche Spule erregt und induziert Spannungen im Kurzschlußring. Die zufolge der Ringleitfähigkeit fließenden Ströme erzeugen gemäß der Lenzschen Regel ein Gegenfeld von fast gleicher Größe wie das anregende Feld, sodaß der den Kurzschlußring durchsetzende Fluß nahezu verschwindet. Der Kurzschlußring wirkt wie ein magnetischer Isolator. Bei Veränderung der Ringposition ändert sich die Ausdehnung des Streubereiches und damit die Impedanz der Sensorspule. Bei geeigneter Wahl der Blechpaketgeometrie kann ein nahezu linearer Impedanzverlauf über der Ringposition erreicht werden. Ist der Kurzschlußring ganz innen bei der Sensorspule, zeigt die Induktivität ein Minimum, ist er am spulenfernen, offenen Ende des Kerns, ist die Spulenimpedanz ein Maximum. Man kann beispielsweise einen geblechten E-Kern möglichst hoher Permeabilität verwenden. Wie in der Abbildung 6.4. gezeigt, ist die Spule auf dem mittleren Eisenschenkel nahe der Verbindung zu den beiden äußeren angebracht. Der Kurzschlußring wird entlang des mittleren Schenkels verschoben.

Ein Mikrokontroller, der im Sensor integriert ist, kompensiert durch Messung der Kerntemperatur, die orts- und temperaturabhängigen Sensorfehler. Dadurch kann man auf das mechanische Zweitsystem mit festem Kurzschlußring verzichten, das bei konventionellen Kurzschlußringsensoren aus Kompensationsgründen notwendig ist. Der Meßbereich des Prototypen ist 22 mm bei einer Meßzeit von 500 μs und einer Genauigkeit von 0,1 %. Der Einsatztemperaturbereich ist $-40\,°$C bis $+120\,°$C. Bei 2 ms Meßzeit beträgt die Auflösung 0,025 %. Das Meßsignal wird als serielles Digitalsignal ausgegeben.

6.4.3
Berührungsloser, kapazitiver Drehwinkelsensor

Der zentrale Bestandteil eines Drive by Wire Systems ist die über einen Aktuator betätigte Drosselklappe. Zur Positionsbestimmung der Drosselklappe benötigt man einen Winkelsensor, der einen Meßbereich von ca. 105° hat. Aus Zuverlässigkeitsgründen muß dieser Sensor redundant und eigendiagnosefähig sein.

In [13] und [14] ist ein Multisensor beschrieben, der zur Messung der Absolutposition und der Winkelgeschwindigkeit der Drosselklappe eingesetzt werden kann. Wichtige Merkmale des Sensors sind die Verschleißfreiheit, der einfache und damit kostengünstige Aufbau, eine hohe Genauigkeit und Auflösung trotz kleiner Sensorabmessungen, die Eigendiagnosefähigkeit, die einfache Realisierbarkeit von Redundanz, die gute elektromagnetische Verträglichkeit, der hohe mögliche Temperaturbereich und die Unempfindlichkeit gegenüber Feuchtigkeit. Viele der positiven Eigenschaften rühren daher, daß das Meßverfahren integral arbeitet, also immer die gesamte Sensorfläche einen Beitrag zum Meßwert liefert.

Der in Abb. 6.5. gezeigte Sensor ist für 120° Meßbereich ausgelegt. Er besteht aus drei zueinander parallelen Scheiben, von denen die mittlere, der Rotor, um eine Achse drehbar gelagert ist. Die beiden äußeren Statoren bestehen aus einem beschichteten Isolator. Die leitfähigen Beschichtungen haben für den oberen Stator, den Sender, die Form von Kreissektoren, für den unteren Stator, den Empfänger, die Form eines Kreisringes. Die Verdrehung der mittleren Scheibe verändert die Koppelverhältnisse zwischen den drei mal vier Sektoren des oberen Stators und der Empfangselektrode des unteren Stators. Diese Beeinflussung wird durch die Auswerteelektronik, die auf der Rückseite der Empfangselektrode angeordnet ist, zur Ermittlung des Winkels verwendet. Auf den Statorsegmenten 1 bis 4 werden rasch hintereinander unterschiedliche, zweiwertige Ansteuermuster angelegt. Diese rufen auf der Empfangselektrode vier positionsabhängige Ladungsmengen L1 bis L4 hervor. Mit Hilfe eines Ladungsverstärkers werden die Ladungsmengen in Spannungen umgeformt und von einem A/D-Umsetzer digitalisiert. Eine Recheneinheit berechnet aus den vier Ladungsmengen die momentane Position und die Winkelgeschwindigkeit des Rotors. In einer zusätzlichen Abb. 6.6. sind zwei Prototypen eines kapazitiven Drehwinkelsensors gezeigt.

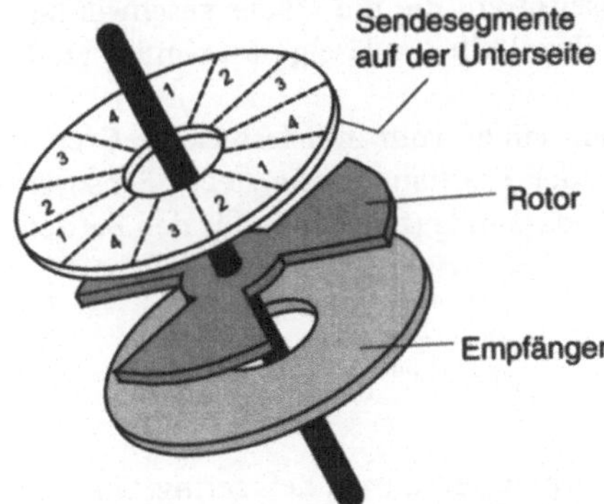

Abb. 6.5. Absolut messender kapazitiver Winkelsensor

Abb. 6.6. Zwei Prototypen eines kapazitiven Winkelsensors aus [10]

Wenn ein anderer Meßbereich des Sensors gewünscht ist, ändern sich nur die Anzahl der Sendesegmente und die Rotorform. So besteht z. B. bei einem 360°-Sensor der Rotor aus einer halbkreisförmigen Scheibe, bei einem 180°-Sensor aus zwei gegenüberliegenden Viertelkreissektoren.

Die typische Meßzeit liegt bei 300 μs, der Meßbereich bei 120° elektrisch (mechanisch durchdrehend), die Genauigkeit der Winkelmessung bei ±0,1 % und die Auflösung ist besser als 0,01 %. Über den Sensordurchmesser legt man innerhalb gewisser Grenzen die Sensorgenauigkeit fest. Das Meßsignal kann als Analogspannung oder -strom, als pulsweiten- oder frequenzmoduliertes Signal oder als serielles Digitalsignal ausgegeben werden.

Der Sensor übt kein durch die Messung hervorgerufenes Drehmoment auf den Rotor aus. Diese Rückwirkungsfreiheit ist für einige Applikationen wesentlich (z. B. Lotsensor und Beschleunigungssensor).

6.5
Sensoren zur Mechanik- und Grenzwertüberwachung

Unter den heutigen Randbedingungen optimierte Fahrzeuge werden an vielen Stellen bis knapp an die Belastungsgrenze betrieben, dürfen diese aber auf keinen Fall überschreiten, da sonst irreversible Schäden auftreten könnten. Sensoren, die diese Überwachungsaufgabe erfüllen, müssen eigendiagnosefähig sein und eine hohe Zuverlässigkeit aufweisen. Zur Gruppe dieser Sensoren zählen z. B. Klopfsensoren[4], Drucksensoren (z. B. zur Überwachung des maximalen Ladedrucks von Turbomotoren), Temperatursensoren, (z. B. zur Überwachung der maximal zulässigen Abgastemperatur) und Fahrgeschwindigkeitssensoren, die die Höchstgeschwindigkeit einiger Personenkraftwagen auf das für ihre Reifen zulässige Maximum (z. B. 250 km/h) begrenzen.

Auch verlangt der Gesetzgeber, daß im Feld einige vom ihm festgelegte Grenzwerte eingehalten werden müssen. Dazu setzt der Kraftfahrzeughersteller Sensoren ein. Die bekannteste dieser Gruppe ist die Lambda-Sonde (notwendig für den Betrieb des Dreiwegekatalysators im Bestpunkt).

6.5.1
Klopfsensoren

Ein Ottomotor hat an der Vollast den besten Wirkungsgrad bzw. den geringsten spezifischen Verbrauch, wenn er nahe an der Klopfgrenze betrieben wird. Falls diese Grenze überschritten wird, also zuviele klopfende Verbrennungen auftreten, kann der Motor irreversibel beschädigt werden. Ziel ist es daher, das Zündungskennfeld bis knapp an die Klopfgrenze auszudehnen. Toleranzbedingt muß man ohne Sensor einen gewissen Sicherheitsabstand von der Klopfgrenze einhalten und kann so das Optimierungspotential nicht voll ausnützen. Bei Vorhandensein eines Klopfsensors

---

[4] Motorisches Klopfen bedeutet, daß nach erfolgter Zündung zufolge des Druckanstiegs im Brennraum (Gasverdichtung durch die Kolbenbewegung und die Flammenfront) Bereiche mit noch unverbranntem, zündfähigem Gemisch existieren, die nahezu schlagartig detonieren. Dabei entsteht ein steiler Druckanstieg bis zu 8 bar/°Kurbelwinkel oder bis zu 50 bar/ms, der als Körperschall außerhalb des Motors feststellbar ist

regelt die Motorsteuerung das Zündungskennfeld derart, daß keine Gefahr für den Motor besteht und trotzdem der bestmögliche Wikungsgrad im jeweiligen Kennfeldpunkt zur Verfügung steht (es kann z.B. Kraftstoff mit geringerer Klopffestigkeit unbeschadet getankt werden). Zu einem Multisensor wird der Klopfsensor erst dadurch, daß sein Signal mit dem eines Kurbelwellenstellungssensors kombiniert werden muß, um interpretierbare Ergebnisse zu erhalten.

Die heute gebräuchlichen Klopfsensoren sind piezoelektrische Beschleunigungsaufnehmer. Dieser Schwingungswandlertyp ist kostengünstig herzustellen, robust, verschleißfrei, zuverlässig und hält seine Eigenschaften über die gesamte Fahrzeuglebensdauer konstant. Ferner benötigt der Sensor keine Energieversorgung. Wie in Abb. 6.7. und 6.8. gezeigt, ist das Kernstück des Sensors eine Scheibe aus einem piezoelektrischen Material, z.B. aus dem Keramikwerkstoff Blei-Zirkonat-Titanat. Auf der Scheibe ist eine seismische Masse unter mechanischer Vorspannung montiert, die bei Vibrationen Massenkräfte auf den Kristall ausübt und ihn dabei verformt. Ladungsträger entstehen an den Grenzflächen des Kristalls und können bei geeigneter Kontaktierung vom Steuergerät gemessen werden.

Der Klopfsensor kann auf die erwartete Klopffrequenz abgestimmt sein (Schmalbandsensor), infolge von Resonanzüberhöhung liefert er dann ein kräftiges Signal (in Spannung pro Beschleunigung gemessen, sind bei Resonanzfrequenz 1 bis 2 V/g typisch). Er muß aber für fast jeden Motor eigens dimensioniert werden, und es besteht die Gefahr, daß andere Klopfmoden, die eine andere Klopffrequenz liefern, nicht erkannt werden. Eine andere Type von Klopfsensoren (Breitbandsensoren) hat ihre Resonanzfrequenz über 20 kHz. Sie sind somit universell einsetzbar, liefern aber ein wesentlich kleineres Ausgangssignal (einige 10 mV/g). Die Folge ist eine gegenüber Schmalbandsensoren aufwendigere Auswerteschaltung im Steuergerät.

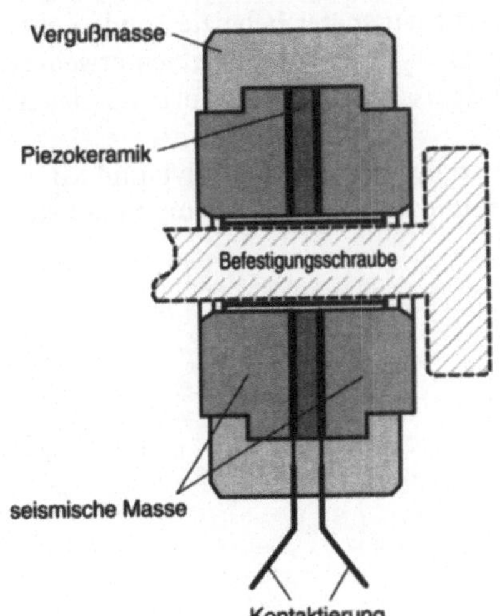

Abb. 6.7. Piezoelektrischer Klopfsensor

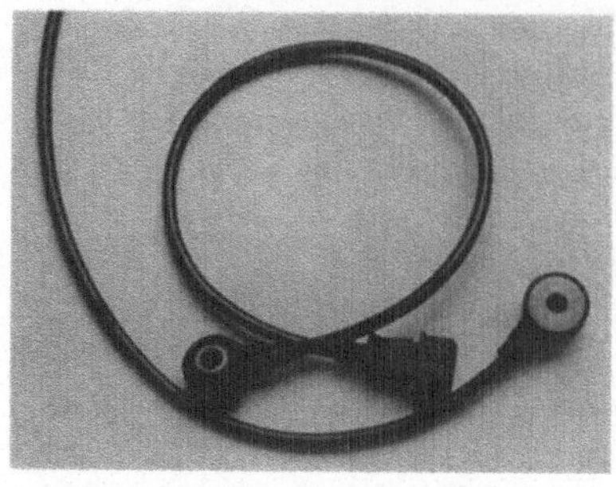

Abb. 6.8. Klopfsensoren

6.5.2
Lambda-Sonden

Die Verfügbarkeit von Lambda-Sonden ermöglichte erstmals den präzisen Betrieb des Ottomotors im geschlossenen Regelkreis bei der stöchiometrischen Luftzahl $\lambda = 1$ (ca. 14,7 Gewichtsteile Luft zu einem Gewichtsteil Kraftstoff). Nur in diesem Arbeitspunkt funktioniert der Dreiwegekatalysator mit einer hohen Konvertierungsrate. Die Emissionen hinter dem Katalysator betragen nur mehr ein Zehntel der Rohemissionen des Motors. Ferner kann durch die Messung des Sauerstoffpartialdrucks mit je einer Lambda-Sonde vor und hinter dem Katalysator die Konvertierungsrate im Alltagsbetrieb des Kraftfahrzeuges überwacht werden[5]. (Dieser Weg wird von einigen Herstellern bei OBD II fähigen Steuergeräten zur Katalysatorüberwachung beschritten.)

Die ersten serientauglichen Lambda-Sonden waren unbeheizte Zirkondioxyd-Sonden. Für den Einsatz bei niederen Abgastemperaturen und für eine schnelle Betriebsbereitschaft, z.B. nach einem Kaltstart, wurden später beheizte Sonden entwickelt und durch spezielle Maßnahmen bei einem Typ der λ-Meßbereich erweitert (Mager-Sonden). Alle drei Typen arbeiten nach demselben Funktionsprinzip, das in [15] und [16] beschrieben ist:

Der Sensor ist eine Sauerstoffkonzentrationszelle mit Festelektrolyt und ist in Abb. 6.9. gezeigt. Die Zelle besteht aus Zirkoniumdioxid, das mit Yttriumdioxid sta-

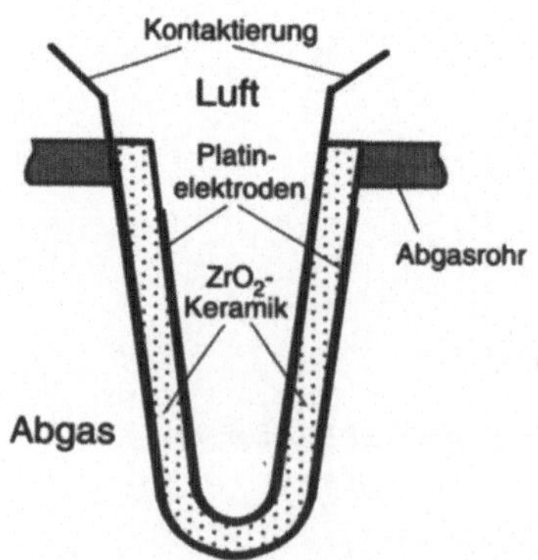

Abb. 6.9. ZrO$_2$-Lambda-Sonde

---

[5] Siehe OBD II im Kapitel „Sensoren für sicherheitsrelevante Systeme"

bilisiert ist, bei einer gewissen Konzentration kubisch kristallisiert und oberhalb von ca. 300 °C Keramiktemperatur ausreichend gute, reine Sauerstoffionenleitfähigkeit aufweist. Das vierwertige Zirkonium wird an manchen Gitterstellen durch dreiwertiges Yttrium ersetzt. Aus Neutralitätsgründen bleiben Sauerstoffionenplätze frei. Über diese Gitterleerstellen findet der Sauerstoffionentransport statt. Die Größe der Leitfähigkeit ist von der Dotierung der Sondenkeramik und der Temperatur abhängig. Der Festelektrolyt ist auf beiden Seiten mit einer porösen Platinelektrode bedeckt. Diese ist leitfähig, jedoch so porös, daß es zur potentialbestimmenden Durchtrittsreaktion der Sauerstoffmoleküle kommen kann.

Die erwartete elektromotorische Kraft ist durch die vereinfachte Nernstsche Gleichung gegeben:

$$E = 0,0496 \cdot T \cdot \log(Ps''/Ps)$$

mit

T = Temperatur
Ps'' = Partialdruck des Sauerstoffs in der Außenluft (ca. 0,21 bar)
Ps = Partialdruck des Sauerstoffs im Abgas

Zusammen mit einer Elektronikeinheit, die die Keramiktemperatur über den Innenwiderstand des Sensorelementes ermittelt (ca. 100 Ω), kann die Mager-Sonde auch bei Luftzahlen zwischen $\lambda = 0,75$ und $\lambda = 1,5$ (in Sonderfällen bis $\lambda = 2$) erfolgreich eingesetzt werden. Abbildung 6.10. zeigt eine unbeheizte und eine beheizte Lambda-Sonde.

Eine weitere Lambda-Sonde, die nach einem anderen Funktionsprinzip arbeitet, ist in [17] beschrieben. Es handelt sich um einen Titandioxid Sauerstoffsensor:

TiO_2 ist ein „Halbleiter", dessen Leitfähigkeit unter anderem von der Sauerstoffkonzentration und von der Temperatur abhängt. Um die Temperaturabhängigkeit des Sensorwiderstandes zu minimieren, wird mit Hilfe eines im Sensor eingebauten Heizelements (maximal 16 W), das auch gleichzeitig zur Temperaturmessung der Sonde herangezogen wird, die Sonde auf ca. 650 °C geheizt. Der Sensor besitzt dann einen nur mehr vom Sauerstoffpartialdruck abhängigen Widerstand, der bei $\lambda = 1$ springt. Diese große Widerstandsänderung kann vom Steuergerät ausgewertet werden.

Abb. 6.10. Foto einer unbeheizten (1 Draht) und einer beheizten (3 Draht) Lambda-Sonde aus [16]

6.6
Sensoren für nicht sicherheitsrelevante Systeme

In diese Gruppe der Kfz-Sensoren fallen z. B. Temperatursensoren für Wasser- und Öltemperatur (vorwiegend Heißleiter bzw. NTC-Thermistoren), Drucksensoren zur Messung des Luftdrucks (Halbleiterdrucksensoren, z. B. zur Höhenkorrektur) oder Wegsensoren für eine elektronische Sitzverstellung (vorwiegend Potentiometer). Der Ausfall dieser Sensoren stellt kein Sicherheitsrisiko dar, damit ist das wichtigste Entwicklungsziel der niedrige Preis. Es gibt aber auch Sensoren in dieser Gruppe, die komplexe Multisensoren sind, da die zu messenden physikalischen Größen schwer mit der gewünschten Genauigkeit erfaßbar sind. Zwei Beispiele sind:

- Ein Abstands- und Geschwindigkeitssensor für einen „intelligenten" Tempomaten (Smart oder Intelligent Cruise Control) und
- ein Kraftstoffqualitätssensor für eine Motorsteuerung, die automatisch bei der Gemischbildung den Alkoholanteil im Kraftstoff berücksichtigt (zusätzlicher Sauerstoff im sonst vorwiegend nur Kohlenstoff und Wasserstoff enthaltenden Kraftstoff).

6.6.1
Abstand- und Geschwindigkeitsensor

Der Kunde, mit dem Wunsch nach immer mehr Komfort, erwartet von einem modernen Tempomaten, daß dieser bei Annäherung an ein vorausfahrendes Fahrzeug selbständig die eigene Fahrzeuggeschwindigkeit an die des Vordermanns angleicht. Dazu benötigt man einen Abstands- und Geschwindigkeitssensor, der in der gleichen Spur vorausfahrende Fahrzeuge identifiziert. In einer weiteren Ausbaustufe könnte ein solcher Sensor den Fahrer vor Hindernissen auf der Fahrbahn warnen oder zur Unfallvermeidung sogar in die Längsdynamik des Fahrzeugs eingreifen. Unter den letzgenannten Randbedingungen ist dieser Sensor den sicherheitsrelevanten Sensoren zuzurechnen. Er müßte einen höheren Sicherheitsstandard als heute erfüllen.

Kraftfahrzeugtaugliche Abstandsensoren leiden vor allem am extremen Kostendruck, womit komplexe Meßverfahren, wie sie z. B. im militärischen Bereich längst Verwendung finden, nicht eingesetzt werden können.

Für die Straße gibt es zur Zeit zwei prinzipiell geeignete Meßverfahren, Mikrowellen-Radarsysteme und optische Sensoren:

- Die Antennen der Radarsysteme haben den Vorteil, kaum zu verschmutzen und auch durch Nebel und Schneefall zu „sehen". Die letztgenannte Eigenschaft kann auch nachteilig sein, wenn sie den Fahrer motiviert, trotz schlechter persönlicher Sicht sensorgeführt zu schnell zu fahren. Radarsysteme haben den Nachteil einer schlechten Strahlbündelung und damit einer schlechten Ortsauflösung und sind voraussichtlich teurer als optische Systeme.
- Optische Systeme haben eine gute Ortsauflösung, haben ähnliche wetterbedingte Sichtweiten wie der Fahrer und mehrere gleichzeitig betriebene Sensoren beeinflussen sich gegenseitig nahezu nicht. Optische Sensoren verschmutzen leicht und benötigen somit einen Zusatzaufwand für die Reinigung der Linsensysteme oder des Schutzglases vor dem Sensor.

Abb. 6.11. Foto des Infrarot Abstandsensors ODIN
[10]

Der in Abb. 6.11. gezeigte Abstandsensor ODIN (Optical Distancemeasurement INovation) mißt die Entfernung vorausfahrender Fahrzeuge mit einem kegelförmigen Infrarotlichtstrahl (850 nm Wellenlänge) mit einem Öffnungswinkel von 3 Grad im Bereich von 2 bis 150 m. Der Strahlkegel ist annäherungsweise rechteckförmig, der Öffnungswinkel wurde so gewählt, daß in 80 m Entfernung vor dem Fahrzeug die Breite eines Fahrstreifens (3,7 m) erfaßt wird. Aus der alle 10 ms gemessenen Entfernung zum vorausfahrenden Fahrzeug (bei Entfernungen über ca. 50 m wird alle 100 ms gemessen) berechnet der Sensor die Relativgeschwindigkeit zum Vordermann und erkennt, ob ein neues Ziel erscheint oder das alte den Meßkegel verlassen hat. Die Meßdaten werden seriell zur Verfügung gestellt.

ODIN verwendet eine Infrarot-Laserlichtquelle, deren Spitzenleistung maximal 8 W beträgt und die 50 ns lange Impulse mit einer Wiederholrate von 10 kHz aussendet [18]. Aus der Laufzeit des von einem Objekt reflektierten Sendeimpulses wird die Entfernung berechnet. Zur Erhöhung des Signal-Rauschverhältnisses, also der Empfindlichkeitssteigerung, wird mit Hilfe eines im Sensor eingebauten Rechners die Entfernung aus vielen einzelnen Laufzeitmessungen ermittelt. Die Meßgenauigkeit beträgt in der Nähe ±0,4 m und in größerer Entfernung ±0,8 m. Die Differenzgeschwindigkeit zu einem voraus fahrenden Fahrzeug wird aus der Entfernungsänderung pro Zeiteinheit mit einer Genauigkeit von ±1,6 km/h berechnet. Schlechte Sichtbedingungen oder Verschmutzung der Optik werden vom Sensor erkannt, und dieser Status wird über die serielle Schnittstelle ausgegeben. Eine Strahldivergenz von mindestens $1,5°$, eine optikbedingte Inkohärenz des Lichtes und der große Sendeoptikdurchmesser erlauben die Einstufung des Sensors in die Laserklasse 1.

6.6.2
Kraftstoffqualitätssensor

Moderne Einspritzanlagen bei Ottomotoren messen im Ansaugtrakt des Motors die angesaugte Luftmasse und spritzen gemäß der momentan gewünschten Luftzahl λ eine gewisse Menge an Kraftstoff in den Motor ein. Wenn sich im Kraftstoff auch Sauerstoff befindet, arbeitet der Gemischbildner falsch und der Motor magert ab. Falls man Fahrzeuge in Ländern betreiben will, in denen Alkohol, meist Methanol, zum Kraftstoff zugemischt wird, was, gemessen am Laufverhalten des Motors, bis zu ca. 85 % betragen darf, ist man gezwungen, den Alkoholanteil im Kraftstoff zu

Abb. 6.12. Foto von einem Prototyp eines Kraftstoff-qualitätssensors [10]

messen (flexible fuel vehicles). Abbildung 6.12. zeigt einen Prototyp eines Kraftstoff-qualitätssensors.

Es gibt mehrere Möglichkeiten, den Methanolanteil im Kraftstoff zu messen. Im folgenden einige Beispiele:

- Die elektrische Leitfähigkeit von Methanol ($3 \cdot 10^{-8}$ S/m) ist wesentlich höher als die von Kraftstoff (10^{-10} bis 10^{-14} S/m). Die Auswertung dieses Unterschiedes ist aber aus heutiger Sicht nicht machbar, da sich die Leitfähigkeit bei verschmutztem Medium stark und unvorhersehbar ändert.
- Der Brechungsindex von Methanol (1,33) ist kleiner als der von Kraftstoff (1,4 bis 1,46). Auch dieser Unterschied ist schlecht meßbar, da die Grenzfläche, an der der Brechungsindex gemessen wird, leicht verschmutzen kann und zusätzlich eine Querempfindlichkeit der Meßgröße zum Aromatengehalt des Kraftstoffs besteht.
- Die relative Dielektrizitätskonstante ε_r von Methanol ($\varepsilon_r = 32$) ist wesentlich größer als die von Kraftstoff ($\varepsilon_r = 2{,}05$ bis 2,15).

Der letztgenannte Unterschied wird in einem Prototypsensor, der in [2, 19] und [20] beschrieben ist, ausgewertet. Dieser Multisensor mißt den Wirk- und den Blindwiderstand sowie die Temperatur des Kraftstoffs, um daraus die Ausgangsgröße, den Alkoholanteil, zu errechnen.

Bei einer Frequenz von 1 MHz werden in zwei getrennten Kammern der Wirk- und der Blindanteil der Kraftstoffimpedanz gemessen und anschließend temperaturkompensiert (siehe Blockschaltbild der Abb. 6.13.). Daraus berechnet ein Mikrokontroller über Kennfelder die Ausgangsgröße. Es handelt sich um ein integrales Meßverfahren, das heißt, daß immer das gesamte Kammervolumen für die Bestimmung des Meßwertes herangezogen wird, lokale Inhomogenitäten des Mediums wirken sich nur wenig aus.

Der Meßbereich beträgt 0 bis 100 % Methanol- und/oder Ethanolgehalt, die Genauigkeit ist besser als 5 %, und es existiert keine Querempfindlichkeit gegenüber dem Aromatengehalt im Kraftstoff. Verschiedene Ausgangsignale stehen zur Verfügung: eine analoge Spannung von 0,5 bis 4,5 V, ein pulsweiten- oder frequenzmoduliertes Signal oder ein serielles Digitalsignal.

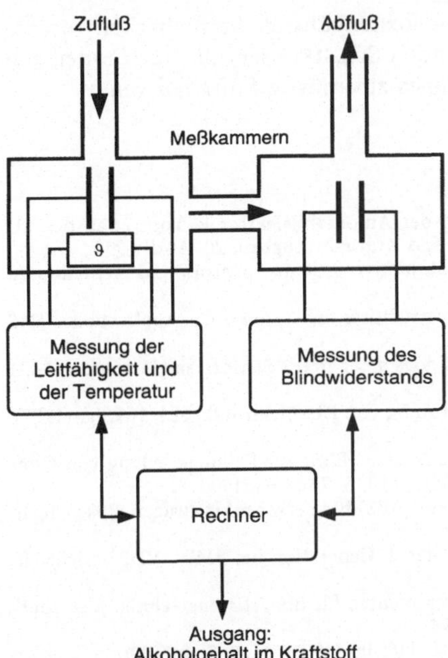

Abb. 6.13. Blockschaltbild eines Kraftstoffqualitätsensors

6.7
Ausblicke

Weiter steigende Zulassungszahlen bei Kraftfahrzeugen, gepaart mit steigendem Umweltbewußtsein der Bevölkerung, verlangen immer geringere Emissionen der Kraftfahrzeuge. Sensoren haben dabei ihre entscheidende Rolle bewiesen. So hat z. B. erst die Regelung der Gemischaufbereitung mit Hilfe der Lambda-Sonde die Wirksamkeit der Dreiwege-Katalysatoren sichergestellt. Diese senken den Schadstoffausstoß von Ottomotoren auf ca. ein Zehntel der Rohemissionen. Diese Schlüsselstellung der Sensoren wird sich in der Zukunft noch verstärken, da man nur mehr mit Hilfe der sensorgeführten Elektronik die an den Maschinenbau gestellten Anforderungen erfüllen können wird.

Auch im Bereich der passiven Sicherheit von Kraftfahrzeugen ist es Sensoren zu verdanken, daß man Systeme am Markt anbieten kann, die helfen, Unfallfolgen deutlich zu verringern (z. B. Airbag und automatischer Gurtstrammer). Dieser Trend wird in der Zukunft weiter zunehmen. So könnte z. B. durch einen Sensor, der den Fahrer nur 1 Sekunde früher vor einer unfallträchtigen Situation warnt, als er es mit seinen eigenen Sinnen erkennen kann, ein Großteil der Frontal- und Kreuzungszusammenstöße verhindert werden. Meist ist es aber nicht notwendig, völlig neue Sensoren zu entwickeln, da in der Luft- und Raumfahrt und im industriellen Bereich bereits Multisensoren zum Einsatz kommen (z. B. bildgebende Verfahren), neben denen die heute im Kraftfahrzeug eingesetzten Sensoren ziemlich primitiv wirken. Ein Grund für die Nichtverwendung dieser Sensoren ist die *etwas andere* Preisvorstellung der Automobilindustrie. Diese Kostenhürde könnte aber in Zukunft durch neue Materialtechniken und durch die Mikroelektronik überwunden werden.

Ein großer Schritt in diese Richtung wäre die kostengünstige Verfügbarkeit von robusten, gemischt analog und digital arbeitenden Schaltkreisen, die auch unter den hohen Einsatztemperaturen des Kraftfahrzeuges zuverlässig funktionieren.

Literatur

1 U. Nitzsche, Status und zukünftige Entwicklung der Automobilelektronik. Vortrag an der TU Wien, Institut für Verbrennungskraftmaschinen und Kraftfahrzeugbau, 20. April 1993
2 B. Bertuol, Sensors as Key Components for Automotive Systems. Sensors and Actuators A, 25–27 (1991), S. 95–102
3 R. H. Grace, Semiconductor Sensors and Microstructures in Automotive Applications. SAE 910495, S. 245–260
4 P. Kleinschmidt, F. Schmidt, How many sensors does a car need? Sensors and Actuators A, 31 (1992), S. 35 bis 45
5 W. Bittinger, Grenzwerte für die Störfestigkeitsprüfung von Kfz-Elektronik. e&i, 109. Jg. (1992), H. 10, S. 502
6 M. Pfalzgraf, E. Mauser, Elektronischer Systembaukasten (EBS) zur Füllungsstellung von Ottomotoren. Elektronik im Kraftfahrzeug, VDI Berichte 819, S. 741–764, 1990
7 H. Leiber, A. Czinczel, J. Anlauf, Antiblockiersystem (ABS) für Personenkraftwagen. Bosch Technische Berichte, Band 7 (1980) Heft 2, S. 65–94
8 J. Städter, Elektronische Motorleistungsregelung der 2. Generation bei BMW. VDI Bericht Nr. 1152, 1994
9 K. Hieber, I. Ruge, Neue mikroelektronische Komponenten für die Fahrzeugtechnik. Elektronik im Kraftfahrzeug, VDI Bericht 1152, S. 1–12, 1994
10 G. Brasseur, Autonome und mobile Sensoren. e&i, 110. Jg. (1993), H. 9, S. 487–496
11 B. Riedel, A Surface-Micromachined, Monolithic Accelerometer. Analog Dialogue Vol. 27, No. 2, S. 2–7, 1993
12 E. Zabler, et al.: Mechatronic sensors in integrated vehicle architecture. Sensors and Actuators A, Vol 31, S. 54–59, 1992
13 G. Brasseur, T. Eberharter, Kapazitiver, absolut messender Winkelsensor für den Einsatz im Kraftfahrzeug. Elektronik im Kraftfahrzeug, VDI Bericht 1009, S. 315–326, 1992
14 M. Bartscht, P. Overmann, W. Wiegmann, Dezentrale Integration eines E-Gas-Systems. Elektronik im Kraftfahrzeug, VDI Bericht 1152, S. 321–339, 1994
15 Hötzel, Wiedenmann: Die Lambda-Sonde: Geschichte, Funktion und Anwendung. Sensor Report 4/1989, S. 32–37
16 Robert Bosch GmbH: Technische Kurzinformationen und Produktinformationen zu Lambda-Sonden. Firmendruckschriften
17 Siemens Automomobiltechnik: Technische Kundenunterlagen zur Lambda-Sonde Simtec 56. Regensburg, 1994
18 Leica Heerbrugg AG: ODIN, Optical Distancemeasurement INovation. Product Information to the Leica Headway Distance Sensor ODIN, Heerbrugg, 9/1994
19 J. Binder, New generation of automotive sensors to fulfil the requirements of fuel economy and emission control. Sensors and Actuators A, 31, S. 60–67, 1992
20 Siemens Automotive SA: Produktinformation zu einem Kraftstoffqualitätssensor und zu Klopfsensoren. Toulouse, 1993

Danksagung

Der Autor möchte den folgenden Firmen, die Informationsmaterial für den Buchbeitrag zur Verfügung gestellt haben, danken:
Fa. Leica Heerbrugg AG
Fa. Robert Bosch GmbH
Fa. Siemens Automotive, Toulouse und Regensburg

7 Multikanalanordnungen mit CCD-Sensoren

B. Reinhold, U. Richter

7.1 Einleitung

CCD-Sensoren sind optoelektronische Spezialbauelemente für die Aufnahme optischer Informationen und deren Wandlung in analoge elektrische Signale. Mit der Anordnung vieler gleichartiger CCD-Einzelzellen in linearer oder matrixförmiger Struktur können vor allem zeilen- oder flächenförmig wirkende Bildaufnahmekanäle aufgebaut werden. Durch ihre hohe Lichtempfindlichkeit, mechanische Robustheit und kostengünstige Realisierbarkeit haben sie im Laufe der vergangenen zehn Jahre die traditionellen Elemente zur Bildaufnahme wie z. B. Bildröhren fast vollständig verdrängt. Dennoch sind bei der praktischen Applikation eine Reihe von wesentlichen Randbedingungen zu beachten, sollen die spezifischen Eigenschaften der CCDs nicht zu Zielkonflikten mit den geforderten Parametern des Gesamtsystems führen.

Betrachtet man die Gesamtbreite der typischen Einsatzfälle von CCDs, so sind vor allem die im folgenden benannten Problemklassen signifikant. Jede dieser Klassen findet ihre Ursache in den physikalischen Wirkprinzipien der CCD oder bestehenden technologischen Barrieren bei deren Produktion. Wie noch zu zeigen ist, kann jedoch fast jedes Problem mit speziellen Mehrkanalanordnungen gelöst werden. Ein Teil dieser Lösungsansätze ist dabei sogar bis zu weithin akzeptierten Basislösungen fortgeschritten.

7.2 CCD-Bauelementanordnungen

Aufnahme farbiger Bilder mit flächendeckender Farbabtastung. Die Aufnahme farbiger Objekte (wie z. B. unserer natürlichen Umwelt) stellt den Motor für die Entwicklung der CCD-Technologie schlechthin dar. Wesentlich daran beteiligt ist der Einsatz von CCD-Matrixsensoren in tragbaren Videokameras, die als Konsumgut (Camcorder) in Massenstückzahlen produziert und eingesetzt werden. Bei der Bewertung der Farbqualität solcher Kameras werden Defizite in der korrekten Trennung der Farbkanäle und in der Güte der Farbauflösung deutlich. Diese Probleme sind neben den Einschränkungen der elektronischen Bildaufzeichnung auf dem Magnetband im Camcorder vor allem auf die Art zurückzuführen, wie mit einer einzeln betriebenen CCD die Informationen in verschiedenen Farb- (Spektral-) Kanälen gewonnen werden.

Zur Erklärung sei die Anordnung einiger weniger Bildaufnahmeelemente (auch Pixel genannt – als Abkürzung des Begriffs *Pic*ture *El*ement) auf dem CCD-Chip betrachtet. Die in Zeilen und Spalten neben- bzw. übereinander angeordneten einzelnen Pixel sind zunächst einmal für alle Farbanteile des Bildes mehr oder weniger gleichmäßig empfindlich (der spektrale Verlauf der Empfindlichkeit trägt natürlich auch zur Güte der Farbaufnahme bei – wird hier jedoch als ein systematischer und damit korrigierbarer Fehler aus der weiteren Betrachtung ausgenommen). Um nun das Bild in die verschiedenen Farbanteile trennen zu können, werden im einfachsten Fall benachbarte Pixel mit verschiedenen Farbfiltern abgedeckt – also beispielsweise je eine Spalte mit grünen, dann roten und schließlichen blauen Farbfiltern versehen. Der gesamte CCD-Sensor enthält damit eine Vielzahl wiederkehrender Farbfiltermuster (ein sog. Farbpattern), die bei der Aufnahme des farbigen Bildes die Trennung in die gewünschten Farbkanäle vornehmen.

Beim Auslesen der Bildinformation aus der CCD müssen entsprechend der (bekannten) örtlichen Anordnung der Farbfilter die einzelnen Pixelwerte in verschiedene Kanäle eingespeist werden, um im weiteren das Farbbild korrekt zu speichern oder auf einem Monitor darzustellen. An dieser Stelle wird die Ursache für die oben genannten Probleme ersichtlich: die Farbinformation steht nicht an jedem Ort des Bildes in jedem der gefilterten Farbanteile zur Verfügung, sondern nur in einem gröberen Raster (daher die schlechte Farbauflösung) und mit der Unmöglichkeit zu entscheiden wie die dazwischen liegenden Farbwerte im Objekt tatsächlich sind (daher die schlechte Kanaltrennung und Effekte wie Farbsäume und Farbmoirées). Für Applikationen in der professionellen Fernsehtechnik oder in der Aufnahme von Bildern für den Druck ist dieses Verhalten nicht akzeptabel und führt zu speziellen Lösungsansätzen.

Aufnahme von Bildern mit hoher örtlicher Auflösung. Der Größe von CCD-Sensoren – und damit der Anzahl der darauf implementierbaren einzelnen Pixel – sind durch die Halbleitertechnologie Grenzen gesetzt. So enthält ein in der Videotechnik üblicher CCD-Matrixsensor etwa 400.000 Pixel, während die in Scannern verwendeten CCD-Zeilensensoren typisch etwa 5.000 Pixel aufweisen. Die gegenwärtig maximal erreichten Formate von Serientypen liegen bei CCD-Matrizen in der Größenordnung von 6 Millionen Pixeln (3000 x 2000 Pixel, für elektronische Stehbildkameras [1]) und bei CCD-Zeilen bei 12.000 Pixeln (z. B. [2]). Dabei ist für die Matrixsensoren noch zu beachten, daß die besonders hochauflösenden CCDs keine integrierten Speicherzellen für das Ausschieben der Pixelinformation aufweisen – im Gegensatz zu den kleineren Videotechnik-CCDs (und auch zu allen CCD-Zeilen) müssen deshalb diese Sensoren ähnlich wie ein Photofilm über einen gesteuerten Verschluß zur Aufnahme freigegeben und für das nachfolgende Auslesen optisch abgedunkelt werden. Eine wesentliche Steigerung der Pixelanzahl pro CCD-Sensor über die obengenannten Werte ist technologisch außerordentlich schwierig und in naher Zukunft unwahrscheinlich (die oft vermutete Analogie zur rasanten Entwicklung der Halbleiterspeicher besteht aus vielfältigen Gründen nicht). Dennoch gibt es eine Reihe von Applikationen, die nach einer wesentlich höheren Auflösung bei der Aufnahme ruhender oder bewegter Objekte verlangen.

Scannende Abtastung von Objekten in kürzester Zeit. In den Fällen, wo die erforderliche Ortsauflösung bei der Abtastung von Objekten nur mit scannenden CCD-Anordnungen erzielbar ist, stellt sich häufig als zusätzliche Forderung der Parameter „Zeit für die Abtastung" dar. Für dessen Verständnis sei ein Blick auf die elementare photoelektrische Funktion jedes CCD-Sensors geworfen. Das einzelne Pixel besteht dabei aus einer elektronischen Potential-„Mulde", die zu Beginn der Bildaufnahme durch einen elektrischen Steuerimpuls definiert von Ladungen freigeräumt wird. Die anschließend durch die optische Strahlung auftreffenden Photonen dringen in den CCD-Chip ein und generieren Ladungsträger, die in den Potentialmulden zunächst angesammelt werden. Der Vorgang der Bildaufnahme wird nach der sog. Integrationszeit (vergleichbar mit der Belichtungszeit beim Fotografieren) beendet – sei es, daß die optische Strahlung durch einen Verschluß einfach abgedeckt wird, oder daß die akkumulierte Ladung als Paket aus der Mulde in eine daneben liegende Speicherzelle übertragen wird. In jedem Fall stellt die Größe des Ladungspakets ein Maß für die Intensität der optischen Information dar.

Nun ist ersichtlich, daß zwei Faktoren gleichermaßen die Empfindlichkeit der CCD beeinflussen: Das Ladungspaket ist das Produkt aus Ladung und Zeit. Hohe Empfindlichkeit kann also durch besonders hohen Quantenwirkungsgrad (Umwandlung Photonen in Ladung) oder durch Verlängerung der Integrationszeit erzielt werden. Damit ist das Problem schon sichtbar. Der Wirkungsgrad zwischen optischer Energie und elektrischem Signal ist bei modernen CCD-Technologien schon weitgehend ausgereizt und für Steigerungen in Größenordnungen nicht mehr verbesserungsfähig. Die Integrationszeit wirkt aber direkt auf die insgesamt nötige Zeit für die Aufnahme des Bildes, die sich als Produkt aus der Integrationszeit mit der Anzahl der CCD-Scanpositionen ergibt. Bei vielen Anwendungen kann zudem das Objekt nicht mit beliebig großer Lichtenergie für die Aufnahme ausgeleuchtet werden – damit sind Lösungsansätze für das schnelle Abtasten bei möglichst geringer Beleuchtung gefragt.

Lösungsansätze für die flächendeckende Farbabtastung. Je nach den konkreten Anforderungen der Applikation ist hier zu unterscheiden zwischen Lösungsansätzen für bewegte Objekte und solchen für ruhende Objekte.

Farbaufnahme mit optischen Mehrkanal-CCD-Anordnungen. Für bewegte Objekte, wie sie vor allem in der Fernsehbildaufnahme typisch sind, kommt bevorzugt eine spezielle Mehrkanalanordnung zum Einsatz. Diese besteht aus einem optischen Strahlteilerelement (meist einem Prismenblock), welches den Abbildungsstrahlengang des Objektivs bildseitig in mehrere Teile aufspaltet. Diese Teilung erfolgt zudem über integrierte Farbfilter, so daß jeder Teil danach zwar noch das gesamte Feld enthält, jedoch nur die optischen Anteile des jeweiligen Spektralkanals weiterleitet. Nachgeschaltet befindet sich jeweils eine Matrix-CCD, wobei alle CCDs untereinander so justiert sind, daß die optische Abbildung zur Deckung gebracht wird (Spezialvarianten für die Unterdrückung von Farbartefakten nutzen auch eine um Pixelbruchteile versetzte Justage).

Mit einer solchen Mehrkanal-CCD-Anordnung sind heute alle professionellen Fernsehkameras ausgestattet, und in jüngster Zeit hält dieses Prinzip auch Einzug in preiswerte und kleine Kameras für hochwertigere Aufgaben in der Bildverarbeitung [3]. Dennoch ist bei der Anwendung zu beachten, daß die besondere Anordnung eines optischen Elements (des Prismenblocks) direkt zwischen dem Objektiv der Kamera und den CCD-Sensoren einen erheblichen Einfluß auf die optischen Eigenschaften des Gesamtkanals hat. Aus diesem Grund können nur Objektive verwendet werden, die für den zusätzlichen Glasweg korrigiert sind. Vor allem bei den ganz neuen 1/3" Miniaturkameras mit C-mount Objektivanschlußgewinde ist dieser Sachverhalt nicht offensichtlich und verlangt vom Anwender eine sorgfältige Auswahl der tatsächlich geeigneten Objektive (bei den professionellen Kameras wird durch Spezialbajonette der Einsatz der jeweils paßfähigen Optik erzwungen, ist also unverwechselbar). Mittlerweile gibt es speziell für diese Kameraklasse entwickelte Objektive, die außerdem auch den minimalen Eintauchtiefen infolge der Prismenanordnung Rechnung tragen [4]. Normale C-mount Objektive sind vor allem bei kurzen Brennweiten unterhalb 16 mm für diese Kameras nicht einsetzbar.

Farbaufnahme mit geometrischer Mehrfachabtastung und Matrix-CCD. Die mehrkanalige Aufnahme kann auch dadurch realisiert werden, daß ein konventioneller CCD-Sensor mit Farbpattern zeitlich nacheinander mehrere Aufnahmen des Objekts macht. Dabei ist die optische Abbildung des Objekts auf dem CCD-Chip jeweils um die Abstände zweier benachbarter Pixel so zu verschieben, daß nach und nach die gesamte Bildfläche mit allen auf dem CCD-Chip vorhandenen Farben des Patterns abgetastet wird. Im Falle des oben genannten CCD-Typs mit sequentiell angeordneten Rot-, Grün- und Blau-Spalten wäre dies also ein aus drei einzelnen Aufnahmen bestehender Vorgang, wobei die Abbildung jeweils um ein Pixel in der Horizontale verschoben wird. Die dabei gewonnenen Einzelbilder werden so auseinander sortiert, daß im Ergebnis drei Bilder mit der vollen physikalischen Auflösung des CCD-Sensors für die drei Farbkanäle Rot (R), Grün (G) und Blau (B) vorliegen. Bei anderen Farbpattern und Farbfiltern wäre das Verfahren zu modifizieren, ohne jedoch am Prinzip etwas zu ändern.

Dieser Ansatz ist praktisch auf zwei verschiedenen Wegen realisiert worden. Im ersten Fall wird der gesamte CCD-Chip mit einem mechanischen Präzisionsantrieb in der Bildebene verschoben. Die dabei erforderlichen Wege liegen im Bereich einiger zehn Mikrometer, was mit Piezoantrieben sehr elegant gelöst werden kann [5]. Im zweiten Fall wird eine planparallele Glasplatte in den bildseitigen Strahlengang vor die CCD gebracht und über zwei Kippantriebe um wenige Grad geschwenkt [6]. Durch die Änderung der Neigung wird das Bild unterschiedlich in der Platte versetzt, und dadurch die relative Verschiebung ebenso erreicht.

Diese Verfahren finden vor allem im Bereich der graphischen Bildaufnahme (Publishing, Prepress) ihre Anwendung, wobei sie naturgemäß nur für ruhende Objekte einsetzbar sind. Bedeutung erlangen sie vor allem auch dadurch, da mit den gleichen Prinzipien zugleich eine Verbesserung der Auflösung realisiert werden kann. Dies stellt natürlich extrem hohe Anforderungen an Farbkorrektur und Auflösung der an einer solchen Kamera zu verwendenden Objektive. Für die auf dem Markt befindlichen Kamerasysteme sind Spezialobjektive mit einer Auflösung bis 120 Linienpaaren/mm bei 40 % Kontrast als optimale Kombination verfügbar [7]. In Abb. 7.1. wird die Modulationsfunktion pro Linienpaare gezeigt.

Farbaufnahme mit geometrischer Mehrfachabtastung und Zeilen-CCD. Das oben dargestellte Verfahren läßt sich in der Praxis ebenso mit CCD-Zeilen realisieren. Jedoch sind hierbei die Verhältnisse etwas anders. Zum einen besteht das Problem der wesentlich geringeren Lichtempfindlichkeit, da pro Integrationszeitintervall in der CCD-Zeile um Größenordnungen weniger Pixel belichtet werden – für die

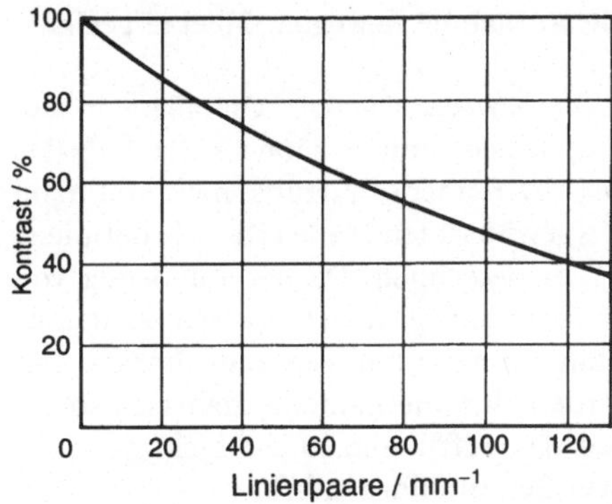

Abb. 7.1. Modulation pro Linienpaare

Flächenabtastung also entsprechend mehr Scanpositionen einzunehmen sind, und dies wiederum die gesamte Scanzeit negativ beeinflußt. Zum anderen sind auf den CCD-Chips die Anordnungen der lichtempfindlichen Zellen und der Schieberegister anders als auf einer CCD-Matrix. Dies führt dazu, daß bei CCD-Zeilen für die Farbabtastung die einzelnen Farbkanäle nicht dicht an dicht liegen, sondern mit einem räumlichen Abstand von typisch acht Pixelbreiten angeordnet sind – vergleichbar einer Multisensoranordnung dreier einzelner CCD-Zeilen, wobei jeweils eine Zeile mit roten, grünen bzw. blauen Spektralfiltern maskiert ist (Beispiele für derartige CCD-Zeilen sind [8] und [9]).

Die flächenfüllende Abtastung des Bildes geschieht, indem die CCD oder das Objekt linear und senkrecht zur CCD-Zeilenrichtung schrittweise verschoben wird. Unter Beachtung des seitlichen Versatzes der drei Farbzeilen kann damit nach der Digitalisierung der CCD-Signale in einem digitalen Speicher die korrekte Zuordnung der drei Farbkanäle so erfolgen, daß an jedem Punkt des aufgenommenen Bildes die Farbwerte aus allen drei Farbkanälen geometrisch korrekt verfügbar sind. Das stellt natürlich hohe Anforderungen an die Positioniergenauigkeit während des Scanvorgangs – die Antriebsmechanik in Flachbettscannern und digitalen Kamerascannern ist entsprechend präzise ausgelegt.

Einen Sonderfall stellen Anwendungen dar, in denen das Abscannen der Fläche über die Eigenbewegung des aufzunehmenden Objekts realisiert wird. Dies ist vor allem bei Inspektionsanlagen der Fall, wo eine Farbzeilenkamera senkrecht zur Ablaufrichtung eines Transportbandes oder eines bandförmigen Materials (Folie, Textil, Papier) montiert ist. Derartige Applikationen sind für die Qualitätskontrolle von wachsender Bedeutung – die Durchführung stößt jedoch auf das schwierige Problem der exakten Synchronisation zwischen der Ablaufgeschwindigkeit des Bandes und der Auslesefrequenz der CCD-Zeile. Insbesondere bei schwankenden Geschwindigkeiten des Bandes treten durch Fehlsynchronisation Fehler bei der geometrischen Zuordnung der Farbkanäle auf, die die Durchführbarkeit des Verfahrens in Frage stellen können. Ein Ausweg kann die Verwendung von Kameras mit dreifach Teilerprisma und drei separaten CCD-Zeilen (wie bei der professionellen Farbfernsehkamera) sein – leider sind derartige Lösungen kaum auf dem Markt und sehr teuer.

Lösungsansätze für die Aufnahme mit hoher örtlicher Auflösung. Die Verwendung von CCD-Multisensoranordnungen für die Steigerung der erzielbaren Ortsauflösung wird unterschieden in Lösungen, die für die Aufnahme bewegter Objekte geeignet sind und solchen für ruhende Objekte.

Aufnahme mit Mehrkamera-Anordnung für bewegte Objekte. Vor allem in der optisch-berührungslosen Dimensionsmessung besteht immer häufiger die Aufgabe, ein großes und sich bewegendes Objekt mit CCD-Kameras aufzunehmen und dann mit Mitteln der digitalen Bildverarbeitung die gewünschten Meßwerte (wie beispielsweise Abstände, Winkel, Durchmesser u.ä.) zu berechnen. Da der Auflösung von CCD-Matrizen Grenzen gesetzt sind (und die besonders großen CCDs sehr kostenintensiv sind), kommen hier verstärkt Mehrkamera-Anordnungen zum Einsatz. Der Grundgedanke ist relativ naheliegend: Es werden einzelne Kameras mehrfach so nebeneinander angeordnet, daß sie parallel auf das aufzunehmende Objekt gerichtet sind – jede Kamera also einen Ausschnitt des Gesamtbildes erfaßt.

In der Praxis treten jedoch erhebliche Probleme auf. Zum einen läßt sich dieser Gedanke nur bei sehr flachen Objekten sinnvoll verwenden, was die Anwendbarkeit einschränkt. Zum zweiten bereitet die exakte Ausrichtung aller Kameras große Schwierigkeiten, da mit vertretbarem Aufwand stets ein Restfehler nach der Justage zu erwarten ist. Die Auswertung muß dem Rechnung tragen. Zum dritten müssen alle Kameras auch exakt zeitgleich ihre Aufnahmen machen, um das bewegte Objekt in einer einzigen Position zu erfassen und damit die Zuordnung der verschiedenen Bilder zu gewährleisten.

In einem Beispiel [10] sind deshalb alle beteiligten Kameras mit einer speziellen Synchronisations- und Auslese-Elektronik zu einem sog. zeitsimultanen Mehrfachbildeinzugssystem konfiguriert und durch eine dazu gehörende Systemsoftware gesteuert worden. Bei den Kameras [11] handelt es sich um Ausführungen, die vollständig extern getaktet werden – und damit im Gegensatz zu lediglich fremdsynchronisierten Kameras (sog. Genlock-Prinzip) keinen Zeitunterschied bei der Bildaufnahme aufweisen. In der Anwendung [12] kam zudem ein spezieller photogrammetrischer Kalibrier- und Korrektur-Algorithmus für die Beherrschung der Justierrestfehler zum Einsatz.

Aufnahme mit Makroscan-Kameras für ruhende Objekte. Die parallele Anordnung von CCD-Sensoren, wie in Abb. 7.2. dargestellt, kann alternativ auch so erfolgen, daß nicht vollständige Kameras (mit Objektiv) sondern nur einzelne CCD-Matrizen verwendet werden. Deren Chipflächen sind dann in der Bildebene eines einzigen, entsprechend großformatigeren Objektivs nebeneinander montiert und füllen so die

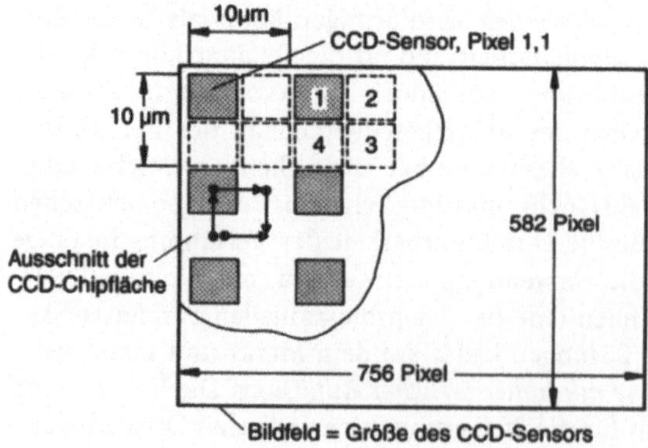

Abb. 7.2. Parallele Anordnung von CCD-Sensoren

aufzunehmenden Bildfelder. Da die CCD-Chips mit ihrem Gehäuse nicht beliebig dicht gepackt werden können, verbleiben Flächenanteile des Bildes, die von den CCDs nicht abgetastet werden. Aus diesem Grund kombiniert man diese Anordnung mit einem mechanischen Scanantrieb, um die CCDs schrittweise auf alle notwendigen Positionen für die lückenlose Flächenabtastung zu verschieben.

Praktisch realisierte Systeme [13] verwenden vier CCD-Sensoren (in einer 2 x 2 Matrixform angeordnet) auf einem positionierbaren Träger, der mit hochgenauen x/y-Antrieben jeweils um die Breite bzw. Höhe eines CCD-Chips schrittweise verschoben wird. Die gesamte Anordnung ist mit einem Großformatobjektiv für das Bildfeld 165 mm x 120 mm kombiniert und erreicht im Scanvorgang eine resultierende örtliche Auflösung von 15.000 Pixel x 11.000 Pixel – diese enorme Auflösung entspricht dem 500-fachen der Auflösung eines normalen VGA-Computermonitors und verdeutlicht anschaulich die Leistungsfähigkeit dieses Verfahrens. Die Bildaufnahme kann wegen des Scans nur an ruhenden Objekten erfolgen, deren Form und Größe jedoch keine Grenzen gesetzt sind. Der Scanner kann wie eine sehr große elektronische Kamera betrachtet werden, die (mit entsprechend stabilen Stativen) beliebig ausrichtbar ist und über den Abbildungsmaßstab der Objektive beliebig große zwei- und dreidimensionale Objekte erfassen kann.

Ein Haupteinsatzgebiet dieser Scannerkamera liegt in der hochgenauen Nahbereichs-Photogrammetrie [14] bei der berührungslosen Messung an sehr großen Teilen (Karosserieteile im Fahrzeug- und Flugzeugbau), die mit anderen Meßverfahren (etwa klassischer Koordinatenmeßtechnik mit Tastern) aufgrund ihrer Größe nicht bewertbar sind. Aber auch die hochauflösende Aufnahme von monochromen und farbigen Vorlagen, die infolge ihrer Oberflächenstruktur/Dicke (Textil) oder ortsfesten Anordnung (Tapete) nicht auf Flachbettscanner gebracht werden können, wird damit realisiert.

Aufnahme mit Mikroscan-Kameras für ruhende Objekte. Ein weiterer Ansatz zur Auflösungserhöhung wurde bereits erwähnt: die Abtastung eines Bildfeldes mit einer um Mikroschritte relativ dazu verschiebbaren Matrix-CCD. Für die Auflösungssteigerung muß dabei die lichtempfindliche Fläche jedes einzelnen CCD-Pixels wesentlich kleiner als das Rastermaß der Pixelanordnung auf dem Chip sein – beispielsweise, indem der Mittenabstand aller Pixel 10 μm beträgt, während die optisch aktive Pixelfläche nur 5 μm x 5 μm groß ist (siehe Abb. 7.3.). Mit ruhender Abbildung

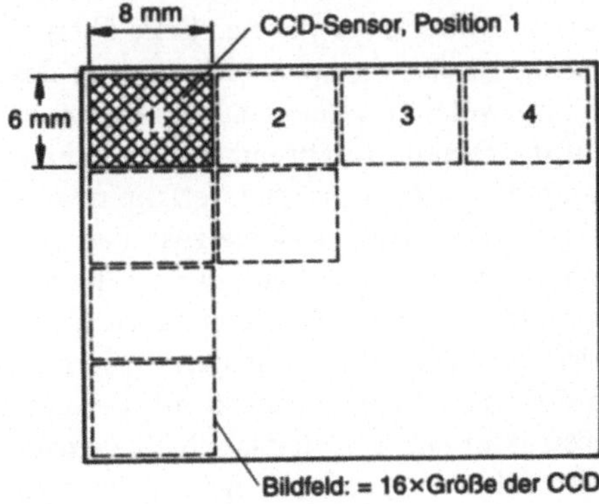

Abb. 7.3. Pixelanordung auf einem Chip

würde also nur ein Viertel der optischen Information des Bildes von der CCD aufgenommen (25 μm^2 Pixelfläche zu 100 μm^2 Pixelraster). Wird nun die Abbildung relativ zur CCD um 5 μm Schritte in Zeilen- und Spaltenrichtung verschoben und dabei jeweils eine Aufnahme gemacht, so können die vier Teilaufnahmen nachfolgend in einem digitalen Speicher geometriegetreu ineinander sortiert werden. Auf diese Weise entsteht ein Bild mit der doppelten Auflösung in x- und y-Richtung und der vierfachen Datenmenge. Ein typischer Vertreter dieses Prinzips ist in [15] beschrieben.

In der Praxis wird dieses Prinzip neben den bereits genannten Prepress/Publishing-Bereichen vor allem auch in der optisch-berührungslosen Dimensionsmessung eingesetzt (zum Beispiel [16] und [17]). Besonders vorteilhaft im Vergleich zu herkömmlichen Kameras mit ruhender CCD wirkt sich dabei die Möglichkeit aus, die Schrittweite beim Scannen noch feiner zu wählen und damit eine teilweise Überlappung der nacheinander abgetasteten Bildanteile zu erhalten. Dies führt dazu, daß der im resultierenden hochaufgelösten Bild ermittelbare Intensitätsverlauf der Pixelwerte in der Umgebung von Hell-Dunkel/Dunkel-Hell-Kanten (wie sie bei im Durchlicht aufgenommenen Meßobjekten typisch sind) eine Breite von etwa 5 bis 10 Pixeln annimmt. Die in der messenden Bildverarbeitung üblichen Algorithmen zur Bestimmung des genauen Kantenorts bringen bei so breiten Kantenverläufen die besten Resultate, da der Verlauf der Kantenfunktion optimal an ein mathematisches Kantenmodell approximierbar ist. Zugleich tritt über die größere Datenmenge an der Kante auch ein Mittelungs- und Rauschreduzierungseffekt ein, was die Reproduzierbarkeit der Meßergebnisse positiv beeinflußt. In den oben genannten Anwendungsfällen ist der praktische Nachweis für die große Leistungsfähigkeit dieses Ansatzes in vielen Einzelbeispielen erbracht.

Lösungsansatz für die Aufnahme mit hoher Geschwindigkeit. Vor allem bei der linearen Abtastung bandförmiger Objekte (optische Inspektion) ist das große Problem, daß einerseits mit einer möglichst hohen Aufnahmegeschwindigkeit (also sehr kurzen CCD-Integrationszeitzyklen) gearbeitet werden soll, andererseits jedoch nicht beliebig viel Lichtintensität zur Beleuchtung verwendet werden kann (thermische Belastung des Objekts, z. T. auch gar nicht technisch praktikabel realisierbar).

In diesen Fällen wird eine spezielle CCD-Multizeilenanordnung zur Erhöhung der Lichtempfindlichkeit um Größenordnungen verwendet. Dabei handelt es sich um einen CCD-Chip, der nebeneinander bis zu 100 separate CCD-Zeilenstrukturen enthält. Diese Zeilen verfügen jedoch nicht über eigene Schieberegister, sondern können ihre Ladungspakete nur der jeweils unmittelbar benachbarten Zeile übergeben. Die außen liegende Zeile gibt ihre Ladung an das einzige Schieberegister des CCD-Chips, von wo dann die Information in gewohnter Weise analog ausgeschoben wird. Zum Verständnis sei ein Blick auf die Funktion während der Aufnahme geworfen. In einem „Time Delay and Integration" (TDI) genannten Verfahren wird dabei die CCD so getaktet, daß die Übertragung der Ladungspakete zwischen den benachbarten Zeilenstrukturen in dem gleichen Zeitraster geschieht, in dem die optische Abbildung auf dem Chip einen Weg äquivalent zur Zeilenbreite zurücklegt. Die Zeile steht senkrecht zur Bewegungsrichtung. Beginnend mit der vordersten Zeilenstruktur wandern die Ladungspakete über alle Zeilen synchron mit der sich bewegenden Abbildung bis zur letzten Zeilenstruktur, um dort in das Schieberegister übertragen zu werden. Das Ladungspaket wird dabei entsprechend der Zeilenanzahl bis zu hundertmal mit der Integrationszeit belichtet – was gleichbedeutend mit einer hundertfach höheren Lichtempfindlichkeit einer ruhenden Abbildung ist. Typischer Vertreter dieser CCD-Klasse ist zum Beispiel [18].

In der Praxis kommt es jedoch zu großen Schwierigkeiten, da die Anforderungen an die exakte Synchronisation zwischen CCD-Taktregime und Bandgeschwindigkeit enorm sind. Die Anwendung beschränkt sich deshalb meist auf Fälle, in denen das Objekt definiert mit einem entsprechenden Verschiebeantrieb konstant bewegt werden kann – zum Beispiel in Dokumentenscannern.

Literatur

1 Datenblatt „KAF-6300 Image Sensor/Multi-Megapixel Full-Frame CCD", Eastman Kodak Co., Rochester 1993

2 Datenblatt „THX7834A: Linear CCD image sensor", Thomson CSF, Orsay 1994

3 Datenblatt „CCD Color Camera Module XC-003/XC-003P", Sony Components Camera Module Section, Atsugi 1994

4 Datenblatt „Objektiv Tevidon 2/10", RJM GmbH/GB Image Technology, Jena 1994

5 Datenblatt „ProgRes 3012 ... und Bilder werden digital", Kontron Elektronik GmbH, Eching 1994

6 Datenblatt „RGB Frame Capture Camera TK-F7300U", JVC Victor Company of Japan Ltd., Tokio 1993

7 Datenblatt „Objektiv Lametar 2,8/25", RJM GmbH/GB Image Technology, Jena 1992

8 Datenblatt „KLI-8003A/8000 x 3 Linear CCD Image Sensor", Eastman Kodak Co., Rochester 1994

9 Datenblatt „THX7821: Multicolor 8640 x 3 Trilinear Array", Thomson CSF, Orsay 1992

10 Prospekt „JenaCam-3D-BAS/Metrische 3D-Bildaufnahmesysteme", RJM GmbH/GB Optical Metrology, Jena 1993

11 Produktbeschreibung „Metrische CCD-Kamera JenaCam 28/29", RJM GmbH/GB Image Technology, Jena 1993

12 Prospekt „Blechprüfmodul/Optisch-berührungslose Geometrieprüfung der Breite und Diagonaldifferenz von Blechen", RJM GmbH/GB Optical Metrology, Jena 1994

10 Prospekt „JenaCam-3D-BAS/Metrische 3D-Bildaufnahmesysteme", RJM GmbH/GB Optical Metrology, Jena 1993

11 Produktbeschreibung „Metrische CCD-Kamera JenaCam 28/29", RJM GmbH/GB Image Technology, Jena 1993

12 Prospekt „Blechprüfmodul/Optisch-berührungslose Geometrieprüfung der Breite und Diagonaldifferenz von Blechen", RJM GmbH/GB Optical Metrology, Jena 1994

13 Prospekt „Großformatscanner HighScan", RJM GmbH/GB Image Technology, Jena 1993

14 Prospekt „Photogrammetrisches Industriemeßsystem UMK-SCAN", Carl Zeiss Jena GmbH, Jena 1993

15 Prospekt „Hochauflösende CCD-Scankamera JenScan®/ 4500 MC", RJM GmbH/GB Image Technology, Jena 1993

16 Prospekt „Höchstauflösender Optischer Konturtaster OCP HiRes", RJM GmbH/GB Optical Metrology, Jena 1994

17 Produktanzeige „Photogrammetrisches Industriemeßsystem*/JenScan" Carl Zeiss Jena GmbH, in Zeitschrift KONTROLLE 3/1995, S. 9

18 Datenblatt CCD-Zeilen „IL-E1/IL-F2 Series TDI QUIETSENSOR™", Dalsa Inc., Waterloo 1993

8 Biosensorarrays

H.-P. Schmauder

8.1
Einleitung

Biosensoren sind aufgrund der Komplexität der Meßprinzipien bislang nur selten in Sensor- oder Multisensorarrays eingesetzt worden. Bei Einsatz isolierter Enzyme, Antikörper oder anderer biokatalytisch aktiver Komponenten sind Abhängigkeiten von den Meßkonstanten und Verfahrensparametern (K_m-, K_i-Werte, Reaktionsmechanismen, mögliche Kofaktoreinsätze und deren Regenerierung) zu beachten. Bei Anwendung intakter Zellen oder Zellsysteme spielt die noch nicht umfassend erforschte „Black Box" der zellulären Regulation eine sehr wichtige Rolle, die dadurch oftmals nur empirische Verfahrensentwicklungen gestatten. Eine weitere Schwierigkeit ist darauf zurückzuführen, daß es bislang kaum möglich ist, die in Betracht zu ziehenden Biokatalysatoren auf engstem Raum in Multisensorarrays unterzubringen, ohne daß negative Wechselwirkungen zwischen den einzelnen Arraybereichen zu beobachten sind. Der oftmals zwingende Einsatz im wässrigen Milieu sowie die mitunter notwendige aseptische bis sterile Verfahrensweise, zumindest während der Präparation, zieht weitere Probleme nach sich. Eine kritische Stelle ist weiterhin die oftmals notwendige Kofaktorregenerierung, außer wenn man mit ganzen Zellen arbeitet, bzw. die Ernährung eingesetzter intakter Zellen zur möglichst langfristigen Erhaltung optimaler Arbeitsbedingungen für den Sensor.

Neben Fragen der elektrischen und elektronischen Kopplung sowie des Nachweisprinzips ist der Auswahl, Isolierung, Reinigung, Stabilisierung der biologisch aktiven Sensorelemente (hinsichtlich der Meßgenauigkeit wie auch der Standzeiten) eine zentrale Rolle bei der Entwicklung von Biosensorarrays zuzuschreiben.

In den letzten Jahren sind eine Reihe von wichtigen Übersichten publiziert worden, auf die nur verwiesen sei [4, 6, 22, 28, 33, 35, 40, 43, 47, 53]. Die Bedeutung dieser Entwicklungsrichtung ist aus der großen Zahl von Patenten zur Lösung der konstruktiven Aufgaben wie zur Applikation der Lösungen zu ersehen [z. B.: 5, 8, 10, 17, 18, 38, 46, 50, 52].

8.2
Meßmethoden, mögliche sensorische Bestandteile und Störfaktoren

Zur Bestimmung von Umsatzraten und zum Nachweis der Reaktionen werden bei Biosensoren und Biosensorarrays in der Regel physikalische Meßprinzipien, wie z. B. optische, elektronische, mechanische Veränderungen oder Unterschiede in der Temperatur erfaßt (vgl. mit Tabelle 8.1. und [47]), da hierfür bereits sehr detaillierte technische Lösungen vorhanden sind. Auch ionenselektive Elektroden werden zur Anwendung gebracht (z. B. [9], [53]).

Tabelle 8.1. Wichtige Transducerlösungen in Biosensoren (nach [47])

Meßprinzip	Beispiele für gemessene Veränderungen, Meßprinzipien
Optische Veränderungen	
z. B. Absorption, Fluoreszenz, Lumineszenz, Polarisation, Brechung	Variation in der Lichtintensität, -farbe, -emission, teilweise über Spannungsdifferenzen
Elektronische Veränderungen	
potentiometrisch	Wechsel in der Spannung: Enzymelektroden, FET (CHEMFET, ENFET etc.)
amperometrisch	Elektroden mit Enzymen, Antikörpern oder ganzen Zellen als Meßsensoren
akustisch	Veränderungen der Schallwellen
Veränderungen der Temperatur	Enzymthermistor
Mechanische Veränderungen	
Masse	Gewichtsvariationen, Einsatz piezoelektrischer Verfahren
Dichte	
Originalbeispiele für Meßprinzipien	Zitat in dieser Übersicht
Optische Änderungen (Interferometrie etc.)	[3], [50], [52]
Elektrische Veränderungen (amperometrisch)	[11], [20], [45], [51]
Elektrische Veränderungen (Konduktometrie)	[13], [19]
Temperaturänderungen (Kalorimetrie)	[1], [49]
Ionensensitive Elektroden	[9], [53]
FET/ISE/ISFET/IGFET/EnFET-Systeme	[5], [9], [19], [25], [26]

Die „Hausobjekte" der Biosensoriker, die sich mit der Entwicklung von Arrays beschäftigen, sind die Enzyme Glucoseoxidase [1, 26, 27, 39, 42, 45, 49, 51], β-Galactosidase [21, 25, 26], Lactatoxidase [42, 51], Katalase [1, 39, 49], Invertase [25, 26], Maltase [25, 26], Alkoholdehydrogenase/Aldehyddehydrogenase [25, 26], Urease [1, 26], Glucosedehydrogenase [25], Diaphorase [31], Cholinoxidase [42], Galactosedehydrogenase [26], Penicillinase [1] und Peroxidase (z. B. [49], hier wie in anderen Arbeiten nur gekoppelt mit der Glucoseoxidase), da sie sich durch die günstigsten Stabilitätsparameter auszeichnen. Dazu kommen noch der Einsatz ganzer Zellen [12], von anderen aus den Zellen isolierten Polymeren bzw. Kofaktoren [8, 10, 16, 31, 46, 52, 53] sowie die Anwendung in Immunoassays [3]. Zu diesen letztgenannten Gebieten liegen allerdings noch keine umfassenden Erfahrungen vor.

Bei den einzelnen Enzymcharakteristika lassen noch viele Dinge zu wünschen übrig (z. B. Kreuzreaktivität, Stabilität, Selektivität). In Tabelle 8.2. sind Beispiele, 1994 von Ross und Cammann [42] beschrieben, zusammengefaßt.

Tabelle 8.2. Beispiele für Charakteristika verschiedener Mikrobiosensoren (nach [42])

Substrat	Glucosesensor		Cholinsensor		Lactatsensor	
	Kreuzreaktivität (10-fache Konzentration) %	Langzeitstabilität (d / % der Ausgangsaktivität)	Kreuzreaktivität (10-fache Konzentration) %	Langzeitstabilität (d / % der Ausgangsaktivität)	Kreuzreaktivität (10-fache Konzentration) %	Langzeitstabilität (d / % der Ausgangsaktivität)
Ascorbinsäure	ca. 65		ca. 65		ca. 65	
Fructose	ca. 15		ca. 15		ca. 8	
Glucose	100	7 / 100 14 / 75	80		ca. 22	
Cholin	ca. 15		100	2 / 80 3 (30 %)		
Harnstoff	ca. 12		ca. 17		ca. 10	
Lactat						2 / 15

Diese Probleme sowie die zum Teil komplizierten Mechanismen der Messung mit Biosensoren im Feldbereich erschweren eine Applikation in natürlichen Habitaten. Tabelle 8.3. faßt wichtige Störfaktoren zusammen, die bei der Entwicklung von Biosensoren, Arrays mit Biosensoren und Applikationsmethoden unbedingt zu beachten sind, wenn repräsentative Resultate erzielt werden sollen. Besonderes Augenmerk muß hierbei der biologischen Matrix gelten, sowohl auf seiten des Sensors als auch in den zu untersuchenden Materialien. Sowohl die Transporteigenschaften gegenüber den zu bestimmenden Substanzen oder Gemischen als auch die Weiterleitung der Signale oder Signalkomponenten können durch konstruktive Fehler oder den Einsatz von Polymeren oder ähnlicher Materialien als Abschluß nach außen Effektivität und Qualität der Messung deutlich negativ beeinflussen. Auch die bereits erwähnte Kofaktor-Regenerierung durch gekoppelte Reaktionen kann durch Transportprobleme deutlich beeinflußt werden.

8.3
Grundprinzipien des Aufbaus von Biosensoren bzw. Sensorarrays

Der grundsätzliche Aufbau eines solchen Sensors umfaßt drei Komponenten:

1. Das *Medium* bzw. die zu untersuchende *Probe*, die durch eine meist semipermeable Membran vom biologischen Element abgetrennt ist.
2. Das *biologische Element* reagiert in mehr oder weniger spezifischer Weise mit der zu bestimmenden Komponente und gibt ein Signal an den Transducer weiter. Die

Tabelle 8.3. Probleme des Biomonitoring und der Bestimmung der Verbreitung von Schadstoffen in der Natur sowie in Tier und Mensch (nach [35])

Problem	Störfaktoren mit Einfluß auf die Ergebnisse
Rolle der biologischen Matrix	Homogenität Struktur Zusammensetzung Zugänglichkeit der Meßparameter Störgrößen bei notwendiger Extraktion (z. B. aus festen Matrizes)
Probenzeitpunkt	Verteilung zwischen den Phasen Zeitabhängigkeit des Stoffwechsels im Tagesverlauf Zeitbedarf für den Übergang in andere Bereiche des Organismus etc. **Wichtig:** Kontrolle durch unabhängige biologisch definierte Marker
Behandlung der Probe	Instabilität der Substrate/Produkte Zusätze von Chemikalien (z. B. Koagulantien) Transport (Dauer, Wege, Temperatur, Stoffwechselaktivität)
Analytische Methoden	bei Pestiziden u. a. Schadstoffen oftmals nur indirekt (z. B. fehlende Sensitivität der Sensoren bzw. keine Sensoren verfügbar)
Biomonitoring	Oft nur indirekt möglich (siehe analytische Methoden)
Validierung der Ergebnisse	Oft nur schwierig möglich durch Einflüsse der Probenahme und der Aufarbeitung, weniger durch den Nachweis an sich

sensorische Einheit besteht dabei aus Enzymen, anderen Zellinhaltsstoffen oder Zellen und ist dort eingeschlossen in Polymere oder anderweitig immobilisiert.

3. Über eine weitere Membran geht das Reaktionsprodukt vom Biokatalysator oder das resultierende elektrische Signal zum *Transducer*, der an die weitere Hardware zur Bestimmung der Umsätze gekoppelt ist.

Diese Struktur des Systems „Biokatalysator – Transducer" ist der sensibelste Punkt der Kette, der über Selektivität, Minimierung und Effektivität entscheidet.

Sowohl die Fragen des Transportes wie auch der Signalübermittlung und Steuerung sind bei Konstruktion von Biosensoren bzw. Biosensorarrays zu beachten. Beim Aufbau von Sensorarrays muß weiterhin einkalkuliert werden, daß die eingesetzten biokatalytisch aktiven Systeme oftmals eine geringere Spezifität und hohe Kreuzreaktivität aufweisen und somit gut voneinander in den Reaktionsbereichen abgetrennt werden müssen. Durch den Einsatz in zumeist wässrigem Milieu ist des weiteren eine gute Isolierung notwendig.

In der Literatur sind verschiedene Lösungsvarianten beschrieben:

Matsue et al. [31] verwenden ein Kopolymer aus Pyrrol-N-methylpyrrol, in das sie das Enzym Diaphorase einpolymerisieren. Durch die An-/Abwesenheit von NADH besitzt dieses System einen sehr sensiblen Schaltmechanismus. Das Grundprinzip des Mikroarrayaufbaues der Elektrode ist in Abb. 8.1. skizziert. Die Größe der Elektrode beträgt $5{,}0 \times 10^{-3}\,cm^2$, und die Ansprechparameter sind angemessen. Zur Regenerierung des NADH setzen die Autoren Anthrachinon-2-sulfonat in geringen Konzentrationen (1 mmol L^{-1}) ein.

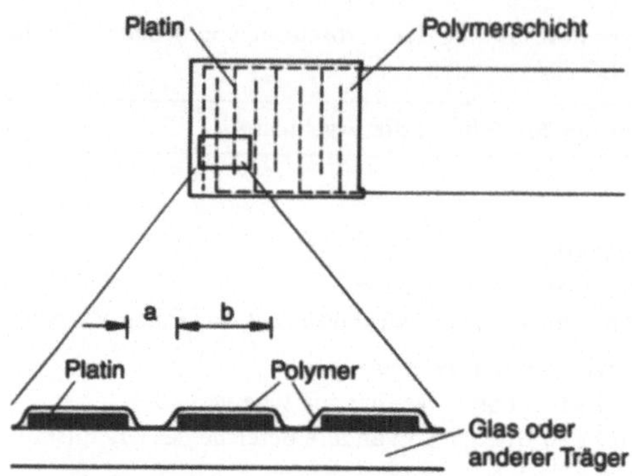

Abb. 8.1. Schematische Darstellung eines Sensor-Mikroarrays mit dem Überzug eines leitenden Polymers (nach [31] bzw. [21]). Als Abmessungen seien z. B. empfohlen: a) ca. 700 - 800 nm; b) etwa 3 - 3,5 μm

Abbildung 8.2. enthält eine Zusammenstellung des Grundaufbaus der beschriebenen Arrays. Connolly [6] beschreibt die Herstellung von Silanmustern aus hydrophoben und hydrophilen Silanen nach dem „lift-off"-Prinzip (Abb. 8.2. a). Es ist dann möglich, auf diesen Mustern spezifische aktive sensorische Elemente anzubringen.

Hintsche et al. [21] beschreiben die Herstellung von fingerförmig ineinandergreifenden Arrayelektroden auf einem Si-SiO$_2$/Si$_3$N$_4$-Träger mit Hilfe des isotropen Ätzens, einer Behandlung mit Ti/Pt-Dampf und eines „lift-off"-Prozesses. Das Ergebnis dieser Arbeitsschritte ist Abb. 8.2. b zu entnehmen. In diese Arrays können in der letzten Präparationsphase Enzyme eingebracht werden. Als Modell untersuchten sie ß-Galactosidase als biosensorisch aktives Element und deren Redox-Rezyklisierung an der Mikroelektrode mit p-Aminophenol als Agens.

Wang und Chen [51] setzten Enzymmikroelektroden als Arraystreifen zur Bestimmung von Glucose und Lactat ein. Die Grundstruktur ist Abb 8.2. c zu entnehmen. Zur Herstellung dieser Systeme wurde auf einem Kohlenstoffsubstrat eine dielektrische Schicht aufgetragen, in deren Poren (ca. 15 μm) Rhodium oder Platin gemeinsam mit den Enzymen lokalisiert werden. Diese Ein-Schritt-Immobilisierung schont

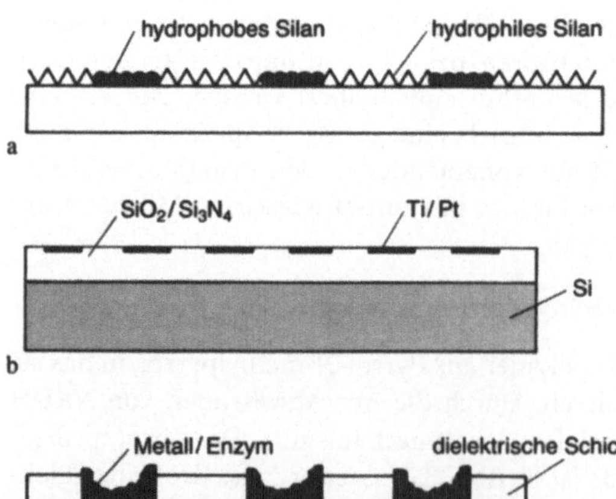

Abb. 8.2. a-c Aufbau von Array-Elektroden, a) nach Aufbau auf einem planaren Substrat (nach [6]), b) nach Ätzen aus einem planaren Substrat (nach [21]), c) metallisierte Mikroelektrode (nach [51])

die Enzyme und gestattet im Falle der Glucoseoxidase eine hoch aktive Enzym-
präparation im Sensor und dadurch eine hochselektive Bestimmung von Glucose.
Analoge Entwicklungen beschreiben auch Sohn et al. [45].

Parthasarathy und Martin [39] stellen polymere Mikrokapseln her, die sie zur
Immobilisierung von Enzymen einsetzen. Durch Elektro- und chemische Polyme-
risierung eines Polypyrrolfilms, Zusatz einer Enzymlösung (Glucoseoxydase bzw.
Katalase) und Verschluß der Mikrotubuli, gebildet aus Polypyrrol, entsteht das fin-
gerförmige Arraysystem (Abb. 8.3.).

Jones und Zhou [22] beschreiben in einer Übersicht das Bauprinzip eines optischen Sensors, der die Fluoreszenz von markierten Antigenen als Meßprinzip nutzt.
Abbildung 8.4. a zeigt das Funktionsprinzip, nach dem die aus eingestrahltem Licht
durch die fluoreszierend markierten Antigene (Schicht A) die Fluoreszenz der Mischung des gelösten und des gebundenen Antigens an Detektor 1 und/oder des
gebundenen Antigens allein gemessen wird. Durch gute Software ist so eine sehr
empfindliche Berechnung der Realkonzentrationen möglich. Abbildung 8.4. b zeigt
den schematischen Aufbau der Antikörper-Elektrode (Schicht B).

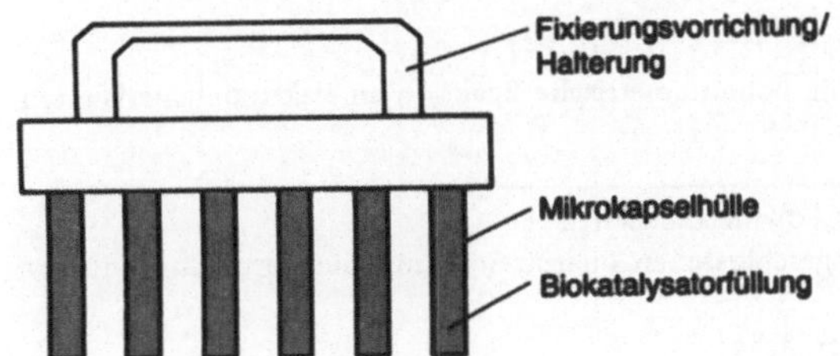

Abb. 8.3. Aufbau eines Mikrokapsel-Arrays (nach [39], zur Herstellung siehe dort)

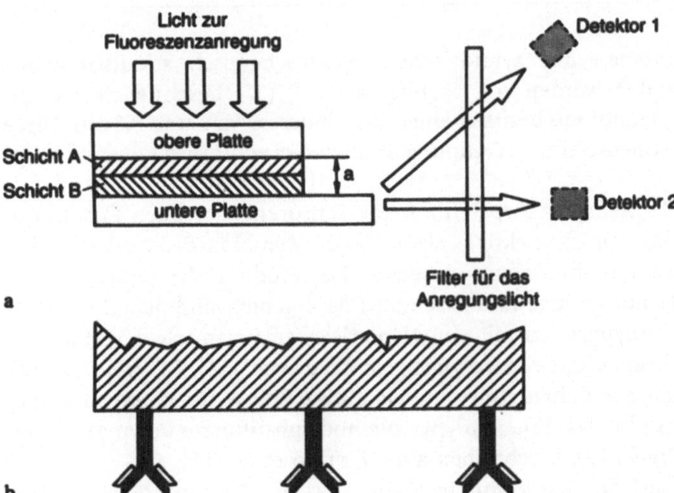

Abb. 8.4. a, b Schematische Darstellung von Bau und Wirkung eines Biosensor-Chips auf der
Basis von immobilisierten Antikörpern (nach [22]), a) Meßprinzip (a ca. 80 - 110 μm) Schicht A
= fluoreszenz-markiertes Antigen; Schicht B = Antikörper-Überzug, b) Aufbau der Elektrode mit
gebundenem Antikörper

Die Tabellen 8.4. und 8.5. fassen Daten zum Aufbau und zu Reaktionstypen an leitfähigen polymeren Matrizes für potentiometrischen Einsatz zusammen (siehe auch [53]). Diese Membranen besitzen in der Regel gute Eigenschaften als Stabilisatoren für die einzusetzenden Enzyme als Biokatalysatoren. Als Membran sind sie einsetzbar für viele Bestimmungen in ionen-, gas- und biologisch selektiven Prozessen.

Tabelle 8.4. Beispiele für Strukturen, einsetzbar bei dem Aufbau polymerer Matrizes für potentiometrische Ionen- oder Biosensoren (nach [53])

a) **Polymermatrizes:**
   Polydimethylsiloxan mit endständigen Silanol-Strukturen
   Cellulose-Triacetat
   Carboxyliertes Polyvinylchlorid
   Aminiertes Polyvinylchlorid
   Vinylchlorid-/Vinylacetat-/Vinylalkohol-Copolymere
   Tecoflex Polyurethane

b) **Substrate/Effektoren:**
   Nonactin
   Tridodecylamin
   Trifluor-p-butylbenzen

Tabelle 8.5. Mögliche Mechanismen für die potentiometrische Reaktion an elektropolymerisierten Filmelektroden-Oberflächen (nach [53])

1. Ionenaustauschmit positiv geladenen Polymerrückseiten
2. Ionenaustausch mit in den Film eingeschlossenen quartären Ammoniumverbindungen des verwendeten Elektrolyten
3. Redox-Antwort an der Elektrodenoberfläche
4. Redox-Antwort mit der Redox-Reaktion des leitenden Polymers
5. Metall-Anion-Wechselwirkung durch axialen Ligand-Austausch

Polycarbonatmembranen mit zylindrischen, elektrochemisch schaltbaren Ionentransportselektivitäten werden von Nishizawa et al. [37] beschrieben. Die ionentransportaktiven Nanotubuli besitzen einen Durchmesser von etwa 0,8 nm. Diese Poren gestatten eine Ionenselektive Trennung ähnlich der von Ionenaustauschpolymeren.

Polyvinylchlorid als Membrankörper für Array-Sensoren verwenden Cosofret et al. [9] sowohl für kaliumionen-selektive- als auch pH-Membran-Elektroden, wobei sie Valinomycin als Carrier für Kalium einsetzen. Das Studium des Einflusses von Weichmachern deckte nur geringe Einflüsse auf. Das Ergebnis sind planare ISEs.

Auf der Basis von Polypyrrolen mit einpolymerisierten organischen Verbindungen entstanden Membranen mit elektrolytartigem Charakter [13]. In zwei Patenten sind weitere interessante leitfähige Polymere als aktive Träger für Biosensoren beschrieben. Die Basis sind Polyaniline, Polypyrrole und substituierte Polypyrrole [17, 18]. Einige analoge Ergebnisse beschreiben auch Fiorillo et al. [11].

Thermistorarrays auf der Basis von porösem Glas als Substrat stellen Urban et al. [49] vor. Diese Sensoren werden als Kalorimeter eingesetzt und enthalten Glucoseoxydase als Biokatalysator.

Eine interessante Entwicklung stellen Walt und Bernard [50] vor, die in einem fiberoptischen Sensor auf der Oberfläche einzelner Leiter verschiedene Farbstoffe oder andere optisch aktive Substanzen lokalisiert haben, so daß mit einem System viele selektive Bestimmungen nebeneinander möglich werden.

Sensoren mit einer großen Anzahl von sensorisch aktiven Einheiten bzw. feinsten (Nano-)Poren, Dünnfilmsystemen und Ultramikroarrays stehen im Mittelpunkt weiterer Entwicklungen: Die Herstellung von elektrisch leitenden Membranen mit zylindrischen Nanoporen auf Basis Polyacetylen, Polypyrrol, Polythiophen oder Polyanilin beschreibt Martin [29]. In einem Patent ist die Mikrofabrikation von Biosensoren sowie deren Anwendung im biologischen und klinischen Bereich detailliert beschrieben [10]. Einen amperometrischen Mikrosensorarray mit 1024 einzeln adressierbaren Elementen zur mehrdimensionalen Bestimmung von Konzentrationen beschreiben Hermes et al. [20]. Leitfähige Membranen mit Lipidbestandteilen und Ionenkanälen in gepackten Arrays können nach einem Patent [38] hergestellt werden, bei denen für jeden dieser Kanäle die Leitfähigkeit separat bestimmbar ist. Ultramikroelektrodenarrays auf der Basis Polypyrrol beschreiben Ross und Cammann (Tabelle 8.2., [42]). Ein Streifen-Dünnfilm-Mikrosystem entwickelten Tvarozek et al. [48]. Basierend auf Silikon-Diaphragmen oder Glas sind planare Array-Elektroden für gasresistente, elektrochemische oder Lipid-Doppelschicht-Biosensoren herstellbar.

8.4
Applikationsbeispiele

Eine Anwendung von Biosensoren in komplexen Systemen setzt eine Beachtung der bereits in Tabelle 8.3. zusammengestellten Regeln und Probleme der Probenvorbereitung und der Auswertung voraus.

Gaisford et al. [12] arbeiteten mit mikrobiellen Biosensoren zur Kontrolle der Umwelt unter Beachtung auch solcher analytisch schwierigen Verbindungen wie Phenol, seiner chlorierten Derivate oder von Di- und Tributylzinn. Bieraroma wurde von Gardner et al. [13] mit Hilfe von einem Multisensorsystem basierend auf leitfähigen Polymeren bestimmt. Biosensoren für die Lebensmittelindustrie werden von Kress-Rogers und D'Costa [23] bzw. Kress-Rogers et al. [24] für das Beispiel der Frische von Fleisch, basierend auf einer Glucose-Elektrode, sowie Schweizer-Berberich et al. [44] für die Frische von Fisch vorgestellt.

Immunoassays als Reagenz in FIA-Systemen verwenden Brecht et al. [3]. Sie setzen optische Immunosensoren ein.

Außer bei Mikroorganismen werden auch bei Zellkulturen Biosensoren eingesetzt zur Untersuchung von deren Wechselwirkungen mit der Umwelt. So wären z. B. die Arbeiten aus dem Arbeitskreis von Grattarola zu erwähnen, in dem unter anderem mit Nervenzellen sowie Fibroblasten in Kultur gearbeitet wird [2, 14, 15, 30, 41]. Connolly et al. [7] setzen einen Mikroelektrodenarray zum Monitoring elektrogener Herzzellen in der Kultur ein.

Self-assembling Rezeptormembranen amphiphiler Moleküle mit Ionenkanälen (Gramicidin A als Carrier) sind in einem Patent beschrieben [8].

Ein Einsatz von Sensoren zur Untersuchung der Interaktion von Collagen mit Stressproteinen [34], bei einem Real-Zeit-Monitoring bei DNA-Manipulationen [36], für die Ligand-Rezeptor-Wechselwirkung [46] oder als biomolekularer Schalter [52] wird weiterhin diskutiert.

Metzger et al. [32] entwickelten ein Cytosensor-Mikrophysiometer als eine alternative Methode zur Untersuchung und zur schnellen Steuerung von Prozessen in Zellbiologie und Pharmakologie sowie zur Anwendung in der klinischen Mikrobiologie. Es können mit diesem System sowohl Rezeptoraktivierung, in-vitro-toxikologische Studien wie auch antimikrobielle Aktivitäten gegenüber pathogenen Bakterien genauer und schneller detektiert werden. Es bieten sich dabei folgende neue Arbeitsfelder an:

- Ermittlung der Empfindlichkeit von Bakterien gegenüber Antibiotika
- Einsatz in der viralen Cytopathologie
- Tumordiagnostik: Ermittlung der Resistenz der Patienten gegenüber Chemotherapeutika
- Ermittlung der T-Zell-Aktivierung im Rahmen von Untersuchungen des Immunstatus.

Schwerpunkte auf dem Gebiet der Biosensorarray-Entwicklung können sein:

1. Durch das Vordringen in den Nanobereich sind schnell Wege zur Entwicklung neuer spezifischer molekularer Arrays und neuer Geräte bzw. Prinzipien für die Biosensorik und Bioelektronik beschreitbar, die in der Schaffung neuer molekularer Schalter, Regulationssysteme und den neuralen Netzwerken analogen Wirkprinzipien enden werden. Am Ende dieser Wegstrecke dürften den natürlichen Systemen nachempfundene Netzwerke oder in der ersten Phase intelligente Chips stehen.

2. Die bisherigen Fortschritte gaben sehr wertvolle Impulse für die Entwicklung neuartiger Polymere, Polymermatrizes oder Polymerkombinationen zur optimalen Fixierung der analytisch wichtigen Biokatalysatoren, von denen vor allem die leitenden Formen zukünftig immer mehr an Bedeutung gewinnen werden.

3. Die Frage der Massenproduktion kleinster elektronischer Teile mit (Bio)Sensorcharakter konnte dank der Intensität der Forschungsarbeiten so verbessert werden, daß eine Serienproduktion in der Regel ohne größere Vorarbeiten möglich erscheint.

4. Die entwickelten, neuen, ionenselektiven Membranen, asymmetrischen Membranelemente, fiberoptischen Matrizes sowie anderen minimierten optischen Einheiten gestatten zunehmend eine sehr genaue „Vor-Ort-Kontrolle" und somit eine optimalere Erfassung von Pollutantien, auch solchen, die bislang nicht direkt über Sensorsysteme erfaßt werden konnten. Den biomimetischen Kanälen und Carriermolekülen kommt dabei eine große Bedeutung zu.

5. Aufbauend auf den Resultaten von Metzger et al. [32] sollten bessere Geräte zugänglich sein, die eine problemlosere und naturnähere Analyse zellbiologischer Vorgänge erlauben und so mithelfen die „Black Box" Zelle kleiner werden zu lassen.

6. Jedoch ist es bis zur „Real World"-Messung in derartig komplexen biologischen Systemen noch ein weiter Weg, da die Selektivität und oftmals auch die Stabilität der bisher eingesetzten Biokatalysatoren oder Zellen deutlich gesteigert werden muß. Vor allem bei der notwendigen Minimierung der aktiven Sensorfläche sind

noch eine Vielzahl von Fragen der Isolierung, exakten Messung, des Einsatzes in Wasser oder anderen spezifischen Lösungssystemen oder unter Festkörpereinsatz zu klären.

Literatur

1 P. Bataillard, E. Steffgen, S. Haemmerli, A. Manz, H. M. Widmer, An integrated silicon thermophile as biosensor for the thermal monitoring of glucose, urea and penicillin. Biosens. Bioel. *8*, 89–98, 1993

2 M. Bove, M. Grattarola, M. Tedesco, G. Verreschi, Characterization of growth and electrical activity of nerve cells cultured on microelectronic substrates: towards hybrid neuro-electronic devices. J. Mater. Sci., Mater. in Med. *5*, 684–687, 1994

3 A. Brecht, G. Gauglitz, J. Polster, Interferometric immunoassay in a FIA system: a sensitive and rapid approach in label-free immunosensing. Biosens. Bioel. *8*, 387–392, 1993

4 D. G. Buerk, Biosensors: Theory and Applications, Technomic Publ. Co., Inc., Lancaster, Basel, pp. 112 - 116, 1993

5 P. W.-P. Cheung, E. B. Weiler, C. E. Furlong Jr., A system employing a biosensor to monitor a characteristic of a select component in a medium. WO 88/08972, 1988

6 P. Connolly, Bioelectronic interfacing: micro- and nanofabrication techniques for generating predetermined molecular arrays. TIBTECH *12*, 123–127, 1994

7 P. Connolly, P. Clark, A. S. G. Curtis, J. A. T. Dow, C. D. W. Wilkinson, An extracellular microelectrode array for monitoring electrogenic cells in culture. Biosens. Bioel. *5*, 223–234, 1990

8 B. A. Cornell, V. L. Braach-Maksvytis, Receptor membranes. WO 89/01159, 1988

9 V. V. Cosofret, M. Erdösy, R. P. Buck, W. J. Kao, J. M. Anderson, E. Lindner, M. R. Neuman, Electroanalytical and biocompatibility studies on carboxylated poly(vinyl chloride) membranes for microfabricated array sensors. Analyst *119*, 2283–2292, 1994

10 S. N. Cozzette, G. Davis, J. A. Itak, I. R. Lauks, R. M. Mier, S. Piznik, N. Smit, S. J. Steiner, P. van der Werf, H. J. Wieck, Wholly microfabricated biosensors and process for the manufacture and use thereof. WO 90/05910, 1989

11 A. S. Fiorillo, C. Di Bartolomeo, A. Nannini, D. De Rossi, PPy thin layers grown onto copper salt replica for sensor array fabrication. Sens. Act. *B 7*, 399–403, 1992

12 W. C. Gaisford, N. J. Richardson, B. G. D. Haggett, D. M. Rawson, Microbial biosensors for environmental monitoring. Biochem. Soc. Trans. *19 (1)*, 15–18, 1991

13 J. W. Gardner, T. C. Pearce, S. Friel, P. N. Bartlett, N. Blair, A multisensor system for beer flavour monitoring using an array of conducting polymers and predictive classifiers. Sens. Act. *B 18–19*, 240–243, 1994

14 M. Grattarola, S. Martinoia, Modeling the neuron-microtransducer junction: from extracellular to patch recording. IEEE Trans. Biomed. Engin. *40*, 35–41, 1993

15 M. Grattarola, S. Martinoia, M. Meloni, M. Tedesco, M. T. Parodi, On-line extracellular pH measurements in culture as a tool for cell metabolism monitoring. S.T.P.Pharma Sciences *3*, 31–34, 1993

16 M. Grattarola, S. Martinoia, Coupling of living cells to solid-state microtransducers: toward cell engineering at the molecular level. In: K. Sienicki (ed.): Molecular Electronics and Molecular Electronic Devices, CRC Press, Boca Raton, Ann Arbor, London, Tokyo, pp. 41–57, 1994

17 A. Guiseppi-Elie, Surface functionalized and derivatized conducting polymers and methods for producing same. WO 90/10655, 1990

18 A. Guiseppe-Elie, Analytical method for chemical and biosensor devices formed from electroactive polymer thin films. WO 93/06237, 1991/1992

19 M. R. Haskard, D. E. Mulcahy, Sensor arrays based on biological systems. Biosens. Bioel. *7*, 689–691, 1992

20 T. Hermes, M. Bühner, S. Bücher, C. Sundermeier, C. Dumschat, M. Borchardt, K. Camman, M. Knoll, An amperometric microsensor array with 1024 individually addressable elements for two-dimensional concentration mapping. Sens Act. *B 21*, 33–37, 1994

21 R. Hintsche, M. Paeschke, U. Wollenberger, U. Schnakenberg, B. Wagner, T. Lisec, Microelectrode arrays and application to biosensing devices. Biosens. Bioel. *9*, 697–705, 1994

22 J. G. Jones, D. M. Zhou, A first look at biosensors. Biotechnol. Adv. *12*, 693–701, 1994

23 E. Kress-Rogers, E. J. D'Costa, Biosensors for the food industry. Anal. Proc. *23*, 149–151, 1986

24 E. Kress-Rogers, E. J. D'Costa, J. E. Sollars, P. A. Gibbs, A. P. F. Turner, Measurement of meat freshness in situ with a biosensor array. Food Control *4*, 149–154, 1993

25 T. Kullick, M. Beyer, J. Henning, T. Lerch, R. Quack, A. Zeitz, B. Hitzmann, T. Scheper, K. Schügerl, Application of enzyme field-effect transistor sensor arrays as detectors in a flow-injection system for simultaneous monitoring of medium components. Part I. Preparation and calibration. Anal. Chim. Acta *296*, 263–269, 1994

26 T. Kullick, U. Bock, J. Schubert, T. Scheper, K. Schügerl, Application of enzyme-field effect transistor sensor arrays as detectors in a flow-injection analysis system for simultaneous monitoring of medium components. Part II. Monitoring of cultivation processes. Anal. Chim. Acta *300*, 25–31, 1995

27 J. Kulys, H. E. Hansen, Carbon-paste biosensors array for long-term glucose measurement. Biosens. Bioel. *9*, 491–500, 1994

28 J. H. T. Luong, A.-L. Nguyen, G. G. Guilbault, The principle and technology of hydrogen peroxide based biosensors. Adv. Biochem. Engin./Biotechnol. *50*, 85–115, 1993

29 C. R. Martin, Nanomaterials: a membrane-based synthetic approach. Science *266*, 1961–1966, 1994

30 S. Martinoia, M, Bove, G. Carlini, C. Ciccarelli, M. Grattarola, C. Storment, G. Kovacs, A general-purpose system for long-term recording from a microelectrode array coupled to excitable cells. J. Neurosci. Meth. *48*, 115–121, 1993

31 T. Matsue, M. Nishizawa, T. Sawaguchi, I. Uchida, An enzyme switch sensitive to NADH. J. Chem. Soc., Chem. Commun. *1991*, 1029–1031, 1991

32 R. Metzger, N. Wilfersegger, J. A. Libby, Molecular Devices. Poster, 8. European Congress on Biotechnology, Nizza, February 1995, 1995

33 R. S. Muller, New opportunities with integrated sensors. Proc. of the Conf. on Molecular Electronics, Online, New York, London, pp. 47–53, 1986

34 T. Natsume, T. Koide, S.-I. Yokota, K. Hirayoshi, K. Nagata, Interactions between collagen-binding stress protein HSP 47 and Collagen. J. Biol. Chem. *269*, 31224–31228, 1994

35 C. H. Naumann, J. A. Santolucito, C. C. Dary, Biomonitoring for pesticide exposure. ACS Symp. Ser. *542*, 1–19, 1994

36 P. Nilsson, B. Persson, M. Uhlen, P.-A. Nygren, Real-time monitoring of DNA manipulations using biosensor technology. Anal. Biochem. *224*, 400–408, 1995

37 M. Nishizawa, V. P. Menon, C. R. Martin, Metal nanotubule membranes with electrochemically switchable ion-transport selectivity. Science *268*, 700–702, 1995

38 P. D. J. Osman, B. A. Cornell, B. Raguse, L. G. King, Improvements in sensitivity and selectivity of ion channel membrane biosensors. WO 90/02327, 1989

39 R. V. Parthasarathy, C. R. Martin, Synthesis of polymeric microcapsule arrays and their use for enzyme immobilization. Nature *369*, 298–301, 1994

40 T. L. Poulos, Protein engineering and the design of electronic devices. Proc. of the Conf. on Molecular Electronics, Online, New York, London, pp. 29–35, 1986

41 D. Ricci, M. Grattarola, Scanning force microscopy on live cultured cells: imaging and force-versus-distance investigations. J. Microsc. *176*, 254–261, 1994

42 B. Ross, K. Cammann, Biosensor on the base of polypyrrole modified ultramicroelectrode arrays. Talanta *41*, 977–983, 1994

43 H.-L. Schmidt, Can new biosensors be deduced from sensing in biology? In: G. G. Guilbault, M. Mascini, (Eds.): Uses of Immobilized Biological Compounds, Kluwer Acad. Publ., Dordrecht, Boston, London, pp. 271–280, 1993

44 P.-M. Schweizer-Berberich, S. Vaihinger, W. Göpel, Characterization of food freshness with sensor arrays. Sens. Act. B *18-19*, 282–290, 1994

45 T.-W. Sohn, P. W. Stoecker, W. Carp, A. M. Yacynych, Microarray electrodes as biosensors. Electroanalysis *3*, 763–766, 1991

46 D. W. Stanbro, K. W. Hunter Jr., A. L. Newman, Added array of molecular chains for interfering with electrical fields. WO 88/08528, 1988

47 R. F. Taylor, New directions in biosensor/biochip development. Proc. of the Conf. on Molecular Electronics, Online, New York, London, pp. 7–18, 1986

48 V. Tvarozek, H. Ti Tien, I. Novotny, T. Hianik, J. Dlugopolsky, W. Ziegler, A. Leitmannova-Ottova, J. Jakabovic, V. Rehacek, M. Uhlar, Thin-film microsystem applicable in (bio)chemical sensors. Sens. Act. B *18-19*, 597–602, 1994

49 G. Urban, H. Kamper, A. Jachimowicz, F. Kohl, H. Kuttner, F. Olcaytug, P. Goiser, The construction of microcalorimetric biosensors by use of high resolution thin-film thermistors. Biosens. Bioel. *6*, 275–280, 1991

50 D. R. Walt, S. M. Barnard, Imaging fiber optic array sensors, apparatus, and methods for concurrently detecting multiple analytes of interest in a fluid sample. US-Pat. 5 244 636, 1991

51 J. Wang, Q. Chen, Enzyme microelectrode array strips for glucose and lactate. Anal. Chem. *66*, 1007–1011, 1994

52 T. Watsui, A. Cass, Biomolecular switch. GB Pat. 2 266 182 A, 1993
53 H.-S. Yim, C. E. Kibbey, S.-C. Ma, D. M Kliza, D. Liu, S.-B. Park, C. E. Torre, M. E Meyerhoff,
Polymer membrane-based ion-, gas- and bio-selective potentiometric sensors. Biosens. Bioel. *8*,
1–38, 1993

Glossar

amperometrisch	auf Veränderungen der Stromstärke aufbauend
Antigen	Substanzen,die von spezifischen Antikörpern erkannt und gebunden werden können
Biokatalysator	Zellen, Enzyme oder andere Zellinhaltsstoffe, die spezifische Reaktionen beschleunigen bzw. erst ermöglichen (meist durch Herabsetzung von Aktivierungsenergien oder Stabilisierung von reaktiven Zwischenstufen)
Biologische Matrix	Strukturen mit Biokatalysatoren
Biomimetische Kanäle	der Natur nachempfundene bzw. die Natur simulierende künstliche Ionen- oder andere Transportkanäle
Carrier	Trägersubstanzen für Stofftransportprozesse bzw. Zusätze markierter/nichtmarkierter identischer Stoffe zu Gemischen in Analysen usw.
CHEMFET	FET mit auf spezifische chemische Substanzen reagierende Gate-Elektrode (Steuerelektrode)
EnFET	„Enzyme-FET", CHEMFET mit immobilisierten Enzymen
Enzym	meist spezifisch wirkende Biokatalysatoren mit Eiweißstruktur
FET	Feldeffekt-Transistor
FIA	„Flow-injektion analysis", Fließanalyse
Habitat	Lebensbereich der Organismen
IGFET	FET mit isolierten Eingußstellen („insulated-gate")
Immobolisierung	Fixierung von Biokatalysatoren an festen Trägern oder Oberflächen, z. B. durch physikalische bzw. chemische Bindung oder Einschluß
Immunoassay	Testmethode, bei der Bestandteile des Immunsystems, z. B. Antikörper, als Nachweisreagentien dienen. Spezifische Formen sind z. B. beschrieben als ELISA (Enzyme Linked Immunosorbent Assay), RIA (Radioimmunoassay).
ISE	ionenselektive Elektrode
ISFET	CHEMFET mit ISE-Gate
Kofaktor	niedermolekularer, nicht proteinartiger Bestandteil von Enzymen, z. B. Metallionen, oder organische Verbindungen
konduktometrisch	auf Veränderungen der Leitfähigkeit aufbauend
Kreuzreaktivität	Reaktion eines Antikörpers, Enzyms oder Biokatalysators mit einer anderen, dem Substrat mehr oder weniger chemisch ähnlichen Verbindung. Diese K. schränkt die Spezifität der Katalyse ein.
lift-off-Prinzip	Technik zur Herstellung von Dünnfilmstrukturen, die darauf beruht, daß die Strukturmaske vor dem eigentlichen Film aufgebracht und anschließend weggelöst wird (lift off)
Marker	spezifische chemische Verbindung oder Teile davon, die als Bezugsgrößen gelten
Mikrotubuli	Zellbestanteile, die am Aufbau des Cytoskeletts beteiligt sind
NADH	Koenzym/Kofaktor von Enzymen des Redox-Systems; Kurzform für Nocotinamidadenindinukleotid in der reduzierten Form (oxydierte Form: NAD)
polarographisch	auf einer Änderung der Redox-Zustände beruhend
potentiometrisch	auf Effekten der Unterschiede in der Spannungsverteilung aufbauend
Rezeptor	Bezeichnung für Organellen, Zellen oder Moleküle, die (meist spezifische) Reize aufnehmen, umwandeln und weiterleiten

Semipermeabilität   Halbdurchlässigkeit, z. B. von Membranen, Kunststoffen usw., die in der Dialyse oder zur spezifischen Stoff- bzw. Signaltrennung eingesetzt wird

T-Zell-Aktivierung   Aktivierung der Lymphozyten als aktive Vertreter des Immunsystems

Transducer   Signalüberträger

Virale Cytopathologie Wissenschaft der durch Viren hervorgerufenen degenerativen Veränderungen von Zellen

**Teil II
Applikationslösungen mit Multisensoren**

9 Multisensorik zur Korrosionsmessung

H. Kaden, W. Oelssner, J. Zosel

9.1
Einleitung

Korrosionsschäden an metallischen Werkstoffen ziehen bekanntlich enorme volkswirtschaftliche Verluste nach sich. Trotz erheblicher Fortschritte in der wissenschaftlichen Erkenntnis über die Ursachen und den Verlauf von Korrosionsprozessen, in korrosionseinschränkenden oder -verhütenden Maßnahmen sowie der Entwicklung und des Einsatzes neuer Werkstoffe ist es bisher nicht gelungen, das Auftreten von Korrosionsschäden prinzipiell zu verhindern. Die Vielfalt der benötigten Werkstoffe und angreifenden Medien und nicht zuletzt der Einsatz der Werkstoffe in sich rasch entwickelnden neuen Technologien, genannt seien hier Luft- und Raumfahrt, Elektronikindustrie, Automobilindustrie, Energietechnik (Sekundärenergieträger, elektrochemische Energieumwandlung), Biotechnologie, Umwelttechnik, Endlagerung radioaktiver Abfälle, daneben unzutreffende Werkstoffauswahl, Überbeanspruchung von Werkstoffen durch hohe Temperaturen und aggressive Medien sowie Herstellungs- und Verarbeitungsfehler an Schweißnähten und Gefügen führen nach wie vor zu Korrosionsschadensfällen [1]. Die frühe Detektion von Korrosionsphänomenen kann zu erheblichen Einsparungen führen und trägt dazu bei, Ursachen und Verlauf der Korrosion aufzuklären. Es gibt zwei grundsätzliche Wege, korrosive Einflüsse sensorisch zu erfassen:

- Detektion der korrosiven Agenzien und physikalischen Einflüsse im System Werkstoff/Korrosionsmedium
- Detektion des Korrosionsgeschehens am beanspruchten Werkstoff (an dessen Oberfläche) in situ oder an Proben des Werkstoffs durch Simulation des Korrosionsvorganges

Der vorliegende Beitrag hat zum Ziel, elektrochemische Meßmethoden und Sensorprinzipien, die man zum Zweck der Korrosionsaufklärung bzw. -überwachung benutzt, sowie den Aufbau und die Funktion von Einzelsensoren darzustellen, die Notwendigkeit und Vorteile multipler Meßanordnungen zu begründen und ihre experimentelle Technik, die Schaltungstechnik und die Meßwertverarbeitung an Hand praktischer Ergebnisse zu demonstrieren.

9.2
Elektrochemische Methoden der Korrosionsmessung

Instrumentelle Meßmethoden. Untersuchungsmethoden zur Feststellung des Korrosionsfortschrittes im allgemeinen sind beispielsweise in [2] zusammengefaßt. Speziell die elektrochemischen Verfahren werden von Heitz et al. [3] erläutert, wobei elektrische Potential-, Strom- und Polarisationsmessungen, stationäre und quasistationäre Meßverfahren zur Charakterisierung der am Korrosionsprozeß beteiligten elektrochemischen Systeme (Metallelektroden, chemische Redoxsysteme, Systeme mit Aktiv- und Passivverhalten u.a.) zu unterscheiden sind. Es ist der Umstand zu beachten, daß eine Beeinflussung des Korrosionsprozesses durch den aufgeprägten Strom oder die aufgeprägte Spannung unvermeidbar ist. Eine der zahlreichen Ausführungen von miniaturisierten Elektroden zur In-situ-Messung in Vertiefungen bei der Lochkorrosion wird in [4] erläutert. Bei anderen Methoden wird das Elektrodenpotential als maßgebende Einflußgröße elektrochemischer Korrosionsvorgänge konstantgehalten, während der zeitliche Verlauf von für den Korrosionsvorgang wesentlichen Parametern gemessen wird. Hierzu gehören u.a. die Potentialabhängigkeit bestimmter spezieller Erscheinungsformen der Korrosion, wie z. B. der Riß-, Lochfraß- und Spaltkorrosion oder der Korrosionsgeschwindigkeit bei anodischen und kathodischen Schutzverfahren. Schließlich ist für die stationären Verfahren noch die Polarisationswiderstandsmessung zu nennen. Zur Aufklärung des Mechanismus der Korrosion gelangen weiter instationäre elektrochemische Verfahren zum Einsatz, so die zyklische Voltammetrie, Impulsverfahren, Impedanzmessungen und potentiodynamische Messungen. In letzter Zeit spielt zunehmend die In-situ-Untersuchung von Metalloberflächen, die sich wie beim Korrosionsvorgang mit Elektrolytlösungen oder einem gasförmigen angreifenden Medium im Kontakt befinden, eine Rolle. Hierzu sind vor allem die Rastertunnelmikroskopie, Synchrotron-Röntgen-Verfahren sowie spezielle spektroskopische Verfahren zu zählen [5]. Alle aufgeführten Methoden können jedoch nur mit relativ großem apparativem Aufwand und vorwiegend unter Laboratoriumsbedingungen angewendet werden. Das Monitoring im On-line-Betrieb in der Korrosionskontrolle und Korrosionsschutzüberwachung steht erst seit wenigen Jahren stärker im Vordergrund. In [6] findet man eine Zusammenfassung wichtiger instrumenteller Methoden, die für das Multisystem-Korrosionsmonitoring verwendet werden können: Elektrochemisches Potentialrauschen, elektrochemisches Stromrauschen, elektrochemische Impedanzmessung und Null-Widerstands-Strommessung (zero resistance ammetry), d. h. die Bestimmung des Stromes zwischen zwei Metallproben aus gleichem Material, die im Korrosionsmedium unterschiedlich beansprucht werden und woraus sich Informationen über den Korrosionsvorgang ergeben.

9.3
Sensoren

Chemische Sensoren. Chemische Sensoren bestehen aus zwei wesentlichen Bestandteilen, einer chemisch sensitiven Schicht als Transducer, bestehend aus einer Membran oder einem Überzug, die auf die chemischen Spezies im zu untersuchenden Medium ansprechen und mit Änderungen eines physikalischen Signals reagieren, und einer physikalischen Anordnung, die diese Änderungen mißt. Da chemische Reaktionen meist gleichzeitig mehr als nur einen physikalischen Parameter des Transducers verändern, können demzufolge mehrere Meßanordnungen zur Detektion eingesetzt werden. Beispielsweise reagiert ein Polymerüberzug bei Adsorption von Teilchen aus einem Meßmedium mit einer Veränderung des Widerstandes und einer Masseänderung. Wird der Polymerüberzug auf das Ende eines Lichtwellenleiters aufgetragen, so können auch optische Signale registriert werden. Zur Anwendung nichtelektrochemischer Sensoren in der Korrosionsmessung sei hier auf die Arbeit von Smyrl [7] hingewiesen, in der über Massesensoren, die auf dem Prinzip der Quarzmikrowaage basieren, und optische Sensoren berichtet wird.

Elektrochemische Sensoren. Im Zusammenhang mit Untersuchungen von Korrosionsphänomenen sind folgende Arten von elektrochemischen Meßfühlern wesentlich:

a) Sensoren für die Bestimmung chemischer Parameter des angreifenden Mediums
b) Sensoren für die unmittelbare Messung des Korrosionsfortschritts im System Werkstoff/angreifendes Medium
c) Sensoren für die Messung physikalischer Parameter des zu untersuchenden Systems

Im folgenden wird auf eine Reihe von für Korrosionsmessungen besonders wichtigen Sensoren näher eingegangen. An Hand der angegebenen Fachliteratur [8, 9] ist der Zugang zu weiteren Methoden und Sensortypen möglich.

Ionenselektive Elektroden. Neben den wichtigen Parametern pH-Wert, Sauerstoffgehalt und Redoxpotential beeinflußt der Gehalt an gelösten Ionen (vor allem von Eisen-, Sulfid- und Chloridionen) in erheblichem Maß Art und Geschwindigkeit auftretender Korrosionserscheinungen [10, 11]. Chloridionen sind maßgeblich an Loch- und Spaltkorrosionsprozessen beteiligt [12, 13]. Praxisrelevante Problemstellungen sind z. B. die Kontrolle von Kesselspeisewasser (Chloridkonzentration $1 \ldots 10\,\mu g/l$) [14] und die Überprüfung technischer Anlagen, die der Einwirkung von Meerwasser (Chloridkonzentration $12 \ldots 20\,g/l$) [15] unterliegen. Die On-line-Bestimmung der Chloridkonzentration erfolgt üblicherweise mit einer elektrochemischen Elektrode zweiter Art, deren sensitiver Teil durch einen Preßling aus einem Gemisch von Silbersulfid und Silberchlorid oder durch eine Niederschlagsmembran gebildet wird [16]. Als Bezugselektroden werden meist Ag/AgCl-Elektroden mit zwei nacheinander angeordneten Stromschlüsseln eingesetzt.

Das beim Eintauchen einer chloridsensitiven Elektrode in eine Meßlösung sich einstellende Potential ist bei Cl^--Konzentrationen zwischen $5 \cdot 10^{-5} \ldots 1\,mol/l$ linear vom Logarithmus der Chloridionenkonzentration abhängig. Querempfindlichkeiten bestehen naturgemäß insbesondere gegenüber Br^--, J^-- und CN^--Ionen. Die Anwesenheit von S^{2-}-Ionen führt sehr rasch zur Blockierung der Elektrode infolge Abscheidung von Silbersulfid.

Zur Herstellung von miniaturisierten chloridsensitiven Elektroden im Hinblick auf die Kombination zu einer Mehrfach- oder Multisensorik für die Untersuchung beispielsweise der Spaltkorrosion kann ein Pt-Draht (Durchmesser: 0,3 mm) in eine Glaskapillare eingeschmolzen werden (Abb. 9.1.), der anschließend im Bereich des Hohlraumes an der Elektrodenspitze versilbert wird, um danach galvanisch eine dünne Silberchloridschicht auf der Drahtoberfläche zu erzeugen. Der in der Abbildung sichtbare Hohlraum wird mit schmelzflüssigem Silberchlorid gefüllt. Die Kontaktierung zwischen dem Pt-Draht und dem Ableitungsdraht erfolgt unter Verwendung von Silberwatte oder Woodschem Metall. Die Empfindlichkeit (Steilheit) einer solchen Elektrode beträgt ca. 55 mV/pCl und liegt damit nahe beim theoretisch zu erwartenden Wert von 59 mV/pCl. Ein Hauptproblem beim Arbeiten mit chloridsensitiven Elektroden besteht in der Auflösung von Silberchlorid aus dem Preßling im Meßmedium. Die Lebensdauer der Elektroden wird durch diesen Prozeß begrenzt. Untersuchungen an Schmelzkörpern aus reinem Silberchlorid in einer Durchflußmeßzelle zeigen, daß die Geschwindigkeit dieser Herauslösung mit zunehmendem Chloridionengehalt, wachsender Temperatur und steigender Strömungsgeschwindigkeit erhöht wird (Abb. 9.2.). In fließender einmolarer NaCl-Lösung beträgt die Abtragsrate ca. 7 μm/h bei 80 °C und der Strömungsgeschwindigkeit von 10 cm/s. Für eine multiple Sensorik zur Korrosionsüberwachung von Anlagen, in denen oftmals Temperaturen zwischen 60 ... 80°C, Strömungsgeschwindigkeiten zwischen 2 ... 100 m/s und relativ hohe Chloridionenkonzentrationen zu erwarten sind, stehen langzeitstabile miniaturisierte Chloridelektroden gegenwärtig noch nicht zur

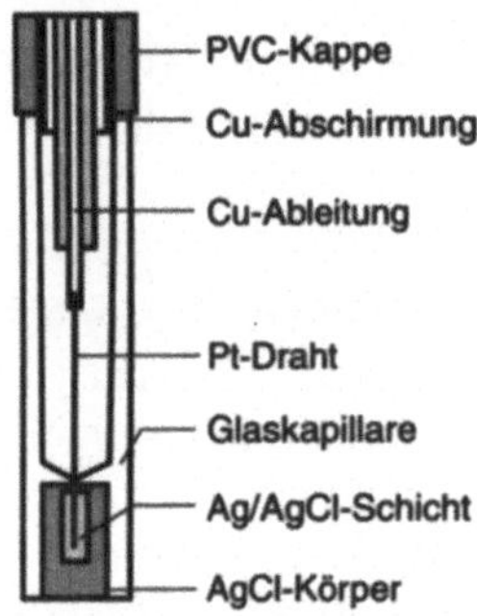

Abb. 9.1. Schematische Darstellung einer miniaturisierten chloridsensitiven Elektrode

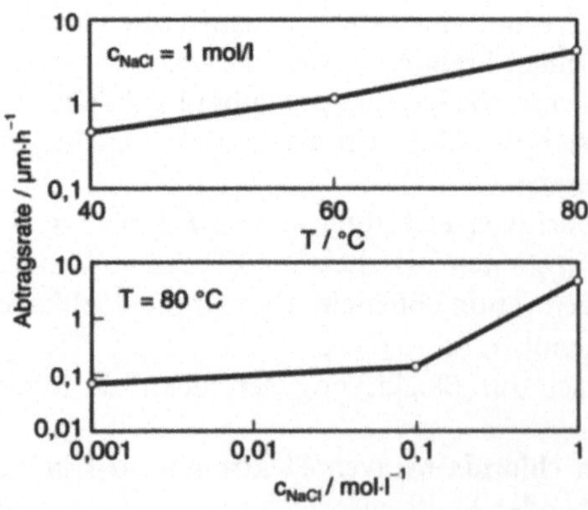

Abb. 9.2. Materialabtrag an AgCl-Schmelzkörpern in NaCl-Lösungen bei erhöhter Temperatur

Verfügung. An der Konstruktion und Erprobung von chloridsensitiven Elektroden, die unter den beschriebenen Bedingungen über größere Zeiten als Bestandteil einer multiplen Sensorik einsetzbar sind, wird gegenwärtig gearbeitet [17].

Ionensensitive Feldeffekttransistoren (ISFET). Auf der Grundlage von Halbleiterchips hergestellte ionensensitive Elektroden eröffnen neue experimentelle Möglichkeiten in der Korrosionsforschung. Ihre Funktion beruht im wesentlichen darauf, daß entsprechend Abb. 9.3. die Metallschicht auf dem SiO_2-Gateisolator (Is) eines MOS-Feldeffekttransistors durch eine ionensensitive Schicht ersetzt ist, die im Falle eines ISFET für die Bestimmung des pH-Wertes aus Si_3N_4 oder Al_2O_3 besteht [18–20]. Die an der Phasengrenze zwischen der ionensensitiven Schicht und der an diese angrenzenden Meßlösung auftretende Potentialdifferenz ist dem pH-Wert der Meßlösung proportional. Nach einer Kalibrierung kann somit aus der meßbaren Spannung U_{GS} auf den pH-Wert der Meßlösung geschlossen werden. Der ISFET-pH-Sensor muß, ebenso wie eine konventionelle pH-Glaselektrode, durch eine Referenzelektrode komplettiert werden, über die der Steuerspannungskreis des Feldeffekttransistors geschlossen wird. Bisher werden dafür vorwiegend miniaturisierte Ag/AgCl-Referenzelektroden verwendet. Wesentliche Vorzüge von ISFET-pH-Sensoren sind vor allem die geringe geometrische Abmessung und die planare Oberfläche des Sensors, eine hohe Ansprechgeschwindigkeit [21] und die Möglichkeit der Kombination mehrerer Sensoren in einem Sensorelement. Die chemisch aktive Gatefläche eines pH-ISFET hat beispielsweise die Länge von 400 μm und die Breite von 20 μm. Mit einer speziellen Meßanordnung wurde eine Ansprechzeit $t_{(5\%-95\%)}$ von ca. 5 ms ermittelt [22]. Damit eignen sich ISFET-Sensoren hervorragend zur Erfassung rasch verlaufender lokaler pH- bzw. Konzentrationsänderungen bei elektrochemischen Korrosionsuntersuchungen.

Experimente zur Spaltkorrosion mit ISFET-pH-Sensoren wurden mit der in Abb. 9.4. dargestellten Meßanordnung durchgeführt [23]. Auf dem zur Messung verwendeten Halbleiterchip befinden sich drei ISFET-pH-Strukturen, mit denen gleichzeitig und voneinander unabhängig gemessen werden kann. Durch die Verkapselung des Sensorchips liegen die ISFETs innerhalb einer ovalen, 0,3 mm tiefen Mulde, die hier als miniaturisiertes Meßgefäß genutzt wird. Die Referenzelektrode (RE) steht über eine Luggin-Kapillare mit dem Elektrolyten (El) in Kontakt. Indem die zu untersuchende Materialprobe (P) schräg angeschliffen wird, ergibt sich ein gewinkelter

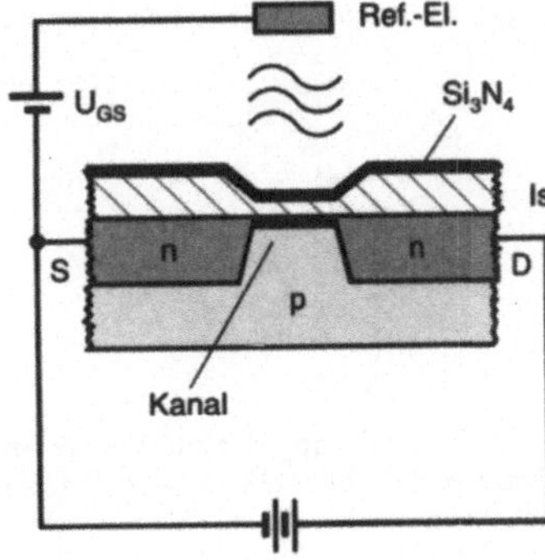

Abb. 9.3. Prinzipschaltung eines ISFET-pH-Sensors. D: Drain, S: Source, Is: Gateisolator, U_{GS}: Steuerspannung

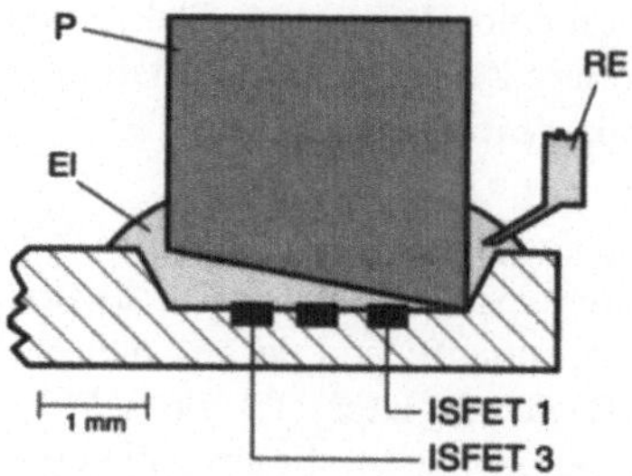

Abb. 9.4. Anwendung eines 3fach-ISFET zur Untersuchung der Spaltkorrosion. P: Materialprobe, RE: Referenzelektrode, El: Elektrolytlösung

Spalt, so daß die pH-Messung an zwei Stellen mit unterschiedlicher Spaltweite im Abstand von 1,1 mm erfolgt. Die Differenz der Spaltweiten zwischen der Probe und den beiden ISFET 1 und 3 beträgt 0,2 mm.

Ein typisches Ergebnis der Messung des zeitlichen Verlaufs des pH-Wertes bei Spaltkorrosion mit der Anordnung nach Abb. 9.4. ist in Abb. 9.5., Kurve 1, dargestellt. Zunächst erfolgt ein relativ rascher Anstieg des pH-Wertes. Dieser ist durch die Überlagerung von anodischer Metallauflösung und kathodischer Sauerstoffreduktion erklärbar, wobei OH^--Ionen entstehen. Der anschließende rasche Abfall und der weitere Verlauf des pH-Wertes resultieren aus Veränderungen der Konzentration des Spaltelektrolyten sowie dem Fortschreiten der anodischen Metallauflösung im Spaltinneren. Bei Kurve 2 in Abb. 9.5. ist das Maximum des pH-Wertes wegen der größeren Spaltbreite weniger deutlich ausgeprägt.

ISFETs werden außerdem für die Bestimmung von Schwermetallen herangezogen, wobei ein Harnstoff-Enzymsensor als Grundsensor dient [24]. Für Kupfer-, Quecksilber-, Cadmium-, Blei- und Manganionen konnten im Konzentrationsbereich 0...15 mg/l gut reproduzierbare Analysenergebnisse erhalten werden, wenn auch die Sensoransprechzeiten, die mehrere Minuten betragen, die für Biosensoren typischen ungünstigen Werte nicht unterschreiten.

Elektrochemische Sensoren für das Korrosionsmonitoring an Metallproben. Vor allem zur kontinuierlichen Untersuchung der atmosphärischen Korrosion benutzt man zunehmend als Korrosionssensoren bezeichnete Anordnungen, die aus wechselweise aneinander gepreßten, durch sehr dünne Isolationsschichten (Dicke ca. 9...20 μm) voneinander getrennten Metallelektroden bestehen und an denen Gewichtsverlust, Korrosionsstromdichte, Polarisationswiderstand bzw. andere elektrochemische Kenngrößen gemessen werden [25, 26]. Man kann so bestimmte Korro-

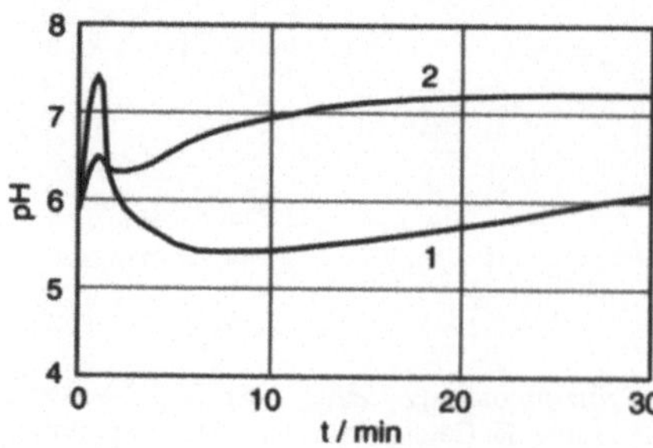

Abb. 9.5. Zeitliche Änderung des pH-Wertes an der Oberfläche von Stahl St 38 in dest. Wasser bei der Anordnung nach Abb. 4. Kurve 1: Messung mit ISFET 1; Kurve 2: Messung mit ISFET 3

sionsverhältnisse modellieren und rascher als durch langwierige Auslagerung von Metallen zu einer Information über das Korrosionsgeschehen gelangen.

Interessanterweise wird umgekehrt die Korrosion von Metallen in höher konzentrierten wäßrigen Lösungen von Säuren und Basen dazu benutzt, die Konzentration dieser Agenzien sensorisch zu ermitteln, indem typische Kenngrößen der Korrosion (Polarisationswiderstand, Korrosionspotential u.a.) als Funktion der Konzentration bestimmt werden. In Untersuchungen an Aluminium und Kupfer wurden lineare Zusammenhänge zwischen Säure- bzw. Laugekonzentration und diesen Kennwerten ermittelt [27].

Besonders zu erwähnen ist hier auch der elektrochemische Korrosionsratensensor, der auf der Messung des Polarisationswiderstands beruht und von Tabrizian [28] in seiner technischen Ausführung und Anwendung in der Praxis eingehend erläutert wird.

Elektrochemische Sensoren für physikalische Parameter. Für strömende und korrodierende Medien können elektrochemische Wirkprinzipien auch für die Messung physikalischer Größen benutzt werden. Bei Tabrizian [28] findet man ausführlich erläuterte Resultate zu Aufbau und Erprobung eines Strömungsgeschwindigkeitssensors auf der Basis von Grenzstrommessungen sowie eines Partikelratensensors für partikelhaltige Flüssigkeitsströmungen unter Anwendung eines amperometrischen Meßprinzips.

Biosensoren. Das in letzter Zeit wachsende Interesse für die Aufklärung von Vorgängen der Biokorrosion [29] hat zur Folge, daß neue Untersuchungsmethoden zum Einsatz gelangen, darunter solche, mit denen die Aggressivität des korrosiven Mediums mittels elektrochemischer Sensoren charakterisiert wird. Eine ausführliche Übersicht zu dieser Problematik, besonders zu dem Aspekt der Untersuchung der Korrosion unter Biofilmen, der sie beeinflussenden anorganischen und organischen Stoffe und der ablaufenden chemischen, biochemischen und bioelektrochemischen Reaktionen gibt Sequeira [30].

9.4
Multiple Meßanordnungen

Experimenteller Aufbau. Forschungen zu chemischen Sensoren sind heute durch zwei Richtungen gekennzeichnet [31]: Einerseits bemüht man sich um die Erhöhung der Selektivität und Sensitivität des Einzelsensors, um eine möglichst präzise Information über den Analyten zu erhalten. Andererseits werden zunehmend Sensorarrays mit dem Ziel der Multikomponentenanalyse durch Mustererkennung untersucht, wofür verschiedene mathematische Verfahren eingesetzt werden. Die Zusammenfassung mehrerer Einzelsensoren zu multiplen Meßanordnungen, von Ahlers [32] als Komplexsensoren bezeichnet, bildet eine Grundvoraussetzung für die komplexe Beurteilung von Korrosionsursachen und -gefährdungen auf jeder Ebene der Korrosionsforschung. Im Labormaßstab wurden solche Komplexsensoren bereits in Korrosionsmeßzellen für Untersuchungen in ruhenden Medien sowie in Kreisläufen mit strömenden Medien eingesetzt [33, 34].

Mit Hilfe der in Abb. 9.6. dargestellten Versuchsanordnung wurden Spaltkorrosionsuntersuchungen an verschiedenen hochlegierten Stählen durchgeführt [35]. Die eingesetzten elektrochemischen Sensoren dienten der gleichzeitigen Messung von pH-Wert, Gehalt an Gelöstsauerstoff, Chloridionenkonzentration und Redoxpotential. Zur Korrelation zwischen Medienparametern und Korrosionserscheinungen wurden weiterhin die Temperatur und die Potentiale der eingesetzten Metallelektroden herangezogen. Der Spalt wurde durch einen PVC-Andrückkörper gebildet, der Bohrungen für miniaturisierte Elektroden und Sensoren enthielt. Die sensitiven Bereiche befinden sich im Spaltelektrolyten. Da die amperometrische Sauerstoffbestimmung mit herkömmlichen Sensoren wegen der hohen Sauerstoffzehrung in kleinen Flüssigkeitsvolumina fehlerhafte Ergebnisse liefert, wurden für die Messungen im Spaltelektrolyt miniaturisierte amperometrische Sauerstoffsensoren entwickelt, deren Grenzstrom bei Luftsättigung kleiner als 100 pA ist. Die sensitiven Flächen der Elektroden zur Messung von pH-Wert, Chloridionengehalt und Redoxpotential wurden unter 1 mm^2 verkleinert, um bei einer Spaltbreite unter 30 μm lokale Veränderungen des Spaltelektrolyten detektieren zu können.

Bei Untersuchungen in strömenden Medien kommen zu den bereits genannten Meßgrößen die Strömungsgeschwindigkeit und der Gehalt an festen und gasförmigen Bestandteilen als weitere korrosionsrelevante Parameter hinzu. Für derartige Versuche werden Flüssigkeitskreisläufe verwendet, in denen die zu untersuchenden Materialien von verschiedenen Medien mit einstellbaren Volumenströmen angeströmt werden [36]. Für Korrosionsuntersuchungen verwendete Laborkreisläufe werden meist aus Glas- und Kunststoffteilen aufgebaut und bei Drücken unter 200 kPa sowie Temperaturen unter 80 °C betrieben. Abbildung 9.7. zeigt das Schema einer solchen Anordnung. In halbtechnischen Kreisläufen gelangen dagegen häufig die zu untersuchenden Metalle selbst als Werkstoff zum Einsatz [37], wobei Drücke bis 2 MPa und Temperaturen bis 120 °C erreicht werden. Zur Einhaltung konstanter Volumenströme werden regelbare Pumpen verwendet. In derartigen Kreisläufen sind weiterhin Wärmetauscher zur Thermostatisierung der Strömung und Öffnungen zur Zuführung von Feststoffpartikeln sowie flüssigen oder gasförmigen Zusätzen vorgesehen. Die Sensoren und Metallproben werden mit Hilfe von Geberarmaturen an die Strömung adaptiert. Spezielle Geberarmaturen (Wechselschleusen) ermöglichen

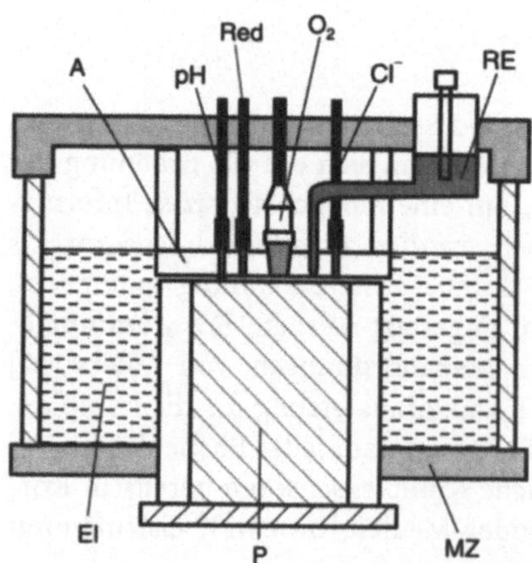

Abb. 9.6. Korrosionsmeßzelle zur Untersuchung der Spaltkorrosion. El: Elektrolyt, P: Materialprobe, MZ: Meßzelle, A: Andrückkörper, pH: pH-Glaselektrode, Red: Redoxelektrode, O$_2$: Sauerstoffsensor, Cl⁻: Chloridelektrode, RE: Referenzelektrode

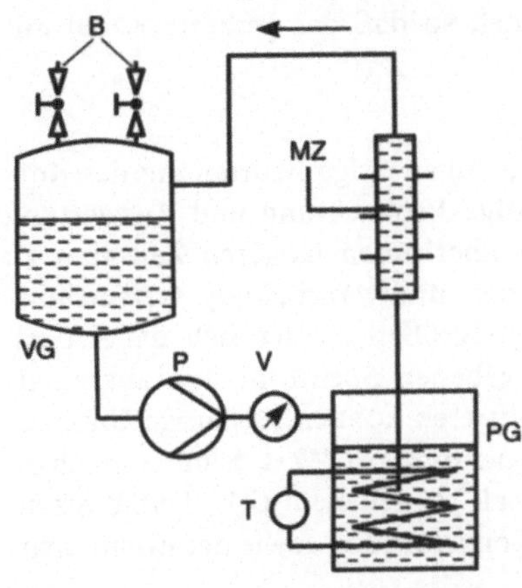

Abb. 9.7. Laborkreislauf aus Glasbauteilen. P: Pumpe, V: Volumenstrommessung, T: Thermostat, PG: Puffergefäß, MZ: Durchflußmeßzelle mit Sensoren, B: Befüllungsventile, VG: Vorratsgefäß

die Kalibrierung, Reinigung und den Sensoraustausch ohne Prozeßunterbrechung, Druckabsenkung oder Entleerung der Meßstrecke [38, 39].

Die Strömungsgeschwindigkeit im wandnahen Bereich sowie in unmittelbarer Nähe des Sensorkopfes oder einer Metallprobe kann mit Hilfe von elektrochemischen, optischen und physikalischen Meßprinzipien gemessen werden, indem die Abhängigkeit des Grenzstroms der Sauerstoffsensoren von der Strömungsgeschwindigkeit des Meßmediums ausgenutzt oder die Laser-Doppler-Anemometrie (LDA) bzw. die Hitzdrahtanemometrie eingesetzt wird [28, 40]. Bevorzugt werden heute optische Strömungsmeßverfahren, da sie die Strömung nicht beeinflussen, eine hohe Präzision ergeben und keine Kalibrierung benötigen [41]. Geberarmaturen, die für optische Strömungsmeßverfahren geeignet sind, weisen ein oder mehrere Fenster auf, wie es in Abb. 9.8. erkennbar ist. Die Strömung bildet sich in einem Kanal mit rechteckigem Querschnitt aus, wobei zwei gegenüberliegende Seiten durch planparallele Glasplatten zur Zuführung der Laserstrahlen begrenzt werden. Die meßaktiven Bereiche der Sensoren und Elektroden sowie die Metallproben werden

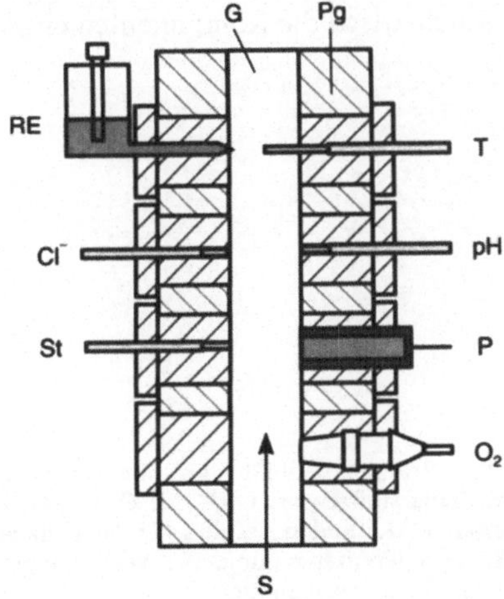

Abb. 9.8. Duchflußmeßzelle für Korrosionsuntersuchungen in strömenden Medien. S: Strömendes Medium, O_2: Sauerstoffsensor, P: Materialprobe, pH: pH-Elektrode, T: Temperatursensor, Pg: Plexiglas, G: planparallele Glasplatten, RE: Referenzelektrode, Cl^-: Chloridelektrode, St: elektrochemischer Strömungsgeschwindigkeitssensor

im wandnahen Bereich der Strömung angeordnet, so daß der gesamte Kanal mit Hilfe der LDA vermessen werden kann.

Schaltungstechnik, Meßwertverarbeitung. Um eine zuverlässige Beurteilung des Korrosionsrisikos von Anlagen durch die gleichzeitige Beobachtung und Auswertung mehrerer Parameter des strömenden Mediums über einen längeren Zeitraum zu gewährleisten, ist der Aufbau eines Datenerfassungs- und verarbeitungssystems notwendig. Die Auswahl der zu detektierenden Meßgrößen richtet sich dabei nach den möglichen Korrosionsursachen, die im gegebenen Spektrum von angreifenden Medien und korrodierenden Werkstoffen auftreten können. Bisherige Untersuchungen zeigen, daß die Parameter Druck, Temperatur, pH-Wert, Sauerstoffgehalt, Chloridionenkonzentration, Redoxpotential, Gehalt an gelöstem CO_2, Leitfähigkeit, Strömungsgeschwindigkeit, Partikelgehalt, H_2S-Konzentration sowie der Eisenionen-Gehalt von besonderer Wichtigkeit sind [42].

Die Meßwerterfassung und -weiterverarbeitung einer multiplen Sensorik hat mehrere Aufgaben zu erfüllen. Bestimmte Sensortypen müssen mit Betriebsspannungen, Polarisationsspannungen bzw. Frequenzsignalen angesteuert werden. Nach der primären Signalerfassung erfolgt die Umwandlung in genormte Strom- bzw. Spannungssignale (entsprechend den Anforderungen der Digital-Analog-Wandlung), da elektrochemische Sensoren bzw. Elektroden elektronische Signale liefern, die für eine sofortige Weiterverarbeitung ungeeignet sind. Wird dabei kein Wert auf weitgehende Miniaturisierung des Meßwertgebers gelegt, so sollte möglichst die Umwandlung noch im Sensorkörper erfolgen. Als Beispiel ist in Abb. 9.9. die Meßwandlerschaltung für einen amperometrischen Sauerstoffsensor dargestellt. Mit Hilfe einer Referenzspannungsquelle und eines Operationsverstärkers (OV 3) wird die Polarisationsspannung für die Anode erzeugt. Der an der Kathode umgesetzte Diffusionsgrenzstrom (entsprechend dem Sauerstoffpartialdruck im Medium) wird durch OV 1 in eine Spannung umgewandelt. Diese Spannung wird durch OV 2 verstärkt und zur Weiterverarbeitung bereitgestellt. Die Wandlung der analogen Signale in digitale Werte erfolgt bei großer räumlicher Ausdehnung des Meßnetzes am jeweiligen Einbauort des Sensors bzw. bei kleineren Meßplätzen zentral in einem Datenlogger oder der Meßkarte eines PC. In Abb. 9.10. sind schematisch die Komponenten eines Mehrfachsensorarrays dargestellt.

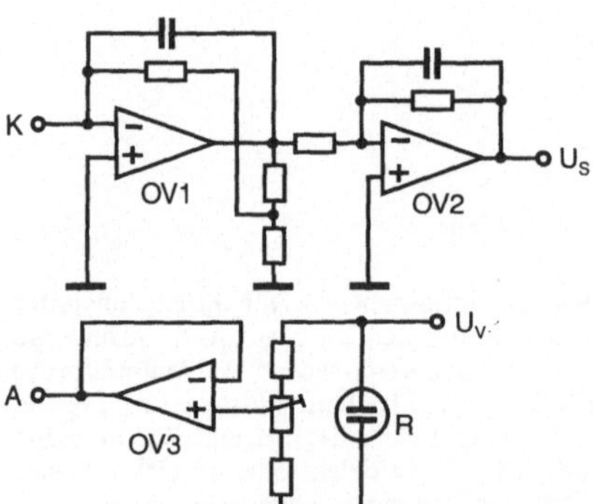

Abb. 9.9. Prinzipschaltbild des Meßwandlers für den Sauerstoffsensor. OV1...3: Operationsverstärker, K: Kathodenanschluß, A: Anodenanschluß, R: Referenzspannung, U_v: Versorgungsspannung, U_s: Signalspannung

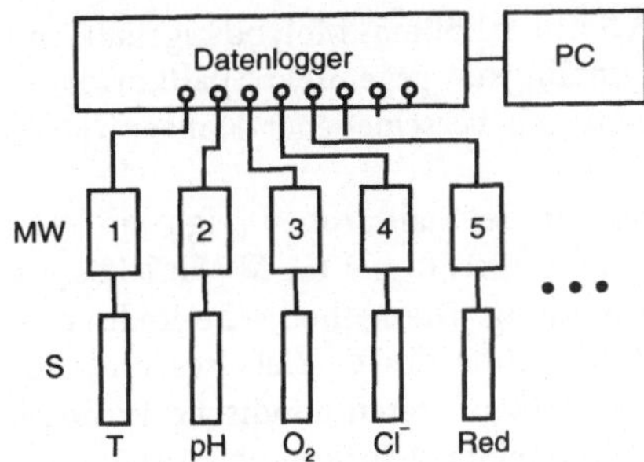

Abb. 9.10. Signalerfassung und -verarbeitung eines Mehrfachsensorarrays. PC: Personalcomputer, MW: Meßwandler, S: Sensoren, T: Temperatursensor, pH: pH-Elektrode, O$_2$: Sauerstoffsensor, Cl$^-$: Chloridelektrode, Red: Redoxelektrode

Werden mehrere potentiometrische Sensoren (z. B. zur Ermittlung von pH-Wert, Chloridionen- und CO_2-Konzentration) gemeinsam mit amperometrischen Sensoren (z. B. zur Messung des Sauerstoffgehaltes und der Strömungsgeschwindigkeit) im gleichen Meßmedium betrieben, so ist es zweckmäßig, eine galvanische Trennung der einzelnen Sensoren und der weiterverarbeitenden Elektronik vorzusehen. Anderenfalls kann es zu gegenseitigen Beeinflussungen zwischen den einzelnen Sensoren mit erheblichen Signalverfälschungen kommen.

Eine weitere Aufgabe der Signalerfassung und -auswertung ist die automatische Kalibrierung der elektrochemischen Sensoren in vorgegebenen Zeitintervallen. Die Notwendigkeit für eine regelmäßige Kalibrierung ergibt sich aus den Eigenschaften der benutzten Meßfühler. Daneben sollen mögliche Funktionsausfälle von Sensoren angezeigt werden.

Die gleichzeitige Erfassung mehrerer Signale ermöglicht die nachträgliche rechnerische Eliminierung von Querempfindlichkeiten der Sensoren. So wird beispielsweise das Signal des elektrochemischen Strömungsgeschwindigkeitssensors, der nach dem Prinzip der Messung des Sauerstoffgrenzstroms arbeitet, durch den Sauerstoffgehalt, den pH-Wert, den Salzgehalt und die Temperatur des Strömungsmediums beeinflußt. Die Ausgangssignale der Sensoren für diese Parameter können zugleich zur Kompensation der Störgrößen des Strömungsgeschwindigkeitssensors herangezogen werden. Die wichtigste Aufgabe ist die Erfassung aller Parameter mit Hilfe geeigneter Auswerteverfahren im Hinblick auf die Beurteilung der Korrosionsgefährdung von Anlagenteilen und die Feststellung von Ursachen der Korrosion. Bereits verfügbare Informationen über das zu untersuchende Korrosionssystem können in das Auswertesystem eingefügt werden. Die Verknüpfung der Sensorsignale als komplexe Sensorik ermöglicht umfassendere Aussagen über den Korrosionszustand der Anlage, da plötzlich auftretende Korrosionserscheinungen vor allem aus dem Zusammenwirken mehrerer Größen resultieren. Darüber hinaus können Erkenntnisse zur Einleitung von Abhilfemaßnahmen gewonnen werden.

9.5
Realisierung

Als Beispiel der Anwendung einer komplexen Sensorik werden im folgenden Resultate von Experimenten zur On-line-Analyse von Korrosionsvorgängen in ruhenden bzw. in strömenden Medien erläutert. In der beschriebenen Korrosionsmeßzelle wurden ein ferritischer Stahl (X20Cr13) und vier austenitische Stähle (X2CrNi

18.10; X2CrNiMoN 17.13.5; X2CrNiMoN 17.13.5 mit erhöhtem Molybdängehalt und X2CrNiMoCuN 20.25.6) im Hinblick auf ihre Anfälligkeit gegenüber Spaltkorrosion untersucht. Die Versuche wurden in NaCl-Lösungen verschiedener Konzentration bei Zimmertemperatur durchgeführt.

Eine erste Versuchsreihe ohne äußere Polarisation der Stahlproben zeigte eine Aktivierung der Oberfläche des ferritischen Stahls in luftgesättigter 0,1 M NaCl-Lösung innerhalb der ersten 25 min nach der Spaltausbildung. Die kathodische Reduktion des Sauerstoffs führt zunächst zur schnellen Abnahme des O_2-Gehaltes und Zunahme des pH-Wertes (Abb. 9.11.). Im weiteren Ablauf traten anodische Prozesse auf, deren Reaktionsprodukte infolge Hydrolyse zu einer Abnahme des pH-Wertes führten. Diese Ergebnisse bestätigen Befunde von Karlberg [43]. In einer weiteren Versuchsreihe wurden austenitische Stähle galvanostatisch polarisiert (200 μA/cm^2), worauf die Probe mit dem niedrigsten Chrom- und Molybdängehalt (X2CrNi 18.10) bei Potentialen von 300 ... 400 mV sofort aktiviert wurde (Abb. 9.12.). Die Beständigkeit der anderen austenitischen Stahlproben gegen Spaltkorrosion nimmt mit zunehmendem Chrom- und Molybdängehalt zu. Bei Übergang zu kleineren Polarisationsstromdichten verringert sich jedoch die Beständigkeit, da der Gehalt an $HCr_2O_7^-$- und MoO_4^{2-}-Ionen im Spaltenelektrolyt abnimmt. Die hier wirksame Inhibitorfunktion dieser Ionen in saurer Lösung wurde bereits von Lemaitre [44] und Wallis [45] nachgewiesen.

In dem Strömungskreislauf nach Abb. 9.6. wurden mittels Laser-Doppler-Anemometrie in der Meßzelle Strömungsprofile in 0,1 M NaCl-Lösung aufgenommen (Abb. 9.13.). Wenn man die Viskosität dieser Lösung näherungsweise der Viskosität von Wasser gleichsetzt, wird für den Volumenstrom von 4,2 m^3/h (mittlere Strömungsgeschwindigkeit: 1,8 m/s) eine Reynoldssche Zahl von ca. Re = 43000 errechnet. Es handelt sich demnach um eine ausgeprägt turbulente Strömung, was durch die aufgenommenen Profile bestätigt wird.

Unter dem Einfluß wechselnder Strömungsverhältnisse wurde das Verhalten des elektrochemischen Strömungsgeschwindigkeitssensors (vgl. [28]), des Sauerstoffsensors und besonders von ISFET-Sensoren untersucht, um das Ansprechverhalten in Abhängigkeit von der Gestalt der Verkapselung und der Art der Anströmung zu

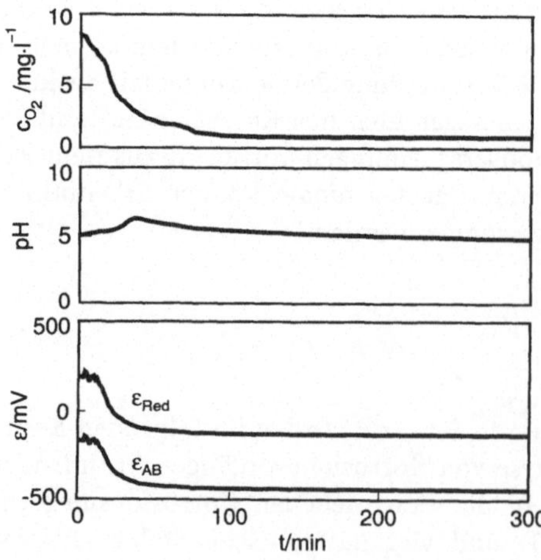

Abb. 9.11. Simultane Messung von Parametern der Spaltkorrosion (X20Cr13, luftges. 0,1 mol/l NaCl, ohne äußere Polarisation). ε_{AB}: Elektrodenpotential im Spalt, ε_{Red}: Redoxpotential

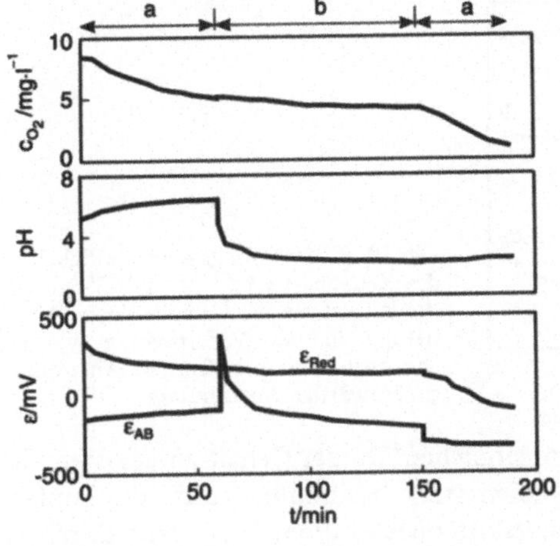

Abb. 9.12. Simultane Messung von Parametern der Spaltkorrosion (X2CrNi 18.10, luftges. 0,1 mol/l NaCl, Polarisation mit $i = 200\ \mu A \cdot cm^{-2}$). a: ohne Polarisation; b: mit äußerer Polarisation

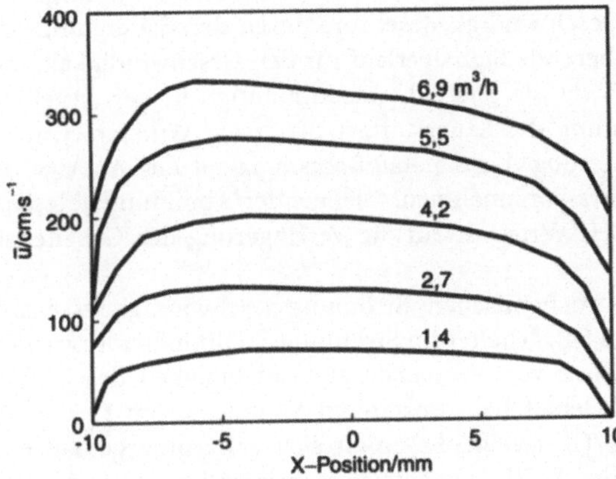

Abb. 9.13. Strömungsprofile in der Meßzelle (siehe Abb. 9.8.) bei verschiedenen Durchflußgeschwindigkeiten einer Probelösung

charakterisieren. Es zeigt sich, daß ISFET erheblich schneller als konventionelle Sensoren ansprechen. Die erwähnten schnellen Konzentrationsänderungen sind in der Praxis im allgemeinen nicht erreichbar, da die Geometrie der Verkapselung den Austausch des Meßmediums vor der sensitiven Fläche verzögert. Um die sich einstellende Strömungsgeschwindigkeit in der Mulde der Verkapselung vor der sensitiven Fläche mit Hilfe der LDA messen zu können, wurden Strömungsmodelle im Maßstab 1:1 von ISFET-Sensoren aus Polymethylmethacrylat in die Meßzelle eingesetzt. Bei seitlicher, frontaler und rückwärtiger Anströmung wurden unterschiedliche ISFET-Modelle vermessen. Dabei zeigte sich, daß die Strömungsgeschwindigkeit im Muldenbereich relativ geringfügig verzögert wird, wobei die geometrische Gestalt der Meßmulde sowie die Anströmungsrichtung wesentlichen Einfluß ausüben. Nach Abb. 9.14. ist die Strömungsgeschwindigkeit bei seitlicher Anströmung am größten und führt, wie bei Versuchen zur Funktion von ISFET-Sensoren bestätigt wurde, zu den kleinsten Ansprechzeiten.

In Versuchen mit einer komplexen elektrochemischen Sensorik wurden die Signale mehrerer Sensoren miteinander sowie mit impedanzspektrometrischen Kor-

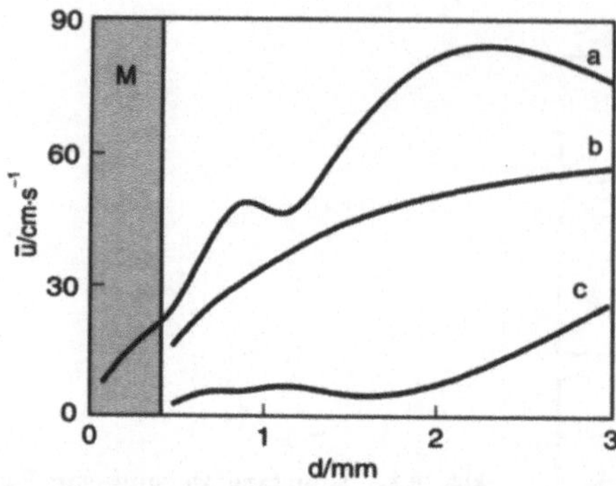

Abb. 9.14. Strömungsgeschwindigkeit vor der Gateoberfläche von ISFET-Sensoren. d: Abstand von der Gateoberfläche, M: Vertiefung in der Verkapselung, a: seitliche Anströmung, b: frontale Anströmung, c: rückwärtige Anströmung

rosionsratenmessungen an Stahlproben verglichen. Da der Gehalt an gelöstem Sauerstoff die Korrosivität strömender Medien stark beeinflußt, wurde die Funktion dieser Sensoren bei Variation der Sauerstoffkonzentration, hergestellt durch N_2- und Luftbegasung des Kreislaufes, untersucht (Abb. 9.15.). Es ist erwartungsgemäß erkennbar, daß das Signal des Geschwindigkeitssensors durch den Sauerstoffgehalt beeinflußt wird. Der korrespondierende Signalverlauf für den Geschwindigkeitssensor und den Sauerstoffsensor sowie die gute Übereinstimmung mit den Ergebnissen der titrimetrischen Bestimmung des Sauerstoffgehaltes nach Winkler ermöglichen es, rechnerisch die Eliminierung der Sauerstoffabhängigkeit der Anzeige des Strömungsgeschwindigkeitssensors vorzunehmen. Die aus der Abbildung ablesbare gleichzeitige Veränderung des pH-Wertes ist auf die Verringerung des Gehaltes an gelöstem CO_2 zurückzuführen.

Eine Beeinflussung des elektrochemischen Strömungsgeschwindigkeitssensors wird auch durch die Variation des Salzgehaltes im Strömungsmedium hervorgerufen. In Abb. 9.16. werden die Ergebnisse von Versuchen zur Abhängigkeit des Diffusionsgrenzstromes I_{GS} vom NaCl-Gehalt bei konstantem Volumenstrom (2,7 m³/h) und konstanter Temperatur (25 °C) gezeigt. Es ergibt sich erwartungsgemäß eine Abnahme von I_{GS} mit wachsender NaCl-Konzentration, begründet durch die Verringerung der O_2-Löslichkeit in der verwendeten Elektrolytlösung. Zum Vergleich ist das Potential ε_{CL^-} der zur Chloridbestimmung verwendeten Elektrode eingezeichnet.

Zur Untersuchung von Korrosionserscheinungen an unlegierten und hochlegierten Stählen in strömenden Medien wurde die Impedanzspektrometrie (IS) eingesetzt. Sie ermöglicht im Vergleich zu anderen elektrochemischen Meßmethoden eine umfassendere Charakterisierung der Probe im Gleichgewichtszustand des Systems [46].

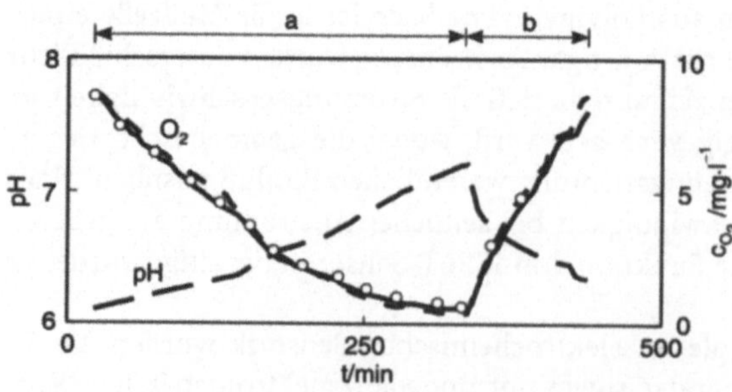

Abb. 9.15. Verhalten von Sensoren einer multiplen Sensoranordnung zur Korrosionsüberwachung bei Änderung des Sauerstoffgehaltes, Messung in 0,1 mol/l NaCl bei 22 °C. ...: pH-Elektrode; –: Strömungsgeschwindigkeitssensor; ·—·: Sauerstoffsensor; ∘∘∘: Sauerstoffgehalt, ermittelt durch Titration nach Winkler. a: N_2-Einleitung, b: Lufteinleitung

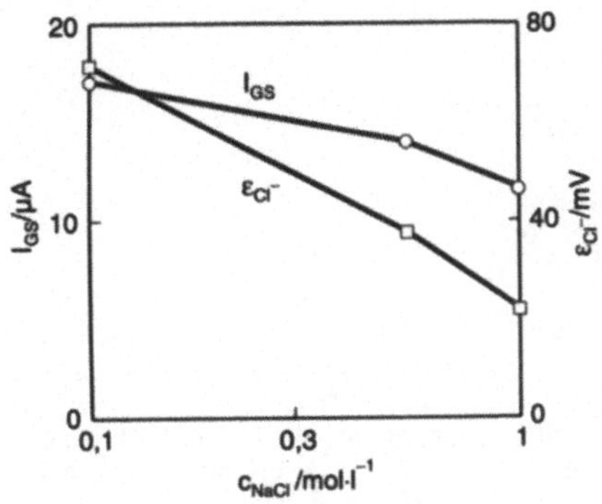

Abb. 9.16. Sensorsignale eines Strömungsgeschwindigkeitssensors und einer Chloridelektrode unter dem Einfluß wechselnder NaCl-Konzentrationen des Strömungsmediums.
GS: elektrochemischer Strömungsgeschwindigkeitssensor, Cl⁻: Chloridelektrode

Durch Anlegen einer Wechselspannung veränderlicher Frequenz ($10^{-3} \ldots 10^6$ Hz) und kleiner Amplitude ($2 \ldots 10$ mV) an die Metallproben fließt ein Wechselstrom. Der Quotient aus Spannung und Strom bildet die komplexe Impedanz Z, deren Betrag und Phase (Bodeplot) bzw. deren Real- und Imaginärteil (Nyquistplot) bestimmt werden.

Um aus der Frequenzabhängigkeit der komplexen Impedanz Rückschlüsse auf die an der Elektrode abgelaufenden Tranportprozesse und Reaktionen ziehen zu können, wird den Meßdaten ein Ersatzschaltbild (Reihen- und Parallelschaltung von Impedanzelementen) zugrunde gelegt [47]. Ausgehend von angenommenen Startwerten für die einzelnen Impedanzelemente wird mit Hilfe der Nonlinear-least-square-fit-Methode [48] das Impedanzverhalten der Ersatzschaltung an den realen Kurvenverlauf angepaßt. Den auf diese Weise bestimmten Impedanzelementen werden physikalische Parameter (z. B. Doppelschichtkapazität, Duchtrittswiderstand, Elektrolytwiderstand) zugeordnet. Außerdem können Rückschlüsse auf systemspezifische Parameter (z. B. Ladezustand, Porosität, Korrosionsrate) gezogen werden [49].

Zur Untersuchung der Korrosion in strömenden Medien unter Variation von pH-Wert, Sauerstoffgehalt und Chloridionenkonzentration wurden Impedanzspektren an unlegierten (C15) und hochlegierten (X2CrNi 18.10) Stahlproben, die in die Meßzelle (Abb. 9.8.) eingebaut wurden, aufgenommen. Abbildung 9.17. zeigt typische Frequenzabhängigkeiten von Betrag Z und Phase der komplexen Impedanz Z, aufgenommen an einer hochlegierten Stahlprobe bei einer Strömungsgeschwindigkeit von 0,85 m/s in NaCl-Lösung ($c_{NaCl} = 1$ mol/l) bei 25 °C. Die Parameter pH-Wert und Sauerstoffgehalt wurden gleichzeitig variiert, da nur in einer sauren und sauerstoffarmen NaCl-Lösung ein nachweisbarer Angriff auf die Stahloberfläche auftrat.

Ausgehend von Literaturdaten [50] wurde den Spektren ein Ersatzschaltbild zugrunde gelegt, das aus der Parallelschaltung einer verlustbehafteten Kapazität c_v mit einem Widerstand R_p, und einem Widerstand R_u in Serienschaltung besteht (Abb. 9.18.). Mit Hilfe des o.g. Anpassungsverfahrens wurden aus den in Abb. 9.17. dargestellten Kurven der komplexen Impedanz für die Impedanzelemente die in Abb. 9.18. aufgeführten Werte für c_v, R_p und R_u bestimmt. Den Impedanzelementen können folgende elektrochemische Parameter zugeordnet werden: $R_p \rightarrow$ Polarisationswiderstand, $c_v \rightarrow$ Kapazität einer rauhen Deckschicht, $R_u \rightarrow$ Widerstand der Elektrolytlösung zwischen Arbeitselektrode und Gegenelektrode.

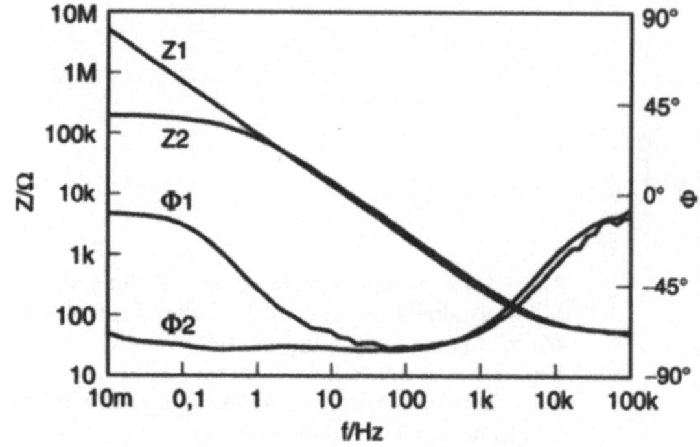

Abb. 9.17. Impedanzspektren, aufgenommen an Elektroden aus dem Stahl X2CrNi 18.10. Z: Betrag der Impedanz, Φ: Phase, f: Frequenz, 1: pH = 5,4; 6,4 mg/l O_2, 2: pH = 2; 0,08 mg/l O_2

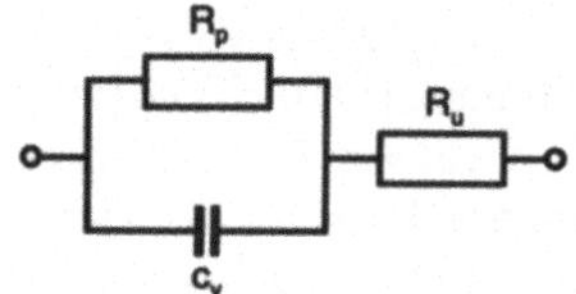

pH	c_{O_2} mg/l	c_v µF	R_p Ω	R_u Ω
5,4	6,4	0,6	32M	50
2	0,08	0,5	180k	50

Abb. 9.18. Ersatzschaltbild für Elektrodenprozesse und durch Anpassung bestimmte Werte für einzelne Impedanzelemente

Die starke Verringerung des Polarisationswiderstandes in sauerstoffarmer NaCl-Lösung bei dem pH-Wert von pH = 2 ist auf die zunehmende Aktivierung der Elektrodenoberfläche zurückzuführen. Da der Aktivierungsprozeß auf kleine Areale der Elektrodenoberfläche begrenzt ist (lokale Korrosion) und die übrige kapazitätsbestimmende Deckschicht nur unwesentlich beeinflußt wird, bleibt die verlustbehaftete Kapazität im Rahmen der durch das Annäherungsverfahren bestimmten Fehlergrenzen unverändert. Da die Leitfähigkeit des Strömungsmediums zwischen beiden Messungen nicht verändert wurde, ergeben sich für R_u gleiche Werte.

Literatur

1 E. Heitz: Neue Technologien – neue Korrosionsprobleme. Chem.-Ing.-Techn. **66** (1994) 643–651
2 U. R. Evans: Einführung in die Korrosion der Metalle. Weinheim: Verlag Chemie 1965, S. 88 ff.
3 E. Heitz, R. Henkhaus, A. Rahmel: Korrosionskunde im Experiment. Weinheim: Verlag Chemie 1965, S. 18–34
4 R. W. Revie: Environmental cracking of metals: electrochemical aspects. In: B. E. Conway, J. O'M. Bockris, R. E. White (Ed.): Modern aspects of electrochemistry, Vol. 26, S. 277–316. New York: Plenum Press 1994
5 M. J. Weaver, X. Gao: In-situ electrochemical surface science. Ann. Rev. Phys. Chem. **44** (1993) 459–494
6 T. Illsson, C. Eley, W. Y. Mok et al.: Recent iniatives in the use of modern electrochemical instrumentation for FGD corrosion investigation and surveillance. Werkst. Korros. **43** (1992) 321–32
7 W. H. Smyrl, M. A. Butler: Corrosion Sensors. Interface 2 (1993) 4, 35–39
8 J. Wang: Analytical Electrochemistry. New York: VCH Publishers 1994
9 T. S. Light: Potentiometry: pH and ion selective electrodes. In: G. W. Ewing (Ed.), Analytical instrumentation handbook. New York: Marcel Dekker 1990, S. 569–601
10 H. Boehni, L. Stockert: Die Bedeutung der metastabilen Lochkorrosion bei hochlegierten Stählen. Werkst. Korros. **40** (1989) 63–71

11 S. S. Abd. El Rehim, M. S. Shalaby, S. M. Abd. El Halum: Effect of some anions on the anodic dissolution of delta-S2 steel in sulfuric acid. Surf. Technol. **24** (1985) 241–245

12 G. Moretti, G. Quartarone, A. Tassan, et al.: Pitting corrosion behaviour of superferritic stainless steel in waters containing chloride. Werkst. Korros. **44** (1993) 24–30

13 M. Sivakumar, S. Rajeswari: Pitting behaviour of 316L stainless steel implant material in chloride media. Bull. Electrochem. **6** (1990) 916–919

14 F. Oehme: Ionenselektive Elektroden. Heidelberg: Dr. A. Hüthig Verlag 1986, S. 41

15 J. P. Riley, G. Skirrow: Chemical Oceanography. London: Academic Press 1975, S. 34

16 K. Cammann: Das Arbeiten mit ionenselektiven Elektroden. Berlin: Springer-Verlag 1977, S. 59–78

17 E. W. Grabner, C. König: Persönliche Mitteilung (1994)

18 A. Sibbald: Recent advances in field-effect chemical microsensors. J. Molecular Electronics **2** (1986) 51–83

19 M. T. Pham, W. Hoffmann, J. Hüller, H. Langenhagen, J. Schöneich: Feldeffekttransistor als chemischer Sensor. messen-steuern-regeln **31** (1988) 365–369

20 H. Galster: pH-Messung. Weinheim: VCH Verlagsgesellschaft mbH 1990

21 P. Bergveld: Future applications of ISFETs. Sensors and Actuators B **4** (1991) 125–133

22 M. Klein: Time effects of ion-sensitive field-effect transistors. Sensors and Actuators **17** (1989) 203–208

23 W. Oelßner, H. Kaden: Über die Anwendung von Ionensensitiven Feldeffekttransistoren zur Untersuchung von Korrosionsvorgängen. Werkst. Korros. **42** (1991) 356–362

24 H. Sakai, N. Kaneki, H. Tanaka, H. Hara: Determination of heavy metal ions by urea sensor using ISFET. Sensors and Materials (Tokyo) **2** (1991) 217–227

25 J. A. Gonzáles, E. Ôtera, C. Cabanãs, J. M. Bastidas: Electrochemical sensors for atmospheric corrosion rates: A new design. Brit. Corros. J. **19** (1984) 89–94

26 F. Mansfeld: Monitoring of atmospheric corrosion with electrochemical Sensors. J. electrochem. Soc. **135** (1988) 1354–1358

27 S. Asakura, A. Wada: A proposal for the application of metallic corrosion to chemical sensors, corrosiometry. Bull. Fac. Engin. Yokohama Nation. Univ. **33** (1984) 3, 77–83

28 K. Tabrizian: Entwicklung von elektrochemischen Sensoren für die Strömungs- und Korrosionsüberwachung. Dissertation, Universität Frankfurt am Main, 1992

29 H.-C. Flemming, E. Heitz, W. Sand: Biokorrosion: Nicht erkannt, weil nicht vermutet. Chem. Ind. (Frankfurt am Main) **116** (1990) 10, 40–42

30 C. A. C. Sequeira: Perspektiven von Sensoren unter Einsatz biologischer Indikatoren in aggressiven Medien (russ.). Electrochimija (Moskau) **29** (1993) 1541–1553

31 U. Weimar, S. Vaihinger, K. D. Schierbaum, W. Göpel: Multicomponent Analysis in chemical sensing. In: N. Yamazoe (Ed.): Chemical Sensor Technology. Amsterdam: Elsevier 1991, S. 51–88

32 H. Ahlers, J. Waldmann: Mikroelektronische Sensoren. Berlin: Verlag Technik 1989

33 L. Li, W. Kuang, K. Qin, W. Shujian: Investigation on the crevice width influencing chemical and electrochemical parameters of solution in the crevice. J. Beijing Univ. Iron Steel Technol. **10** (1988) 46–50

34 R. Manner, E. Heitz: Corrosion studies under conditions of thermal desalination. Werkst. Korros. **29** (1978) 783–791

35 H. D. Suschke, M. Berthold, H. Kaden: Miniaturisierte elektrochemische Sensoren zur In-situ-Untersuchung der Spaltkorrosion in Modellsystemen. Werkst. Korros. **45** (1994) 648–653

36 H. Kaden, J. Zosel, M. Berthold: Untersuchungen über elektrochemische Sensoren in strömenden Medien mittels der Laser-Doppler-Anemometrie. 11. Jahrestagung der DECHEMA 1993 und Jahrestagung der Biotechnologen, Nürnberg (1993). Tagungsband, S. 346–347

37 W. Blatt: Strömungsmechanische Untersuchungen zur Erosionskorrosion in partikelhaltigen Strömungen. Dissertation, Universität Frankfurt am Main, 1989

38 A. H. Tesson: Device for retaining an electrode holder. EP 0372121 (1988)

39 R. Riedel: Vorrichtung zum Messen insbesondere des pH-Wertes von Flüssigkeiten. DE 3812108 (1988)

40 J. Zosel, W. Oelßner, H. Kaden: LDA-Messungen zur Untersuchung des Ansprechverhaltens von ISFET-Sensoren. Symposium „Laseranwendungen in der Strömungstechnik" der Deutschen Gesellschaft für Laser-Anemometrie GALA e.V., Bremen (1994). Tagungsband, S. 2.1–2.3

41 F. Durst, A. Melling, J. H. Whitelaw: Theorie und Praxis der Laser-Doppler-Anemometrie. Karlsruhe: Verlag G. Braun 1987, S. 9

42 C. K. Walker, G. C. Maddux: Corrosion-monitoring techniques and applications. Corrosion **45** (1989) 847–852

43 G. Karlberg, G. Wranglen: On the mechanism of crevice corrosion of stainless Cr steels. Corros. Sci. **11** (1971) 499–510

44 C. Lemaitre, B. Baroux, G. Beranger: Chromate as a pitting corrosion inhibitor: Stochastic study. Werkst. Korros. **40** (1989) 229–236

45 E. Wallis: Influence of the molybdenum content of high-alloy stainless steels and of the precipitation of intermetallic phases on pitting resistance in chloride-containing media. Werkst. Korros. **41** (1990) 155–162

46 D. Ende, K.-M. Mangold: Impedanzspektroskopie. Chem. unserer Zeit **27** (1993)134–140

47 H. Göhr: Über Beiträge einzelner Elektrodenprozesse zur Impedanz. Ber. Bunsenges. Phys. Chem. **85** (1981) 274–280

48 J. R. Macdonald, J. A. Garber: Analysis of impedance and admittance data for solids and liquids. J. Electrochem. Soc. **124** (1977) 1022–1030

49 C. Gabrielli: Identification of electrochemical processes by frequency response analysis. Technical Report Nr. 4183, Solartron Instruments England, 1980

50 U. Rammelt, G. Reinhard: Anwendung der elektrochemischen Impedanzspektroskopie (EIS) zur Beurteilung der Lochkorrosion und ihrer Inhibition. Werkst. Korros. **41** (1990) 391–395

Danksagung

Für die vorliegende Arbeit wurden z. T. Ergebnisse aus einem Forschungsprojekt verwendet. Die Autoren danken der Arbeitsgemeinschaft industrieller Forschungsvereinigungen „Otto von Guericke" AiF, Köln, für die Förderung dieses Vorhabens unter Nr. **9424 B II**, das aus Mitteln des Bundesministeriums für Wirtschaft gefördert wurde.

10 Multisensorsystem aus SENSORiCCARD® und Computer

H. AHLERS, R.-D. BERNDT

10.1
Problemstellung

In vielen Zukunftsprognosen taucht immer wieder der Sensor als „commodity component" (Gebrauchsartikel) auf. In einer Studie [1] wurden die Marktentwicklungsmöglichkeiten von Sensoren untersucht. Einige Markttrends sind hier wiedergegeben:

- Auftauchen des Sensors als Gebrauchsartikel
- Steigerung des Preis/Leistungsverhältnisses
- Schaffung neuer Märkte mittels Niedrigpreisen
- Integration in Konsumprodukte
- Umstellung des traditionellen Sensors zum Festkörpersensor
- Entstehen neuer Sensorfirmen
- Wachsende Forschungsaktivitäten an führenden Universitäten und Laboratorien
- Steigende Genauigkeit
- Einbindung in Systeme, die auf Mikroprozessoren basieren
- Zunehmende internationale Einbindung der Lieferanten
- Akademiker dringen in den kommerziellen Markt ein

Außer dem Thermometer als temperaturmessendem Sensor ist kaum ein Sensor bekannt, der von *jedermann* zu handhaben und zu verstehen wäre. Computer sind als Baugruppen (Monitor, Laufwerk, Tastatur und Drucker) erhältlich. Warum sollte der Sensor nicht auch eine Baugruppe sein, die vom Kunden über den Ladentisch erworben und eingesetzt werden kann. Eine solche Baugruppe stellt die SENSORiCCARD® dar.

10.2
Lösungsvarianten

Ausgegangen wird von einer Meßphilosophie, die den Computer konsequent als Teil eines Meßsystems ansieht [2]. Dabei werden zwei Richtungen gesehen:

- PC-Steckkarten-Systeme
  Diese Steckkarten werden in die vorgesehenen Steckplätze eines PC eingeschoben und machen aus dem Computer mit Monitor einen Oszillographen, einen Fou-

rieranalysator, ein Multisignalerfassungssystem. Der PC muß dafür vorgesehen sein und ausreichend Steckplätze zur Verfügung haben. Die Einkopplung erfolgt über die Anschlüsse der Steckkarte [Abb. 10.1.].

– Black-Box-Systeme
  Diese Systeme werden bei Computern eingesetzt, die soweit miniaturisiert wurden, daß für Einsteckkarten kein Platz mehr vorhanden ist. Deshalb muß die Einkopplung der Sensorsignale in den Computer über separate Gehäuse, die Black-Boxen vorgenommen werden. Diese verwenden vielfach zusätzlich die PCMCIA-Cards und -Slots der Miniatur-Computer, die eigentlich für die Speichererweiterung vorgesehen sind [Abb. 10.2.].

Beide genannten Systeme sind vorwiegend für den Fachmann interessant und im Einsatz. Er muß insbesondere die Sensoren verstehen und mit Meßsoftware umgeben können. Darüberhinaus gibt es einen Bereich, der durch den Begriff *jedermann* gekennzeichnet ist. Für ihn muß das Meßsystem

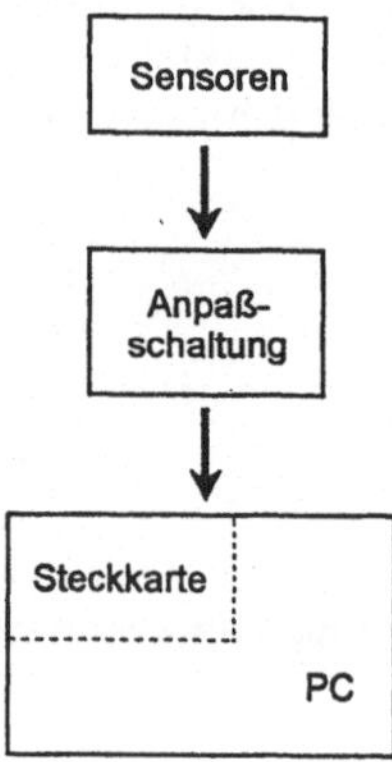

Abb. 10.1. PC-Steckkarten-System als Meßsystem mit Computer

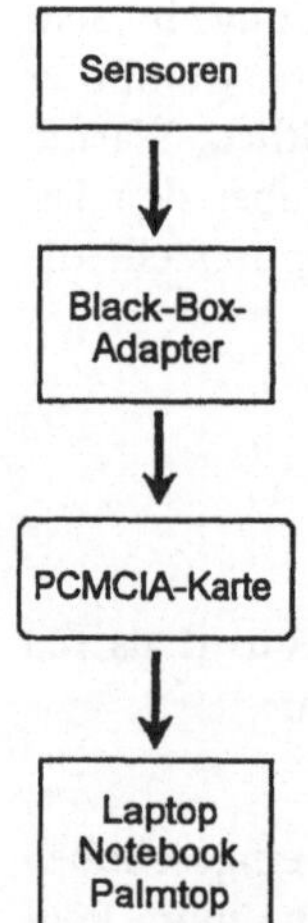

Abb. 10.2. Black-Box-System als Meßsystem mit Computer

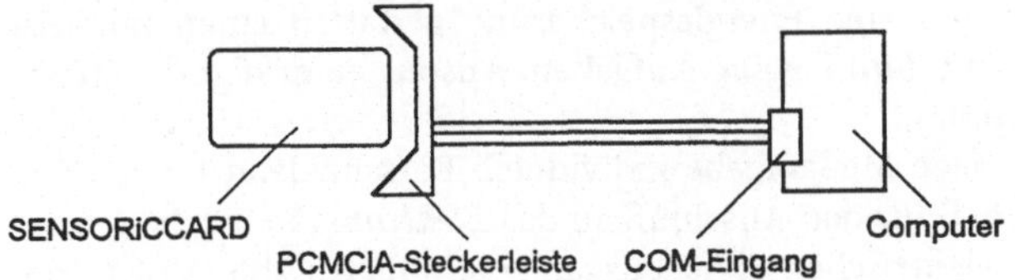

Abb. 10.3. SENSORiCCARD®-System als Meßsystem mit Computer

- klar und einfach aufgebaut sein
- keine Fachanforderungen bezüglich der Sensoren stellen
- die Lösung der Meßaufgabe automatisch oder geführt ermöglichen
- den Computer für Meßaufgaben nutzen.

Solch ein Meßsystem ist durch zwei Elemente gekennzeichnet (Abb. 10.3.):

- Computer
- SENSORiCCARD®

Der Computer übernimmt in dieser Meßphilosophie sämtliche Datenverarbeitungs- und Steuerungsaufgaben für den Sensor *und* für den Nutzer. Solch ein System ist besonders gut, wenn es gelingt, den Sensor steuerbar zu machen, damit er an die Meßaufgabe adaptiert werden kann [3]. Ganz ausreichend ist das nicht, da der steuerbare Sensor nicht alles abfängt, was bei der Messung Fehler hervorrufen kann. Diese Fehler, wie Nichteinhalten der Meßkonditionen, ungeeignete Meßstelle, falsch ausgewählter Sensor, falsch gestellte Meßaufgabe usw., bedürfen für ihre Eliminierung auch der Führung des Nutzers über den Monitor o. ä.

Das zweite Element dieses Systems sind Sensoren mit Datenvorverarbeitung in einer unifizierten Form, so daß der Kunde den Sensor wirklich als Gebrauchsartikel ansehen kann und nicht erst eine mehrjährige Fachausbildung absolvieren muß, um ihn zu verstehen und richtig einzusetzen.

Von den möglichen Formen für solch ein Sensorsystem mit Datenvorverarbeitung ist das Format der PCMCIA-Cards für eine Vielzahl von Meßaufgaben geeignet. Es hat die gleichen Lateralabmaße wie auch die Scheckkarten bzw. Chipkarten [4] und ist Grundlage für die SENSORiCCARD®.

10.3
Lösungserarbeitung

Die gesamte PCMCIA-Karte wird als *neuer komplexer Multisensor* aufgefaßt. Der Anschluß an die Umwelt erfolgt über eine 68-polige Buchsenleiste. Eine optische, magnetische oder elektromagnetische kontaktlose Verbindung ist organisierbar [5].

Der Datenverkehr in beiden Richtungen wird seriell über eine RS 232-Schnittstelle abgewickelt. Die Steuerung der Vorverarbeitung erfolgt über einen Microcontroller. Eine Standardausrüstung enthält sechs Kanäle mit A/D-gewandelten Signalen mit 8 Bit-Auflösung. Das ist für alle Meßaufgaben mit einem Fehler um 1 % ausreichend. Genauere Messungen braucht *jedermann* meistens gar nicht. Er könnte sie wohl auch im seltensten Fall interpretieren.

Eine Datenspeicherung und eine Energiespeicherung gestatten einen zeitweise netzunabhängigen Betrieb mit *data logging*-Aufgaben. Ansonsten erfolgt die Stromversorgung über den Computer.

Das *Sensorboard* ist für jede Meßaufgabe individuell. Entscheidend für die Einbindung eines Sensors ist, daß für den Anschluß an das *Elektronikboard* die geometrischen Abmaße und die elektrischen Signalausgänge stimmen (Abb. 10.4.). Eine Forderung ist eine Analogausgangsspannung von 0 ... 2,5 V. Alles andere ist in die SENSORiCCARD® nicht integrierbar bzw. muß erst integrierbar gemacht werden (Abb. 10.5.).

Die verschiedenen PCMCIA-Typen weisen folgende Konfiguration auf:

PCMCIA-Typ I: Höhe 3,3 mm
PCMCIA-Typ II: Höhe 5,0 mm
PCMCIA-Typ III: Höhe 10,5 mm
PCMCIA-Typ IV: Höhe 16,5 mm

Laterale Abmaße: 54mm × 85,6 mm

Damit ist die Hardware beschrieben, und es kann die Software charakterisiert werden.

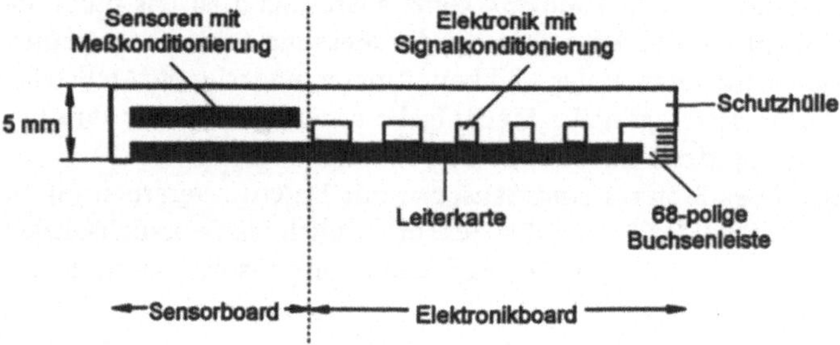

Abb. 10.4. Aufteilung des PCMCIA-Kartenformats in ein *Sensorboard* und ein *Elektronikboard*

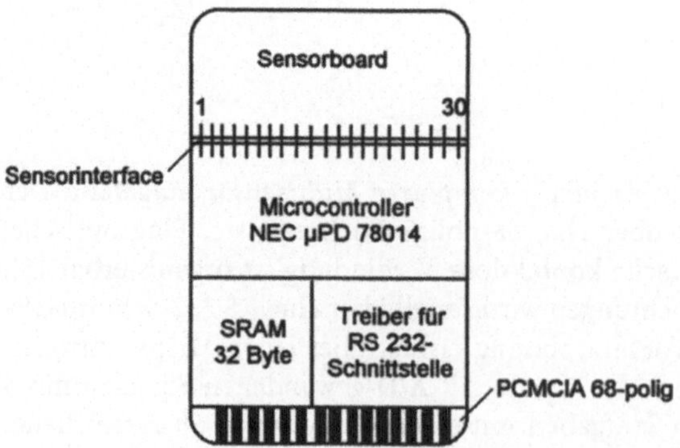

Abb. 10.5. Interface-Kondition für die SENSORiCCARD®

10.4
SENSORiCSOFT®

Die Software übernimmt in dieser Meßphilosophie die Aufgaben der intelligenten Signalverarbeitung und der Steuerung und dies sowohl für den Sensor als auch für den Nutzer.

Einfache Handhabung

Hierzu werden Funktionsblöcke (Icons) auf der Arbeitsfläche plaziert und durch Verbindungslinien dem Signalfluß gemäß miteinander verknüpft. Die Icons repräsentieren dabei unterschiedliche Sensortypen, SENSORiCCARD® und Softwarefunktionalitäten.

SENSORiCSOFT zeichnet sich durch die wirklich intuitive Bedienung und die umfangreiche kontextsensitive Hilfefunktion aus.

Der Nutzer wird durch das Programm an die Hand genommen. Klar strukturierte Menüpunkte sind dabei ebenso vorhanden wie Schaltflächen und gut einprägsame Symbole. Das Ganze wird durch eine Sprachausgabe und integrierte Hilfefunktion unterstützt. Durch das High-Speed Windows-Treiberkonzept werden höchstmögliche Verarbeitungsgeschwindigkeiten und eine optimale Ergebnisdarstellung erreicht.

Die Arbeitsfläche

Die Größe der Arbeitsfläche ist beliebig wählbar. Sie kann über Scrollbalken verschoben werden. Funktionen werden über Pull-Down-Menüs, z. T. zusätzlich über Funktionsleistenicons oder Tastatur-Shortcuts aufgerufen.

Eine frei konfigurierbare Iconleiste am linken Rand ermöglicht den schnellen Zugriff auf die Funktionsmodule.

Somit läßt sich für jede Aufgabenstellung die optimale Arbeitsumgebung einstellen. Die Iconleiste gehört zum aktuellen Arbeitsblatt und wird zusammen mit diesem abgespeichert. Bei einem späteren Laden des Arbeitsblatts findet man also die exakt gleiche Umgebung vor. Zu jeder Arbeitsfläche können bis zu zehn verschiedene Darstellungen abgespeichert werden. Diese Ansichten können manuell oder vom Programm gesteuert bei definierten Ereignissen oder zu bestimmten Zeiten aufgerufen werden.

Hardwaresupport

SENSORiCSOFT unterstützt die gebräuchliche I/O-Hardware für Datenerfassung. Zusätzlich werden Schnittstellen nach RS-232- und IEEE 488-Standard unterstützt.

Kommunikation mit anderen Programmen

SENSORiCSOFT® nutzt die Standard-Windows-DDE-Schnittstelle. Es ist dadurch möglich, SENSORiCSOFT durch andere Windows-Anwendungen fernzusteuern.

Prozeßdarstellung

Von Bargrafanzeigen über Linienschreiber bis zu Digital- und Analoginstrumenten kann die Prozeßdarstellung frei gestaltet werden.

Analysieren

Eine Vielzahl von Funktionsmodulen erleichtert die Handhabung auch komplizierter mathematischer Analyseverfahren. Filter- und FFT-Module ermöglichen eine umfangreiche Signalbearbeitung.

Anwenderdefinierte Module

Das Black-Box-Prinzip erlaubt das Erstellen eigener komplexer Module. Sie können auch in einer Bibliothek abgespeichert und jederzeit wieder eingelesen werden.

Formate der Datenfiles

SENSORiCSOFT schreibt und liest Dateiformate, die mit den meisten anderen Anwendungen kompatibel sind.

Aktionsmodul

Eine Veränderung von Anzeigefenstern, eine Alarmmeldung oder auch der automatische Ausdruck von Daten kann bei bestimmten Ereignissen durch das Aktionsmodul veranlaßt werden.

Ergebnisdarstellung

Die Meßergebnisse werden on- oder offline in X/Y-, Y/t-Diagrammen oder im Linienschreiber mit wählbarem Koordinatensystem dargestellt. Es kann zwischen linearer oder logarithmischer Achsenskalierung gewählt werden.

Ebenso kann eine Digital-, Analog- oder Bargrafanzeige der Werte erfolgen. Die Anzeigen können während der laufenden Messung verändert werden.

Eine Anpassung der Achsenskalierung oder die Auswahl der angezeigten Datenkanäle – bis zu 8/16 Kanäle je Modul – ist jederzeit möglich.

Sprachausgabe zur akustischen Wiedergabe der Werte, direkt aus dem PC (Lautsprecher) oder über Audioverbindung an anderen Stellen.

Simulation, Steuerung

Das Testen der erstellten Meßanordnungen ermöglicht der implementierte Funktionsgenerator. Er führt auf einfache Weise komplette Simulationsläufe durch.

Beliebige Signale werden durch die Kombination des Generatormoduls mit den verschiedenen Mathematikmodulen erzeugt.

Ein als Option erhältlicher, programmierbarer Sollwertgenerator vereinfacht die Realisierung komplexer Steuerungen. Kurven und Rampen unterschiedlicher Form können beliebig aneinandergehängt werden. In Verbindung mit dem Aktion-Modul verändert SENSORiCSOFT bei Bedarf daten- und ereignisabhängig die Erzeugung der Kurven.

10.5
Softwaremodule

Die unterschiedlichen Software-Modulen werden nach deren Funktionalität in Modulgruppen unterschieden.

Sensoren

1. Lowlevel Sensortreiber, der sowohl im Bereich für DOS- als auch für WINDOWS und OS/2-Anwendungen eine definierte Aufrufschnittstelle für die Kommunikation mit der Sensoriccard darstellt.
2. Sensortreiber, der für jeden Sensortyp eine Beschreibung zur Verfügung stellt. Damit sind die individuellen physikalischen, biologischen und chemischen Parameter des Sensors sowie seine sonstigen Eigenschaften an die Systemumgebung und die Meßaufgabe adaptierbar.
3. Initialisierung, gestattet das Initialisieren der Sensoren unter Berücksichtigung individueller Kurvenverläufe. Diese Modulgruppe ist unterteilt in die unterschiedlichen Sensoranwendungen wie
   - Umweltmeßtechnik
   - Gesundheitsmeßtechnik
   - Temperaturmeßtechnik
   - Wettermeßtechnik
   - Hobbymeßtechnik

   Je nach Auswahl und Anklicken der einzelnen Icons erfolgt die automatische Initialisierung der Sensoren in der SENSORiCCARD®.

4. Memofunktion – Diese Funktion gestattet die automatische Korrektur der Arbeitspunkte der Kurven aufgrund der wegen der physikalischen Parameter bedingten Alterung der Sensoren.

Reihen-/Funktions-/Interpolationsmodule

Im Bereich der Signalbearbeitung und Interpretation gibt es unterschiedliche Reihen-, Funktions- und Interpolationsmodule. Gauß-Verteilung, Fourier-Analyse.

Korrelation

Korrelationsmodule sichern die Verknüpfung verschiedener Funktonen mittels einer Korrelationsfunktion.

Datenbank

Die verwendeten Datenbankmodule, welche aus den gewonnenen Werten Interpretationen gewinnen, sind wesentliche Bestandteile der Grundausrüstung der Software.

Oberfläche

Das Oberflächenmodul beschreibt die Bedienerschnittstelle.

Programmierung

Das Programmiermodul sichert die Steuerung und Programmierung der Sensoren selbst.

Meßumfeld

Diese Modulgruppe gestattet die automatisierte Anpassung an das Meßfeld. Dazu dienen die einzelnen Funktionen wie Umweltparameter, Temperatur, Luftdruck, Luftfeuchtigkeit, Witterungseinflüsse, Funktionen personengebundener Meßwerte mit den Unterfunktionen Alter, Geschlecht, Meßstelle an der Person, objektgebundene Meßwerte mit Unterfunktionen Haus, Natur, Industriegebiet etc.

Messen

Zur Modulgruppe Messen gehören unterschiedliche Funktionen, u. a. die Funktion Filter, Korrelation, Datentransfer, FFT und polarkartesisch. Die Funktion Filter bietet die Möglichkeit, unterschiedliche digitale Filter verschiedener Ordnung und Charakteristiken in die Meßwege einzuschalten und damit eine Bearbeitung der ermittelten Primärsignale vorzunehmen. Das dient vor allem der Filteration von Störgrößen und der Darstellung eines besseren Störsignalverhältnisses.

Diese grundsätzliche Funktion ist mit einer Reihe von weiteren Interfunktionen gekoppelt, welche über die Icons in dieser Funktion Filter zu aktivieren sind. Dabei lassen sich die Kurvenverläufe durch den Filtereinsatz einfach und unkompliziert beeinflussen.

Anzeigen/Darstellen

In dieser Modulgruppe sind die Funktionen Arithmetik, Trigonometrie, Ableitung/Integral, Skalierung und logische Verknüpfungen von Meßkanälen untergebracht. Diese gestatten eine einfache Manipulation der ermittelten Werte.

Visualisierung

In der Modulgruppe Visualisierung werden die Werte angezeigt. Dazu stehen zur Verfügung die Funktionen Paragraph, Linienschreiber, Liste und Statusanzeige.Y/T-Grafik, X/Y-Grafik, Analoganzeige, Digitalanzeige, Paragraph, Linienschreiber, Liste und Statusanzeige.

Sprachausgabe

Die Sprachausgabe ermöglicht die akustische Ausgabe der Werte nach einem Zeit-
schema oder permanent. Darüberhinaus wird die Hilfefunktion partiell unterstützt.

Spezial

Black-Box:
Schaltbildebenen als eigenständige anwenderspezifische Module.

Im-/Export:
Schnittstelle zum Datenaustausch zwischen den Schaltbildebenen.

Datenfernübertragung:
DFÜ Modul für die Sensormeßdaten

Aktion:
Löst bei bestimmten Ereignissen unterschiedliche Aktionen aus.

Meldung:
Ausgabe von Nachrichten in einem Fenster oder auf einem Drucker.

Zeitbasis:
Ermittelt die Zeitinformationen und stellt sie am Ausgang zur Verfügung.

Signalanpassung:
Synchronisiert Datenströme mit unterschiedlichen Datenraten oder Zeitinformationen.

Dateien

Daten lesen:
Von Floppy oder Harddisk im DASY-Lab-, IEEEE-32-bit-, ASCII-Format.

Daten schreiben:
Im DASYLab-, IEEEE-32-bit-, ASCII- u. a. Formaten.

Datensicherung:
Auslagerung von gesicherten Daten auf einen sekundären Datenträger.

Datenreduktion

Mittelung:
Gleitender oder hochlaufender Mittelwert eines Datenblocks.

Blockmittelung:
Gleitender oder hochlaufender Mittelwert verschiedener Blocks.

Multiplexer/Demultiplexer:
Mischt verschiedene Datenkanäle. Verteilt einen Kanal auf mehrere andere.

Separieren:
Liest einen Meßwert, unterdrückt dann eine definierte Anzahl von Daten.

Ausschnitt:
Schneidet einen Bereich des Datenblocks aus und setzt die restlichen Werte auf 0.

Zeitscheibe:
Mischt verschiedene Datenkanäle.

Literatur

1 Studie „Silicon Sensors and Microstructures" NOVA, Silicon Valley 1991
2 K. Metzger, P. Scholz, Der PC als intelligente Alternative zum Labormeßgerät. MESSTEC Spezial
  4, S. 176–179, 1994
3 H. Ahlers, Steuerbare Sensoren. SENSOR-Report 5, S. 43–46, 1993
4 K. Fietta, Chipkarten. Hüthig Buchverlag Heidelberg.
5 Prospekt der Firma MELCARD

11 Miniaturisierte, integrierte Biosensoren für Glukose- und Laktat-Monitoring

E. Aschauer, G. Jobst, R. Fasching, M. Varahram, P. Svasek,
I. Moser, G. Urban

11.1
Problemstellung

In vielen Bereichen der Medizin, unter anderem in der Diabetologie und in der Intensivmedizin, wächst die Notwendigkeit, wichtige metabolische Parameter online messen zu können. Nur mit Monitoring und bettseitiger Analyse während Operationen und in der Intensivstation lassen sich Konzentrationsschwankungen und Trends frühzeitig und schnell erkennen. Zudem soll der Einsatz von *in-vivo* Sensoren auch die Untersuchung des lokalen Stoffwechsels auf kleinstem Raum im Gewebe ermöglichen. Um diesen Anforderungen gerecht werden zu können, bedarf es zuverlässiger, einfach handhabbarer und genauer Sensoren, die vorteilhafterweise zu integrierten Multisensoren kombiniert sein sollen. Die Bedeutung des Glukose-Laktat-Biosensors liegt in dem engen Zusammenspiel der beiden Substanzen in den Stoffwechselzyklen begründet. Die Anordnung mehrerer, unabhängig arbeitender Biosensoren auf einem Träger verlangt eine ausreichende Miniaturisierbarkeit für den *in-vivo* Einsatz. Die Anwendung für diese Gebiete der Medizin schließt viele Konzepte makroskopischer Sensoren aus, deren Herstellung aufwendig und größtenteils manuell geschieht. Damit sich diese integrierten Sensoren auch am Markt durchsetzen können, ist auf eine kostengünstige Produktion zu achten. Die Miniaturisierung, Integration und die Möglichkeit zur Massenfertigung sind gute Voraussetzungen für die Anwendung der Dünnschichttechnologie in der Sensortechnik.

11.2
Lösungsvarianten / Lösungserarbeitung

Der Biosensor für das Glukose-Laktat-Monitoring wird schichtweise auf einem ebenen Trägermaterial aufgebaut und wird deshalb als planar bezeichnet. Die einzelnen Metall- und Membranschichten weisen eine Dicke zwischen dem Nanometer- und Mikrometerbereich auf und können dadurch gänzlich mit Prozessen der Dünnschichttechnologie realisiert werden [1, 2]. Die Bestimmung der Konzentration der Substanzen Glukose und Laktat im Blut erfolgt nach dem amperometrischen Meßprinzip, wobei die Konzentration des Wasserstoffperoxids (H_2O_2), das bei den Enzymreaktionen mit den Analyten Glukose und Laktat entsteht, gemessen wird. Bei der amperometrischen Methode wird über die Regelschaltung eines Potentiostaten eine konstante Spannung an die Elektroden des Sensors gelegt und der erzeugte Strom gemessen. Die Sensoren bestehen aus zwei Platin-Arbeitselektroden WE 1 und WE 2 für Glukose und Laktat, einer Platin-Gegenelektrode CE und einer Ag/AgCl Referenzelektrode RE (Abb. 11.1.). Das Potential der Arbeitselektrode wird gegenüber der Referenzelektrode mittels eines Potentiostaten konstant gehalten. Tritt eine Abweichung vom Sollwert ein, wird die Spannung durch Einprägen eines Stromes über die Gegenelektrode geregelt. Bei dieser sog. 3-Elektroden-Methode ist das Potential der Arbeitselektrode gegenüber der Bezugselektrode definiert, wodurch eine Potentialverschiebung aufgrund elektrochemischer Reaktionen vermieden werden kann [3].

Als Biokomponente des Sensors wird ein mehrschichtiges Enzymmembransystem eingesetzt, das die Enzyme Glukoseoxidase (GOD), Laktatoxidase (LOD) und Katalase enthält. Diese Enzyme werden durch Einschluß in Hydrogele, die aus Polyhydroxyethylmethacrylat (pHEMA) bestehen, immobilisiert. Die Membranlösungen sind UV-empfindlich und werden durch Fotolithografie strukturiert. Dadurch können die Membranen selektiv auf den Elektroden aufgebracht werden. Erst mit dieser Technologie ist die Integration beider Sensoren, nämlich des Glukose- und des Laktatsensors, auf einem gemeinsamen Trägerstreifchen möglich.

Das Membransystem setzt sich aus vier übereinanderliegenden Schichten zusammen [1, 2] (Abb. 11.2.):

1) die permselektive Membran aus Polydiaminobenzol, die nur für Wasserstoffperoxid durchlässig ist, jedoch die Diffusion elektrochemisch interferierender Substanzen zur Anode verhindert [4],
2) die analytspezifischen Enzymmembranen, welche die Enzyme Glukoseoxidase bzw. Laktatoxidase enthalten,
3) die Hydrogelmembran ohne Enzym und
4) die Katalasemembran.

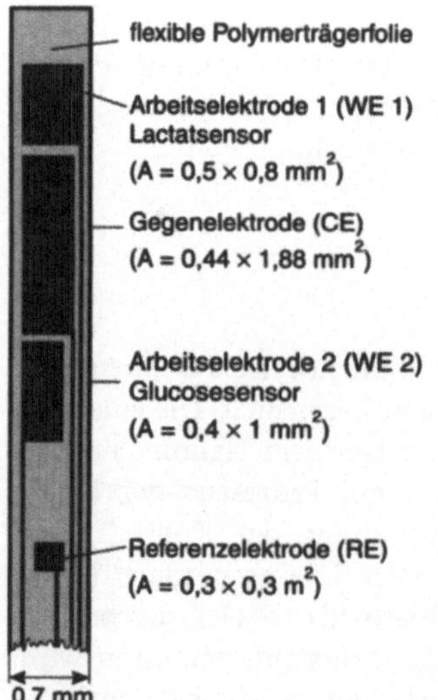

Abb. 11.1. Grundriß des *in-vivo* Sensors

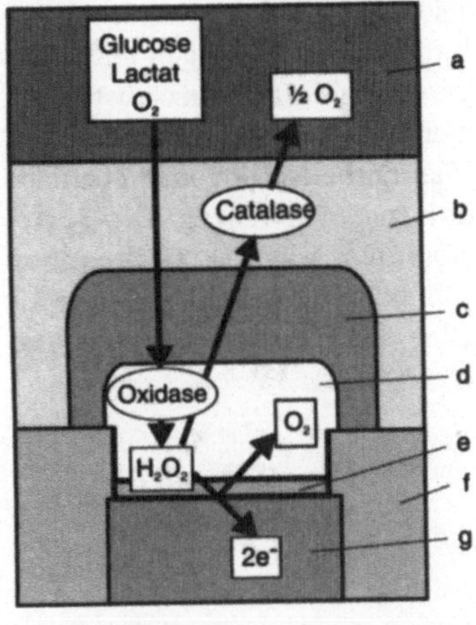

Abb. 11.2. Reaktionsablauf im Hydrogelmembransystem a) Meßlösung, b) Catalase-Hydrogelmembran, c) Hydrogelmembran, d) Hydrogelmembran mit GOD oder LOD, e) permselektive Membran (Polydiaminobenzol), f) Isolationsresist (Polyimid) g) Platinelektrode

Der erste Schritt des Funktionsablaufes ist die Diffusion der Glukose bzw. des Laktats durch die beiden äußeren Membranschichten zur Membran, die Glukose- oder Laktatoxidase enthält. Durch die Oxidation der Glukose bzw. des Laktats, die durch das jeweils spezifische Enzym, Glukoseoxidase bzw. Laktatoxidase, katalysiert wird, entsteht Wasserstoffperoxid (Reaktion 1 und 2).

$$\beta\text{-D-Glukose} + O_2 \xrightarrow{GOD} \text{Gluconolacton} + H_2O_2$$

Reaktionsschema 1: Oxidation der Glukose

$$\text{L-Laktat} + H_2O_2 \xrightarrow{LOD} \text{Pyruvat} + H_2O_2$$

Reaktionsschema 2: Oxidation des Laktats

Die permselektive Polydiaminobenzolmembran läßt das Wasserstoffperoxid zur Platinelektrode diffundieren, wo es oxidiert wird. Die Konzentration des Wasserstoffperoxids kann amperometrisch an den Arbeitselektroden, an die eine Spannung zwischen 500 mV und 600 mV gegenüber der Ag/AgCl Referenzelektrode gelegt wird, detektiert werden (Reaktion 3).

$$H_2O_2 \longrightarrow O_2 + 2H^+ + 2e^-$$

Reaktionsschema 3: Oxidation des Wasserstoffperoxids an der Anode

Überschüssiges H_2O_2 wird in der Membran, die das Enzym Katalase enthält, zu Wasser und Sauerstoff (Reaktion 4) zerlegt, so daß es sich weder im Membransystem anreichern kann, noch nach außen diffundieren kann, was z. B. für die *in-vivo* Anwendung bedeutsam ist.

$$H_2O_2 \xrightarrow{Katalase} \tfrac{1}{2}O_2 + H_2O$$

Reaktionsschema 4: Abbau des Wasserstoffperoxids durch das Enzym Katalase

Die Zwischenschicht ohne Enzym trennt die GOD- bzw. LOD- Membran (H_2O_2-Quelle) von der Katalase-Membran (H_2O_2-Senke) und verlängert die Diffusionsstrecke. Die Diffusion von Sauerstoff wird im Vergleich zu Glukose und Laktat in geringerem Maße gehemmt, so daß die Messung im klinisch relevanten Konzentrationsbereich dieser beiden Analyten unabhängig vom Sauerstoffpartialdruck durchgeführt werden kann. Die Diffusion einer Vielzahl elektrochemisch aktiver Stoffe zur Elektrode, die im Blut (Tabelle 11.1.) und anderen biologischen Lösungen auftreten, wird durch die permselektive Membran behindert. Diese sog. Interferenzsubstanzen, wie z. B. Ascorbinsäure, Harnsäure und das in Schmerzmitteln vorkommende Paracetamol, werden bei dem anodischen Potential der Platinarbeitselektroden ebenfalls oxidiert und erzeugen somit einen störenden additiven Strombeitrag. Die Sperrwirkung der Membran wird auch gegenüber Aminosäuren, wie z. B. L-Glutathion oder L-Cystein, erzielt, welche durch die Adsorption an der Elektrodenoberfläche über Schwefelatome die katalytisch wirksamen Stellen des Platins blockieren und die Empfindlichkeit des Sensors nachhaltig reduzieren würden [6].

Tabelle 11.1. Interferenzsubstanzen: Physiologischer Bereich im Blut [5].

Interferenzsubstanz	physiologische Konzentration mmol/l
Ascorbinsäure	0,06–0,08
Harnsäure	0,3–0,4
Paracetamol	—
L-Cystin	0,2
L-Cystein	0,03
L-Glutathion	1

11.3
Realisierung

Herstellung der Sensoren. Die planaren Platinelektroden bilden den Transducer der Glukose-Laktat-Sensoren und werden mit Hilfe der Dünnschichttechnologie hergestellt, die eine Miniaturisierung und Produktion großer Stückzahlen ermöglicht [1, 7]. Als Trägermaterial, das für die Anwendung bei *in-vivo* Experimenten geeignet sein muß, wurde eine flexible, unzerbrechliche Polymerfolie aus Polyimid (Upilex S, ICI) verwendet. Auf dieser 0,1 mm dicken Folie finden 60 Sensoren in Streifenform mit einer Breite von 0,7 mm und einer Länge von 65 mm Platz (Abb. 11.3.). Jeder Sensor besteht aus zwei Platinarbeitselektroden für die Glukose- bzw. Laktatbestimmung, einer Platin-Gegenelektrode und einer Silber/Silberchlorid Referenzelektrode.

Abb. 11.3. *In-vivo* Sensoren auf dem Polyimidsubstrat

Die Strukturierung der Elektroden, der Leiterbahnen und der Anschlußflächen für die Kontaktierung erfolgt durch einen Lift-off Prozeß der Metallschicht. Diese wird zuvor auf eine durch Fotolithografie hergestellte Resistschicht mit einer Elektronenstrahlkanone aufgedampft. Die Dicke des Platinfilms beträgt nur 60 nm. Nach einem zweiten Lithografieschritt wird die spätere Referenzelektrode mit Silber bedampft. Mittels der Lift-off Technik wird das überschüssige Silber von der darunterliegenden Fotolackschicht abgehoben. Die Silberelektrode wird anschließend in einer $FeCl_3$-Lösung chloriert, so daß sich der Aufbau Silber-Silberchlorid der Referenzelektrode bildet. Beim dritten fotolithografischen Schritt wird das Foliensubstrat mit einem UV-empfindlichen Polyimidresist bedeckt, wobei nur die definierten Elektrodenflächen und die Anschlußflächen (Bonding Pads) frei bleiben. Die Dicke dieser Isolationsschicht liegt zwischen 1 μm und 1,5 μm. Damit dieser Resist seine Isolationseigenschaft und seine chemische Stabilität erhält und auf dem Substrat gut haftet, muß er bei einer Temperatur von 350°C im Vakuum ausgeheizt werden.

Aufbau des Membransystems.   Nach der Fertigstellung der Dünnschichtelektroden folgen die elektrochemischen und chemischen Prozeßschritte für den Aufbau des Membransystems [1, 2]. Zunächst wird das Sensorsubstrat in eine Phosphatpufferlösung (pH 7) getaucht, wobei die Arbeitselektroden WE 1 und WE 2 der 60 Sensoren elektrisch verbunden werden. Die Arbeitselektroden werden mittels zyklischer Voltammetrie, einer Methode, die man ebenfalls für eine elektrochemische Oberflächencharakterisierung einsetzen kann, gereinigt. Bei dieser potentiodynamischen Methode, bei der man eine dreieckförmige Spannung mit einer linearen Potentialanstiegsgeschwindigkeit zwischen 50 und 200 mV/s an die Platinelektroden über die Regelschaltung eines Potentiostaten anlegt, wird der Strom in Abhängigkeit vom Potential aufgezeichnet. Es entsteht innerhalb eines Potentialbereiches von ca. 1,6 Volt ein charakteristisches Bild für Platin, nämlich ein Voltammogramm, das über eine eventuelle Oberflächenbelegung mit Verunreinigungen Aufschluß gibt und das in bestimmte Bereiche gegliedert werden kann (Abb. 11.4.). Das untere Umkehrpotential wird kurz vor der Wasserstoffentwicklung und das obere knapp vor der Sauerstoffentwicklung gewählt. Das Potential wird auf eine Ag/AgCl-Referenzelektrode (3 M KCl) bezogen. Durch die kontinuierliche Veränderung des Potentials können

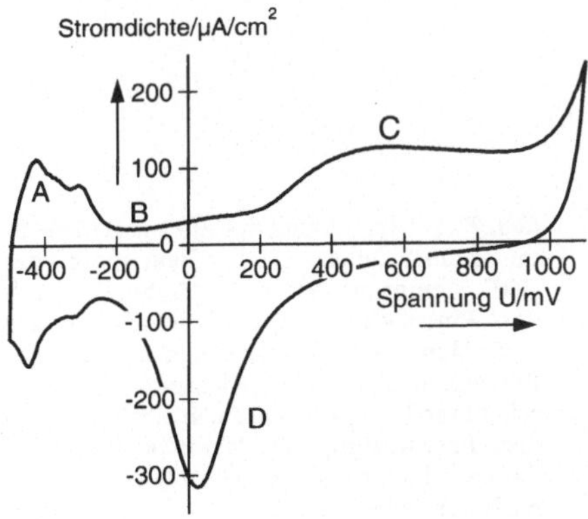

Abb. 11.4. Voltammogramm einer Pt-Elektrode A) Wasserstoffadsorptions- und -desorptionsbereich, B) Doppelschichtbereich, C) Oxidbildungsbereich, D) Platinoxidreduktion

aktive Stellen an der katalytisch wirksamen Platinoberfläche durch Oxidation und Reduktion von Adsorbaten befreit werden. Für diese Reinigung sind ungefähr 30 Potentialdurchläufe notwendig, bis sich das elementspezifische Bild einer Platinelektrode einstellt.

Diese Reinigungsprozedur ist für das Funktionieren des Gesamtsensorsystems notwendig, weil sie die Empfindlichkeit erhöht. Nach Fertigstellung des Sensors mit den enzymhaltigen Hydrogelmembranen können nämlich eventuell vorhandene Verunreinigungen an der Elektrodenoberfläche nicht mehr entfernt werden.

Die semipermeable Membran, die nur für das bei den Enzymreaktionen entstehende Wasserstoffperoxid durchlässig sein soll, wird durch Elektropolymerisation von 1,3-Diaminobenzol aufgebracht. Dieses Monomer wird in einer Konzentration von 3 mmol/l dem Phosphatpuffer pH 7 zugegeben. Die Polymerisation erfolgt potentiodynamisch, wobei das Potential wie bei der zyklischen Voltammetrie dreieckförmig mit einer Potentialanstiegsgeschwindigkeit zwischen 0,2 und 5 mV/s in einem gewissen Potentialbereich, bezogen auf das Voltammogramm der Platinelektrode, verändert wird. Die Potentialgrenzen werden am Beginn der Oxidbildung und kurz vor dem Einsetzen der Sauerstoffentwicklung gewählt, so daß ein Potentialintervall in der Höhe von 500 bis 800 mV überstrichen wird. Für eine Membran mit einer guten Sperrwirkung muß die Elektropolymerisation mindestens sechs Stunden andauern. Diese Art der Beschichtung ist unabhängig von der Größe und von der Form der Elektrode, und die Eigenschaften der Membran können durch Variation der Parameter nach den jeweiligen Anforderungen mit hoher Reproduzierbarkeit optimiert werden. Die Arbeitselektroden werden zunächst mit den spezifischen Enzymmembranlösungen beschichtet. Das Hydrogel für die Zwischenmembran und die Katalasemembran wird auch über die Gegen- und die Referenzelektrode plaziert (Abb. 11.5.).

Das gesamte Hydrogelmembransystem besteht aus drei übereinanderliegenden Schichten, die in vier aufeinanderfolgenden Lithografieschritten strukturiert werden. Die Schichtdicke einer Hydrogelmembran beträgt ungefähr 4–5 μm, so daß sich eine Gesamtdicke des Membransystems zwischen 12 und 15 μm ergibt. Eine Hydrogelmembranvorstufe besteht aus 28 % pHEMA als einem polymerem Binder, 28 % HEMA als reaktivem Monomer, 3 % Tetraethylenglykoldimethacrylat als Quervernetzer, 40 % Ethylenglykol als Weichmacher und 1 % Irgacure 651 (Ciba Geigy) als Fotoinitiator. Nachdem alle Komponenten aufgelöst sind, werden die je-

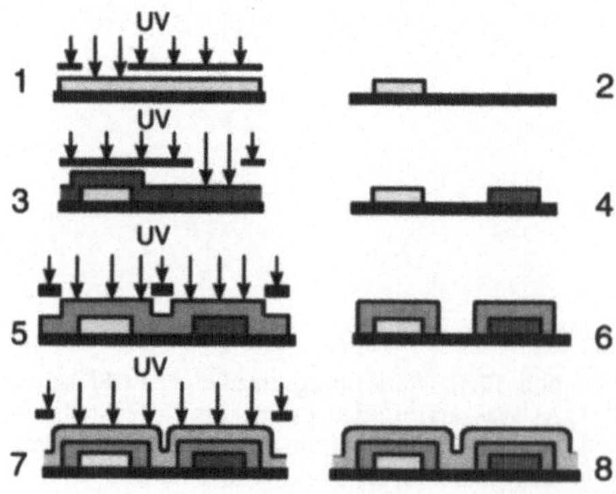

Abb. 11.5. Herstellung des Enzym-Hydrogelmembransystems. 1) UV-Belichtung der GOD-Membran, 2) GOD-Membran nach der Entwicklung, 3) UV-Belichtung der LOD-Membran, 4) LOD-Membran nach der Entwicklung, 5) UV-Belichtung der Zwischenmembran, 6) Zwischenmembran nach der Entwicklung, 7) UV-Belichtung der Catalase-Membran, 8) Catalase-Membran nach der Entwicklung

weiligen Enzyme der Membranlösung zugefügt, so daß die Membran bis zu fünf Masseprozent des Proteins enthält. Die Membranlösungen, welche die Charakteristik eines negativen Fotoresists aufweisen, werden mit dem Spin on-Verfahren, der üblichen Beschichtungstechnik für Resists in der Dünnschichttechnologie, auf die Substrate aufgebracht. Nach der selektiven Belichtung mit UV-Strahlung in einem Maskenjustiergerät ist die belichtete Membranschicht im folgenden Entwicklungsschritt unlöslich. Die Entwicklerlösung ist eine Mischung von Ethylenglykol und Wasser im Verhältnis 1:1. Durch die wiederholte Anwendung der Fotolithografie (Abb. 11.5.) entsteht das Membransystem über den Dünnschichtelektroden, wie es bei einem Querschnitt des Sensors zu sehen ist (Abb. 11.6.).

Alle Fabrikationsschritte von der Dünnschichttechnologie über die Elektropolymerisation bis zur Beschichtung mit dem Hydrogelmembransystem werden mit dem ganzen Substrat, auf dem sich 60 Sensoren befinden, durchgeführt. Erst nach der Fotolithografie für die Katalasemembran werden die Streifchensensoren mit einer Chipsäge getrennt. Der Glukose-Laktat-Sensor wird mittels einer adaptierten Flip-Chip-Technologie mit einem Printplättchen kontaktiert. Der integrierte Multisensor wird für *in-vivo* Experimente in eine Kanüle (Venflon, Größe: 20 Gauge) und für *ex-vivo* Versuche in einen Durchflußmodul eingebaut (Abb. 11.7.).

Permselektive Membran. Durch die Elektropolymerisation entsteht eine sehr dünne, höchstens 100 nm dicke, isolierende Schicht. Diese mit der permselektiven Membran beschichtete Platinelektrode wurde mit Lösungen, die Interferenzsubstanzen enthalten, getestet. Die Konzentration dieser Stoffe entsprach dabei den physiologischen Blutwerten oder liegt etwas höher. Eine Ascorbinsäurelösung (Konzentration: 0,2 mol/l) erzeugt an einer Platinelektrode ohne permselektive Membran

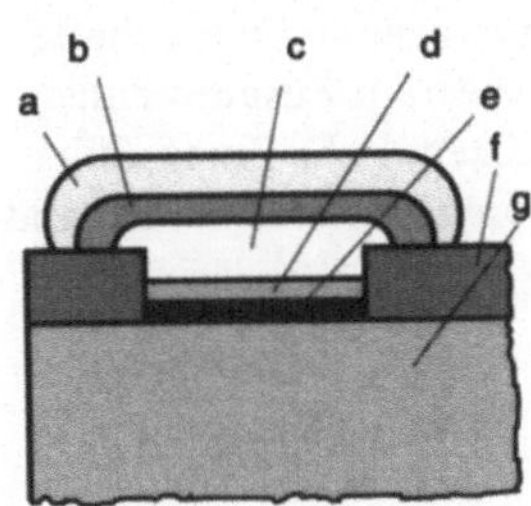

Abb. 11.6. Querschnitt des Glukose-Laktat-Sensors. a) Catalase-Hydrogelmembran, b) Zwischenmembran, c) Hydrogelmembran mit GOD oder LOD, d) permselektive Membran, e) Platinelektrode, f) Isolationsresist (Polyimid), g) Substrat (Polyimidfolie)

Abb. 11.7. *In-vivo* Sensor

eine Stromdichte von 316 nA/mm^2. Zum Vergleich sei erwähnt, daß dieser Wert von einer Wasserstoffperoxidlösung mit einer Konzentration von 0,15 mmol/l hervorgerufen wird. Durch die Wirkung der Polydiaminobenzolmembran kann die Stromdichte aufgrund der Oxidation der Ascorbinsäure auf nur 0,99 nA/mm^2 verringert werden (Abb. 11.8.). Diese Durchlässigkeit der Membran von 0,3 % gegenüber der Ascorbinsäure erhöht sich auch nach 100 Tagen Lagerung in einer Kochsalzlösung nur geringfügig auf 1,7 %. In trockenem Zustand bleibt das Sperrverhalten der permselektiven Membran während dieses Zeitraumes konstant bei dem ursprünglichen Wert. Die beschichtete Platinelektrode liefert auch in Harnsäure- und Paracetamollösungen die gleichen Ergebnisse. Diese geringen Strombeiträge können bei der Messung vernachlässigt werden. Ebenfalls bewirkt die permselektive Membran, daß die Empfindlichkeit der Platinelektrode auch nach Kontakt mit den schwefelhaltigen Aminosäuren L-Cystin, L-Cystein und L-Glutathion, welche die katalytisch aktive Oberfläche des Platins vergiften können, nicht vermindert wird.

Die Beschichtung der elektropolymerisierten Platinelektrode mit der enzymhaltigen Hydrogelmembranlösung und die naßchemische Entwicklung der belichteten Membran haben nur geringen Einfluß auf das Sperrverhalten der Polydiaminobenzolmembran. Wird eine Glukoselösung mit einer Konzentration $c = 5$ mmol/l, die jeweils eine Interferenzsubstanz enthält, gemessen, so ergibt sich eine Stromerhöhung, die allerdings nur zwischen 5 % und 6 % liegt (Abb. 11.9.) [7]. Die Platinelektrode ist dabei nur mit der Polydiaminobenzol- und der GOD-Membran beschichtet. Erst nachdem das gesamte Membransystem aufgetragen wurde, verringert sich die Sperrwirkung gegenüber den Interferenzstoffen auf maximal 2 %.

Hydrogelmembranen. Durch das Zusammenwirken der einzelnen Membransystemkomponenten entsteht ein Biosensor, der durch einige herausragende Eigenschaften gekennzeichnet ist, wie z. B. ein ausgedehnter Bereich mit linearem Zusammenhang zwischen Meßstrom und Konzentration, eine kurze Ansprechzeit, hohe Empfindlichkeit und eine Lebensdauer, die für die angestrebten Anwendungsgebiete ausreichend lang ist.

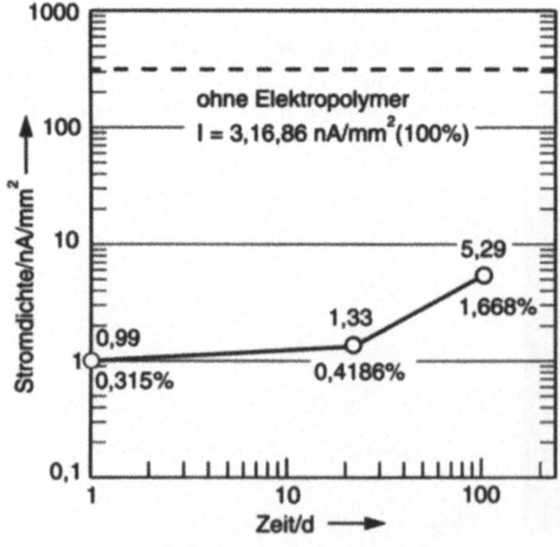

Abb. 11.8. Durchlässigkeit der Polydiaminobenzolmembran in einer Ascorbinsäurelösung (c = 0,2 mmol/l)

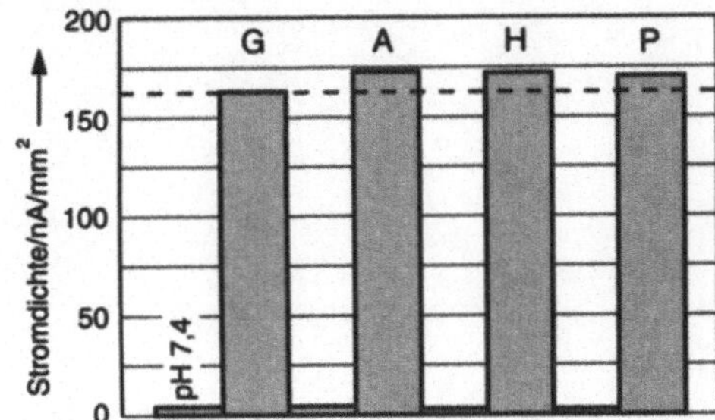

Abb. 11.9. Messung von Störsubstanzen in einer Glukoselösung ($c = 5$ mmol/l) alternierend zu Puffer pH 7,4. G Glucose (5 nmol/L), A Ascorbinsäure (0,2 nmol/L), H Harnsäure (0,5 nmol/L) P Paracetamol (2 nmol/L)

Nach dem Aufbringen der Hydrogelmembranen ist der Sensor fertiggestellt. Bei der Messung muß allerdings eine gewisse Zeit, nämlich sechs Minuten, abgewartet werden, bis sich ein Gleichgewichtsstrom (steady-state) beim Glukose-Laktat-Sensor einstellt. Diese Konditionierungszeit benötigt der Sensor auch nach längerer Lagerung und vor einer weiteren Verwendung, wenn der Sensor bereits trocken ist, um ein stabiles Meßsignal zu liefern [2]. Die Konditionierungszeit ist nicht zu verwechseln mit der Ansprechzeit, die jener Zeitdauer entspricht, die der Sensor bei einem Wechsel der Lösungskonzentration benötigt, um zum Beispiel 95 % des Gleichgewichtsstroms zu erreichen. Diese Zeitspanne beträgt nur 25 Sekunden und ist unabhängig von der Konzentration und von der Art der Lösung. Die Ansprechzeit bleibt sowohl im Serum als auch in Pufferlösungen unverändert und ist von der Analytkonzentration unabhängig (Abb. 11.10.) [8].

Der Meßbereich, der als Bereich einer linearen Abhängigkeit des Stroms von der Analytkonzentration definiert werden kann, muß sich für medizinische Anwendungen neben den physiologisch auftretenden Konzentrationen sowohl zu niedrigeren als auch zu höheren Werten erstrecken. Der physiologische Blutzuckergehalt eines gesunden Menschen variiert zwischen 4,0 und 6,5 mmol/l Glukose. Nüchtern treten höhere Werte über 6,5 mmol/l Glukose auf, wie es z. B. aufgrund eines Mangels an Insulin vorkommt, spricht man von Hyperglykämie. Unterschreitet der Blutzuckergehalt eine Konzentration von 3 mmol/l, liegt Hypoglykämie vor, die bei der Behandlung von Diabetes durch zu hohe Dosierung von Insulin zu lebensbedrohlichen Schwächezuständen führen kann. Bei Laktat, dem Salz der Milchsäure, erstreckt sich der physiologische Bereich bis 2,7 mmol/l; bei großer körperlicher Anstrengung kann der Laktatwert bis auf ein Vielfaches ansteigen. Durch den schichtweisen Aufbau des Membransystems ist der lineare Zusammenhang zwischen Stromresponse

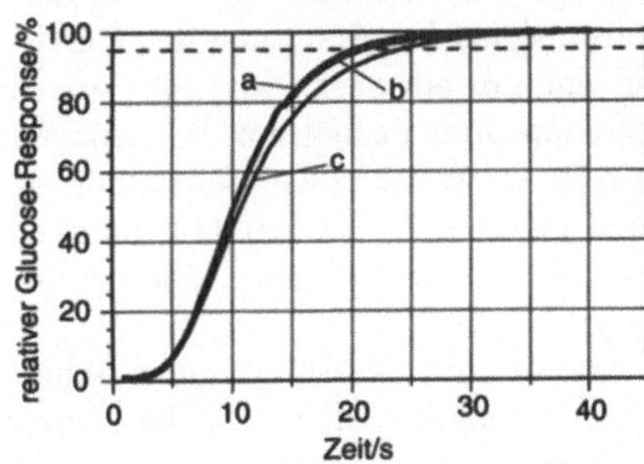

Abb. 11.10. Ansprechzeit des Glukose-Sensors in Puffer (pH 7,4) und Serum mit unterschiedlichen Glukosekonzentrationen: $c_{Puffer} = 10$ mmol/l (a), $c_{Serum} = 10$ mmol/l (b), $c_{Serum} = 43,4$ mmol/l (c)

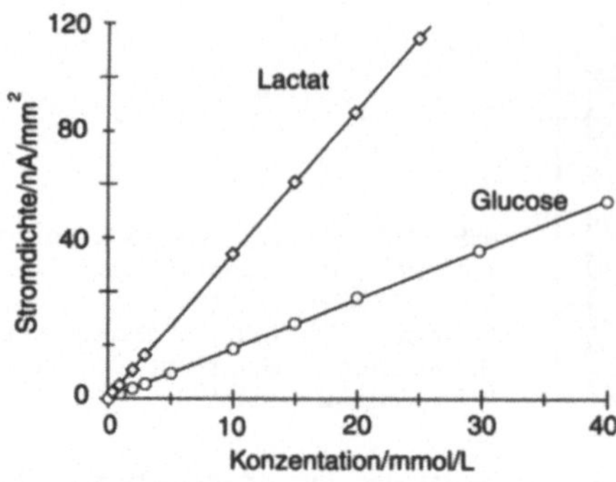

Abb. 11.11. Kalibrationskurve des Glukose-Laktat-Sensors

und Konzentration des Analyten im Kalibrationsdiagramm (Abb. 11.11.) sehr ausgedehnt [2]; für den Glukose-Laktat-Sensor reicht der Meßbereich bis 40 mmol/l Glukose und bis 25 mmol/l Laktat, was in PBS-Lösungen (phosphate buffered saline) gemessen wurde.

Bei der *in-vivo* Anwendung des Glukose-Laktat-Sensors muß auf die Sauerstoffabhängigkeit der Messungen geachtet werden, da für die enzymkatalysierten Reaktionen (Reaktionsschema 1 und 2) Sauerstoff benötigt wird. Steht Sauerstoff nicht in ausreichendem Maße zur Verfügung, kann die Glukose bzw. das Laktat nicht vollständig oxidiert werden, so daß der lineare Meßbereich schon bei niedrigeren Konzentrationswerten endet. Je nach dem Ort der Implantation, z. B. Arterie oder subkutanes Gewebe, muß der vorherrschende Sauerstoffpartialdruck berücksichtigt werden. Im physiologischen Bereich des Sauerstoffpartialdruckes im Blut (5–12 kPa) bleibt die Messung mit dem Glukose-Laktat-Sensor unbeeinflußt. Wird der Sensor in subkutanes Gewebe implantiert (pO_2 = 2–5 kPa), so kann bei hoher Glukosekonzentration eine starke Abhängigkeit des Stroms vom Sauerstoffgehalt auftreten. Bis zu einer Konzentration von 8 mmol/l Glukose kann jedoch der Einfluß des Sauerstoffes auch im Gewebe vernachlässigt werden.

Eine Konzentration der Glukose von 1 mmol/l bewirkt eine Stromdichte von maximal 3 nA/mm². Die erreichbare Empfindlichkeit des Laktatsensors liegt bei 12 bis 15 nA/mm² bei einem Konzentrationswechsel von 1 mmol/l. Die Temperaturabhängigkeit des Sensors beträgt 2,5 % bei einer Änderung der Temperatur um 1 K.

Neben den sehr wichtigen Merkmalen des Biosensors, wie die Größe des linearen Meßbereiches und die Abhängigkeit des Meßsignals vom Sauerstoffpartialdruck spielt die mögliche Beeinflussung des Sensorsignals durch die Durchflußgeschwindigkeit eine große Rolle. Mit dem gewählten Aufbau der Membranschichten konnte erreicht werden, daß das Stromsignal bei Änderung des Durchflusses über einen Bereich von drei Dekaden nur um ein paar Prozent variiert. Dies ist in Hinblick auf die Wahl des Implantationsortes bedeutsam, je nachdem, ob der Sensor für die Messung in einer Arterie oder zur Messung von Gewebsflüssigkeit subkutan eingesetzt werden soll. Aufgrund der sehr schwachen Abhängigkeit von der Durchflußgeschwindigkeit ist eine Berücksichtigung dieser Größe bei der Messung nicht notwendig.

Das Prinzip eines Multisensors verlangt, daß sich die Messung von verschiedenen Analyten auf kleinstem Raum unbeeinflußt möglich ist. Durch die Miniaturisierung des Glukose-Laktat-Sensors auf einem streifenförmigen Substrat sind die beiden Elektroden für Glukose und Laktat nur ca. 2 mm voneinander entfernt. In der äußeren Katalase-Hydrogelmembran wird das Wasserstoffperoxid, welches nicht an der Elektrode oxidiert wird, zersetzt und kann demnach nicht in das umgebende Medium austreten. So kann z. B. das beim Glukosesensor entstehende H_2O_2 nicht zum Laktatsensor diffundieren und dort einen störenden Stromresponse hervorrufen. Die unmittelbar aufeinanderfolgenden Prozeßschritte zur Herstellung der LOD- und der GOD-Membran müssen unabhängig voneinander ausgeführt werden können. Bei der Fotolithografie mit dem naßchemischen Entwicklungsschritt dürfen weder Reste der LOD-Hydrogelmembran auf der modifizierten Platinelektrode des späteren Glukosesensors zurückbleiben, noch darf die LOD aus der bereits quervernetzten Membran gelöst werden, was eine mögliche Einlagerung in die GOD-Membran oder eine Adsorption auf dieser zur Folge hätte. Wie schon bei der Durchflußempfindlichkeit und bei der Sauerstoffabhängigkeit ist ein solcher Effekt aufgrund des Membranaufbaus und aufgrund der sehr exakt strukturierbaren Einzelkomponenten des Gesamtsystems nicht zu beobachten. Die Querempfindlichkeit des integrierten Multisensors ist praktisch null (Abb. 11.12.).

Die Charakteristika des miniaturisierten Glukose-Laktat-Sensors, die ein zuverlässiges Funktionieren bei *ex-vivo* und *in-vivo* Experimenten erwarten lassen, sind in Tabelle 11.2. zusammengefaßt.

Tabelle 11.2. Spezifische Daten des Glukose-Laktat-Sensors.

	Glukosesensor	Laktatsensor
Empfindlichkeit (pro mmol)	1,2–1,8 nA	3–5,5 nA
linearer Bereich	40 mmol/l	25 mmol/l
Ansprechzeit (95 % Wert)	25 s	
Konditionierungszeit (95 % Wert)	6 min	
Lebensdauer (bei kontinutierlicher Messung)	7 Tage	

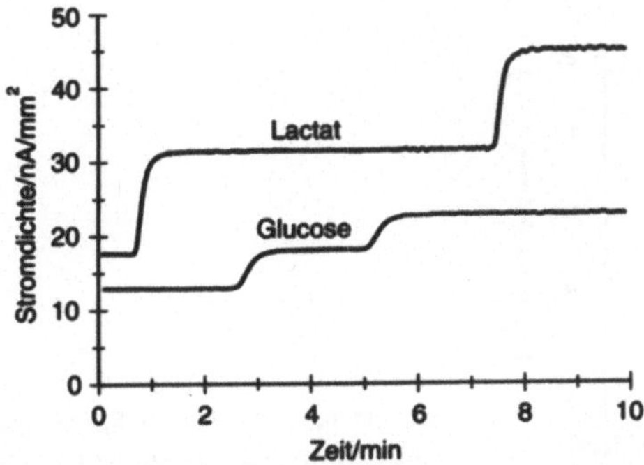

Abb. 11.12. Querempfindlichkeit des Glukose-Laktat-Sensors

Ex-vivo und in-vivo Monitoring. Die *ex-vivo* Messung, bei der nicht so hohe Anforderungen an die Haltbarkeit und an die Bioverträglichkeit des Sensors im Vergleich mit einer *in-vivo* Applikation gestellt werden, soll die Funktionsfähigkeit des integrierten Glukose-Laktat-Sensors unter Beweis stellen. Einer Versuchsperson wurde über einen Zeitraum von sechs Stunden Blut kontinuierlich abgenommen, mit Heparin die Gerinnung herabgesetzt und über einen Durchflußkanal mit einem Querschnitt von 1 mm² über die Sensoren geleitet. Der Konzentrationsverlauf der beiden Blutparameter Glukose und Laktat wurde mit Hilfe des miniaturisierten Biosensor während der gesamten Versuchsdauer simultan gemessen (Abb. 11.13.). Um die erhofften Vorteile einer kontinuierlichen Glukose- und Laktatmessung deutlicher hervorstreichen und die schnelle Reaktion des Sensors auf Änderungen der Konzentration beweisen zu können, wurde ein intravenöser (IGTT) und oraler Glukosetoleranztest (OGTT) durchgeführt, anhand dessen eine Stoffwechselstörung des Glukosehaushaltes erkannt werden kann. Der Zeitpunkt der intravenösen und oralen Gabe von Glukose ist durch Pfeile im Diagramm gekennzeichnet. Bei intravenöser Injektion wird der Resorptionsvorgang im Magen-Darmbereich umgangen, wodurch ein markanter Anstieg nach kurzer Zeit zu bemerken ist. Die Auswirkung der oralen Verabreichung von Glukose ist erst nach etwas längerer Zeit und weniger ausgeprägt zu beobachten.

Die beiden Signalverläufe von Glukose (Abb. 11.14.) und Laktat (Abb. 11.15.) werden jeweils mit den Kontrollmessungen, die mit Standardmethoden durchgeführt

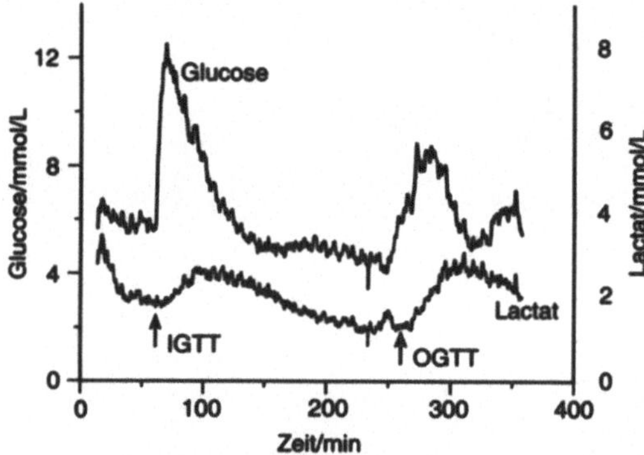

Abb. 11.13. *Ex-vivo* Monitoring von Glukose und Laktat

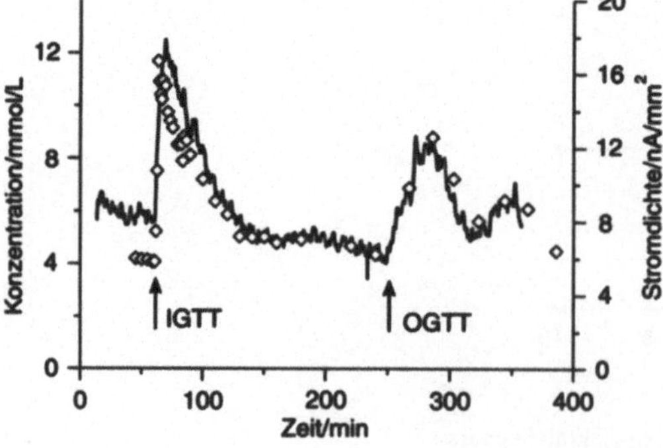

Abb. 11.14. Kontinuierliches *ex-vivo* Monitoring der Glukosekonzentration (Abb. 11.13.) mit Referenzwerten (◊)

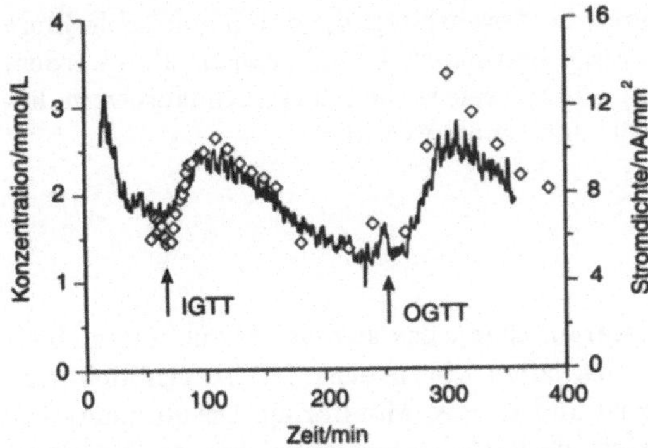

Abb. 11.15. Kontinuierliches *ex-vivo* Monitoring der Laktatkonzentration (Abb. 11.13.) mit Referenzwerten (◊)

wurden, verglichen. Nachdem die Sensoren vor dem Experiment *in-vitro* kalibriert wurden, stimmen die kontinuierlichen Kurven der beiden Sensoren gut mit den Laborwerten überein. Bei diesem Sensor lag die Empfindlichkeit bei 1,4 nA pro mmol/l Glukose und bei 4 nA/mm^2 pro mmol/l Laktat. Sie verringerte etwas mit Fortdauer des *ex-vivo* Experiments.

Die *in-vivo* Messung mit dem miniaturisierten Multisensor wurde an einem 83 kg schweren Schaf durchgeführt. Der Biosensor wurde in die Arteria femoralis implantiert und maß zwei Stunden lang die Glukose- und Laktatkonzentration des Blutes (Abb. 11.16.). Um eine Trenderkennung mit diesem Sensor zu beweisen, wurde dem Tier eine Glukose- und eine Laktatinfusion intravenös verabreicht. Der Beginn der Infusionen ist durch Pfeile markiert. Alle 30 Minuten wurde eine Blutprobe an der Ohrvene entnommen, um die kontinuierliche Messung zu kontrollieren. Während der Laktatverlauf exakt mit den Referenzwerten übereinstimmt, ist die Kurve der Glukosewerte gegenüber den Laborwerten etwas niedriger. Bei einer *in-vivo* Messung von Blutparametern muß außer der einwandfreien Funktionsbereitschaft auch noch auf den Implantationsort und die Implantation selbst geachtet werden. Nicht nur die Gefahr einer mechanischen Beschädigung ist bei einer *in-vivo* Messung größer. Das Sensorsignal hängt auch davon ab, wie der Sensor befestigt wird und wie stark dabei das Blutgefäß eingeengt wird. Zusätzlich ist die Lage des Sensors in der Arterie maßgebend. Liegt der Sensor an der Gefäßwand an, so werden zu niedrige Blutwerte vorgetäuscht, da man in diesem Fall parallel zur Analytkonzentration des Blutes auch den Metabolismus des Blutgefäßes mißt. Die Empfindlichkeit des Glukosesensors verringerte sich gegen Ende des Versuches. Außerdem kann sich durch

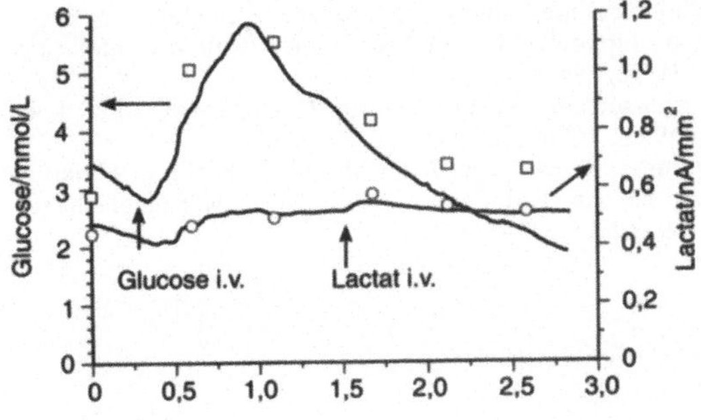

Abb. 11.16. Kontinuierliche *in-vivo* Messung von Glukose und Laktat mit Referenzwerten für Glukose (□) und Laktat (◊).

die fortlaufende Schwächung des Tieres die Abweichung, die durch eine schlechtere Durchblutung hervorgerufen wurde, vergrößert haben. Es soll auch erwähnt werden, daß die Blutproben für die Laborauswertung, welche die höheren Glukosewerte lieferten, nicht an der Implantationsstelle entnommen wurden.

11.4
Verallgemeinerung

Der Biosensor mit den Hydrogelmembransystem, das aus vier Membranschichten aufgebaut ist, beweist durch seine Eigenschaften, die zunächst *in-vitro* ermittelt wurden, die Einsatzbereitschaft für *in-vivo* und *ex-vivo* Monitoring. Die Resultate der *in-vivo* und *ex-vivo* Experimente lassen die Vorteile einer möglichen on-line Überwachung von wichtigen Parametern im Vollblut erkennen und in absehbarer Zeit für die Intensivmedizin realisierbar erscheinen. Im Gegensatz zu den traditionellen klinischen Untersuchungsmethoden ist keine Probenaufbereitung notwendig. Alle Produktionsschritte zum Aufbau des integrierten, miniaturisierten Multisensors wurden mit Standardtechnologien ausgeführt, wobei die Dünnschichttechnologie und verwandte Prozesse eingesetzt wurden. Dies ermöglicht eine Anpassung an das jeweilige Anwendungsgebiet ohne das Grundkonzept ändern zu müssen. Durch Verwendung anderer analytspezifischer Enzyme läßt sich der Multisensor erweitern. Aufgrund der Fotostrukturierbarkeit der einzelnen Membranschichten ist die Integration und Miniaturisierung vieler Einzelsensoren auf einem gemeinsamen Biosensorchip möglich. Bereits bei der Entwicklung des Multisensors wurde auf eine spätere kostengünstige und qualitativ zuverlässige Massenfertigung Rücksicht genommen.

Literatur

1 G. Urban, G. Jobst, F. Keplinger, E. Aschauer, O. Tilado, R. Fasching, F. Kohl, Miniaturized multienzyme biosensors integrated with pH sensors on flexible polymer carriers for in-vivo applications. Biosens Bioelectron. 7: 733–739, 1992
2 G. Urban, G. Jobst, E. Aschauer, O. Tilado, P. Svasek, M. Varahram, C. Ritter, J. Riegebauer, Performance of integrated glucose and lactate thin-film microbiosensors for clinical analysers. Sensor Actuator B-Chem. 19: 592–596, 1994
3 A. J. Bard, L. R. Faulkner, Electrochemical methods: fundamentals and applications. New York: Wiley; 1980
4 R. J. Geise, J. M. Adams, N. J. Barone, A. M. Yacynych, Electropolymerized films to prevent interferences and electrode fouling in biosensors. Biosens Bioelectron. 6: 151–163, 1991
5 Wissenschaftliche Tabellen Geigy 2: Teilband Hämatologie und Humangenetik. 8. Aufl. Basel: Geigy. (3. Nachdruck 1983), 1979
6 E. K. Krauskopf, A. Wieckowsky, Radiochemical methods to measure adsorption at smooth polycrystalline and single crystal surfaces. In: Lipkowski J, Ross PN, eds. Adsorption of molecules at metal electrodes. Weinheim: VCH. 119–170, 1992
7 E. Aschauer, Miniaturisierter in-vivo Biosensor zur Bestimmung von Glukose und Laktat [Dissertation]. Wien: Technische Universität Wien. 195p, 1994
8 E. Aschauer, G. Urban, G. Jobst, F. Keplinger, R. Fasching, A. Jachimowicz, F. Kohl, Miniaturisierte integrierte Biosensoren für medizinische Anwendungen. In: U. Boenick, M. Schaldach, eds. Biomedizinische Technik. Berlin: Schiele & Schön. 311–312, 1993

12 Monitoring für die Hydrologie

K. Riedling, W. Ripl, W. Fallmann, C. Hildmann, B. Luger,
P. Svasek, W. Winkler

12.1
Problemstellung

Für die Beobachtung langsam ablaufender Vorgänge, im speziellen der für den Wasser- und Ionenhaushalt der Landschaft verantwortlichen, wurden Meß- und Registriersonden entwickelt, die möglichst kostengünstig die Erfassung einer Reihe von interessierenden hydrologischen und meteorologischen Parametern mit guter zeitlicher Auflösung erlauben. Durch konsequenten Verzicht auf nicht unbedingt erforderliche Funktionen wie beispielsweise eine laufende telemetrische Auslesung konnten die Abmessungen sowie die Herstellungs- und Betriebskosten dieser Meßsonden so weit reduziert werden, daß ein flächendeckender Einsatz mit einer größeren Anzahl von Meßstellen realisierbar wurde. Gegenwärtig existieren Meßsonden für Luftdruck, Grund- und Fließwasserpegel, Temperatur und elektrische Leitfähigkeit des Wassers. Prinzipiell ist mit dem gleichen Konzept die Langzeiterfassung aller Vorgänge möglich, die auf ein elektrisches Signal abgebildet werden können.

Die Beobachtung und Analyse der Landschaft *(Monitoring)* ist als Grundlage für eine die Nachhaltigkeit der Landschaft steigernde Planung und Bewirtschaftung notwendig. Tatsächlich ist die Bewirtschaftung der Landschaft heute nicht mehr nachhaltig. Der vielfach sehr unscharf verwendete Begriff der Nachhaltigkeit läßt sich auf der Grundlage des ETR-Modells [1] objektivieren. Dazu kann der Wirkungsgrad der Landschaft über eine Bilanz der Protonenäquivalente abgeschätzt werden. Die pflanzliche Bruttoprimärproduktion ist in mitteleuropäischen Ökosystemen mit dem stärksten Stoff- und Energieumsatz die bestimmende Größe. Sie kann nur innerhalb sinnvoller räumlicher und zeitlicher Systemgrenzen – Wassereinzugsgebiete und vollständige Jahreszyklen – als räumlicher und zeitlicher Mittelwert ermittelt werden. Für den gleichen räumlichen und zeitlichen Bezugsraum vermindern bzw. erhöhen Austräge aus dem und Einträge in das Ökosystem dessen Nachhaltigkeit. Wesentliche Austräge sind die mit dem Niederschlagswasser ausgewaschenen und die mit der Ernte jährlich entzogenen Kationen (als Kationenäquivalentsummen ausgedrückt). Über Düngung und Atmosphäre (äolisch und über den Niederschlag) werden Kationen eingetragen. Die auf die Bruttoprimärproduktion normierte Differenz aus Bruttoprimärproduktion minus Netto-Verlusten (Austräge abzüglich Einträgen) kann als *landschaftlicher Wirkungsgrad* verstanden werden (alle Terme werden als Protonenäquivalente oder zweimal fixierter Kohlenstoff in mol C ausgedrückt):

$$W = \frac{P - V}{P} \quad \text{mit}$$
$$V = (V_1 + V_2) - (E_1 + E_2)$$

W	landschaftlicher Wirkungsgrad
P	Bruttoprimärproduktion
V	Netto-Verluste
V_1	Kationen-Austrag durch Niederschlagswasser
V_2	Kationen-Austrag durch Ernte
E_1	Kationen-Eintrag durch Düngen
E_2	Kationen-Eintrag durch Atmosphäre

Danach können die mit dem abfließenden Niederschlagswasser ausgewaschenen Stoffe als irreversibler, entropischer Anteil betrachtet werden. Heute gehen in Deutschland im Mittel etwa 1000 kg/(ha·a) an Mineralsalzen und Nährstoffen verloren (Abb. 12.1.). Dies ist deutlich mehr, als durch Düngung und Verwitterung des Gesteins zur Verfügung steht. Die festzustellende Versauerung der Böden ist auf die beginnende Verarmung der Landschaft und Abnahme des Vorrates zurückzuführen. Die Austrocknung der Landschaft durch flächenhafte Drainage und Entwässerung von Feuchtgebieten, der Anbau von „Steppengräsern" (Getreide) in der Landwirtschaft und eine naturferne Forstwirtschaft sind eng daran gekoppelt.

Nachhaltigkeit kann ebenso anhand der Dissipation des täglichen und jährlichen Energiepulses objektiviert werden. Die räumliche und zeitliche Verteilung („Verschmierung") dieses Energiepulses wird vor allem durch die Verdunstung von Wasser durch die Vegetation geleistet. Mit Wasser und Vegetation gut ausgestattete Standorte (z. B. Buchenwald, Erlenbruch) sind deshalb tagsüber besser gekühlt als trockene, vegetationsarme Standorte (z. B. Äcker, Trockenrasen). Die nicht von der Vegetation in Kreisprozessen – Verdunstung und Kondensation, Photosynthese und Mineralisation – umgesetzte Energie führt über Verlustprozesse (Lösung, Witterung) zu Stoffausträgen oder zu atmosphärischen Transportprozessen (Wind). Anhand des Verhältnisses von energetisch möglicher Verdunstung zu tatsächlicher Verdunstung in sinnvoller räumlicher und zeitlicher Abgrenzung (Einzugsgebiet, Jahreszyklus)

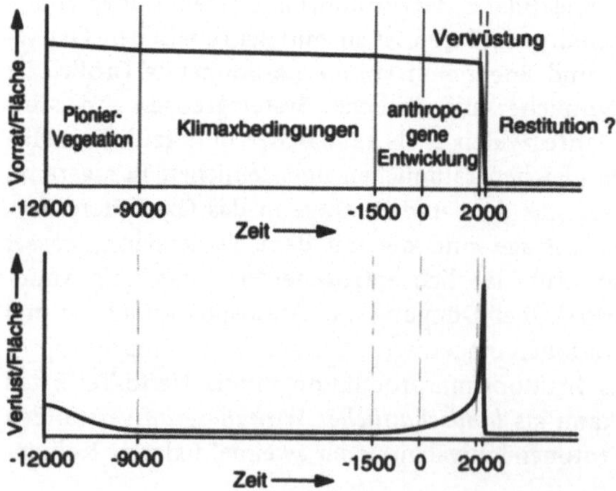

Abb. 12.1. Entwicklung der Basenverluste seit der Eiszeit

läßt sich der *thermodynamische Wirkungsgrad* der Landschaft ableiten. Die räumliche und zeitliche Temperaturverteilung läßt deshalb Rückschlüsse auf die Nachhaltigkeit der Landschaft zu.

Für eine Analyse der Landschaft sind diese Prozesse mit einer deduktiven *(„top down")* und heuristischen Methode in ihrer räumlichen und zeitlichen Verteilung zunehmend genauer zu erfassen. Erst eine gute Kenntnis der Prozesse in ihrer räumlichen und zeitlichen Verteilung läßt eine daran rückgekoppelte, optimierte Bewirtschaftung zu, das heißt, eine Minimierung der Stoffverluste.

Für die Erfassung des Wasserhaushaltes der Landschaft, an den die Verlustprozesse eng gekoppelt sind, spielt die Satellitenbildauswertung mehr und mehr eine zentrale Rolle. Sie liefert vor allem Temperatur- und Nutzungsverteilungen. Zusammen mit einem Höhenmodell können weitere Strukturparameter, wie z. B. die Entfernung vom Gewässer, ermittelt werden. Meteorologische Informationen geben Aufschluß über die Ereignisentwicklung im Verhältnis zum Überfliegungsdatum. Damit sind auch Aussagen über Benetzungs- und Austrocknungsphasen, von denen die Mineralisation organischer Substanz abhängt, möglich.

Zusätzlich ist jedoch ein zeitlich hochauflösendes terrestrisches Meßsystem zur Ermittlung der Parameter, die via Satellit nicht erfaßbar sind, zur Erstellung von Zeitreihen und zur Kalibrierung der Satellitendaten erforderlich. Ein terrestisches Meßsystem muß folgende Aufgaben erfüllen:

- Bestimmung der Abflußmengen und ihrer Muster;
- Erfassung der Ladungsflüsse in den Gewässern über die elektrische Leitfähigkeit als Summenparameter;
- Messung von Bodenwasserschwankungen zur Feststellung wechselfeuchter Phasen;
- Simultane Verfolgung der Temperaturgänge in verschiedenen Vegetationsbeständen.

Dabei steht weniger die Ermittlung absoluter Daten im Vordergrund als die Prozeßidentifikation anhand der Mustererkennung in dem räumlich und zeitlich verteilten Datenmaterial.

Wegen der inhärenten Inhomogenität der Landschaft erfordert auch ein terrestrisches Meßsystem eine hohe räumliche und zeitliche Auflösung. Die räumliche Auflösung kann nur durch eine Vielzahl von Meßstellen erreicht werden, die an geeigneten Orten positioniert werden müssen. Die Anforderungen an ein solches terrestisches Meßsystem sind:

- Die Messungen müssen an einer Vielzahl von oftmals schwer zugänglichen Orten vorgenommen werden.
- An den vorgesehenen Meßstellen existiert vielfach keine reguläre Stromversorgung, oder die Installation einer solchen würde untragbare Mehrkosten verursachen.
- Die Messungen erstrecken sich über Zeiträume von Wochen oder Monaten.
- Die Intervalle zwischen den einzelnen Messungen sollten möglichst kurz – im Bereich von einigen Minuten bis zu einigen zehn Minuten – sein, damit auch kurzzeitige oder rasch veränderliche Effekte registriert und korrekt interpretiert werden können.

Diese Bedingungen machen eine manuelle Ermittlung der Meßdaten unpraktikabel. Meßeinrichtungen für Umweltdaten müssen daher automatisiert und in Betrieb und Energieversorgung autark sein. Für die gegebene Aufgabenstellung ist allerdings der aktuelle Meßwert an einer beliebigen Meßstelle von untergeordneter Bedeutung; primär interessieren mittel- bis langfristige *Trends* der einzelnen Meßgröße. Damit entfällt die Notwendigkeit einer laufenden Übertragung der Meßdaten zu einer Zentrale; die Meßdaten können vielmehr lokal am Meßort gesammelt und gelegentlich ausgelesen werden, wobei es keinen gravierenden Nachteil bedeutet, wenn die einzelnen Meßstellen zum Zweck des Auslesens aufgesucht werden müssen. Der Wegfall der Telemetrieeinrichtungen verringert nicht nur die Herstellungs- und Installationskosten der Meßstellen, sondern auch ihr Volumen, ihr Gewicht und ihren Energieverbrauch, daher können die Meßeinrichtungen billiger und kompakter aufgebaut werden. Mit einem meist fix vorgegebenen Budget kann daher eine größere Anzahl von Meßstellen realisiert werden, wodurch wiederum der Flächendeckungsgrad verbessert werden kann. Aus allen diesen Gründen wurde für die hier vorgestellten Meßsonden das Konzept einer autarken reinen Registriersonde gewählt.

Die für die genannten Aufgabenstellungen entwickelten Datenerfassungseinheiten müssen die im folgenden aufgezählten Anforderungen erfüllen:

- Autarker Betrieb: Energieversorgung durch eingebaute Batterien, und Speicherung der Meßdaten in der Meßsonde,
- Dauerbetriebstauglichkeit: Ununterbrochener und wartungsfreier Einsatz über Zeiträume von mehreren Monaten bis zu mehr als einem Jahr,
- Hohe Genauigkeit und Stabilität des Meßsystems für die gesamte Einsatzdauer,
- Hohe Auflösung im Zeitbereich: Einige zehntausend Meßpunkte über die gesamte Meßdauer,
- Hohe Zuverlässigkeit: Unempfindlichkeit gegen Temperatur- und Witterungseinflüsse sowie gegen elektrische und magnetische Störfelder,
- Hohe Langzeitstabilität,
- Kompakte Bauweise,
- Niedrige Herstellungs- und Betriebskosten.

Im allgemeinen wird eine hohe Zeitauflösung nur für relativ schnelle und kurze Vorgänge benötigt, wogegen bei längerdauernder Datenakquisition die Meßfrequenz ohne störenden Verlust von Information verringert werden kann. 30.000 Meßpunkte – ein von der Größe des Datenspeichers bestimmter, technisch praktikabler Wert – entsprechen bei drei Messungen pro Stunde einer Meßdauer von etwa 14 Monaten.

Bauelemente, deren elektrische Parameter durch die im Betrieb zu erwartenden mechanischen, thermischen und Feuchtigkeitseinflüsse in unzulässig hohem Maß beeinflußt werden könnten, müssen unbedingt vermieden werden. Aus diesem Grund sollten auch keine Abgleichelemente wie beispielsweise Einstellregler in den Meßsonden vorgesehen werden; die notwendigen Kalibrierungen müssen auf numerischem Wege erfolgen.

Der Aufbau der Meßsonden hängt nicht nur von den durch den vorgesehenen Einsatz vorgegebenen Randbedingungen ab: Da ihr Einsatz vielfach an allgemein zugänglichen Orten erfolgen muß, kann eine geeignete Bauweise dazu beitragen, der Gefahr von Diebstahl oder Vandalismus vorzubeugen.

12.2
Lösungsvariante

Als Prototyp derartiger Meßsonden wurde vor einigen Jahren eine auf einer Messung des hydrostatischen Drucks basierende Grundwasserpegel-Meßsonde entwickelt [2] (siehe Abb. 12.2. und 12.3.). Von diesen Meßsonden wurden in der Zwischenzeit mehr als fünfzig Stück gefertigt, die alle in Deutschland und Österreich im Einsatz sind und die Messungen des Luftdrucks, des Grundwasserstandes und des Pegelstandes von Fließgewässern mit einer bisher unbekannten räumlichen und zeitlichen Auflösung ermöglichen. Der vorgesehene Einsatz in geschlagenen Meßbrunnen mit einer lichten Weite von weniger als 50 mm bestimmte die Geometrie der Meßsonden, da die gesamte Datenerfassungseinheit vollständig in ein Meßbrunnenrohr versenkt

Abb. 12.2. Registrierende Grundwasserpegel-Meßsonde; Gesamtansicht

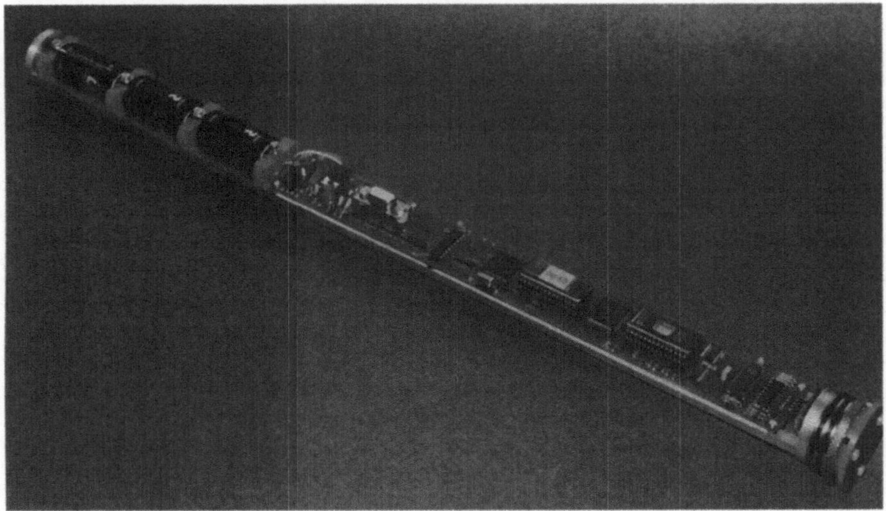

Abb. 12.3. Registrierende Grundwasserpegel-Meßsonde; Innenaufbau

werden sollte. Die Bauform der Meßsonden als langgestreckte Zylinder mit einer Länge von etwa 600 mm und einem Durchmesser von knapp über 40 mm erwies sich als so zweckmäßig, daß sie später auch für Meßsondentypen vorgesehen wurde, die nicht notwendigerweise in Brunnenrohre eingesetzt werden müssen.

Der über alle Erwartungen hinausgehende Erfolg dieser Pegelmeßsonden trug dazu bei, daß der Wunsch nach ähnlich konzipierten Registriereinrichtungen für andere umweltbezogene Parameter laut wurde, beispielsweise für die elektrische Leitfähigkeit von Fließgewässern (als Maß für die Ionenkonzentration und damit für den Austrag von Bodenmineralstoffen) und für die Verteilung der Temperatur in bodennahen Zonen. Für diese beiden Aufgabenstellungen wurden ebenfalls Meßsonden entwickelt und – allerdings in geringerer Stückzahl als die Grundwasserpegel-Meßsonden – gefertigt. Weitere Meßsondentypen für Niederschlagsmenge, Sonneneinstrahlung und Luftfeuchtigkeit sind geplant. Da mit Ausnahme des meßgrößenspezifischen Sensorteils sehr ähnliche Anforderungen an alle diese Meßsonden gestellt werden, lag ein modulares Konzept [3, 4] für ihren Aufbau nahe. Bestechend an einem derartigen modularen Aufbau ist, daß die Implementierung eines neuen Sensortyps mit minimalem zusätzlichem Aufwand erfolgen kann, und daß das eigentliche Datenakquisitionssystem ohne weiteres auch für die Langzeit-Registrierung von beliebigen *nicht* umweltbezogenen Vorgängen geeignet ist.

12.3
Lösungsverarbeitung / Realisierung

Prinzipiell können drei in sich relativ abgeschlossene Bereiche einer autarken Langzeit-Meßsonde voneinander unterschieden werden (siehe Abb. 12.4.):

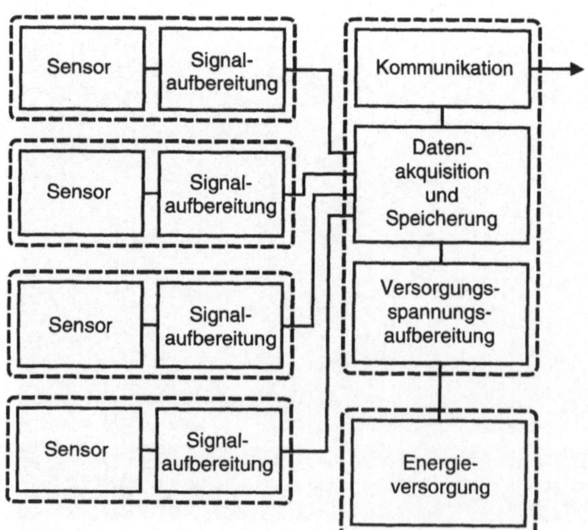

Abb. 12.4. Aufbau einer modularen Langzeit-Meßsonde

- Sensorik: Dieser Bereich umfaßt den meßaufgabenspezifischen eigentlichen Sensor sowie die i. allg. erforderliche sensorspezifische (Analog-) Elektronik, wie etwa Vorverstärker und Signalaufbereitung.
- Datenakquisition und Speicherung, Kommunikation, Versorgungsspannungsaufbereitung: Die Funktionen des Datenakquisitionsmoduls sind für alle erdenklichen Meßaufgaben (im wesentlichen) identisch. Sie umfassen die Konversion der analogen Meßgrößen in digitale Signale, die Ablaufsteuerung für die eigentlichen Messungen, die Speicherung der Meßdaten, die Unterstützung einer für die Inbetriebnahme und Wartung der Meßsonden und das Auslesen der Meßdaten erforderlichen Kommunikation mit der Außenwelt, und nicht zuletzt die Versorgung aller Komponenten mit entsprechend konditionierten Betriebsspannungen. Um auch Mehrkanalaufzeichnungen zu ermöglichen, müssen an ein Datenakquisitionsmodul mehrere gleichartige oder auch unterschiedliche Sensoren angeschlossen werden können.
- Energieversorgung: Dem Gesamtkonzept entsprechend erfolgt die Energieversorgung der Meßsonden im Normalfall durch Batterien oder Akkumulatoren. Für bestimmte Aufgabenstellungen – zum Beispiel für das Kalibrieren der Meßsonden, die Vorbereitung einer Meßserie oder das Auslesen der Meßdaten – ist es aber notwendig, eine Verbindung zur Außenwelt vorzusehen, die drahtgebunden oder drahtlos erfolgen und sowohl für den Datentransfer als auch für die (temporäre) Energieversorgung der Meßsonde genutzt werden kann.

Den Innenaufbau einer Vierkanaltemperaturmeßsonde zeigt Abb. 12.5. Auf dem Bild sind das generische Digital-Datenakquisitionsmodul und das separate Modul für die Konditionierung der analogen Eingangssignale deutlich zu erkennen.

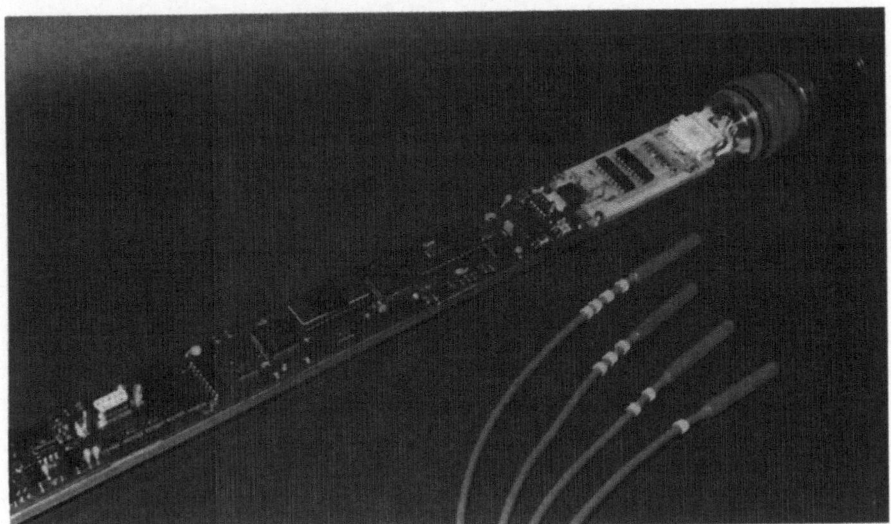

Abb. 12.5. Innenaufbau einer Vierkanaltemperaturmeßsonde. Rechts oben im Bild das Modul mit der sensorspezifischen Eingangsstufe; etwa in Bildmitte das als Datenspeicher verwendete Flash-EPROM. Im Vordergrund rechts die vier Temperaturfühler

12.3.1
Sensor und Signalaufbereitung

Prinzipiell kann das beschriebene Konzept zur Registrierung aller länger dauernden physikalischen oder chemischen Vorgänge verwendet werden, für die es einen Sensor gibt, der den folgenden Anforderungen entspricht:

- Der Sensor muß ein elektrisches Signal abgeben, das in einem eindeutigen (aber nicht notwendigerweise linearen) funktionalen Zusammenhang mit der zu messenden Größe steht.
- Der Sensor muß zumindest für die Dauer seines Einsatzes wartungsfrei sein.
- Der Energieverbrauch des Sensors und sein eventueller Verbrauch an anderen Betriebsmitteln (z. B. chemischen Reagenzien) muß so gering wie möglich sein.
- Das Übertragungsmaß des Sensors, also der Zusammenhang zwischen Meßgröße und Ausgangssignal, muß über die gesamte vorgesehene Einsatzdauer hinreichend konstant bleiben oder sich zumindest in einer definierten und reproduzierbaren Weise ändern.

Allerdings interessieren bei vielen Aufgabenstellungen weniger die absoluten Werte der gemessenen Parameter, sondern deren zeitliche oder örtliche Schwankungen, so daß wesentlich höhere Anforderungen an die *Auflösung* als an die *Genauigkeit* der Messung gestellt werden.

Selbst für relativ einfache Sensoren sind die oben genannten Anforderungen nicht immer leicht zu erfüllen; insbesondere die für die Umweltsensoren geforderte wartungsfreie Lebensdauer von etlichen Monaten bringt große Probleme mit sich, zum Beispiel bei einer Verschmutzung mit Schlamm, Bakterien, Algen oder durch Korrosion. Dazu kommt erschwerend die Forderung nach möglichst niedrigen Herstellungskosten für die Sensoren, so daß beispielsweise die Verwendung von Edelmetallen weitgehend vermieden werden sollte.

Als vorteilhaft für die Standfestigkeit der Sensoren erweist sich vielfach der intermittierende Betrieb der Meßsonden: Wenn eine Meßsonde typisch alle 20 min eine Messung vornimmt und der Sensor jeweils für eine Sekunde mit Energie versorgt wird, liegt die Gesamtbetriebszeit des Sensors nach einem einjährigen Einsatz der Meßsonde bei 7,3 h. Alterungs- oder Korrosionsvorgänge, die ausschließlich aufgrund der Versorgung des Sensors mit elektrischer Energie erfolgen, sind also meist von untergeordneter Bedeutung.

Als zusätzliche Randbedingung kommt hinzu, daß die Schnittstelle zwischen den verwendeten Sensoren und der Datenakquisitionselektronik möglichst einfach und störungsunempfindlich sein sollte. Es mußten im Hinblick auf den sehr beschränkten Raum in den Meßsonden, auf den Energieverbrauch, auf die Art und den elektrischen Pegel der Ausgangssignale der Sensoren, die kommerzielle Verfügbarkeit der Komponenten und nicht zuletzt auch auf die Gesamtkosten einer Meßsonde optimale Meßaufnehmer gefunden werden. Die für die drei bisher realisierten Typen von Meßsonden eingesetzten Meßaufnehmer sind hier zusammengestellt:

- Druck- und Pegelmeßsonden: Integrierte piezoresistive Absolutdrucksensoren (erzielbare Genauigkeit: besser als 5 mm Wassersäule; Auflösung: etwa 1 mm Wassersäule).

- Leitfähigkeitsmeßsonden: Vierelektrodenmeßzelle mit Niederfrequenzansteuerung und leitfähigkeitsproportionalem Ausgangssignal der Analogelektronik (erzielbare Genauigkeit: besser als 1 mS/m; Auflösung: etwa 0,1 mS/m).
- Temperaturmeßsonden: Integrierte Halbleiter-Temperaturfühler (erzielbare Genauigkeit: besser als 0,1 K; Auflösung: etwa 0,02 K).

Aus Zeit- und Kostengründen wurde eine Verwendung kommerziell verfügbarer Sensoren angestrebt; Sensoreigenentwicklungen erschienen nur dort als sinnvoll, wo sie für spezifische Aufgabenstellungen unumgänglich waren oder von ihnen eine wesentliche Verbesserung der Eigenschaften der Meßsonden erwartet werden konnte.

Unabhängig von der Art des Sensors muß am Ausgang jedes Sensormoduls eine Spannung mit einem normierten Wertebereich zur Verfügung stehen. Zusätzlich wird eine sensortypspezifische Kennung vorgesehen, die das digitale Datenakquisitionsmodul über den Typ des angeschlossenen Sensors informiert. Damit ist die Voraussetzung dafür geschaffen, daß beliebige „kundenspezifische" Kombinationen von Sensoren an ein Datenakquisitionsmodul angeschlossen werden können, und daß am Datenakquisitionsmodul selbst keine sensorspezifischen Einstellungen oder Änderungen vorgenommen zu werden brauchen. Dies macht es möglich, diesen relativ aufwendigen Teil der Meßsonden in größeren Stückzahlen und damit preisgünstiger zu fertigen; auch die Ersatzteilhaltung und Wartung wird bei Verwendung eines generischen Moduls vereinfacht.

Um die Meßsonden selbst so einfach wie möglich halten zu können, und auch, um potentielle alterungsbedingte Änderungen der Parameter von Sensoren und Analog-Elektronik auch im nachhinein leichter kompensieren zu können, wurde bewußt auf jegliche Kalibrierung der Meßsonden selbst verzichtet. Eine Kalibrierung wird statt dessen bei der Auswertung der Meßdaten durch eine numerische Korrektur auf der Basis meßsondenspezifischer Kalibrierparameter vorgenommen [5]. Der Kalibrieralgorithmus verwendet Polynome ersten, zweiten oder dritten Grades. Quellen der Kalibrierdaten sind:

- Kalibrierkonstanten – bei der Montage der Meßsonden festgelegt.
- Eine oder zwei Kalibriermessungen am Anfang und/oder am Ende einer Meßserie.
- Dynamische Kalibrierkorrektur: Ermittlung der Kalibrierparameter durch Interpolation zwischen zwei Kalibriermessungen am Anfang und am Ende der Meßserie.

Ebenso wird bei der Messung der elektrischen Leitfähigkeit des Wassers die nicht temperaturkorrigierte Leitfähigkeit und – in einem zweiten Datenkanal – die Temperatur des Mediums abgespeichert; die Temperaturkorrektur kann wiederum auf numerischem Wege bei der Auswertung erfolgen. Damit ist es zudem noch möglich, zusätzliche Information zu gewinnen: Wenn man davon ausgeht, daß sich – zumindest in den Perioden zwischen Regenereignissen – die Ionenkonzentration im Wasser nur langsam ändert, müssen die durch die tageszeitlichen Schwankungen der Temperatur bewirkten Fluktuationen der gemessenen Rohleitfähigkeit nach der Temperaturkorrektur verschwinden. Dies ist nur für *einen* bestimmten Temperaturkoeffizienten möglich. Da der Temperaturkoeffizient der Leitfähigkeit einer wäßrigen Lösung von der Temperatur und der Zusammensetzung der Lösung abhängt, sind damit auch Rückschlüsse auf die chemische Zusammensetzung des untersuchten Gewässers möglich.

12.3.2
Datenakquisitionsmodul

Der prinzipielle Aufbau eines Datenakquisitionsmoduls, das in Verbindung mit einer konfigurierbaren Anzahl von beliebigen Sensoren (1 bis 8) verwendet werden kann, ist in Abb. 12.6. dargestellt.

Die Funktion des Datenakquisitionsmoduls wird primär von einer integrierten Quarzuhr gesteuert, die in regelmäßigen, durch Lötbrücken auf der Printplatte bei der Fertigung einstellbaren Intervallen über eine relativ komplexe Steuerlogik das Schaltnetzteil des Datenakquisitionsmoduls aktiviert. Das Schaltnetzteil versorgt die übrige Elektronik – ausschließlich während der eigentlichen Meßphasen, sowie allenfalls permanent im Wartungsbetrieb – mit ihren Betriebsspannungen. Der Single-Chip-Mikrocomputer (ein Mitglied der Intel 8051-Familie) in der Datenakquisitionseinheit übernimmt dann die Kontrolle, liest Daten von der oder den angeschlossenen Sensoreinheiten über den Multiplexer als digitalisierte Signale ein und sucht den ersten freien Speicherplatz in dem zur Speicherung der Meßdaten verwendeten elektrisch programmier- und löschbaren Flash-EPROM. Er schreibt die digitalisierten Daten in den Datenspeicher und deaktiviert über eine seiner Ausgangsleitungen das Schaltnetzteil, sobald die Messung und Abspeicherung abgeschlossen ist. Damit fällt ein nennenswerter Energieverbrauch nur während der kurzen Meßphasen an, während derer das Schaltnetzteil und damit der Mikrocomputer und die Sensoren aktiviert sind; typischerweise liegt die Dauer einer Meßphase in der Größenordnung einer Sekunde. Der Uhrenbaustein und der Teil der Elektronik, der dauernd mit Betriebsspannung versorgt werden muß, haben einen gegen die Selbstentladung der Batterien vernachlässigbaren Stromverbrauch. Dieser intermittierende Betrieb und die Wahl energiesparender Komponenten tragen dazu bei, daß der limitierende Faktor für die Einsatzdauer der Meßsysteme nicht in der Kapazität der Batterien,

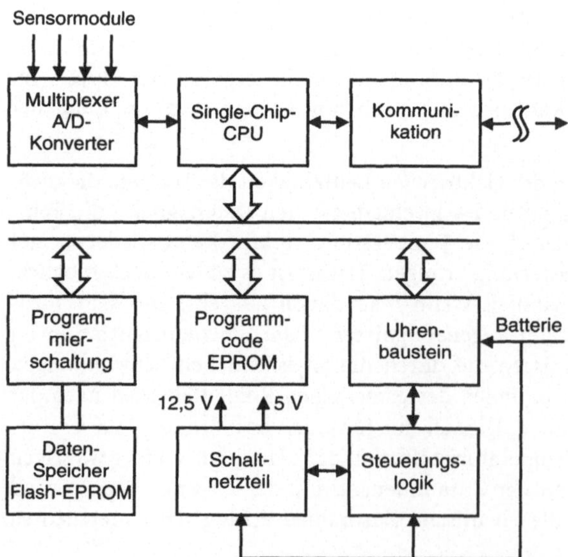

Abb. 12.6. Blockschaltbild des Datenakquisitionsmoduls

sondern in der Kapazität des Datenspeichers liegt. Bei den realisierten Meßsonden, die durchwegs auf ein Intervall von 20 min zwischen den Meßpunkten eingestellt wurden, liegt die maximale Einsatzdauer je nach der Anzahl der Meßkanäle zwischen sieben und 14 Monaten.

Im Hinblick auf den Platz- und Energiebedarf des Datenspeichers, aber auch auf die geforderte Zuverlässigkeit und den Preis stellten Halbleiterbauelemente die einzige praktikable Lösung dar. Ein auf der EPROM-Technologie basierender Speicherbaustein wurde verwendet, weil die Energie zum Umprogrammieren einer EPROM-Speicherzelle um viele Größenordnungen über jener liegt, die für das Ändern einer Speicherzelle eines statischen RAMs benötigt würde (Tabelle 12.1.). Damit wird es äußerst unwahrscheinlich, daß etwa Störungen durch elektromagnetische Felder zu einer Verfälschung des Inhalts des Datenspeichers führen. Im Gegensatz zu RAMs erfordern EPROMs zudem noch die Einhaltung mehrerer unabhängiger Voraussetzungen, um einen Schreibzugriff (oder bei Flash-EPROMs eine Löschung) zu erlauben, so daß auch transiente Störungen des Mikroprozessors in der Regel höchstens den aktuellen Datenpunkt verfälschen können. Aus Kosten- und Verfügbarkeitsgründen waren für die ersten Meßsonden noch optisch löschbare EPROMs als Datenspeicher verwendet worden; inzwischen wurden alle Meßsonden auf elektrisch löschbare Flash-EPROMs umgebaut.

Tabelle 12.1. Energie für das Programmieren einers Speicherbits.

Speichertyp	Programmierenergie (nWs)
EPROM	3.000.000
S-RAM	60

Für die Inbetriebnahme und Wartung der Meßsonden sowie für das Auslesen der Meßdaten wird zeitweise eine Datenverbindung zur Außenwelt benötigt. Aus Einfachheitsgründen und um den geforderten bidirektionalen Betrieb zu gewährleisten, wurde diese Datenverbindung mittels einer seriellen Schnittstelle realisiert. Bei den bisher gebauten Meßsonden ist diese Schnittstelle eine einfache galvanische Verbindung über einen Steckkontakt, der beim Öffnen des Sondengehäuses zugänglich wird. Die Meßsonden der nächsten Generation sollen mit einer Glasfaserdatenverbindung ausgestattet werden, die eine Kommunikation mit der Meßsonde auch ohne Öffnen des Gehäuses erlaubt. Weiterhin wird an der Entwicklung von Konzepten gearbeitet, die bei geschlossenem Meßsondengehäuse auf induktivem oder kapazitivem Weg sowohl eine Kommunikation mit der Meßsonde als auch eine Zufuhr der Energie für den Betrieb der Meßsonden und zum Laden der (Akkumulator-) Batterien erlauben sollen.

12.3.3
Energieversorgung

Bei den derzeit verfügbaren Meßsonden erfolgt die Energieversorgung aus gewöhnlichen Alkali-Mangan-Trockenbatterien. Wurde ursprünglich mit einer minimalen Lebensdauer der verwendeten Baby-Monozellen von etwas mehr als einem Jahr gerechnet (also mit der gleichen Zeit, die zum vollständigen Auffüllen des Datenspeichers erforderlich gewesen wäre), ergaben die praktischen Erfahrungen eine weitaus höhere Batterielebensdauer. (Die Batterien des Prototyps dieser Meßsonden waren nach etwa vierjährigem Einsatz noch immer funktionsfähig.) Dem kommt auch die aufwendige Konzeption des Schaltnetzteils entgegen, das speziell für diese Anwendung entwickelt worden war, und das bis zu einer Batteriespannung von 2 V herab (bei einer Nennspannung von 4,5 V) funktionsfähig bleibt, weshalb selbst bei fast entladenen Batterien und/oder tiefen Temperaturen (und damit hohen Innenwiderständen der Batterien) die Spannungsversorgung der Meßsonde gesichert ist. Obwohl also der Batterieverbrauch als Kostenfaktor vernachlässigbar ist, wird dennoch erwogen, Akkumulatoren statt Primärelemente für die Energieversorgung der Meßsonden zu verwenden. Abgesehen von Aspekten der Abfallvermeidung spricht vor allem eine verbesserte Zuverlässigkeit der Meßsonden für den Akkumulatorbetrieb: Gegenwärtig müssen die Meßsonden zum Auslesen der Meßdaten und zum Batterietausch geöffnet werden. (In der ursprünglichen Version der Datenakquisitionselektronik war auch zum Löschen der als Datenspeicher verwendeten EPROMs mit UV-Licht ein unmittelbarer Zugriff erforderlich.) Damit ist aber immer die Gefahr einer Beschädigung der Elektronik oder der Dichtringe und -flächen verbunden. (Die einzigen innerhalb von mehr als drei Jahren an den etwa 50 Pegel-Meßsonden beobachteten Ausfälle waren auf mechanische Beschädigungen der Elektronik zurückzuführen, die offensichtlich bei den Manipulationen mit den Gehäusen der Meßsonden verursacht wurden.) Im Gegensatz dazu braucht eine Meßsonde, bei der die Kommunikation und die Energieversorgung und damit auch die Ladung der Akkumulatoren induktiv oder kapazitiv durch die Gehäusewandung hindurch erfolgen, im Normalbetrieb nie wieder geöffnet zu werden.

12.3.4
Auswerte-Software

Zu einem Meß*system* werden die Meßsonden erst durch eine entsprechende Softwareunterstützung, die die Wartung der Meßsonden sowie das Auslesen, die Vorverarbeitung und die Verwaltung der Meßdaten erleichtert. Für diese Zwecke wurde ein Auswerteprogramm entwickelt, das auf jedem Industriestandard-PC lauffähig ist. Der Auswerterechner wird für jene Operationen, die eine Kommunikation mit der Meßsonde erfordern, mit dieser über seine serielle Schnittstelle und eine Auswerteeinheit verbunden, die Einrichtungen für die temporäre Energieversorgung der Meßsonde und Pegelumsetzer für die Kommunikationssignale bzw. Transceiver für eine Glasfaserverbindung enthält (Abb. 12.7.).

Der Mikrocomputer der Meßsonde kann über einen Satz von etwa 30 Befehlen angesprochen werden, mit deren Hilfe der Status der Meßsonde abgefragt, die Uhr der Meßsonde gestellt, eine Meßserie gestartet, der komplette Satz von Meßdaten ausgelesen oder der Datenspeicher nach dem Auslesen der Meßdaten gelöscht werden kann. Das Auswerteprogramm unterstützt wohl zu Wartungszwecken auch eine direkte Kommunikation des Benützers mit der Meßsonde unter Verwendung dieses Meßsondenbefehlssatzes; i. allg. ist aber die eigentliche Kommunikation mit der Meßsonde durch eine menügesteuerte pseudo-graphische Benutzeroberfläche verborgen. Die Funktionen des Auswerteprogramms sind:

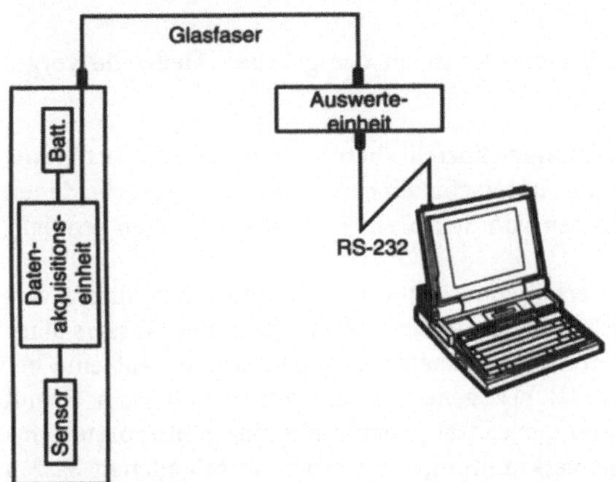

Abb. 12.7. Kommunikation mit der Meßsonde

- Vorbereitung der Meßsonde für eine Messung (einschließlich Löschen des Datenspeichers),
- Auslesen und Abspeichern der Rohmeßdaten in einer Datei,
- Korrektur der Rohmeßdaten,
- Arithmetische Verknüpfung von Meßdaten der gleichen oder verschiedener Messungen,
- Verwaltung einer Datenbank von Meßsonden- und Meßstellenparametern und von Meßdaten,
- Zugriff auf die Meßdaten entweder über die Seriennummer der Meßsonde oder über die Bezeichnung der Meßstelle,
- Graphische und ASCII-Ausgabe der Meßdaten.

Die aus den Meßsonden ausgelesenen, noch unkalibrierten Daten werden durch eine numerische Korrektur auf der Basis eines Polynoms 1. bis 3. Grades mit sensorspezifischen Kalibrierwerten in physikalisch relevante Werte umgesetzt. Gleichzeitig mit dieser Kalibrierkorrektur erfolgt eine Prüfung der Meßdaten und eine etwaige Fehlerkorrektur durch Interpolation zwischen als korrekt betrachteten Meßwerten. Diese Korrektur wird durch die Abspeicherung von Zeitmarken (einmal täglich um Mitternacht) sowie durch das Format der abgespeicherten Meßdaten ermöglicht, das der Meßsonde die Markierung als falsch erkannter oder (z.B. infolge eines Fehlers im Datenspeicher) fehlerhaft abgespeicherter Meßdaten erlaubt. Letztlich werden die Meßdaten durch ein Interpolationsverfahren noch in einen vorgegebenen Zeitraster gebracht, der sich mit dem Zeitraster, in dem die Meßwerte aufgenommen wurden, nicht unbedingt zu decken braucht; auch Gangabweichungen der in den Meßsonden eingebauten Uhrenbausteine werden in diesem Schritt korrigiert. Die Korrektur der Rohmeßdaten gliedert sich in:

- Korrektur defekter Datenpunkte durch Interpolation,
- Korrektur von Uhrenfehlern durch Umsetzung der Meßdaten in einen standardisierten Zeitraster,
- Kalibrierkorrektur mit einem Polynom 1. bis 3. Grades,
- Automatische Erkennung des Einsatzzeitraums der Meßsonde,
- Begrenzung von Sprüngen und Spitzen in den Meßdaten,

- Digitale Tiefpaß-Filterung,
- „Glatte" Verbindung zwischen verschiedenen an der gleichen Meßstelle vorgenommenen Messungen.

Damit stehen synchronisierte, miteinander korrelierbare Datensätze zur Verfügung, die auch eine Verknüpfung der an unterschiedlichen Orten mit verschiedenen Meßsonden (und verschiedenen Typen von Sensoren) gewonnenen Daten ermöglichen.

In einzelnen Fällen sind die so erhaltenen Daten noch immer nicht direkt verwendbar: Beispielsweise ist die tatsächlich gemessene Leitfähigkeit des Wassers stark temperaturabhängig, der interessierende Parameter hingegen ist eine auf eine bestimmte Nenntemperatur (z. B. 20 °C) bezogene Leitfähigkeit. Aus diesem Grund ist in das Auswerteprogramm ein einfacher frei programmierbarer Interpreter eingebaut, mit dessen Hilfe beliebige Verknüpfungen zwischen verschiedenen Sätzen miteinander korrelierter Meßdaten (z. B. Rohleitfähigkeit und gleichzeitig gemessene Wassertemperatur) ausgewertet werden können. Darüber hinaus können aber auch andere Manipulationen an und mit den gemessenen Daten erfolgen, die von einer einfachen Differenzbildung bis zu statistischen Auswertungen reichen können, und deren Komplexität nur durch die erforderliche Rechenzeit und den für das (benutzerdefinierbare) Programm benötigten Platz im Arbeitsspeicher begrenzt ist. Auf die Meßdaten und die durch Verknüpfung von Meßdaten erhaltenen Dateien kann sowohl meßsondenspezifisch als auch meßortspezifisch zugegriffen werden; insbesondere wurden Maßnahmen vorgesehen, die es erlauben, die nacheinander mit verschiedenen Meßsonden gleichen Typs am gleichen Ort erhaltenen Meßdaten miteinander zu einer Einheit zu verbinden. Damit kann eine Gesamtmeßdauer realisiert werden, die nicht mehr durch die Datenkapazität einer einzelnen Meßsonde beschränkt ist.

Generell stellt die große Menge an Meßdaten, die durch dieses Meßsystem generiert werden können, ein ernsthaftes Problem dar: Bei drei Messungen pro Stunde – eine Frequenz, die im Hinblick auf die Dynamik der hydrologischen Prozesse sinnvoll erschien – erzeugt eine einzige Einkanalmeßsonde in einem Jahr über 26.000 Meßpunkte. Bei einer derartigen Datenmenge ist eine Auswertung nur unter Zuhilfenahme statistischer und/oder heuristischer Methoden sinnvoll. Um ein Erkennen der Gesetzmäßigkeiten zu erleichtern, die sowohl den mit *einer* Meßsonde erhaltenen Daten als auch der Gesamtheit an Daten zugrunde liegen, wurde eine einfache graphische Ausgabe der Meßdaten vorgesehen. Auf der Basis dieser Visualisierung können geeignete statistische und heuristische Methoden für die Interpretation der Messungen erarbeitet werden. Um die Weiterbearbeitung der Meßdaten mit externen Programmen zu ermöglichen, wurde auch eine Datenausgabe in einem einfachen und portablen ASCII-Format implementiert.

12.4
Verallgemeinerung

Die speziellen Eigenschaften der beschriebenen Meßsonden erlaubten eine Reihe von bislang nicht möglichen oder zumindest nicht mit vertretbarem Aufwand durchführbaren Untersuchungen. Die Möglichkeiten einer räumlichen und zeitlichen Erfassung von Prozessen sind:

- Alle Messungen aller Meßsonden und Meßsondentypen erfolgen synchron (z. B. 0, 20 und 40 min nach der vollen Stunde).
- Das Meßintervall muß so gewählt werden, daß die schnellsten noch interessierenden dynamischen Prozesse erfaßt werden können.
- Durch die Verteilung vieler Meßsonden im Gelände und die Korrelation ihrer Meßdaten ist auch eine räumliche Erfassung von Prozessen möglich.

Die folgenden Erfahrungen basieren im wesentlichen auf dem mehrjährigen Einsatz der etwa 50 Pegelmeßsonden; über die Leitfähigkeits- und Temperatursonden, die erst seit wenigen Monaten verfügbar sind, liegen zwangsläufig noch nicht sehr viele Ergebnisse vor:

- Die gewählte Zeitauflösung der Meßsonden ermöglichte es, auch die schnelleren hydrologischen Prozesse, beispielsweise Abflußwellen oder durch die Vegetation ausgelöste Bodenwasserveränderungen im Laufe eines Tages, ebenso zu erfassen wie langsamere Prozesse, beispielsweise Bodenwasserveränderungen im Jahresverlauf. Die Zeitauflösung war sogar ausreichend, um Unterschiede im dynamischen Verhalten des Grundwasserspiegels beobachten zu können, die durch eine unterschiedliche Bodenstruktur in verschiedenen Tiefen und/oder an verschiedenen Standorten bedingt waren.
- Da die Meßsonden autonom sind und einen vergleichsweise kleinen Platzbedarf aufweisen, kann problemlos an mehreren Stellen gemessen werden. Durch simultanen Einsatz mehrerer Sonden konnte neben der zeitlichen auch die räumliche Entwicklung, zum Beispiel die Richtung eines Prozesses, erfaßt werden.
- Alle Meßsonden messen nicht nur mit gleicher Frequenz, sondern auch zu identischen Zeitpunkten. Damit sind Messungen, die mit unterschiedlichen Sonden an verschiedenen Standorten vorgenommen wurden, selbst für kurzzeitige Prozesse (zum Beispiel Temperaturänderungen beim Durchzug einer Wolkenzone oder Leitfähigkeitsänderungen bei einem Regenereignis) miteinander vergleichbar und korrelierbar.
- Die autonomen Meßsonden, von denen die meisten Typen in einem Meßbrunnenrohr unterirdisch und gut geschützt installiert werden können, erwiesen sich im Gegensatz zu konventionellen Meßsystemen als unproblematisch im Hinblick auf Witterungseinflüsse, Diebstahl und Vandalismus; sie erforderten keine speziellen Sicherungsmaßnahmen bei ihrem Einsatz im Gelände.
- Erst die kontinuierliche Messung erlaubte es, Prozeß*muster* zu erfassen und diese in bezug auf ihren Mittelwert, ihre Varianz und ihre Veränderungen zu untersuchen. Da die zugrundeliegenden Prozesse in der Natur nie gleichverteilt sind, ist die Kenntnis dieser Muster Voraussetzung für eine korrekte heuristische Interpretation der Meßdaten.

Mit dem beschriebenen Meßsystem wurde ein Instrumentarium konzipiert, das weit über den Bereich der Ökologie hinaus von Interesse sein sollte: Prinzipiell ist ein Einsatz dieses Meßsystems auch in allen Bereichen von Medizin, Forschung und Entwicklung denkbar, in denen möglichst preisgünstig die Ergebnisse beliebiger Dauerversuche registriert werden sollen. Allerdings hängt die Brauchbarkeit eines

Langzeitmeßsystems von der Verfügbarkeit ausreichend standfester und zuverlässiger Sensoren für die zu messenden physikalischen oder chemischen Parameter ab. Im Hinblick auf die Lebensdauer und Wartungsfreiheit der Sensorik ist daher nach wie vor noch ein großer Forschungs- und Entwicklungsaufwand erforderlich.

Literatur

1 W. Ripl, Management of Water Cycle: An Approach to Urban Ecology. In: *Water Pollution Resource Journal*, Canada, Vol. 27, No. 2, 1992

2 W. Fallmann, B. Luger, K. Riedling, W. Ripl, P. Svasek, W. Winkler, Autonome Datenerfassungseinheiten für Umweltparameter, in: *Mikroelektronik 91*, Berichte der Informationstagung ME 91, Fric, Wien 143–148, 1991

3 K. Riedling, W. Ripl, W. Fallmann, W. Frischauf, B. Luger, P. Svasek, W. Winkler, Langzeit-Registrierung von Umweltparametern, in: *Mikroelektronik 93*, Berichte der Informationstagung ME 93, ÖVE-Schriftenreihe Nr. 5, Wien 147–152, 1993

4 K. Riedling, W. Ripl, W. Fallmann, W. Frischauf, B. Luger, P. Svasek, W. Winkler, Autonome Datenerfassungs- und Registriereinheiten für Umweltparameter, Österr. Chemie-Zeitschrift 2, 36–40, 1994

5 K. Riedling, B. Luger, P. Svasek, W. Winkler, Strategies for the design of systems for the monitoring of environmential parameters, Experimental Technique of Physics, Vol. 40, No. 2, 151–164, 1994.

13 Multikanalregistrierung für das Gehirnmagnetfeld

H. Nowak, R. Huonker

13.1
Problemstellung

Der älteste bekannte Magnetfelddetektor ist der Kompaß, der schon vor 4 000 Jahren in China bekannt war. Die Grundlagen für Magnetfeldmeßsonden auf der Basis des Elektromagnetismus wurden im 19. Jahrhundert geschaffen. 1820 entdeckte Oerstedt, daß der durch ein Volumen fließende Strom ein magnetisches Feld produziert. Die ersten mathematischen Formeln zur Beschreibung der Korrelation zwischen elektrischem Strom und Magnetismus infolge Auslenkung der Magnetnadel sind im Biot-Savart-Gesetz verankert. Faraday erweiterte das Gesetz von Oerstedt und entdeckte 1831 das Induktionsgesetz. Im gleichen Jahr wurde das erste Magnetometer, ein bifilares Magnetometer, von Gauss und Weber konstruiert und gebaut. 1862 formulierte Maxwell die theoretische Basis des Elektromagnetismus (Maxwellsche Gesetze).

1962 wurde von Brian D. Josephson ein Phänomen theoretisch vorhergesagt, das zwischen zwei schwach gekoppelten Supraleitern auftreten soll. Dieser in den folgenden Jahren experimentell nachgewiesene und inzwischen nach Josephson benannte Effekt stellt die Grundlage der modernen, hochempfindlichen Magnetfeldmeßtechnik dar.

Die Registrierung extrem schwacher Magnetfelder, die z. B. vom menschlichen Herz oder Gehirn (Abb. 13.1.) ausgesendet werden (sog. biomagnetische Felder), ist

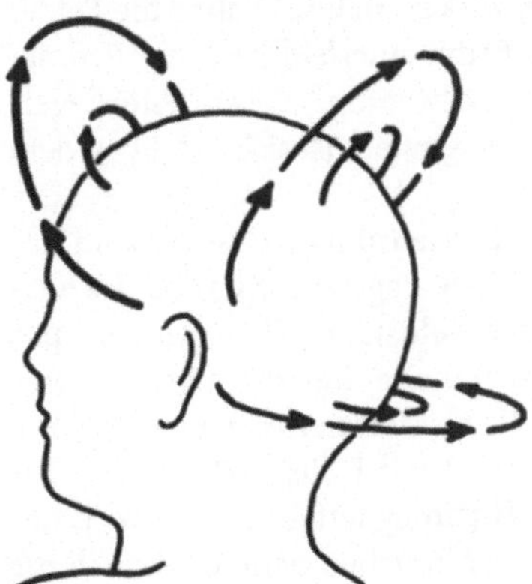

Abb. 13.1. Schematische Darstellung magnetischer Feldlinien am Kopf

Gegenstand biomagnetischer Untersuchungen [1]. Die Aufgabe besteht zum einen darin, ein Magnetfeldmeßsystem zu entwikeln, das die extrem schwachen Felder nachweisen kann und zum anderen die Umgebungsstörungen soweit zu reduzieren, daß ein verwertbares Signal zur Verfügung steht.

Im menschlichen Organismus laufen zahlreiche Energieumwandlungen ab, die mit elektrischen und damit verknüpften magnetischen Aktivitäten einhergehen. Die Messung dieser biomagnetischen Felder ist eine Ergänzung der bekannten elektrischen Meßmethoden und eröffnet die Möglichkeit, zusätzliche Informationen über elektrisch aktive Organe wie z. B. das Herz oder das Gehirn [2] zu erlangen, die durch herkömmliche elektrische Meßverfahren nicht oder nur invasiv erfaßbar sind. Vorteile der Messung biomagnetischer Felder des menschlichen Organismus sind das *berührungslose Messen* (ohne jegliche Belastung für den Organismus) und damit die Vermeidung undefinierter Elektroden-Haut-Potentiale, die hohe *zeitliche und örtliche Auflösung* sowie die Möglichkeit, aus der gemessenen Magnetfeldverteilung eine *Quellenlokalisation* durchführen zu können.

Die biomagnetischen Felder sind sehr schwach. So liegen die kardiomagnetischen Felder in der Größenordnung von einigen zehn Pikotesla (1 pT $= 10^{-12}$ T) und die neuromagnetischen Felder im Bereich von einigen wenigen bis einigen hundert Femtotesla (1 fT $= 10^{-15}$ T). Der Nachweis der extrem schwachen neuromagnetischen Felder ist mit herkömmlichen Magnetfeldmeßverfahren nicht möglich. Die derzeit einzige Nachweismöglichkeit besteht in dem Einsatz supraleitender Quanteninterferometer, die auf dem Josephson-Effekt basieren. Zur Erläuterung sind in Tabelle 13.1. die Einheiten aufgeführt.

Tabelle 13.1. Einheiten

milli	$= 10^{-3}$
mikro	$= 10^{-6}$
nano	$= 10^{-9}$
piko	$= 10^{-12}$
femto	$= 10^{-15}$
ato	$= 10^{-18}$

Bei extrem empfindlichen Magnetfeldmessungen wirken sich im Labor die Felder des elektrischen Versorgungsnetzes, aber auch das Erdmagnetfeld bzw. die Erdmagnetfeldschwankungen störend aus. Es ist deshalb notwendig, diesen „Störpegel" soweit zu reduzieren, daß die biomagnetischen Nutzsignale ausreichend über dem Störpegel liegen.

In Tabelle 13.2. wird ein Überblick über die Größe neuromagnetischer und anderer biomagnetischer Felder sowie über die Störfelder gegeben. Es wird die magnetische Induktion B in Tesla bzw. die magnetische Feldstärke H in Ampere pro Meter angegeben. Die registrierte magnetische Spontanaktivität des Gehirns wird in Anlehnung an das Elektroenzephalogramm (EEG) als Magnetoenzephalogramm (MEG) bezeichnet, dessen magnetische Aktivität bei 10^{-12} T liegt. Die Werte für akustisch, somatosensorisch oder visuell evozierte Hirnmagnetfelder können unter 10^{-13} T liegen. Im Vergleich dazu sind in der Tabelle 13.2. neben dem MEG auch die magnetische Herzaktivität, das Magnetokardiogramm (MKG), mit einigen 10^{-11} T

Tabelle 13.2. Übersicht über biomagnetische Felder und Störfelder

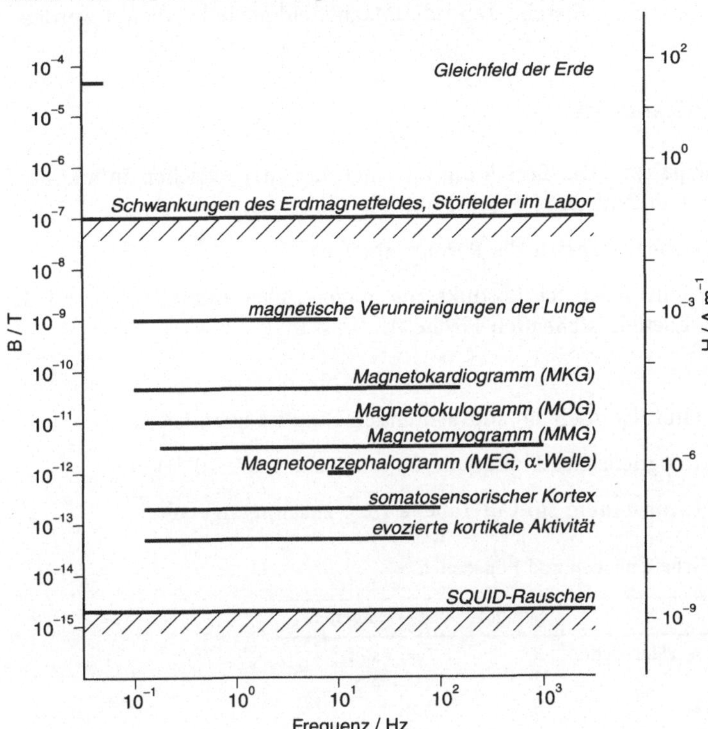

angegeben und die magnetische Aktivität der Skelettmuskulatur, das Magnetomyogramm (MMG), mit einigen 10^{-12} T.

Dagegen liegen die Größenordnungen der Störfelder, z. B. Streufelder von stromdurchflossenen Kabeln, Installationsrohren oder von tragenden Elementen eines Bauwerkes in einem Labor ohne leistungsstarke Anlagen zwischen 10^{-7} und 10^{-8} Tesla. Das Gleichfeld der Erde ist mit ca. 5×10^{-5} T über 1 Million mal stärker als das Magnetoenzephalogramm und wirkt bei mechanischen Unruhen störend auf die neuromagnetischen Messungen. Noch stärker sind künstlich erzeugte Magnetfelder, die beispielsweise in Magnet-Resonanz-Tomographen verwendet werden. Sie liegen typischerweise bei 1,5 T und sind damit fast 14 Größenordnungen stärker als die evozierte magnetische Hirnaktivität.

Die Hirnmagnetfeldquellen lassen sich physikalisch im einfachsten Fall durch ein Stromdipolmodell beschreiben. Die Summe der intrazellulären Ströme wird dann von einem Dipol repräsentiert, der die Primärquelle *(primary source)* darstellt, weil er die aktive Quelle des neuromagnetischen Feldes widerspiegelt. Die extrazellulären Ströme werden als Volumenströme *(volume currrent)* bezeichnet und hängen von der Leitfähigkeit und der Form des, die neuromagnetische Quelle umgebenden, Volumenleiters ab. Nach dem Biot-Savartschen Gesetz läßt sich die von einem Stromdipol erzeugte räumliche Verteilung des Magnetfeldes, bestehend aus Primärquelle und Sekundärquelle (Volumenleiteranteil), berechnen. Stimmen das gemessene und das berechnete Magnetfeld überein, kann die Magnetfeldquelle lokalisiert werden.

13.2
Sensoren und Meßmethode

Grundlagen und Einheiten. Die Beziehung zwischen der magnetischen Induktion B und der magnetischen Feldstärke H ist durch die Gleichung

$$B = \mu \times H \qquad \text{gegeben, wobei } \mu \text{ die Permeabilität ist.}$$

Der magnetische Fluß Φ ist das Produkt aus magnetischer Induktion B und der senkrecht zum Magnetfeld stehenden Fläche A:

$$\Phi = B \times A$$

Der magnetische Fluß Φ_0 in einem supraleitenden Ring ist quantisiert:

$$\Phi = n \times \Phi_0 \qquad \text{(magnetisches Flußquant } \Phi_0 = h/2e = 2{,}07 \cdot 10^{-15} \text{Vs)}$$

Die Einheiten und Konstanten sind in Tabelle 13.3. zusammengefaßt.

Tabelle 13.3. Magnetische Einheiten und Konstanten

Größe	Symbol	SI − Einheiten
magnetische Induktion (Flußdichte)	B	$T = \text{Vs m}^{-2}$
magnetischer Fluß	Φ	$\text{Vs} = \text{Wb}$
magnetische Feldstärke	H	A m^{-1}
Permeabilität	$\mu = \mu_0 \mu_r$	Wb(Am)^{-1}
relative Permeabilität	μ_r	1
Permeabilität des Vakuums	μ_0	$4\pi \times 10^{-7} \text{ Tm A}^{-1}$
magnetisches Flußquant	Φ_0	$2{,}07 \times 10^{-15} \text{ Vs}$

SQUID. Magnetfeldsensoren mit supraleitenden Flußdetektoren bieten die höchste Auflösung aller auf Quanteneffekten beruhenden Verfahren. Im einfachsten Fall besteht ein supraleitendes Quanteninterferometer, ein sog. SQUID (Superconducting QUantum Interference Device), aus einem supraleitenden Ring und einer schwach supraleitenden Verbindung (Josephson-Kontakt). In Abhängigkeit von der Betriebsweise unterscheidet man zwischen **rf-**(radio frequency) SQUIDs und **dc-**(direct current) SQUIDs. Infolge ihrer höheren Empfindlichkeit werden dc-SQUIDs für den Nachweis des Gehirnmagnetfeldes eingesetzt.

Das Phänomen der Supraleitung ist u.a. dadurch gekennzeichnet, daß ein Supraleiter unterhalb der Sprungtemperatur (kritische Temperatur T_c) seinen Ohmschen Widerstand verliert und ein Magnetfeld aus ihm verdrängt wird (Meissner-Ochsenfeld-Effekt). Die Theorie der Supraleitung, von Bardeen, Cooper und Schrieffer aufgestellt und kurz BCS-Theorie genannt, besagt, daß sich alle Cooperpaare („supraleitende Elektronenpaare"), im Gegensatz zu Elektronen im Normalleiter, im Zustand gleicher Energie befinden. Dies führt dazu, daß sich Cooperpaare durch eine makroskopische Wellenfunktion einfach beschreiben lassen. Werden zwei Supraleiter durch einen schwachen Kontakt (Josephson-Kontakt) voneinander getrennt, lassen sich Interferenzphänomene der makroskopischen Wellenfunktionen beobachten. Eine solche Kopplung kann durch sehr dünne (wenige Atomlagen, ca. 2 nm) Isolatorschichten, z. B. Oxidbarieren, oder Mikrobrücken realisiert werden; man spricht dann von einem Josephson-Tunnelelement. Durch das Tunnelelement können Cooperpaare „hindurchtunneln"; es tritt eine Phasendifferenz der quantenmechanischen Wellenfunktion auf, die die Aufenthaltswahrscheinlichkeit der Cooperpaare charakterisiert.

Aufgrund des Meissner-Ochsenfeld-Effekts bleibt der von einem supraleitenden Ring umfaßte magnetische Fluß Φ_{Ring} auch dann konstant, wenn sich das umgebende Magnetfeld ändert. Zum Ausgleich wird in dem Ring ein Abschirmstrom I angeworfen. Beide Effekte, der Josephson-Effekt und die Flußerhaltung in einem supraleitenden Ring, werden beim SQUID ausgenutzt.

Ein SQUID besteht aus einem supraleitenden Ring und einem oder mehreren Josephsonkontakten. Abbildung 13.2. zeigt die schematische Darstellung eines SQUIDs, bestehend aus einem supraleiten Ring und zwei Josephson-Tunnelelementen (JTE).

Der Bereich der JTE hat einen sehr viel kleineren kritischen Strom als der übrige supraleitende Ring. An das SQUID wird von außen ein Strom I_{BIAS} angelegt. Haben beide Josephson-Tunnelelemente die gleichen Parameter, so fließt über jedes der Teilstrom $I_{\text{BIAS}}/2$. Eine Änderung des äußeren magnetischen Flusses Φ_A senkrecht zur SQUID-Fläche A ruft aufgrund der Flußerhaltung einen zusätzlichen Abschirmstrom I_k im SQUID-Ring hervor. Dieser kann nur bis zu einem kritischen Wert ansteigen, der im wesentlichen vom Querschnitt des Supraleiters abhängt. Werden die geometrischen Abmessungen des SQUID-Ringes so gewählt, daß die Ringinduktivität L der Beziehung $L \times I_k = \Phi_0$ genügt, so ändert sich der Strom I bei veränderlichem Außenfeld periodisch nach der Beziehung

$$\Phi_A = n \times \Phi_0 + L \times I_k.$$

Es kommt zu einem quantenhaften Eindringen von magnetischen Flußquanten Φ_0 in den SQUID-Ring. Daraus resultiert die periodische Abhängigkeit des kritischen Stromes I_c in Abhängigkeit vom äußeren magnetischen Fluß Φ_A:

$$I_c(\Phi_A) = \text{const.} \times \cos(\pi \times \Phi_A / \Phi_0)$$

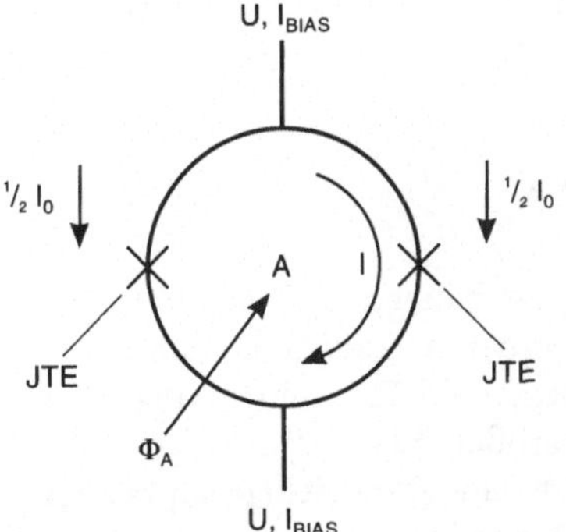

Abb. 13.2. Schematische Darstellung eines SQUIDs mit zwei Josephson-Tunnel-Elementen (JTE)

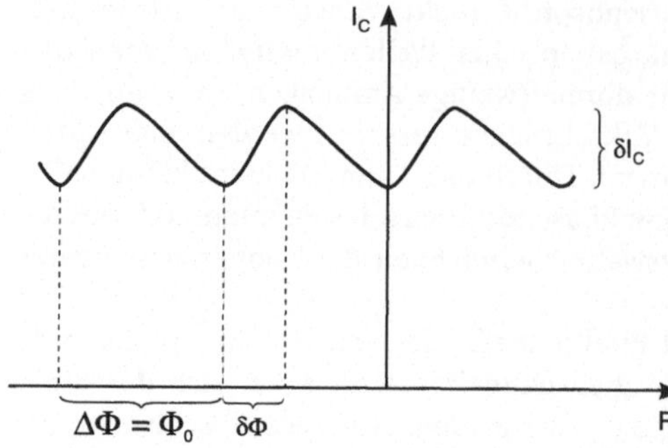

Abb. 13.3. Abhängigkeit des kritischen Stromes I_c vom magnetischen Fluß Φ

Die Magnetfeldempfindlichkeit eines SQUIDs ist durch die Änderung des kritischen Stromes innerhalb einer Feldperiode bestimmt. Dieser Zusammenhang wird in Abb. 13.3. verdeutlicht.

Der Abschirmstrom und die Anzahl **n** der Flußsprünge sind ein genaues Maß für die Änderung des magnetischen Flusses, der das SQUID durchsetzt. Die Ausgangsspannung ist somit eine periodische Funktion der externen Flußänderung Φ_A im SQUID. Diese Funktion läßt sich durch eine elektronische Schaltung (SQUID-Elektronik) linearisieren. Dabei arbeitet das SQUID als Nulldetektor im Regelkreis, wobei entweder der Fluß im SQUID (flux locked mode) oder der Abschirmstrom im Flußtransformator (current locked mode) konstant gehalten wird. Im rückgekoppelten Betrieb ist die Ausgangsspannung eine lineare Funktion des externen Flusses im SQUID.

DC-SQUIDs werden auf der Basis von z. B. Nb-NbO$_x$-Pb Josephson-Tunnelelementen in Dünnschichttechnologie hergestellt. In Tabelle 13.4. sind einige typische dc-SQUID-Werte am Beispiel eines dc-SQUID UJ 111 aufgeführt [3].

Tabelle 13.4. DC-SQUID-Parameter

Parameter	Wert
JTE-Fläche	ca. $2{,}5 \times 2{,}5\ \mu\mathrm{m}^2$
SQUID-Induktivität	ca. $40\ \mathrm{pH}$
Eingangsinduktivität	$0{,}8\ \mu\mathrm{H}$
JTE-I_c	$10 {-} 50\ \mu\mathrm{A}$
Eingangsstromperiode	$0{,}4\ \mu\mathrm{A}\Phi_0^{-1}$
Modulationsstrom	$20\ \mu\mathrm{A}\Phi_0^{-1}$
Ausgangsspannung	$20\ \mu\mathrm{V}$
weißes Flußrauschen	ca. $5 \times 10^{-6}\Phi_0\ \mathrm{Hz}^{-1/2}$
äquivalentes Stromrauschen	$2\ \mathrm{pA}\ \mathrm{Hz}^{-1/2}$
Energieempfindlichkeit	$9 \times 10^{-31}\ \mathrm{Ws}^2$

Um das Flußrauschen eines SQUIDs niedrig zu halten, muß die Induktivität des SQUID-Rings normalerweise klein gehalten werden. Daraus folgt, daß auch die Antennenfläche für das zu messende externe Magnetfeld $B_{ext.}$ sehr gering ist. Um dennoch bei kleinen SQUID-Induktivitäten mit großen Sensorflächen arbeiten zu können, nutzt man den Flußtransformator aus, d. h. eine großflächige supraleitende Antennenspule (pick-up coil) ist supraleitend mit einer kleinflächigen Koppelspule am SQUID verbunden. Dadurch lassen sich durch die Vergrößerung der Sensorfläche Magnetfeldempfindlichkeiten bis zu einigen fT Hz$^{-\frac{1}{2}}$ erzielen.

Im beschriebenen dc-SQUID UJ 111 bilden $2 \cdot 18$ Windungen die in Dünnschichttechnologie hergestellte Einkoppelspirale. Der Anordnung liegt das Gradiometerprinzip zugrunde, wodurch das SQUID selbst relativ unempfindlich gegenüber äußeren Störungen wird. Der Koppelfaktor beträgt $k^2 = 0,8$.

Mit der Einkoppelspule werden als großflächige (einige cm^2) Antennenspulen Magnetometer oder, wie im folgenden Abschnitt beschriebene Gradiometer, supraleitend verbunden.

Störfeldunterdrückung. Bei den extrem empfindlichen Hirnmagnetfeldmessungen wirken sich die Störfelder des elektrischen Versorgungsnetzes, die Erdmagnetfeldschwankungen wie auch bei mechanischen Unruhen das Gleichfeld der Erde störend aus (s. a. Tabelle 13.2.). Es ist deshalb notwendig, den Störpegel im Verhältnis zum neuromagnetischen Nutzsignal soweit zu senken, daß das Auflösungsvermögen der SQUIDs ausgeschöpft werden kann.

Großraumabschirmungen. Eine Möglichkeit der Störfeldunterdrückung sind magnetische Großraumabschirmungen [4], die aus mehreren Schichten Mu-Metall (hochpermeables Material) sowie aus Kupfer oder Aluminium bestehen.

Zahlreiche biomagnetische Meßsysteme werden in abgeschirmten Räumen aus zwei Schichten Mu-Metall und einer HF-Abschirmung (Cu oder Al) betrieben. Der Abschirmfaktor S (Verhältnis der magnetischen Feldstärke außerhalb zu innerhalb der Kammer) in Abhängigkeit von der Frequenz ist in Abb. 13.4. für die im Jenaer Biomagnetischen Zentrum installierte Kammer (AK 3b, hergestellt von der Vacuumschmelze GmbH Hanau) dargestellt.

Gradiometer. Eine andere Möglichkeit zur Reduzierung des Störpegels sind geeignete Antennensysteme, sog. Gradiometer. Das Gradiometerprinzip besteht darin, daß zwei gegensinnig gewickelte – in unserem Falle supraleitende – Spulen mit dem Abstand b so zu bemessen sind (Abb. 13.5.), daß der resultierende Induktionsstrom eines homogenen Feldes B im Gesamtkreis Null wird. Dabei wird die Tatsache ausgenutzt, daß die Quellen der Störfelder relativ weit von den Gradiometern entfernt sind und somit ein quasi homogenes Störfeld B am Meßort liefern. Die dipolartigen, neuromagnetischen Quellen werden dagegen so nah wie möglich an die Antennenspule

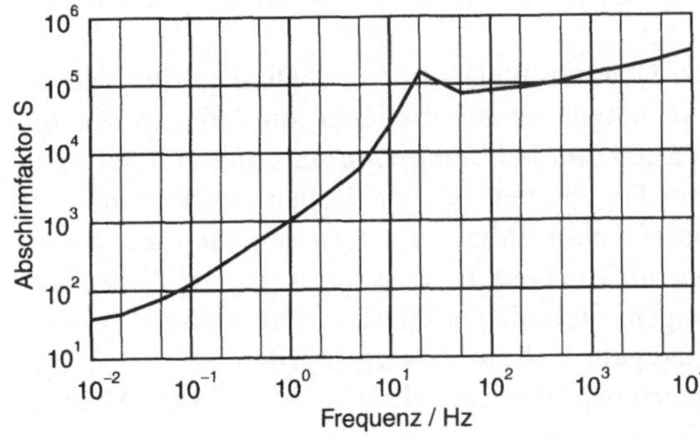

Abb. 13.4. Abschirmfaktor S einer Großraumabschirmung in Abhängigkeit von der Frequenz

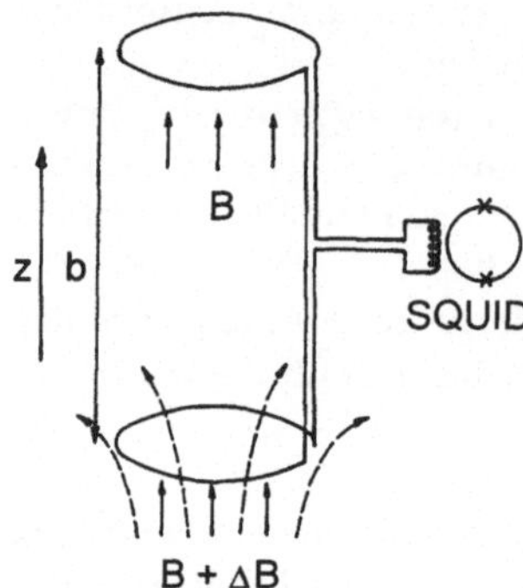

Abb. 13.5. Schematische Darstellung eines Gradiometers 1. Ordnung

gebracht; ihre Felder ΔB sind stark inhomogen. Solche Felder ΔB durchdringen nur die Antennenspule und rufen im Gradiometer einen Abschirmstrom hervor, der über die Einkoppelspule vom SQUID nachgewiesen werden kann.

Die baubedingte Genauigkeit von Gradiometersystemen ist begrenzt. Die Spulenflächen sind nicht exakt gleich und liegen nicht genau parallel, so daß erfahrungsgemäß der baubedingte Abgleich eines Gradiometers 1. Ordnung bei 10^{-3} liegt, d. h. ein homogenes Störfeld wird um den Faktor 1 000 reduziert. Der Gradiometerabgleich kann durch zusätzliche, technisch aufwendige Maßnahmen verbessert werden. Mittels verstellbarer supraleitender Scheiben kann über die Flußverdrängung die effektive Fläche der einzelnen Gradiometerspulen in allen drei Achsenrichtungen korrigiert werden [5]. Dabei werden Abgleichwerte bis 10^{-5} erzielt.

Zur Unterdrückung homogener Störfelder und homogener Störfeldgradienten werden Gradiometer 2. Ordnung verwendet. Sie bestehen aus zwei gegensinnig gewickelten Gradiometern 1. Ordnung. Gradiomter 2. oder höherer Ordnung werden vor allem für Messungen ohne Großraumabschirmung eingesetzt.

13.3
Lösungsvariante: Biomagnetische Meßsysteme

In den meisten neuromagnetischen Meßsystemen wird zur Störfeldreduzierung eine Kombination aus Großraumabschirmung und Gradiometern 1. Ordnung verwendet [6], so daß beispielsweise bei 1 Hz eine Störunterdrückung von ca. 100 000 erreicht wird. Das ist normalerweise ausreichend, um die Aktivität des Hirnmagnetfeldes zu registrieren.

Die Funktion der supraleitenden Quanteninterferometer (SQUIDs) und der damit verbundenen Gradiometer bzw. Magnetometer basieren auf Effekten der Supraleitung, d. h. diese Komponenten müssen bei Temperaturen unterhalb der kritischen Temperatur betrieben werden. Für die neuromagnetischen Meßsysteme wird flüssiges Helium (T: $4,2\,\mathrm{K} = -269,0\,^{\circ}\mathrm{C}$) als Kühlmittel verwendet. Die Meßsysteme befinden sich deshalb in speziellen, nichtmagnetischen superisolierten Kunststoffkryostaten (Dewars), die mit flüssigem Helium gefüllt sind. Die Systeme müssen ein- bis zweimal pro Woche mit flüssigem Helium versorgt werden.

Für die simultane Erfassung neuromagnetischer Aktivität haben sich Multikanalanlagen durchgesetzt [2], angefangen von z. B. 37-kanaligen Eindewarsystemen, über 38-, 62- bzw. 74-kanalige Doppeldewarsysteme bis zu 144-kanaligen Ganzkopf-systemen (Helmtyp).

Diese biomagnetischen Meßsysteme, bestehend aus supraleitender Antenne, SQUID und SQUID-Elektronik, sind hinsichtlich ihrer Magnetfeldsensitivität derzeit konkurrenzlos [7, 8]. Die Magnetfeldempfindlichkeit dieser Meßsysteme wird lediglich durch das sehr geringe Eigenrauschen der Magnetometer-/Gradiometer-SQUID-Anordnungen sowie durch das Umgebungsrauschen begrenzt. Der Unterschied der rauschbegrenzten Empfindlichkeiten verschiedener Multikanalsysteme ist für die hier vorgestellten Anwendungen von eher untergeordneter Bedeutung. Entscheidend sind die Auswertealgorithmen; d. h. die Quellenmodelle (Dipol, Multi-dipol, Multipol, Stromdichteverteilung [9]) und Volumenleitermodelle (Halbraum, Kugel, mehrschalige Kugel, Ellipsoid, realistischer Volumenleiter), die für die Signalanalyse und -verarbeitung zur Verfügung stehen. Die Leistungsfähigkeit biomagnetischer Multikanalsysteme wird im folgenden anhand eines Doppeldewarsystems der Firma Philips demonstriert.

Das multikanalige Meßsystem ist in einer magnetisch und elektrisch geschirmten Kammer (Kammertyp: AK 3b) installiert. Das Meßsystem besteht aus zweimal 19 Kanälen und kann maximal bis auf zweimal 31 Kanäle erweitert werden. Das System ist modular aufgebaut, so daß die Kanäle einzeln in Betrieb genommen bzw. entfernt werden können [7]. Es handelt sich dabei um parallel angeordnete symmetrische Gradiometer 1. Ordnung (Spulendurchmesser: 20 mm, Basislänge: 70 mm, baubedingter Gradiometerabgleich: ca. 0,1 %). Das Systemrauschen (Gradiometer, SQUID, Elektronik, Restfeld der magnetischen Störungen) liegt unter 10 fT Hz$^{-\frac{1}{2}}$ bei einer Frequenz von 1 Hz.

13.4
Ergebnisse

Eine Kombination der neuromagnetischen Messung (MEG) mit der Magnet-Resonanz-Tomographie (MRT) ermöglicht die Darstellung der Magnetfeldquelle in den morphologischen Strukturen. Dazu werden auf der Kopfoberfläche zweimal fünf Punkte über den zu messenden Kopfregionen gekennzeichnet. Im MRT werden diese Punkte mit Vitamin E Kapseln sichtbar gemacht; sie sind auf der aus den MRT-Daten rekonstruierten Kopfoberfläche (Haut) deutlich als kleine Kügelchen zu erkennen (Abb. 13.6.). Die gleichen Punkte werden für die MEG-Messung durch Spulensets, die jeweils aus drei orthogonalen Spulen bestehen, markiert. Diese Spulen werden über ein Lokalisationsprogramm [10] angesteuert, und ihre Lage wird relativ zu den supraleitenden Antennenspulen (Gradiometer-SQUID-Anordnung) automatisch bestimmt (Würfel in Abb. 13.6.). Bei der Auswertung werden MRT-Punkte und MEG-Marker übereinandergelegt, so daß die Magnetfeld-Quellenlokalisation im morphologischen Bild erfolgen kann.

Für die neuromagnetischen Messungen kann der Proband oder Patient auf einem Stuhl sitzen bzw. auf einem Holzbett liegen. Die Kryostate werden von oben über die zu erfassende Region des Kopfes positioniert. Die Kanäle der beiden Dewars des Multikanalsystems sind jeweils fortlaufend von innen nach außen gegen den Uhrzeigersinn numeriert.

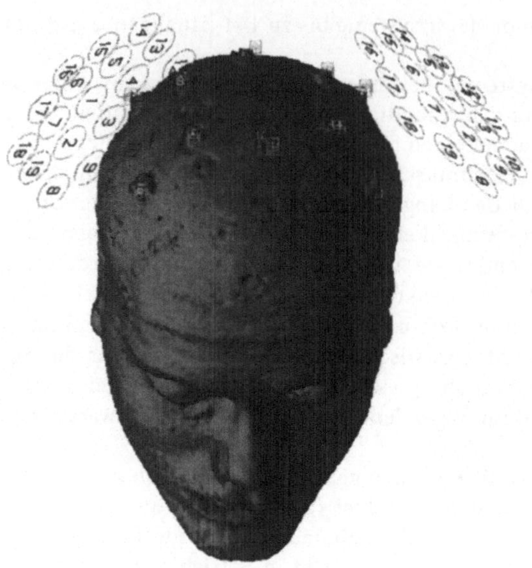

Abb. 13.6. Rekonstruierte Kopfoberfläche mit Markern und Antennenspulen des Doppel-Dewar-Systems

In Abb. 13.7. wird ein somatosensorisch evoziertes Magnetfeld im Zeitverlauf dargestellt (Samplingfrequenz: 1 000 Hz, Anzahl der Mittelungen: 256). Es wurde ein Prätrigger von 20 ms eingestellt. In der gemittelten Antwort (Abb. 13.7) der Kanäle 1 bis 19 (von oben mit Eins beginnend) ist bei ca. 20 ms, 33 ms und 51 ms nach dem Trigger ein deutliches Signal zu erkennen.

In einem anderen Beispiel soll ein akustisch evoziertes, neuromagnetisches Feld beschrieben werden (Abb. 13.8.–13.11.). Bei einer kontralateralen Reizung – das akustische Signal wird dem linken Ohr zugeleitet, während es über der rechten Hemisphäre abgeleitet wird – wurde 31-kanalig das neuromagnetische Signal aufgezeichnet (Samplingfrequenz: 1 000 Hz, Anzahl der Mittelungen: 256). Für die Reizung wurden folgende Parameter gewählt: Ton 500 Hz, 50 ms, Interstimulusintervall 2 s, Lautstärke 95 dB, Prätrigger 100 ms. Die Verteilung des gemittelten, akustisch evozierten Magnetfeldes (AEF) in der Meßebene wird in Abb. 13.8. gezeigt. Deutlich ist die starke Ortsabhängigkeit des neuromagnetischen Feldes sowie das Signal der M 100 (100 ms nach dem Stimulus) zu erkennen. Eine eindrucksvolle Darstellung der Magnetfeldverteilung zu einem bestimmten Zeitpunkt sind isomagnetische Linien (Orte gleicher Feldstärke werden durch Linien miteinander verbunden).

In Abb. 13.9. werden die isomagnetischen Linien der M 100 des AEF dargestellt. Die Positionen der Mittelpunkte der Antennenspulen (sie sind 25 mm voneinander entfernt) werden durch die eingezeichneten Punkte in der Meßebene (xy-Ebene) gekennzeichnet. Die durchgezogenen Linien repräsentieren positive Feldwerte und die gestrichelten Linien negative; die Felddifferenz zwischen zwei benachbarten Feldlinien beträgt 50 fT. Es liegt eine dipolartige Feldverteilung (Maximum, Nullinie, Minimum) vor.

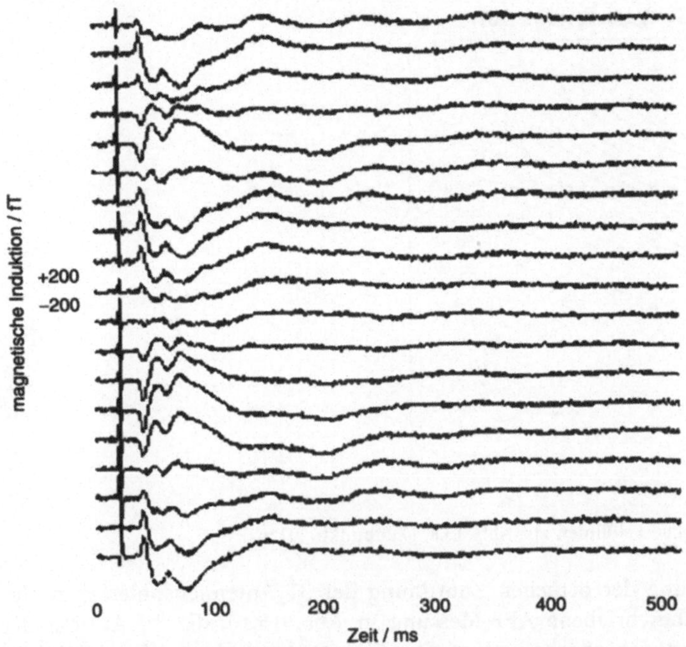

Abb. 13.7. Somatosensorisch evoziertes neuromagnetisches Feld (19-kanalige Aufzeichnung)

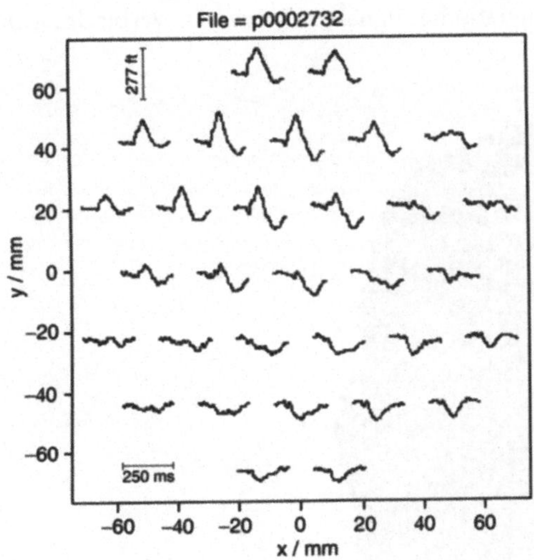

Abb. 13.8. Akustisch evoziertes neuromagnetisches Feld (31-kanaliger Positionsplot)

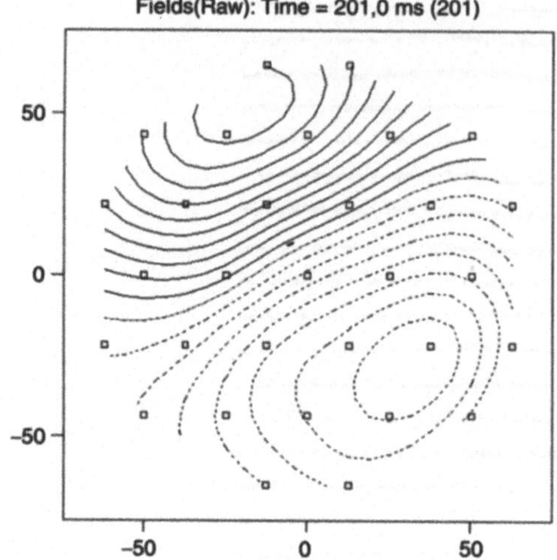

Abb. 13.9. Isomagnetische Feldlinien zur Abb. 13.8. (Zeitpunkt: 201 ms)

Zur Verdeutlichung der örtlichen Zuordnung der 31 Antennenspulen zum Gehirn wird für die beschriebene AEF-Messung in Abb. 13.10. die 3D-Ansicht der rekonstruierten Kortexoberfläche gezeigt. Der Schnitt durch den auditiven Kortex sowie die 3D-Darstellung des Isokonturplots und der Dipolrekonstruktion ist in der Abb. 13.11. dargestellt. Die Dipolrekonstruktion erfolgt über ein Fit-Programm (Least Square) innerhalb einer dem Schädel angepaßten Kugel als Volumenleiter.

Mit dem Philips-System lassen sich simultan in zwei Ebenen, z. B. über beiden Hemisphären des Gehirns, neuromagnetische Signale erfassen. In Verbindung mit

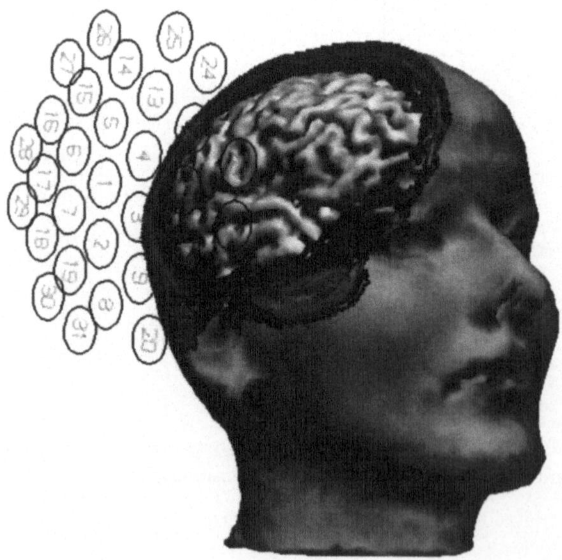

Abb. 13.10. Rekonstruierte Gehirnoberfläche mit Antennenspulen

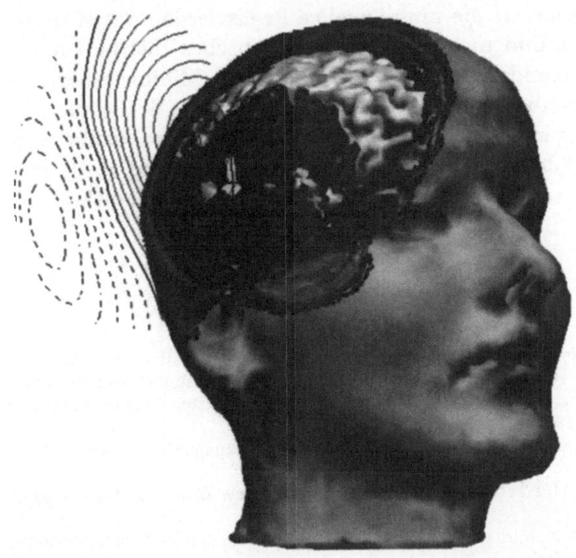

Abb. 13.11. Lokalisation eines Dipols im akustischen Kortex mit isomagnetischen Feldlinien

einem MRT-Bild ist es möglich, dipolartige Quellen oder Stromdichteverteilungen in anatomisch sinnvollen Bezirken im Volumenleiter (Sphäre, realistische Geometrie) zu lokalisieren. Es ist anzumerken, daß wichtige physiologische Größen berücksichtigt werden müssen, um diesen Ansatz in der Praxis zu testen. Die Kombination dieser bildgebenden Verfahren (MRT und MEG) unter Einbindung des ärztlichen Wissens und Erfahrung kann zu einer fundierten Diagnose und möglichen Reduzierung der diagnostischen Belastung bei den Patienten führen.

13.5
Verallgemeinerung

Die Entdeckung von Supraleitern bei bisher nicht für möglich gehaltenen hohen Temperaturen durch die Nobelpreisträger Georg Bednorz und Karl Alexander Müller [11] führte auf dem Gebiet der Supraleitung zu einer starken Belebung der Forschung. Gegenüber der „klassischen" Kühlung bei 4,2 K (Temperatur des flüssigen Heliums) kann bei Hochtemperatursupraleitern (HTSL) die einfachere und kostengünstigere Kühlung bei 77 K (Temperatur des flüssigen Stickstoffs) verwendet werden. HTSL-integrierte SQUID-Magnetometer aus $Y_1B_2Cu_3O_7$ weisen bereits ein Flußrauschen unter $5 \times 10^{-5}\Phi_0\,Hz^{-\frac{1}{2}}$ auf [12]. Die daraus abgeschätzte Magnetfeldempfindlichkeit des Magnetometers beträgt 60 fT $Hz^{-\frac{1}{2}}$ bei einer Frequenz von 1 Hz.

Eine auf der Grundlage von HTSL-Materialien basierende Weiterentwicklung der biomagnetischen Meßtechnik würde deren Anwendung stark vereinfachen. Dabei könnten sowohl hochintegrierte Vielkanalanordnungen und supraleitende Abschirmungen als auch einfache niederkanalige Meßsysteme zum Einsatz gelangen. Neben den „klassischen" biomagnetischen Meßsystemen, die in diesem Kapitel ausführlich beschrieben wurden, könnte mit der HTSL-Technik ein relativ einfach handhabbares diagnostisches Verfahren zur Verfügung gestellt werden.

Unabhängig vom Kühlmedium ist die multikanalige Registrierung des Hirnmagnetfeldes ein berührungsloses und nichtinvasives diagnostisches Instrument mit einer hohen zeitlichen (Millisekundenbereich) und räumlichen (Millimeterbereich) Auflösung. Außerdem bietet es die Möglichkeit, aus der außerhalb des Kopfes gemessenen Magnetfeldverteilung eine Quelle im Inneren des Gehirns zu lokalisieren. Durch diese Meßmethode wird der zu Untersuchende keinerlei Belastung ausgesetzt, und somit ist dieses Meßverfahren für Routineuntersuchungen und Verlaufskontrollen gut geeignet.

Literatur

1 S. J. Williamson, L. Kaufman, Biomagnetism, J. Magn. and Magnetic Materials 22, 2 1981
2 H. Nowak, Instrumentation for Neuromagnetic Measurements. In: Quantitative and topological EEG and MEG analysis. Eds. by Eiselt, M., U. Zwiener and H. Witte, Universitätsverlag Druckhaus-Mayer GmbH, Jena 1995
3 W. Vodel, K. Mäkiniemi, An ultra low noise dc-SQUID system for biomagnetic research. Meas. Sci. Technol. 3 1992
4 A. Mager, Berlin magnetically shielded room. Biomagnetism, Berlin/New York: Walter de Gruyter 1981
5 H. Nowak, F. Gießler, R. Huonker, Multichannel magnetography in unshielded environments. Clin. Phys. Physiol. Meas. 12, B 1991
6 H. Nowak, Neuromagnetic Measurements: A new Method. In: Quantitative EEG Analysis-Clinical Utility New Methods, Eds. by Rother, Zwiener, Universitätsverlag Jena 1993
7 O. Dössel, B. David, M. Fuchs, J. Krüger, K. M. Lüdeke, H. A. Wischmann, A 31-channel SQUID system for biomagnetic imaging. Appl. Superconductivity 1 10–12 1993
8 H. E. Hoenig, G. M. Dalmans, L. Bär, F. Bömmel, A. Paulus, D. Uhl, H. J. Weiss, S. Schneider, H. Seifert, H. Reichenberger, K. Abraham-Fuchs, Multichannel DC SQUID sensor array for biomagnetic applications. IEEE Trans. on Magn. Vol. 27 No. 2 1991
9 M. Fuchs, M. Wagner, H. A. Wischmann, O. Dössel, Cortical Current Imaging by Morphologically Constrained Reconstructions. In: Boimagnetism: Fundamental Research and Clinical Applications. Eds. Baumgartner, Decke, Stroink, Williamson, Elsvier Science, IOS Press 1995
10 M. Fuchs, O. Dössel, Online head position determination for MEG-measurements. In: Biomagnetism: Clinical Aspects, Eds. by M. Hoke, S. N. Erne, Y. C. Okada, G. L. Romani, Elsvier, Amsterdam 1992
11 G. Bednorz, K. A. Müller, Possible high-T_c superconductivity in the BaLaCuO-system. Z.Phys.B 64 1986
12 B. David, D. Grundler, J. P. Krumme, O. Dössel, Integrated High-T_c SQUID Magnetometer, Applied Superconductivity Conference, Boston 1994

14 Probleme bei der Sensorkonfiguration

B. Fussel, T. Pfeifer

14.1
Problemstellung

Die industrielle Steuerungstechnik wird wie viele Bereiche der Automatisierungstechnik durch die rasante Entwicklung der Mikroelektronik geprägt. Schlagworte
wie ‚Intelligente Sensorik‘, ‚Feldbusintegration‘ oder ‚Dezentrale Intelligenz‘ deuten
darauf hin, daß sich auch die Entwicklung der Feldgeräte, d.h. der Sensoren und
Aktoren in einem Umbruch befindet.

Intelligente Sensorik bedeutet mehr als die Wandlung der analogen Sensorsignale
in digitale Werte am Meßort mit dem Ziel einer sicheren Übertragung zur zentralen
Steuerung. Die Sensorik entwickelt sich durch die Verfügbarkeit von kostengünstigen Mikroprozessoren zu einer leistungsfähigen Signalvorverarbeitung. Durch getrennte Messung von Störgrößen, z.B. der Temperatur, und Berücksichtigung bei
der Meßwertaufbereitung läßt sich die statische und dynamische Genauigkeit des
Meßwerts erheblich steigern.

Ein wesentlicher Vorteil der dezentralen Signalverarbeitung besteht darin, daß mit
einfachen und kostengünstigen Basissensoren komplexe physikalische Meßgrößen
oder abgeleitete Prozeßgrößen bestimmt werden können. Ein Anwendungsbeispiel
dazu ist ein intelligenter Motorschutzschalter, der aus den Phasenströmen auch
die Motortemperatur und die Schaltspiele für eine Maschinendiagnose errechnet (Abb. 14.1.).

Die eingesetzten Mikrocontroller verfügen in der Regel über serielle Schnittstellen auf dem Chip und begünstigen daher die *Integration von digitalen Kommuni-*

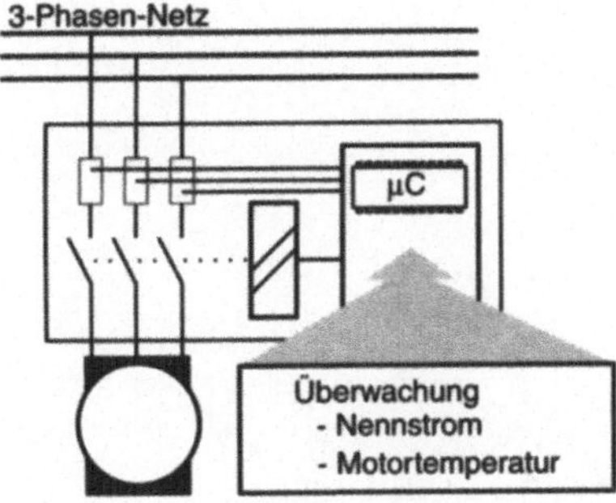

Abb. 14.1. Intelligenter Motorschutzschalter

kationsfunktionen. Die übliche Punkt-zu-Punkt-Verbindung via RS-232 wird durch leistungsfähige Feldbussysteme abgelöst [1, 2]. Die Busstruktur erlaubt einen einfachen Zugriff von mehreren Systemen, die bereitgehaltene Information steht daher flexibel zur Verfügung. Damit können die Prozeßgrößen eines Sensorsystems auf dem gleichen Kommunikationsweg zu einer Steuerung wie die Überwachungsdaten zu einer Maschinendiagnose übertragen werden (Abb. 14.2.).

Mit der Entwicklung von intelligenten Sensorsystemen mit leistungsfähigen Kommunikationsschnittstellen wandlelt sich auch die Steuerungstechnik. *Dezentrale Intelligenz* bedeutet die Verlagerung der Steuerungsaufgabe in die Feldgeräte hinein. Grundlegend dabei ist die Aufteilung der Automatisierungsaufgabe auf Teilaspekte, die in Kleinsteuerungen bzw. in den Sensor/Aktorsystemen realisiert werden (Abb. 14.3.).

Bei der Implementierung dezentraler Systeme steht neben der Entlastung der Steuerungen von der Meßwertverarbeitung vor allem ein Zuwachs an Flexibilität bei der Anlagengestaltung im Vordergrund.

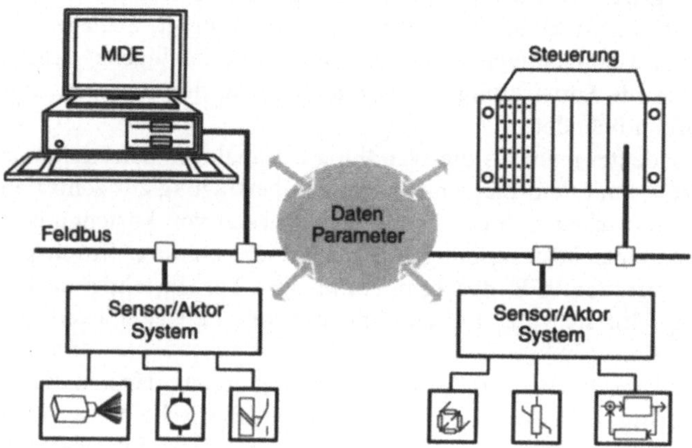

Abb. 14.2. Flexible Buskommunikation

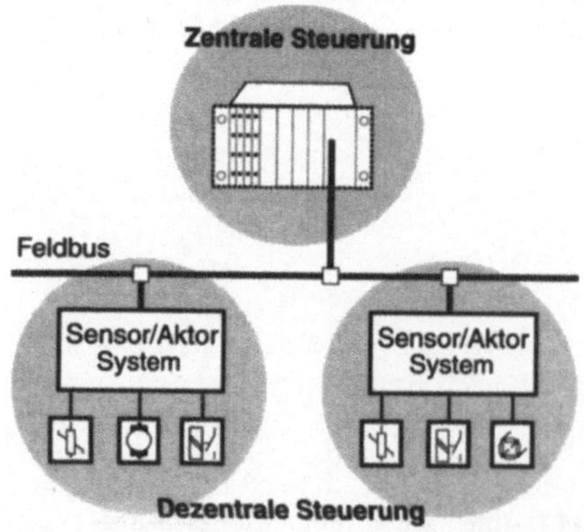

Abb. 14.3. Dezentrale Intelligenz

In der Fertigungsmeßtechnik bietet die Vielstellenmeßtechnik ein Anwendungsfeld für *Multisensoranordnungen mit digitaler Vorverarbeitung* mit dem Ziel, abgeleitete Produktgrößen weitgehend am Meßort zu bestimmen und nur die relevanten Größen an die überlagerten Systeme zu geben. Damit bleibt die Anpassung einer Meßaufgabe auf das Sensorsystem begrenzt.

Die Vielstellenmeßtechnik bestimmt auf der Basis von einfachen taktilen oder optischen Weggebern die gesuchten geometrischen Merkmale. Abbildung 14.4. zeigt den Prinzipaufbau einer Meßstation, in der ein Kugellagerring über einen Stellmotor gedreht und mit Meßtastern abtastet wird. Das Sensorsystem wertet die Wegsignale nach Durchmesser und Rundheit aus und klassifiziert den Ring nach Abweichungen und Toleranz.

Mit der Integration von Kommunikationsschnittstellen, mit der zunehmenden Signalverarbeitung in den Sensorsystemen und schließlich mit der Dezentralisierung von Steuerungsfunktionen steigt der Freiheitsgrad, mit dem ein Sensorsystem an die jeweilige Aufgabe angepaßt werden kann und muß. In diesem Zusammenhang werden drei Aspekte betrachtet, die bei der Konfiguration der Sensorsysteme interessant sind.

Die *Sensorparametrisierung* bedeutet die Einstellung von Parametern, mit denen ein Sensorsystem für den Betrieb in einer Anlage angepaßt bzw. während des Betriebs für die Signalverarbeitung manipuliert wird.

Die Parameter müssen von außen zugänglich sein, was im wesentlichen über die *Kommunikationsfunktionen* eines Sensorsystems geschieht, die für den Betrieb konfiguriert werden müssen.

Letztendlich muß die Signalverarbeitung in einem Sensorsystem programmiert werden. Vor dem Hintergrund dezentraler Steuerungsstrukturen stellen sich neue Anforderungen an die *Sensorprogrammierung* für eine effiziente Softwareentwicklung.

Art und Umfang der Konfiguration differieren je nach Komplexität und Funktionalität der Sensorsysteme. In *festgefügten Multisensorsystemen* sind die Basissensoren und die Signalverarbeitung vorgegeben. Die Parameter beschränken sich daher auf die Einstellung der vorhandenen Algorithmen. Ein Beispiel für ein solches Sy-

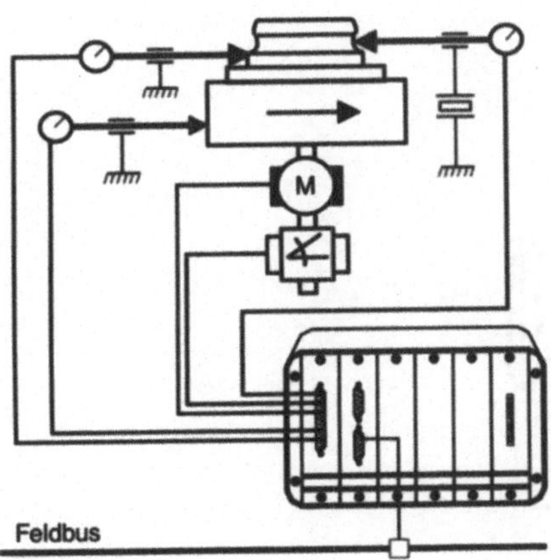

Abb. 14.4. Innenring-Prüfsystem

stem ist der intelligente Motorschutzschalter aus Abb. 14.1. mit drei Stromwandlern und einer Auswertung nach Nennstrom, Schaltspiel und Temperatur.

Modulare Multisensorsysteme verfügen über eine zentrale Einheit, an die eine Anzahl von Basissensoren angeschlossen werden kann. Die Signalverarbeitung ist einfach und fest hinterlegt. Hier muß neben den Parametern der Signalverarbeitung auch der Ausbaustand des Systems konfiguriert werden. Als Beispiel für ein solches System wurde im Werkzeugmaschinenlabor (WZL) der Technischen Hochschule Aachen ein Feldmultiplexer realisiert, an den eine Reihe von analogen und digitalen Sensoren angeschlossem werden können (Abb. 14.5.).

Frei programmierbare Multisensorsysteme setzen den Gedanken der modularen Sensorsysteme fort, werden aber für die jeweilige Aufgabe programmiert. Dazu wurde im WZL für die Vielstellenmeßtechnik ein System aus Hardware-Modulen erstellt, das für die Meßaufgabe programmiert werden kann (Abb. 14.6.).

Gegenstand dieses Beitrags ist die Konfiguration von intelligenten Sensorsystemen, konkretes Anwendungsfeld dazu ist im WZL die Vielstellenmeßtechnik.

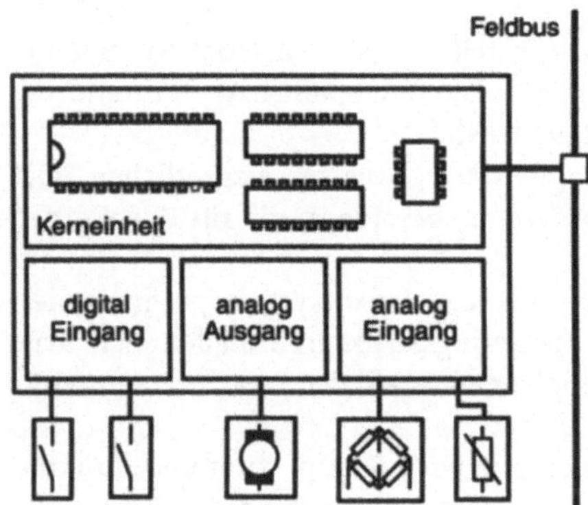

Abb. 14.5. Feldmultiplexer

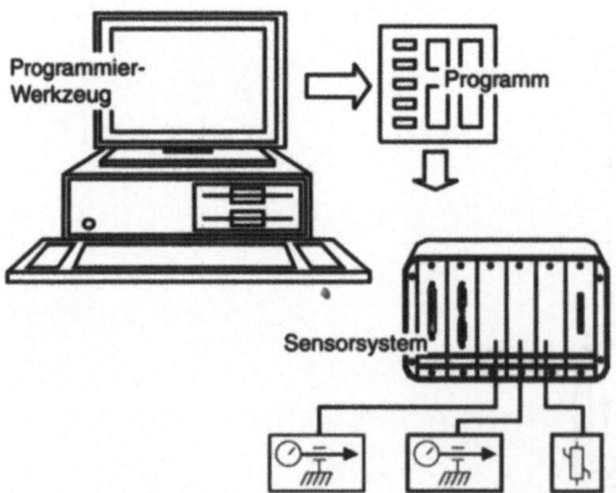

Abb. 14.6. Programmierbare Multisensorsysteme

14.2
Lösungsvarianten

Zugang für die Konfigurationsdaten. Prinzipiell bezieht sich die Konfiguration auf die Anpassung eines Sensorsystems für den Betrieb in einer konkreten Automatisierungsanlage, dabei lassen sich zwei Kategorien unterscheiden (Abb. 14.7.).

Für die Inbetriebnahme eines Sensorsystems werden einmalig vor dem Betrieb in einer Anlage die *Offline-Parameter* eingestellt, dazu zählen z.B. die Teilnehmeradresse an einem Feldbus oder die Wahl eines PT100-Fühlers als Basissensor. Im Gegensatz dazu bieten die *Online-Parameter* den Zugriff auf die Signalverarbeitung im Sensorsystem während des Anlagenbetriebs, z.B. die Veränderung von Alarm- und Warngrenzen einer Meßgröße. Beide Parametertypen müssen am Sensorsystem eingestellt und je nach Typ dort auch dauerhaft gespeichert werden.

Die *Offline-Konfiguration* wie z.B. die Teilnehmeradresse an einem Feldbus wurde früher über Jumper oder Dip-Switches durchgeführt. Aufgrund des steigenden Umfangs der Inbetriebnahmeparameter verwenden wir heute Serviceschnittstellen mit RS-232-Interface und einer menügeführten Bedienung.

Die Durchführung der Konfiguration erfolgt über Standard-ASCII-Terminals, die als Handterminals praxisgerecht eingesetzt werden können (Abb. 14.8.). Damit lassen sich alle Parameter einstellen, die für die Inbetriebnahme notwendig sind. Dazu zählen:

- Basisparameter für die Signalverarbeitung, die nicht im Online-Betrieb geändert werden sollen.
- Parameter für die Inbetriebnahme einer leistungsfähigen Feldbusschnittstelle, z.B. Busadresse, logische Verbindungen und Netzwerkvariablen.
- Systemeinstellungen für die Konfiguration von modularen Sensorsystemen.

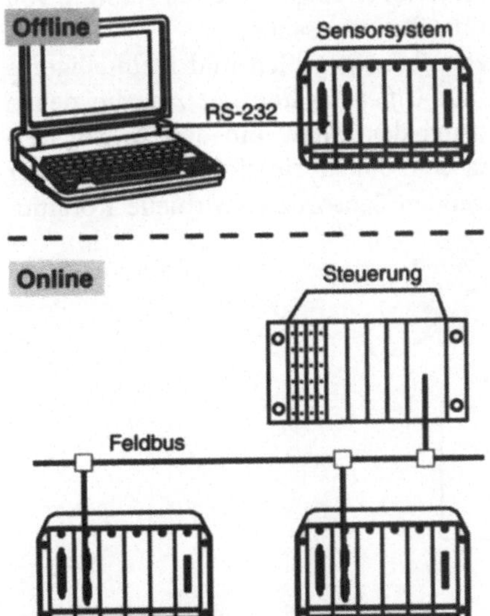

Abb. 14.7. Konfigurationsvorgang

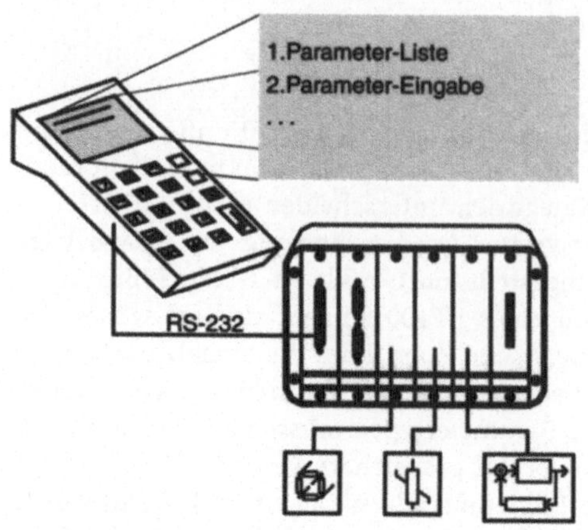

Abb. 14.8. Menügeführte Konfiguration über RS 232

Für die *Realisierung der Serviceschnittstelle* wird ein serieller Kanal des μControllers um einen RS-232-Wandler ergänzt. Eine galvanische Entkopplung ist aufgrund der begrenzten örtlichen Ausdehnung der RS-232-Anbindung nicht vorgesehen (Abb. 14.9.).

Die Offline-Parameter müssen dauerhaft im Sensorsystem abgelegt werden, da sie in der Regel nur einmalig bei der Installation eingestellt werden. Wir verwenden dazu serielle E^2PROM's, die über Port-Pins des μControllers geschrieben und gelesen werden. Entsprechende Bausteine stehen zur Verfügung und sind aufgrund ihrer seriellen Anbindung sehr kompakt.

Die *Online-Konfiguration* im Anlagenbetrieb ist nur mit digitalen Kommunikationsschnittstellen sinnvoll. In der industriellen Praxis wurden dazu einige Protokolle auf die analoge 4 – 20 mA Schnittstelle als Übertragungsmedium aufgesetzt. Im WZL wurden Erfahrungen mit der bewährten RS-232-Übetragungstechnik gesammelt, deren Nachteile in den nicht standardisierten Protokollen liegen. Die Verbindung von Geräten bedingt daher fast immer eine Schnittstellenanpassung.

Im WZL wurde daher früh die Feldbustechnik aufgegriffen und in intelligente Sensorsysteme integriert. Dabei setzen wir auf *Offene Feldbussysteme*, die neben dem Übertragungsprotokoll auch die Kodierung der Daten und den Zugriff darauf festlegen. Offene Bussysteme unterstützen eine objektorientierte Sichtweise der Daten, d. h. es werden für die zugrunde liegenden Sensordaten virtuelle Kommu-

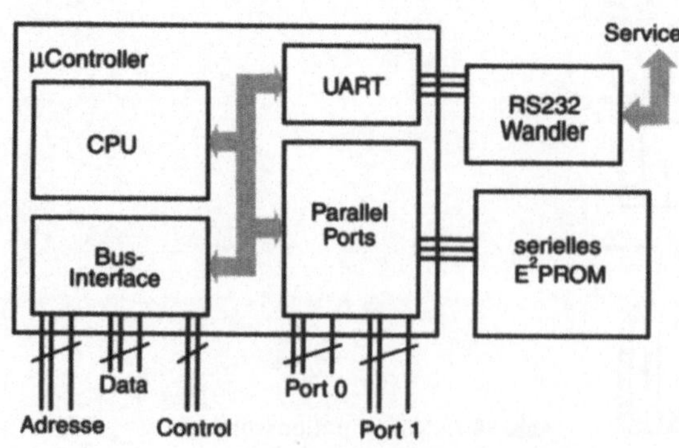

Abb. 14.9. Realisierung der Service-Schnittstelle

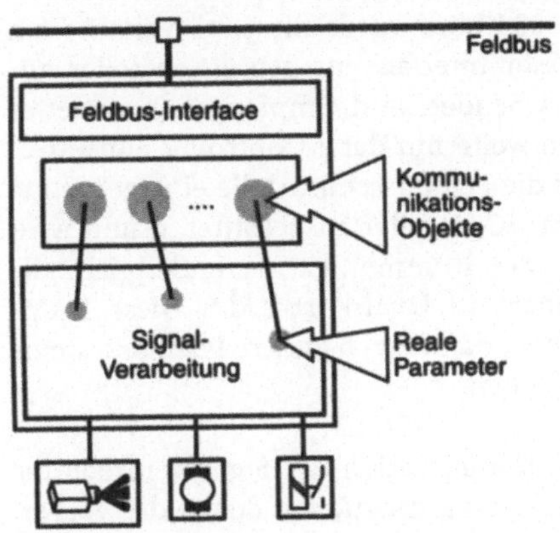

Abb. 14.10. Virtuelle Kommunikationsobjekte

nikationsobjekte definiert (Abb. 14.10.). Der Zugriff darauf ist von jedem Gerät möglich, das den Feldbusstandard unterstützt.

Die *Implementierung der Feldbusschnittstelle* differiert je nach Feldbussystem, im WZL wurden vor allem für PROFIBUS mehrere Varianten realisiert (Abb. 14.11.). Bei kompakten Sensorsystemen wird ein serieller Kanal des μContollers um eine galvanische Trennung und den notwendigen Leitungstreiber erweitert. Das Feldbusprotokoll wurde auf Basis käuflicher Software für den 8051- und den μPD70325-μController portiert.

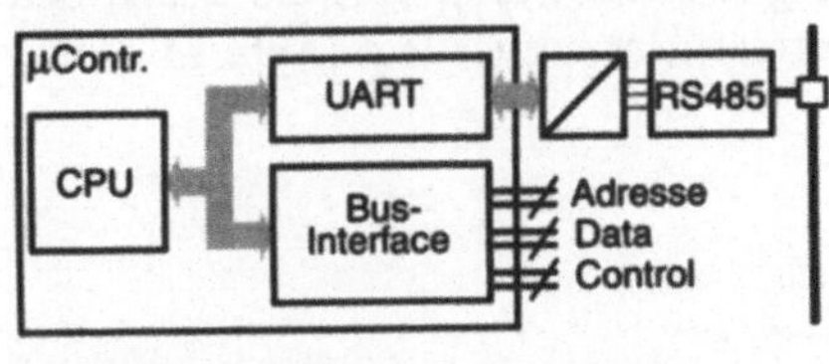

a Kompakte Lösung

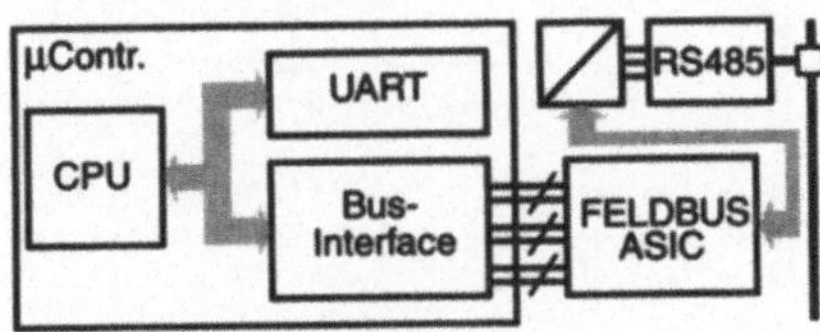

b Datenraten über 500KBit/s

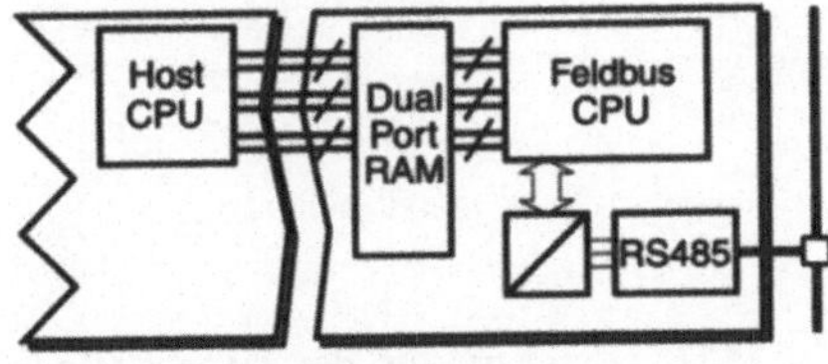

c Modulare Feldbusanschaltung

Abb. 14.11. Realisierung der Feldbusschnittstelle

Bei hohen Datenübertragungsraten über 500 Kbit/s wurde die erste Variante um einen ASIC erweitert, der über ein μProzessor-Interface an den μController angeschlossen wird. Der ASIC übernimmt das Senden und Empfangen kompletter Telegramme, die Auswertung obliegt dagegen weiterhin der μController-Software.

Bei modularen Sensorsystemen wurde für die Feldbusschnittstelle eine getrennte Europakarte realisiert und mit einem eigenen μController ausgestattet. Damit wird der Host-Prozessor des Sensorsystems von der Kommunikation entkoppelt, die Anbindung beider Prozessoren geschieht über ein Dual-Port-RAM. Diese RAM-Schnittstelle wurde möglichst allgemein gehalten, damit auch andere Feldbussysteme wie LON oder CAN implementiert werden können.

Konfiguration der Signalverarbeitung. Mit der Konfiguration der Signalverarbeitung ist an dieser Stelle die Einstellung von Parametern gemeint, mit denen die Vorverarbeitung der Sensorsignale im Sensorsystem manipuliert wird.

Diese Einstellung ist sowohl vor dem Betrieb als Offline-Parametrisierung als auch während des Betriebs als Online-Parametrisierung denkbar. Bei beiden Varianten besteht oft der Bedarf, daß in einer Anlage Geräte verschiedener Hersteller integriert werden müssen. Dieser Mischbetrieb wird erheblich vereinfacht, wenn eine einheitliche Festlegung von Parametern und Datenobjekten für vergleichbare Geräte gewählt wurden.

Für eine Reihe von Feldgeräten liegen dazu Richtlinien von Fachverbänden vor, auf die der Sensorhersteller seine Realisierung stützen kann. Die Richtlinien legen eine *Grundstruktur der Signalverarbeitung* in den Feldgeräten fest und vereinbaren feste Datentypen für die Parameter und Meßgrößen. Im WZL liegt für die Vielstellenmeßsysteme eine Grundstruktur der Signalverarbeitung vor, die neben den Meßgrößen auch die Eingriffspunkte der Parametrisierung festlegt (Abb. 14.12.).

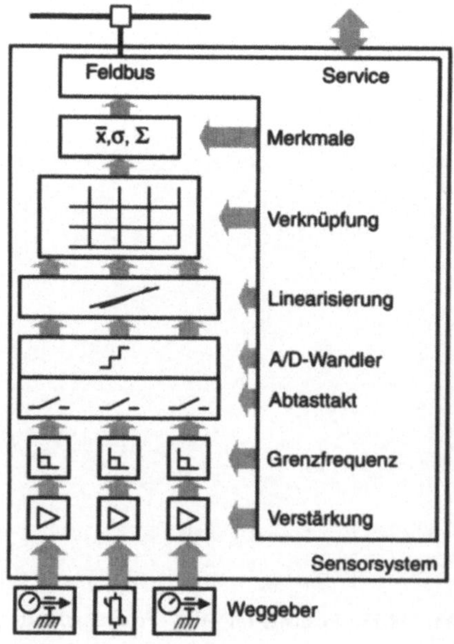

Abb. 14.12. Grundstruktur der Signalverarbeitung in Vielstellenmeßsystemen

Die Vielstellenmeßtechnik hat induktive, kapazitive oder inkrementale Weggeber als Basissensoren, die an eine analoge Anpaßstufe angeschlossen werden. Nach der Analog/Digital-Wandlung werden die Signale linearisiert und miteinander verknüpft. Ergebnis der Berechnung ist zum Beispiel der Durchmesser einer Welle, der aus zwei Weggebern bestimmt und nach Mittelwert und Streuung überwacht werden soll.

Die Signalaufbereitung wird über zahlreiche Parameter eingestellt, angefangen bei der Verstärkung der Eingangstufen bis zur Berechnung des Produktmerkmals. Durch die zugrunde gelegte Struktur der Signalaufbereitung gestaltet sich die Inbetriebnahme unabhängig von der Meßaufgabe.

Die *Offline-Parametrisierung* wird über ein ASCII-Terminal an der Serviceschnittstelle ohne Anbindung an andere Geräte durchgeführt (Abb. 14.8.), daher wurde der Anspruch an eine herstellerübergreifende Parameterwahl fallengelassen. Wenn die Festlegung nach Richtlinien möglich war, wurde der entsprechende Parameter in dieser Form projektiert. Die Parametrisierung ist allerdings durch die Menüführung selbsterklärend.

Im Falle der *Online-Parametrisierung* erfolgt der Datenaustausch über ein offenes Feldbussystem zwischen dem Sensorsystem und anderen Geräten (Abb. 14.2.). Daher ist eine herstellerübergreifende Orientierung nach Richtlinien wichtig. Die Parameter werden dort auf Kommunikationsobjekte mit festgelegten Datentypen abgebildet, der Zugriff auf die Parameter wird auf bestimmte Dienste des Feldbussystems festgelegt.

Abbildung 14.13. zeigt symbolisch das allgemeine Sensorobjekt ‚Analoger Eingang' nach der Richtlinie für PROFIBUS-Implementierungen. Wesentlicher Bestandteil neben dem Meßwert in der Festkomma- oder Fließkommadarstellung sind auch die Initialisierungsdaten wie physikalische Meßgröße, Meßbereich oder Alarm- und Warngrenzen. Abbildung 14.14. listet die Datentypen auf, die für die Größen und Parameter festgeschrieben sind.

Ergänzend wird festgelegt, mit welchem PROFIBUS-Dienst auf diese Objekte zugegriffen werden kann und wie die Alarmmeldungen des Sensorsystems quittiert werden müssen. Durch diese Festlegungen ist der Betrieb von Sensorsystemen verschiedener Hersteller an einem Bus möglich, ohne daß Anpassungen getroffen werden müssen. Für die PROFIBUS-Implementierungen im WZL waren daher diese

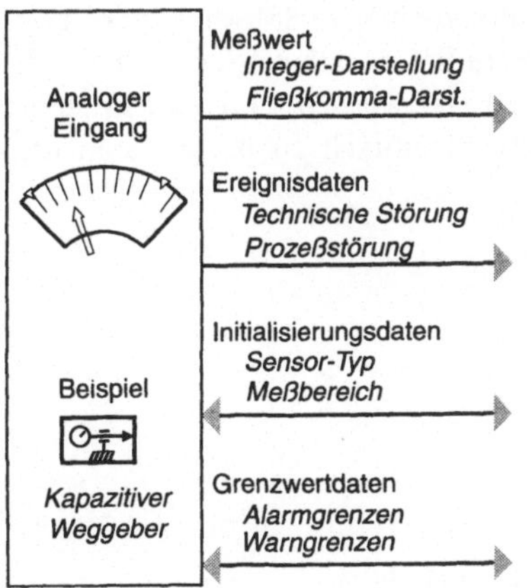

Abb. 14.13. Sensorobjekt ‚Analoger Eingang'

Sensor-Objekt „Analoger Eingang"

Nr	Datenobjekt	Datentyp
1	Meßwert-Integer	Integer16
2	Meßwert-Fließk.	Real
3	Modultyp	String, 8Byte
4	Physikalische Größe	Unsigned8
5	Meßbereich-Offset	Integer16
6	Meßbereich	Unsigned16
7	untere Warngrenze	Integer16
8	obere Warngrenze	Integer16
9	...	...

Abb. 14.14. Datenpunkte des Sensorobjekts ‚Analoger Eingang'

Festlegungen Grundlage, für andere Feldbussysteme stehen ähnliche Dokumente zur Verfügung.

14.3
Lösungserarbeitung

Konfiguration des Sensorsystems. In der *Systemkonfiguration* werden die Komponenten des Sensorsystems konfiguriert und in ihren Freiheitsgraden an die jeweilige Aufgabe angepaßt. Da diese Konfiguration grundlegend für die Funktion des Sensorsystems überhaupt ist, kann sie nur Offline vor dem Betrieb in der Automatisierungsanlage geschehen. Gegenstand der Konfiguration ist:

- die Einstellung der Basissensoranschlüsse,
- der Ausbaustand eines modularen Systems und
- die Parametrisierung der Feldbusschnittstelle.

Im WZL wurde für die Vernetzung von analogen oder digitalen Sensoren und Aktoren in Maschinen ein Feldmultiplexer entwickelt, der mit einer angemessenen Zahl von Anschlüssen versehen wurde (Abb. 14.15.). Voraussetzung für den Einsatz ist die *Einstellung der Basissensoranschlüsse*, dazu wird die konkrete Anzahl der Sensoren und Aktoren eingestellt.

Diese Systemkonfiguration erfolgt über ein ASCII-Terminal an der Serviceschnittstelle (vgl. Abb. 14.8.). Die im Feldmultiplexer implementierte Software ist so konzipiert, daß sie selbständig den Analog-Digital-Wandler parametrisiert und die digitalen Anschlüsse bedient. Die eingestellten Parameter werden dauerhaft in einem E^2PROM gespeichert. Der Feldmultiplexer ist damit einfach zu projektieren und flexibel einsetzbar.

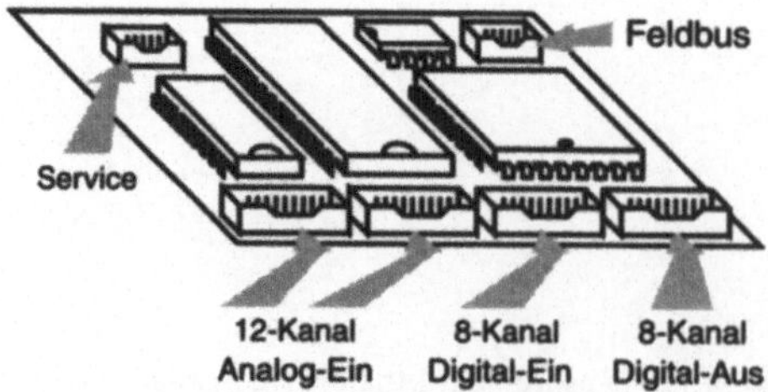

Abb. 14.15. Feldmultiplexer

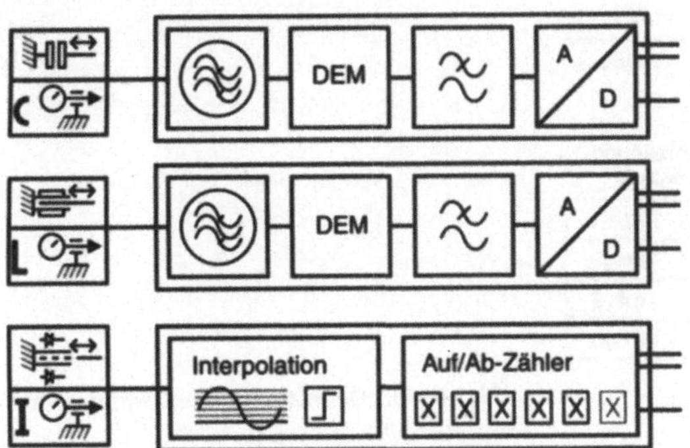

Abb. 14.16. Spezifische Eingangsstufen in Vielstellenmeßsystemen

Die Basisensoren in Vielstellenmeßsystemen erfordern spezifische analoge/digitale Eingangsstufen (Abb. 14.16.). Für die kapazitiven oder induktiven Weggeber werden Trägerfrequenzoszillatoren, für die inkrementalen Weggeber Zählerbausteine notwendig. Vermehrt entsteht auch der Bedarf an speziellen Aktoren, die z.B. den Innengewindering nach Abb. 14.4.drehen oder einen Weggeber über ein Piezotranslator feinpositionieren.

Im WZL wurde dazu ein Sensorsystem mit einer modularen Hardware-Struktur aus einzelnen Komponenten aufgebaut, die über einen parallelen Systembus verbunden werden (Abb. 14.17.). Der konkrete Ausbaustand des Sensorsystems muß parametrisiert werden.

Die Systemkonfiguration greift hier den *Ausbaustand des Systems* auf, um den Zugriff der CPU auf die speziellen Erweiterungsmodule für die Basissensoren zu erlauben. Neue Entwicklungen im WZL gehen allerdings von der Offline-Konfiguration des Systems zu einer effizienten Programmierung über, die diese Aspekte mit berücksichtigt (siehe nächstes Kapitel).

Ein grundlegender Bestandteil der Systemkonfiguration ist die *Parametrisierung der Feldbusschnittstelle*, Erfahrungen liegen dazu im WZL für die Feldbusse LON und PROFIBUS vor. Sie repräsentieren jeweils einen Vertreter der zwei grundsätzlichen Kommunikationsstrukturen und eignen sich daher gut zur Darstellung.

Grundlegend für alle modernen Feldbussysteme ist der *objektorientierte Zugriff* auf die Kommunikation, d.h. die Daten werden nicht direkt aus den Speicherstel-

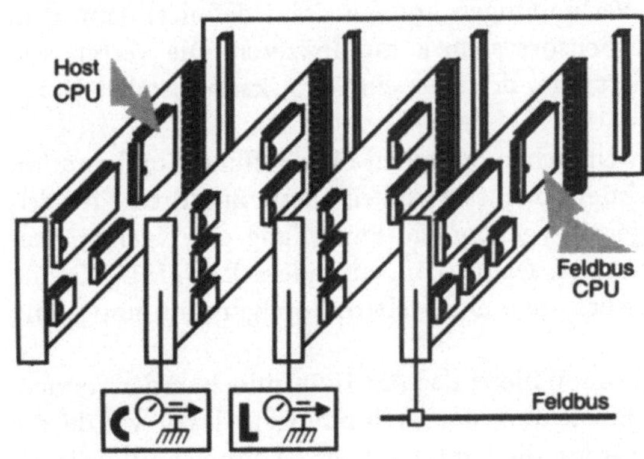

Abb. 14.17. Modulare Hardware des Vielstellenmeßsystems

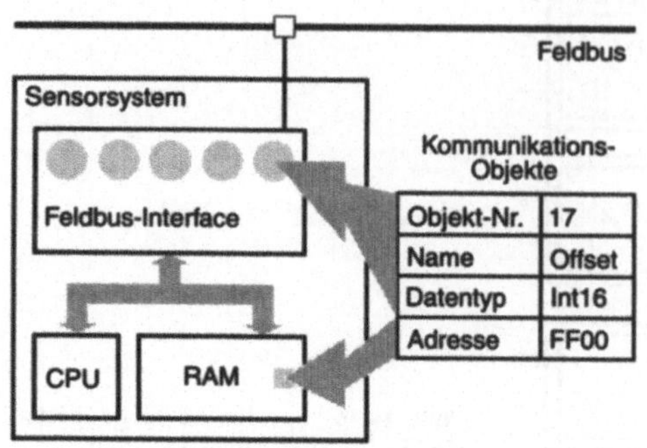

Abb. 14.18. Definition von Kommunikationsobjekten

len des Sensorsystems gelesen, sondern logisch über Indizes oder Namen adressiert (Abb. 14.18.). Die Vereinbarung des genutzten Datentyps gewährleistet eine eindeutige Interpretation beim Empfänger.

Die Festlegung der Sensorsystemparameter, welche über den Feldbus erreichbar sein sollen, wurde unter der Konfiguration der Signalverarbeitung angesprochen. Die Parameter müssen projektiert werden, d. h. es müssen entsprechende Objekte nach Abb. 14.18. mit Namen, Index, Datentyp und der physikalischen Adresse im Sensorsystem eingetragen werden.

Die *Projektierung der Kommunikationsobjekte* ist nicht Bestandteil der Online-Konfiguration, da sie selbst auf den Feldbus aufsetzt. Für den Feldmultiplexer nach Abb. 14.15. wurde im WZL in der Offline-Konfiguration ein Mechanismus integriert, der durch die konkrete Vorgabe der angeschlossenen Sensoren entsprechende Kommunikationsobjekte einschaltet. Die Objekte wurden freilich bei der Systementwicklung vorprojektiert.

Über die Projektierung der Objekte hinaus ensteht bei den Feldbussen durch die Busstruktur der Bedarf an einer Vorgabe der Wege bzw. der Kommunikationspartner, zwischen denen Daten ausgetauscht werden.

Diese *Konfiguration des Datenverkehrs* variiert mit zwei grundätzlichen Busstrukturen, die Client-Server-orientierten Busse wie PROFIBUS und die Netzwerkvariablen-orientierten Busse wie LON.

Bei *PROFIBUS als Client-Server-orientiertem Bus* fordert ein Gerät als Anforderer (Client) bei anderen Geräten (Server) Daten an, der Austausch erfolgt über logische Verbindungen (Abb. 14.19.). Die Verbindungen können offen definiert sein, d. h. jedes andere Gerät kann mit dem Sensorsystem kommunizieren. Die Verbindungen können alternativ auch dediziert sein, d. h. nur ein Gerät kann darüber Daten austauschen.

Für PROFIBUS-Schnittstellen in einfachen Systemen ohne Offline-Konfiguration werden offene Verbindungen projektiert, d. h. es wird keine feste Busadresse für den Kommunikationspartner eingetragen. Es genügt die Einstellung der eigenen Busadresse des Sensorsystems über Jumper. Damit können andere PROFIBUS-Geräte darauf zugreifen, ohne daß am Sensorsystem eine weitere Konfiguration notwendig wird.

In Systemen mit Offline-Konfiguration bietet das ASCII-Terminal an der Serviceschnittstelle den Zugang für die Einstellung der Verbindungen. Dazu wurde die Menüführung der Serviceschnittstelle um die Parameter der Feldbusschnittstelle er-

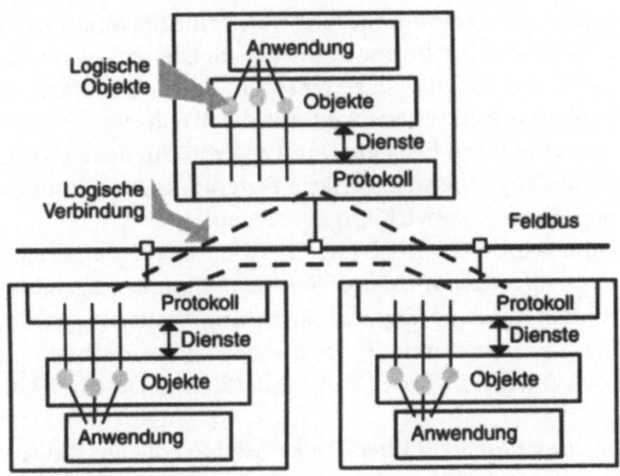

Abb. 14.19. Logische Verbindung bei Client-Server-Bussystemen

weitert, die neben der eigenen Busadresse auch die Partneradressen für die logischen Verbindungen enthalten. Diese Parameter werden dauerhaft im E^2PROM abgespeichert.

PROFIBUS ermöglicht mit dem Feldbusmanagement auch eine Verbindungsprojektierung über den Feldbus selbst. Dieser Weg wurde im WZL nicht beschritten, da der Aufwand der Protokollsoftware zu hoch ist.

Bei *LON als Netzwerkvariablen-Bussystem* werden Paare von Ein-/Ausgangsvariablen, die sogenannten Netzwerkvariablen für die Kommunikation projektiert. Diese repräsentieren in einem Gerät einen Ausgangswert, in anderen Geräten einen Eingangswert, ihr Transport erfolgt automatisch.

Die Netzwerkvariablen werden im Sensorsystem als Ein- oder Ausgangsvariablen mit Datentyp definiert. Bei der Inbetriebnahme in einer Anlage müssen den Eingangsvariablen des Sensorsystems die gewünschten Ausgangsvariablen anderer Geräte und umgekehrt zugeordnet werden. Dieser Vorgang wird Binding genannt, er erfolgt bei LON mit PC-gestützten Werkzeugen über das Feldbussystem selbst (Abb. 14.20.).

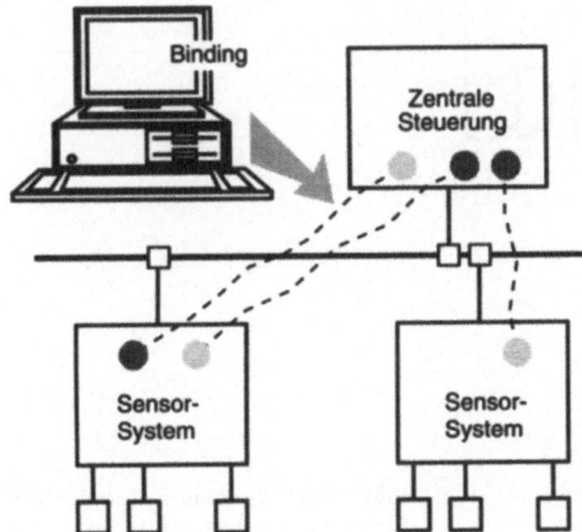

Abb. 14.20. Binding bei Bussystemen mit Netzwerkvariablen

Programmierung des Sensorsystems. Die Programmierung von Multisensorsystemen wird geprägt von heterogenen Hardwareplattformen mit verschiedenen μControllern und spezifischen Eingangsstufen für die Basissensoren. Für eine effiziente Software-Entwicklung muß gesteigerte Aufmerksamkeit auf die *Wiederverwendbarkeit von Software-Routinen* in verschiedenen Projekten und auf verschiedenen Rechnersystemen gelegt werden. Das bedingt eine strukturierte Programmierung und die Verfügbarkeit von anwenderfreundlichen Entwicklungssystemen.

Für die Vielstellenmeßsysteme wurde im WZL die in Abb. 14.12. dargestellte Struktur der Signalverarbeitung auf *standardisierte Software-Module* abgebildet, in denen geschlossene Algorithmen für eine Signalverarbeitung realisiert wurden (Abb. 14.21.). Um die Module für variierende Prozessorsysteme verwenden zu können, wurden sie in der Hochsprache ‚ANSI-C' mit einheitlichen Datenschnittstellen implementiert.

Die Einbindung der Basissensoren geschieht über *Treibermodule*, die auf die spezifische Hardware abgestimmt sind und eine systemunabhängige Schnittstelle anbieten (Abb. 14.22.). Über logische Variablen wie den Sensorwert S1, den Abtasttakt T, die Grenzfrequenz f_g oder die Verstärkung V wird auf die Werte und Parameter der Eingangsstufen zugegriffen.

Für die eigenen Variablen und Parameter, die über den Feldbus erreichbar sein sollen, werden *Kommunikationsobjekte* nach Abb. 14.18. projektiert. Dazu werden die Variablen in dem Modul Server.c mit den notwendigen Kommunikationsparametern eingetragen (Abb. 14.23.). Die Anbindung an das Feldbusinterface wurde

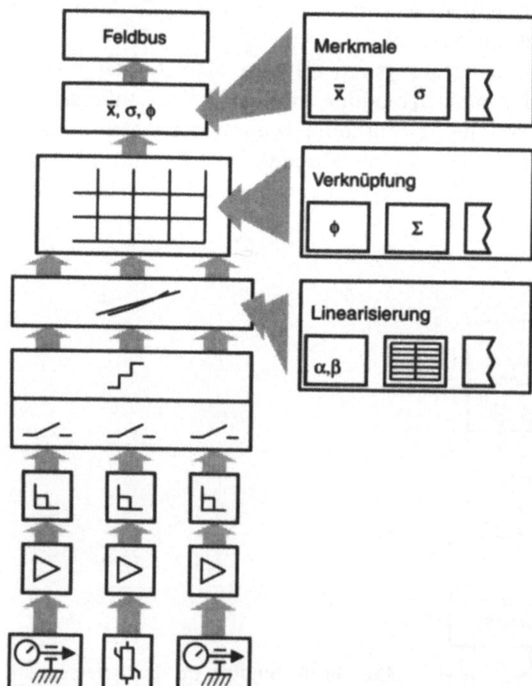

Abb. 14.21. Standard-Module für die Signalverarbeitung

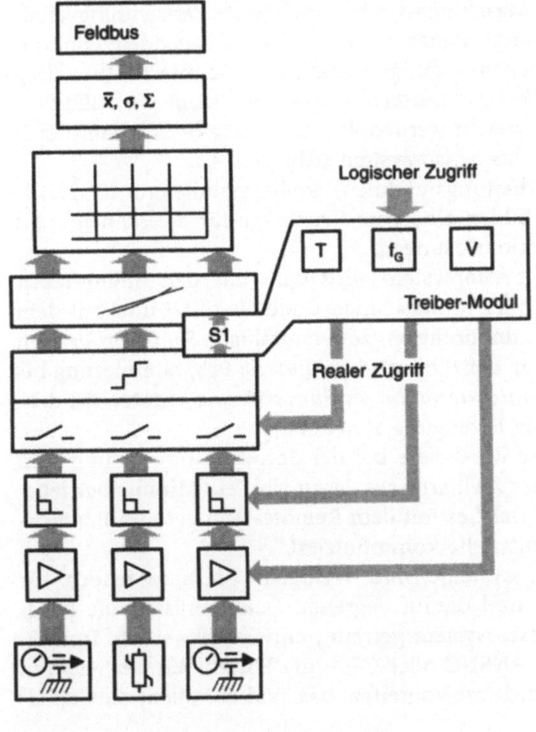

Abb. 14.22. Logischer Zugriff auf die Sensoreingänge

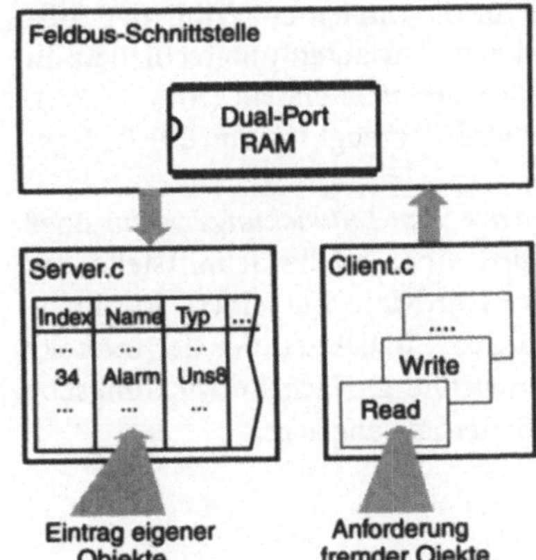

Abb. 14.23. Kommunikations-Modul für den Feldbus

vorab in dieses Modul programmiert. Die Abbildung auf die reale Speicheradresse im Sensorsystem geschieht implizit aus der C-Variable durch den Compiler.

Um im Sensorsystem auf die Kommunikationsobjekte fremder Geräte zugreifen zu können, wurde das Modul Client.c programmiert, das über *Standardkommunikationsaufrufe* wie ‚Read' oder ‚Write' verfügt. In gleicher Weise wurde ein Standardmodul für die Bedienung der Serviceschnittstelle und die Abspeicherung im E^2PROM geschaffen.

Die Umsetzung in lauffähigen Maschinen-Code wird durch Verwendung eines Betriebssystemkerns erleichtert. Damit stehen neben den grundlegenden Funktionen wie einem Startup-Code auch leistungsfähige Funktionen wie Interrupthandling und Multitasking zur Verfügung. Mit *Echtzeitbetriebssystemen* kann ein kalkulierbares Zeitverhalten im Zielsystem erreicht werden. Prinzipiell ergibt sich damit eine geschichtete Software-Struktur für das Sensorsystem (Abb. 14.24.).

Die Bibliotheken mit Signalverarbeitungsmodulen, Treibermodulen für die Hardware und der Betriebssystemkern bilden eine gute Grundlage für die schnelle und effiziente Entwicklung von Applikationslösungen.

Die konkrete Software für ein Sensorsystem wird dazu aus den Bibliotheken zusammengestellt, durch den Compiler in Maschinen-Code übersetzt und mit dem Betriebssystemkern und den Laufzeitbibliotheken zum lauffähigen Sensorprogramm zusammengefügt. Für die Verwaltung der Bibliotheken und die Programmierung bis zum EPROM-fähigen Code werden *integrierte Entwicklungssysteme* genutzt, die dem Programmierer die Details der Code-Erzeugung abnehmen.

Hilfreich für die Verifikation der Ergebnisse bei der Software-Entwicklung sind Remote-Debugger für den Test in der Zielhardware. Dazu wird ein Minimalbetriebssystem auf das Zielsystem portiert, welches mit dem Remote-Debugger im Entwicklungssystem über eine serielle Schnittstelle kommuniziert.

Solche integrierten Entwicklungssysteme sind verfügbar, sie sind jedoch für eine μProzessor-Familie optimiert und darauf begrenzt. Damit müssen die hardwarenahen Module für jedes Prozessorsystem getrennt entwickelt werden. Immerhin gewährleistet die Hochsprache ANSI-C oder C++ die Portabilität der anderen Module, die nicht direkt auf die Hardware zugreifen, das sind vor allem die Signalverarbeitungsmodule.

Im WZL werden mehrere Entwicklungssysteme für die Implementierung der Software von Sensorsystemen eingesetzt, dazu werden zwei Varianten unterschieden. In der gängigsten Methode wird ein *EPROM für das Sensorsystem* erstellt (Abb. 14.25.). Dabei wird im Entwicklungssystem ROM-fähiger Code erzeugt, in ein EPROM gebrannt und in das Sensorsystem integriert.

Mehr Flexibilität bietet der *Download der Software vom Entwickungssystem* über Remote-Debugger in das Sensorsystem. Dazu wird eine serielle Schnittstelle des μContollers als RS-232-Interface genutzt und die Hardware mit einem Minimal-Kernel ausgestattet, der als EPROM entwickelt wurde. Nützlich ist hier der interaktive Zugriff auf die Zielhardware während der Entwicklung. Nach Entwicklungsabschluß wird die Software z. B. in Flash-EPROMs dauerhaft abgelegt.

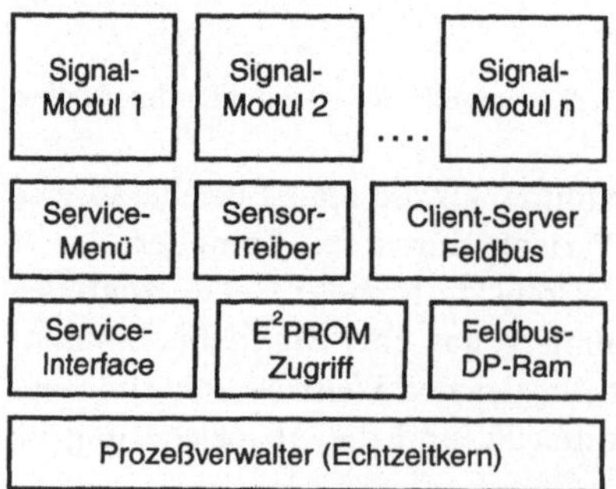

Abb. 14.24. Schichtstruktur der Software im Sensorsystem

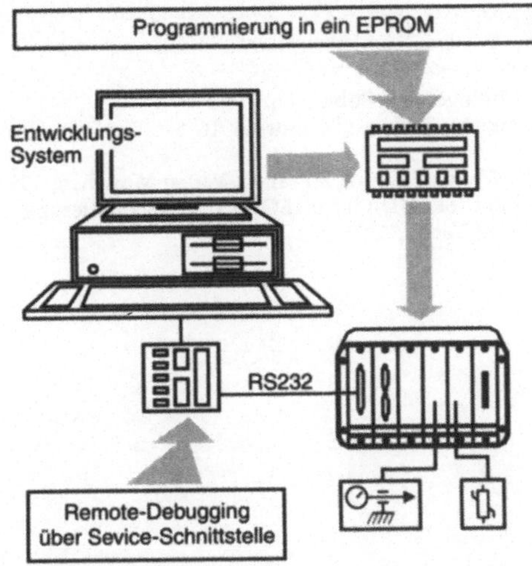

Abb. 14.25. Programmierung des Sensorsystems

14.4
Verallgemeinerung

Gegenstand zukünftiger Entwicklungen. Die Entwicklung der Kommunikationstechnik eröffnet neue Möglichkeiten für die Online-Konfiguration in der Sensorik, allerdings fehlen noch übergreifende Konzepte, die die Geräteschnittstellen standardisieren und damit Sensoren einheitlich parametrisierbar machen.

Die Nachfrage nach programmierbaren Sensorsystemen wird die Notwendigkeit von Standards forcieren. Auch wenn die Entwicklung solcher Systeme noch am Anfang steht, so fördert die Verfügbarkeit von kostengünstigen Kleinrechnern mit ausreichender Rechenleistung und ‚on Chip'-Kommunikationsschnittstellen den Trend zu dezentralen intelligenten Systemen. Die Entwicklungssysteme für solche Embedded Systeme stehen jedoch nur für einzelne Prozessorfamilien bereit.

Daher bergen standardisierte Software-Strukturen für die Signalverarbeitung und für Entwicklungssysteme, die den Einsatz über die Prozessorfamilien hinweg erlauben, ein großes Innovationspotential und befinden sich auch in der wissenschaftlichen Diskussion [3].

Für den Bereich der speicherprogrammierbaren Steuerungen (SPS) liegt seit 1993 mit der IEC 1131 eine internationale Norm für die herstellerunabhängige Programmierung vor. Die dort spezifizierten Sprachen basieren auf den etablierten SPS-Systemen, sie greifen aber auch moderne Ansätze der Informatik auf und integrieren geeignete Kommunikationsfunktionen für verteilte Automatisierungssysteme [4].

Der Systemansatz der IEC 1131 und die spezifizierten Programmiersprachen werden bereits über den Anwendungsfall der SPS hinaus auch für intelligente Feldgeräte diskutiert. Da sich diese Norm als Applikationssprache für die heutige Automatisierungstechnik zu etablieren scheint, ist sie sicherlich auch für Multi-Sensorsysteme in der Produktionstechnik interessant.

Literatur

1 K. W. Bonfig, Feldbus-Systeme; expert verlag Ehningen bei Böblingen, 1992
2 T. Pfeifer, B. Fussel, Wegweiser im Feldbusdikicht; Elektronik Journal 16 S. 30–34; Europa-Fachpresse-Verlag München, 1993
3 Ch. Marscholik, Die offene Architektur von VxWorks; Systeme 2 Franzis-Verlag München, 1993
4 P. Neumann, E. E. Grötsch, C. Lubkoll, R. Simon, SPS-Standard: IEC 1131: Progammierung in verteilten Automatisierungssystemen; Oldenbourg Verlag, 1995

15 Zustandsdiagnose und Prozeßüberwachung mit Multisensorsystemen

A. Seeliger, J. Weidemann

15.1 Problemstellung

Moderne Anlagen werden immer komplexer: Dies gilt einerseits schon für einzelne Bauteile und Maschinen, andererseits steigt der Vernetzungsgrad von verschiedenen Maschinen immer weiter. Zusätzlich weist heutzutage eine eher der konventionellen Technik zugerechnete Anlage, wie sie ein Walzgerüst darstellt, komplizierte Steuerungstechnik zur Einstellung einer großen Zahl unterschiedlicher Walzparameter auf. So können beispielsweise die eingesetzten Walzen während des Umformprozesses gebogen, in allen drei Achsen verschoben und gegeneinander gekreuzt werden.

Die aufgezeigten Entwicklungen führen dazu, daß die Investitionskosten für Maschinen und Anlagen immer höher werden. Die erforderliche Rentabilität läßt sich daher nur durch eine Erhöhung der Produktivität erreichen. Notwendige Voraussetzung hierfür sind steigende Ausbringung und längere Maschinenlaufzeiten. Erschwerend kommt hinzu, daß Anlagen mit steigender Komplexität empfindlicher auf Störungen reagieren. Schon der Ausfall kleinerer Maschinen oder Aggregate kann den Produktionsablauf einer ganzen Anlage vollständig zum Erliegen bringt.

Abhilfe bietet heutzutage im wesentlichen die Integration von sensorgestützten Systemen zur Prozeßüberwachung und -steuerung. Maßnahmen zur sog. vorausschauenden Instandhaltung sind mit solchen Systemen meist möglich.

Notwendiges Hilfsmittel für die Einführung der vorausschauenden Instandhaltung ist die automatische Meßwertaufzeichnung und -verarbeitung. Nur sie garantiert die objektive Beurteilung des Anlagenzustands. Je mehr Meßgrößen in einer Anlage überwacht werden, desto genauer werden natürlich auch die Diagnosen. Dies führt zwangsläufig zur Entwicklung und zum Einsatz von Multisensorsystemen.

In enger Zusammenarbeit mit der Industrie – nicht nur der stahlverarbeitenden – sind in den letzten Jahren am Institut für Bergwerks- und Hüttenmaschinenkunde (IBH) der RWTH Aachen mehrere solcher Multisensorsysteme entstanden. Am Beispiel verschiedener Einsatzfälle sollen die zu stellenden Anforderungen und die gefundenen Lösungen skizziert werden.

15.2
Lösungsvarianten / Lösungsbearbeitung

Elektrolichtbogenöfen. Im Bereich der Stahlerzeugung werden heute zum Einschmelzen von Schrott häufig Elektrolichtbogenöfen eingesetzt. Hierbei sind zwei Arten von Öfen zu unterscheiden, von denen eine mit Drehstrom und die andere mit Gleichstrom betrieben wird.

Bei beiden Ofenarten ist das Prinzip der Energieumwandlung von Elektrizität in Wärme gleich. Die Elektroden werden durch einen Tragarm so nah an das Schmelzgut herangeführt, daß ein Lichtbogen zündet. Danach übernimmt eine Elektrodenregulierung die Aufgabe, die Höhe der Elektrodenspitze über dem Schmelzgut so konstant wie möglich zu halten. Hierbei können als Regelgröße entweder die Stromstärke oder die Impedanz verwendet werden. Bei Drehstromöfen werden alle drei Elektroden unabhängig voneinander mit jeweils einer Regulierung gefahren.

Betriebsdatenerfassung an Elektrolichtbogenöfen. In enger Zusammenarbeit des IBH mit dem Hard- und Softwarehaus Xpert GmbH ist das System ArcControl entstanden. Der Einsatzbereich von ArcControl liegt bei der Messung, Berechnung, Auswertung und Speicherung der elektrischen Kenngrößen von Drehstromlichtbogenöfen. Hierzu werden für jede Phase des Ofens separat Strom, Spannung und Wirkleistung gemessen (Abb. 15.1.). Unter Verwendung der Systemkonstanten, Verlustwiderstände des Hochstromsystems, Kurzschlußreaktanzen und Transformatorkennzahlen des überwachten Elektrolichtbogenofens werden alle für den Energiewandlungsprozeß wichtigen Kenngrößen ermittelt.

Von besonderer Bedeutung sind hierbei die phasenweise gemessenen Lichtbogenleistungen und -spannungen. Aus diesen Größen läßt sich nämlich der Strahlungsfaktor jeder Elektrode ermitteln. Der Strahlungsfaktor ist ein Maß dafür, inwieweit der Lichtbogen die Ofenausmauerung durch freie Strahlung bzw. Wärme erodiert. Weit wichtiger als der absolute Wert der Strahlungsfaktoren beim Drehstromofen ist jedoch deren Verteilung auf die drei Elektroden. Je gleichmäßiger nämlich die Strahlungsfaktoren sind, um so größer und ofenschonender ist der Energieeintrag in das Schmelzgut.

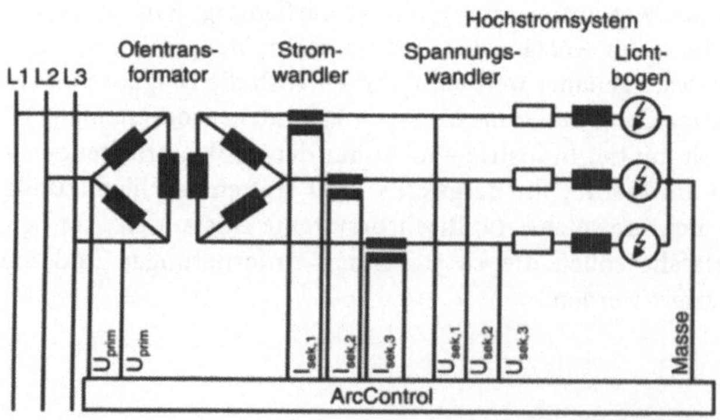

Abb. 15.1. Meßkonfiguration des Kernsystems von ArcControl

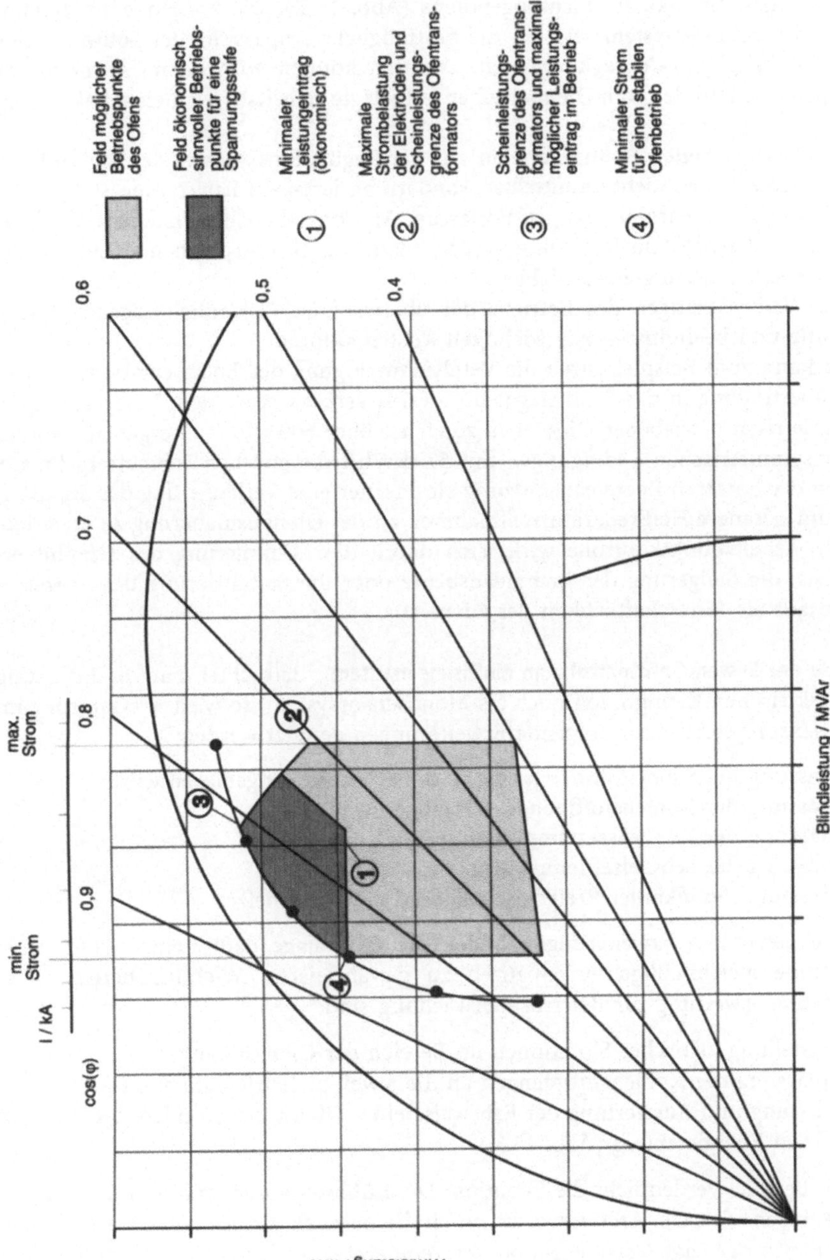

Abb. 15.2. Betriebskennfeld eines Elektrolichtbogenofens kleiner Leistung

Einen weiteren wichtigen Aspekt bildet die Feststellung der Abweichung vom optimalen Arbeitspunkt des Lichtbogenofens (Abb. 15.2.). Die konsequente Nutzung des Überwachungssystems erlaubt die bestmögliche Anpassung der Sollwertvorgaben für die Elektrodenregulierungen. Dadurch können vorhandene Asymmetrien kompensiert und der vom Ofenbetreiber festgelegte Arbeitsbereich eingehalten werden.

Die beschriebenen Einflußnahmen auf die Regulationssysteme der Elektrolichtbogenöfen erfolgen nicht unmittelbar, sondern basieren auf Langzeitmessungen, die das Schmelzen mehrerer Chargen umfassen. ArcControl stellt allmähliche Veränderungen im Ofensystem fest. Diese werden dann durch entsprechende Eingriffe in die Primärregulierung ausgeglichen.

Die Verbesserungen des Betriebs der überwachten Elektrolichtbogenöfen sind vielfältig und beeinflussen alle wichtigen Kostenfaktoren.

So kann zum Beispiel durch die Vergleichmäßigung des Energieeintrags die Energieübertragung in das Schmelzgut bis zu 6 % verbessert werden. Verbrauchte ein asymmetrisch betriebener Ofen etwa zunächst über 600 kWh/t Energie, so zeigt er unter symmetrischen Bedingungen mit 570 kWh/t die gleichen Schmelzergebnisse. Neben der besseren Energieausnutzung sind ferner eine Verlängerung der Standzeiten und seltenere Heißreparaturmaßnahmen an der Ofenausmauerung zu erwarten.

Die Arbeitspunktkontrolle wirkt sich durch die Minimierung des Graphitverbrauchs, die Steigerung der Energieausbeute oder die Stabilisierung des Prozesses direkt auf die Wirtschaftlichkeit des Ofens aus.

Ausbau des Systems ArcControl zum Multisensorsystem. Betrachtet man die Erfassung der elektrischen Kenngrößen noch als Monosensorsystem, so wird ArcControl zum Multisensorsystem, wenn folgende Erweiterungen genutzt werden:

- Erfassung der Sauerstoffmenge, die in die Schmelze eingeblasen wird
- Erfassung der Kohlenstoffmenge, die eingebracht wird
- Erfassung der Kühlwassertemperaturen und -menge
- Erfassung der Schmelzentemperatur
- Erfassung signifikanter Ereignisse während einer Schmelze.

Alle genannten Erweiterungen bilden die Grundlage dafür, einen über lange Zeiträume gleichmäßigen Ofenbetrieb zu gewährleisten. Wichtige Bereiche der Meßdatenauswertung zur Betriebsüberwachung sind:

- Feststellung kritischer Situationen im Bereich der Ofenkühlung
- Anpassung der Kohlenstoffmengen an die jeweilige Betriebssituation
- Erfassung und Auswertung der Fahrweise eines Ofens, insbesondere im Hinblick auf den Energieeintrag (Abb. 15.3.).

Ein Beispiel verdeutlicht die Situation: Die Kühlwassertemperaturen übersteigen eine kritische Grenze. ArcControl ist durch die parallele Erfassung der elektrischen Situation in der Lage festzulegen, ob der Temperaturanstieg primär durch die elektrische Energieverteilung im Ofen bedingt ist, oder durch andere Einflüsse (innerer Schaden in einem Kühlwasserpaneel) hervorgerufen wird.

Im Zusammenhang mit der Temperaturüberwachung ist die gewählte Systemkonfiguration erwähnenswert. Die Kühlwassertemperaturen und -durchflußmengen

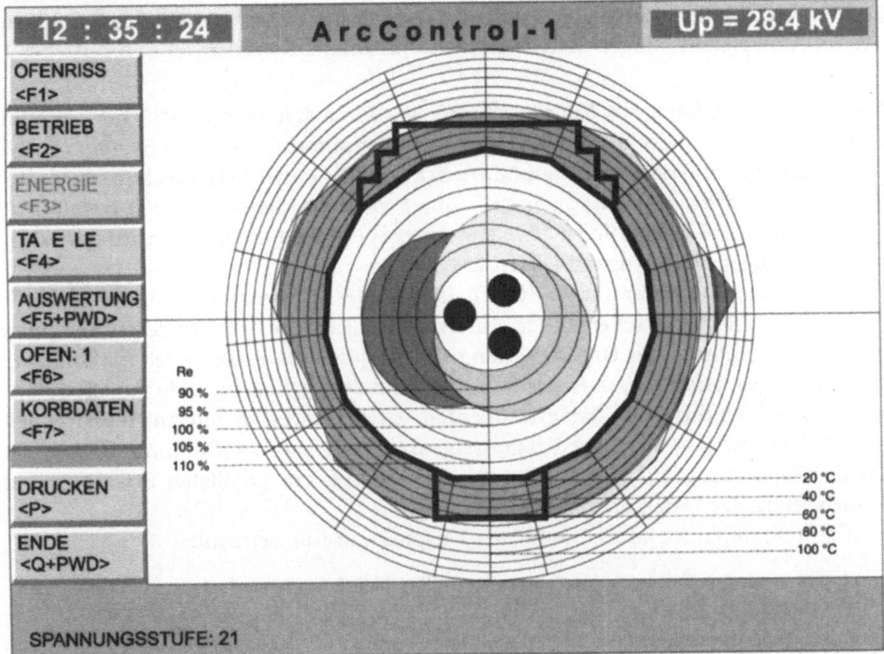

Abb. 15.3. Darstellungsbildschirm für die Strahlungsverteilung und Kühlwassertemperaturen in einem Elektrolichtbogenofen

werden von einem vorgeschalteten autarken Rechner aufgezeichnet und überwacht. Nur die für die weitere Auswertung benötigten Werte werden an den ArcControl-Hauptrechner übertragen. Dieses Vorgehen gewährleistet, daß eine sofort notwendige Reaktion auf kritische Betriebssituationen direkt vom Zusatzrechner eingeleitet werden kann.

Durch die Blassauerstoff- und Kühlwassermessung kann der Energieeintrag in den Ofen noch exakter bestimmt werden. Außerdem bietet die Messung dieser Werte folgende Optionen bei der Steuerung des Ofenbetriebs:

- Bestimmung des Verhältnisses von zusätzlichem Kohlenstoff und notwendigem Sauerstoff
- Ermittlung des richtigen Kohlenstoffblaszeitpunkts
- Kontrolle der Kohlenstoffblasdauer

Alle genannten Daten lassen sich für die Betriebsführung zu sog. Fahrdiagrammen zusammenfassen. Anhand dieser Diagramme können Änderungen an der Prozeßtechnologie hinsichtlich ihrer Wirksamkeit überprüft werden. Durch den Vergleich mit dem Durchschnitt der beobachteten Chargen lassen sich aber auch die Gründe für die eventuellen Abweichungen von der optimalen Fahrweise analysieren. Mit der Speicherung der Meßwerte aller Chargen ermöglicht der Einsatz von ArcControl Auswertungen bezüglich bestimmter Parameter über lange Zeiträume. Hierdurch können leicht Langzeitverschiebungen in der Ofencharakteristik oder Auswirkungen bei Technologieänderungen festgestellt und quantifiziert werden.

Maschinenüberwachung mit Mach3. Mach3 wurde in den Jahren 1987 bis 1989 im Auftrag eines europäischen Stahlkonzerns als computerunterstütztes System für die Überwachung von Walzgerüsthauptantrieben am IBH entwickelt. Das System Mach3 besteht aus Hardware-Komponenten – unter anderem Sensoren, Trennverstärker, Tiefpaßfilter, IBM-kompatibler PC – und einer speziell an die Bedürfnisse des Walzprozesses angepaßten Auswerte-Software.

Dieses computerunterstützte System ist für die Erfassung von bis zu 32 Meßsignalen ausgelegt. Entscheidender Unterschied zu den meisten anderen Systemen ist, daß die Daten ohne Unterbrechung der Akquisition ausgewertet werden. Nur so läßt sich sicherstellen, daß alle Betriebszustände der überwachten Anlage erfaßt werden. Bedingt durch die niederfrequenten Schwingungen in den Antriebssträngen von Walzgerüsten – die erste Torsionseigenfrequenz liegt häufig unter 20 Hz – ist für das Auswertemodul von Mach3 ein einfacher PC zur parallelen Erfassung und Verarbeitung der Daten ausreichend.

Als Meßgrößen für Mach3 kommen beispielsweise in Betracht:

- Drehmomente, die von den Antriebswellen übertragen weden
- Walzkräfte
- Walzguttemperaturen
- Zugkräfte im Band beim Walzen von Flachmaterial
- Motorströme
- Motordrehzahlen

Ein wichtiges Ziel bei der Entwicklung von Mach3 ist die Vorhersage der Restlebensdauer schwingend belasteter Bauteile, z. B. von Gelenkwellen, Walzenständern, usw. Ein weiteres Ziel der permanenten Aufzeichnung ist die Überwachung prozeßrelevanter Meßsignale. Dabei müssen verschiedene Kriterien erfüllt werden, die sich in den folgenden Fragen widerspiegeln: Wie hoch ist die Anlage tatsächlich belastet? Wie hoch ist die zeitliche Ausnutzung der Anlage? Wie wirken sich unterschiedliche Produkte auf die Anlagenbelastung aus? Wie verhält sich die Anlage in bzw. vor kritischen Prozeßsituationen?

Restlebensdauerabschätzung mit Mach3. Das Modul Restlebensdauerüberwachung schwingend belasteter Bauteile basiert auf den Erkenntnissen der Betriebsfestigkeitsrechnung. Zur Beurteilung des verbleibenden Abnutzungsvorrats werden die tatsächlich ertragenen Belastungen nach einer entsprechenden Klassierung über eine lineare Schadensakkumulationshypothese mit dem maximal bis zum technischen Anriß ertragbaren Lastkollektiv in Relation gesetzt. Das Ergebnis ist der aktuelle Schädigungsgrad der überwachten Maschinenelemente.

Konkret werden mit Mach3 die analogen Signale mit zwei alternativen Klassieralgorithmen in die genannten Kollektive (Belastungs-Häufigkeits-Verteilungen) überführt:

1. mit dem einparametrigen Klassengrenzenüberschreitungsverfahren und
2. mit dem zweiparametrigen Rainflow-Verfahren.

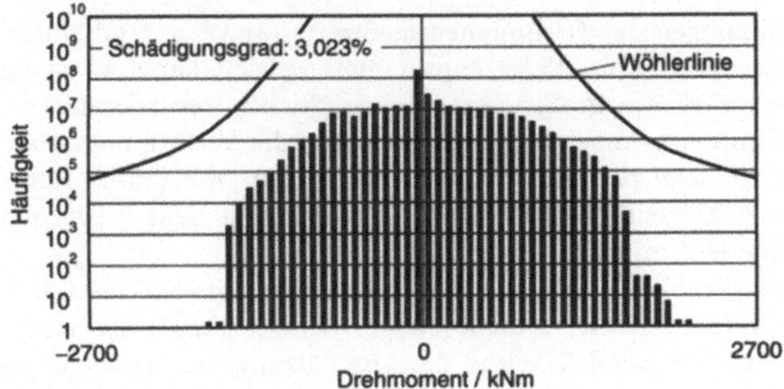

Abb. 15.4. Jahreskollektiv für eine Gelenkwelle

Als Schadensakkumulationshypothese kommt z. B. die modifizierte Miner-Regel zum Einsatz. Abbildung 15.4. zeigt das Ergebnis der Schädigungsgradermittlung für die Unterspindel eines Walzgerüsthauptantriebs und zwar für den Zeitraum von einem Jahr.

Prozeßüberwachung mit Mach3. Zur Prozeßüberwachung stellt die Auswerte-Software von Mach3 mehrere spezielle Routinen zur Verfügung. Von besonderem Interesse bei der Entwicklung war für den Einsatz in Walzwerken die Stichplanoptimierung und die Möglichkeit zur nachträglichen Schadensanalyse.

In der Regel sind die Stichpläne den technologischen Anforderungen des Walzens angepaßt. Auf die Bauteilbelastung wird dabei nur begrenzt Rücksicht genommen. So ist es erklärlich, daß die ersten Stiche bei reversierend betriebenen Walzgerüsten ein Vielfaches der Belastung durch die letzten Stiche in der Anlage hervorrufen. Mach3 bietet die Möglichkeit der stichorientierten Ermittlung der Spitzen- und Mittelwerte. Der Einsatz von Mach3 kann damit zu einer dauerhaften, gleichmäßigen Belastung der Anlagen führen.

Für die nachträgliche Schadensanalyse werden die Rohdaten von Mach3 ständig in einen Ringspeicher von festgelegter Größe geschrieben. Wenn nichts Außergewöhnliches passiert, werden die ältesten Daten immer mit den neuesten überschrieben. So ist sichergestellt, daß während des störungsfreien Walzwerksbetriebs der Speicher des eingesetzten Rechners nicht überfüllt wird. Im Fall eines Schadens – dieser wird durch das Überschreiten eines vorher definierten Grenzwerts eines oder mehrerer Meßsignale erkannt – wird der Inhalt des Ringspeichers auf die Festplatte kopiert und steht so für die nachträgliche Analyse zur Verfügung.

Einsatzerfahrungen mit Mach3. Seine hohe Praxistauglichkeit verdankt Mach3 hauptsächlich zwei Umständen. Zunächst wurde das Programm in enger Zusammenarbeit mit dem späteren Anwender entwickelt und über längere Zeit gemeinsam an die Anforderungen der Walzwerkspraxis angepaßt. Zweitens kommt das System häufig bei weltweit von Mitarbeitern des IBH durchgeführten Meßkampagnen über Zeiträume von mehreren Wochen zum Einsatz. So werden Anregungen und Erfahrungen aus zahlreichen Meßeinsätzen direkt in die Programmstruktur von Mach3 übernommen. Nachfolgend sind beispielhaft einige Ergebnisse vorgestellt, die mit Hilfe von Mach3 gewonnen wurden.

Wie aus den Aufzeichnungen der Drehmomentmeßwerte für Ober- und Unterspindel eines Universalgerüsts (Abb. 15.5.) entnommen werden kann, wird ein Doppel-T-Träger mit einer relativ großen Anzahl von Stichen reversierend gewalzt. Dabei ist es im Sinne der Anlagenschonung wichtig, die Verformungsarbeit gleichmäßig auf die Einzelstiche zu verteilen. Die Messung von Walzkraft, Motorstrom, Drehmoment und Walzendrehzahl und ihre Analyse mit dem Programm Mach3 sind hier wertvolle Hilfsmittel.

In einem europäischen Profilwalzwerk ist das System schon seit 1988 installiert. Von diesem Walzwerk werden an dieser Stelle einige wichtige Ergebnisse vorgestellt. In Abb. 15.4. ist das Jahreskollektiv und die Abschätzung des Schädigungsgrads für diesen Zeitraum für ein in dieser Anlage laufendes Duo-Walzgerüst und zwar für die wälzgelagerten Kreuzgelenkwellen dargestellt. Ursprünglich waren diese Gelenkwellen für eine Lebensdauer von 5–6 Jahren ausgelegt, was einem jährlichen Schädigungsfortschritt von 16–20 % entspricht. Durch die Nivellierung der Stichpläne konnte die Spitzenbelastung bei den ersten Stichen soweit abgesenkt werden, daß die jährliche Schädigung auf 3 % sank. Die Auswirkungen auf die Lebensdauer können durch den konsequenten Einsatz des Maschinenüberwachungssystems also durchaus bemerkenswert sein.

Ebenso in diesem Walzwerk ließ sich mit Hilfe der Aufzeichnung unvorhergesehener Prozeßsituationen eine wichtige Verbesserung des Materialflusses erreichen. Initiiert durch kleine Störungen blieben nachfolgende Blöcke immer länger auf den Rollgängen liegen, wodurch sie immer kälter wurden (Abb. 15.6.). Die Folge war, daß die Umformarbeit bei jedem weiteren Block zunahm. Die Walzkräfte wurden schließlich so groß, daß es zum Walzenbruch kam.

Während einer Messung an einer Trägerwalzstraße eines deutschen Walzwerks verklemmte sich ein Doppel-T-Träger zwischen den Walzen (Abb. 15.7.). Es ist leicht zu erkennen, wie stark dabei die Belastung im Antriebsstrang zunimmt. Nach einer

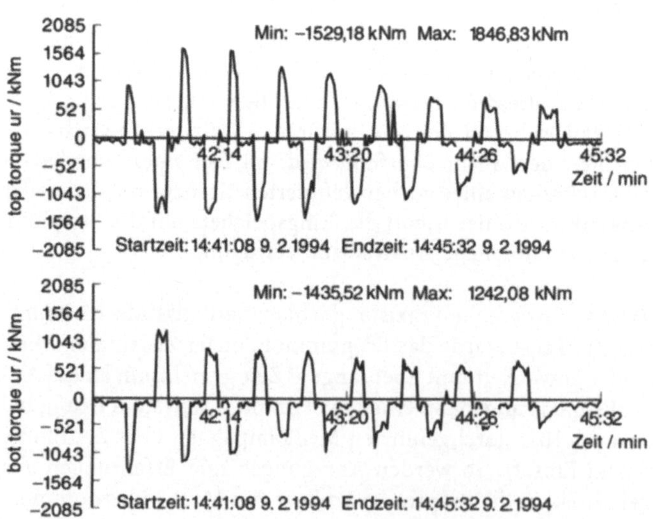

Abb. 15.5. Drehmomente von Ober- und Unterspindel in einem Universalgerüst für einen Block

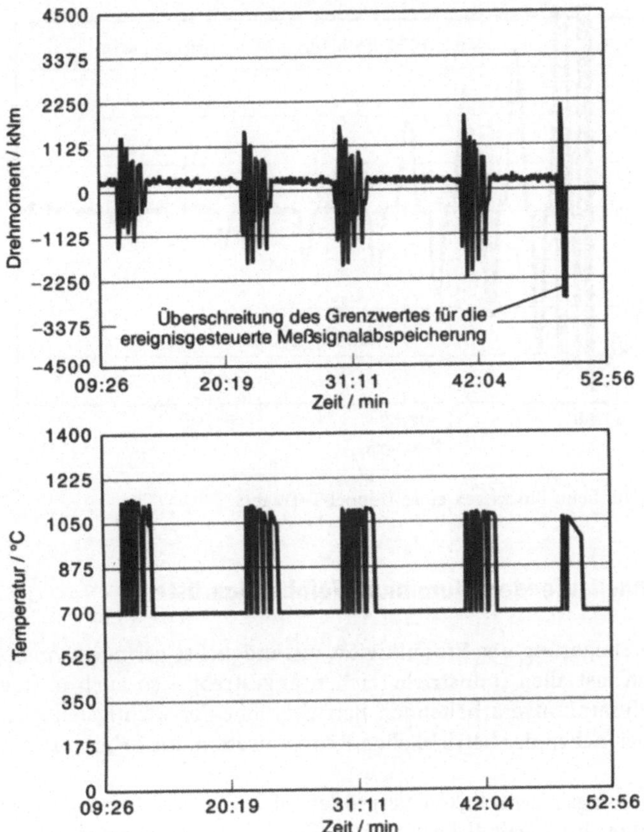

Abb. 15.6. Beispiel für die Aufzeichnung der Vorgeschichte zu einem Schadensfall

kurzen Reaktionszeit klingen die starken Drehmomente ab; die Anlage schaltet ab und muß auf Schäden überprüft werden.

In einem Grobblechgerüst, bei dem jede Walze einen eigenen Antriebsmotor hat, zeigte sich eine Ungleichverteilung der Drehmomente und Ströme. Auf der linken Seite von Abb. 15.8. sind von oben nach unten Spindeldrehmoment, Motorstrom, -drehzahl und -spannung des oberen Walzenantriebs, auf der rechten Seite die gleichen Größen für die Unterwalze dargestellt. Wie zu erkennen ist, übernimmt die Oberwalze beim Anstich einen großen Anteil der Last. Im folgenden Verlauf trägt die Unterwalze immer mehr zum Umformen des Blechs bei, während der Antrieb der Oberwalze in gleichem Maß immer weiter entlastet wird. Eine genauere Analyse der Drehzahlen ergab, daß die beiden Antriebsmotoren nicht korrekt synchronisiert waren, so daß infolge der Schubspannungen Wellen im Blech entstanden.

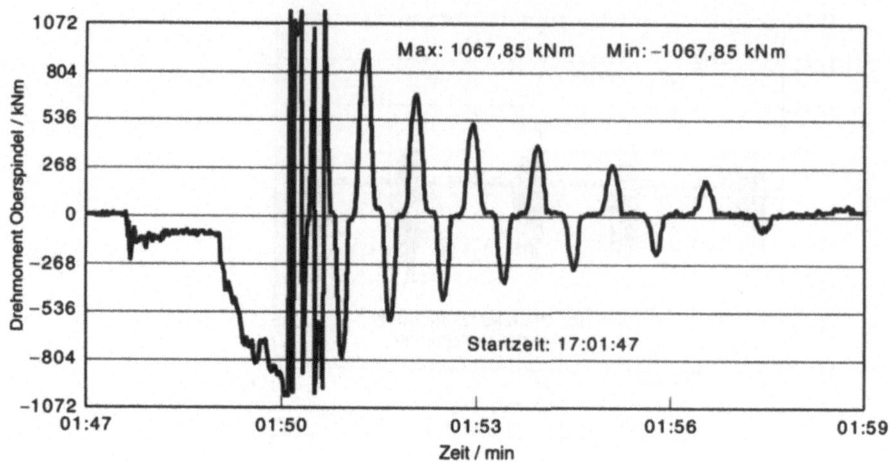

Abb. 15.7. Drehmomentverlauf beim Blockieren eines Doppel-T-Trägers

15.3
Überwachung von schnellaufenden Aluminium-Feinbandgerüsten

Aufgabenstellung. Eine Steigerung der Produktivität mit möglichst geringem finanziellen Aufwand wird in fast allen Industriebereichen angestrebt – so auch in den Walzwerkanlagen der aluminiumverarbeitenden Betriebe. Eine der wichtigsten Aufgabenstellungen ist dabei, neben der betrieblichen Reorganisation, die Erhöhung der Walzgeschwindigkeit.

Durch Steigern der Walzgeschwindigkeit vergrößert sich die dem System Walzgerüst zugeführte Energie. Im Idealfall leistet diese Energie die Umformarbeit im Walzspalt. Tatsächlich aber bewirkt ein Teil dieser Energie unerwünschte Bewegungen von Komponenten des Walzgerüsts. Es sind dies Schwingungen von Gerüstbauteilen oder Bauteilgruppen. Einige dieser Schwingungen wirken sich auf die Umformzone aus, so daß es zu Qualitätsverlusten kommt. Bei Hochgeschwindigkeitswalzgerüsten (bis zu 1300 m/min Walzgeschwindigkeit) für dünne Bänder lassen sich Schwingungen in drei verschiedenen Frequenzbereichen unterscheiden:

< 20 Hz: Torsionsschwingungen: Motor, Getriebe, Antriebswellen und Walzen. Folgen: Banddickenabweichungen, Stick-Slip-Effekte.
100–200 Hz: Transversale Schwingungen von Gerüstbauteilen.
Folgen: Banddickenabweichungen, Bandrisse.
> 400 Hz: Störschwingungen: hochfrequente Polygonzüge auf Walzenballen, Lagerschäden, fehlerhaftes Vormaterial oder Eigenschwingungen des Walzensatzes.
Folgen: Querschläge oder Schattierungen auf dem Band.

Weitere Schwingungsformen werden angeregt durch Fluchtungsfehler der Walzen, Unwuchten usw.

Eine Möglichkeit, die Prozeßstörungen zu erkennen und somit Qualitätsmängel am Fertigprodukt oder Ausfallzeiten zu vermeiden, ist durch das Überwachungssystem RoCoCo (<u>Ro</u>lling <u>Co</u>ndition <u>Co</u>ntrol) gegeben. Das System besteht aus einer

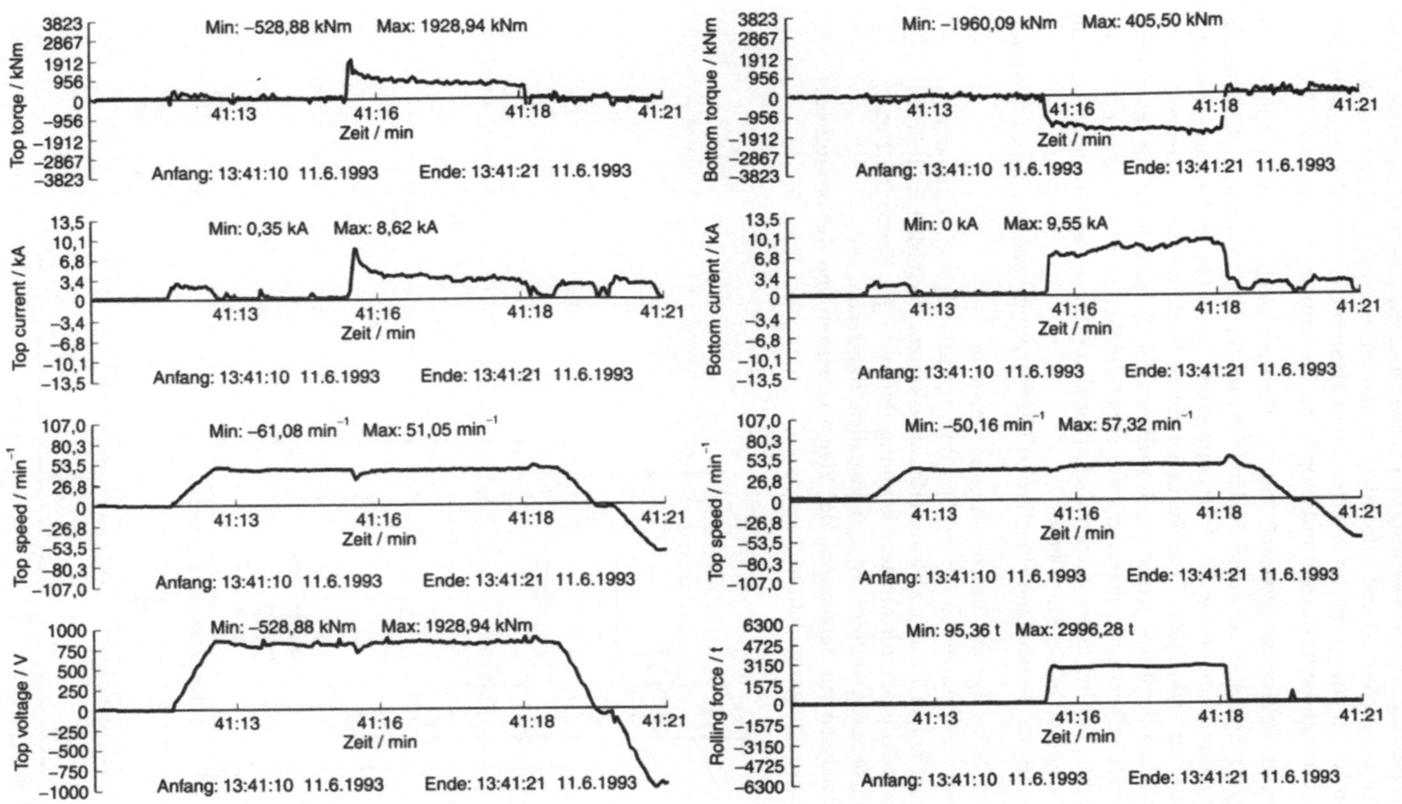

Abb. 15.8. Unsymmetrisch verteilte Belastung in einem Grobblechgerüst

On-line-Erfassung und -Auswertung von Schwingungssignalen und anderen relevanten Prozeßparametern. Damit informiert es den Walzwerksbetreiber über den momentanen Schwingungspegel an verschiedenen Meßpunkten und gibt gegebenenfalls Warn- und Diagnosemeldungen mit möglichen Fehlerursachen aus (Abb. 15.9.).

Realisation des Überwachungssystems RoCoCo. Für die Gestaltung eines solchen Überwachungssystems ist es erforderlich, den Walzprozeß, die Walzgerüste, die Sensorik, die Rechnerhardware sowie die Programmierung von Mustererkennungssystemen miteinander zu verknüpfen. Dies wurde an einem Hochgeschwindigkeitswalzgerüst für Aluminium-Feinband prototypisch realisiert. Die Ausarbeitung des integrierten „Tailor-made"-Überwachungssystems war somit die Weiterentwicklung und die Automatisierung der bei zahlreichen früheren Meßkampagnen eingesetzten Hilfsmittel und des angesammelten Know-how.

Als wichtigste Bestandteile eines Prozeßüberwachungssystems sind zu nennen:

- Triaxiale Schwingungs-/Beschleunigungssensoren
- dtect-Sensorik zur Erfassung des Schädigungszustands von Wälzlagern
- Leistungsfähiger PC mit Meßwerterfassungskarten, Verstärker und Filter
- Auswerte-Software zur Mustererkennung (Fuzzy-Logik, Neuronale Netze)
- Oberflächenprogrammierung und Visualisierungstechniken
- FEM-Analysen zur Berechnung der Eigenfrequenzen von Gerüstbauteilen
- Drehschwingungssimulation

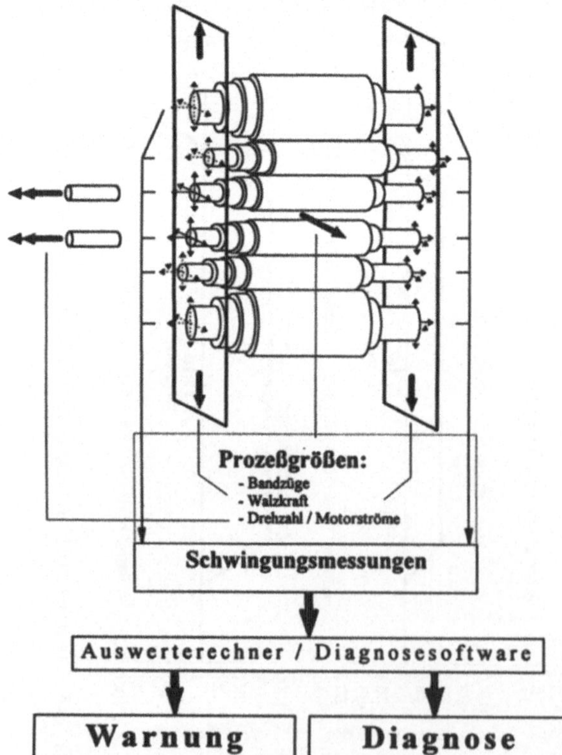

Abb. 15.9. Schematischer Aufbau von RoCoCo

Erste Einsatzerfahrungen mit RoCoCo. Mit dem vom IBH und einem namhaften deutschen Walzwerkshersteller entwickelten Überwachungssystem RoCoCo für Walzgerüste werden zur Zeit die ersten Betriebsversuche an der schon erwähnten Anlage für Aluminiumband durchgeführt. Neben den Prozeßgrößen wie Drehzahl, Bandzug, und Walzkraft werden vor allem Schwingungsmeßgrößen aufgezeichnet und mit Hilfe intelligenter Verfahren der Mustererkennung, unterstützt durch Neuronale Netze und Fuzzy-Logik, ausgewertet. In Abb. 15.10. sind beispielsweise in den Frequenzspektren der aufgezeichneten Schwingungssignale mehrere eindeutige Störfrequenzen zu erkennen, die auf dem gewalzten Band zu sichtbaren Qualitätseinbußen geführt hatten.

Die ersten Versuche zeigen vielversprechende Ergebnisse. Wie geplant, lassen sich durch den Einsatz von RoCoCo kritische Anlagenzustände vermeiden und eine hohe Produktqualität gewährleisten. Als Nebeneffekt können sich mittels Trendanalysen zuverlässige und damit wertvolle Informationen für die Instandhaltung – etwa über den fortschreitenden Verschleiß der eingesetzten Walzen oder über Lagerschäden – gewonnen werden. Hiermit sind die Hauptziele, die zur Entwicklung von RoCoCo geführt haben – nämlich zukünftig unvorhergesehene Ausfallzeiten zu vermeiden und Anlagenverfügbarkeit sowie Oberflächengüte des Bandes zu erhöhen – erreicht worden.

Multisensorielle Überwachung von hydrodynamischen Getrieben. Die Einsatzerfahrungen des letzten Beispiels über die Entwicklung multisensorieller Überwachungssysteme am IBH werden nicht anhand einer Walzwerksanwendung beschrieben. Dennoch hat dieses universell einsetzbare System auch in diesem Industriezweig seine Bewährungsprobe bestanden.

Zustandsdiagnose in Fahrzeugen. Die detaillierte und umfassende On-Board-Diagnose von Antriebskomponenten im Fahrzeugbau scheiterte bislang an der mangelnden

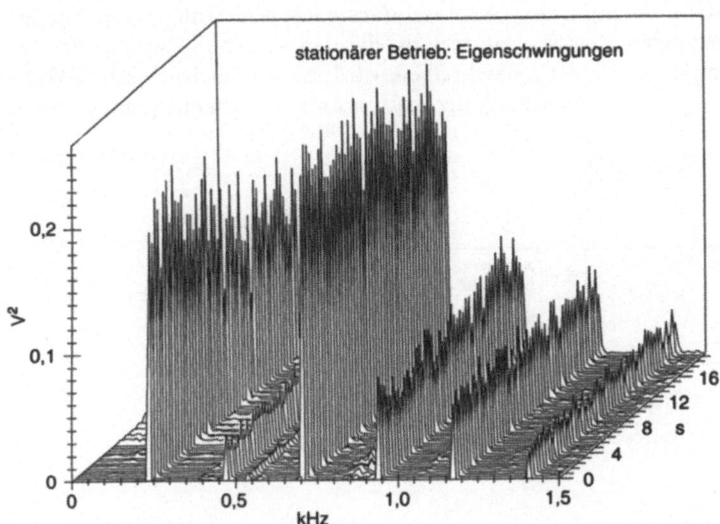

Abb. 15.10. Eigenschwingungen eines Sexto-Gerüsts

Verfügbarkeit preiswerter Sensor-Hardware-Konfigurationen. Aus diesem Grund wurden in der Vergangenheit Verfahren der zustandsorientierten Instandhaltung im Bereich der Fahrzeugtechnik im Gegensatz zu stationären Anlagen nur selten eingesetzt. Die in den letzten Jahren zunehmende betriebswirtschaftliche Bedeutung der Instandhaltung läßt aber den Einsatz aufwendigerer Diagnosetechniken auch in Fahrzeugen sinnvoll erscheinen. Dies gilt insbesondere für dieselhydraulische Antriebssysteme in Nutz- und Schienenfahrzeugen, da aufgrund der relativ hohen Stückpreise der einzelnen Antriebskomponenten ein vorteilhaftes Kosten-/Nutzenverhältnis für die Zustandsdiagnose realisierbar ist. Während für die Belange des Dieselantriebs spezielle Untersuchungstechniken zumindest außerhalb des Fahrzeugs im Werkstattbereich zur Verfügung stehen, sind für hydrodynamische Getriebe solche Einrichtungen bisher nicht bekannt.

Am Beispiel eines hydrodynamischen Wandler-Kupplungsgetriebes für Schienentriebwagen mit Antriebsleistungen bis 200 kW wurde am IBH ein multisensorielles Diagnosesystem entwickelt, welches Lösungsmöglichkeiten zur Realisierung einer detaillierten Getriebediagnose aufgezeigt.

Realisation des Getriebeüberwachungssystems. Die wesentlichen Anforderungen wurden in der Überwachung der Wälzlager und in der Aufzeichnung systemrelevanter Betriebsdaten gesehen. Zusätzlich war die Schaffung von Schnittstellen zu einer bestehenden Fahrzeugsteuerung und zu externen, der Weiterverarbeitung der im Diagnosesystem anfallenden Daten dienenden Hard- und Softwarelösungen anzustreben. Idealerweise erfolgt hierzu die primäre Datenaufbereitung bereits on-line auf dem Fahrzeug, so daß kritische Systemzustände frühzeitig erkannt werden. Die Ankopplung an einen stationären Diagnoserechner ermöglicht die Weiterverarbeitung der anfallenden Datenmenge.

Gemäß Abb. 15.11. besteht das Multisensorsystem aus Beschleunigungssensoren unterschiedlicher Bauart, einem berührungslosen Wegsensor sowie aus der mittels serieller Schnittstelle zugänglichen Leistungsinformation (Drehzahl, Last). Zur Ermittlung von geeigneten Diagnoseparametern, die den aktuellen Zustand der Lagerstellen des Getriebes eindeutig beschreiben, wird für das höchstbelastete Wälzlager die berührungslose Überwachung der axialen Abtriebswellenbewegung mittels

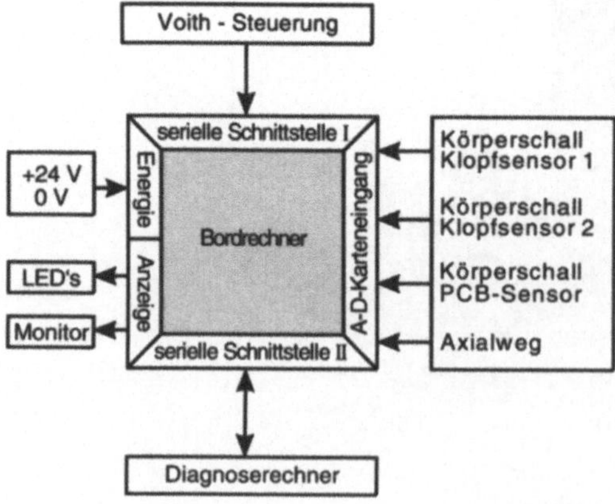

Abb. 15.11. Aufbau der Getriebeüberwachungseinrichtung

Wirbelstromsensorik als geeignete Maßnahme realisiert. Prüfstandsuntersuchungen zeigten, daß auf diesem Wege neben der Erfassung des aktuellen Lagerspiels näherungsweise auch eine Lastabschätzung der axial auf die Abtriebswelle einwirkenden Kräfte mit dieser Kenngröße vorzunehmen ist.

Die einzige Möglichkeit zur Realisierung einer wirtschaftlichen Überwachung sämtlicher Wälzlagerstellen des Getriebes wird jedoch im Einsatz der Körperschallanalyse gesehen. Anhand signaltheoretischer Grundlagenuntersuchungen ließ sich nachweisen, daß zur Durchführung einer hochgenauen Lagerzustandserfassung mittels der Hüllkurvenanalyse ein preiswerter nichtlinearer Beschleunigungsaufnehmer aus dem Automobilbereich, ein sog. Klopfsensor, völlig ausreichend ist. Basierend auf dieser Analysetechnik wird eine Diagnosekenngröße definiert, die ein eindeutiges und frühzeitiges Erkennen beginnender Wälzlagerschäden ermöglicht.

Die Wahl des Betriebspunkts, in dem das Körperschallsignal erfaßt wird, hat direkte Auswirkungen auf das Diagnoseergebnis. Betriebspunkte im Kupplungsgang des Getriebes, die durch relativ hohe Drehzahlen bei geringer Last charakterisiert sind, erweisen sich als vorteilhaft. Der direkte Vergleich der Meßergebnisse zwischen dem nichtlinearen Klopfsensor und einem hochgenauen und in weiten Frequenzbereichen linearen Beschleunigungsaufnehmer zeigt, daß mit Hilfe dieser nichtlinearen Low-cost-Sensorik und nachgeschalteter Hüllkurvenanalyse beginnende Wälzlagerschäden eindeutig zu detektieren sind.

Erste Einsatzerfahrungen. Das derart aufgebaute Diagnosesystem hat seine prinzipielle Funktionsfähigkeit während der Erprobungsphase in einem Schienentriebwagen der Württembergischen Eisenbahn Gesellschaft (WEG) nachgewiesen. Abbildung 15.12. zeigt die Oberflächenmaske der zugehörigen Diagnosesoftware. In dieser Darstellung sind die wichtigsten Sensordaten der einzelnen Kanäle visuali-

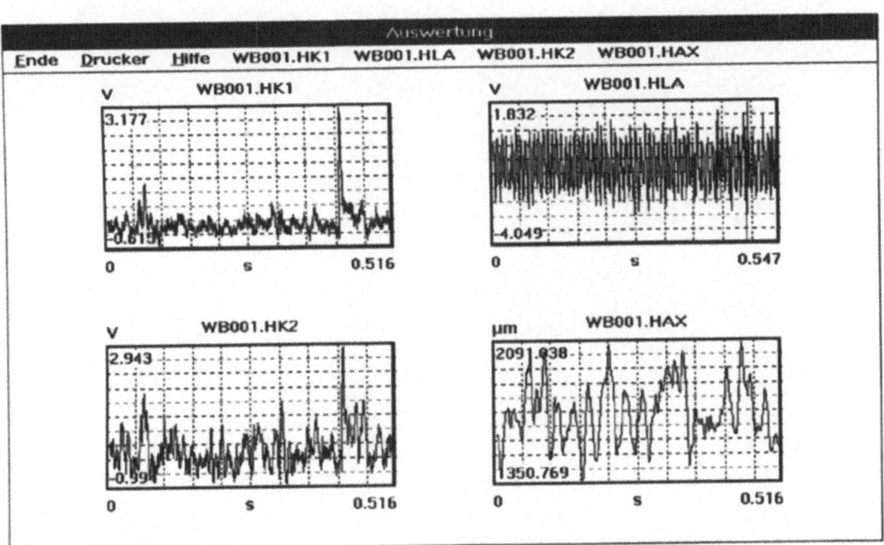

Abb. 15.12. Bildschirmauswertung einer stoßförmigen Belastung des Getriebes

siert. Weitergehende Auswerteroutinen, die unter anderem eine Transformation der Zeitdatensätze in den Frequenzbereich gewährleisten, ermöglichen gezielte Schadensprognosen. Durch den Vergleich der unterschiedlichen Sensordaten läßt sich die Diagnosesicherheit wesentlich erhöhen. Ein störender Einfluß des normalen Schienenbetriebs war nicht nachweisbar. Das Projekt konnte daher eindrucksvoll verdeutlichen, daß durch den Einsatz eines Multisensorsystems die Aussagegenauigkeit durch Synergieeffekte erheblich gesteigert wird.

16 Signalverarbeitung bei der Branderkennung: Melder mit Gas-Multisensoren

J. Kelleter, D. Kohl, H. Petig

16.1 Problemstellung: Früherkennung von Schwelbränden

Für die automatische Erkennung von Bränden mit Meldern lassen sich verschiedene Brandkenngrößen nutzen. Dazu gehören die Wärmeentwicklung, die Entstehung von Rauch-Aerosolen, die Emission von IR- oder UV-Strahlung (Flamme) und die Freisetzung von Gasen. In Abhängigkeit von der Art des Brands treten einzelne dieser Parameter in den Vordergrund, z. B. eine ausgeprägte Wärmeentwicklung bei offenen Feuern von brennbaren Flüssigkeiten oder eine deutliche Rauchentwicklung bei Bränden von Holz oder Kunststoffen. Als Brandmelder stehen deshalb eine Vielzahl verschiedener Rauchmelder (nach dem Prinzip der optischen Lichtstreuung oder der Messung eines Ionisationsstroms), Wärmemelder und Flammenmelder zur Verfügung, die viele Bereiche für die automatische Branderkennung abdecken. Bei einer Reihe besonderer Fälle treten jedoch Schwierigkeiten auf: Rauch- oder Flammenmelder sind in stark staubbelasteten Einsatzbereichen wegen rascher Verschmutzung der Funktionselemente nicht einsetzbar. Weiterhin gibt es Materialien, bei deren Brand oder Schwelbrand nur wenig Wärme oder Rauch freigesetzt wird oder sich keine offene Flamme bildet. So sollen in Bekohlungsanlagen von Braunkohlenkraftwerken trotz erheblicher Staubbelastung Schwelbrände erkannt werden. Beträchtliche Schäden durch Brände in der Vergangenheit zeigen die Notwendigkeit einer automatischen Überwachung und frühzeitigen Brandmeldung. Kohlenstaub, der sich trotz regelmäßiger Reinigung der Anlagen auf allen Flächen absetzt, kann z. B. durch Funkenflug oder Kontakt mit heißgelaufenen Förderbandrollen zu schwelen beginnen. Ein Schwelnest kann sich im Verlauf mehrerer Stunden oder Tage langsam vergrößern. Befinden sich aber leicht brennbare Materialien, z. B. Kabel oder Gummiförderbänder in unmittelbarer Umgebung, entsteht ein oft schwer eindämmbares Feuer. Ein starker Luftzug kann die schwelende Schicht verwirbeln und eine Kohlenstaubexplosion herbeiführen. Dies begründet das Interesse an einer Detektion des Schwelbrands in seiner Entstehungsphase, in der noch keine offenen Flammen auftreten, die Rauchentwicklung gering ist und die Wärmeentwicklung für eine Detektion mit Thermodifferentialmeldern nicht ausreicht.

Für den wirkungsvollen Betrieb einer Brandmeldeanlage ist die Unterdrückung von Fehlalarmen unverzichtbar, da ansonsten kein Vertrauen in die Brandmeldungen entstehen kann [1, 2]. Eingehende Meldungen werden leichtfertigerweise gerne ignoriert, wenn sie sich zu häufig als falsch erweisen.

Die automatische Überwachung der Bekohlungsanlage des Braunkohlenkraftwerks Niederaußem der RWE Energie AG erfolgte bisher mit Ionisationsrauchmeldern. Aufgewirbelter Kohlenstaub oder Betauung mit Feuchtigkeit lösen bei solchen Meldern häufig Fehlalarme aus. Weiterhin reicht deren Nachweisempfindlichkeit nicht aus, Schwelbrände von reinem Braunkohlenstaub zu detektieren.

Der einem Brand zugrundeliegende Vorgang ist die Oxidation eines Stoffs mit Luftsauerstoff. Dabei entstehen neben Wärme, Strahlung, Feststoffen und Aerosolen auch gasförmige Produkte. Bei vollständiger Verbrennung sind dies CO_2 und H_2O. Bei Schwelbränden mit verminderter Sauerstoffzufuhr treten zusätzlich Produkte der unvollständigen Verbrennung auf: CO, Kohlenwasserstoffe, in geringeren Konzentrationen auch Alkohole, organische Säuren, aromatische Verbindungen und Aldehyde [3]. Weitere Gase können durch Desorption adsorbierter Moleküle oder Verdampfung flüchtiger Komponenten entweichen.

Mit Hilfe geeigneter Sensoren können diese Schwelgase detektiert und der zugrundeliegende Brand gemeldet werden.

16.2
Lösungsvarianten

Zum Nachweis geringer Konzentrationen der Schwelgase Kohlenmonoxid und Kohlenwasserstoffe sind Sensoren mit verschiedenen Funktionsprinzipien erhältlich [4]:

IR-Gasmeßzellen nutzen die Abschwächung eines Infrarotlichtstrahls durch die nachzuweisende Gasart. Sie weisen bei sehr guter Stabilität und Linearität eine Empfindlichkeit bis in den ppm-Bereich auf und werden daher in der Regel für präzise Gasmessungen eingesetzt. Für eine staubbelastete Umgebung sind solche Geräte jedoch weniger geeignet, da sowohl die Optik als auch das erforderliche Pumpsystem (Transport des Gases in die Meßkammer) häufig gereinigt werden müssen.

Elektrochemische Gassensoren sind z. B. für den Einsatz in Gaswarnanlagen für CO, H_2 oder eine Reihe weiterer toxischer Gase weit verbreitet. Sie zeichnen sich durch gute Stabilität, sehr niedrigen Stromverbrauch und Empfindlichkeiten bis in den ppm-Bereich aus. Jedoch beträgt die Lebensdauer der Meßzellen wenige Jahre, bei ungünstigen Umgebungsbedingungen, z. B. bei Trockenheit oder höheren Lufttemperaturen sogar nur einige Monate. Bei Verschmutzung z. B. durch Staub kann die Empfindlichkeit und die Ansprechzeit beeinträchtigt werden.

Halbleitergassensoren nutzen die Änderung des elektrischen Widerstands einer geheizten Halbleiterschicht bei Anwesenheit von reduzierenden oder oxidierenden Gasen. In Abhängigkeit von Material, Dotierstoffen und Temperatur lassen sich verschiedene Selektivitäten und Empfindlichkeiten erzielen. Sensoren auf Basis von SnO_2 werden seit 20 Jahren in großen Stückzahlen gefertigt und z. B. in Japan zur Überwachung von Innenräumen (Warnung vor explosiven Gasgemischen bei Gasheizungen) eingesetzt. Sie weisen eine lange Lebensdauer und bei geeigneten Maßnahmen zur künstlichen Voralterung eine gute Langzeitstabilität auf. So haben eigene Untersuchungen gezeigt, daß z. B. reiner Kohlenstaub, der sich auf der Sensoroberfläche absetzt, bei einer Betriebstemperatur oberhalb von 100 °C zu Asche umgesetzt wird. Dadurch wird die Sensorfunktion nicht beeinträchtigt. Edelmetallzusätze führen zu hohen Empfindlichkeiten gegenüber den Schwelgasen CO oder H_2. Halbleitergassensoren lassen sich jedoch lediglich für eine oder mehrere Gaskomponenten optimieren, Querempfindlichkeiten gegenüber weiteren Gasen bleiben immer bestehen. So spielen bei einem CO-Sensor die Hintergrundkonzentrationen von z. B. H_2, CH_4 und Wasserdampf eine Rolle. Um quantitativ die Konzentration eines Gases erfassen zu können, müssen auf rechnerischem Wege die Einflüsse der Hintergrundgase und die Nichtlinearität der Sensorkennlinie berücksichtigt werden. Die qualitative Überprüfung der Raumluft auf Anwesenheit von Brandgasen erfordert den Einsatz von mehreren Sensorelementen, da ein Sensor immer auch auf andere Gase, z. B. Dämpfe von Lösungs- und Reinigungsmitteln, reagiert. Werden Sensorelemente eingesetzt, die unterschiedliche Teilselektivitäten auf Schwel- und Hintergrundgase aufweisen, so können mit einer angepaßten Signalverarbeitung Fehlalarme vermieden werden. Erst damit wird der Einsatz von Halbleitergassensoren zur wirkungsvollen automatischen Branderkennung möglich.

Zusammensetzung der Schwelgase. In einem ersten Schritt zur Vorbereitung einer technischen Lösung wurde eine Analyse der Schwelgase vorgenommen, die bei einem Schwelbrand vor Ort entstehen. Zu diesem Zweck wurde in der Bekohlungsanlage des Kraftwerks Niederaußem ein Schwelbrand mit Braunkohlenstaub gezündet. Folgende Anordnung, die später für Tests während der Geräteentwicklung beibehalten wurde, liefert den „Standard"-Schwelbrand: Braunkohlenstaub wird in einer flachen Metallwanne auf eine Fläche von $60 \times 80\,cm^2$ mit einer Höhe von $2\,cm$ verteilt. Der Schwelbrand wird mit Hilfe eines kleinen glühenden Metallstücks entzündet. Er breitet sich an der Oberfläche langsam aus, nach etwa drei Stunden hat er sich auf die gesamte Fläche ausgedehnt. Abbildung 16.1. zeigt ein Foto des Schwelbrands ca. $100\,min$ nach der Zündung.

Während des zeitlichen Verlaufs des Schwelbrands wurden mit einer Meßeinrichtung mit verschiedenen elektrochemischen Zellen die Konzentrationen der Gase im Raum im Abstand von $3\,m$ zum Brand erfaßt. Als Schwelgase wurden CO, H_2, CO_2, CH_4 und weitere Kohlenwasserstoffe beobachtet. Abbildung 16.2. zeigt den Verlauf der Konzentrationen von H_2 und CO. Die CO-Konzentration zeigt im Verlauf des Brands ein Maximum, während die H_2-Konzentration ständig steigt. Die Entstehung

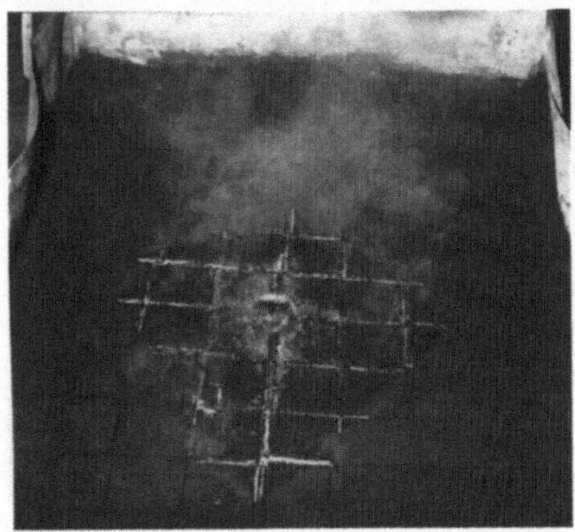

Abb. 16.1. Fotografie eines Schwelbrands von Braunkohlenstaub ca. $100\,min$ nach der Zündung (aufgeprägtes Raster mit $10\,cm$ Abständen)

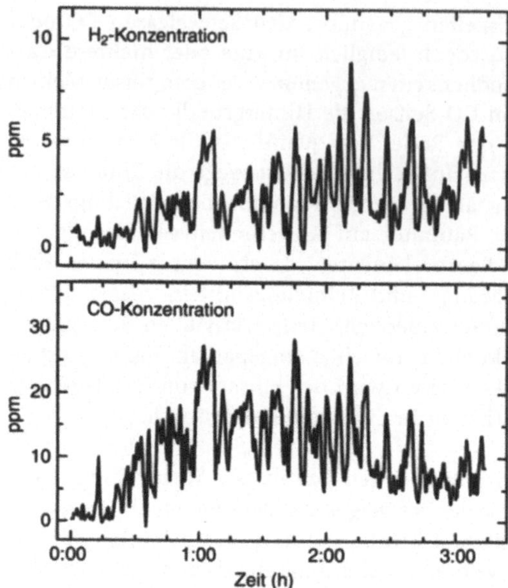

Abb. 16.2. Verlauf der H_2- und der CO-Konzentration während eines Schwelbrands von Braunkohlenstaub. Entfernung zwischen Meßstelle und Schwelbrand: 3 m. (Nullpunkt der Zeitachse: Zündzeitpunkt)

von H_2 beruht auf einer katalytischen Umsetzung des Wassergehalts der Kohle mit CO an der heißen Kohlenoberfläche. Der Anteil des entstehenden H_2 hängt daher von der Temperatur der schwelenden Kohle ab.

Die großen Schwankungen der Konzentrationen sind auf die Strömungsfahnen, mit denen Schwelgase in verschieden starker Verdünnung zum Sensor transportiert werden, zurückzuführen. Weiterhin fällt auf, daß trotz fortschreitendem Schwelbrand die CO-Konzentration zurückgeht. Die Messung der Konzentration eines der Schwelgase kann also keine Aussage über die Größe, den Ausbreitungszustand oder die Temperatur des Schwelbrands liefern. Zudem gelangen die Schwelgase zu Meldern an verschiedenen Installationsorten mit teilweise stark unterschiedlichen Konzentrationen, abhängig von den Abständen zum Brand und den Strömungsverhältnissen.

Wenn die Ausbreitung der Schwelgase über Strömungsfahnen abläuft, z. B. verursacht durch Thermik oder Winddruck, spielen unterschiedliche Diffusionszeiten von Gaskomponenten mit verschiedenem Molekulargewicht keine Rolle. Die Schwelgase werden deshalb auf ihrem Weg zum Melder ohne Veränderung der Zusammensetzungsverhältnisse verdünnt. Daher ist zu erwarten, daß im vorliegenden Fall das Verhältnis der H_2- und der CO-Konzentration nicht von den Strömungsverhältnissen abhängt. Abbildung 16.3a. zeigt den Quotienten aus beiden gemessenen Konzentrationen. Gegenüber den stark schwankenden Einzelkonzentrationen entwickelt sich der Quotient, wie erwartet, gleichmäßiger.

Im Verlauf des sich ausbreitenden Brands steigt der Quotient langsam an und deutet mit dem erhöhten H_2-Gehalt auf einen Temperaturanstieg der schwelenden Fläche hin. Abbildung 16.3b. zeigt zum Vergleich die zunehmende Fläche des Schwelbrands.

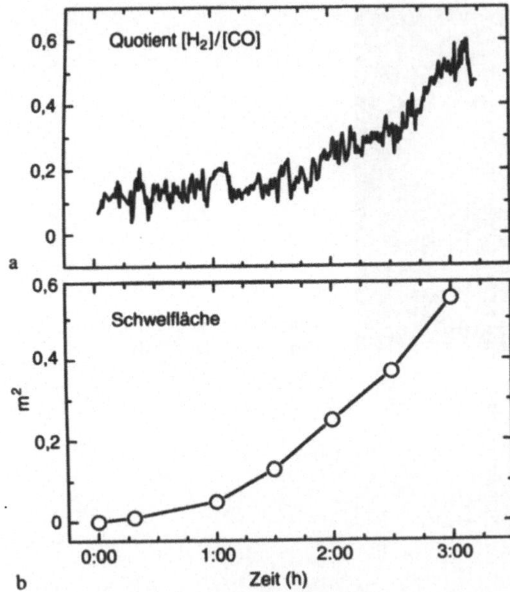

Abb. 16.3. a) Verlauf des Verhältnisses der H_2- und CO-Konzentrationen während eines Schwelbrands von Braunkohlenstaub. **b)** Verschwelte Fläche (Nullpunkt der Zeitachse: Zündzeitpunkt)

Für die automatische Branderkennung kann nun die Ermittlung des Zustands unabhängig von der Entfernung des Melders genutzt werden. Letztlich muß jedoch immer die Bedingung erfüllt sein, daß Schwelgase mit einer Mindestkonzentration zu den Sensoren gelangen, so daß die Sensorsignale deutlich über das Hintergrundrauschen ansteigen.

16.3
Lösungsbearbeitung

Ausgehend von diesen Überlegungen wurde die Gassensormeldeeinheit (GSME), ein Sonderbrandmelder zur Detektion von Schwelbränden, entwickelt. Zentrale Elemente des Geräts sind drei Halbleitergassensoren und ein Mikrocontroller für die Signalauswertung.

Hardware. Der Einsatz in rauher Kraftwerksumgebung mit seiner hohen Kohlenstaubbelastung und häufigen Naßreinigungen erfordert ein dichtes und schlagfestes Aluminiumgehäuse. Ein Sinterbronzefilter ermöglicht den Gaszutritt zu den Sensoren durch Diffusion und schützt vor Spritzwasser, Staub und mechanischer Beschädigung. Staub kann auch bei starker Belastung als mögliche Ursache für Falschalarme ausgeschlossen werden, da das Sinterbronzefilter den überwiegenden Teil der Partikel zurückhält. Organische Partikel, die dennoch auf die geheizten Sensorchips gelangen, verbrennen dort. Dies führt zwar zu geringen Signalen aufgrund dabei entstehender Gase, verhindert aber eine Ansammlung von Partikeln auf dem Sensor. Abbildung 16.4. zeigt die Fotografie eines Prototypen. Die drei Sensorelemente werden erst bei abgenommenem Sinterbronzefilter sichtbar (Abb. 16.5.).

Abb. 16.4. Fotografie eines Prototypen der GSME

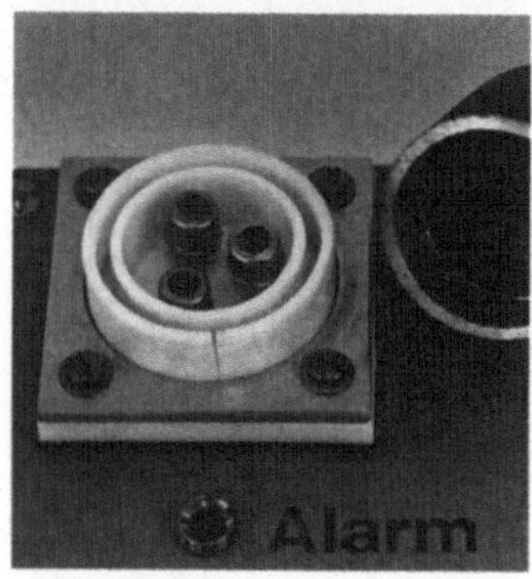

Abb. 16.5. Fotografie der drei Sensorelemente der GSME bei abgenommenem Sinterbronzefilter

Sensor	Typ	Präparation	Querempfindlichkeiten (Auswahl)	Temperatur des Sensors
1	H_2-Sensor	Pd dotiert, spezielle Oberflächenbeschichtung	gering: CH_4, H_2O sehr gering: CO	400–450 °C
2	CO-Sensor	Pd dotiert	NO_x, gering: H_2, H_2O	120–150 °C
3	Lösungsmittel-Sensor	undotiert	NO_x, H_2O	180–250 °C

Die Abhängigkeit des Widerstands der sensitiven Halbleiterschicht des H_2-Sensors von der Wasserstoffkonzentration ist in Abb. 16.6. dargestellt. Zum Vergleich ist der Einfluß von CO (Querempfindlichkeit) in einer zweiten Kurve gezeigt. Für die zugrundeliegende Messung ist ein Sensorelement aus der Fertigung* herausgegriffen worden. Bei anderen Sensorelementen dieses Typs ist für die relative Leitwertänderung bei Angebot des jeweiligen Gases das gleiche Verhalten zu finden, jedoch mit einer herstellungsbedingten Streuung im Grundwiderstand der sensitiven Schicht. Daher wird in einem der ersten Rechenschritte des Auswerteprogramms die relative Leitwertänderung ermittelt.

---

* Bezugsquelle der Sensorelemente: UST Umweltsensortechnik GmbH, Geraberg

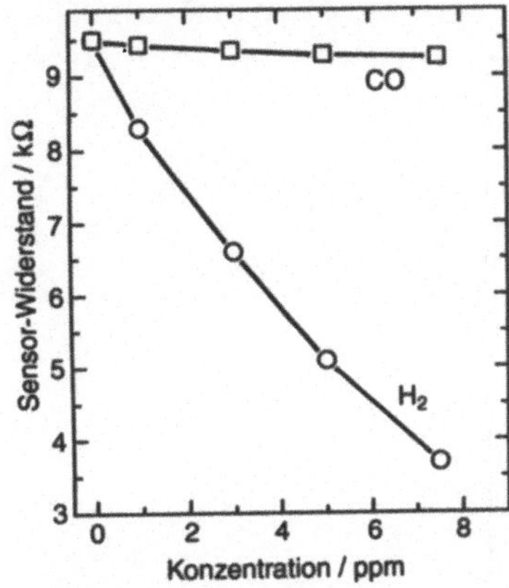

Abb. 16.6. Widerstandswert eines H_2-Sensors in Abhängigkeit von der Gaskonzentration

Die Querempfindlichkeiten der Sensorelemente können mit der Wahl der Betriebstemperatur verändert werden. Die in der Tabelle angegebenen Temperaturbereiche haben sich für den Einsatz in der GSME als optimal erwiesen. Da der Grundwiderstand der Sensorelemente jedoch empfindlich von der Heiztemperatur des Sensorchips abhängt, ist eine elektronische Temperaturregelung erforderlich. Die Heizelemente sind als Pt-10 Elemente ausgebildet, so daß über den Widerstand des Heizers die Temperaturerfassung erfolgen kann.

Ein Mikrocontroller, Typ 80C537, übernimmt die Steuerung des Geräts:

- Einstellung und Steuerung der Heizungsregelungen
- Selbstüberprüfung der Gerätefunktionen
- Zeitablaufsteuerung der Erfassung der Sensorwiderstandswerte (Analog-Digital-Wandlung)
- Signalverarbeitung
- Ausgabe einer Alarm- oder Störungsmeldung

Abbildung 16.7. zeigt in einem Blockschaltbild die wichtigsten elektrischen Komponenten

Ein stabilisiertes Netzteil (230 V Wechselspannung oder optional 24 oder 42 V Gleichspannung) stellt die Spannungen zum Betrieb des Prozessors, der Baugruppen und zur Heizung der Sensorelemente zur Verfügung. Eine Verringerung der Leistungsaufnahme von derzeit 10 VA kann bei zukünftigen Weiterentwicklungen durch Miniaturisierung, Einsatz anderer Sensortypen oder optimiertes Powermanagement erzielt werden.

Die Sensorbaugruppe enthält für jeden Sensor eine analoge Heiztemperaturregelschaltung. Die Temperaturen können über digitale Potentiometer durch den Mikrocontroller vorgegeben werden. Sensorspezifische Grundeinstellungen sind als Parameter in dem E^2PROM abgelegt. So kann, falls ein Einsatz der Melder in anderen Umgebungen dies erfordert, ein Austausch der Sensorbaugruppe mit geänderten Empfindlichkeiten oder Betriebstemperaturen erfolgen.

Das EPROM enthält das Steuer- und Auswerteprogramm. Wird ein Brand detektiert, so wird auf der Ausgabebaugruppe das Alarmrelais für die Grenzwertmeldelinie der Alarmzentrale gesetzt. Ist die Brandmeldezentrale in der Lage, über ein

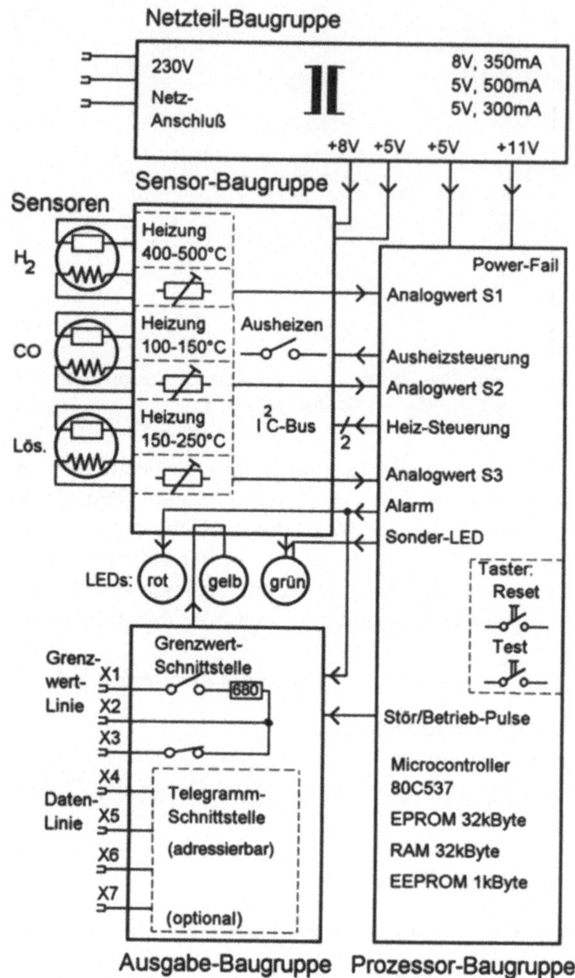

Abb. 16.7. Blockschaltbild der Elektronik der Gassensormeldeeinheit.

Datentelegramm den Zustand jedes der einzelnen Melder über eine Datenleitung ab-
zufragen, kann optional eine Schnittstellenbaugruppe eingesetzt werden. Diese muß
jedoch je nach Norm oder Hersteller der Anlage angepaßt werden. In ähnlicher
Weise wird der Zustand „Störung" übertragen, der z. B. dann vorliegt, wenn der
Mikrocontroller einen nicht korrigierbaren Fehler detektiert, der Mikrocontroller
nicht ordnungsgemäß arbeitet oder die Stromversorgung unterbrochen ist.

Signalverarbeitung zur Branderkennung. Im folgenden werden die einzelnen Schritte
der Signalverarbeitung in ihren Grundzügen näher dargestellt. Dabei ist die Gliederung nicht streng an der tatsächlichen Abfolge der Prozeduren des C51-Programms
orientiert, um die Verständlichkeit zu erleichtern.

Messung der Sensorleitwerte. An einem Spannungsteiler aus der gasempfindlichen Halbleiterschicht des Sensors (Leitwert G) und einem Festwiderstand R wird über dem Sensor die Spannung U abgegriffen. Sie wird sekündlich von einem Analog-Digital-Wandler (im Mikrocontroller) mit 10 bit Genauigkeit gemessen. Es wird eine Mittelung über 30 Werte durchgeführt und der Leitwert berechnet:

$$G = \frac{U_0 - U}{R \cdot U} \qquad \text{mit}: \quad U_0 : \text{Spannung über dem Spannungsteiler}$$

Somit wird eine diskrete zeitliche Folge von Leitwerten für jedes Sensorelement erhalten: $G(t_i)$. Jeweils zum Zeitpunkt t_i, hier im Abstand von je 30 s, wird ein aktualisierter Leitwert berechnet.

Signalaufbereitung. Für einen Halbleitergassensor ist die relative Leitwertänderung $\Delta G/G_0 = G/G_0 - 1$ ein Maß für die vorliegende Gaskonzentration. Dabei ist G der aktuelle Leitwert und G_0 der Leitwert bei Abwesenheit des nachzuweisenden Gases.

Der genaue Wert G_0 hängt von den Umgebungsbedingungen, d. h. der Belastung der Luft z. B. mit Umweltgasen und dem Gehalt an Luftfeuchtigkeit ab. Da angenommen werden kann, daß die Situation „Brand" die Ausnahme darstellt und sich innerhalb weniger Stunden einstellt, liefert eine kontinuierliche Mittelung des Sensorleitwerts über mehrere Stunden, hier 6 h, eine gute Näherung für $G_0 : G_0 = \overline{G}^{6h}$.

Unter kontinuierlicher Mittelung (gekennzeichnet durch das Symbol $\overline{F'}$) der Folge $f(t_i)$ soll hier eine Mittelung durch einen Tiefpaß mit der Zeitkonstanten τ verstanden werden:

$$\overline{F'}(t_i) = \overline{F'}(t_{i-1}) \cdot a + f(t_i) \cdot (1 - a) \quad \text{(rekursiv)} \qquad \text{mit} \quad a = \exp\left(-\frac{t_i - t_{i-1}}{\tau}\right)$$

Das Sensorsignal des jeweiligen Elements ergibt sich somit nach:

$$S = \frac{G}{\overline{G}^{6h}} - 1$$

Auf diese Weise werden die Signale des H_2-Sensors (S_1) und des Lösungsmittelsensors (S_3) bestimmt. Um das Signal für den CO-Sensor (S_2) zu erhalten, ist ein weiterer Rechenschritt erforderlich:

Wird der CO-Sensor ausschließlich bei seiner Arbeitstemperatur von ca. 120 °C betrieben, so nimmt seine Empfindlichkeit gegenüber CO kontinuierlich ab. Deshalb muß dieser Sensor in Abständen von 8 h für die Dauer von 1 min auf eine höhere Temperatur (> 280 °C) gebracht werden, um Stoffe, die sich mit der Zeit auf der Sensoroberfläche angesammelt haben, wieder zu entfernen (Regenerierung). Nach dem Ende des jeweiligen Ausheizvorgangs liefert der Sensor ein zu niedriges Signal, das sich mit der Zeit asymptotisch dem Signal vor dem Ausheizen annähert. Dieses Verhalten wird korrigiert, indem eine abklingende Exponentialfunktion addiert wird:

$$S_2 = S_2^* + \exp\left[-t_a/\tau_a\right] \cdot (S_{2vA} - S_{2nA})$$

S_2^* : unkorrigiertes Signal des CO-Sensors
t_a : Zeit nach dem letzten Ausheizen
S_{2vA} : Signal des CO-Sensors direkt nach dem Ausheizen
S_{2nA} : Signal des CO-Sensors direkt vor dem Ausheizen

Die Zeitkonstante τ_a hängt von der Arbeitstemperatur des CO-Sensors ab und beträgt bei der gewählten Temperatur 15 min. Nun stehen als Ausgangssignale für weitere Berechnungen die Signale S_1, S_2 und S_3 der drei Sensorelemente zur Verfügung.

Berechnung der Brandkenngrößen. Wie weiter oben beschrieben, ist für einen Schwelbrand die Zusammensetzung der Schwelgase charakteristisch. Die Absolutkonzentrationen spielen dabei eine untergeordnete Rolle. Alarm soll ausgelöst werden, wenn das Verhältnis aus der H_2- und der CO-Konzentration einem schwelbrandtypischen Verhältnis entspricht. Es ist sinnvoll, für V_{12} ein Intervall zuzulassen, da die Zusammensetzung der Schwelgase von der Sauerstoffzufuhr zum Schwelbrand, von der Kohlensorte und insbesondere vom Stadium des Schwelbrands abhängt. Es wird daher überprüft, ob das Verhältnis der Signale S_1 und S_2 einen Mindestwert V_{12}^{min} überschreitet. Wird ein Maximalwert V_{12}^{max} überschritten, handelt es sich mit großer Wahrscheinlichkeit nicht um einen Brand, sondern um Wasserstoff aus einer anderen Quelle.

Die Bildung des Verhältnisses macht nur dann Sinn, wenn Signale ausreichender Höhe über dem Hintergrundrauschen vorliegen: Bei kleinen Signalen im Nenner wird das Verhältnis sehr ungenau und unterliegt großen statistischen Schwankungen. Daher muß S_2 einen Mindestwert S_2^{min} überschreiten.

$$V_2^{min} < V_{12} = \frac{S_1}{S_2} < V_{12}^{max} \quad und \quad S_2 > S_2^{min} \tag{1}$$

Wenn verschiedene Gase von zwei oder mehreren verschiedenen Quellen freigesetzt werden, z.B. ausgasende Kohle (CO) und zum schweißen verwendetes Gas (Wasserstoff, z.B. undichte Flasche), kann die Alarmbedingung (1) leicht erfüllt werden. Dann würde ein Fehlalarm gemeldet.

Folgende Überlegung führt auf ein Verfahren, mit dem Fehlalarme aufgrund solcher Ursachen vermieden werden:

Gase werden von der Quelle (dem Brand) mit der Luftströmung (Konvektion oder Luftzug) zum Sensor transportiert. Die Konzentrationen aller Gase, die von der selben Quelle stammen, also den gleichen Transportweg haben, sind entsprechend den Schwankungen der Strömungsgeschwindigkeit und -richtung in gleicher Weise moduliert. Das Verhältnis der Schwankungsamplituden der Signale spiegelt dabei den Zustand des Brands wider. Für eine Brandmeldung muß dieses Verhältnis für H_2 und CO einem schwelbrandspezifischen Verhältnis entsprechen.

Die Schwankungsamplituden ΔS_j der Sensorsignale ($j = 1, 2, 3$) werden berechnet:

$$\Delta S_j = \sqrt{\frac{1}{n} \sum_{t_1=t-T_\Delta}^{t} \delta S_j(t_i)^2} \quad mit \quad \delta S_j = S_j - \bar{S}_j^{T_\Delta} \quad und \; n : \text{Anzahl der Summanden}$$

Die Zeitdauer T_Δ, während der die mittlere Schwankungsamplitude berechnet wird, sollte etwa der Zeitkonstanten der Konzentrationsmodulationen entsprechen. Da die zugrundeliegenden Strömungsverhältnisse von den jeweiligen Örtlichkeiten abhängen, empfiehlt sich die Sichtung vor Ort aufgenommener Daten zur

Abschätzung einer geeigneter Zeit. Für die Bekohlungsanlage wurde $T_\Delta = 5\,\text{min}$ gewählt.

Analog zur Überprüfung des Verhältnisses der Signale S_1 und S_2 wird nun das Verhältnis der Schwankungsamplituden gebildet und mit Eckwerten verglichen. Auch hier macht die Auswertung des Quotienten nur Sinn, wenn der Nenner ΔS_2 einen Mindestwert überschreitet.

$$V_{12}^{\Delta,\min} < V^\Delta{}_{12} = \frac{\Delta S_1}{\Delta S_2} < V_{12}^{\Delta,\max} \quad \text{und} \quad \Delta S_2 > \Delta S_2^{\min} \tag{2}$$

Liegt ein Brand vor, dann spiegelt nicht nur das Verhältnis V_{12} der Sensorsignale, sondern auch das Verhältnis V_{12}^Δ der mittleren Schwankungsamplituden das brandcharakteristische Gaszusammensetzungsverhältnis wieder. Dabei muß berücksichtigt werden, daß wegen der nichtlinearen Kennlinien der Halbleitersensoren die beiden Verhältnisse in der Regel nicht genau übereinstimmen.

Die bisher vorgestellten Bedingungen für die Alarmgabe setzen deutliche Signale voraus, sind aber in der Lage, innerhalb kurzer Zeit, z. B. nach Verstreichen der Modulationszeitkonstanten T_Δ, Alarm auszulösen.

Bei Signalen, die knapp über dem üblichen Hintergrundrauschen liegen, kann dennoch eine Auswertung erfolgen, wenn über einen längeren Zeitraum, bis zu einer Stunde, die brandcharakteristischen Parameter gemittelt werden und auf Gleichmäßigkeit bei der zeitlichen Entwicklung geachtet wird.

Ein Schwelbrand von Braunkohlenstaub entwickelt sich im Verlauf von einigen Stunden. Bei einem Testschwelbrand wurde nach $3\,\text{h}$ eine Flächenausdehnung von $0{,}5\,\text{m}^2$ erreicht. Dabei ändert sich allerdings die Zusammensetzung der emittierten Schwelgase: Das Verhältnis der Konzentrationen von H_2 und CO steigt im Verlauf des Schwelbrands kontinuierlich an (s. o.): Überschreitet die Tendenz ($\overline{\delta V_{12}^\tau}$) des gemittelten Verhältnisses V_{12} während eines längeren Zeitraums, typischerweise $1\,\text{h}$, ständig einen positiven Mindestwert, $\overline{\delta V_{12}}^{\tau,\min}$, so besteht eine hohe Wahrscheinlichkeit für einen Schwelbrand:

$$\overline{\delta V_{12}}^{\tau,\min} < \overline{\delta V_{12}^\tau} = \overline{V_{12}^\tau} - \overline{V_{12}^T} \quad \text{mit} \quad \tau \approx 10\,\text{min} < T \approx 20\,\text{min} \tag{3}$$

Bedingung (3) muß durch ähnliche Bedingungen ergänzt werden, die Bedingung (1) und (2) entsprechen. Die zu ergänzenden Bedingungen müssen niedrigere Schwellwerte für die Signalhöhen aufweisen.

Unterdrückung von Fehlalarmen. Die häufigsten Ursachen für Fehlalarme sind Gase oder Lösungsmitteldämpfe bei Wartungs- oder Reparaturarbeiten. So wird z. B. bei Vulkanisationsarbeiten ein chlorierter Kohlenwasserstoff eingesetzt oder zur Reinigung von Maschinenteilen Waschbenzin verwendet. Dies führt zu Signalen bei den Sensorelementen, auch wenn die genannten Arbeiten in entfernteren Gebäudeteilen durchgeführt werden, da in der Regel hohe Konzentrationen der Dämpfe vorliegen. Die eingesetzten Halbleitersensorelemente für H_2 und CO weisen, wie alle Halbleitersensoren auf SnO_2-Basis, geringe Querempfindlichkeiten für eine Reihe von Lösungsmitteldämpfen auf.

Der Einsatz des dritten Sensorelements, das auf Lösungsmitteldämpfe empfindlich reagiert, aber nur geringe Querempfindlichkeiten gegenüber H_2 und CO aufweist, ermöglicht eine Unterscheidung zwischen Signalen, hervorgerufen durch einen Brand und Signalen aufgrund von Lösungsmitteldämpfen.

Folgende Tabelle gibt typische Sensorempfindlichkeiten bei verschiedenen Stoffen wieder:

Stoff	H_2-Sensor	CO-Sensor	Lösungsmittelsensor
Vulkanisations-Kleber (CKW)	mittel	gering	hoch
Ethanol	mittel	mittel	hoch
Waschbenzin	mittel	mittel	hoch
Schwelbrand	hoch	hoch	mittel

Zur Vermeidung von Alarmen wird deshalb das Verhältnis der Signale des Lösungsmittelsensors und des H_2-Sensors sowie das Verhältnis des Lösungsmittelsensors und des CO-Sensors betrachtet:

$$V_{13} = \frac{S_1}{S_3} > V_{13}^{min} \quad \text{mit} \quad V_{13}^{min} \approx 1 \tag{4}$$

$$V_{23} = \frac{S_2}{S_3} > V_{23}^{min} \quad \text{mit} \quad V_{23}^{min} \approx 1 \tag{5}$$

Treffen diese Bedingungen zu, so liegt mit hoher Wahrscheinlichkeit keines der häufig verwendeten Lösungsmittel vor. Ein Alarm wird nicht unterdrückt.

Analog können die Bedingungen (6) und (7) aufgestellt werden, die sich auf die Schwankungsamplituden der Signale beziehen.

Alarmgabe. Die bisher genannten Bedingungen werden überprüft: Dementsprechend werden logische Variablen mit „wahr" oder „falsch" belegt.

Zum Alarm sollen verschiedene Verknüpfungen dieser logischen Variablen führen:

Das Verhältnis H_2/CO ist unter den Bedingungen (1) und (2) gleich A_V. Das Verhältnis steigt unter Bedingung (3) in Verbindung mit den Bedingungen für niedrigere Schwellwerte an, und ist gleich A_δ.

Ist kein Lösungsmittel vorhanden, dann gelten die Bedingungen (4), (5), (6) und (7), und diese sind gleich $\overline{L}$. Gilt somit

$$(A_V \quad \text{oder} \quad A_d) \quad \text{und} \quad \overline{L} = \text{„wahr"}$$

$$\Rightarrow \text{ALARM}$$

Die vorgestellten Verknüpfungen haben sich im praktischen Betrieb als geeignet erwiesen. Es sind jedoch eine Reihe weiterer sinnvoller Verknüpfungen der Alarmbedingungen möglich. So ist bei einer Weiterentwicklung des Geräts eine Auswertung, z. B. mit Fuzzy-Logik, denkbar.

16.4
Realisierung

Prototypen der GSME sind seit 1992 in der Bekohlungsanlage des Braunkohlenkraftwerks Niederaußem im Einsatz [5]. In unregelmäßigen Abständen wurden Testbrände in Anlehnung an den vorher beschriebenen Schwelbrand durchgeführt. Es wurde bei allen Versuchen eine Alarmmeldung erhalten. Zusätzlich sind die Signale der Sensorelemente kontinuierlich aufgezeichnet worden. Am Beispiel eines der Testschwelbrände läßt sich die Funktionsweise gut nachvollziehen. Dazu sollen die Signale der drei Sensorelemente von zwei Meldern mit verschiedenen Abständen vom Brand betrachtet werden. Abbildung 16.8. zeigt den Verlauf der Signale S_1, S_2 und S_3 des Melders GSME 1, der 5 m vom Brand entfernt installiert ist. Sowohl der H_2- als auch der CO-Sensor zeigen deutliche Signale. Das H_2-Signal beginnt erst im Verlauf des Brandes anzusteigen, wenn dieser eine Mindesttemperatur erreicht hat. Bei dem Melder GSME 3, der in 30 m Entfernung installiert ist, ist ein ähnlicher Signalverlauf zu erkennen (siehe Abb. 16.9.), jedoch mit deutlich niedrigeren Signalhöhen. Für den Ausbreitungszustand des Brandes ist das Verhältnis aus den Signalen S_1 und S_2 spezifisch. Abbildung 16.10. zeigt den zeitlichen Verlauf des berechneten Verhältnisses V_{12} beider Melder: Zu Beginn liegen die Werte nahe bei Null, da vor der Zündung des Schwelbrands und solange die Schwelfläche noch klein ist, kein Wasserstoff vorliegt. Bei der Verhältnisbildung dominieren zunächst der CO-Hintergrund und das Signalrauschen, dann der hohe CO-Anteil des Schwelbrands mit niedriger Kerntemperatur. Ab einer Größe der Schwelfläche von ca. 0,05 m^2 bewirkt die Zunahme des H_2-Anteils einen deutlichen Anstieg des Verhältnisses bis auf Werte über Eins. Zu diesem Zeitpunkt wird im Kern des Schwelbrands eine Temperatur von 400 °C gemessen. Bei GSME 3 wird trotz der 6-fachen Entfernung vom Brand das gleiche Verhältnis wie bei GSME 1 erreicht, jedoch mit zeitlicher Verzöge-

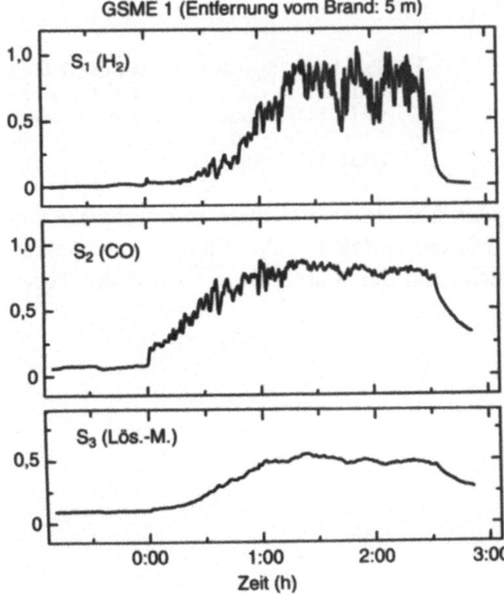

Abb. 16.8. Signale der GSME 1 während eines Schwelbrandversuchs, Entfernung zum Brand 5 m (Nullpunkt der Zeitachse: Zündzeitpunkt)

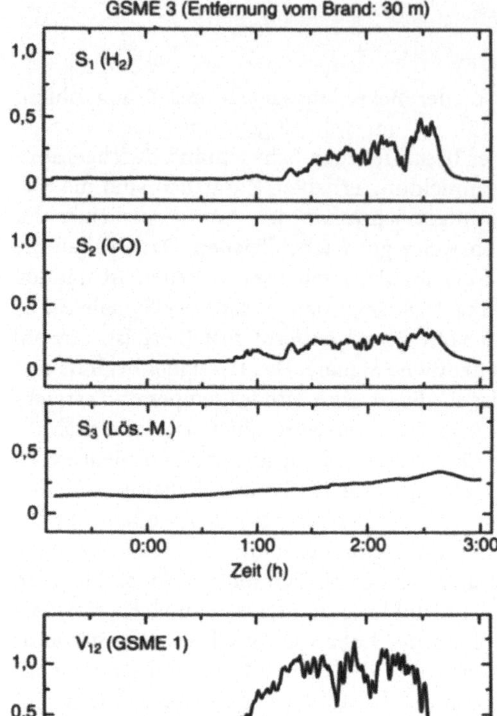

Abb. 16.9. Signale der GSME 3 während eines Schwelbrandversuchs, Entfernung zum Brand 30 m (Nullpunkt der Zeitachse: Zündzeitpunkt)

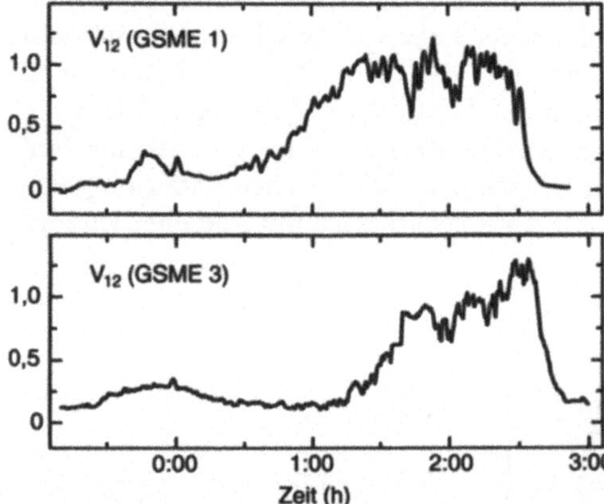

Abb. 16.10. Signalverhältnisse der GSME 1 und 3 während eines Schwelbrandversuchs. Entfernungen zum Brand: GSME 1: 5 m, GSME 3: 30 m (Nullpunkt der Zeitachse: Zündzeitpunkt)

rung aufgrund langsamer Ausbreitung der Schwelgase. Bei einer Alarmschwelle von $V_{12}^{min} = 0{,}5$ wird von GSME 1 nach 1 h und von GSME 3 nach 1,5 h der Brand gemeldet. Nach 2,5 h wurde der Brand gelöscht und der Raum durch Öffnen der Türen rasch gelüftet.

16.5
Verallgemeinerung

Mit der Gas-Sensor-Melde-Einheit (GSME) ist ein Brandmelder für Kohlenschwelbrände entwickelt worden, der die Zusammensetzung der emittierten Schwelgase auswertet. Maßgeblich zur Bestimmung des Zustands des Schwelbrands (z. B. Fläche, Kerntemperatur) ist das Verhältnis der H_2 und CO-Konzentrationen. Deshalb spielt die Entfernung zwischen Brand und Melder keine Rolle, da alle Gaskomponenten in gleicher Weise verdünnt werden. Zur Messung der Konzentrationen werden drei Halbleitergassensoren eingesetzt, deren Signale mit Hilfe eines Mikrocontrollers verarbeitet werden. Die Vorgehensweise ist auf andere Gasgemische übertragbar.

Literatur

1 F. Kunz, in H. Luck (Editor), 9. Internationale Konferenz über Automatische Brandentdeckung AUBE'89, Proceedings
2 P. E. Burry, in False Alarms, B.R.E. Information Sheet, 1985
3 N. W. Hurst und T. A. Jones, Fire and Materials, Vol. 9, No. 1, 1985
4 C. D. Kohl und M. Vornehm, Sensorik für toxische Gase und Dämpfe, GIT Laborpraxis 4, 1994
5 C. D. Kohl, J. Kelleter und H. Petig, Gassensormeldeeinheit in einem Braunkohlenkraftwerk, in Tagungsband zum 21. Brandschutzseminar des VdS 1994, VdS 2420

17 On-line-Betrieb für die Gewässerüberwachung mit Multisensoren

J. Sander

17.1
Problemstellung

Die Beschaffenheit der Grundwassers in Deutschland sowie in ganz Europa hat sich in den letzten Jahren zunehmend verschlechtert. Unser wichtigstes Lebensmittel – das Trinkwasser – ist in Gefahr, denn eine Vielzahl von organischen und anorganischen Schadstoffen belastet mehr und mehr die Trinkwasserressourcen, die bisher an Menge und Qualität zu den reichsten bzw. besten der Erde zählen. Die Trinkwasserverordnung (TrinkwV) regelt zwar die Grenzwerte für bestimmte Stoffe im Trinkwasser [1], nicht aber im Grund- und Fließwasser. Daraus wird jedoch das Trinkwasser gewonnen: in Deutschland z. B. bis zu 64 % aus dem Grundwasser, zu 27 % aus Seen und Flüssen und zu 9 % aus Quellen. Bis jetzt erfolgt eine Beprobung des Grundwassers jedoch nur in zeitlich und räumlich begrenzten Abständen. An die jeweilige Probenahme vor Ort schließt sich eine aufwendige und personalintensive Analytik im chemischen Untersuchungslabor an [2]. Dies bedeutet, daß Störfälle oft nicht rechtzeitig erkannt werden. Verschmutzungen sind erst dann feststellbar, wenn sich die Qualität eines Gewässers bereits drastisch verschlechtert hat. Deshalb ist eine kontinuierliche oder quasi-kontinuierliche On-line-Überwachung der Trinkwasserressourcen dringend erforderlich, um die Ursachen von Wasserverunreinigungen frühzeitig erkennen und somit rechtzeitig mit entsprechenden Gegenmaßnahmen reagieren zu können.

17.2
Lösungsvarianten

Eine schnelle Früherkennung von Störfällen in Wassereinzugsgebieten ermöglicht der Einsatz von on-line-fähigen Grundwassermeßsonden. Diese müssen direkt vor Ort in die zur Genüge vorhandenen Grundwasser- und Pegelmeßstellen oder auch Brunnen einsetzbar sein und dort jederzeit eine zuverlässige Ermittlung der Wasserbeschaffenheit gewährleisten. Alle Meßdaten müssen sowohl in den Sonden gespeichert als auch on-line mit Hilfe einer geeigneten Datenfernübertragung zu einer Leitwarte übermittelt werden können.

Um die In-situ-Überwachung mittels geeigneter Meßsonden über einen langen Zeitraum zu ermöglichen, müssen für die Bestimmung ausgewählter physikalischer und chemischer Parameter geeignete Meßverfahren gefunden werden. Eventuell erforderliche Wartungsintervalle der Sonden sollten nicht unter drei Monaten liegen. Die für die Bestimmungsverfahren erforderliche Ausrüstung muß in die Meßsonden integrierbar sein, wobei es die Abmessungen der Sonden erlauben müssen, diese problemlos in die üblichen Meßstellen, die meistens einen Durchmesser von mindestens 4″ aufweisen, einzusetzen. Daher kommen nur solche Verfahren in Frage, die sowohl automatisierbar als auch miniaturisierbar sind. Sehr aufwendige apparative Meßmethoden scheiden dabei von vornherein aus. Der Einsatz von Chemosensoren, die in den letzten Jahren zunehmend an Bedeutung gewonnen haben [3, 4], bietet sich hingegen auf Grund ihrer vielfältigen Verwendbarkeit, Miniaturisierbarkeit und kostengünstigen Massenproduktionsfähigkeit geradezu an.

Chemosensoren. Ein Chemosensor ist eine miniaturisierte Meßvorrichtung, die es ermöglicht, Informationen über einen chemischen Stoff, in der Regel sind dies Konzentrationen, on-line in ein analytisch nutzbares Signal umzuwandeln. Dazu können sowohl chemische Reaktionen mit dem Analyten als auch spezielle physikalische Eigenschaften innerhalb des gesamten Systems genutzt werden [5]. Die Vorrichtung muß reversibel arbeiten, d. h. Konzentrationsänderungen in beiden Richtungen erfassen.

Ein solcher Sensor besteht im Prinzip aus zwei Kompartimenten. Im *Rezeptor*-Teil (Erkennungssystem) erfolgt die selektive Erkennung und gegebenenfalls die Umwandlung des Stoffs, während im *Transducer*-Teil (Wandlungssystem) die energetische Umsetzung in das Meßsignal erfolgt.

Basierend auf verschiedenen Prinzipien kann die Signalbildung am Rezeptor rein physikalischer Natur sein (z. B. Änderung des Brechungsindex oder der Leitfähigkeit), oder es erfolgt eine spezifische molekulare Erkennung durch eine definierte chemische Reaktion (z. B. Komplexierung bei ionenselektiven Flüssigmembranelektroden).

Erfolgt die molekulare Erkennung auf der Basis von biochemischen Prozessen (oder Reaktionen), so spricht man von den zur Untergruppe der Chemosensoren zählenden *Biosensoren* [6].

Hierbei unterscheidet man zwischen denjenigen, welche auf den Metabolismus der Substrate basieren (Enzymsensoren) und solchen, die auf Bio-Affinitätsprinzipien beruhen (Immunosensoren). Mit beiden Typen können enorme Selektivitäten erzielt werden. Im strengen Sinn stellt jedoch ein nach dem Bio-Affinitätsprinzip arbeitender Biosensor keinen echten Sensor dar, da es bis jetzt noch nicht gelungen ist, ihn für eine reversible Konzentrationserfassung auszulegen. Die Aufspaltung des Antigen-Antikörper-Komplexes dauert auch mit Spezialreagenzien einige Minuten.

Biosensoren unterscheiden sich demnach von den Chemosensoren nur dadurch, daß sie ein nach biologischen Prinzipien arbeitendes Erkennungssystem aufweisen. Sie wären die idealen Sensoren, wenn nicht Stabilitätsprobleme ihre Lebensdauer stark einschränken würden [7].

Je nach Meßprinzip kommen verschiedene Transducer zum Einsatz, die vorwiegend auf den Methoden der elektrochemischen, elektrischen, optischen, massensensitiven, magnetischen oder thermometrischen Messung basieren.

Als drittes Bauteil eines Chemosensors wird häufig noch eine elektronische Vorrichtung (Vorverstärker, Impedanzwandler, Multiplexer, Analog-Digital-Wandler etc.) hinter dem Transducer angeordnet, die entweder direkt in die Meßvorrichtung integriert ist (Mikrosensor) oder sich räumlich davon entfernt befindet [7].

Unter Berücksichtigung dieser einzelnen Bauelemente läßt sich der Aufbau eines Chemosensors schematisch darstellen (Abb. 17.1.).

Das Problem der Langzeitstabilität ist für viele Chemosensoren sicherlich noch nicht ausreichend gelöst. Zufriedenstellende Erfahrungen wurden in dieser Hinsicht für einige elektrochemisch arbeitende, potentiometrische Chemosensoren gemacht. Bekannte Beispiele sind die im Drei-Wege-Katalysator integrierte Lambda-Sonde zur Bestimmung des Restsauerstoffgehalts in der Abluft von Verbrennungsmotoren und die im chemischen Untersuchungslabor verwendete pH-Glaselektrode, mit welcher der Säuregehalt zuverlässig bestimmt werden kann. Durch die einfachen, kostengünstigen und auch automatisierbaren Meßmethoden eignen sich die potentiometrischen Chemosensoren deshalb besonders gut zur Integration in Grundwassermeßsonden [8].

Potentiometrische Chemosensoren. Zu den potentiometrisch arbeitenden Chemosensoren zählen neben Festelektrolyt- und Halbleitersensoren (ionenselektive Elektronden, ISE), [9, 10] z. B. auch ionenselektive Sensoren. Sie ermöglichen durch eine stromlose, potentiometrische Messung meist ohne großen apparativen Aufwand die Detektion einer Vielzahl von Stoffen [11, 12]. Die stoff- und konzentrationsabhängigen Signale werden durch elektrische Potentiale, die sich am Rezeptor einstellen, erzeugt. Die ionenselektive Membran stellt hierbei das Erkennungssystem dar. Durch eine spezielle Zusammensetzung der Membran wird die Selektivität dieser Sensoren für eine bestimmte Ionensorte, die Meßionen, erzeugt. Das Material der Membranen kann sehr unterschiedlich sein und führt zu verschiedenen Typen, von denen am bedeutendsten sind:

- Festkörpermembranen
- Flüssigkeitsmembranen

Wird vor einer der genannten Membranen zusätzlich eine gaspermeable Membran angebracht, die über einen geeigneten Elektrolyt mit der erstgenannten Membran in Kontakt steht, so erhält man einen potentiometrischen, gassensitiven Sensor [11].

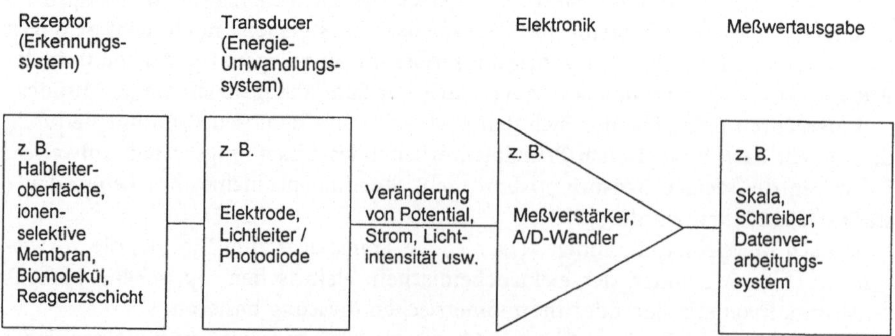

Abb. 17.1. Schematischer Aufbau eines Chemosensors [7]

Eine besondere, extrem miniaturisierte Meßvorrichtung, der das Prinzip der ionenselektiven Potentiometrie zu Grunde liegt, stellt der ionenselektive Feldeffekt-Transistor (ISFET) dar [13]. Er ist ein typisches Beispiel für einen Mikrosensor, da hier die Impedanzwandlung des Meßsignals direkt auf dem Chip erfolgt. Ein ISFET entsteht, wenn das metallische Gate eines Feldeffekt-Transistors (FET) durch eine der oben erwähnten ionenselektiven Membranen ersetzt wird. Analog zu den bereits genannten potentiometrischen, gassensitiven Sensoren existieren auch gassensitive ISFETs.

Ein ionenselektiver Sensor stellt somit eine elektrochemische Halbzelle dar, die in Verbindung mit einer potentialkonstanten Referenzelektrode zu einer elektrochemischen Meßkette kombiniert werden kann. Diese ermöglicht in einer stromlosen Messung mit Hilfe eines hochohmigen Spannungsmeßverstärkers die Aktivitätsbestimmung der freien, ungebunden Meßionen in einem Analyten. Hierbei steht die zwischen dem ionenselektiven Sensor und der Referenzelektrode entstehende Potentialdifferenz (= elektrische Spannung) in einem logarithmischen Zusammenhang mit der zu bestimmenden Ionenaktivität. Im Idealfall läßt sich dieser Zusammenhang in Form einer analytischen Funktion durch eine von *Nicolsky* [14] erweiterte Nernst-Gleichung ausdrücken:

$$U = U° + \frac{RT}{z_\mathrm{M}F} \ln \left(a_\mathrm{M} + \sum K_\mathrm{M-I} a_\mathrm{I}^{(z_\mathrm{M}/z_\mathrm{I})} \right) \tag{1}$$

U Meßkettenspannung
$U°$ Meßkettenspannung im Standardzustand (bei $a_\mathrm{M} = 1$; $a_\mathrm{I} = 0$)
R Gaskonstante
T absolute Temperatur
F Faraday-Konstante
a_M Aktivität des Meßions
z_M Ladung des Meßions (mit entsprechendem Vorzeichen)
$K_\mathrm{M-I}$ Selektivitätskoeffizient (Meßion - Störion)
a_I Aktivität des Störions
z_I Ladung des Störions (mit entsprechendem Vorzeichen)

In (1) wird durch den Term nach dem Summenzeichen berücksichtigt, daß ein ionenselektiver Sensor stets auch noch auf andere als die Meßionen, auf die sog. Störionen, anspricht. Damit deren Einfluß auf das gemessene Signal möglichst gering ist, muß der individuelle Selektivitätskoeffizient $K_\mathrm{M-I}$, der neben der Störionenaktivität a_I die Größe des Terms nach dem Summenzeichen bestimmt, klein sein. Ist diese Voraussetzung nicht erfüllt, läßt sich der Term nur noch durch eine sehr kleine Störionenaktivität a_I minimieren.

Für das ideale Nernst-Verhalten eines ionenselektiven Sensors ergibt sich aus (1) bei Umformung des natürlichen in den dekadischen Logarithmus (mit $T = 298,15$ K; $z_\mathrm{M} = 1$; $a_\mathrm{I} = 0$) für den vor dem Logarithmus stehenden Nernst-Faktor ein theoretischer Wert von 59,16 mV. Dieser entspricht bei der graphischen Auftragung von lg a_M gegen U der Steilheit des linearen Bereichs der Kalibrierkurve in Abb. 17.2..

Zur Erklärung der potentialbildenden Vorgänge für ionenselektive Sensoren werden derzeit zwei unterschiedliche Theorien benutzt. Die ältere, rein thermodynamische Betrachtungsweise setzt Gleichgewichtszustände aller am potentialbilden-

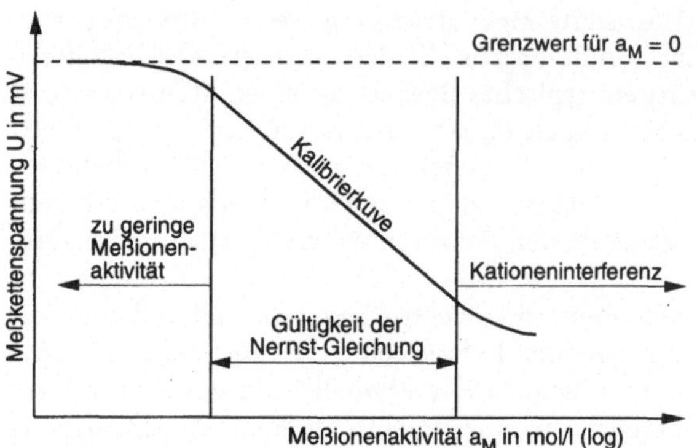

Abb. 17.2. Spannungsverlauf einer ionenselektiven Meßkette für Anionen

den Vorgang beteiligten Ionen voraus [15], während die neuere Mischpotential-theorie auch die Kinetik der einzelnen Ladungsträger berücksichtigt [16–18]. Viele Phänomene, wie z. B. das Super-Nernst-Verhalten (Übersteilheit) und die Ionensel-ektivität, lassen sich mit dieser kinetischen Betrachtungsweise besser erklären.

Als potentialkonstante Referenzelektroden für ionenselektive Sensoren finden meistens sog. Elektroden zweiter Art Verwendung. Bei diesen handelt es sich um Metallelektroden, die mit einer Schicht eines ihrer schwerlöslichen Anionensalze überzogen sind und sich in einer Lösung dieses Anionensalzes befinden (Innen-elektrolyt). Zur Berechnung des Elektrodenpotentials werden zwei Gleichgewichts-reaktionen herangezogen, aus denen sich eine Abhängigkeit des Potentials von der Anionenkonzentration des Innenelektrolyten ergibt. Wird diese konstant gehalten, so ist auch das Elektrodenpotential konstant. Im Hinblick auf ein möglichst kleines Diffusionspotential, das unvermeidbar an der Kontaktstelle zwischen der Innen-elektrolytlösung der Referenzelektrode und der Meßlösung entsteht, sollte für den Innenelektrolyt ein Anionensalz mit gleichen Überführungszahlen für Kation und Anion, z. B. KCl ($t_{K^+} = 0,49$; $t_{Cl^-} = 0,51$) gewählt werden [11].

Bekannte Beispiele für Elektroden zweiter Art sind die Kalomel-Elektrode ($Hg/Hg_2Cl_2/Cl^-$) und die Silber/Silberchlorid-Elektrode ($Ag/AgCl/Cl^-$).

Eine Elektrode zweiter Art wird auch innerhalb eines potentiometrischen ionen-selektiven Sensors zur Potentialableitung verwendet.

17.3
Lösungsbearbeitung

Auswahl der Meßparameter Bei der Auswahl bestimmter physikalischer und che-mischer Meßparameter für eine geeignete On-line-Überwachung des Grund- und Oberflächenwassers mit Hilfe von Meßsonden müssen neben den bereits erwähnten konstruktiven vor allem also analytisch-chemische Gesichtspunkte berücksichtigt werden. Ein ganz besonderes Augenmerk fällt dabei den chemischen Parametern zu, die sich mit Hilfe der oben beschriebenen potentiometrischen Chemosensoren be-stimmen lassen. Legt man für eine solche Auswahl von physikalisch-chemischen und anorganischen Meßparametern außerdem noch die Analysenhäufigkeit in verschiedenen grundwasserfördernden Wasserversorgungsunternehmen zu Grunde [19], so erhält man z. B. folgende (nicht vollständige) Prioritätenliste:

- Nitrat
- pH-Wert
- Chlorid
- Ammonium
- elektrische Leitfähigkeit
- Temperatur

(Alte Bundesländer, Zeitraum 1985–1989)

Die Nitratkonzentration stellt erwartungsgemäß den am häufigsten bestimmten Parameter dar. Besonders durch übermäßige Ausbringung von mineralischem Dünger und Gülle in der Landwirtschaft aber auch in Gebieten mit intensiver Massentierhaltung oder düngungsintensiven Sonderkulturen sind die Nitratgehalte in den letzten Jahrzehnten im oberflächennahen Grundwasser teilweise auf über 100 mg/l angestiegen. Die ermittelten Maximalwerte lagen bei bis zu 700 mg/l [19]. Besonders hohe Werte sind bei hoch anstehendem Grundwasser festzustellen. In tiefere Grundwasserschichten und in das Quellwasser tritt der Nitrateintrag erst mit Verzögerung ein. Daher wird die Belastung in den nächsten Jahren noch zunehmen.

Der in Deutschland für das Trinkwasser gültige Grenzwert von 50 mg/l kann bisher noch nicht von allen Wasserwerken eingehalten werden. Untersuchungen ergaben Nitratgehalte bis zu 392 mg/l [20]. Viele Wasserwerke behelfen sich daher durch Verschnittmaßnahmen mit weniger nitratbelastetem Wasser, das sie durch Förderung aus tieferen Grundwasserstockwerken gewinnen. Eine andere Möglichkeit zur Verbesserung der Wasserqualität liegt in der Einspeisung von nitratarmen Wasser, welches durch Zusatzwasserlieferungen über Verbundleitungen von anderen Wassergewinnungsstellen erhalten wird.

Die schädigende Wirkung erhöhter Nitrataufnahmen für den Menschen resultiert aus dem Nitrit, welches aus Nitrat entstehen kann. Besonders bei der Zubereitung nitrathaltiger Speisen und durch die vor allem im Mund und Magen-Darmtrakt ablaufende bakterielle Reduktion wird Nitrit gebildet. Dies kann einerseits bei Säuglingen den Sauerstofftransport im Blut behindern und zu Methämoglobinämie führen, deren Folge eine Cyanose („Blausucht") ist. Andererseits vermag es sich im Körper mit Aminen zu kanzerogenen Nitrosaminen umzusetzen [21, 22].

Die natürliche Schwankungsbreite des pH-Werts im Grundwasser ist gering. Eine antrophogen bedingte Verschiebung resultiert zum Beispiel in der Umgebung von Altlasten oder durch Eintrag von Säuren mit dem Niederschlagswasser [19].

Der Eintrag von Chlorid in das Grundwasser entfällt hauptsächlich auf die Wirkungen von Sickerwässern aus Abfallablagerungen und salzhaltigen Abraumhalden, von Düngemitteln, von Kanalleckagen, der Salzstreuung auf Straßen im Winter sowie des großflächigen atmosphärischen Eintrags über Niederschläge [19].

Eine Belastung des Grundwassers mit Ammonium tritt meist im Abstrom einer Abfalldeponie oder Altlastablagerung auf. Taucht der Füllkörper einer Deponie oder Altlast in den Grundwasserstrom ein oder ist er undicht geworden, so kommt es zum Austritt von Sickerwasser in das umgebende Grundwasser. Die aus der Deponie stammenden und auch im Boden reichlich vorhandenen Mikroorganismen reduzieren die im Sickerwasser enthaltenen Stickstoffverbindungen teilweise bis zum Ammoniak, das infolge des im Boden vorherrschenden neutralen bis sauren pH-Werts in Form von Ammoniumionen vorliegt. Dessen Konzentration im umgebenden Grundwasser steigt dann um Größenordnungnen an, während sich die Nitratkonzentration drastisch verringert [23]. Diese gegensätzliche Konzentrationsänderung kann daher als Indikator für das sog. Durchbrechen einer Deponie oder Altlast benutzt werden.

Mit Hilfe der elektrischen Leitfähigkeit läßt sich eine Aussage über die Menge der im Grundwasser gelösten Stoffe treffen. Sie wird besonders durch den Einfluß von Sickerwässern aus Abfallablagerungen, Kanalleckagen, Streusalzaufbringung oder übermäßige Düngung stark verändert und kann deshalb erste Hinweise auf Verunreinigungen liefern [19].

Die Temperatur des Grundwassers ist in der Regel relativ konstant und nur von dessen Tiefe abhängig. Dagegen ist im Abstrom von Abfallablagerungen eine Veränderung der Temperatur auf Grund von chemischen und besonders mikrobiologischen Umsetzungen zu beobachten [19].

17.4
Realisierung

WANDA®-Meßsystem.   Bei der Daimler-Benz Aerospace AG wurde das System WANDA® (WAsser-Nitrat-Detektion und Analyse) entwickelt, das auf der Basis von on-line-fähigen Grundwassermeßsonden arbeitet, die zur Erleichterung der Meßdatenaufnahme und -auswertung zu einem System vernetzt werden können. Dies führt einerseits zu einer großflächigen Überwachungsmöglichkeit und andererseits zu einer schnellen und umfangreichen Datensammlung.

Die Meßsonden aus V4A-Edelstahl haben je nach Ausbaustufe eine Gesamtlänge von ca. 1 m und einen Durchmesser von 80 mm, so daß sie sich problemlos in Meßstellen ab 4″ Durchmesser einsetzen lassen.

Die WANDA®-Meßsonden arbeiten auf der Basis von integrierten physikalischen und chemischen Sensoren, mit deren Hilfe wichtige, im Grund- und Oberflächenwasser gelöste Ionen erfaßt werden können [24]. Die Sondensteuerung erfolgt über die systemführende Elektronik. Die Energieversorgung liegt bei 24 V und kann über unterschiedliche – nicht in den Sonden untergebrachte – Spannungsquellen (Netz, Batterie, Solar) über das selbsttragende Sondenkabel realisiert werden. In Abb. 17.3. ist der Innenaufbau der Meßsonden schematisch dargestellt.

Mit den physikalischen Sensoren können Temperatur, elektrische Leitfähigkeit und hydrostatischer Druck on-line bestimmt werden. Die hierfür notwenigen Sensoren befinden sich in einem speziellen Sensormodul. Sie sind für die Anwendung miniaturisiert und arbeiten in folgenden Bereichen linear:

- Temperatur 1–30 °C
- Elektrische Leitfähigkeit 100–2000 μS/cm
- Hydrostatischer Druck 10–3000 hPa (0,1–30 m Wassersäule)

In Bezug auf die Genauigkeit und Reproduzierbarkeit werden die vom Gesetzgeber für Laborbestimmungen spezifizierten Anforderungen [2] eingehalten.

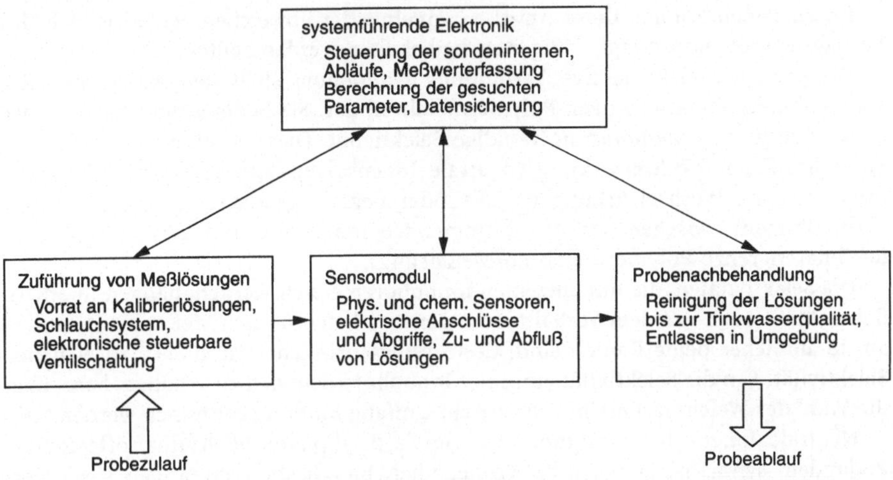

Abb. 17.3. Aufbauschema der WANDA®-Meßsonde

Die miniaturisierten Chemosensoren zur ionenselektiven Konzentrationsbestimmung sind in einem separaten Sensormodul untergebracht. Verwendung finden potentiometrisch arbeitende Festkörper- (für Chlorid) und Polymermembran-Sensoren (für Nitrat, Ammonium und pH-Wert), die eine spezielle Variante der bereits erwähnten Flüssigkeitsmembran-Sensoren darstellen. Das Erkennungssystem besteht bei den erstgenannten aus einem Mischkristallpreßling, bei den letzteren aus einer flüssigen Membran, die sich aus einem organischen, schwerflüchtigen und mit Wasser nicht mischbaren Lösungsmittel zusammensetzt. In diesem ist eine ganz bestimmte, für die Meßionensorte (z. B. NO_3^-, NH_4^+ oder H^+) selektivitätsgebende elektroaktive Verbindung, der sog. Ionophor oder Ionencarrier, gelöst. Die Flüssigkeitsmembran wird durch eine Polymermatrix, z. B. Polyvinylchlorid (PVC), stabilisiert und damit mechanisch verfestigt. Hierbei befindet sich das schwerflüchtige organische Lösungsmittel, das gleichzeitig als Weichmacher für das Polymer dient, zusammen mit dem Ionophor in den Zwischenräumen des polymeren Stützgerüsts [12]. Anstelle von PVC finden auch andere Polymere wie z. B. Polystyrol, Polyurethan oder Polymethylmethacrylat Verwendung [25]. Zur Membranherstellung werden alle drei Komponenten gemeinsam in einem geeigneten, leichtflüchtigen Lösungsmittel gelöst, das nach Ausgießen der Mischung in eine spezielle Form wieder verdunstet. Im Falle von PVC als Polymer liegt die Membrandicke meistens zwischen 30 und 200 μm.

Als generelle Zusammensetzung für PVC-Membranen hat sich folgendes Massenverhältnis ω der Komponenten bewährt (Tabelle 17.1.):

Tabelle 17.1. Allgemeine Zusammensetzung von ionenselektiven PVC-Membranen

Komponente	ω
Ionophor	ca. 0,01–0,07
Weichmacher	ca. 0,66
Polyvinylchlorid	ca. 0,33

Im einzelnen können diese Angaben voneinander abweichen, wobei jedoch das Verhältnis größenordnungsmäßig stets beibehalten werden sollte.

Die geeignete elektroaktive Verbindung (Ionophor) stellt den wichtigsten Bestandteil einer ionenselektiven Polymermembran dar. Sie bedingt, im Weichmacher gelöst, die für die Membran notwendige Selektivität. Diese resultiert entweder aus einer Ion-Dipol-Wechselwirkung (neutrale Ionensolvensverbindungen) oder einer interionischen Wechselwirkung (positiv oder negativ geladene Ionenaustauscherverbindungen) zwischen der zu bestimmenden Ionensorte und dem Ionophor an der Phasengrenze Polymermembran/Meßlösung.

Die Selektivitäten, die mit einzelnen Ionophoren erzielt werden, hängen in erheblichen Maße auch von dem Verhältnis der Ionenradien zwischen Meß- und Störionen ab. Je ähnlicher beide Radien sind, desto wahrscheinlicher ist eine unzureichende Selektivität. Um die Selektivität einzelner Ionophore dennoch zu erhöhen, kann über die Wahl des Weichmachers in begrenztem Umfang Einfluß genommen werden [26].

Neutrale Ionensolvensverbindungen sind z.B. aliphatische Amine, offenkettige Podanden, synthetische cyclische Kronenether, bicyclische Kryptanden sowie verschiedene natürlich vorkommende offenkettige und cyclische Antibiotika. Zu den letzteren gehören Valinomycin und Nonactin, von denen das erstgenannte sehr selektiv auf Kaliumionen, das zweitgenannte auf Ammoniumionen wirkt.

Als Ionenaustauscherverbindungen mit einheitlich aufgebauten Seitenketten finden sowohl quartäre Ammonium- als auch Phosphoniumverbindungen Verwendung.

Als Weichmacher für Polymermembran-Elektroden kommen organische, mit Wasser nicht mischbare Flüssigkeiten zum Einsatz, in denen sich der Ionophor gut lösen sollte. Im Hinblick auf eine möglichst lange Standzeit der Polymermembran muß der Dampfdruck des Weichmachers sehr klein und der Verteilungskoeffizient zwischen der Membranphase und der wässrigen Phase sehr groß sein.

Die Standzeit eines PVC-Membran-Sensors hängt von zwei entscheidenden Faktoren ab: Zum einen von der individuellen Beschaffenheit des jeweiligen Meßmediums und zum anderen von der geringen, aber dennoch unvermeidbaren Wasserlöslichkeit des Ionophors und auch des Weichmachers.

Der Einfluß des Meßmediums läßt sich durch entsprechende Probenvorbehandlung (Konditionierung) oder Optimierung der Probenkontaktzeit und -konzentration den Erfordernissen anpassen. Die Wasserlöslichkeit der beiden angesprochenen Membrankomponenten hingegen ist jedoch nur bedingt zu verhindern. Besonders unerwünscht ist hierbei das sog. „Ausbluten" der elektroaktiven Verbindung, die meist in einem Verhältnis von nur etwa 1 bis 7 % in der Membranmatrix vorhanden ist und dieser die notwendige Selektivität verleiht. Dieses „Ausbluten" führt sowohl zur Selektivitätsverschlechterung als auch zu einer verzögerten Ansprechzeit des Sensors, da sich der Gleichgewichtszustand für die Meßionen an der PVC-Membran langsamer einstellt. Der Verlust an Weichmacher aus der PVC-Membran in die wässrige Phase ist ein ebenso unerwünschter Effekt. Eine der Hauptanforderungen an den Weichmacher besteht deshalb in einer möglichst großen Lipophilie, um die Lage des sich an der Phasengrenze zwischen PVC-Membran und wässriger Lösung einstellenden Verteilungsgleichgewichts weit auf die Seite des in der PVC-Membran gelösten Weichmachers zu verschieben.

Die Standzeit für Polymermembran-Sensoren liegt durchschnittlich in der Größenordnung von mehreren Monaten.

Bei der Verwendung solcher ionenselektiver Polymermembran-Sensoren in den Meßsonden sollte einerseits darauf geachtet werden, daß die Probelösung (Grund- oder Oberflächenwasser) keine organischen Lösungsmittel enthält, welche die Membran verändern oder gar zerstören könnten. Andererseits ergibt eine hierdurch verursachte Sensorzerstörung erste Hinweise auf eine unzumutbare Belastung des Gewässers mit organischen Schadstoffen und erfüllt damit eine Frühwarnfunktion.

Zur quasi-kontinuierlichen Meßwerterfassung sind die miniaturisierten Chemosensoren in der WANDA®-Meßsonde in einem Fließsystem installiert und die einzelnen Sensoren zusammen mit der zugehörigen Referenzelektrode jeweils in eine Durchflußmeßzelle integriert (Abb. 17.4.). Die Referenzelektroden befinden sich in Fließrichtung gesehen hinter den jeweiligen Chemosensoren, so daß die in minimalen Mengen austretende Referenzelektrolytlösung die Bestimmung nicht stört. Nach der Probenahme von einer geringen Menge (2 bis 3 ml) Grund- bzw. Oberflächenwasser wird der Probestrom über verschiedene Ventile gesteuert. In den einzelnen Durchflußmeßzellen erfolgt die Bestimmung des Nitrat-, Chlorid- und Ammoniumgehalts sowie des pH-Werts.

Während einer Messung stellen sich an den Chemosensoren die von der jeweils gesuchten Ionenkonzentration abhängenden Potentialdifferenzen ein. Diese werden mit Hilfe der in den Meßsonden integrierten systemführenden Elektronik digitalisiert und gespeichert.

Um die Selektivität bei der Bestimmung der Ammoniumkonzentration noch zu vergrößern, erfolgt diese erst nach einem zusätzlichen Gasdiffusions-Trennschritt. Dabei werden die in der Probelösung vorhanden Ammoniumionen zunächst entsprechend der Gleichgewichtsreaktion

$$NH_4^+ + OH^- \rightleftharpoons NH_3 + H_2O \tag{a}$$

in Ammoniak konvertiert. Hierzu wird dem Probestrom ein stark alkalisches Reagenz zugesetzt, so daß bei einem pH-Wert > 12 die Ammoniumionen quantitativ in gasförmiges Ammoniak umgewandelt werden. Anschließend passiert die alkalisierte Probelösung eine Gasdiffusionszelle, in der das Ammoniak durch eine gaspermeable, hydrophobe Teflonmembran diffundiert. Auf der anderen Membranseite wird dieses in einem gepufferten Acceptor-Elektrolyten bei einem pH-Wert < 7 in Form von Ammoniumionen wieder aufgefangen. Erst jetzt erfolgt die Ammoniumbestimmung mit Hilfe des in der Durchflußmeßzelle integrierten potentiometrischen Chemosensors.

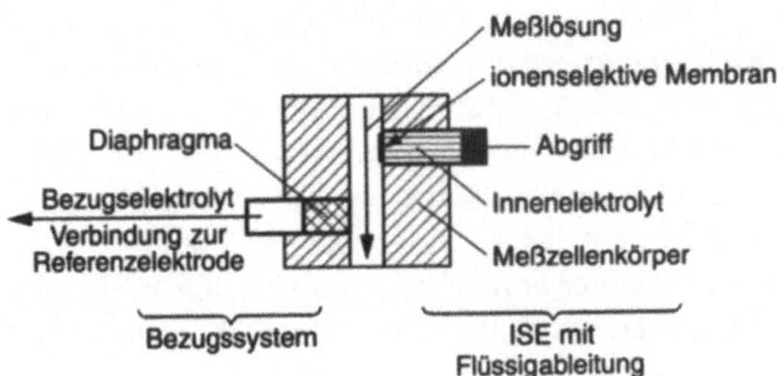

Abb. 17.4. Schematischer Aufbau der Durchflußmeßzellen

Durch diesen Gasdiffusions-Trennschritt werden Querstörungen durch eventuell vorhandene Kaliumionen ausgeschaltet, da nur das gasförmige Ammoniak die Teflonmembran durchqueren kann. Andere Gase, wie z. B. CO_2, SO_2 oder H_2S stören die Bestimmung bei dem vorgegebenen pH-Wert nicht.

Die potentiometrischen Chemosensoren werden in bestimmten Zeitintervallen, die frei wählbar sind und der eingestellten Meßfrequenz angepaßt werden können, in den Meßsonden automatisch über eine Zwei-Punkt-Kalibrierung auf ihre Funktionstüchtigkeit überprüft. Hierfür sind in den Meßsonden spezielle Kalibrierlösungen vorhanden. Auf diese Art wird von der systemführenden Elektronik festgestellt, ob sich die Sensorkennlinien seit der letzten Kalibrierung verändert haben. Ist dies der Fall, werden die Sensordaten automatisch neu aufgenommen. Auch eventuelle Alterungserscheinungen der Chemosensoren werden dadurch erkannt und kompensiert. Sollte nach längerem Meßeinsatz ein Austauschen der Sensoren erforderlich werden, so ist dies durch den modularen Aufbau der Meßsonden ohne weiteres möglich.

Auf Grund des sehr geringen Verbrauchs müssen die Kalibrier- und Reagenzlösungen in den WANDA®-Meßsonden erst nach ca. drei Monaten erneuert werden.

Die WANDA®-Meßsonden besitzen ein spezielles Entsorgungsmodul, in welchem die Ionen der Kalibrier- und Reagenzlösungen entfernt werden, so daß die Proben frei von Schadstoffen in das Meßmedium zurückgeführt werden.

Die Meßbereiche und Genauigkeiten der Chemosensoren lauten für die einzelnen Meßparameter (Angabe der Genauigkeit beim jeweiligen Grenzwert der TrinkwV [2]):

```
- Nitrat       1     -   650 mg/l   +/- 5 %
- Chlorid      2     -   500 mg/l   +/- 5 %
- Ammonium     0,05  -  1800 mg/l   +/- 5 %
- pH-Wert      5     -    11         +/- 0,1
```

Zur Erhöhung der Meßgenauigkeit bei der Nitratbestimmung in Anwesenheit von großen Chloridkonzentrationen kann die gleichzeitig ermittelte Chloridkonzentration dazu benutzt werden, den Spannungsmeßwert für die Nitratkonzentration zu korrigieren. Hierzu wird in Gleichung (1) näherungsweise ein konstanter Selektivitätskoeffizient K_{M-I} angenommen (tatsächlich ist der Selektivitätskoeffizient jedoch konzentrationsabhängig) und die aktuelle Chlorid-Störionenkonzentration a_I dazu verwendet, um die Interferenz durch die Chloridionen bei der Bestimmung der Nitratkonzentration rechnerisch zu berücksichtigen.

Die Datenübertragung aller Meßwerte an eine Zentrale ist frei wählbar. Über eine RS 485 Feldbus-Schnittstelle ist ein Datentransfer mittels Telemetrie oder Modem bidirektional möglich, d. h. von den Meßsonden zum Datenauslesesystem und umgekehrt. Der Datentransfer zu den Meßsonden erlaubt auch deren Parametrierung. Im einfachsten Fall erfolgt das Auslesen der Meßdaten und die Parametrierung der Meßsonden mit Hilfe eines Handterminals. Die Datenübertragung mit Ausnahme der Parametrierung kann auch über eine 4–20 mA Stromschnittstelle realisiert werden. Eine weitere Möglichkeit besteht im Auslesen der Meßdaten mittels eines Laptops. Mit Hilfe von speziell entwickelter Software lassen sich alle Meßdaten in listenartiger oder graphischer Form auf einem Bildschirm darstellen und bei Bedarf ausdrucken.

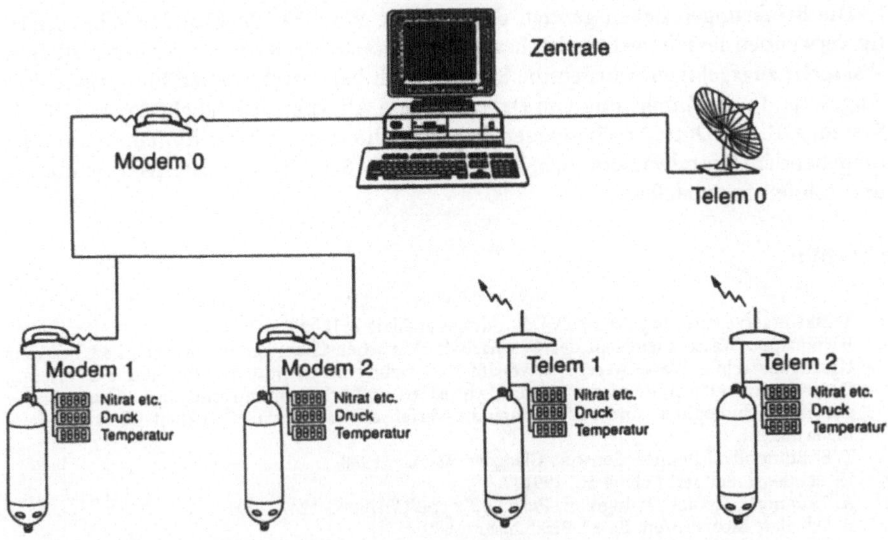

Abb. 17.5. WANDA®-System mit mehreren vernetzten Meßsonden

Eine Skizze von mehreren zu einem System vernetzten WANDA®-Meßsonden ist in Abb. 17.5. dargestellt.

Bei allen bisherigen Einsätzen der Meßsonden im Grundwasser wurde aus den Meßstellen von Zeit zu Zeit eine Wasserprobe entnommen und im Labor für Vergleichsmessungen nach den üblichen Bestimmungverfahren herangezogen. Dabei zeigte sich eine zufriedenstellende Korrelation der Meßergebnisse. Beispielhaft sind in Abb. 17.6. zwei Meßkurven dargestellt, welche die mit einer WANDA®-Meßsonde und die nach dem ionenchromatographischen Bestimmungsverfahren DIN 38 405-D19 [2] ermittelten Nitratkonzentrationen darstellen.

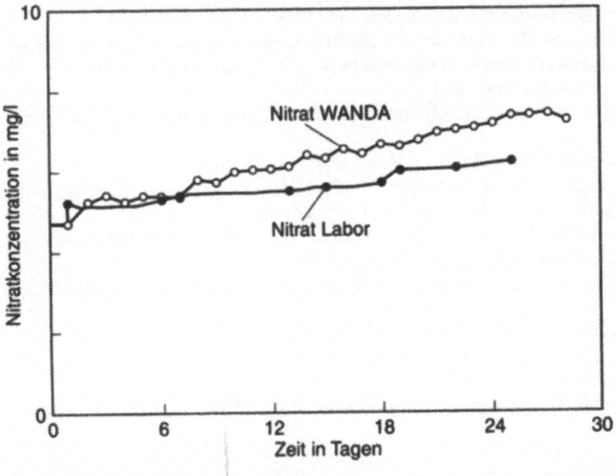

Abb. 17.6. Vergleich von Meßergebnissen der WANDA®-Meßsonde mit denen aus ionenchromatographischen Bestimmungen

Die Erfahrungen haben gezeigt, daß sich die WANDA®-Meßsonden sehr vielseitig verwenden lassen. Neben der Langzeitüberwachung der Grundwasserqualität in Wassereinzugsgebieten wurden die Sonden auch bei verschiedenen Pumpversuchen eingesetzt. In der Umgebung von Deponien und Altlasten ermöglicht das WANDA®-System z. B. das Durchbrechen einer Deponie schon bei geringer Kontamination des umgebenden Grundwassers, d. h. bei minimalen Schadstoffbelastungen, frühzeitig und schnell festzustellen.

Literatur

1   Trinkwasserverordnung (TrinkwV), Bundesgesetzblatt 2612–2629, 1990
2   Fachgruppe Wasserchemie in der Gesellschaft Deutscher Chemiker in Gemeinschaft mit dem Normenausschuß Wasserwesen (NAW) im DIN Deutsches Institut für Normung e.V. (Hrsg.): Deutsche Einheitsverfahren zur Wasser-, Abwasser- und Schlammuntersuchung - Physikalische, chemische, biologische und bakteriologische Verfahren, Weinheim: VCH (laufend aktualisierte Lieferungen).
3   T. E. Edmonds, Chemical Sensors. Glasgow: Blackie, 1988
4   U. Lemke, J. Sander, *Labo 4* 50, 1991
5   A. Hulanicki, S. Glab, F. Ingman, *Pure and Appl. Chem. 63* 1247, 1991
6   F. Scheller, Biosensoren. Basel: Birkhäuser, 1989
7   K. Cammann, U. Lemke, A. Rohen, J. Sander, H. Wilken, B. Winter, *Angew. Chem. 103* 519; *Angew. Chem. Int. Ed. Engl. 30*, 516, 1991
8   K. Cammann, J. Sander, W. Kleiböhmer, Elektrochemische Sensoren im Vergleich mit konkurrierenden Analysenmethoden. In: W. Göpel, G. Sandstede, (Hrsg.): Elektrochemische Sensorik: Neues aus Forschung und Anwendung, DECHEMA Monographien, Band 126. Weinheim: VCH, S. 33–50, 1929
9   J. Janata, R. Huber, (Hrsg.): Solid State Chemical Sensors. New York: Academic Press Inc. (1985)
10 W. Göpel, *TM Tech. Mess. 52*, 47, 1985
11 K. Cammann, H. Galster, Das Arbeiten mit ionenselektiven Elektroden – Eine Einführung für Praktiker. Berlin: Springer, 1995
12 F. Honold, B. Honold, Ionenselektive Elektroden – Grundlagen und Anwendungen in Biologie und Medizin. Basel: Birkhäuser, 1991
13 J. Janata, Chemically Sensitive Field-Effect-Transistors. In: [9].
14 B. P. Nicolsky, *Zh. Fiz. Khim. 10*, 495, 1937
15 W. E. Morf, The Principles of Ion-selective Electrodes and of Membrane Transport. Amsterdam: Elsevier, 1981
16 K. Cammann, G. A. Rechnitz, *Ion-Sel. Electrodes 5, Proc. Symp. 5th 1988*, 31 1989
17 K. Cammann, S. L. Xie, *Ion-Sel. Electrodes 5, Proc. Symp. 5th 1988*, 43 und 639 1989
18 H.-D. Wiemhöfer, K. Cammann, Specific Features of Electrochemical Sensors. In: W. Göpel, J. Hesse, J. N. Zemel (Hrsg.), Sensors, A Comprehensive Survey, Vol. 2, Chemical and Biochemical Sensors, Part I. Weinheim. VCH S. 159–189, 1991
19 R. Schleyer, H. Kerndorff, Die Grundwasserqualität westdeutscher Trinkwasserressourcen. Weinheim: VCH 1992
20 H. Becker, Wasser – Analyse, Bewertung, Reinigung. Darmstadt: GIT 1985
21 U. Rohmann, H. Sontheimer, Nitrat im Grundwasser – Ursachen, Bedeutung, Lösungswege. Karlsruhe: DVGW Forschungsstelle am Engler-Bunte-Institut der Universität, 1985
22 D. Henschler, Wichtige Gifte und Vergiftungen. In: W. Forth, D. Henschler, W. Rummel (Hrsg.), Pharmakologie und Toxikologie. Mannheim: BI S. 739-834, 1987
23 B. Hölting (Hrsg.), Hydrogeologie – Einführung in die Allgemeine und Angewandte Hydrogeologie. Stuttgart: Enke, 1980
24 K. Cammann, J. Sander, Chemical Sensors in Water Pollution Control. In: R. Krahn, H. Reichl (Hrsg.), Micro System Technologies 91. Berlin: vde, S. 41–48, 1991
25 U. Fiedler, J. Ruzicka, *Anal. Chim. Acta 67* , 179, 1973
26 A. Hulanicki, M. Maj-Zurawska, R. Lewandowski, *Anal. Chim. Acta 98*, 151 1973

18 Fuzzyauswertung und Neuronale Netze für die Abwasseranalytik

B. ADLER, G. BRÜCKNER, M. WINTERSTEIN

18.1 Problemstellung

Der Abwasserzulauf einer biologischen Kläranlage ist auf Tensiddurchbrüche zu überwachen. Betriebsbedingt fallen sowohl anionenaktive Tenside (AAT) als auch nichtionogene Tenside (NIT) an. Bei Überschreitung einer vorgegebenen kritischen Tensidkonzentration muß das Abwasser in ein Havariebecken umgeleitet werden, um Störungen aufgrund des unangenehmen Schaum- und Flotationsverhaltens zu vermeiden. Für die Tensidanalytik existieren derzeit keine prozeßtauglichen online Verfahren. Auch für die offline Bestimmung gelten nur Vereinbarungsbestimmungen. Erschwerend bei der Lösung der Aufgabe wirkt, daß sich der Abwasserkanal als ein feuchtes, offenes Gerinne mit aggressiver Matrix darstellt und diese Matrix darüber hinaus temporären Schwankungen unterliegt.

18.2 Lösungsvariante

Sensormodell. Zur Lösung der skizzierten Problemstellung wurde ein Multisensorsystem gewählt, bestehend aus mehreren kommerziellen, robusten Sensorelementen für Leitfähigkeit, pH-Wert, Trübung und Temperatur. Die direkt nicht meßbare Tensidkonzentration läßt sich mit einer solchen Meßeinrichtung dann adäquat abbilden, wenn anstelle individueller Grenzwertüberwachung zur Prozeßkontrolle das Prinzip der multivariaten Zustandsanalyse angewendet wird. Dabei kann man auch im Falle nichtionogener Tenside davon ausgehen, daß mit ihrem erhöhten Auftreten eine wesentliche Änderung der Wassermatrix verbunden ist (Abb. 18.1.a, b), die sich u. a. durch Änderungen der Leitfähigkeit und Trübung zu erkennen gibt. Allerdings darf man ferner erwarten, daß allein eine Änderung der Trübung oder der elektrischen Leitfähigkeit oder eines anderen Parameters im Abwasserkanal auch nicht durch eine Tensidänderung verursacht werden können, mithin die beiden zu unterscheidenden Prozeßzustände dicht beieinander liegen werden.

Statische Abbildung des Prozeßzustands Abwasser. Für die Unterscheidung dicht benachbarter Prozeßzustände ist es vorteilhaft, alle Meßgrößen a priori als unscharf anzusehen (Abb. 18.2.). Liegen die zu unterscheidenden Prozeßzustände

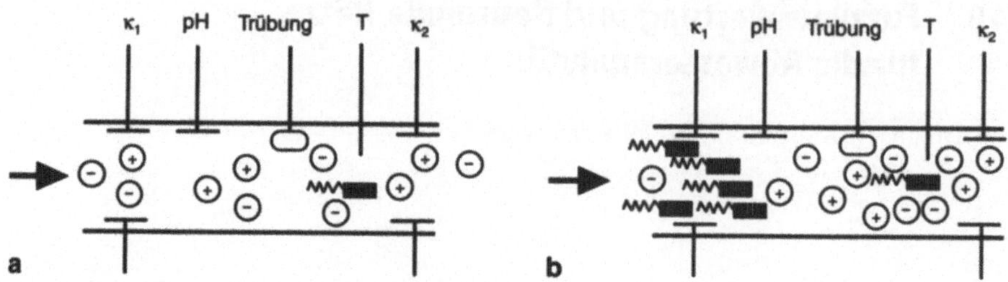

Abb. 18.1. Multisensor zur Zustandsanalyse a) erlaubter Zustand b) Durchbruch einer Tensidfront (verbotener Zustand)

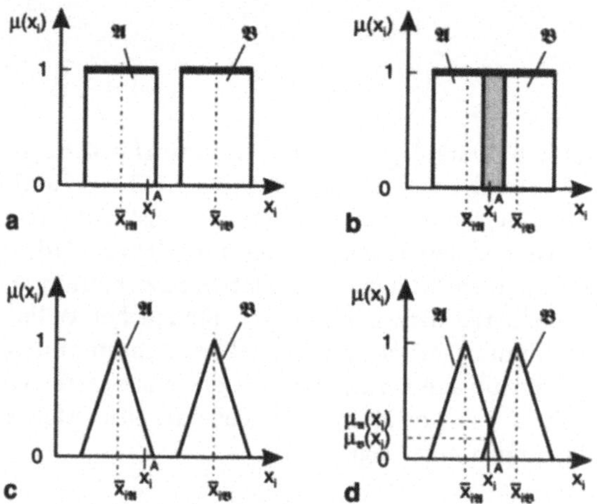

Abb. 18.2. Vergleich von Abbildungsarten a) harte Abbildung eines harten Problems b) harte Abbildung eines fuzzy Problems c) fuzzy Abbildung eines harten Problems d) fuzzy Abbildung eines fuzzy Problems

weit voneinander entfernt, ist die Wahl der mathematischen Abbildung als „harte" oder „fuzzy" Menge unerheblich (Abb. 18.2. a, c). Bei dicht benachbarten Prozeßzuständen (Abb. 18.2. b, d) läßt sich allein aus dem Zugehörigkeitswert $\mu(x_i)$ einer Meßgröße x_i (eindimensionaler Prozeß) dann ein Informationsgewinn ableiten, wenn Gl. (1) gilt (Abb. 18.2. d). Der Vorteil der fuzzy-Abbildung wird jedoch im mehrdimensionalen Merkmalsraum (Abb. 18.3.) besonders evident.

Anstelle der randspezifischen Unschärfe bzw. Zugehörigkeit $\mu(x_i)$ tritt die Gesamtunschärfe μ^g zur Beurteilung des Prozeßzustands.

$$\mu_{\mathcal{A}}(x_i) \neq \mu_{\mathcal{B}}(x_i) \tag{1}$$

$$\mathcal{M} = \{\vec{x}_1, \vec{x}_2, \ldots, \vec{x}_n\} \tag{2}$$

$$\vec{x}_i = \{x_{i1}, x_{i2}, \ldots, x_{id}\} \tag{3}$$

Um Parameter für die Gesamtunschärfe der beiden Prozeßzustände zu bekommen, muß die Menge $\mathcal{M}$ aller in einer adaptiven Lernphase gewonnenen Zustandsbeschreibungen $\vec{x}_i$ aus (2) mit den Einzelmerkmalen x_{ij} in (3) wie Leitfähigkeit, pH-Wert, Trübung, Temperatur usw. einer unscharfen Partitionierung unterworfen

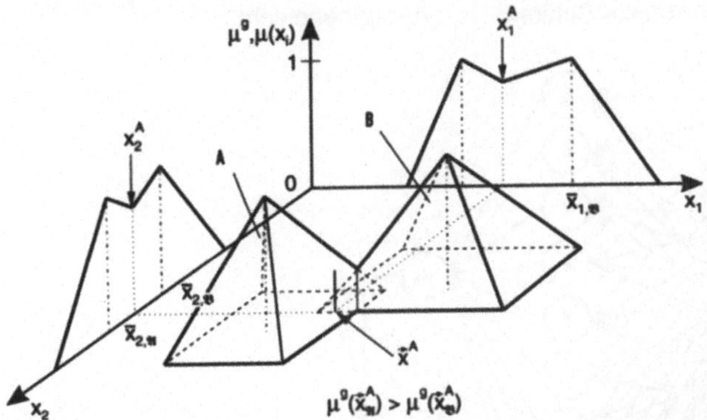

Abb. 18.3. Vereinfachtes Modell einer zweidimensionalen Zugehörigkeitsfunktion $\mu(x_i)$ Randverteilung bezüglich Merkmal x_i, μ^g Gesamtzugehörigkeit, $\mathcal{A}$ Prozeßzustand erlaubt, $\mathcal{B}$ Prozeßzustand verboten, $x_i{}^A$ Merkmalswert der Analyse, x_i Merkmal, $\vec{x}^A$ Analyse.

werden. Hierzu benutzt man entweder ein Neuronales Netz oder ein Verfahren der fuzzy Clusterung [1, 2].

$$\mathcal{M} = \{\mathcal{M}_{\mathcal{A}}, \mathcal{M}_{\mathcal{B}}\} \tag{4}$$

$$\vec{x}^A \subset \mathcal{M}_{\mathcal{A}} \tag{5}$$

$$\mu^g(\mathcal{M}_{\mathcal{A}}) > \mu^g(\mathcal{M}_{\mathcal{B}}) \tag{6}$$

Liegt eine Partitionierung gemäß (4) vor, läßt sich in der Kannphase ein unbekannter Zustandswert $\vec{x}^A$ (Analysenprobe) einem dieser beiden Zustände zuordnen, wenn (6) gilt (Abb. 18.4.).

Im Falle eines Neuronalen Netzwerkes zur Zustandscharakterisierung bilden die Meßparameter die Inputschicht, ein Outputknoten charakterisiert in seinen Größen den Prozeßzustand (Abb. 18.5.).

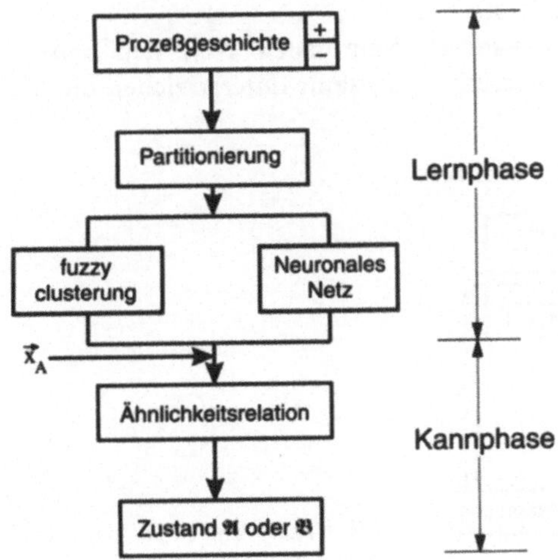

Abb. 18.4. Partitionierungsprinzip (Lernphase) mit Entscheidungsprinzip (Kannphase)

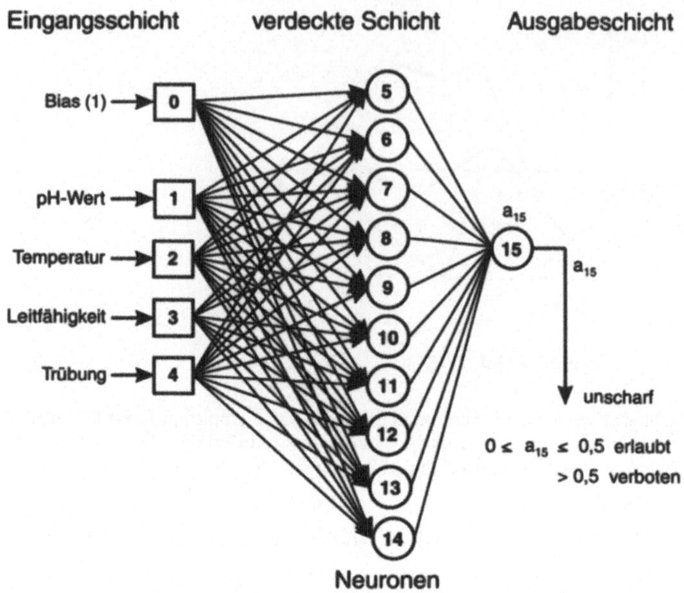

Abb. 18.5. Struktur des Backpropagation-Netzwerkes zur Zustandsermittlung

Meßwerterfassung und Ergebnis des statischen Modells. Eine speicherprogrammierbare Steuerung (SPS) erfaßt und verarbeitet die Sensorsignale (Abb. 18.6.). Zur Probenahme dient ein über die SPS ansteuerbarer automatischer Probensammler. Mit dieser Gerätekonfiguration wurden insgesamt 146 Abwasserproben, davon 133 für den Lerndatensatz und 13 zum Testen für die recall-Phase erfaßt. Zur Bewertung der Abwasserproben erfolgt parallel die off-line Analyse auf AAT- und NIT- Gehalt.

Die Abbildungsgüte der Multisensorsignale auf die Zustände überprüft man mittels BAYES'scher Statistik. Mit dem oben beschrieben Multisensor konnten Vorhersagewahrscheinlichkeiten zum aktuellen Prozeßzustand von über 92 % bei realen Abwasserproben erzielt werden (Tabelle 18.1.).

Es zeigte sich, daß eine Partitionierung mittels Neuronalem Netz stets bessere Ergebnisse lieferte, als mit der fuzzy Clusterung. Insgesamt unterstreichen die Er-

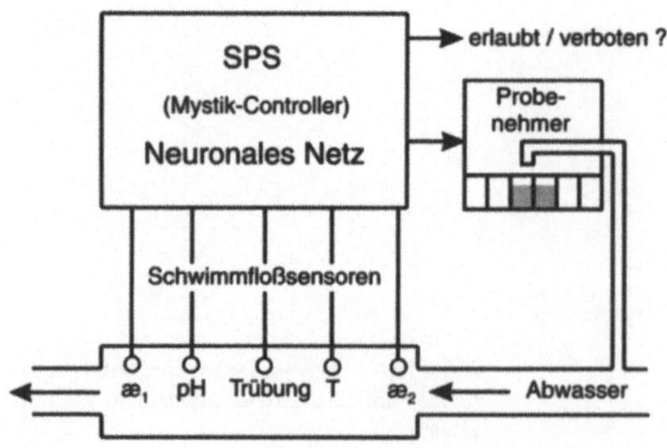

Abb. 18.6. Prinzipbild der Meßwerterfassung

Tabelle 18.1. Bewertung des Modells für den Abwasserdatensatz mit der BAYES'schen Statistik [5]

BAYES'sche Statistik	Abwasserdatensatz	
	Neuronales Netz	Fuzzy Clusterung
Positive Vorhersage	0,99	0,93
negative Vorhersage	0,97	0,93

gebnisse, daß die Klassifizierung und somit eine online Kontrolle des Abwassers auf Tensidüberschreitungen mit dem vorliegenden Modell des Multisensors prinzipiell möglich ist.

Dynamisches Modell der Prozeßzustände. Das bisher dargestellte Prozeßmodell berücksichtigt nicht temporäre Veränderungen der gesamten Abwassermatrix, Veränderungen der sensorischen Bauteile z. B. durch stoffliche Ablagerungen oder Abdriften der Gesamtanlage. Diese Änderungen sind von der Aufgabenstellung, eine Zustandsänderung anzuzeigen, zu unterscheiden.

Das heißt, die Ausführung einer Zustandsanalyse impliziert zugleich nicht nur das Erkennen eines Trend per se, sondern eine Trendtypencharakterisierung, da jeder der genannten Trends (Tabelle 18.2.) eine arteigene Gegenmaßnahme erfordert.

Tabelle 18.2. Trendtypen und Steuerhandlungen

Trendtyp	Tempo der Änderung	Handlungsanleitung
Prozeßtrend	relativ schnell	Umleitung des Abwasserstromes in Havariebecken
Sensortrend	langsam	Reinigung, Kalibrierung
Matrixtrend	langsam	Nachlernen
Defekt	abrupt	Reparatur, Austausch
Kein Trend	stochastische Schwankung	keine

Die Trendtypenunterscheidung wird durch postulierte Sekundärmerkmale s_j gemäß (7) erreicht.

$$s_j = \frac{\Delta a}{\Delta k} \neq 0 \tag{7}$$

Dabei steht Δa für eine Merkmals-, Zugehörigkeits- oder Richtungsänderung im Raum R^d und Δk ist die entsprechende Bezugsgröße einer Zeit- oder Ortskoordinate. Ein Sekundärmerkmal ist z. B. die Richtung der Merkmalsänderung im d-dimensionalen Merkmalsraum (Abb. 18.7.). Hierbei wird die Veränderung der Lage der Zustandsbeschreibungen bezüglich der Cluster $\mathcal{A}$ und $\mathcal{B}$ betrachtet.

Für die Gebiete min, mid und max in Abb. 18.7. gibt es unterschiedliche Regeln für das Auftreten einer Trendart (Tabelle 18.3.). Wandern die Meßobjekte in das Gebiet max hinein, wird z. B. ein Prozeßtrend wahrscheinlicher. Umgekehrt bekommt das Sekundärmerkmal Richtung den linguistischen Wert „min" zugewiesen, wenn die Wanderung genau entgegengesetzt erfolgt. Alle von diesen Sektoren abweichende Wanderungen erhalten den Wert „mid" zugewiesen (Abb. 18.7.). Andere Sekundärmerkmale sind die Parallelität der Signale korrelierter Einzelsensoren, die Geschwindigkeit der Merkmalsänderung, die Monotonie der Meßwertfolge, die Schritt-

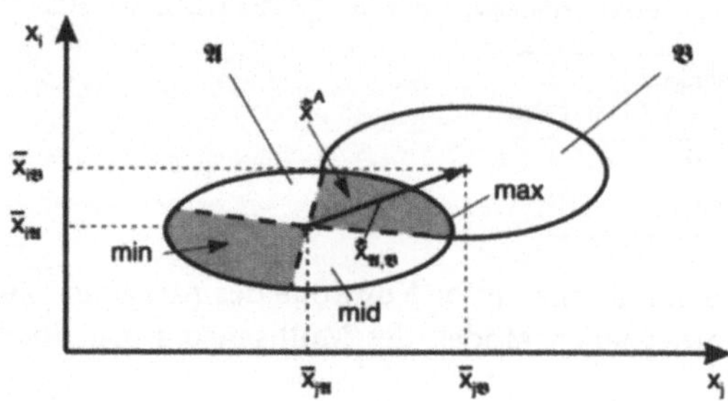

Abb. 18.7. Sekundärmerkmal Richtung im d-dimensionalen Merkmalsraum (x^A Meßobjekt)

Tabelle 18.3. Charakterisierungstabelle des Sekundärmerkmals Richtung

$\mu(E)$	min	mid	max
Trendart		$\mu(E \to A)$	
Sensortrend	M	M	M
Matrixtrend	M	M	M
Prozeßtrend	O	K	G
Defekt	M	M	M

weite in bezug zur relativen Entfernung der Clustermittelpunkte, die kumulierten Abweichung der Meßwerte bezüglich eines Mittelwerts und der Trendcharakterisierung nach NEUMANN [6] sowohl für die Meßwerte als auch ihre Zugehörigkeiten. Auch das klassische Sekundärmerkmal zur Trenderkennung, die kumulierte Summe (Cusumme) findet zur multivariaten Trenderkennung Anwendung (Tabelle 18.4., 8. Zeile).

Allein durch die Bildung unterschiedlicher Sekundärmerkmale ist jedoch eine Unterscheidung in Matrixtrend und Sensortrend nicht immer möglich. Es erweist sich vielmehr als günstig, einige Sensorelemente redundant einzusetzen (Abb. 18.8.). Für den Fall, daß S_1 und $S_1{}'$ zwei identische Sensoren sind, weist eine parallele Änderung ihrer Signale gemäß (8) auf einen Sensortrend, eine nicht parallele Änderung bei gleichzeitiger Veränderung eines anderen Sensorelements wie in (9) dagegen auf einen Matrixtrend hin (Abb. 18.8. und 18.9.).

$$\Delta S_1 \propto \Delta S_1' \tag{8}$$

$$\Delta S_1 \neq \Delta S_1' \quad \text{und}$$

$$\Delta S_1 \propto \Delta S_2 \tag{9}$$

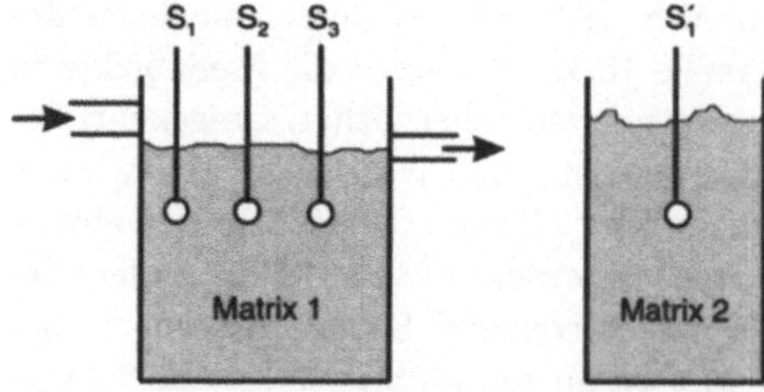

Abb. 18.8. Sensoranordnung zur Unterscheidung von Sensor- und Matrixtrend

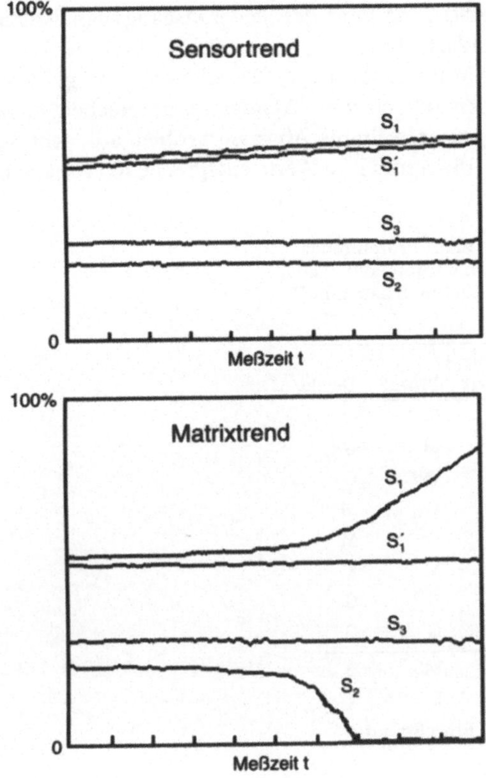

Abb. 18.9. Trendverläufe

Im Unterschied zur univariaten Trendanalyse, bei der lediglich eine Änderung einzelner Mittelwerte mit der Zeit untersucht wird, gestattet die multivariate, fuzzifizierte Trendbetrachtung eine Vielzahl relativer Merkmalsbezüge, die nicht nur zeitbezogen, sondern auch geometriebezogen im d-dimensionalen Merkmalsraum sind. Bei der Trendauswertung sind die genannten Sekundärmerkmale gemäß (7) auszuwerten. Da die Meßsignale stochastischen Schwankungen unterliegen und außerdem verschiedene Trendarten gleichzeitig auftreten können, erfolgt die Trendprognose mit Methoden der fuzzy-logic. Alle Sekundärmerkmale werden in Abhängigkeit der Trendarten durch linguistische Variablen abgebildet (z. B. klein, mittel, groß). Die Variablen gewinnt man über Regeln, z. B. in der Form „WENN Sekundärmerkmal j = mid, DANN Trendart i = groß" (Tabelle 18.3.). Aus den Aussagen aller Sekundärmerkmale bezüglich einer Trendart erhält man durch Anwendung des MIN-Operators (UND-Verknüpfung der linguistischen Werte der Sekundärmerkmale) eine Zugehörigkeitsaussage für jede Trendart. Anschließend werden diese unscharfen Aussagen über den MAX-Operator (ODER-Verknüpfung) gemäß (10) zu einem unscharfen Erwartungswert μ^{Tr} verknüpft.

$$\mu^{Tr} = \text{MAX}\{\text{MIN}[\mu(E) \rightarrow \mu(A)]\} \tag{10}$$

In (10) stellt $\mu(E)$ als Steuereingangssignal den linguistischen Wert eines Sekundärmerkmals und $\mu(A)$ den linguistischen Wert des Steuerausgangssignals (Zugehörigkeit zu einer bestimmten Trendart) dar.

Um mit einem d-dimensionalen Multisensor ($d \geq 2$) mit g ($1 \leq g \leq d$) korrelierten Sensorelementen zwischen obigen vier Trendarten unterscheiden zu können, wurden zur Lösung der eingangs erwähnten Abwasserproblematik acht Sekundärmerkmale [3] benutzt (Tabelle 18.4.) und ihre Werte entsprechend (10) einem Prioritätsentscheid unterworfen.

Tabelle 18.4. Prioritätsentscheid zu Gunsten eines Prozeßtrends aus unscharfen Sekundärmerkmalen (Rechnerprotokoll) gemäß (10) (K klein, M mittel, G groß, O kein Einfluß, IND Einfluß indifferent)

Sekundärmerkmal	$\mu(E)$	$\mu(A)$			
		Sensor	Marix	Prozeß	Defekt
Geschwindigkeit	langsam	G	M	M	O
Monotonie	sprungh.	O	K	M	G
Parallelität	3	G	G	IND	O
Richtung	max	M	M	G	M
Statitrend	groß	M	G	G	M
Zugehörend	klein	M	M	M	K
Schrittweite	groß	K	M	G	G
Cusumme	groß	K	K	G	G
MIN		O	K	M	O
MAX				*	
Resümee				Prozeßtrend	
Zugehörigkeit zu	Cluster $\mathcal{A}$: 99,96 % Cluster $\mathcal{B}$: 0,01 %				

Mit den Werten der Sekundärmerkmale: Geschwindigkeit der Änderung langsam, Parallelität einer Meßwertänderung an drei Sensoren, Wanderung der Gesamtunschärfe maximal in Richtung des alternativen Clusters (Richtung max), Trend der Meßwerte groß, Trend der Zugehörigkeiten klein, Schrittweite groß und Cusumme groß (Tabelle 18.4.) gewinnt man für die jeweilige Trendart die Steuerausgangssignale (Tabelle 18.4., 3.–6. Spalte) und hieraus gemäß (10) als Resümee den Prioritätsentscheid über eine Trendart. Im vorliegenden Falle wird ein Prozeßtrend dediziert. Wichtig ist, daß man keineswegs die ersten erhalten Trendaussagen als verbindliche Handlungsanweisung akzeptieren muß, sondern aus einer Reihe konsekutiv gleicher oder ungleicher seine Entscheidung treffen kann. Man erkennt aus Tabelle 18.4. (vorletzte Zeile), daß bereits bei einer Gesamtzugehörigkeit von > 99 % zum Cluster $\mathcal{A}$ ein Prozeßtrend von Cluster $\mathcal{A}$ zu $\mathcal{B}$ frühzeitig erkannt wird.

18.3
Verallgemeinerung

Die am Beispiel der Abwasserkontrolle vorgestellte Zustandsanalytik scheint mit jeweils prozeßbezogenen ausgewählten Sensorelementen auf andere Probleme übertragbar, da sie im physikalischen Sinne dimensionslos arbeitet. Das adäquate Abbilden direkt nicht meßbarer Parameter wie der obengenannten Tenside erfordert jedoch eine regelmäßige, intervallbehaftete Kalibrierung des Systems durch offline Analysen.

Von Bedeutung bei der Zusammenstellung des Multisensors sind die Wahl von Meßprinzip und -bereich der Einzelsensorelemente. So vermeidet man durch die Auswahl eines leicht überdimensionierten Meßbereichs den notwendigen Austausch eines Sensorelements und das damit verbundene Erstellen einer neuen Lernmenge bei möglichen Meßbereichsüberschreitungen infolge von Prozeßveränderungen.

Die Auswahl geeigneter Meßprinzipien schaltet zudem bestimmte Störeinflüsse von vornherein aus, z. B. induktive Leitfähigkeitsmessung bei möglichen Ablagerungsproblemen am Sensorelement. Gleichzeitig ist eine Redundanz von Meßgrößen unterschiedlicher Meßprinzipien vorteilhaft für eine Trendtypenunterscheidung.

Literatur

1 S. Bocklisch, *Prozeßanalyse mit unscharfen Verfahren*, VEB Verlag Technik Berlin, **1987**
2 G. Brückner, *Programmbeschreibung ZUFUBU*, PH Erfurt-Mühlhausen, Institut für Chemie, **1992**
3 B. Adler, G. Brückner, M. Winterstein, *Multivariates Sensorsystem zur automatischen Abwasserkontrolle*, Chem. Technik, 46 2, S.77–86,(**1994**)
4 B.Adler, G.Brückner, M.Winterstein, Deutsches Patent, DE 42 27 727 (**1992**)
5 M.Winterstein, *Einsatz multivariater Sensorsysteme zur Abwasseranalytik*, Dissertation, PH Erfurt-Mühlhausen, **1994**
6 W.Funk, V.Dammann, G.Donnevert, *Qualitätssicherung in der analytischen Chemie*, VCH-Verlag Weinheim, New York, Basel, Cambridge, **1992**

19 Telematik mit multisensorischen und multiaktorischen Komponenten

H. Wächter, U. Altenburg, G. Pfeiffer

19.1
Problemstellung

Umwelttechnische Anlagen sind oft Systeme, die automatisierte Steuer- und Regelungstechnik besitzen oder zumindest Daten sammeln und überwachen. In den vergangenen Jahren waren diese Systeme meist autark. Die Betreiber mußten also vor Ort sein oder wenigstens in vorgeschriebenen kürzeren Zeiträumen an den Anlagen Proben nehmen, Wartungen durchführen bzw. Schalthandlungen vornehmen. Auch mobile Meßstationen waren und sind üblich, um Umweltmessungen durchzuführen und auszuwerten.

Seit einiger Zeit setzen sich jedoch zunehmend telematische Lösungen durch, die immer mehr Bedeutung in allen Bereichen gewinnen. Die Telematik ist eine Kombination aus Telekommunikation und Informatik. Endziel dieser Entwicklung ist eine weltweite datentechnische Vernetzung auf der Basis multimediafähiger Datenendgeräte mit Anschlußmöglichkeiten für Datenübertragungsdienste. Die übertragungstechnische Basis dazu stellt zur Zeit hauptsächlich das ISDN (bzw. Euro-ISDN) dar, wobei sich bereits eine Weiterentwicklung zu schnelleren Übertragungsgeschwindigkeiten als 64 Kbit/s durch das Breitband-ISDN in der Realisierung befindet. Erst mit diesen technischen Lösungen sind dann Quasi-Echtzeitanwendungen, wie Videokonferenzen, Bildtelefon und Online-Computerkopplungen möglich und sinnvoll. Man spricht von Datenautobahnen.

In der Umwelttechnik ist es für Fernsteuerungen und -überwachungen zur Zeit meist schon ausreichend, den Automatisierungsgrad zu erhöhen. Die zu übertragenden Daten sind oft nur Alarme oder Schaltbefehle, so daß keine schnellen Übertragungsmedien nötig sind. Die meisten der Fernwirkanlagen arbeiten so auch „nur" mit 1200 bit/s, um kostengünstige Technik einsetzen zu können.

Im Bereich der kommunalen Versorgung, Entsorgung und Umwelttechnik wird statt Telematik auch oft der Begriff Fernwirktechnik verwendet. Dies ist der Oberbegriff für signalumsetzende Verfahren, mit denen Informationen übertragen werden, die der Überwachung und Steuerung räumlich entfernter Objekte dienen.

Typische Merkmale der Fernwirktechnik innerhalb der Telematik sind:

- Zentrale Struktur (eine Leitzentrale, viele Außenstationen)
- Hoher Aufwand für Datensicherung
- Kleine Nutzinformationsmengen (wenige Bytes netto)

19.2
Lösungsvarianten zur Erfassung und Übertragung umwelttechnischer Daten

Modulares Konzept. Da es eine Vielzahl unterschiedlicher Anwendungsmöglichkeiten gerade auf dem Gebiet der Umwelttechnik gibt, bietet sich ein modulares Steuerungskonzept an (vgl. Tabelle 19.1.). Auf Grund der Menge der zu ermittelnden Umweltdaten empfiehlt es sich, einen leistungsfähigen Mikrocontroller als Ausgangspunkt für eine Vor-Ort-Steuerung zu verwenden. Wichtigste Aufgabe des Prozessors ist die Erfassung von Eingangsgrößen und deren Verarbeitung. Zu diesem Zweck mußten Baugruppen geschaffen werden, die den Anschluß von standardisierten Meßfühlern ermöglichen. Dabei können Signale in Form von Strömen zwischen 0 und 20 mA oder in Form von Spannungen im Bereich von 0 bis 10 V erfaßt werden.

Für die Steuerung eines umwelttechnischen Prozesses, wie z. B. einer Kläranlage, wurden diverse Ausgangsmodule erstellt. An diese können dann Relais bzw. Schaltschütze angeschlossen werden, um somit Pumpen, Motoren für Rührwerke oder Kompressoren zu schalten. Die Verbindung der einzelnen Module untereinander sowie mit der Mikrocontrollereinheit erfolgt über einen eigens dafür vorgesehenen Bus. Dadurch entstehen kompakte Steuerungen, die sich rückwärtig an einer standardisierten Montageschiene befestigen lassen. Um eine Verbindung der Steuerung zu einer Zenrale aufbauen zu können, besitzt das Prozessormodul zwei serielle Schnittstellen. Eine davon steuert ein Wählmodem oder ein anderes Fernwirkgerät an und realisiert somit eine Verbindung über das Telefonnetz der Telecom oder eines anderen Anbieters. Die zweite Schnittstelle kann zu Kontrollzwecken vor Ort verwendet werden oder dient der Kommunikation mehrerer Steuerungen untereinander.

Bei der Steuerung umwelttechnischer Prozesse treten häufig ähnliche meßtechnische Probleme auf. So werden in der Klärtechnik vorwiegend pH-Werte, Redox-Werte, O_2-Gehalt und Temperatur gemessen. Außerdem sind oft Füllstände oder Durchflußmengen von Interesse. Speziell für diese Zwecke wurde das in Tabelle 19.1. aufgeführte Multisensormodul erstellt. Jeder der acht Eingänge kann mit Hilfe eines Vorverstärkers auf den verwendeten Meßfühler angepaßt werden.

Zudem ist es möglich, Differenzmessungen durchzuführen, indem man jeweils zwei Eingänge verwendet.

Tabelle19.1. Beschreibung der Baugruppen

MCU: Prozessormodul, basierend auf dem Mikrocontroller 80C166 der Firma Siemens	
Verarbeitungsbreite	16 bit
Taktfrequenz	40 MHz
EEPROM (Programmspeicher)	128 kB
RAM (Datenspeicher)	32 kB
Integrierter A/D-Umsetzer	10 bit
Interface	2× seriell RS232 bzw. RS485
DO5G: Digitales Ausgabemodul mit fünf potentialfreien Relaiskontakten, die einen gemeinsamen Anschluß haben. Über dieses Modul können externe Schütze geschaltet werden.	
Schaltstrom	500 mA
Schaltspannung	24 V
DI6: Digitales Eingabemodul mit sechs potentialfreien Schalteingängen bis 24 V.	

Tabelle19.1. Fortsetzung

AI4G: Analoges Eingabemodul mit vier Kanälen zum Erfassen von Strömen und Spannungen. Jeder einzelne Kanal kann entsprechend den Erfordernissen konfiguriert werden.	
Eingangsspannungen	0 ... 5 V oder 0 ... 10 V
Eingangsströme	0 ... 20 mA
Auflösung	10 bit

PT100: Modul zur Erfassung von Temperaturen. Angeschlossen werden bis zu zwei PT100 Temperaturfühler.	
Meßbereich	frei konfigurierbar
Auflösung	10 bit

Spezielle Module	
Multisensor: Dieses Modul ist für Meßaufbauten erstellt worden, die eine besonders hohe Auflösung erfordern. Zudem können bis zu acht Analogwerte gleichzeitig und potentialfrei ermittelt werden.	
Eingangsspannungsbereich	frei konfigurierbar
Meßverfahren	8 Kanal single ended mode
	4 Kanal differential mode
Auflösung	12 bit

AIAO: In diesem Modul sind zwei analoge Eingänge zusammen mit zwei analogen Ausgängen kombiniert.	
Eingänge	
Spannungsbereich	0 ... 10 V
Auflösung	10 bit
Ausgänge	
Spannungsbereich	0 ... 10 V
Auflösung	8 bit

PCMCIA: Dieses Modul ermöglicht das Zwischenspeichern von Meßdaten auf Speicherkarten nach dem PCMCIA-Standard für PCs und Notebooks mit einer Kapazität von bis zu 64 MB.

pH-Messung. Die Messung des pH-Wertes ist bei kommunalen und industriellen Abwässern von größter Bedeutung. Eine fortlaufende Überwachung und Registrierung wird bereits in vielen Fällen vom Gesetzgeber vorgeschrieben. Darüber hinaus wird der pH-Wert in der Limnologie, der Wasserwirtschaft, Meerwasseranalytik und auch bei der Trinkwassergewinnung und -aufbereitung als Standardparameter zur Beurteilung der Wassergüte eingesetzt. Die Messung erfolgt mit einer Meßkette, die ein Ausgangssignal im Bereich von 0 ... 20 mA entsprechend dem vorliegenden pH-Wert zur Verfügung stellt.

Messung des Biochemischen Sauerstoffbedarfs (BSB). Für die Messung des BSB kann ein mikrobieller Sensor verwendet werden. Das Prinzip des mikrobiellen Sensors beruht darauf, daß der Sauerstoffverbrauch von Mikroorganismen, die in eine Meßzelle eingebracht wurden, durch einen Sauerstoffdetektor erfaßt und in ein elektrisches Signal gewandelt wird. Die Meßzelle wird durch O_2-durchlässige Membranen in drei Bereiche geteilt (Abb. 19.1.):

- Den passiven Reaktorbereich, der vom *Carrier* (Leitungswasser als Träger für Gelöstsauerstoff) durchströmt wird und in den während des Meßvorgangs *Standard* (Standardlösung mit bekanntem Nährstoffgehalt und damit bekanntem BSB) oder die *Probe* (z. B. Abwasser) injiziert werden.
- Den aktiven Reaktorbereich, in dem die Mikroorganismen zwischen den Membranen immobilisiert sind. Die Elektrodenmembran EM vor dem O_2-Sensor ist

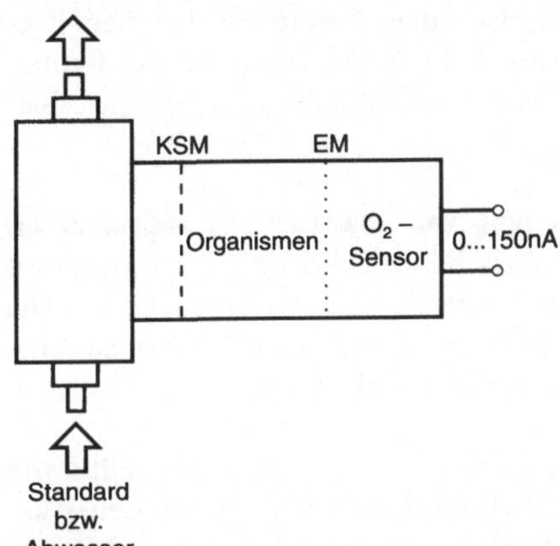

Abb. 19.1. Schematische Darstellung des Biosensors zur Bestimmung des BSB-Werts

nur für O_2, die zweite Membran, eine Kernspurmembran KSM, ist auch für biologisch abbaubare Substanzen durchlässig.

– Den O_2-Sensor, eine Clark-Zelle, der durch die Elektrodenmembran von den Mikroorganismen getrennt ist.

Werden die Mikroorganismen vom *Carrier* angespült, so ist die biologische Aktivität der Mikroorganismen konstant und entspricht der endogenen (Grund-)Atmung. Der Sauerstoffdetektor erfaßt diesen Sauerstoffverbrauch als Null- bzw. Basislinie. Injiziert man in die Meßzelle eine definierte Menge einer *Probe*, z. B. Abwasser, so ändert sich die Sauerstoffkonzentration in dem Maße, wie die Mikroorganismen die Inhaltsstoffe des Abwassers abbauen (veratmen). Die vom Sauerstoffdetektor angezeigte Änderung des elektrischen Ausgangssignals *(Zehrungskurve)* ist ein Maß für erhöhten Sauerstoffverbrauch der Mikroorganismen und damit für die Menge der abgebauten Inhaltsstoffe im Abwasser.

Entsprechend der gemessenen Kennlinien kann ein FUZZY-Regler entscheiden, ob eine Belüftung im Belebungsbecken erforderlich ist.

Ionenanalytik über direktpotentiometrische Messung. Die Meßanordnung besteht aus einer Referenzelektrode und einer bzw. mehreren ionenselektiven Elektroden, die spezifisch auf eine Ionenart reagieren. Die zwischen beiden Elektroden gemessene Spannung ist nur abhängig von der Meßionenaktivität bzw. Konzentration und liegt in der Größenordnung von mV. Die Auswertung des Meßsignals erfolgt im einfachsten Fall mittels einer Kalibriergerade, die durch eine 2-Punkte-Kalibrierung ermittelt wird. Probleme ergeben sich aus der geringen Signalgröße und durch die galvanische Verbindung der Sensoren, die über die Flüssigkeit miteinander gekoppelt sind. Ein spezielles Sensormodul, das bei Bedarf in eine Modulare Kommunikative Steuerung MKS 16 integriert werden kann, ist hier die Lösung und wird angeboten.

Photometrische, d. h. optische Analyseverfahren über die Intensitätsabnahme eines Lichtstrahls, der die Probe durchsetzt. Ein solcher Baustein umfaßt eine Lichtquelle, deren Licht durch eine gefärbte bzw. getrübte Flüssigkeit geht, über ein Filterelement zu einem Detektor gelangt und die ankommende Intensität des Lichts der am Filterelement vorgewählten Wellenlänge ermittelt. Nach dem Gesetz von Lambert-Beer ergibt sich im Absorbtionsmaximum eine lineare Abhängigkeit zwischen der Extinktion und der Konzentration. Die Meßgröße ist ein Spannungssignal, welches über das spezielle Sensormodul erfaßt wird.

Gassensorik zur Feststellung der Geruchsbelästigung von Abwasser und allgemein zur Detektion von Gasen. Eingesetzt werden können handelsübliche Gassensoren auf Zinndioxidbasis, die möglichst selektiv auf die interessierende Gasart reagieren. Die Versorgung des Gassensors (Heizung) erfolgt über eine vorhandene Anpaßschaltung, die Erfassung des Sensorsignals (Spannung) über das Sensormodul.

Füllstandsgrenzwertgeber. In Wasserversorgungsanlagen interessieren der Füllstand im Behälter und der Abfluß. Deshalb werden Füllstandsmeßwertgeber in den Wasserbehälter eingebaut. Zur Erfassung des Meßsignals, Datenübertragung und Warnmeldung werden folgende Module der MKS 16 benötigt:

- MCU Mikrocontrollereinheit
- NT Netzteil
- SV Stromversorgung
- AI4G Analoges Eingangsmodul
- DO5G/24 Digitales Ausgangsmodul

Kontinuierliche Trinkwasserüberwachung beim Versorger. Eine Durchflußzelle ist (wahlweise) bestückt mit

- Temperaturmeßfühler
- Leitfähigkeitsmeßzelle
- pH-Elektrode
- Cl-Elektrode

die als Meßsignal Spannungen im mV-Bereich liefern und zur Qualitätsbeurteilung des Wassers herangezogen werden können.

Das Trinkwasser und die Kalibrierlösungen werden über eine Schlauchpumpe und Ventile nach festgelegten Meß- und Kalibrierzyklen durch die Durchflußzelle gepumpt. Die Steuerung der Ventile erfolgt über zwei DO5G/24-Module der MKS 16-Einheit.

Das spezielle Sensormodul erfaßt die Sensorsignale der Elektroden, das analoge Eingangsmodul (AI4G) die Signale des Temperaturmeßfühlers und der Leitfähigkeitszelle. Das Mikrocontrollermodul mit Programm- und Datenspeicher (MCU) erfaßt und speichert die Sensorsignale.

Über ein Modul für Standleitungsmodem ist die Datenübertragung bei Nutzung vorhandener Leitungen möglich, über Funkmodem die drahtlose Datenübertragung.

19.3
Lösungserarbeitung

Softwarekonzept und Programmierumgebung. Die Steuerung MKS 16 wird in einer stark an „C" angelehnten Hochsprache programmiert. Die Syntax ist identisch, lediglich der Befehlsumfang ist verringert. Dafür werden vom Betriebssytem der Steuerung verschiedene leistungsfähige Befehle unterstützt, die für Steuer- und Regelungsaufgaben erstellt wurden. So ist es möglich, mit minimalem Aufwand einen digitalen Regler zu programmieren, indem man eine PID-Funktion im Programm verwendet. Ähnliche Funktionen sind für FUZZY-Regler, Fouriertransformationen bis hin zur interruptgesteuerten Schnittstellenbedienung und Funk-Datenübertragung implementiert. Solche Funktionen können auch kundenspezifisch eingearbeitet werden.

Die Erstellung, das Compilieren sowie das Debuggen eines Programms wird durch eine integrierte Entwicklungsumgebung unterstützt. Nach dem Compilieren wird das Programm in die MKS 16 geladen und dort sofort gestartet. Das aktuell in der Steuerung befindliche Programm kann gestoppt, anschließend im Einzelschritt durchlaufen werden und gleichzeitig sind verschiedene, frei wählbare Variableninhalte anzeigbar.

Das Programm selbst läuft in einer Endlosschleife, in der alle Programmroutinen angeordnet werden. Es ist möglich, durch Verwendung von lokalen variablen Routinen zu schreiben, die bei ähnlich gelagerter Aufgabenstellung nur in den globalen Parametern angepaßt werden müssen.

Um die Programmerstellung zu erleichtern, ist eine spezielle Programmierumgebung, basierend auf der Petri-Netz-Theorie, erstellt worden. Mit diesem „Werkzeug" wird es Programmierneulingen möglich sein, in kürzester Zeit selbst umfangreiche Abläufe zu programmieren. Die Zielguppe für diese Entwicklungsumgebung sind diejenigen, die sich vorrangig mit der Prozeßsteuerung befassen und nur geringe Kenntnisse in Sachen Programmierung haben. Die Erarbeitung erfolgt grafisch unterstützt in Form von Ablaufstruktogrammen (Abb. 19.2., 19.3.).

Unter Verwendung von Knoten und Weiterschaltbedingungen können Teilprozesse erstellt und beliebig verknüpft werden. Die Eingabe erfolgt genau wie im Bild dargestellt auch auf dem Bildschirm eines PCs. Nach dem Übersetzen und Laden des Programms in die MKS können alle programmierten Funktionen online in der graphischen Oberfläche kontrolliert werden. Dabei werden aktive Knoten gekennzeichnet und ausgewählte Variableninhalte angezeigt.

Datenübertragung und Speicherung. Einerseits hat die Steuerung vor Ort die Aufgabe, Daten zu erfassen und zu reagieren, andererseits müssen die gesammelten Werte zu einer Zentrale übermittelt werden. Es gibt mehrere Möglichkeiten, die Daten zu sammeln und auszuwerten. Zunächst einmal muß die Funktion eines Datenloggers realisiert werden. Zu diesem Zweck ist das oben beschriebene PCMCIA-Modul verfügbar. Somit ist es möglich, Meßwerte oder Protokolle über längere Zeit hinweg zu sammeln. Wie lange es dauert, bis die Kapazität der verwendeten PCMCIA-Karte erschöpft ist, hängt von der Größe (bis zu 64MB), dem Abtastintervall und der Anzahl der zu speichernden Meßgrößen ab. Um Datenverlust zu vermeiden, ist es demzufolge erforderlich, die Karte in regelmäßigen Abständen auszutauschen. Die

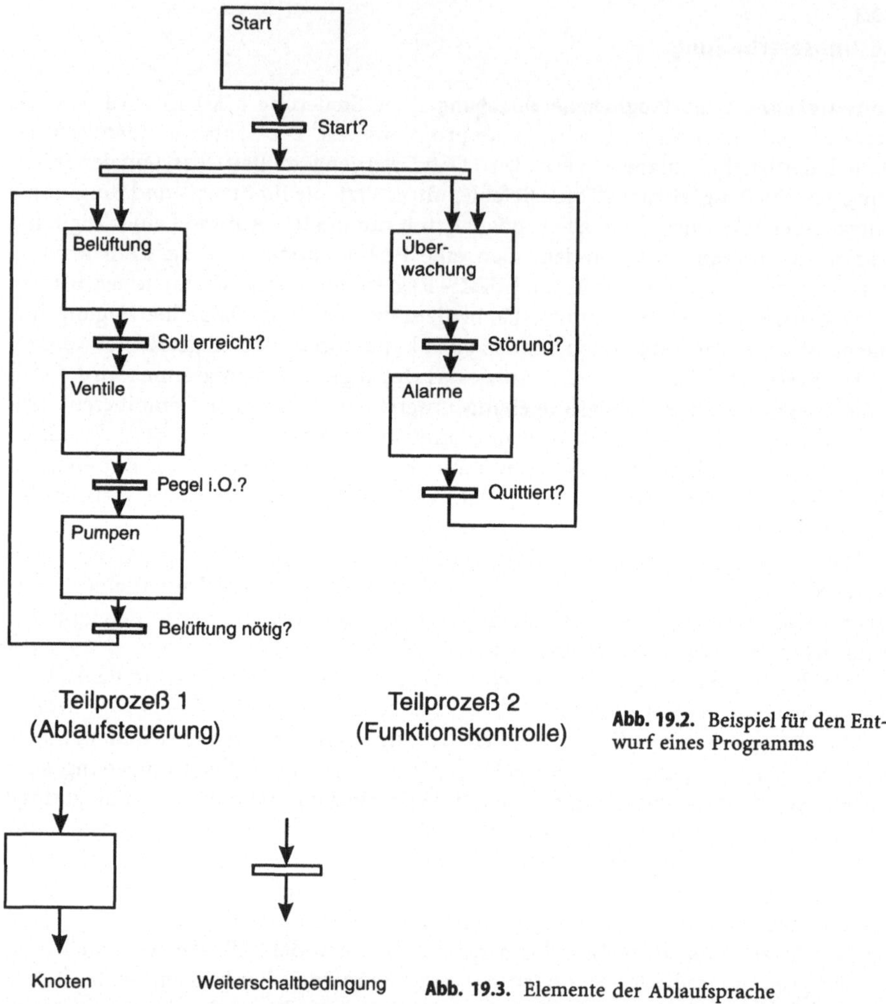

Abb. 19.2. Beispiel für den Entwurf eines Programms

Abb. 19.3. Elemente der Ablaufsprache

Daten können dann später mit Hilfe eines PCs ausgelesen bzw. ausgewertet werden. Die interessantere Variante ist jedoch das Auslesen der Steuerung über die verschiedensten DFÜ-Medien also mit Telematik. Ein Aufsuchen der gesteuerten Anlage ist damit nur noch im Störungsfall erforderlich.

Um Daten über verschiedene Medien übertragen zu können, müssen zunächst einmal deren spezifische Eigenschaften bekannt sein. Die geringsten Schwierigkeiten, eine Verbindung zwischen Steuerung und PC herzustellen, entstehen bei Verwendung einer eigens dafür vorgesehenen Datenleitung. In diesem Fall ist sichergestellt, daß das Medium von keiner anderen Steuerung zur gleichen Zeit verwendet werden kann. Außerdem ist die Übertragungsqualität einer Kabelverbindung besonders hoch. Die MKS 16 ermöglicht verschiedene Arten von Kabelverbindungen. Die gebräuchlichste ist die RS232 Schnittstelle, mit der sowohl Daten als auch Programme in die Steuerung übertragen werden können. Die Datenübertragungsrate beträgt hierbei 9600 Baud. Die zweite Möglichkeit ist der Datenaustausch über eine Zweidrahtleitung. Hierbei können größere Distanzen überbrückt werden, die Übertragungsrate ist jedoch auf 1200 Baud bei Distanzen von einigen Kilometern begrenzt. Für Datenfernübertragung (DFÜ) besonders geeignet ist das nahezu überall zugängliche Telefonnetz der Telekom. Ein Anschluß der MKS 16 ist über ein gewöhnliches Telefonmodem möglich. Dabei stellt das Modem die direkte Verbindung zum Telefonnetz her, während die MKS über eine RS232 mit dem Modem kommuniziert. Bei diesem Aufbau müssen verschiedene Besonderheiten berücksichtigt werden. Bevor eine Verbindung vom PC zur Steuerung oder umgekehrt aufgebaut werden kann, muß eine Kommunikation zwischen PC und Modem stattfinden. Das Modem muß initialisiert werden, und es muß die zu wählende Nummer übertragen werden. Das Modem wählt anschließend diese Nummer an und stellt eine Verbindung zur Gegenstelle her. Erst dann können die Daten in beiden Richtungen übertragen werden. Folgende Probleme müssen von der Kommunikationssoftware berücksichtigt werden:

– Leitung besetzt,
– Verbindung während der Übertragung unterbrochen und
– empfangene Daten durch Leitungsstörungen fehlerhaft.

An Orten, an denen kein Telefonanschluß fest installiert ist, besteht die Möglichkeit ein Funktelefon zu verwenden. Für häufigen Datenaustausch an Orten, an denen kein fest installierter Telefonanschluß möglich ist (Pumpstation im freien Feld), besteht die Möglichkeit, eine Funkverbindung aufzubauen. Bei dieser Übertragungsart sind besondere Maßnahmen erforderlich, um einen sicheren Datenaustausch zu gewährleisten:

– kurze Datensätze,
– Quittierung jedes Datensatzes, ggf. Wiederholung eines Satzes,
– Prüfung der empfangenen Daten auf Vollständigkeit und
– Filterung von Störsignalen durch Verwendung von Synchronisationszeichen und Prüfzeichen (CRC-Zeichen).

Um ein Maximum an Datensicherheit zu gewährleisten, arbeitet die MKS 16 nach einem speziellen Protokoll. Der Aufbau eines Datensatzes ist in Abb. 19.4. dargestellt.

Synchronisationszeichen. Maximal 10 Bytes kennzeichnen den Anfang eines Protokolls. In jeder Steuerung können andere Synchronisationszeichen verwendet werden. Damit ist eine genaue Unterscheidung möglich, wenn mehrere Steuerungen das gleiche Übertragungsmedium (Funk, Standleitung mit mehreren Teilnehmern) verwenden.

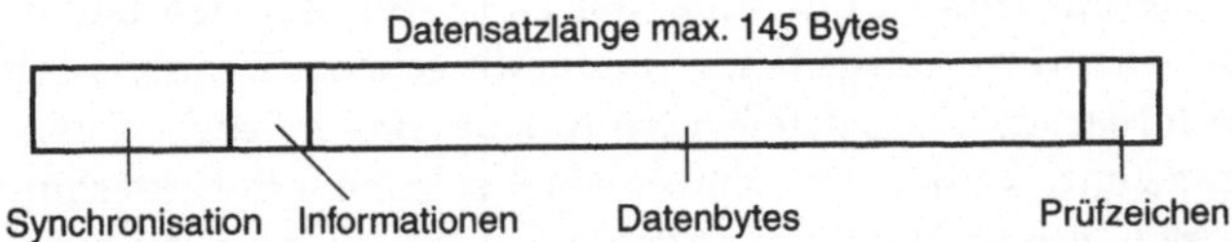

Abb. 19.4. Aufbau eines Datensatzes, der zur Kommunikation mit der MKS16 verwendet werden muß

Informationszeichen. Dieser 5 Bytes umfassende Abschnitt enthält alle nötigen Angaben über die Verwendung der folgenden Daten. Insbesondere sind das:

- Steuerungsnummer
- Verwendungszweck der folgenden Daten
- Zieladresse der Daten in der Steuerung
- Anzahl der übermittelten Datenbytes

Datenbytes. Maximal 128 Bytes werden innerhalb eines Datensatzes übertragen. Wenn mehr Informationen gesendet werden müssen, ist es erforderlich, diese in 128 Bytes Blöcke aufzusplitten.

Prüfzeichen (*C*yclic *R*edundancy *C*heck – CRC-Zeichen). Das Prüfzeichen wird vor dem Senden eines Datensatzes berechnet, an die Datenbytes angefügt und mit übertragen. Es besteht aus 2 Bytes, die nach einem speziellen Algorithmus berechnet werden. Nachdem entweder von der Steuerung oder vom PC ein solcher Datensatz empfangen worden ist, werden die Datenbytes anhand des Prüfzeichens auf eventuelle Fehler untersucht. Erst nachdem eine fehlerfreie Übertragung erkannt wurde, wird der Empfang quittiert.

Wird die Steuerung fernwirktechnisch parametriert, so sind meist nur wenige Bytes zu übertragen. Wird die Steuerung dagegen vom PC ausgelesen, müssen sehr viele Datensätze übertragen werden. Durch ein im PC ablaufendes Kommunikationsprogramm werden dabei die Datenbytes aus den Datensätzen herausgelöst und entsprechend den im Informationsblock stehenden Beziehungen zusammengefügt. Die so entstehenden Kennlinien oder Protokolle werden dann auf Festplatte abgelegt, von wo sie anschließend oder später ausgewertet werden können.

19.4
Realisierung

Drei realisierte Anlagen sollen hier dargestellt werden.

Kläranlagensteuerung. Vielfältige Anwendungsmöglichkeiten bieten sich bei der Automatisierung umwelttechnischer Prozesse wie Klär- oder Wasserversorgungsanlagen. Um Kosten einzusparen geht der Trend zu dezentralen Kläranlagen, die fernwirktechnisch von einer Leitstelle aus überwacht werden. Treten Störungen auf, so lößt die Steuerung vor Ort Alarm aus, der über DFÜ zur Zentrale weitergeleitet wird. Zunächst kann eine Lokalisierung des Fehlers anhand der zuletzt übermittelten Daten erfolgen. Weiterhin können mit Hilfe von DFÜ Testfuktionen durchgeführt werden, ohne das jemand zu Anlage fahren muß. Mit genauer Kenntnis der Fehlerursache und ggf. erforderlichen Ersatzteilen kann dann eine mögliche Reparatur oder Wartung durchgeführt werden. Der Nutzen einer solchen fernwirktechnischen Überwachung läßt sich also an Hand der entfallenden Inspektionen bzw. der verkürzten Reparaturzeit abschätzen. Zudem wird die Regelgüte durch Einsatz einer Mikroprozessorsteuerung, die sich wechselnden Belasteungen anpaßt, verbessert.

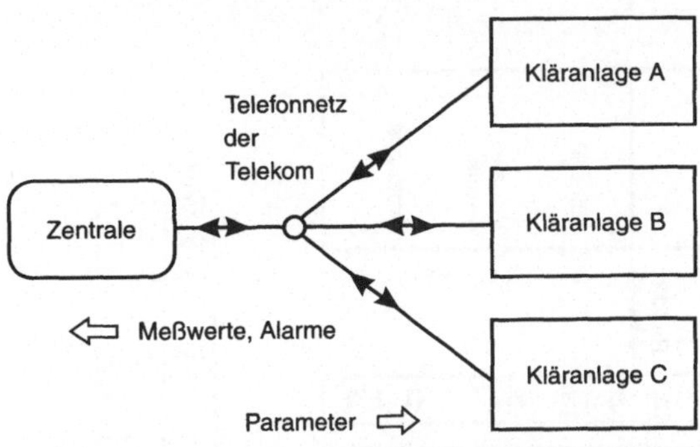

Abb. 19.5. Struktur einer dezentralen Überwachung von Kläranlagen

Außer zur Regelung von Klärprozessen kann die MKS 16 auch zu Steuerzwecken bei der Trinkwasserversorgung herangezogen werden. Oft sind in Abhängigkeit des Füllstandes in einem Hochbehälter eine oder mehrere Pumpen zu schalten.

Der zeitliche Verlauf der Pegelstände ist aufzuzeichnen, außerdem müssen alle Ereignisse, wie Schaltmeldungen oder Störungen in einer Datei aufgezeichnet werden.

Hochbehälter. In der Station „Hochbehälter" ist eine MKS 16 untergebracht, in der Pumpstation ist ebenfalls eine MKS 16 installiert. Beide Steuerungen tauschen Daten über eine Zweidrahtleitung über eine Entfernung ca. 1,5 km. aus. Die Steuerung in der Station „Hochbehälter" ist über ein Modem mit der Zentrale verbunden.

Es werden die Daten der Pumpen und der dortigen Brunnen vor Ort gespeichert und auf Kommando an die Station „Hochbehälter" übermittelt. Durch diese Vorgehensweise können alle Daten über Modem von der Station „Hochbehälter" während eines Anrufs abgeholt werden. Abbildung 19.6. verdeutlicht den Informationsfluß vom Prozeß zur Zentrale und innerhalb der Anlage.

Über die Standleitung werden alle 30s von der Steuerung „Hochbehälter" die aktuellen Daten der Pumpstation angefordert. Gleichzeitig wird der Pegelstand des Hochbehälters zur Pumpstation übermittelt, damit dort entschieden werden kann, ob die Pumpen einzuschalten sind. Die Schaltschwellen für die Pumpen werden ebenfalls von der Station „Hochbehälter" über die Zweidrahtleitung zur Pumpstation übertragen.

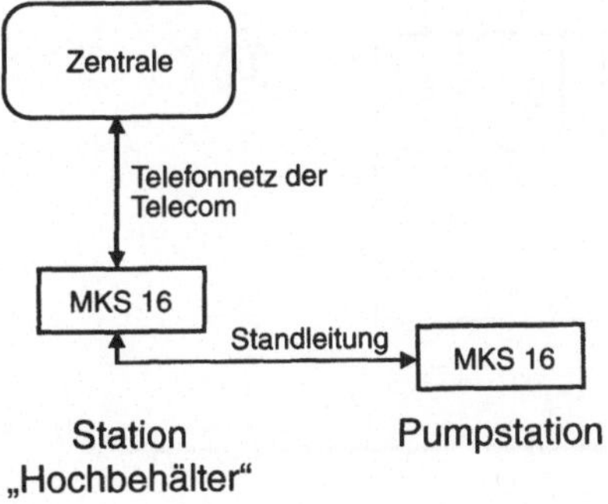

Abb. 19.6. Struktur und Datenfluß einer Beispielanlage

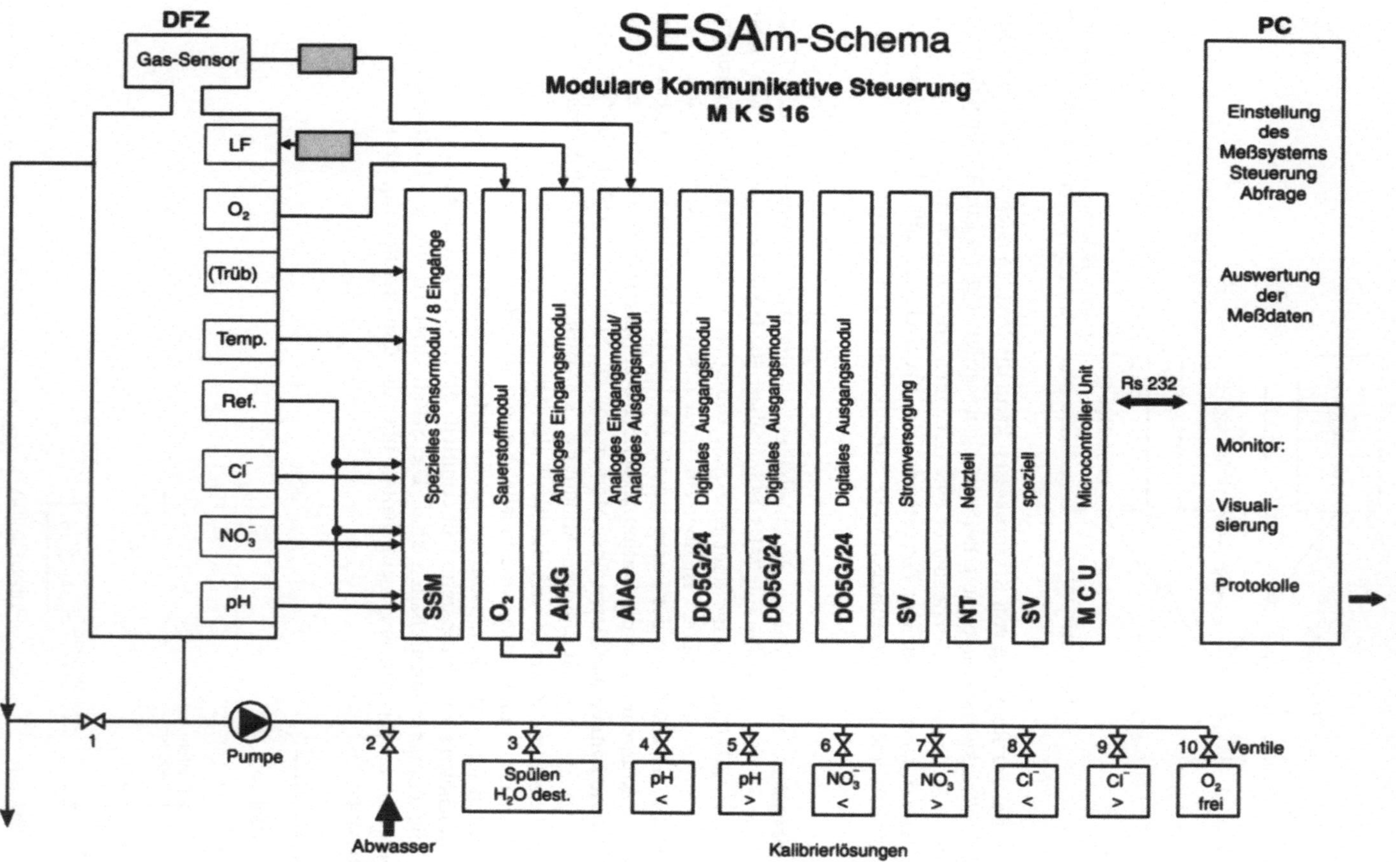

Abb. 19.7. Schematische Darstellung des Sensorerkennungssystems für Abwässer – SESAm

Sensorerkennungssystem für Abwässer – SESAm (Abb. 19.7.) Die Durchflußzelle (DFZ) ist mit ionenselektiven Elektroden für pH, Chlorid, Nitrat und gelösten Sauerstoff sowie einer gemeinsamen Referenzelektrode bestückt, die als Meßsignale Spannungen im mV-Bereich in Abhängigkeit von der jeweiligen Ionenkonzentration im Abwasser liefern und an die Eingänge des Sensormoduls der MKS 16 angeschlossen sind. Die ionenselektiven Elektroden sind wahlweise austauschbar gegen Elektroden für Fluorid, Kupfer, Silber/Sulfid, Sauerstoff, Cyanid, Kalzium, Bromid u. a.

Der Temperaturfühler und die Leitfähigkeitszelle in der DFZ sowie der Gassensor über dem Abwasser liefern Meßspannungen im mV-Bereich. Diese Sensoren sind mit den Eingängen eines MKS 16-Moduls verbunden.

Das Abwasser und die Kalibrierlösungen werden über eine Schlauchpumpe und Schlauchklemmventile aus den jeweiligen Vorratsbehältern mit einer Geschwindigkeit von 60 ml/min in bzw. durch die Durchflußzelle nach festgelegten Kalibrier- und Meßzyklen gepumpt. Die Steuerung der Ventile erfolgt über zwei DO5G/24-Module der MKS 16-Einheit.

Vom Mikrocontrollermodul mit Programm- und Datenspeicher der MKS 16 (MCU) werden die Sensorsignale erfaßt und gespeichert.

Die Bearbeitung der Meßsignale erfolgt in einem speziell entwickelten Auswerteprogramm mit einer Weiterentwicklung der Klassifizierungsmethode in Bezug auf Lernverfahren, die das Auswechseln eines Sensors und das Nachstellen der Kennlinien mit elektrischer Steuerung gestatten. Die Kalibrierung von Sensoren ist danach ohne den Einsatz von Spezialisten möglich und wird automatisch erledigt.

20 Merkmalsselektion und Zustandsschätzung für die Bioprozeßüberwachung

N. VOLK

20.1
Führung biotechnologischer Prozesse

Das biotechnologische System als ein komplexes, nichtlineares und zeitvariables System.
Biotechnologie ist die Verbindung von Naturwissenschaften (Biologie, Molekular-
biologie und Biochemie) mit den Ingenieurwissenschaften (Verfahrenstechnik und
Steuerungstechnik) zur industriellen Nutzung von Organismen, Zellen oder Teilen
von ihnen. [1]. Biotechnologische Verfahren nutzen biochemische und biologische
Stoffwandlungsprinzipien im technischen Maßstab. Diese Stoffwandlungsprozesse,
die zum Teil im intrazellulären Raum der Mikroorganismen oder Zellen ablaufen
und biologisch determiniert sind, lassen sich von außen durch die gezielte Beeinflussung der Zellumgebung steuern. Bei der Anwendung von Steuerungs- und Optimie-
rungstechniken sind aber die speziellen Prozeßanforderungen zu berücksichtigen.
Die Besonderheit biotechnologischer Prozesse liegt in der Verbindung eines technischen Systems mit einem biotischen System. Das technische System ist in der
Regel vollständig beschreibbar. Das biotische System ist komplex, nichtlinear und
zeitvariabel. Es zeichnet sich durch drei wesentliche Eigenschaften aus:

- der Fähigkeit, sich selbst in einem unscharfen Bereich zu reproduzieren;
- der Fähigkeit, sich der Umgebung anzupassen;
- der Fähigkeit, die Umgebung zu verändern (Abb. 20.1.).

Vielfach lassen sich die ablaufenden biochemischen und biologischen Prozesse
nur phänomenologisch oder formal beschreiben. Die Ansätze zur Beschreibung
biotechnologischer Prozesse betrachten den technischen Reaktionsapparat und das
biotische System als Einheit, ohne die Besonderheiten des biotischen Systems zu
berücksichtigen.

20.2
Lösungsvarianten

Modellbildung durch Bilanzierung. Das häufig eingesetzte Bilanzmodell zur Beschreibung biotechnologischer Prozesse basiert auf der Interpretation und der mathematischen Abbildung der im Bioreaktor ablaufenden physikalisch-chemischen Vorgänge.
Das Modell beschreibt das Verhalten (das statische, wie auch das dynamische Ver-

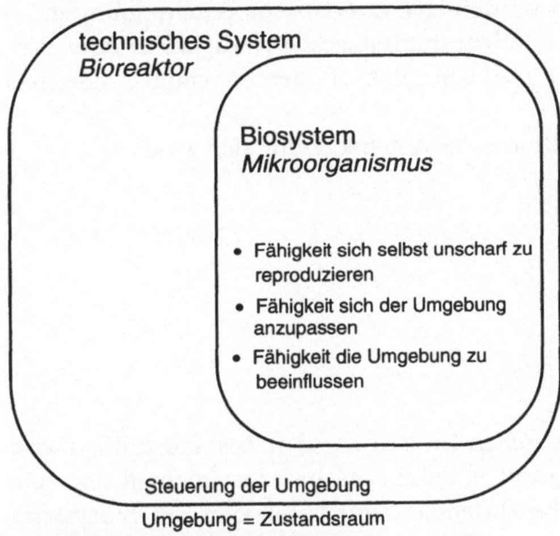

Abb. 20.1. Biotechnologisches System

halten) der prozeßbestimmenden Zustandsgrößen eines Bioprozesses als Einheit von technischen und biotischen Systemen. Der allgemeine dynamische Bilanzmodellansatz nach [2] basiert auf dieser Annahme und ist Grundlage der Formulierung spezieller Bilanzmodelle (Abb. 20.2.).

$$\frac{\mathrm{d}\xi_i}{\mathrm{d}t} = \sum_{j-i}(\pm)Y_{ij}\varphi_j - D\xi_i - Q_i + F_i$$

Der Ansatz beruht dabei auf folgenden Vereinbarungen:

(1) Das Reaktionsschema besteht aus n Komponenten $\xi_i(i = 1, \ldots, N)$ und M Reaktionen $(j = 1, \ldots, M)$, die Reaktionsgeschwindigkeiten werden mit $\varphi_j(j = 1, \ldots, M)$ bezeichnet.
(2) Die Bezeichnung $j - i$ bedeutet, daß die Summation für den Index alle Komponenten mit dem Index i einschließt;
(3) Y_{ij} beschreibt die Umsatzkoeffizienten;
(4) Q_i beschreibt den Masseabfluß der Komponente ξ_i aus dem Bilanzraum mit der gasförmigen Phase;
(5) F_i beschreibt den Masseabfluß der Komponente ξ_i aus dem Reaktor mit der flüssigen Phase.

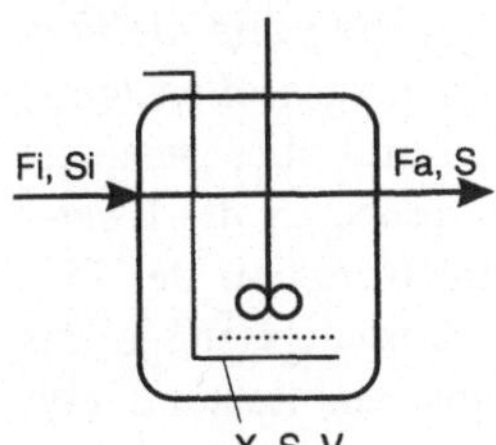

Abb. 20.2. Typische Prozeßgrößen zur Charakterisierung eines kontinuierlich betriebenen, ideal durchmischten Bioreaktors

Zur Modellierung des Bioprozesses werden charakteristische Beschreibungsgrössen, wie Wachstumsgeschwindigkeiten, Substratumsatzgeschwindigkeiten oder Produktbildungsgeschwindigkeiten (s. u.) und Umsatzkoeffizienten genutzt (Beispiel siehe Abb. 20.2.).

Das Bilanzmodell eines einfachen Bioreaktorsystems ergibt sich aus:

$$\frac{d(VX)}{dt} = \mu VX - F_a X$$

$$\frac{d(VS)}{dt} = -Y_1 \mu VX + F_i S_i - F_a S$$

$$\frac{dV}{dt} = F_i - F_a$$

Die Abhängigkeit dieser charakteristischen Größen von den Zustandsgrößen wird durch formalkinetische Modellansätze mit Parametern, die experimentell den speziellen Stoffsystemen angepaßt sind, beschrieben. Die Komplexität des Biosystems als zeitvariables und adaptives System kann in der formalkinetischen Betrachtung nur ungenügend Berücksichtigung finden. Die Formulierung eines gültigen Modellansatzes und dessen Parametrisierung ist nur in einem begrenzten Zustandsbereich möglich. Der formalkinetische Modellansatz ist zwangsläufig fehlerbehaftet.

Erweiterte Modellvorstellung zur Beschreibung eines biotechnologischen Systems. Eine Erweiterung des allgemeinen Modells eines biotechnologischen Prozesses ist durch den kybernetischen Ansatz der Systemverknüpfung über Ein- und Ausgangsbeziehungen möglich. Abbildung 20.3. zeigt die Ein-/Ausgangsbeziehungen der konventionellen Betrachtung. Die Ausgangsgrößen des Bioreaktors sind die Umgebungsgrößen des biologischen Systems und gleichzeitig die Steuer- und Regelgrößen. Eine Erweiterung ist durch Definition zweier gekoppelter Systeme möglich [3]. Hierbei kann das System Bioreaktor als ein einfaches physikalisches System, dessen Zustand vollständig beschreibbar ist, betrachtet und vom komplexen, zeitvariablen und adaptiven Biosystem getrennt werden (Abb. 20.4.). Die Ausgangsgrößen des Bioreaktors sind Eingangsgrößen des Biosystems und gleichzeitig Umgebungsgrößen. Sie beschreiben die sich im Reaktorinneren einstellenden Bedingungen und Konzentrationen. Wesentlich für die Modellvorstellung ist die Rückkopplungsstruktur. Die lokalen Regler, die die inneren Prozeßzustände des Bioreaktors nach den konventionellen Ansätzen unabhängig vom Biosystem regeln, greifen auf die Umgebungsgrößen zu und beeinflussen die Eingangsgrößen. Das Biosystem wirkt gleichzeitig durch die eigene physiologische Aktivität auf die Umgebungsgrößen, es erzeugt eine interne Rückkopplung.

Diese Modellvorstellung läßt folgende Größen zu, die steuerbaren Eingangsgrößen (sEG), die Umgebungsgrößen (UG), die physiologischen Größen (pG) und die physiologischen Zustandsgrößen (pZG) (s. u.). Die steuerbaren Eingangsgrößen (sEG) sind Stoff- und Energieströme, die in den Bioreaktor einfließen und über geeignete Stellorgane beeinflußt werden. Die Umgebungsgrößen charakterisieren die Umgebung für das Biosystem, die sich im Reaktor durch die Transformation der Eingangsgrößen einstellt. Die physiologischen Größen sind die Ausgangsgrößen des Biosystems, sie stehen in direkter Beziehung zum physiologischen Zustand (Systemzustand) des Biosystems.

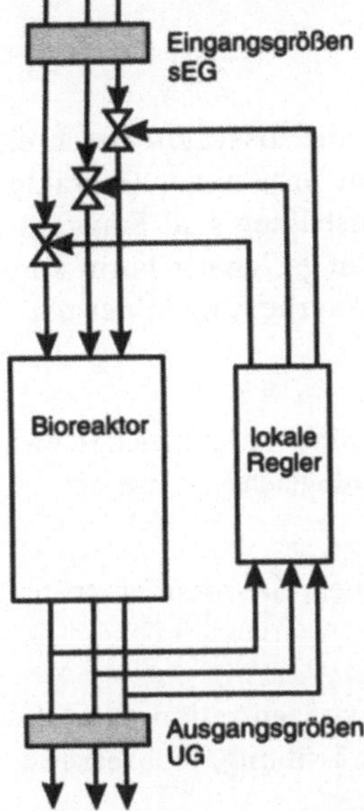

Abb. 20.3. Konventionelle Systembetrachtung eines biotechnologischen Prozesses

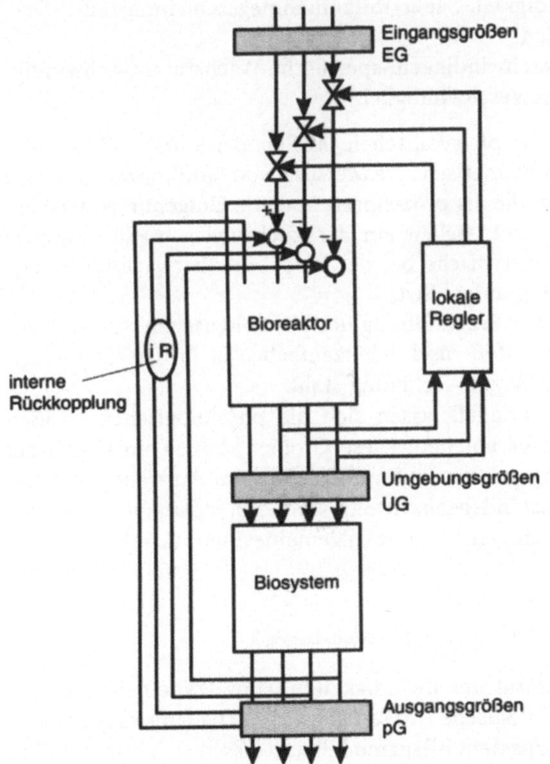

Abb. 20.4. Erweiterter Modellansatz zur Beschreibung eines biotechnologischen Systems [3]

20.3
Größen zur Beschreibung biotechnologischer Prozesse

Meßbare und nichtmeßbare Größen. Aus dem erweiterten Modellansatz zur Beschreibung biotechnologischer Systeme kann man eine Reihe von Größen zur Charakterisierung der Prozesse ableiten. Entsprechend der Aufgabenstellung sind Eingangs-, Ausgangs-, Umgebungsgrößen und physiologische Größen in geeigneter Form kontinuierlich oder quasikontinuierlich zu erfassen und einer Verarbeitung in der übergeordneten Regelung oder Steuerung zuzuführen.

Physiologische Größen und physiologische Zustandsgrößen. Man unterscheidet zwischen häufig benutzten Größen zur Beschreibung biotechnologischer Prozesse:

- **Eingangsgrößen**
  Substratvolumenströme, Dosagen, Eingangskonzentrationen, Gasvolumenströme, Leistungseintrag, Rührgeschwindigkeit, Temperatur.
- **Umgebungsgrößen**
  Biomassekonzentration, Substratkonzentration, Inhibitorkonzentration, Produktkonzentration, Sauerstoffkonzentration, Schaumbildung, Trübung, Floureszens.
- **Physiologische Größen**
  Produktbildungsgeschwindigkeit, Umsatzkoeffizienten, Wachstumsgeschwindigkeit, Substratumsatzgeschwindigkeit, Sauerstoffaufnahmegeschwindigkeit.
- **Physiologische Zustandsgrößen**
  spezifische Produktbildungsgeschwindigkeit, spezifische Wachstumsgeschwindigkeit, spezifische Substratumsatzgeschwindigkeit.

Die meßtechnische Erfassung der physikalischen Größen, der Stoff- und Energieströme, ist im wesentlichen unproblematisch. Die Messung von Stoffkonzentrationen in den häufig komplexen Medien, die als prozeßbestimmende Umgebungsvariablen notwendiger Weise zu erfassen sind, stellen ein anspruchsvolles meßtechnisches Problem dar. In Tabelle 20.1. sind typische bei der Bioprozeßüberwachung kontinuierlich zu erfassende Meßgrößen aufgeführt.

Die Bestimmung von Größen zur Beschreibung des physiologischen Zustands eines Biosystems ist eine komplexe Meß- und Schätzaufgabe, da in diesem Bereich bislang kaum geeignete Meßtechnik zur Verfügung steht.

Aus dem erweiterten Zustandsmodell lassen sich die physiologischen Größen als Ausgangsgrößen des Biosystems ableiten. Diese Größen können im Gegensatz zu den Eingangs- und Umgebungsgrößen nur mit erheblichem Aufwand kontinuierlich gemessen werden. Zur Zustandsbeobachtung sind Zustandsschätzer auf der Grundlage von Primärmodellen eingeführt. Der allgemeine Bilanzansatz stellt die Grundlage dar.

$$\frac{d(\xi_i V)}{dt} = V \frac{d\xi_i}{dt} + \xi_i \frac{dV}{dt} = F_{i,\text{Fluß}} + F_{i,\text{Reaktion}} + F_{i,\text{Phasenübergang}}$$

Aus diesem Ansatz werden Umsatzgeschwindigkeiten, Umsatzkoeffizienten und Produktivitäten als typische physiologische Größen abgeleitet. Die Umsatzgeschwindigkeiten (φ) ergeben sich direkt aus dem Bilanzmodell und lassen sich durch online Berechnung aus den kontinuierlich erfaßten Meßgrößen schätzen. Hierzu können

Tabelle 20.1. Charakteristische Meßgrößen zur Bioprozeßüberwachung mit Meß- und Genauigkeitsbereichen

Meßgröße	Größenbereich	Einheit	Genauigkeit
Temperatur	0 ... 150	°C	0,01 %
Drehzahl	0 ... 3000	min^{-1}	0,2 %
Druck	0 ... 2	bar	0,1 %
Gewicht	0 ... 100/gestuft	kg	0,01 %
Volumenstrom	0 ... 8	$m^3\,h^{-1}$	1 %
	0 ... 2	$kg\,h^{-1}$	0,5 %
Gasvolumenstrom	0 ... 2	$m^3\,h^{-1}$	0,1 %
Verdünnungsrate	0 ... 1	h^{-1}	0,5 %
Schaum	ja/nein		
Blasen	ja/nein		
Niveau	ja/nein		
pH	2 ... 12	Einheiten	0,1 %
pO_2	0 ... 100 %	% sat	1 %
pCO_2	0 ... 100 %	% sat	1 %
O_2-Austrittskonzentration	16 ... 21	Vol %	1 %
CO_2-Austrittskonzentration	0 ... 5	Vol %	1 %
Redoxpotential	-0,6 ... 0,3	V	0,2 %
Fluoreszenz	0 ... 5	Einheiten	
Optische Dichte	0 ... 100	Einheiten	
online FIA			
Glukose ($< 100\,h^{-1}$)	0 ... 100	$g\,l^{-1}$	1 %
Ammonium($< 20\,h^{-1}$)	0 ... 10	$g\,l^{-1}$	1 %
Phosphat ($< 15\,h^{-1}$)	0 ... 10	$g\,l^{-1}$	1 %
online HPLC			
Phenole ($< 5\,h^{-1}$)	0 ... 100	$mg\,l^{-1}$	5 %
organische Säuren	0 ... 1	$g\,l^{-1}$	5 %
Methabolite	0 ... 100	$g\,l^{-1}$	5 %
online GC			
Ethanol	0 ... 5	$g\,l^{-1}$	5 %
flüchtige Methabolite	0 ... 1	$g\,l^{-1}$	5 %
Buthandiol	0 ... 10	$g\,l^{-1}$	8 %

geeignete Schätzmethoden, wie deterministische Filter, heuristische oder stochastische Modelle, eingesetzt werden. Die geschätzten Umsatzgeschwindigkeiten bilden sich auf den formalkinetisch abgeleiteten Ansätzen der Bilanzmodelle ab und gestatten einen direkten Vergleich von online Schätzung und deterministischen Modellansatz.

$$\varphi_i = f(\text{UG})$$

Die Umsatzkoeffizienten (Y) charakterisieren die Beziehung zwischen den Umsatzgeschwindigkeiten und werden als integrale Größen berechnet.

$$Y_{i/j} = \frac{\varphi_i}{\varphi_j}$$

Die Produktivitäten (P) berechnen sich aus den zeit- und volumenbezogenen Umsatzgeschwindigkeiten.

$$P_i(t) = \frac{\varphi_i(t) \cdot V(t)}{t}$$

Die physiologischen Zustandsvariablen lassen sich nach dem systemtheoretischen Grundansatz aus der Verknüpfung der Ausgangsgrößen (physiologischen Größen) mit den Eingangsgrößen (Umgebungsgrößen) des Biosystems ableiten. Die wesentlichen Größen sind spezifische Umsatzgeschwindigkeiten, Verhältnisgrößen der Umsatzgeschwindigkeiten und maximale spezifische Aufnahmeraten.

Die spezifischen Umsatzgeschwindigkeiten (SiUR) können aus der Beziehung zur Biomassekonzentration abgeleitet werden.

$$\text{SiUR} = \frac{\varphi_i}{X}$$

Die Geschwindigkeitsverhältnisse (ρ) lassen sich nach der Beziehung

$$\rho_{i/j} = \frac{\varphi_i}{\varphi_j}$$

erfassen. Die maximalen Geschwindigkeiten bestimmen im wesentlichen die maximal erreichten bzw. die maximal erreichbaren Umsatzgeschwindigkeiten.

20.4
Phaseneinteilung zur Zustandscharakterisierung

Phänomenologische Phaseneinteilung mikrobieller Wachstumsprozesse. Die phänomenologische Beschreibung mikrobieller Wachstumsprozesse nutzt qualitative und quantitative Wachstumsmerkmale zur Einteilung der Abläufe in Prozeßphasen. Prozeßphasen charakterisieren zeitliche Wachstumsabschnitte, in denen sich der physiologische Zustand der Zellpopulation wesentlich unterscheidet. Beim mikrobiellen Wachstum unter Batchbedingungen kann man folgende Prozeßphasen beobachten:

- die **Adaptionsphase**, in der sich Zellen an sich veränderte Umgebungsbedingungen (z. B. neue Nährmedien) anpassen und in der praktisch keine Zellvermehrung zu beobachten ist;
- die **exponentielle Wachstumsphase**, in der das Zellwachstum durch die für die Umgebungsbedingungen charakteristische Wachstumsgeschwindigkeit bestimmt wird;
- die **stationäre Phase**, die durch ein Gleichgewicht zwischen neugebildeten und absterbenden Zellen gekennzeichnet ist,
- die **Absterbephase**, die nach dem Verbrauch der Energiereserven der Zellen, bei Limitationen oder Inhibitionen beginnt.

In Abb. 20.5. ist ein typischer Verlauf der Biomassekonzentration des Wachstums unter Batchbedingungen dargestellt. Diese Prozeßphasen lassen sich in allen biotechnologischen Prozessen nachweisen.

Phasenbezogene Modellierung eines biotechnologischen Prozesses. Transformiert man den zeitlichen Verlauf eines biotechnologischen Prozesses in den komplexen Zustandsraum, der durch die Vielzahl der gemessenen und geschätzten Größen aufgespannt wird und vergleicht den Verlauf der Trajektorien mit den Prozeßphasen, so lassen sich aus der Korrelation zwischen den Prozeßphasen und dem Trajektorienverlauf charakteristische Beziehungen ableiten. Man kann für die Prozeßphasen, die empirisch nach phänomenologischen Gesichtspunkten bestimmt wurden, Räume hoher Aufenthaltswahrscheinlichkeit im komplexen Zustandsraum bestimmen.

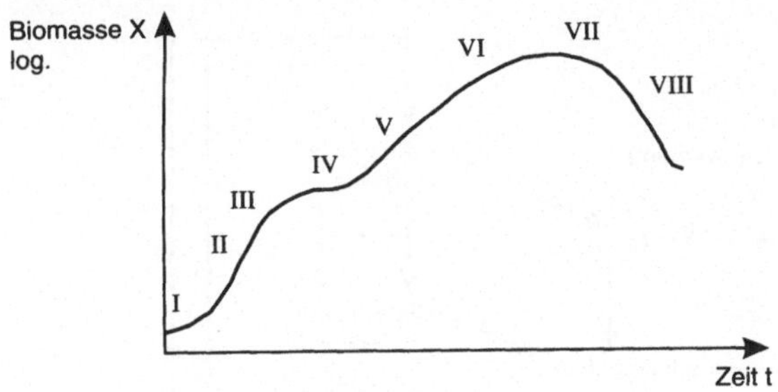

I   Adaptionsphase
II   exponentielles Wachstum (Substrat 1)
III   Substratlimitierung (Substrat 1)
IV   Adaptionsphase
V   exponentielles Wachstum (Substrat 2)
VI   Substratlimitierung (Substrat 2)
VII   Stationäre Phase
VIII   Absterbephase

Abb. 20.5. Charakteristische Prozeßphasen eines mikrobiellen Wachstumsprozesses

Diese Unterräume charakterisieren den physiologischen Zustand des Biosystems in der jeweiligen Prozeßphase. Das Biosystem läßt sich somit durch die Charakterisierung der Räume größter Aufenthaltswahrscheinlichkeit und deren Übergänge beschreiben (Abb. 20.6.).

Physiologische Zustandscharakterisierung durch Phasenzuordnung. Durch Einteilung des Zustandsraums in für die Prozeßphasen charakteristische Subräume, kann das biotische System durch die Klassifikation des aktuellen Zustands charakterisiert werden. Damit reduziert sich die Zustandsmodellierung auf ein Klassifikationsproblem. Zur Beschreibung der Prozeßphasen kann der Zustandsraum reduziert und vereinfachte Modellansätze und Steuerfunktionen für das biotechnologische System abgeleitet werden.

Teilschritte der phasenbezogenen Zustandscharakterisierung. Die Teilschritte der phasenbezogenen Zustandscharakterisierung zur Prozeßbeobachtung und -steuerung biotechnologischer Prozesse (Abb. 20.7.) verbinden die wesentlichen Aufgabenbe-

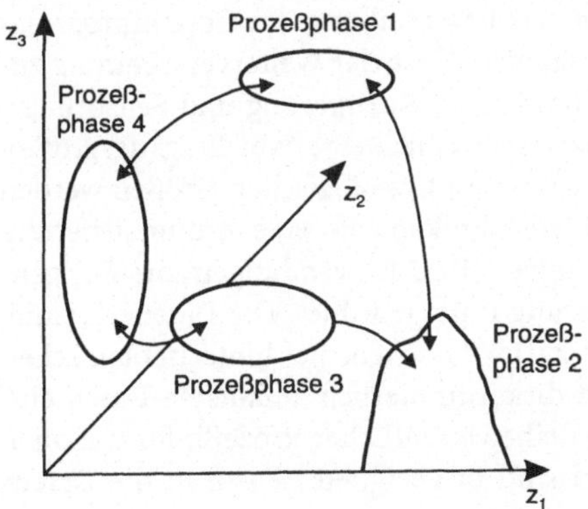

Abb. 20.6. Vereinfachte Darstellung eines Prozeßphasenmodells im Zustandsraum

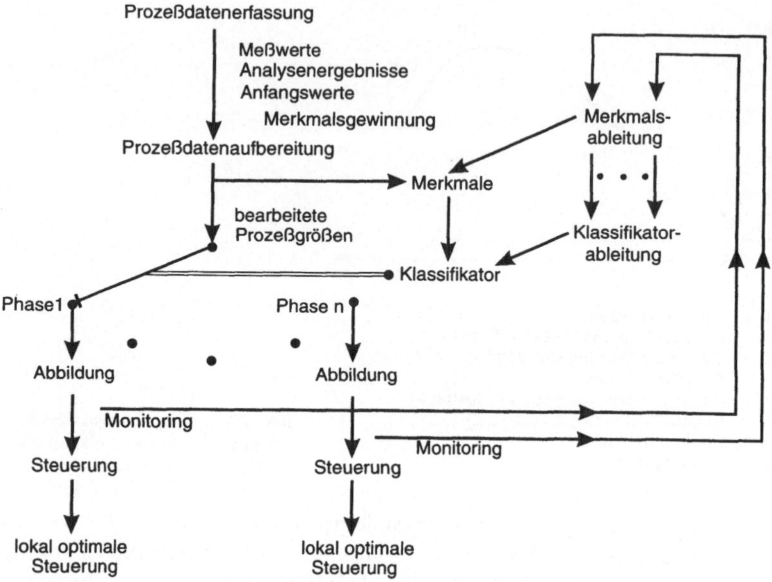

Abb. 20.7. Ablaufplan der phasenbezogenen Steuerung biotechnologischer Prozesse

reiche, wie Datenerfassung, Datenaufbereitung mit dem Komplex der Klassifikation.
Folgende abgrenzbare Teilschritte lassen sich nennen:

- die Prozeßdatenerfassung,
- die Prozeßdatenaufbereitung,
- die Merkmalsgenerierung,
- die Klassifikation,
- die Phasenzuordnung,
- die phasenbezogene Prozeßvisualisierung,
- die phasenbezogene Steuerung,
- die Merkmalsselektion,
- die Klasssifikatordefinition.

In der **Prozeßdatenerfassung** werden die zur Beschreibung des Gesamtprozesses
notwendigen Prozeßdaten erfaßt und in geeigneter Weise der Weiterverarbeitung zu-
geführt. Hier werden alle Aufgaben der Kalibrierung, Normierung und Sensorüber-
wachung realisiert. Nach Tabelle 20.1. lassen sich eine Reihe von Eingangsgrößen
kontinuierlich erfassen. Die kaum direkt meßbaren physiologischen Größen werden
über Primärmodelle berechnet. Spezielle Meßtechniken, die eine Automatisierung
des Meßablaufs verlangen, wie FIA-, GC- oder HPLC-Anwendungen zur Konzen-
trationsmessung sind der Prozeßdatenerfassung untergeordnet. Die Datenerfassung
hat die Steuerabläufe zu koordinieren und zu überwachen. Bei biotechnologischen
Anwendungen ist ebenfalls die Möglichkeit diskontinuierlich anfallende Daten einzuarbeiten von besonderer Bedeutung. Ein Reihe wesentlicher Prozeßinformationen
werden über Laboranalysen gewonnen und sind in geeigneter Form in die Datenverarbeitung zu integrieren.

Die **Prozeßdatenaufbereitung** hat die interessierenden dynamischen Vorgänge durch signalanalytische Aufbereitung der Daten zu gewinnen. Die Daten, die als Zeitreihen häufig durch Wechselwirkungen der Meßsysteme mit auftretenden Nebenreaktionen, durch Meßgeräterauschen und äußere Einflüsse, wie elektromagnetische Störungen, fehlerbehaftet sind. Die auftretenden systematischen und zufälligen Fehler überlagern die Nutzsignalkomponenten (Abb. 20.8.). Als Ergebnis der Prozeßdatenaufbereitung stehen signalanalytisch bearbeitete Daten zur Verfügung, die mit Hilfe von primären Signalmodellen (s. u.) zur Berechnung nicht meßbarer physiologischer Größen und physiologischer Zustandsgrößen verknüpft werden. Die aufbereiteten Signale charakterisieren, auch als zum Teil linear abhängige Zustandsvariablen, im Zustandsraum den Trajektorienverlauf des biotechnologischen Systems. Konventionelle Prozeßleittechnik koppelt an dieser Stelle die Prozeßvisualisierung, die Regelung und Steuerung aus.

Die **Merkmalsgenerierung** liefert auf der Grundlage eines vordefinierten Merkmalssatzes zu jedem Zeitpunkt t ein Abbild des aktuellen Systemzustands im Merkmalsraum. Der notwendige Merkmalssatz kann auf der Grundlage von a-priori Wissen oder über iterative Lernschritte definiert werden. Die Merkmale müssen weitestgehend unabhängig sein und eine Klassifikation der Prozeßphasen durch den nachgeschalteten Klassifikator zulassen.

Die **Klassifikation** ordnet über geeignete Entscheidungskriterien den im Merkmalsraum abgebildeten aktuellen Prozeßzustand einer Entscheidungsklasse, einer Prozeßphase, zu. Geeignete Klassifikationsansätze nutzen zum Beispiel diskriminanzanalytisch abgeleitete Entscheidungsfunktionen, Fuzzy-Zugehörigkeitsfunktionen oder neuronale Klassifikationsansätze.

Die **Phasenzuordnung** folgt dem Klassifikationsergebnis und schaltet das für die klassifizierte Prozeßphase gültige und vordefinierte reduzierte Prozeßmodell und die phasenbezogene Steuerfunktion zu.

Die **phasenbezogene Prozeßvisualisierung** und **phasenbezogene Steuerung** beruht auf der Abbildung des aktuellen Prozeßzustands im reduzierten Zustandsraum. Nur phasenbestimmenden Prozeßgrößen werden zur Prozeßvisualisierung und zur

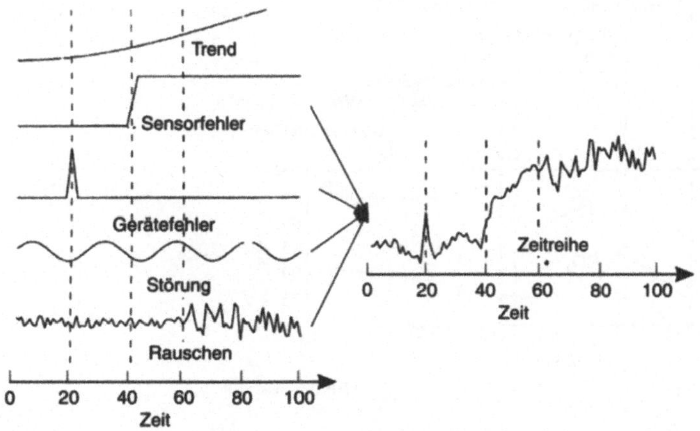

Abb. 20.8. Charakterische Störungen von Prozeßsignalen

Steuerung genutzt, eine Reduzierung des Aufwands bei einer Informationsverdichtung ist möglich.

Die **Merkmalsselektion** und **Klassifikatordefinition** sind notwendige Schritte zur Definition des phasenbezogenen Modellansatzes. Bei der Primärfestlegung wird Expertenwissen zur Phasendefinition, zur Merkmalsselektion und Klassifikatordefinition zusammengefaßt, über einen iterativen Trainingszyklus kann im laufenden Prozeß eine weitere Anpassung erfolgen.

In [4] wurde für die Produktion von α-Amylase durch den *Bacillus subtilus* ein phasenbezogenes Prozeßmodell vorgestellt und genutzt (Abb. 20.9.). Folgende Vorteile wurden für die phasenbezogene Modellmethode herausgearbeitet:

- Die zu messenden Prozeßgrößen können gezielt auf das lokale Prozeßverhalten und die in den Prozeßphasen notwendigen Anforderungen abgestimmt werden, der Meßaufwand in den Prozeßphasen reduziert sich erheblich;
- vergleichbare Prozeßzustände innerhalb eines Produktionszyklus werden unterschieden, eine Verfälschung der Modellabbildung wird verhindert;
- die Ein- und Ausgangsdimension der Prozeßbetrachtung verringert sich, spezifische Meßtechniken lassen sich besser integrieren.

Bei der Anwendung sind folgende besondere Erfordernisse zu berücksichtigen:

- zur Phasenklassifikation sind in allen Abschnitten sämtliche Kennwerte zur Zustandsbeschreibung notwendig, die kontinuierlich zur Merkmalsbildung genutzt werden müssen;
- bei einer sehr detaillierten Phaseneinteilung stehen oft nur wenige Meßwerte zum Training der Teilmodelle zur Verfügung;
- ein zuverlässiges Phasenerkennungssystem ist das wesentliche Element der Modellierungs- und Steuerstrategie.

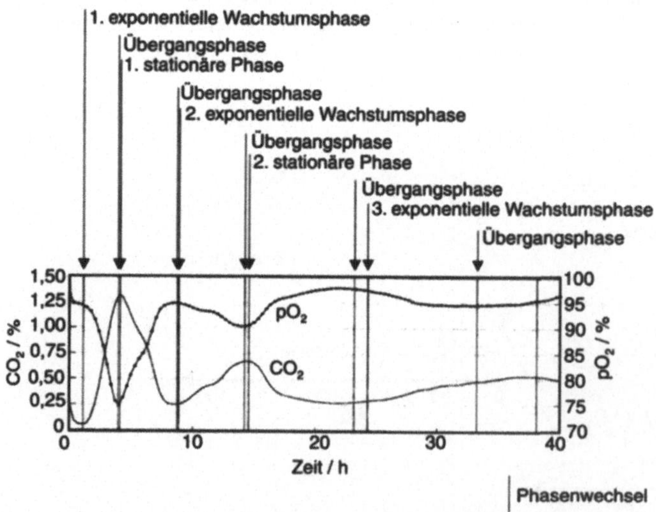

Abb. 20.9. Beispiel einer Phasenklassifikation einer α-Amylase-Produktion nach den Prozeßgrößen Sauerstoffkonzentration und Kohlendioxidkonzentration

20.5
Suboptimale Steuerung des mikrobiellen Schadstoffabbaus mit Hilfe des Phasenmodellansatzes

Ziel ist es, spezielle biotechnologische Systeme, die in der Lage sind Schadstoffe mikrobiell durch sogenannte Abbauspezialisten auch in hohen Konzentrationen abzubauen, zu optimieren. Charakteristisch für diese Prozesse ist eine ausgeprägte Substratinhibierung, bei der der als Substrat betrachtete Schadstoff in hohen Konzentrationen auf das mikrobielle System hemmend oder toxisch wirkt (Abb. 20.10.). An einem ausgewählten Stoffsystem (Phenolabbau durch *Rhodococcus spec. p1*) wurde der Ansatz zur phasenbezogenen und suboptimalen Steuerung des mikrobiellen Schadstoffabbaus im repeated fed batch Prozeß untersucht. Der repeated fed batch Prozeß, als zyklischer Zulaufprozeß, weißt gegenüber kontinuierlichen Systemen den Vorteil auf, daß auf die Mikroorganismenpopulation ein gezielter Konzentrationsstreß ausgeübt werden kann, der das biologische System in seinen Eigenschaften optimiert. Aus der Charakteristik substratinhibierter Prozesse lassen sich a-priori definierte Prozeßphasen ableiten, in denen unterschiedliche Steuerstrategien anzuwenden sind.

Folgende Prozeßphasen können definiert werden (Abb. 20.10.):

Limitationsphase / Wachstumsphase. Das mikrobielle Wachstum ist entsprechend der unter den Umgebungsbedingungen möglichen Wachstumsgeschwindigkeiten möglich, die Schadstoffkonzentration liegt unterhalb eines kritischen Werts und der gesamte Schadstoff wird verwertet.

Stagnationsphase. Die Mikroorganismen sind nicht mehr in der Lage den gesamten Schadstoff umzusetzen, es werden Zwischenprodukte gebildet.

Absterbephase. Die Mikroorganismenpopulation ist irreversibel geschädigt, das System gerät aus dem Gleichgewicht und muß durch äußere Eingriffe stabilisiert werden.

Biotechnologische Systeme mit einer ausgeprägten substratinhibierten Charakteristik sind unter kontinuierlichen Betriebsbedingungen nur in begrenzten Arbeitsbereichen stabil zu betreiben. Unter den instationären Zulaufbedingungen, wie sie für den fed batch Betrieb typisch sind, kann eine Stabilitätsgrenze wie bei kontinuierlichen Systemen nicht definiert werden. Die Möglichkeit durch die inhibierende Wirkung der Schadstoffe das Biosystem zu schädigen, besteht auch in diesen Systemen. Mit Hilfe des dreiphasigen Prozeßmodells ist es möglich durch Phasenklassifikation das fed batch System stabil zu führen. Abbildung 20.11. zeigt einen typischen

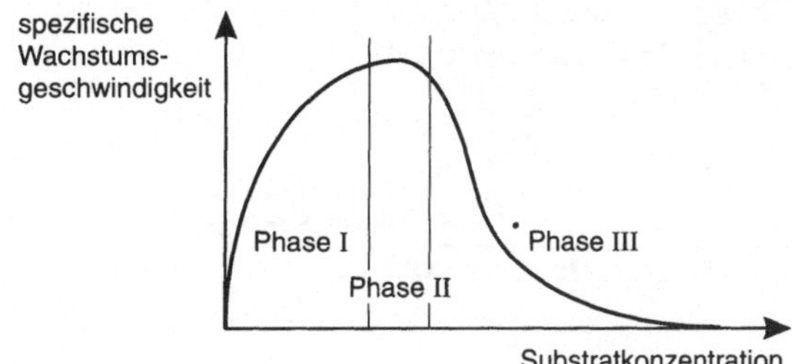

Abb. 20.10. A-priori Phaseneinteilung in der sunstratinhibierten Wachstumskinetik

Verlauf ausgewählter Prozeßgrößen mit zugeordneter Phasenklassifikation. In der Limitations- und Wachstumsphase wird ein suboptimales Steuerprogramm auf der Grundlage eines Zustandsmodells genutzt. Auf der Basis der Phasenklassifikation ist es möglich, neben der komplexen Optimierungssteuerung in der Phase I, bei Klassifikation der Phasen II und III unterschiedliche Sicherheitssteuerprogramme einzuleiten, die Systemstabilität gewährleisten. Der Phasenklassifikator wertet Merkmale, die durch eine Primärfestlegung definiert wurden und sich aus einer Intervallgruppierung wesentlicher Prozeßgrößen zusammensetzen, aus. Folgende Prozeßgrößen werden verarbeitet: Sauerstoffkonzentration in der Prozeßflüssigkeit, Begasungsrate, Volumen, Schaumbildung, pH-Wert, Dosage von pH-Korrekturmittel, Floureszenz und Absorptionskenngrößen aus der UV-VIS-Spektroskopie der Kulturbrühe. Die Prozeßabbildung nutzt phänomenologisch interpretierbare Größen (z. B. die Sauerstoffzehrungsgeschwindigkeit), und die Steuerprogramme reduzieren sich auf drei Zustandsgrößen, die in die Berechnung der aktuell gültigen Steuerstrategie eingehen.

Meßtechniken bei der Phasenklassifikation biotechnologischer Prozesse. Die Beherrschung biotechnologischer Prozesse erfordert eine Vielzahl von Prozeßinformationen. Die bislang zur Verfügung stehenden on-line Meßgeräte und Sensoren erfüllen diese Forderung nur bedingt. So ist auch das Problem der Biomassekonzentrationsmessung noch nicht befriedigend gelöst. Über Schätztechniken und Klassifikationsansätze (wie z. B. dem Phasenmodell) wird versucht, die notwendige Information über einen Modellansatz bereitzustellen. Auch dieser Möglichkeit sind Grenzen gesetzt. Die phasenbezogene Modellierung, die zur Reduzierung der zur

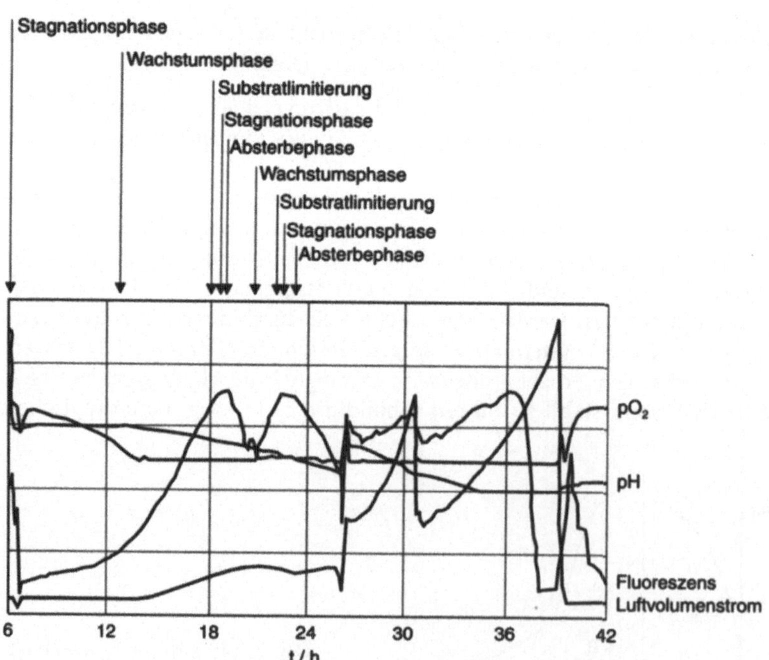

Abb. 20.11. Phasenklassifikation beim mikrobiellen Schadstoffabbau unter fed batch Bedingungen

Prozeßcharakterisierung notwendigen Meßgrößen in der jeweiligen Prozeßphase führt, erfordert zur Klassifikation die Bereitstellung eines multidimensionalen Merkmalssatzes, der aus unabhängigen Prozeßsignalen gewonnen werden muß. Gefordert sind Meßtechniken, die mehrdimensionale Informationen über den Prozeßzustand für die Klassifikation liefern. Die Meßgrößen können mit den physiologischen Zustandsgrößen korrellieren, es ist auch möglich phämomenologisch nicht interpretierbare Meßgrößen zur Phasenklassifikation einzusetzen.

Nomenklatur

ξ	Reaktionskomponente
φ	Reaktionsgeschwindigkeit
Y	Umsatzkoeffizient
X	Biomassekonzentration
S	Substratkonzentration
V	Volumen
D	Durchflußrate
F	Volumenstrom (Flüssigphase)
Q	Volumenstrom (Gasphase)
P	Produktivität
SiUR	spezifische Umsatzgeschwindigkeit
ρ	Geschwindigkeitsverhältnis
μ	spezifische Wachstumsgeschwindigkeit
t	Zeit
i, j	Laufvariablen
sEG	steuerbare Eingangsgröße
UG	Umgebungsgröße
pG	physiologische Größe
pZG	physiologische Zustandsgröße
FIA	Fließinjektionsanalyse
GC	Gaschromatographie
HPLC	Hochdruckflüssigskeitschromatographie

Literatur

1 A. Moser, Bioprocess Technology; Springer Verlag 1988
2 G. Bastian, D. Dochain, On-line Estimation and Adaptive Control of Bioreactors; Elsevier 1990
3 K. B. Konstantinov, R. Aarts, T. Yoshida, On the Selection of Variables Repesenting the Physiological State of Cell Cultures; in Proc. IFAC Symposium Modeling and Control of Biotechnical Processes; Keystone 1992
4 S. Gehlen, Untersuchungen zur wissensbasierten und lernenden Prozeßführung in der Biotechnologie; Fortschr.-Ber. VDI Reihe 20 Nr. 87.; VDI Verlag Düsseldorf 1993
5 G. V. Muralikrishnan, M. Chidambaram, Control of Bioreactors using a Neural Network Model; Bioprocess Engineering 12, S.35–39, 1995
6 Y.-C. Liu, J.-H. Tsao, Fed-batch Culture for L-Lysine Production via on-line Estimation and Control; Bioprocess Engineering 9, S.135–139, 1993
7 B. R. Bakshi, G. Locher, G. Stephanopoulos, G. Stephanopoulos, Analysis of operating Data for evaluation Diagnosis and Control of Batch Operations; J. Proc. Cont. 4, 4 S.179–190, 1994
8 H. Franke, Parallel-FUCS: Einsatzsystem zur On-line- und Real-time-Fuzzy-Klassifikation; at-Automatisierungstechnik 42, 3 S. 118–123, 1994
9 X.-C- Zhang, A. Visala, A. Halme, P. Linko, Funktional state Modelling Approach for Bioprocesses: local Models for aerobic Yeast Growth Processes; J. Proc. Cont. 4, 3 S.127–134, 1994
10 B. Sonnleiter, A. Fiechter, Impacts of Automated Bioprocess Systems on Modern Biological Research; in Advances in Biocheical Engineering/ Biotechnology Vol 46; ed. Fichter, A.; Springer Verlag 1992

21 Multisignal – Messungen im industriellen Störfall

M. Hubin

21.1
Problemstellung

Häufig kann eine aussagekräftige Information nicht direkt aus einem einzigen Sensor ermittelt werden, sondern resultiert erst aus der Verkoppelung diverser, sich ergänzender Messungen, die man mittels mehrerer, manchmal gleicher, meistens jedoch verschiedener Sensoren simultan erhält.

Wir wollen diesen Ablauf an einem typischen Beispiel veranschaulichen: einem zentral gesteuerten Informationssystem, das den Behörden die Bewältigung eines industriellen Störfalls größeren Ausmaßes ermöglicht.

In den großen Industriegebieten wie dem Ruhrgebiet und dem Seine-Tal trifft man auf viele Industrieanlagen mit einem erheblichen Gefährdungspotential wie Erdölraffinerien, Kernkraftwerke und Chemiewerke.

Diese Industrieanlagen stehen nicht vereinzelt da, sondern inmitten eines dichten Gewebes, das in der Regel ein komplexes Straßen- und Autobahnnetz, Bahnlinien, weitere Industrie- und Handelsunternehmen unterschiedlicher Größe sowie mehr oder weniger weit verstreute Wohngebiete umfaßt. Hinzu kommen landwirtschaftliche Zonen und manchmal sogar Naturschutzgebiete.

Die regionalen Behörden müssen ständig über die Betriebsweise gefährlicher Industrieanlagen informiert sein. Insbesondere müssen sie in der Lage sein, den Normalbetrieb ebenso wie Störfallsituationen [1] und deren Entwicklung in Echtzeit zu erfassen bzw. vorauszusehen, um die notwendigen Entscheidungen über Evakuierung der Anwohner, Einsatz von Katastrophenschutz und Feuerwehr sowie über die Errichtung von Umleitungen auf den Straßen und Autobahnen rechtzeitig treffen zu können.

Nennen wir als Beispiel das Gebiet des Seine-Tals, das die dichteste Konzentration gefährlicher Werke auf der Welt darstellt. Zwischen Rouen und Le Havre konzentrieren sich 44 Industrieanlagen, die der europäischen Norm „SEVESO" entsprechen, ungefähr 150 größere Unternehmen, mehrere Autobahnen internationaler Bedeutung für den europäischen Warenverkehr von Ost nach West und von Nord nach Süd, an die zwanzig größere Ortschaften, darunter zwei wichtige regionale Hauptstädte und ungefähr eine Million Einwohner auf einer Fläche von 60 × 10 km^2, die auf ihrer ganzen Länge von der Seine durchquert wird. Ebenso befindet sich hier ein regionaler Naturschutzpark, der sich hauptsächlich auf dem linken Ufer der Seine erstreckt, während die Industriegebiete auf dem anderen Ufer angesiedelt sind.

Wie soll man verfahren, um in Echtzeit eine Giftwolke zu verfolgen, die infolge einer großen Explosion aus einer Chemieanlage entwichen ist [2]?

21.2
Lösungsvariante / Lösungserarbeitung

Theoretisch können zwar verschiedene Informationsmittel verwendet werden, nur eines scheint jedoch ständig einsatzfähig und daher erforderlich zu sein: es handelt sich um ein System zur Messung aller Parameter, die an einem Ort die Umwelt charakterisieren. Dieses System ist an vielen, gezielt ausgewählten Orten zu installieren und in einer Netzstruktur zu organisieren.

Die Informationen, die aus der Vielzahl der eingerichteten Sensoren stammen, müssen in einer zentralen Stelle gesammelt und verkoppelt werden, um daraus eine aussagefähige Information über die Entwicklung der Lage in Echtzeit ermitteln zu können (Abb 21.1.).

Bei jeder Anlage, das heißt an jeder Meßstelle, müssen die aus den Sensoren kommenden Informationen bereits verkoppelt und/oder aufeinander abgestimmt werden, damit ihre Verläßlichkeit gewährleistet wird.

Wir wollen den Aufbau einer elementaren (unitären) Meßstelle ausführlich beschreiben, um anschließend zu zeigen, wie gewisse Meßwerte interpoliert werden können, um sowohl eine Übertragung fehlerhafter als auch eine Überzahl an redundanten Informationen zu vermeiden. Um Entscheidungen treffen zu können, müssen die zuständigen Behörden die Lage genau kennen. Dieser Umstand macht es erforderlich, die Übertragung fehlerhafter Informationen, aber auch eine allzu große Redundanz an Informationen, die die Übertragungsleitungen blockieren und folglich die Entscheidung gravierend verzögern würde, auszuschließen.

Eine intelligente Gestaltung der elementaren Umweltdatenerfassungsstelle ist unerläßlich. Abbildung 21.2. zeigt die generelle Gestaltung einer solchen Meßstelle im Überblick.

Man erkennt folgende Grundbestandteile: zunächst vier Sensortypen: Wettersensoren, physikalisch-chemische Sensoren, Strahlungssensoren und Biosensoren. Die Wettersensoren sollen eine genaue Kenntnis der örtlichen mikroklimatologischen Lage und folglich eine kurzfristige Vorhersage über die räumliche Entwicklung des Umweltverschmutzungsvorgangs ermöglichen. Die physikalisch-chemischen Sensoren erlauben insbesondere die Verfolgung des Säuregehalts der Luft und die Iden-

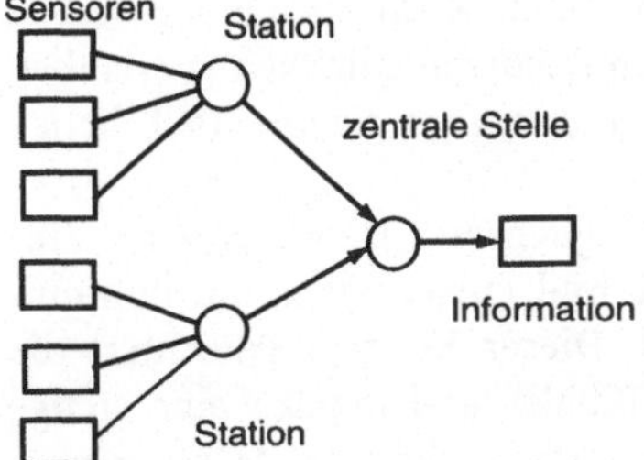

Abb. 21.1. Netzstruktur

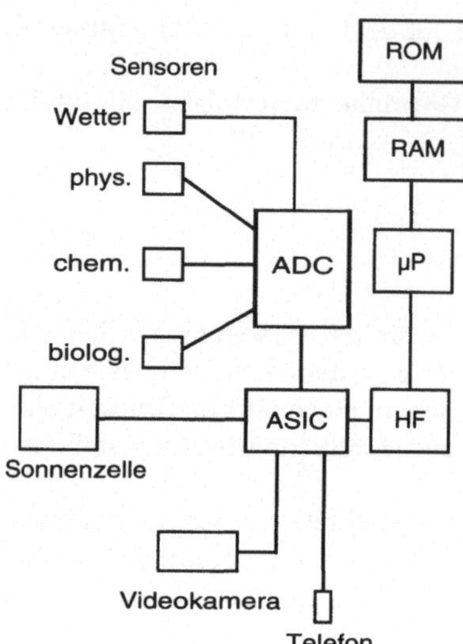

Abb. 21.2. Station

tifizierung gewisser klassischer und daher bekannter Luftverschmutzungsarten. Die Bio- und Strahlungssensoren sind speziell dazu bestimmt, die biologischen Auswirkungen der Verschmutzung und damit deren Gefährlichkeitsgrad für die Bevölkerung zu bestimmen [3]

Selbstverständlich kann keine dieser Sensorengruppen allein eine umfassende Information über die örtliche Lage und über deren kurzfristig vorhersehbare Entwicklung liefern. So ermöglicht ein biochemischer Sensor wohl die Identifizierung einer spezifischen Verschmutzung, jedoch keine Prognose über deren Ausbreitung. Die Wettersensoren sind in der Lage, darüber zu informieren, ob voraussichtlich Nebel entstehen und, wenn ja, in welche Richtung er ziehen wird, während der Luft-Säuregehalt-Sensor die Gefahr einer Wechselwirkung zwischen den aufgrund des Unfalls auftretenden Molekülen und den säurehaltigen Dämpfen, die sich wegen der stetigen Emissionen der nebenstehenden Werke bereits in der Luft befinden, signalisieren kann.

Durch die Koppelung all dieser Daten und deren Analyse durch einen Filter in Gestalt eines ersten, im Programm der örtlichen Station integrierten Expertensystems wird man vorhersagen können, ob die Gefahr besteht, daß sich ein stark giftiger Nebel über der betreffenden Anlage bildet, und wie dieser sich in den nachfolgenden Minuten entwickeln wird.

Die Daten werden an Ort und Stelle von einem gemultiplexten, durch einen Mikroprozessor gesteuerten System erfaßt und in einem RAM-Speicher vorläufig abgespeichert. Die vom Mikroprozessor angebotenen Rechenmöglichkeiten erlauben eine örtliche Koppelung der unverarbeiteten Daten und folglich die unentbehrlichen Korrekturen und Interpretationen.

Das Multiplexen der analogen Meßleitungen ermöglicht den Gebrauch einer einzigen Verstärkungskette, deren Verstärkungsfaktor und Offset wiederum kommutiert und automatisch dem Sensor angepaßt wird. Dieses Konzept erleichtert die Anwendung des Verfahrens zur Kontrolle der Meßfehler und folglich eine stetige Anpassung des Systems zur Gewährleistung der Zuverläßlichkeit der Messungen.

Die assoziierte Zweirichtungsübertragungskette umfaßt verschiedene Verknüpfungsverfahren, damit mehrere sich ergänzende Aufgaben erfüllt werden:

- Kurzstreckenübertragung mit Hochfrequenzverbindung für die örtlich begrenzte Information, d. h. für die Betriebe und Anwohner in einem Umkreis von einigen hundert Metern
- Langstreckenübertragung zur Information der zentralen Leitstelle und zwar über eine spezielle Telefonleitung
- es soll auch gegebenenfalls möglich sein, in Echtzeit den sequentiellen Erfassungsvorgang der Meßstelle zu modifizieren, um die beobachtete kritische Situation zu berücksichtigen, und zwar über einen von der Leitstelle aus ferngesteuerten Befehl, der das Programm ändert.

Eine Videokamera kann das System ergänzen mit der Aufgabe, ein Bild der Anlage zu liefern, das für die Experten eine wichtige Vervollständigung der Information bedeutet. Die Datenmenge, die über eine Übertragungsleitung befördert werden kann, ist jedoch begrenzt. Um das Telefonnetz nicht zu blockieren, sollte dieses Werkzeug nur im Notfall und zwar mittels der oben erwähnten Fernsteuerung verwendet werden. Es leuchtet ein, daß es nicht nötig ist, der zentralen Leitstelle Bilder einer Anlage zu übertragen, die von dem eben geschehenen Unfall nicht betroffen ist.

Schließlich sorgt eine durch Solarzellen mit Strom beladene Batterie für ein unabhängiges und vor allem ununterbrochenes Funktionieren, falls das normale Versorgungsstromnetz infolge der Explosion stark beschädigt worden ist.

Fast alle an einer gegebenen Anlage aufgenommenen Daten sind voneinander abhängig; die Auswertung der Entwicklung einzelner Daten hat keinen Sinn, wenn man nicht gleichzeitig die anderen analysiert. Dieses trifft insbesondere für bestimmte Daten zu, z. B. die Meßdaten der relativen Luftfeuchtigkeit [4]. Dieser Parameter ist deshalb wichtig, weil er in direktem Zusammenhang mit der Entstehung von Aerosolen steht, also einer besonders besorgniserregenden Ausbreitungsart der Verschmutzung. Wenn die giftigen Dämpfe aufgrund der Gegenwart des Nebels eingeschlossen bleiben, ist deren Auswirkung am Boden und also auf die Lebewesen am höchsten. Wenn die Verschmutzung sich leicht in der Atmosphäre löst und in hohe Schichten steigen kann, verteilt sich deren Wirkung zwar auf eine größere Fläche, aber unendlich verdünnt. Es ist also nötig, den Luftfeuchtigkeitsgrad mit hoher Genauigkeit zu messen.

Leider stößt man bei der Messung der relativen Luftfeuchtigkeit im Freien auf zahlreiche Schwierigkeiten. Will man die durch einen Luftfeuchtigkeitssensor gelieferte Information korrekt auswerten, so muß man die Informationen weiterer Sensoren hinzuziehen.

Seit Molliers Arbeiten kennt man die gegenseitige Beziehung zwischen Temperatur und Feuchtigkeit. Abbildung 21.3. zeigt das Diagramm dieser nichtlinearen Beziehung zwischen Temperatur, absoluter Luftfeuchtigkeit und relativer Luftfeuchtigkeit bei konstantem Druck. Verfolgt man die Senkrechte AB, so bemerkt man unter anderem, daß die relative Feuchtigkeit bei konstanter absoluter Feuchtigkeit steigt, während die Temperatur abnimmt. Bei B wird der Taupunkt erreicht, das heißt der Punkt, an dem Kondensation auftritt. Nimmt die Temperatur weiter ab, so erhöht sich die Kondensation merklich, während die absolute Luftfeuchtigkeit sinkt (Strecke BC auf der Abbildung, zum Beispiel).

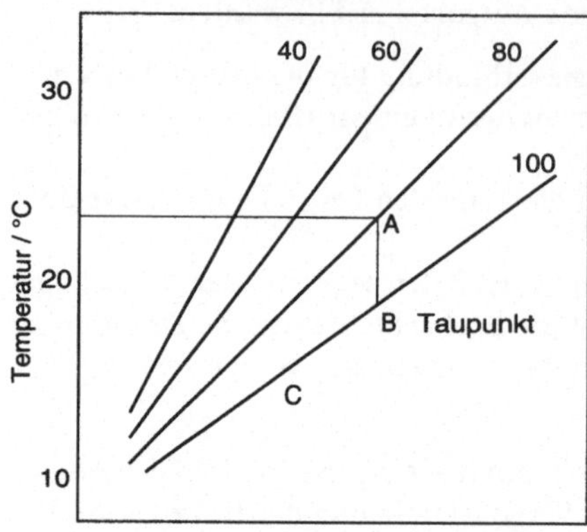

Abb. 21.3. Mollier-Diagramm

In der Praxis zeigt die Mehrheit der Sensoren, und insbesondere kapazitive, die gewöhnlich zur Messung der Luftfeuchtigkeit verwendet werden, die absolute Luftfeuchtigkeit an, sie sind aber meistens temperaturempfindlich. Will man die relative Luftfeuchtigkeit kennen, so muß man außerdem die Lufttemperatur kennen, sowie über ein Mollier-Diagramm und über eine Korrekturtabelle der Meßwerte in Abhängigkeit der Temperatur verfügen.

Das genügt aber nicht, denn auch der Luftdruck spielt eine Rolle. Folgende Gleichungen geben die verschiedenen Beziehungen zwischen Druck, Temperatur und relativer Feuchtigkeit wieder.

$\%RH = (Da/Dg) \times 100$
mit
$Da = Dh - 0,00066[1 + 1,146Th]D(Ts - Th)$
Da: aktueller Wasserdruckdampf
Dg: gesättigter Wasserdruckdampf
D: aktueller Luftdruck
Ts: trockene Temperatur
Th: feuchte Temperatur
Dh: gesättigter Wasserdruckdampf für Th

Die Kopplung dieser drei Werte ist also unentbehrlich, um die relative Feuchtigkeit zu kennen, wenn die Luft nicht mit Feuchtigkeit gesättigt ist.

Eine neue Schwierigkeit tritt auf, wenn die Luft über eine längere Zeitspanne gesättigt ist, zum Beispiel nachts oder bei andauerndem Regen. In diesem Fall adsorbiert der Feuchtigkeitssensor eine große Menge Wasser, das auf dessen Fläche kondensiert. Somit ist er selbst gesättigt, und die angezeigten Werte sind nicht mehr sinnvoll. Sie bleiben dann über einen langen Zeitraum fehlerhaft. Dieser Zustand kann manchmal mehrere Stunden dauern, bis die Luft nicht mehr mit Feuchtigkeit gesättigt ist. Wegen des Wasserfilms, der den Sensor bedeckt und der nur langsam verdunstet, kann der Sensor nämlich den adsorbierten Wasserüberschuß nicht schnell genug desorbieren. Daher zeigt ein im Freien stehender Feuchtigkeitssensor häufig einen der Sättigung entsprechenden Wert an, auch wenn dieser schon längst nicht mehr zutrifft. Verfügt man nur über einen Feuchtigkeitssensor, so ist es unmöglich, diesen Fehler zu erkennnen und den von diesem Sensor gelieferten Angaben Glauben zu schenken.

Die einzige Lösung dieses Problems bezüglich Zuverlässigkeit der Messung besteht darin, gleichzeitig mehrere, sich ergänzende Sensoren zu verwenden, deren Angaben jene des Feuchtigkeitssensors entweder bestätigen oder widerlegen. Nur durch Kopplung dieser verschiedenen Sensoren ist es möglich, eine aussagekräftige Information über den Zustand der Luft an der betreffenden Meßstelle zu erhalten.

Das zu erstellende Verfahren setzt eine dynamische Analyse voraus. So muß man in der Zeit vor Eintreten der Sättigung mittels der Temperatur- und Feuchtigkeitssensoren im Mollier-Diagramm den für die feuchte Luft charakteristischen Punkt und dessen Entwicklung mit der Zeit feststellen. Eine mit Hilfe eines assoziierten Mikrosystems durchgeführte Prognose wird den wahrscheinlichen Zeitpunkt angeben, an dem der erste Tautropfen erscheinen wird, an dem also die Sättigung auftritt. Indem man die Angaben eines Regenmessers verfolgt, wird man auf die gleiche Weise unterscheiden können, ob die Sättigung des Luftfeuchtigkeitsmessers von einer Sättigung der Luft herrührt, die mit einem Temperaturabfall und einem Überschreiten des Taupunkts verbunden ist, wobei die absolute Luftfeuchtigkeit sich (momentan) nicht merklich ändert, oder von einer Sättigung, die einem Niederschlag entspricht, der einen gleichzeitigen und nachfolgenden Temperaturabfall und eine Erhöhung der absoluten Luftfeuchtigkeit mit sich bringt. Allgemein kann man während eines Niederschlags auch eine Veränderung des Luftdrucks feststellen.

Die Entwicklung der in g Wasserdampf pro Liter Luft ausgedrückten Luftfeuchtigkeit ist also das Ergebnis mehrerer simultaner Erscheinungen, die durch die Angaben eines einzigen kapazitiven Sensors nicht unmittelbar beschrieben werden können. Erst durch die Analyse aller Angaben der meteorologischen Sensoren und deren zeitlicher Entwicklung wird es möglich sein, die Entwicklung der Luftfeuchtigkeit richtig zu verstehen.

Außerdem gilt es, das Problem der überschüssigen Kondensation von Wasser auf dem Sensor während einer Zeitspanne, in der die Luft mit Feuchtigkeit gesättigt ist, und insbesondere das Problem der verzögerten Entsättigung zu beseitigen. Es ist nötig, zu jeder Zeit über eine zuverlässige Information zu verfügen, wenn die Luft nicht mit Feuchtigkeit gesättigt ist. Ist die Luft mit Feuchtigkeit gesättigt, dann werden dies die anderen Sensoren anzeigen; die Angaben des Feuchtigkeitssensors sind dann überflüssig und dürfen somit fehlerhaft sein. Ist die Luft dagegen nicht mehr gesättigt, erlauben es die Temperatur-, Druck- und Regensensoren nicht, die relative Feuchtigkeit quantitativ zu bestimmen, sondern erst die Angaben des Feuchtigkeitssensors. Dieser muß folglich einsatzfähig sein.

Um das zu erreichen, muß man ein spezielles Verfahren anwenden, das dazu führen soll, daß ab dem Zeitpunkt, an dem der Taupunkt erreicht ist, und bis zu dem Zeitpunkt, an dem die Luft nicht mehr mit Feuchtigkeit gesättigt ist, es auf dem Sensor zu keiner Kondensation kommt. Dazu verwendet man die einzelnen Informationen Temperatur, Druck und eventuell Niederschlagswert, um sicherzustellen, daß die Luft sich im gesättigten Zustand befindet. Darüberhinaus erwärmt man über die gesamte Dauer dieser Periode den Feuchtigkeitssensor leicht, so daß dessen Oberflächentemperatur jederzeit die Taupunkttemperatur (das heißt die augenblickliche Temperatur der Luft) etwas übersteigt. Unter diesen Umständen kann keine

Kondensation auf der aktiven Oberfläche des Sensors erfolgen, dieser bleibt stets betriebsfähig und bereit, eine Verminderung der relativen Luftfeuchtigkeit gleich bei deren Eintreten anzugeben.

Um die ständige Betriebsbereitschaft des Feuchtigkeitssensors sicherzustellen, wird man ein System zur Wärmeregelung anschließen, das die Sensortemperatur ununterbrochen, bei jeder Luftbeschaffenheit, auf einem Wert halten wird, der die Lufttemperatur um 0,1 °C übersteigt. Die Werte, die der Sensor bei ungesättigter Luft angibt, müssen entsprechend korrigiert werden.

Abbildung 21.4. zeigt den Aufbau eines Feuchtigkeitssensors, der dieser Verfahrensweise angepaßt ist. Man sieht, daß der interne Kondensatorbelag im Gegensatz zum üblichen Rechteck die Geometrie eines Widerstands aufweist. Dieser Metalldünnschichtbelag kann drei Aufgaben erfüllen:

- als einer der Beläge des Kondensators ermöglicht er die Messung der Kapazität und folglich des Feuchtigkeitsgrads,
- er fungiert als resistiver Temperatursensor und liefert Angaben über die Temperatur des empfindlichen Elements des Sensors,
- schließlich kann er die Rolle eines Heizelements übernehmen, das die Temperaturregelung des Sensors gewährleistet.

Diese drei Funktionen laufen nicht simultan ab, sondern folgen aufeinander, was aber keine Schwierigkeit bereitet, da sowohl die Feuchtigkeit als auch die Temperatur Größen sind, deren Veränderungen nicht schnell sind.

Die oben beschriebene Prozedur ist geeignet, wenn die Luft nicht verschmutzt ist. Bei starker Verschmutzung, zum Beispiel saurer Art (nach einem Störfall größeren Ausmaßes in einer nahe bei der Meßstelle gelegenen Industrieanlage), tritt eine zusätzliche Schwierigkeit auf. Der Sättigungsdruck des Wassers hängt vom Säuregehalt ab; alle Beziehungen zwischen Temperatur, Druck und Feuchtigkeit werden dann gestört. Also muß man den Säuregrad der Luft messen, um die Angaben des Feuchtigkeitssensors richtig auswerten zu können. Wir stellen fest, daß die in diesem Fall durch den Feuchtigkeitssensor gelieferte Information in Bezug auf die Vorhersage sehr interessant ist, da die Verdünnung der während des Störfalls ausgebreiteten Säure eng mit der Luftfeuchtigkeit in Verbindung steht.

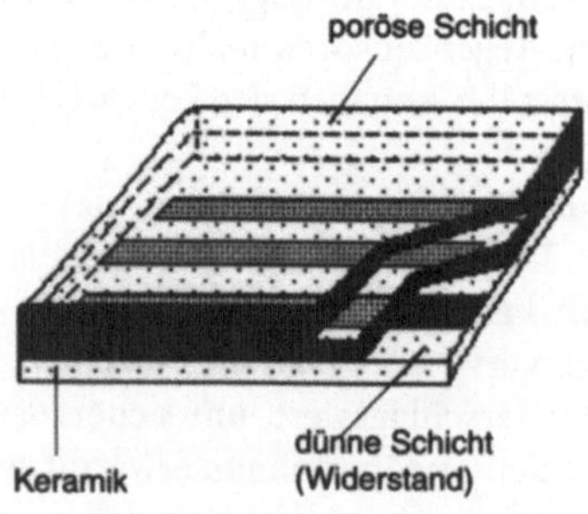

Abb. 21.4. Feuchtigkeitssensor

Auch ein weiterer Parameter kann eine Rolle spielen und die Qualität dieser im Freien durchgeführten Messung beeinträchtigen, nämlich ein ungewöhnlich schnelles Altern des Sensors. Das Messen der Feuchtigkeit beruht auf der Absorption der Feuchtigkeit im Dielektrikum des kapazitiven Sensors. Diese Absorption hängt weitgehend von der porösen Struktur dieses Dielektrikums ab. Die Empfindlichkeit des Sensors muß natürlich hoch sein, und die besten Ergebnisse werden mit Dielektrika organischer Art wie z.B. Zelluloseacetat erzielt. Dieser Stoff hat eine zufriedenstellende chemische Stabilität, welche ein sehr langes Funktionieren ohne nennenswerte Meßabweichung gewährleistet. Dies gilt auch im Freien oder bei ständiger höherer Verschmutzung, wie Versuche im Ballungsraum Grenoble, einem Gebiet mit sehr dichtem Verkehr, gezeigt haben. Ein solcher Stoff wird aber durch die Strahlungen radioaktiver Elemente zerstört. Folglich ist es sehr wichtig zu kontrollieren, daß kein radioaktiver Betrieb in der Nähe des Sensors liegt. Diese Kontrolle wird mit Hilfe eines geeigneten Strahlungssensors durchgeführt.

Man benötigt außer dem Feuchtigkeitssensor einen Sensor zur Messung der Umgebungstemperatur, einen Sensor zur Messung der Oberflächentemperatur des Feuchtigkeitssensors, einen Barometer, einen Regenmesser, einen Sensor zur Messung des Säuregrads der Luft und einen Radiometer. Darüber hinaus ist ein Hochleistungssystem zur Temperaturregelung erforderlich, und man muß auch über alle Gleichungen zwischen den verschiedenen Parametern verfügen. Eine sehr genaue Eichung ist notwendig, um diese verschiedenen Beziehungen quantitativ in optimaler Weise bestimmen zu können.

Abbildung 21.5. zeigt die Gesamtausstattung des Wetterstationsteils, der sich mit den Messungen der Luftfeuchtigkeit befaßt. Der Mikroprozessor ist notwendig, um diesen komplexen Vorgang der Messungen und der Verkoppelung der Daten zu bewältigen und dadurch eine korrigierte Angabe über die Feuchtigkeit zu erhalten. Das vereinfachte Organigramm des Steuerungsprogramms (Abb. 21.6.) zeigt die Hauptstufen des Vorgangs zur Erhaltung der relativen Luftfeuchtigkeit und der zusätzlichen Parameter, welche bei ihrer Deutung notwendig sind.

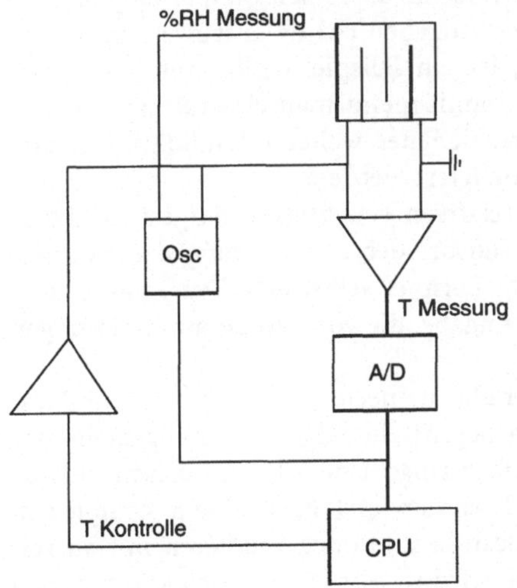

Abb. 21.5. Gesamtausstattung des Wetterstationsteils

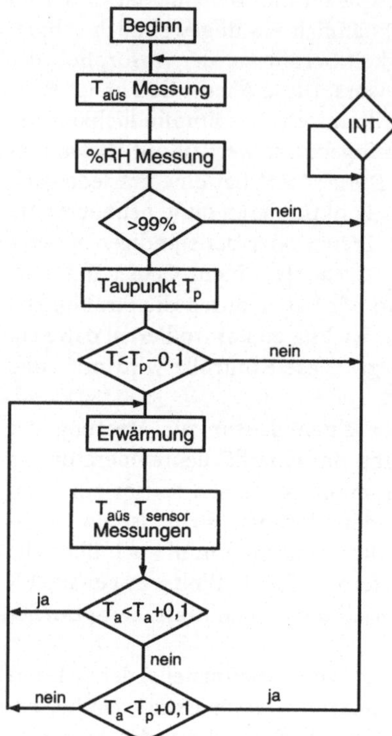

Abb. 21.6. Organigramm

21.3
Verallgemeinerung

Am speziellen Beispiel der Messung der relativen Feuchtigkeit haben wir bewiesen, daß es nur die Verkoppelung der Daten aus verschiedenen Sensoren ermöglicht, die durch den Luftfeuchtigkeitssensor gelieferten Angaben richtig auszuwerten.

Die Anlage, die wir beschrieben haben, ist ein Beispiel dafür, was man heute allgemein „intelligenten Sensor" [5] nennt. Damit meint man einen Sensor, dessen Angaben durch Sensoren zur Messung verschiedener weiterer Einflußgrößen und durch einen assoziierten Mikroprozessor korrigiert werden.

Das, was wir eben bei der Messung der relativen Feuchtigkeit dargestellt haben, gilt auch für andere Messungen. Der pH-Sensor, der zur Messung des Säuregehalts der Luft verwendet wird, braucht zum Beispiel selbst eine Temperatur- und Druckkorrektur. Das Barometer liefert eine Angabe, die von Temperaturänderungen abhängig ist.

Die Verkoppelung der Daten soll man verallgemeinern, um eine bestimmte Messung zu korrigieren, und so erhält man den Begriff „intelligenter verallgemeinerter Sensor", auch VMD genannt (virtual manufacturing device) [6]. In diesem Sensor sind alle Daten voneinander abhängig und werden erst nach einem komplexen, mehrmals wiederholten Vorgang aus Korrekturen und/oder Validieren mit ausreichender Richtigkeit erhalten. Dieser Vorgang wird in Abb. 21.7. schematisch darge-

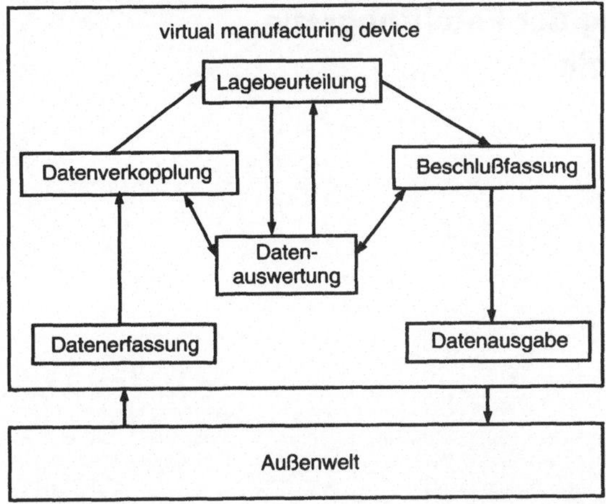

Abb. 21.7. Virtuelles Gerät [7]

stellt. Er berücksichtigt nicht nur die Gesamtheit der im Laufe eines vollständigen Meßzyklus erhaltenen Daten, sondern darüber hinaus die vorausgegangene Entwicklung jeder dieser Größen, um Änderungen im Entwicklungsrhythmus zu erkennen, welche dem Auftreten einer Abnormität entsprechen würden. Diese Abweichung, die entweder eine Unregelmäßigkeit im Betrieb eines Sensors oder aber eine plötzliche Änderung der vom Sensor erfaßten Größe (= kritisches Ereignis in unmittelbarer Nähe) darstellen kann, kann nur durch die analytische Verkoppelung der korrigierten Daten der anderen an der Meßstelle gelegenen Sensoren richtig gedeutet werden.

Literatur

1 T. Ewe, Das Leck der BASF: Da lief kein Gift aus, Bild der Wissenschaft 1:20–21, 1987
2 M. E. Berljand, Moderne Probleme der atmosphärischen Diffusion und der Verschmutzung der Atmosphäre, Akademie-Verlag Berlin 1981
3 U. Förstner, Umweltschutztechnik, S. 82–84, Springer Verlag Berlin 1990
4 M. Hubin, A. Asli, Permanent outdoors relative humidity measurement, 6th Intern Congress Sensor 93, Nürnberg Oktober 1993, Band IV, S. 67–76
5 P. Laforie, M. Hubin, Les Capteurs Intelligents, du principe aux applications, Technique et Management (Antwerpen) 9:63– 69, 1990
6 DIAS, Distributed Intelligent Actuators and Sensors, Project Information, ESPRIT PROJECT 2172.(1990)
7 M. Robert, Capteurs intelligents et méthodologie d'évaluation, S. 102–103, Hermès Paris 1993

22 Mehrzieloptimierung der Fotolithografie in der Mikroelektronik

H. AHLERS

22.1 Problemstellung

Die Fotolithografie stellt einen der entscheidenden technologischen Schritte bei der Strukturfestlegung auf der Halbleiterscheibe dar. Ihre Optimierung ist deshalb eine wichtige Aufgabe der Mikroelektronik. Neben der mathematisch-analytischen Modellierung und Optimierung der Fotolithografie [1] kann auch eine mehrdimensionale experiment- und computergestützte Modellierung und Optimierung zum Erfolg führen. Zu diesem Zweck wird ein Testfeld entworfen, mit dem meßtechnisch durch Variation der technologischen Prozeßparameter Informationen gewonnen werden, die in einem Regressionsmodell zusammenzufassen sind. Für dieses Regressionsmodell wird eine Mehrzieloptimierung formuliert. Die Kompromißmenge bzw. -punkte aus dieser sogenannten Pareto-Menge werden ermittelt. Unter der Pareto-Menge versteht man die Menge, die alle im Sinne der Polyoptimierung optimalen Lösungen einer Polyoptimierungsaufgabe beinhaltet.

Das Problem besteht also darin, die Beschreibungsgleichung aus experimentellen Prozeßreaktionen zu gewinnen und mit deren Hilfe rechentechnisch optimale Punkte zu finden. Diese Lösung verwendet 16 Beschreibungsgleichungen und vier technologische Einflußgrößen. Dafür ist ein Multisensorsystem mit 16 Sensoren auf dem Testfeld entworfen worden. Die Sensoren heißen hier allerdings Teststrukturen. Sie liefern 16 Sensorsignale in Abhängigkeit von vier Einflußgrößen.

Für die Strukturübertragung von der mikroelektronischen Entwurfszeichnung, dem Layout, auf die Halbleiterscheibe wird im wesentlichen die Fotolithografie eingesetzt. Diese Entwurfszeichnung ist zweidimensional in lateraler Ausdehnung angefertigt. Der dreidimensionale Bauelementeaufbau erfolgt durch Übereinanderanordnen einzelner, durch Schablonenebenen strukturierte Schichten. Durch dieses Übereinanderanordnen von Schichten müssen die dazugehörigen Schablonenebenen justiert werden, damit das Strukturdetail der einzelnen Schablonenebene am Ende zu einer funktionsfähigen Bauelementestruktur zusammengesetzt ist. Bei dieser Justage treten *Lagefehler* zwischen den Schablonenebenen auf. Zusätzlich tritt in den einzelnen Schablonenebenen noch eine die Bauelementestruktur verändernde *Kantenverschiebung* auf, so daß die Strukturkanten auf der Scheibe zu den im Layout vorgesehenen Stellen verschoben sind. Diese Kantenverschiebung ist durch seitlich wirkende Unterdiffusion und selektive Oxidation bedingt, die durch auftretende

Strukturkantenveränderungen bei der Ätzung hervorgerufen oder durch Verzug der Fotoschablone verursacht werden.

Diese beiden genannten Fehlerarten sind als Gütekriterien $Q^{(j)}$ in der Fotolithografie anzusehen. Sie sollen eine möglichst geringe Größe aufweisen. Ein weiteres Gütekriterium für den fotolithografischen Prozeß ist die Auflösung von Strukturen als Linien pro Längeneinheit oder als Ausbeute für entsprechende Stegbreiten (Isolations- und Leitungsstege). Sie ist ein Maß für die Fähigkeit zur Höchstintegration.

Weitere Gütekriterien $Q^{(j)}$ sind aus der Auswirkung der Fotolithografie auf die elektrischen Eigenschaften von Bauelementen zu gewinnen. Das können Kontaktwiderstände, Schichtwiderstände, Strom-Spannungs-Kennlinienpunkte, Durchbruchspannungen usw. sein. Das Erreichen bestimmter Werte bei diesen Größen ist das Ziel der Technologie, so daß eine Beurteilung des Fotolithografieprozesses mit solchen Gütekriterien erfolgen kann.

Einen guten Eindruck von der Bedeutung der Verbesserungen in der Fotolithografie gibt ein Kosten- und Größenvergleich, bei dem die Stegbreite von $4\,\mu$m auf $1,5\,\mu$m verkleinert wird [2].

Stegbreite:	4	μm
	1,5	μm
Chipgröße:	22	mm^2
	3,6	mm^2
Chips pro Scheibe:	323	Stück
	2142	**Stück**
Gute Chips pro	39	Stück
Scheibe:	**1392**	**Stück**
Scheibenkosten:	75,-	DM
	175,-	**DM**
Relative Kosten pro	1,92	DM
gutem Chip:	**0,126**	**DM**

22.2
Lösungsvariante

Um die genannten Gütekriterien elektrisch ausmessen zu können, müssen die Teststrukturen entworfen und zu einem Testfeld zusammengestellt werden.

Die elektrischen Werte (Gütekriterien), die an den einzelnen Teststrukturen nach Variation der fotolithografischen Prozeßparameter gemessen werden können, sind ein Maß für ihre Wirkung.

Unter diesem Gesichtspunkt sind die Testfelder zu entwerfen. Die Teststrukturen müssen zur externen Messung auf Testerinseln geführt werden.

Daraufhin kann das vorgesehene Meßprogramm abgearbeitet werden. Da Hochfrequenzmessungen nur schlecht zu realisieren sind, wird vorrangig mit Gleichspannungs- und Stromquellen, die Widerstände ausmessen können, gearbeitet. Die Meßinformation muß deshalb in den Widerständen der Teststrukturen enthalten sein. Abbildung 22.1. zeigt einige typische Teststrukturen, wie sie für die Messung benutzt werden.

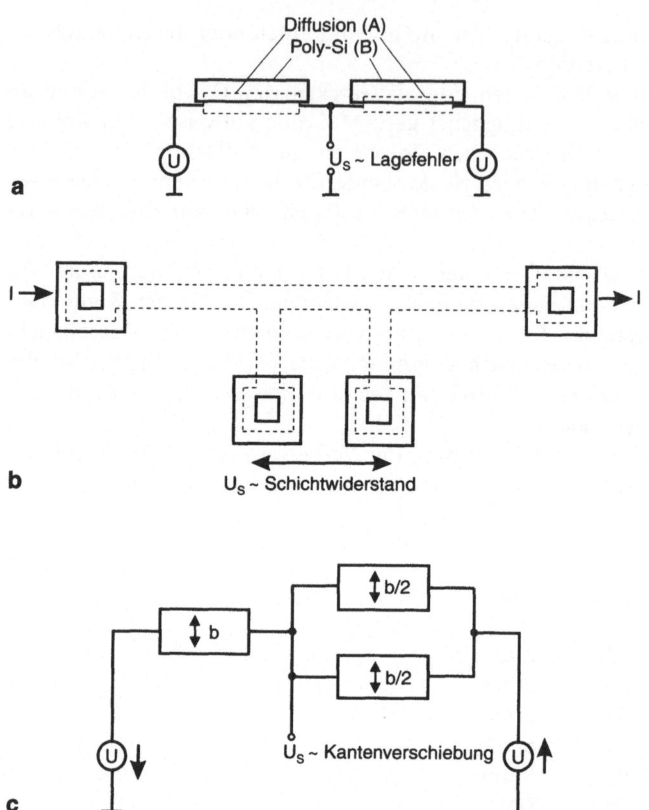

Abb. 22.1. Teststrukturen eines Testfelds zur Ermittlung der Prozeßreaktionen auf Fotolithografie-Parametervariationen a) Teststruktur zur Ermittlung des Schablonenlagefehlers zwischen den Schablonenebenen A (Diffusion) und B (Poly-Silizium-Strukturierung), b) Teststruktur zur Ermittlung des Schichtwiderstandes, c) Teststruktur zur Ermittlung der Kantenverschiebung

22.3
Lösungserarbeitung / Praxisrealisierung

Die Ermittlung der Beschreibungsgleichungen erfolgt mit der aktiven Versuchsplanung nach Kap. 2 und [3]. Die technologischen Einflußfaktoren x_i ($i = 1, 2, 3, 4$) sind:

$x_1 =$ Belichtungsregime am Masken-Projektions-Überdeckungs-Repeater
$x_2 =$ Siliziumnitridätzung
$x_3 =$ Siliziumnitriddicke
$x_4 =$ Lackdicke

Sie werden nach dem Versuchsplan in Abb. 22.2. variiert.

Folgende Gütekriterien, die den 16 Sensorsignalen des Multisensorsystems entsprechen und die an den Teststrukturen des Testfelds gemessen werden, werden bestimmt:

Versuchsnummer	x_1 x_2 x_3 x_4	$Q^{(1)}, Q^{(2)}, ..., Q^{(16)}$
1	+ + + +	
2	− + + −	
3	+ − + −	
4	− − + +	
5	+ + + −	
6	− + − +	
7	+ − − +	
8	− − − −	
9	0 − 0 +0,8	

Abb. 22.2. Versuchsplan mit Variationen der Fotolithografie-Prozeßparameter x_i zur Ermittlung des Prozeßbeschreibungssystems

$Q^{(1)}$ = Ausbeute bei minimaler Poly-Si-Leitungsstegbreite

$Q^{(2)}$ = Normierte Kantenverschiebung in der Ebene A (aktiv. Geb. n^+)

$Q^{(3)}$ = Normierte Kantenverschiebung in der Ebene B (Poly-Si)

$Q^{(4)}$ = Normierte Kantenverschiebung in der Ebene D (Aluminium)

$Q^{(5)}$ = Normierter Lagefehler zwischen den Ebenen A und B, x-Richtung

$Q^{(6)}$ = Normierter Lagefehler zwischen den Ebenen A und B, y-Richtung

$Q^{(7)}$ = Normierter Lagefehler zwischen den Ebenen B und C, x-Richtung

$Q^{(8)}$ = Normierter Lagefehler zwischen den Ebenen B und C, y-Richtung

$Q^{(9)}$ = Schichtwiderstand der n^+-Leitungen

$Q^{(10)}$ = Schichtwiderstand der Poly-Si-Leitungen

$Q^{(11)}$ = Kontaktwiderstand, Kontaktkette mit $2 \times 2 \mu m^2$ Kontakten

$Q^{(12)}$ = Kontaktwiderstand, Kontaktkette mit $3 \times 3 \mu m^2$ Kontakten

$Q^{(13)}$ = Kontaktwiderstand, Kontaktkette mit $2 \times 10 \mu m^2$ Kontakten

$Q^{(14)}$ = Kontaktwiderstand, Kontaktkette mit $3 \times 10 \mu m^2$ Kontakten

$Q^{(15)}$ = Kontaktwiderstand, Kontaktkette mit $2 \times 10 \mu m^2$ Kontakten

$Q^{(16)}$ = Kontaktwiderstand, Kontaktkette mit $3 \times 10 \mu m^2$ Kontakten

Die Orthogonalität des Versuchsplans erfährt im Versuch Nr. 5 durch das positive Niveau bei x_3 eine Störung. Als Kontrollversuch wurde deshalb anschließend Nr. 9 angesetzt. Die Computerprogramme sind so flexibel, daß sie diese Planabweichung bei der Regressionsberechnung auffangen. Gemessen werden pro Versuch m = 4 Chips, die nach statistischen Zufallszahlen aus den Chips auf den Siliziumscheiben ausgewählt sind [4]. Es ergibt sich dann folgendes normierte lineare Beschreibungssystem:

$$Q^{(1)} = 45{,}06 + 4{,}39\, x_1 + 0{,}43\, x_2 - 7{,}65\, x_3 + 41{,}36\, x_4$$
$$Q^{(2)} = -0{,}34 + 0{,}08\, x_1 - 0{,}06\, x_2 + 0{,}03\, x_3 + 0{,}04\, x_4$$
$$Q^{(3)} = -0{,}52 + 0{,}08\, x_2 + 0{,}05\, x_2 + 0{,}09\, x_3 + 0{,}07\, x_4$$
$$Q^{(4)} = -1{,}08 - 0{,}1\, x_1 + 0{,}01\, x_2 - 0{,}07\, x_3 + 0{,}08\, x_4$$
$$Q^{(5)} = -0{,}004 + 0{,}03\, x_1 + 0{,}10\, x_2 + 0{,}07\, x_3 + 0{,}07\, x_4$$
$$Q^{(6)} = -0{,}15 - 0{,}11\, x_2 - 0{,}05\, x_2 + 0{,}03\, x_3 - 0{,}16\, x_4$$

$$
\begin{aligned}
Q^{(7)} &= 0{,}09 - 0{,}01\ x_1 - 0{,}05\ x_2 - 0{,}06\ x_3 - 0{,}02\ x_4 \\
Q^{(8)} &= -0{,}37 - 0{,}002\ x_1 - 0{,}04\ x_2 - 0{,}001\ x_3 - 0{,}14\ x_4 \\
Q^{(9)} &= 19{,}81 + 0{,}02\ x_1 + 0{,}05\ x_2 - 0{,}06\ x_3 + 0{,}41\ x_4 \\
Q^{(10)} &= 21{,}56 - 0{,}18\ x_1 - 0{,}07\ x_2 - 0{,}05\ x_3 + 0{,}56\ x_4 \\
Q^{(11)} &= 33{,}22 + 6{,}43\ x_1 - 8{,}51\ x_2 - 14{,}92\ x_3 + 5{,}73\ x_4 \\
Q^{(12)} &= 24{,}93 + 3{,}41\ x_1 - 5{,}56\ x_2 - 8{,}8\ x_3 + 3{,}35\ x_4 \\
Q^{(13)} &= 16{,}49 + 1{,}91\ x_1 - 1{,}37\ x_2 - 1{,}7\ x_3 + 4{,}26\ x_4 \\
Q^{(14)} &= 15{,}91 + 2{,}27\ x_1 + 0{,}005\ x_2 + 0{,}05\ x_3 + 4{,}8\ x_4 \\
Q^{(15)} &= 13{,}02 - 0{,}09\ x_2 - 0{,}41\ x_2 - 0{,}69\ x_2 + 0{,}74\ x_4 \\
Q^{(16)} &= 11{,}94 - 0{,}07\ x_1 - 0{,}35\ x_2 - 0{,}55\ x_3 + 0{,}067\ x_4
\end{aligned}
$$

Das Optimierungsproblem läßt sich mathematisch formulieren:

(a) $Q^{(1)} \rightarrow \mathrm{Max}$ (bzw. $(100 - Q^{(1)})^2 \rightarrow \mathrm{Min}$)
      $(Q^{(j)})^2 \rightarrow \mathrm{Min}$ für $j = 2 \ldots 8, 11 \ldots 16$

Nebenbedingungen sind:

(b) $-1 \leq x_i \leq 1$ für $i = 1 \ldots 4$
      $\underline{q}^{(j)} \leq \left(Q^{(j)}\right)^2 \leq \overline{q}^{(j)}$ für $j = 2 \ldots 16$
      $\underline{q}^{(1)} \leq \left(100 - Q^{(1)}\right)^2 \leq \overline{q}^{(1)}$

Diese Optimierungsaufgabe kann in eine allgemeine Mehrzieloptimierungsaufgabe eingeordnet werden [5]:

(c) $f_1(x) \rightarrow \mathrm{Max}$
      $f_2(x) \rightarrow \mathrm{Max}$ $a_i \leq x_i \leq b_i$ für $i = 1 \ldots n$
      $\vdots$ $\underline{f}_j \leq f_j(x) \leq \overline{f}_j$ für $j = 1 \ldots m$

Dabei seien die f_j sämtlich von der Gestalt:

(d) $f_j(x) = \langle x, C^j x \rangle + \langle x, c^j \rangle + con^j$
      $C^j \quad = n \cdot n\text{-Matrix}$
      $c^j \quad = n\text{-dimensionaler Vektor}$
      $con^j = \text{reelle Konstante}$

Wesentlich ist die Tatsache, daß an die Funktion f_i keine Konvexitätsforderungen gestellt werden. Die scheinbar unsinnige Einschränkung der Zielfunktion nach oben kann unter Umständen nützlich sein (z. B. wenn Aussagen über funktionelle Zusammenhänge nur in bestimmten Bereichen gesichert sind). Ansonsten werden die entsprechenden Schranken hinreichend groß gesetzt, so daß kein Einfluß auf die Optimalmenge entsteht.

Offensichtlich kann die Aufgabe (a) mit den Nebenbedingungen (b) in die Form (c) gebracht werden. Dazu ist nur

$$
\begin{aligned}
f_1(x) &= -(100 - Q^{(1)})^2 \qquad \text{und} \\
f_j(x) &= -(Q^{(j)})^2 \qquad\qquad j = 2 \ldots 8, 11 \ldots 16
\end{aligned}
$$

mit den geforderten Nebenbedingungen zu betrachten.

Im weiteren werden auch die Schichtwiderstände $Q^{(9)}$, $Q^{(10)}$ mit in die Menge der Zielfunktion aufgenommen, aber bei der Optimierung mit Null gewichtet, so daß sie nur als Nebenbedingungen eingehen. Für diesen konkreten Fall ist dann die Aufgabe (c) konvex. Da im allgemeinen Fall bei quadratischen Regressionsfunktionen keine Konvexität erwartet werden kann, wurde versucht, die Aufgabe (c) ohne diesbezügliche Forderungen an die f_j zu lösen.

Ausgehend von der Aufgabe (c) kann man folgendes monetarische Optimierungsproblem formulieren:

$$(e) \quad \varphi(\lambda) = \max \left\{ \begin{array}{ll} \sum_{j=1}^{m} \lambda_j f_j(x): & a \le x_i \le b_i \qquad \text{für} \quad i = 1 \ldots n \\[2ex] \text{und} \qquad \underline{f_j} \le f_j(x) \le \overline{f_j} & \text{für} \quad j = 1 \ldots m \end{array} \right\}$$

Der Vektor $\lambda = (\lambda_1, \lambda_2, \ldots \lambda_m)$ stellt eine Wichtung der Zielfunktionen untereinander dar. Der Anwender hat in der Regel a priori keine genaue Vorstellung von λ. Aufgrund dessen wird folgende Konzeption gewählt:

1. Der Anwender gibt für λ_j bestimmte Bereiche vor (d.h. $\lambda \in \Lambda$ (Quader)).
2. Es werden λ^*, x^* als Lösung der Aufgaben (e) und (f) bestimmt.
   (f) $\quad \min\{\varphi(\lambda) : \lambda \in \Lambda\}$
3. Diskussion der Ergebnisse (genauer der Funktionswerte der Zielfunktionen) durch den Anwender, Veränderung von Λ nach den Vorstellungen des Anwenders, Wiederholung von Schritt 2.

Ziel dieser Konzeption soll sein, daß der Anwender im Dialog mit dem Computer über eine Steuerung von Λ Einfluß auf die Ergebnisse nimmt, d.h. er beeinflußt, welche Punkte aus der Pareto-Menge angesteuert werden.

Die Aufgabe (f) aus Schritt 2 ist so zu verstehen, daß bei ungünstiger Wahl von λ und Λ noch die besten Ergebnisse bezüglich der Summe der gewichteten Gütekriterien erhalten werden.

Schwerpunkte sind die Lösung der inneren Aufgabe (e) und der äußeren Aufgabe (f). Da sich für die Lösung der inneren Aufgabe die Straf-Barriere-Methode nicht bewährt hat (Steuerung der Wichtung der Strafen für verschiedene Aufgaben zu kompliziert, selbst bei einfachen Aufgaben Abbruchwert weit vom Optimum entfernt), wurde ein heuristisches Verfahren entwickelt, das robuster zu handhaben ist und bei der Austestung gute bis sehr gute Ergebnisse ergab.

Ausgehend von verschiedenen zufälligen Startpunkten werden jeweils Suchschritte in verschiedene Richtungen miteinander kombiniert:

1. in Richtung der Gradienten;
2. Richtung eines Punkts, der entsteht, wenn ein Gradientenschritt ohne Rücksicht auf Zulässigkeit ausgeführt wird und der erhaltene Punkt auf den Quader der Einschränkungen an x projiziert wird;
3. in Richtung eines zufällig generierten Punkts, der die Nebenbedingungen erfüllt.

Die Folge der Funktionswerte in einem solchen Zyklus ist monoton wachsend.

Die äußere Aufgabe ist ein konvexes nicht differenzierbares Optimierungsproblem. Sie wird im Programm über ein Subgradientenverfahren nach [6] mit

Raumausdehnung in Richtung der Differenz zweier aufeinanderfolgender Subgradienten realisiert. Falls gesichert werden kann, daß die innere Aufgabe für ein konkretes λ global gelöst wird, so ist die generierte Folge von Punkten $x(\lambda)$ eine Folge von Pareto-Punkten der Aufgabe (c).

Die Darstellung der Ergebnisse ist bei ein bis drei Dimensionen noch unproblematisch. Schwieriger wird es, wenn sowohl im Q- als auch im x-Raum mehr als drei Dimensionen vorliegen. Hierfür eine übersichtliche Lösungsdarstellung zu benutzen, ist bisher nicht möglich gewesen. Um dem Anwender trotzdem die Lösungsmenge vor Augen zu führen, wird zusätzlich zum eigennützigen Optimum der Zielfunktion über eine diskrete Optimierung berechnet, welche der experimentell eingestellten Versuchspunkte nahe an diesen liegen. Dadurch kann von dem bereits vorhandenen experimentellen Material das beste bezüglich der Zielfunktion ausgesucht und genutzt werden. Ob das theoretisch ermittelte Optimum eine erhebliche Verbesserung gegenüber experimentell ausgeführten Versuchsvarianten aufweist und deshalb mit dem erforderlichen ökonomischen Aufwand einzustellen ist oder nicht, kann so besser entschieden werden.

Berechnet wird dazu für jeden experimentell eingestellten Versuchspunkt

$$\sum_{j=1}^{m} \lambda_j f_j$$

und bezüglich des theoretischen Optimums gewertet. So können die am dichtesten am Optimum liegenden Versuchseinstellungen mit ihren mehrdimensionalen Vektorkomponenten angegeben und vom Anwender sofort genutzt werden.

Für das genannte Fotolithografiemodell ist in Abb. 22.3. das eigennützige Optimum der einzelnen Gütekriterien angegeben, um zu erkennen, welche äußersten Möglichkeiten das ermittelte Modell überhaupt hergibt. Wird nur die Ausbeute $Q^{(1)}$ betrachtet, so ist im günstigsten Fall, ohne Beachtung aller anderen Gütekriterien, bei $x_1 = +1, x_2 = +1, x_3 = -1, x_4 = +1$ der Wert $Q^{(1)}{}_{max} = 98{,}89$ erreicht. Das ist der theoretische Wert für alle λ-Einschränkungen.

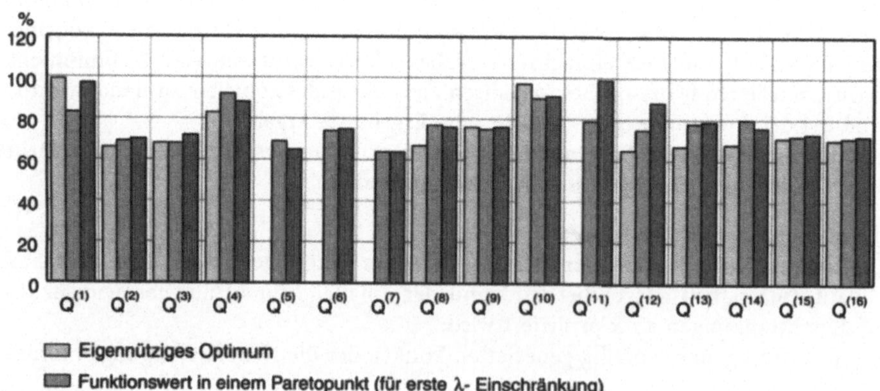

Abb. 22.3. Darstellung der 16 Zielfunktionswerte (Gütekriterien $Q^{(j)}$) für drei ausgewählte Punkte der Kompromißmenge

Für die ersten λ-Einschränkungen

$$0,5 \leq \lambda_j \leq 1,5 \qquad j = 2\ldots 8$$
$$0 \leq \lambda_j \leq 0,4 \qquad j = 11\ldots 16$$

wird der Pareto-Punkt, der mit der Versuchseinstellung Nr. 1 zusammenfällt,

$$x_{opt} = (-0,9879; 0,9843; 0,9948; 1).$$
$$\approx (-1; 1; 1; 1)$$

errechnet. Das ergibt die zweite Reihe der Werte der Gütekriterien in Abb. 22.3. Hierin ist insbesondere die Ausbeute gegenüber dem eigennützigen Optimum erheblich abgefallen. Werden nun die zweiten λ-Einschränkungen auf

$$0,5 \leq \lambda_j \leq 1,5 \qquad j = 2\ldots 8$$
$$0 \leq \lambda_j \leq 0,04 \qquad j = 11\ldots 16$$

verändert, so ergibt sich die dritte Reihe der in Abb. 22.3. dargestellten Werte der Gütekriterien mit

$$x_{opt} = (0,9529; 0,8667; -0,7769; 1).$$

Diese entsprechen schon besser den Vorstellungen des Anwenders, zumindest im Hinblick auf die Ausbeute $Q^{(1)}$. In dieser Weise kann ein Dialog erfolgen, bis ein zufriedenstellender Kompromiß gefunden ist.

22.4
Verallgemeinerter Lösungsalgorithmus

Die Mehrzieloptimierung läßt sich verallgemeinert auf folgenden Algorithmus bringen:

1. Ermittlung der Beschreibungsgleichungen für das zu optimierende Produkt oder den Prozeß mit mehreren Gütekriterien und mehreren Einflußfaktoren
2. Formulierung und Lösung einer mathematisch fundierten Optimierungsaufgabe
3. Praxisrealisierung und Überprüfung der Lösungen

Literatur

1 J. Bauer, Modelle für den fotolithografischen Prozeß. Feingerätetechnik 29, 3, S. 127–130, 157–160, 1980
J. Bauer. Zur Optimierung des fotolithografischen Prozesses. Feingerätetechnik 29, 8, S. 364–367, 1980
J. Bauer. Bedeutung der polychromatischen Projektierungsfotolithografie. Feingerätetechnik 30, 10, S. 457–461, 1981
2 K. J. Rotschild, P. Jezirski, G. Silverman. Semiconductor Manufactoring Equipment. Electronic News 26, 1276, supplement, S. 1–24, 1980
3 H. Ahlers, B. Schwartz, J. Waldmann. Optimierung technischer Produkte und Prozesse. Verlag Technik Berlin 1981
4 H. Ahlers, J. Waldmann. Entwurf elektronischer Bauelemente und Schaltkreise. Verlag Technik Berlin 1984
5 K. Beer, W. Oeder. Ein Zugang zur Mehrzieloptimierung. Vortrag auf der 5. Fachtagung „Rechnergestützte Optimierung" der KdT, Chemnitz 1984
6 Rechentechnische Methoden zur Auswahl optimaler Entscheidungen. Verlag Naukowa Dumka Kiew 1977

23 Korrektursystem für Temperatureinflüsse

L. Michaeli, M. Somora, P. Kalakaj, A. Šak

23.1
Problemstellung

Die Einflußgröße, die dem Meßtechniker als Störgröße am meisten zu schaffen macht, ist die Temperatur. Sie übt ihren Einfluß nicht nur unmittelbar auf die Multisensoren aus, sondern hat auch Auswirkungen auf andere Einflußgrößen, die dann ihrerseits Ursache von Meßfehlern sein können. Schließlich können diese Störeinflüsse sowohl auf die Meßgrößen als auch auf den Verarbeitungsmodul wirken.

Im Prinzip gibt es vier Möglichkeiten, den Temperatureinfluß auf die Meßgrößen zu berücksichtigen:

- Ausschalten der Temperatur als Störgröße durch Temperieren
- Messen der Temperatur mit anschließender mathematischer Korrektur
- Automatisches Korrigieren der Temperatur mit additivem Korrekturglied
- Anwenden einer Differenz- und Kompensationsmethode

Letztere Möglichkeit soll für ein selbstkalibrierendes Auswertesystem ausgenutzt werden.

23.2
Lösungsvariante

Man versteht unter einem selbstkalibrierenden Auswertesystem eine Meßkette, die von Sensoren und Auswertungselektronik in Vorwärtsrichtung und mit einer Kalibrierungsschleife zur Rückkopplung entsteht (Abb. 23.1.).

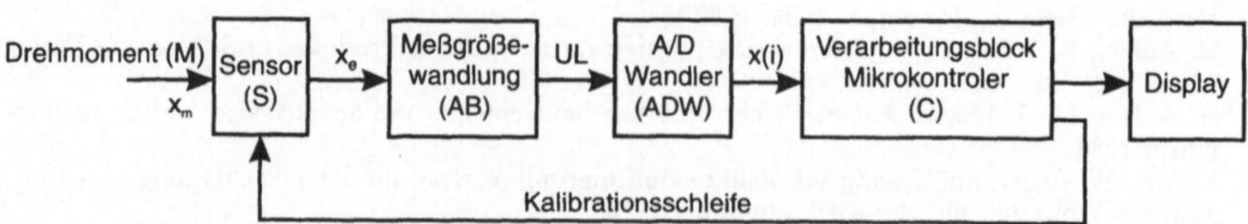

Abb. 23.1. Selbstkalibrierendes Sensorsystem

Die Meßgröße x_m wird durch den Sensor (S) in eine elektrische Größe x_e umgeformt, die als Träger der Meßinformation dient. Bei den deterministischen Signalen können als Informationsparameter z. B. Amplitude, Phase, Frequenz oder Impulsbreite dienen. Bei den stochastischen Signalen als Informationsparameter können Mittelwert, Standardabweichung oder andere herangezogen werden.

Der Sensor mit passivem elektrischen Ausgang bietet die komplexe Ausgangsimpedanz als verwendbaren Informationsparameter an. Zur Anpassung an den Übertragungsweg erfolgt entweder eine Pegelanpassung (Verstärkung) oder eine Meßgrößenumwandlung (AB) (Impedanzwandlung, Spannungs-Strom Wandlung, usw.).

Die Übertragungskette verbindet (UL) die Informationsquelle und den Auswertungsteil. Im Auswertungssystem wird erstens das meßinformationstragende Signal in eine Zeitreihe von digitalen Abtastgrößen x(i) mit Hilfe der Analog-Digital-Wandler (ADW) umgewandelt. Die digitalisierte Meßinformation wird dann in einem Verarbeitungsblock (C) digital verarbeitet und registriert. Der systematische Fehler der ganzen Meßkette soll mit Hilfe einer Kalibrationsschleife unterdrückt werden. Diese Rückkopplung kann auch zur Diagnostik der Arbeitsfähigkeit der Meßkette dienen.

Die Eichungsgröße soll den Sensor steuern [1, 2]. Damit kann die gesamte Meßkette korrigiert und diagnostiziert werden [3, 4]. Die Regelschleife der Selbstkalibrierung einschließlich des Sensoreingangs nutzt zur Kalibrierung folgende Verfahren aus:

- Umschaltung der physikalischen Kalibrierungsgröße am Sensoreingang
- Addition der Kalibrierungsgröße am Sensoreingang
- Ausnutzung der redundanten elektrischen Ausgangsgrößen aus dem Sensor zur Eichung im Verarbeitungsglied mit Hilfe des mathematischen Modells der Meßkette
- Kompensationsverfahren mittels zweier identischer Sensoren, bei denen die Meßgröße zu einem und die Kalibrationsgröße zum anderen Sensor geführt wird
- Ausnutzung einer Meßpause des Meßsystems zur Unterdrückung des Meßfehlers

Die letzte Möglichkeit wurde in Meß- und Testanlagen mit diskontinuierlichem Meßprozeß ausgenutzt. Eine einfache Verarbeitungsprozedur kann während der Unterbrechung des Meßprozesses (Meßpause) den Offsetfehler korrigieren. Der Auswertungsblock (Mikrokontroller) braucht dazu nur eine zusätzliche Statusinformation, die die Meßphase von der Meßpause unterscheidet [5, 6].

23.3
Lösungserarbeitung

Das beschriebene Verfahren der Selbstkalibrierung wurde für die Messung des Drehmoments eines Servoantriebs mittels Dynamometer entworfen. Der Ausgangsrotor des proportional gesteuerten Servoantriebes ist mit einem Dynamometer für die mechanische Drehmomentmessung belastet. Die Bedienung des Meßstandes steuert den Servoantrieb zwischen Ein- und Ausschaltzuständen. Die Ausschaltung des Servoantriebes, dessen Moment gemessen wird, dient zur Korrektur des Nullpunktes der Meßkette. Die mechanische Deformation des Dynamometers, welche von dem Servoantrieb hervorgerufen wird, dient als mechanische Zwischengröße, die mittels Widerstandsbrücke von Dehnungsmeßstreifen gemessen wird. Das Dynamometer soll zur Meßung des Drehmoments im Bereich -50 bis $+50\,\mathrm{Nm}$ dienen.

Der Sensor besteht aus einer DMS(Dehnungsmeßstreifen)-Multisensoranordnung auf einem eisernen Zylinder mit dünner Wand. Den Abschluß des Zylinders bilden zwei Flansche. Das gemessene Drehmoment ruft eine mechanische Deformation in Richtungen unter einem Winkel von $45°$ zur Achse des Zylinders hervor. Die Dehnungsmeßstreifen (DMS) sind in diese Richtung eingeklebt (Abb. 23.2.).

Der Wandlerausgang ist mittels einer Widerstandsbrücke realisiert. Ein Zweig der Meßbrücke besteht aus vier Dehnungsmeßstreifen R_1, R_2, R_3, R_4. Der andere Zweig besteht aus zwei Widerständen für das Abgleichen der Meßbrücke. Die Widerstände R_1 und R_2 sind in derselben Neigung zur Achse aber in entgegengesetzter Position am Zylinderrand angebracht. Die beiden anderen Meßstreifen R_3 und R_4 haben eine umgekehrte Neigung zur Achse. Diese Anordnung unterdrückt den Einfluß der axialen Kraft und des Biegungsmoments und reagiert nur auf das Dehnungsmoment.

Die Diagonalspannung aus der Meßbrücke ist sehr niedrig. Deshalb ist eine große Verstärkung mit einem Instrumentenverstärker mit starker Unterdrückung der Gleichtaktspannung und 1000facher Differenzverstärkung notwendig. Selbst-

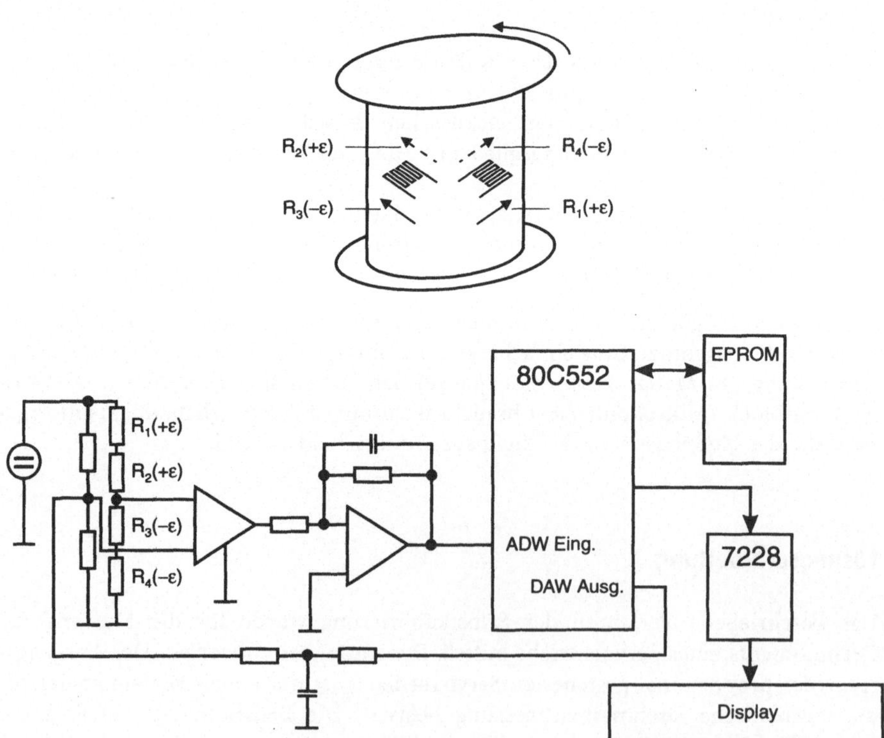

Abb. 23.2. Anordnung mit mehreren Dehnmeßstreifen

erregung und Rauschspannung werden mit einem Tiefpaßfilter unterdrückt. Die Zeitkonstante des Filters ist $\tau \sim 2\,s$. Dieser Filter ist zwischen dem Instrumentenverstärker und dem Ausgangsverstärker geschaltet. Die Verstärkung der Ausgangsstufe ist im 5- bis 100fachen Bereich einstellbar.

Die Ausgangsspannung der Meßkette hat einen bedeutenden Temperaturgang, der nicht nur aus dem Temperaturgang des Verstärkers sondern auch aus Temperaturschwankungen der Widerstandsbrücke resultiert. Diese Änderungen belasten das Ausgangssignal mit einem wesentlichen Fehler. Zwei Phasen in der Arbeit des Dynamometers ermöglichen, daß dieser Fehler durch Selbstkalibrierung bei unbelastetem Dynamometer unterdrückt werden kann.

Steuerungsprogramm des Mikrokontrollers. Das Auswertungsystem ist mit einem Einchip-Mikrokontroller I80C552 bestückt. Der Mikrokontroller enthält einen A/D-Wandler mit einer Auflösung von 10 bit und zwei Zählern mit einer Auflösung von 16 bit. Man kann einen Zähler zur Steuerung des Pulspausenverhältnisses der Pulsspannung am Ausgang nutzen. Mit diesem Verfahren ist ein D/A-Wandler mit einer Auflösung von 8 bit realisierbar. Der Mikrokontroller benötigt noch einen externen CMOS-Speicher EPROM 27LV256 und einen Treiber ICM 7228A für ein Zifferndisplay. Das Statussignal (SKAL), das den Meß- und Stillstand des Dynamometers unterscheidet, ist an den Interrupteingang geschaltet. Während der Meßphase wird die analoge Ausgangsspannung mittels des A/DWandlers in binäre Werte konvertiert. Auf dem Display erscheint ein vereinbartes Zeichen, das anzeigt, daß die Meßphase des Meßprozesses läuft.

Die Kalibrierungsprozedur während der Meßpause erfüllt nur die Aufgabe, die digitale Ausgangsgröße zu einem Anfangswert einzustellen. Der Mikrokontroller und ein entsprechendes Steuerungsprogramm erreichen dieses Ziel mit der Korrektur des Gleichgewichts der Widerstandsbrücke über die Einstellung der Pulsbreite des Ausgangs für die D/A-Wandlung. Der entsprechende Programmablauf ist in Abb. 23.3. dargestellt.

Die Grundoperation ist die Autokalibrierung mittels Pulsbreitenmodulation des D/A-Ausgangs. Man nutzt für die Einstellung des optimalen Werts der Pulsbreite das Verfahren der sukzessiven Approximation. Diese Approximation wird mit dem Wert des D/A-Registers durchgeführt. Das getestete Bit ist im D/A-Register mittels des Bitpointer-Hilfsregisters eingestellt. Das im Entwicklungsdiagramm angeführte Kennzeichen n repräsentiert den Gehalt des Bitpointer-Hilfsregisters. Nach jeder Einstellung des Registersbits im D/A-Register folgt eine Wägeprozedur, deren Ergebnis nach einer Pause aus dem A/D-Wandlungsregister abgelesen wird. Der Mittelwert von vier A/D-Wandlungen wird mit dem gewünschtem Schwellwert verglichen. Das getestete Bit wird nach dieser Vergleichsprozedur gespeichert. Das nächste Bit im A/D-Register wird durch die Substraktion des Bitpointer-Hilfsregisters eingestellt, und es folgt wieder die Wägeprozedur bis die sukzessive Approximation komplett ist. Der letzte Wert wird im Register LKW gespeichert. Der Meßprozeß wird durch ein Unterbrechungssignal gestartet. Der D/A-Ausgang muß an dem letzten kalibrierten Wert einstellt werden. Dann kann der Mikrokontroller den digitalen Ausgangswert zyklisch aus dem A/D-Ausgangsregister des A/D-Wandlers ablesen. Dieser Wert ist nach der Konversion in dekadischer Form im Displaytreiber eingeschrieben.

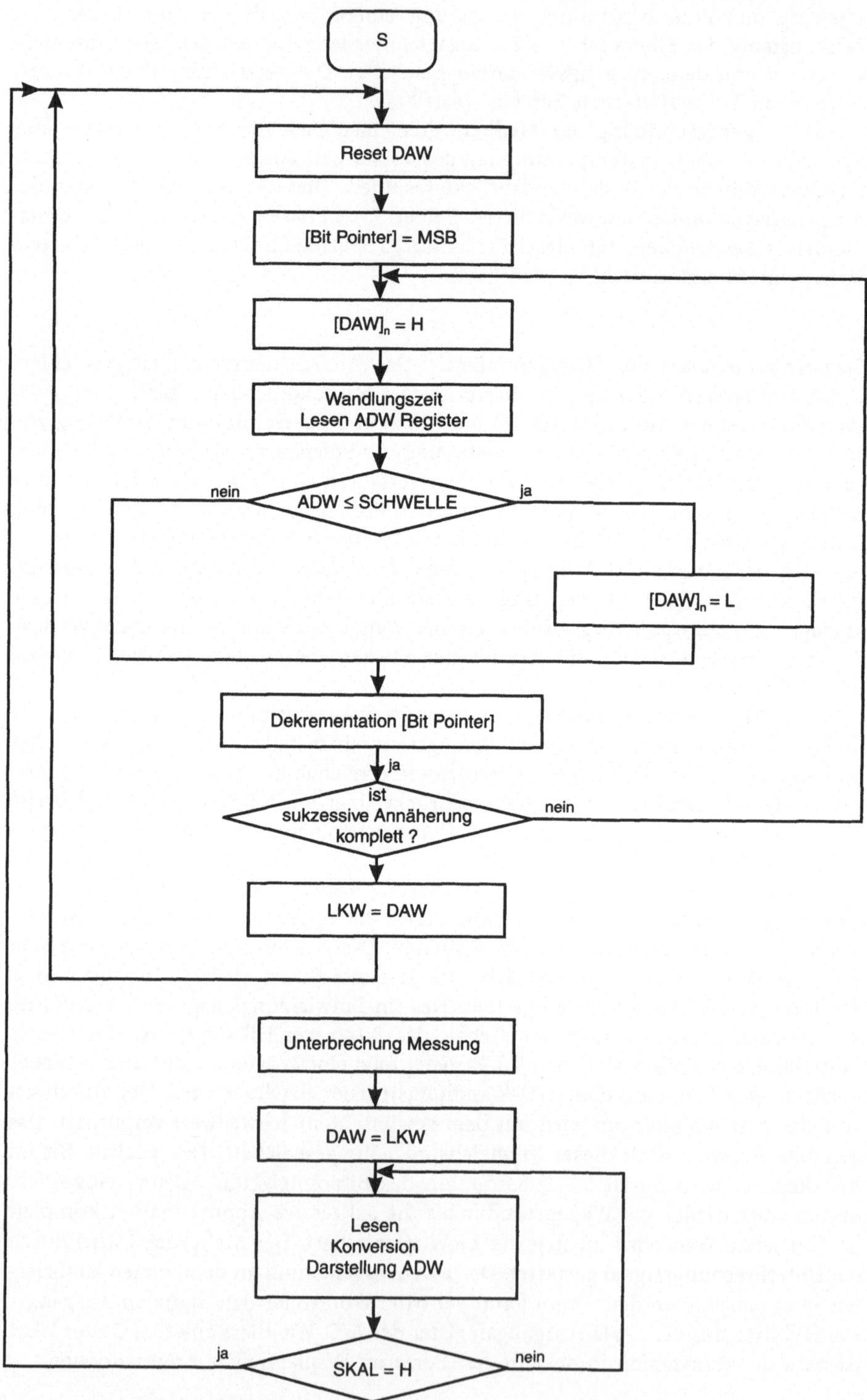

Abb. 23.3. Programmabaluf für Kalibrierung

Am Ende eines Meßzyklus testiert der Mikrokontroller das Statussignal. Wenn das SKAL-Signal zur Selbstkalibrierung aktiv ist (SKAL = H), springt das Programm in den Zyklus der Autokalibrierung.

23.4
Realisierung

Das Kalibrierungsverfahren wurde an einem Prototyp des Dynamometers getestet. Die Linearität zwischen der Kraft M und dem Ausgangswert des Dynamometers zeigt Abb. 23.4. Man kann sehen, daß die Linearität bis zu einem Wert von 35 Nm fast ideal ist.

Abbildung 23.5. zeigt verschiedene Werte der Offsetspannung, die auf den Eingang gegeben werden. Sie haben nahezu keinen Einfluß auf die Steilheit der Übertragungscharakteristik.

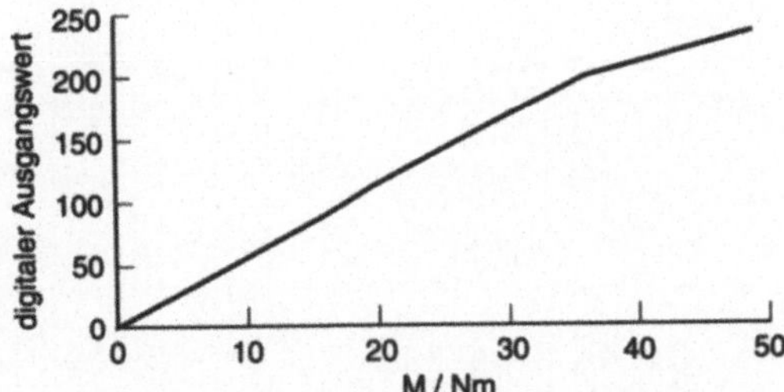

Abb. 23.4. Übertragungskurve des Dynamometers

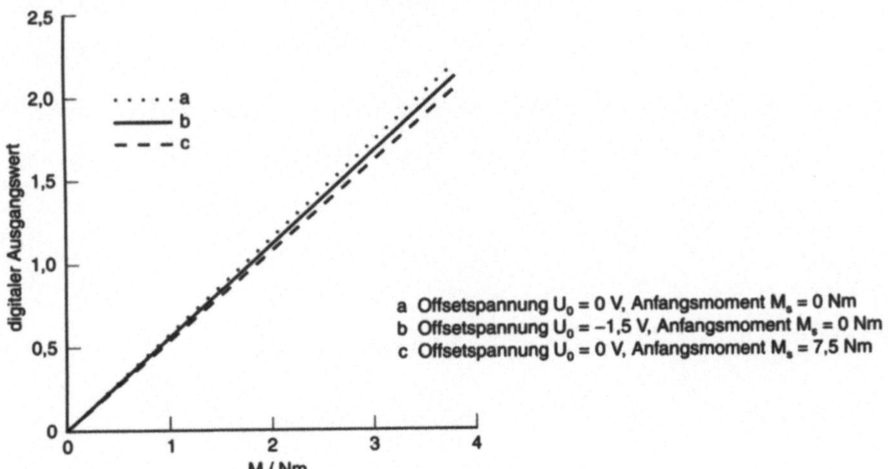

Abb. 23.5. Offsetspannungskorrektur

Literatur

1 H. Walcher, R. Bartosz, Intelligente Sensoren. Elektronik 213, S. 115–128, 1987
2 H. Ahlers, Steuerbare Sensoren. SENSOR-Report 5, S. 43-46, 1993
3 V. Ivanco, K. Kostolny, Design of a Transducer for Torque Moment Measurement. Proceedings of 32nd Conference of Experimental Stress Analysis. Liberec, Czech Republic, 1994
4 D. Schräder, B. Heck, Präzisionssensor für Differenzialdrücke durch iterativen Mikrocomputeralgorithmus. Technisches Messen 52, Heft 7/8, 1985
5 Analog Devices. Short form designer's guide. 1993
6 Technical Report PICI16C71

Sachwortverzeichnis